DELIUS KLASING

Wartung und Reparatur

Matthew Coombs

DUCATI

Scrambler 803

Behandelte Modelle:

Icon	803 cm³	2015 bis 2020
Full Throttle	803 cm³	2015 bis 2020
Classic	803 cm³	2015 bis 2019
Street Classic	803 cm³	2018 bis 2019
Mach 2.0	803 cm³	2017 bis 2019
Urban Enduro	803 cm³	2015 bis 2016
Flat Track Pro	803 cm³	2016
Café Racer	803 cm³	2017 bis 2020
Desert Sled	803 cm³	2017 bis 2020

DELIUS KLASING VERLAG

Die englische Originalausgabe mit dem Titel
»Ducati Scrambler 803. Service and Repair Manual«
erschien 2020 bei Haynes Publishing

Bibliografische Information der Deutschen Nationalbibliothek
Die Deutsche Nationalbibliothek verzeichnet diese Publikation
in der Deutschen Nationalbibliografie; detaillierte bibliografische
Daten sind im Internet über http://dnb.dnb.de abrufbar.

1. Auflage
ISBN 978-3-667-12513-2
Die Rechte für die deutsche Ausgabe liegen beim
Verlag Delius Klasing & Co. KG, Bielefeld.

Übertragen und bearbeitet von Udo Stünkel
Umschlaggestaltung: Jörg Weusthoff, Weusthoff & Reiche Design, Köln
Satz: feschart print- und webdesign, Michaela Röhler, Leopoldshöhe
Druck: Print Consult GmbH, München
Printed in Slovenia 2022

Delius Klasing Verlag, Siekerwall 21, D - 33602 Bielefeld
Tel.: 0521/559-0, Fax: 0521/559-115
E-Mail: info@delius-klasing.de
www.delius-klasing.de

Inhalt

Doktor T und die Desmos

von Julian Ryder

Dass Ducatis aus einem anderen Land als Italien kommen könnte, ist unvorstellbar. Es ist die Verschmelzung aus Kunst und Wissenschaft sowie Form und Funktion, die den Menschen in diesem Teil der Welt in Fleisch und Blut übergegangen ist. »Dieser Teil der Welt« ist präzise gesagt die Region Emilia-Romagna in Norditalien, aus der nicht nur Ducati stammt, sondern auch Moto Morini und Bimota, außerdem die Sportwagenmarken Ferrari, Lamborghini, de Tomaso, Maserati und Pagani. Ducati ist im Vorort Borgo Panigale der Metropole Bologna beheimatet. Aus Bologna stammt auch Guglielmo Marconi, der 1909 den Physik-Nobelpreis für seinen Beitrag zur Entwicklung der drahtlosen Telegrafie bekam und scheinbar die Region mit erfolgreichem Unternehmertum und Kreativität inspiriert hat.

Auch Antonio Ducati und seine drei Söhne Adriano, Bruno und Marcello hatten anfangs elektronische Komponenten für Radios produziert, nachdem Adriano noch als Student bahnbrechende Fortschritte bei Kurzwellenradios machen konnte. Im Zweiten Weltkrieg wurde die Fabrik zerstört und die Familie Ducati erkannte, dass für den Wiederaufbau des Landes ein kleiner Viertakt-Fahrradhilfsmotor (genannt Cucciolo – Hündchen) sehr hilfreich sein könnte.

Bereits 1945 baute man den Motor in Lizenz, drei Jahre später wurde er überarbeitet und unter eigenem Namen angeboten. Ab 1950 wurde ein komplettes Moped verkauft. Ein wichtiges Datum in der Firmengeschichte stellt der 1. Mai 1954 dar, denn ab jetzt bestimmte ein junger Ingenieur namens Fabio Taglioni die Modellentwicklung für die folgenden Jahrzehnte und führte die noch heute als Aushängeschild genutzte desmodromische Ventilsteuerung ein. Die Technik der zwangsgesteuerten Ventile hatten andere erfunden, doch Taglioni war der einzige, der diese (zusammen mit Königswellen für den Antrieb der obenliegenden Nockenwelle) in der Großserie umsetzte. Seine Konzentration auf den Motor ging manchmal etwas zulasten des restlichen Motorrads.

In den 1950er- und 60er-Jahren konzentrierte man sich auf kleine Einzylindermodelle für den italienischen Markt, doch 1972 erschien die GT 750 mit quer eingebautem V2-Triebwerk, bei dem dank des Zylinderwinkels von 90° der vordere Zylinder fast waagerecht lag und der hintere stand. Eine Desmodromik war zunächst nicht an Bord, doch bereits Ende des Jahres wurde eine entsprechend umgebaute Maschine in Imola an den Start geschoben, um gegen starke Konkurrenz von MV Agusta, Triumph, Norton, Moto Guzzi, BMW und die japanischen Hersteller beim 200-Meilen-Rennen anzutreten – und zu gewinnen! Paul Smart und Bruno Spaggiari fuhren beim »Europäischen Daytona« sogar einen Doppelsieg ein und Ducati war plötzlich weltweit bekannt.

Rennerfolge bringen Verkaufszahlen und die V2-Ducatis wurden gefürchtete Gegner. 1978 setzte Mike Hailwood auf der Isle of Man einen weiteren Meilenstein, indem er elf Jahre nach seinem Rückzug vom Rennsport gegen starke Werks-Hondas die Tourist Trophy (TT) gewann. Ducati war zwar berühmt und Kult, verdiente aber mit seinen kleinen Stückzahlen weiterhin kein Geld, sodass das Werk immer wieder unter staatliche Verwaltung gestellt werden musste. Inzwischen war aus der TT-Formel-1-Weltmeisterschaft die Superbike-WM geworden, bei der ein neuer Vierventil-V2 mit Zahnriemensteuerung und Wasserkühlung eingesetzt wurde, das anfangs als Modelle 851 und 888 an Kunden verkauft wurde. Erst die dritte Variante namens 916 schlug ab 1994 wirklich ein. Diese wurde von Carl Fogarty (dem dritten Briten!) regelmäßig auf Siegerpodest gefahren und verkaufte sich entsprechend gut. Bereits ein Jahr zuvor war mit der ebenfalls ikonischen Monster ein echtes Massenprodukt geschaffen worden.

Ab 2003 nahm Ducati nach über 30-jähriger Pause wieder am Motorrad-Weltmeisterschaft (MotoGP) teil und 2007 konnte der Australier Casey Stoner den ersten (und bislang einzigen) WM-Titel nach Bologna holen.

2012 erfüllte sich der Aufsichtsratsvorsitzende von Volkswagen, Ferdinand Piëch, den langgehegten Wunsch und kaufte Ducati, um die Produktpalette des VW-Konzerns auf Motorräder zu erweitern. Ducati verkauft weiterhin Hightech-Motorräder und stützt sich auf Rennerfolge. Doch das Modellangebot ist inzwischen vielfältig. Man muss heute kein eingefleischter Enthusiast mehr sein, um von Ducati gehört zu haben.

Ducati Scrambler – Hipster im Glück

In den späten 1960er- und frühen 1970er-Jahren gab es spezielle Motorräder, die vor allem in England für den US-Markt gebaut wurden: leichte Maschinen mit hochgelegtem Auspuff, breitem Lenker, kleinem Tank, einem Motorschutz und Stollenreifen. Sie waren für die Westküste der USA, vor allem Kalifornien, bestimmt, wo sich interessante Trends zu weltweiten Stilikonen entwickeln können. Diese Maschinen wurden gern bei Wüstenrennen eingesetzt und »Desert Sled« (Wüsten-Schlitten) genannt – niemand weiß genau warum. Steve McQueen fuhr damit Rennen und Elvis wurde auf einem solchen Motorrad fotografiert. Plötzlich wurden ansonsten unauffällige britische Schüttel-Twins dank ihres »US-Export«-Outfits zu verehrten Schönheiten.

Dieses Bild bildet die Grundlage für die aktuelle Retromotorrad-Mode. Fehlt noch ein Jethelm und ein Karohemd, fertig ist der Hipster. Bisher schien es bezüglich eines zeitgenössischen Retro-Stils immer wichtig gewesen zu sein, ob Steve McQueen einmal damit gefahren ist – möglichst quer durch den Dreck driftend. Wenn die Antwort »Ja« lautet, dann funktioniert das Motorrad.

Während die meisten der frühen Wüsten-Schlitten tatsächlich britische Twins waren, gab es auch einige italienische Einzylinder. US-Motorradimporteur Emil Berliner verlangte auch einen Sled und bekam die erste Ducati Scrambler. Er erhielt sie ab 1968 mit 250 und 350 cm³ Hubraum im »Breitgehäuse«-Königswellen-Motor, ein Jahr später folgte eine 450er. Alle drei Versionen waren elegante und ausgewogene Motorräder, ihre gelb lackierten Tanks

waren mit Chrom-Blenden verziert. Sie waren ein glückliche Synthese aus amerikanischem Gefühl und italienischem Styling, und wie ihre britischen Vettern sehen sie auch heute noch unbestritten gut aus.
Schneller Vorlauf ins 21.-Jahrhundert, kurz nach der weltweiten Finanzkrise. Ducati möchte ein einfaches, erschwingliches und massentaugliches Modell bauen, mit dem der Erfolg der Monster aus den 1990er-Jahren wiederholt werden kann. Man nahm den luftgekühlten 796 cm³-Zweiventilmotor der Monster und baute einen einfachen Rahmen aus Stahlrohr um ihn herum. Jetzt kam der knifflige Teil: das Styling. Wer sich eine originale Scrambler von der Seite ansieht, erkennt viel Luft um den Motor herum und klare Linien. Dies ließ sich nur schwer wiederholen, wenn man es mit deutlich mehr Leistung, einem zweiten Zylinder und aktuellen Vorschriften für Ansaug- und Auspuffgeräusche zu tun hat. Doch die Ducati-Designer schafften dieses Kunststück mit beachtlicher Souveränität. Das Basismodell namens Scrambler Icon imitierte die gelbe »Karosserie« des Originals bis hin zu den silbernen Tank-Seitenteilen. Die Sitzbank endete wie bei vielen aktuellen Eigenbauten ziemlich abrupt und das vordere Schutzblech konnte bestenfalls »rudimentär« genannt werden. Doch das Motorrad sah nicht nur gut aus, sondern es funktionierte auch – vor allem im Kurzstreckeneinsatz auf Asphalt. Noch bemerkenswerter als das Produkt war die Marketingkampagne vor der Markteinführung. Aus einem gelben Container tauchte erst nach mehreren Monaten kreativen Blödsinns eine echte Scrambler auf – von Ducati als »Post-Heritage-Design« bezeichnet. Dadurch entstand die Befürchtung, dass diese Maschine tatsächlich nur für die Hipster der Reichenviertel von Interesse sei und als echtes Motorrad eher unbrauchbar war. Manche Interessenten fühlten sich auch von den Merchandisingprodukten erschlagen, die zusammen mit der Scrambler erschienen. Glücklicherweise lösten sich bald alle Befürchtungen in Luft auf – auch wenn das Aussehen anfangs ein paar Leute verwirrte.
Ducati bot das neue Motorrad nicht nur in einer Variante an. Zusammen mit der Icon erschien auch die Urban Enduro mit hohem Lenker, hohem Vorderradschutzblech und Drahtspeichenrädern, die Full Throttle mit flachem Lenker, Doppelauspuff, Seitendeckeln mit Startnummerntafeln sowie die Classic mit Metall-Schutzblechen und Speichenrädern. Alle Modelle orientierten sich am Styling der US-Flat-Tracker aus den 1970er-Jahren. Tatsächlich erreichte man die größte optische Wirkung mit unterschiedlich lackierten Tanks und verschiedenen Logos. Dank dieser cleveren Behandlung konnte mit minimalem Aufwand aus einem Grundmodell viele verschiedene Motorräder bauen.
2017 wurde diese Idee mit der Café Racer (Stummellenker) und der Mach 2.0 (schwarzer Auspuff) weitergeführt. Doch in diesem Jahr erschien auch die Desert Sled als einzige größere Abweichung vom Basismodell. Die verlängerte Hinterradschwinge saß in einer verstärkten Aufnahme, der Motor war unten von einer Platte geschützt, die Federelemente einstellbar und die Beifahrerfußrastenträger abnehmbar. Weil die Maschine wirklich nah am Konzept der ursprünglichen Scrambler lag, verwendete Ducati auch mutig eine Modellbezeichnung, deren Herkunft niemand erklären konnte.

Danksagung

Wir danken den Firmen Fowlers Motorcycles und Riders Motorcycles, die uns die Maschinen für dieses Handbuch zur Verfügung gestellt hat. Außerdem möchten wir uns bei Luigi Motors aus Bristol, Laser Tools und gb Motorcycle Products für Werkzeuge und technische Ratschläge bedanken. Dank auch an die Cooper-Avon Reifen Company für die Unterstützung und technische Beratung zum Thema Reifen sowie NGK Spark Plugs (UK) Ltd., die uns beim Thema Zündkerzen weiter geholfen haben. Danke auch an Draper Tools Ltd. für die Bereitstellung verschiedener Werkzeuge. Die Ducati Motor Holding SpA hat uns Modellfotos zur Verfügung gestellt. Die Einleitung »Doktor T und die Desmos« wurde von Julian Ryder geschrieben.

Über dieses Handbuch

Der Sinn dieses Buches ist es, Ihnen dabei zu helfen, mit Ihrem Motorrad viel Freude zu haben. Diese Hilfe kann auf verschiedenen Wegen geschehen: Sie können entscheiden, welche Arbeiten erledigt werden müssen und was Sie davon selbst ausführen können; Ihnen werden Informationen zur Instandhaltung und Pflege Ihrer Maschine gegeben; es werden Ihnen Diagnosen und Reparatur-Reihenfolgen angeboten, um Störungen zu beseitigen.
Wir wünschen uns, dass Sie mit diesem Handbuch viele Arbeiten selber durchführen können. Bei vielen simplen Arbeiten kann es einfacher sein, sie selber auszuführen, als einen Werkstatt-Termin auszumachen und das Motorrad zum Händler zu bringen und wieder abzuholen. Noch wichtiger ist, dass man schon viel Geld sparen kann, wenn man auch nur einige Vorarbeiten erledigt – noch mehr, wenn man alle Reparaturen selber erledigt. Ebenfalls ein wichtiger Punkt ist das gute Gefühl, das entsteht, wenn man eine Arbeit erfolgreich zu Ende gebracht hat.
Angaben für die rechte oder linke Seite beziehen sich – soweit nicht anders vermerkt – auf die Fahrtrichtung.

Wir sind stets um die Richtigkeit der Informationen in allen unseren Büchern bemüht, doch es kommt immer wieder vor, dass Motorradhersteller während der Produktion technische Veränderungen vornehmen, von denen wir nichts wissen. Autor und Verlag können deshalb keine Verantwortung für fehlende oder falsche Informationen übernehmen, die dem Kunden Schaden oder Verletzungen zugefügt haben.

Modellentwicklung

Die Ducati Scrambler wurde ab Ende 2014 gebaut und als Modelljahr 2015 auf den Markt gebracht. Zunächst gab es die Scrambler in vier Varianten – Icon, Classic, Urban Enduro und Full Throttle genannt. Die Flat Track Pro kam 2016 hinzu. 2017 wurde die Urban Enduro durch die Desert Sled ersetzt und die Café Racer sowie die Mach 2.0 kamen neu hinzu. Die Street Classic kam 2018 ins Programm. Die Unterschiede zwischen den Modellen bezogen sich meistens nur auf die Sitzbank, die Räder, Schalldämpfer, Lenker und einige andere Anbauteile. Die Desert Sled wies dagegen sowohl eine verlängerte Gabel und Schwinge und einen verfeinerten Hinterrad-Stoßdämpfer auf.

Im luftgekühlten V2-Motor treiben Zahnriemen jeweils eine obenliegende Nockenwelle an, die per Kipphebel zwei Ventile öffnet und durch die Desmodromik auch wieder schließt. Haarnadelfedern unterstützen die Schließerhebel. Die Zwischenwelle für die rechts liegenden Zahnriemenräder wird links von der Kurbelwelle per Zahnräder angetrieben. Die rechts vom Primärrad der Kurbelwelle angetriebene Mehrscheiben-Ölbadkupplung wird bis zum Modelljahr 2018 per Seilzug aktiviert, ab Modelljahr 2019 hydraulisch. Das Sechsganggetriebe leitet die Kraft über eine links laufende Dichtring-Antriebskette zum Hinterrad.

Die Lichtmaschine sitzt links auf der Kurbelwelle und trägt an ihrer Rückseite den Anlasserfreilauf. Der Anlasser selbst unter dem liegenden Zylinder vorn am Motor verschraubt. Die vom Primärtrieb angetriebene Ölpumpe befindet sich rechts im Motor.

Die Siemens-Einspritzanlage versorgt beide Zylinder über ein gemeinsames Drosselklappengehäuse mit Frischgas, das über jeweils ein Einlassventil in die Brennräume gelangt. Die Abgase werden über je ein Auslassventil in die mit einem Katalysator ausgerüsteten Auspuff geleitet. Ein Motorsteuermodul überwacht sowohl die Zündung wie die Einspritzung.

Der aus Stahlrohren aufgebaute Gitterrohrrahmen nimmt den Motor als tragendes Teil auf.

Alle Modelle außer der Desert Sled sind mit einer nicht einstellbaren Upsidedown-Gabel von Kayaba mit 41 mm Gleitrohr-Durchmesser ausgerüstet; die 46-mm-Gabel der Desert Sled ist in der Federvorspannung sowie in der Zug- und Druckdämpfung einstellbar.

Die aus Aluminium gefertigte Hinterradschwinge stützt sich direkt über einen in der Federvorspannung verstellbaren Mono-Stoßdämpfer gegen den Rahmen ab. Bei der Desert Sled ist der Dämpfer zudem in der Zug- und Druckdämpfung einstellbar.

Gebremst wird vorn mit einem auf eine 330 mm große Bremsscheibe wirkenden Vierkolben-Sattel, hinten umgreift ein Einkolben-Schwimmsattel eine 245 mm große Bremsscheibe. ABS ist bei allen Modellen serienmäßig vorhanden; ab 2019 wurde das System um eine Traktionsregelung und ein »Kurven-ABS« erweitert, die von einer inertialen Messeinheit (IMU) überwacht werden.

Maße und Gewicht

Gesamtlänge	
Classic	2140 mm
Desert Sled	2200 mm
Alle anderen Modelle	2100 mm
Gesamtbreite	
Café Racer	810 mm
Desert Sled	940 mm
Alle anderen Modelle	850 mm
Gesamthöhe	
Full Throttle	1104 mm (ohne Rückspiegel)
Café Racer	1066 mm (mit Rückspiegel)
Desert Sled	1210 mm (ohne Rückspiegel)
Alle anderen Modelle	1150 mm (ohne Rückspiegel)
Radstand	
Café Racer	1436 mm
Desert Sled	1505 mm
Alle anderen Modelle	1450 mm
Sitzhöhe	
Café Racer	805 mm
Desert Sled	860 mm
Alle anderen Modelle	790 mm
Leergewicht (vollgetankt)	
Desert Sled	207 kg
Alle anderen Modelle	188 kg
Zuladung	175 kg

Motor

Typ	Viertakt-V2 mit 90° Zylinderwinkel, luft/ölgekühlt
Hubraum	803 cm^3
Bohrung	88,0 mm
Hub	66,1 mm
Verdichtungsverhältnis	11,0 : 1
Kupplung	Mehrscheiben-Nasskupplung
Getriebe	6 Gänge in konstantem Eingriff
Ventiltrieb	OHC mit Zahnriemen, Öffner- und Schließer-Kipphebel (Desmodromik), je 2 Ventile
Kraftstoffsystem	Siemens Synerject-Einspritzung mit einer Drosselklappe (50 mm Durchmesser), eine Einspritzdüse je Zylinder
Zündsystem	CDI-Transistorzündung mit elektronischer Frühverstellung

Fahrwerk

Rahmen	Stahl-Gitterrohrrahmen, Motor als tragendes Element
Lenkkopfwinkel und Nachlauf	
Café Racer	24,0°, 93,4 mm
Alle anderen Modelle	24,0°, 112 mm
Tankinhalt (einschl. Reserve)	13,5 Liter
Tank-Reserve	ca. 4 Liter
Vorderradfederung	
Desert Sled	
Typ	Upsidedown-Gabel (Kayaba), 46 mm Gleitrohrdurchmesser
Federweg	200 mm
Einstellmöglichkeiten	Federvorspannung, Zugstufe, Druckstufe
Alle anderen Modelle	
Typ	Upsidedown-Gabel (Kayaba), 41 mm Gleitrohrdurchmesser
Federweg	150 mm
Einstellmöglichkeiten	keine
Hinterradfederung	
Typ	Aluminium-Schwinge, Mono-Stoßdämpfer (Kayaba)
Federweg (an Achse)	
Desert Sled	200 mm
alle anderen Modelle	150 mm
Einstellmöglichkeiten	
Desert Sled	Federvorspannung, Zugstufe, Druckstufe
alle anderen Modelle	Federvorspannung
Vorderradgröße	
Café Racer	17 Zoll
Desert Sled	19 Zoll
alle anderen Modelle	18 Zoll
Hinterradgröße	17 Zoll

Fahrwerk (Fortsetzung)

Reifen (beachten Sie die Hinweise in den Fahrzeugpapieren)
Vorderrad
Café Racer . . . . 120/70 ZR 17
Desert Sled . . . . 120/70 R 19 MC 68W
alle anderen Modelle . . . . 110/80 R 18 MC 58H
Hinterrad
Café Racer . . . . 180/55 ZR 17
Desert Sled . . . . 170/60 R 17
alle anderen Modelle . . . . 180/55 R 17 MC 73H
Vorderradbremse . . . . Schwimmend gelagerte Bremsscheibe (330 mm) mit Vierkolben-Festsattel (Brembo)
Hinterradbremse . . . . Bremsscheibe (245 mm) mit Einkolben-Schwimmsattel (Brembo)

Identifikationsnummern

Rahmen- und Motornummern

Die Rahmennummer (Fahrzeug-Identifizierungsnummer – FIN) ist auf der rechten Seite des Lenkkopfes eingeschlagen und findet sich wieder auf dem Typenschild. Die Motornummer ist im unteren Bereich der linken Motorgehäusehälfte eingeschlagen. Die FIN steht in den Fahrzeugpapieren. Um der Polizei das Wiederfinden einer gestohlenen Maschine zu erleichtern, sollte man sich auch die möglicherweise von der Rahmennummer abweichende Motornummer notieren.
Die Arbeitsanleitungen in diesem Handbuch werden nach Modell-Namen unterschieden. Falls nötig, wird zusätzlich das Modelljahr (dies muss weder das Baujahr noch das Jahr der ersten Zulassung sein!) angegeben.

Ersatzteilkauf

Sobald Sie alle Identifikationsnummern gefunden haben, sollten diese zur Erleichterung beim Ersatzteilkauf notiert werden. Da der Hersteller technische Daten, Teile und Ausführungen auch während der laufenden Produktion ändert, ist das Bereithalten der Nummern die sicherste Methode, die richtigen Teile zu erhalten.
Wenn möglich, sollten immer die defekten Teile mitgebracht werden, um sie mit den Neuteilen zu vergleichen. Auf dem Weg vom Hersteller zum Teileregal des Händlers gibt es viele Möglichkeiten, Nummern zu verwechseln oder falsch zu notieren.
Die zwei Quellen neuer Ersatzteile für Ihr Motorrad – der Zubehörhandel und der Vertragshändler – unterscheiden sich in den Teilen, die sie bereithalten. Während der Ducati-Vertragshändler jedes aufgelistete Einzelteil Ihrer Maschine besorgen kann, bietet der Zubehörhandel zumeist nur normale Verschleißteile wie Ketten- oder Dichtungssätze sowie Tuningteile wie Stoßdämpfer und Auspuffanlagen an.
Oftmals ist es möglich, von darauf spezialisierten Geschäften Gebrauchtteile zu kaufen, die grob gesagt etwa die Hälfte von Neuteilen kosten. Dafür weiß man nie genau, was man erhält. Auch hier sollten zum Vergleich immer die defekten Teile mitgebracht werden.
Unabhängig davon, ob Sie neue, gebrauchte oder überholte Teile kaufen wollen, sollten Sie sich immer an jemanden wenden, der sich auf Ducati-Teile spezialisiert hat.

Modellname	Produktionsjahre
Icon	ab 2015
Full Throttle	ab 2015
Classic	2015 bis 2019
Urban Enduro	2015 bis 2016
Flat Track Pro	2016
Mach 2.0	2017 bis 2019
Café Racer	ab 2017
Desert Sled	ab 2017
Street Classic	2018 bis 2019

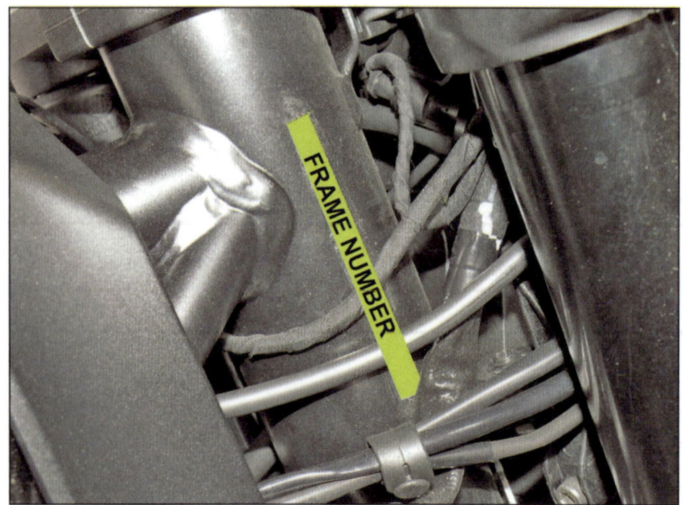

Die Rahmennummer ist am Lenkkopf eingeschlagen.

Die Motornummer ist links unten in die Gehäusehälfte eingeschlagen.

Tägliche Kontrollen

Anmerkung: *Diese auch in der Bedienungsanleitung erwähnten Kontrollen sollten vor jeder Fahrt durchgeführt werden.*

1 Motorölpegel

Vor Beginn:

✔ Die Ölkontrolle erfolgt über das Schauglas rechts am Motor – reinigen Sie das Glas nötigenfalls.
✔ Starten Sie den Motor und bringen Sie ihn möglichst durch eine etwa viertelstündige Fahrt auf Betriebstemperatur.

Achtung: Der Motor darf nicht in einem geschlossenen Raum laufen.

✔ Stützen Sie das Motorrad auf einer ebenen Fläche aufrecht stehend ab (lassen Sie es ggf. von einem Assistenten halten).
✔ Schalten Sie den Motor ab und warten Sie ein paar Minuten, bis sich der Ölpegel stabilisiert hat.

Öltyp	Synthetiköl der API-Klasse SM oder höher, JASO T 903 MA2 (Motorrad-Motoröl), Ducati empfiehlt Shell Advance 4T Ultra
Ölviskosität	SAE 15W/50

Vorsichtsmaßnahmen:

• Falls regelmäßig Öl nachgefüllt werden muss, sollten die Gründe des Ölverlustes gefunden werden. Sind keine Anzeichen von Lecks an Verbindungen und Dichtungen festzustellen, wird das Öl vom Motor verbrannt (siehe Fehlersuche).

Das richtige Öl:

• Moderne, leistungsstarke Motoren stellen große Anforderungen an ihr Motoröl. Es ist deshalb sehr wichtig, ein für das Motorrad geeignete Öl zu verwenden – benutzen Sie kein Auto-Motorenöl.
• Benutzen Sie immer gutes Qualitätsöl des vorgegebenen Öltyps und einer der Umgebungstemperatur entsprechenden Viskosität und füllen Sie den Motor nicht zu voll.

Achtung: Manche Leichtlauföle für Automobil enthalten Additive, die Ölbadkupplungen möglicherweise durchrutschen lassen. Öle, die dem japanischen JASO-MA-Standard entsprechen, vertragen sich mit Ölbadkupplungen.

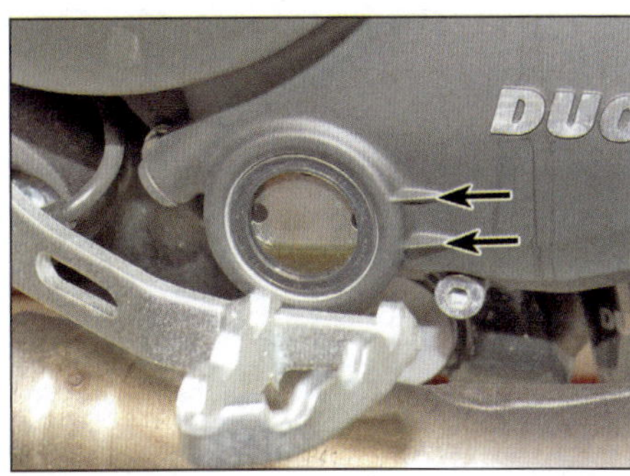

1 Der Ölpegel kann durch das Schauglas rechts unten am Motor kontrolliert werden – wischen Sie es zunächst nötigenfalls sauber. Bei gerade stehendem Motorrad muss sich der Pegel zwischen den beiden angegossenen Linien (Pfeile) befinden.

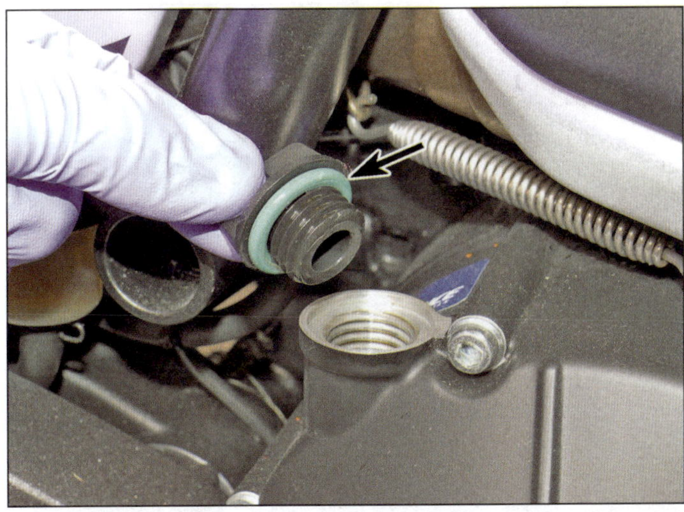

2 Falls der Pegel nahe oder unter der unteren Linie liegt, muss der Einfüllstopfen aus dem Kupplungsdeckel geschraubt werden – beachten Sie seinen O-Ring (Pfeil).

3 Füllen Sie den Motor mit dem vorgeschriebenen Öl auf, bis der Pegel knapp unter der oberen Markierung liegt. Füllen Sie nicht zu viel Öl auf! Prüfen Sie, ob der Dichtring des Einfüllstopfens in Ordnung ist und korrekt sitzt. Installieren Sie den Stopfen, starten Sie den Motor kurzzeitig, warten Sie einige Minuten und kontrollieren Sie den Ölpegel erneut.

2 Federung, Lenkung und Antriebskette

Federung und Lenkung:

- Prüfen Sie, ob die Vorderrad- und Hinterradfederung sanft und klemmfrei arbeitet (siehe Kapitel 1).
- Überprüfen Sie, ob sich die Lenkung sanft von Anschlag zu Anschlag bewegen lässt.

Endantrieb:

- Prüfen Sie, ob die Kette den korrekten Durchhang hat, und stellen Sie sie nötigenfalls ein (siehe Kapitel 1).
- Eine trocken aussehende Kette muss geschmiert werden (siehe Kapitel 1).

3 Bremsflüssigkeitspegel

Vor Beginn:

✔ Der Ausgleichsbehälter der Handbremse sitzt rechts am Lenker. Der Ausgleichsbehälter der Fußbremse sitzt rechts am Rahmen.

✔ Stellen Sie sicher, dass Sie die richtige Bremsflüssigkeit vorrätig haben – DOT 4 ist vorgeschrieben.

✔ Umwickeln Sie den Ausgleichsbehälter mit Lappen, damit keine Spritzer auf Lackteile geraten.

✔ Drehen Sie für die Kontrolle des Handbremszylinder-Ausgleichsbehälters den Lenker so, dass der Behälter möglichst gerade steht.

✔ Stützen Sie für die Kontrolle des Fußbremszylinder-Ausgleichsbehälters das Motorrad möglichst senkrecht auf einer ebenen Fläche ab.

Vorsichtsmaßnahmen:

- Der Flüssigkeitsstand in beiden Bremsausgleichsbehältern nimmt mit zunehmendem Verschleiß der Bremsbeläge ab – prüfen Sie diese bei niedrigem Pegel (siehe Kapitel 1) und ersetzen Sie sie nötigenfalls (siehe Kapitel 5). Durch den Einbau neuer Bremsbeläge steigt der Pegel im Ausgleichsbehälter wieder an; füllen Sie ihn ggf. bis zur MAX-Markierung auf – aber nicht darüber hinaus.
- Falls ein Ausgleichsbehälter wiederholt nachgefüllt werden muss, ist dies ein Indiz für ein Leck im Hydrauliksystem, das sofort repariert werden muss. Achten Sie auf Beschädigungen oder Risse an den Hydraulikschläuchen und Komponenten – falls welche gefunden werden, müssen sie sofort ersetzt oder repariert werden (siehe Kapitel 1).
- Prüfen Sie die Funktion beider Bremsen, bevor Sie mit der Maschine fahren. Wenn Luftblasen im System sind (schwammiges Gefühl im Hebel oder Pedal), muss es entlüftet werden (siehe Kapitel 5).

***Warnung:* Bremsflüssigkeit kann zu Augenverletzungen führen und Lackoberflächen angreifen, bewahren Sie deshalb beim Umgang hiermit größte Sorgfalt. Beim Eingießen sollten gefährdete Teile mit Lappen verdeckt sein. Benutzen Sie keine Bremsflüssigkeit, die längere Zeit offen gestanden hat, da sie Feuchtigkeit aus der Luft absorbiert, was zu einem gefährlichen Verlust an Bremswirkung führen kann.**

Vorderradbremse – alle Modelle außer Café Racer

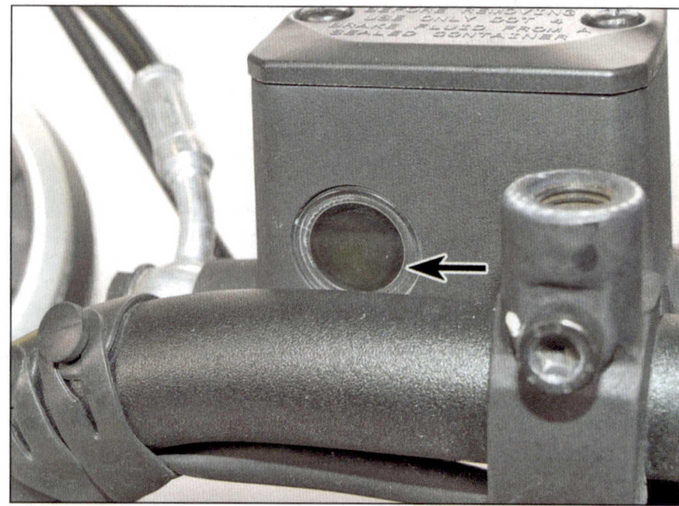

1 **Der Bremsflüssigkeitspegel ist durch das Schauglas sichtbar – er muss sich innerhalb des Fensters befinden.**

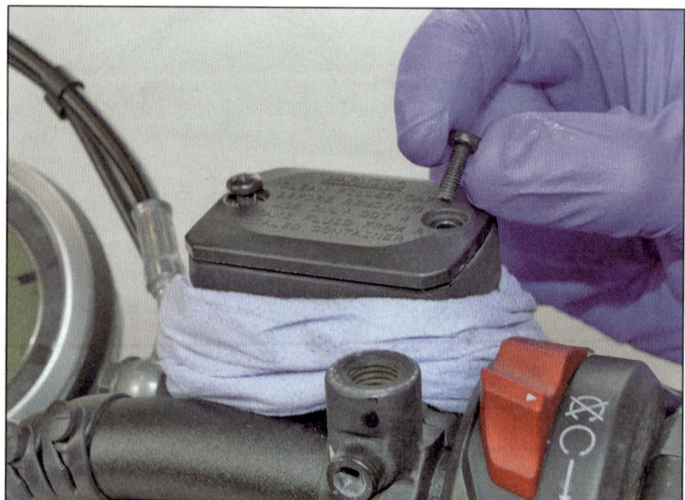

2 **Falls der Pegel nahe oder unterhalb des unteren Randes liegt, müssen die zwei Schrauben des Behälterdeckels gelöst und dieser samt Platte und Manschette abgenommen werden.**

3 Füllen Sie frische DOT 4-Bremsflüssigkeit auf, bis der Pegel am oberen Rand des Fensters steht – füllen Sie nicht zu viel auf und vermeiden Sie Spritzer (siehe Warnung oben).

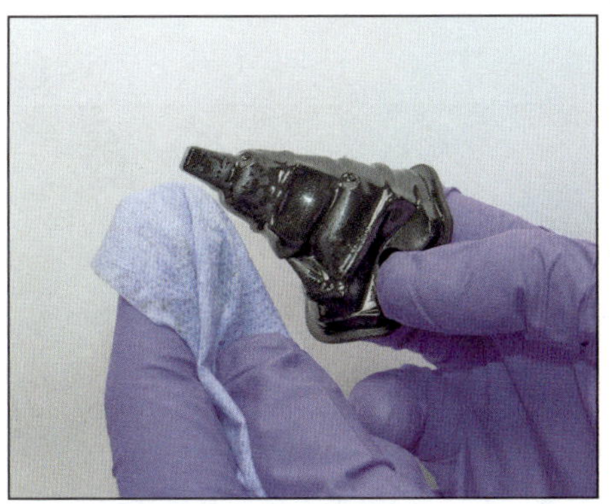

4 Wischen Sie mit einem Papiertuch Ablagerungen aus der Manschette.

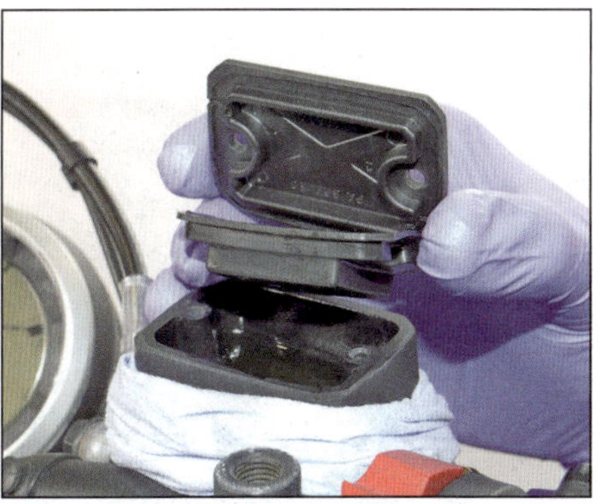

5 Achten Sie vor dem Aufsetzen des Deckels darauf, dass die Manschette korrekt sitzt. Sichern Sie den Deckel mit den Schrauben.

Vorderradbremse – Café Racer

1 Der Bremsflüssigkeitspegel ist durch das transparente Gehäuse des Ausgleichsbehälters sichtbar – er muss zwischen den MAX- und MIN-Linien stehen.

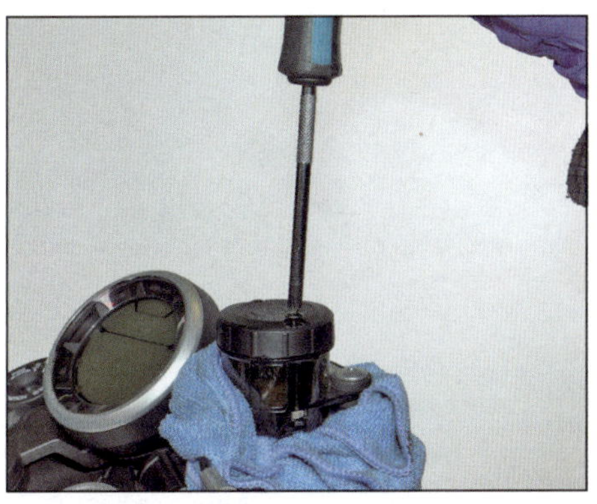

2 Falls der Pegel nahe oder unterhalb des MIN-Linie liegt, müssen die zwei Schrauben des Behälterdeckels gelöst und dieser samt Platte und Manschette abgenommen werden.

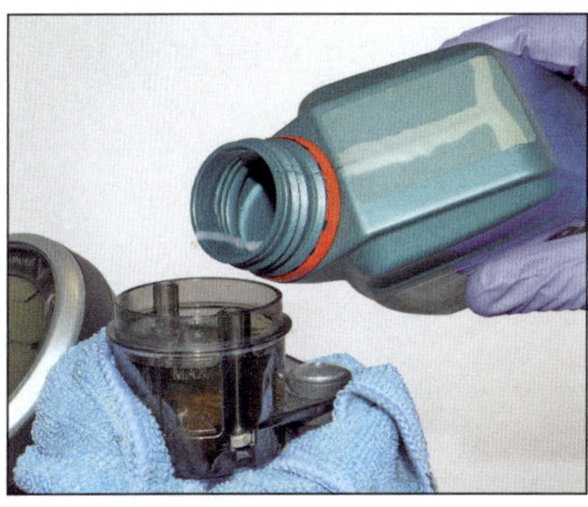

3 Füllen Sie frische DOT 4-Bremsflüssigkeit auf, bis der Pegel kurz unter der MAX-Markierung steht – füllen Sie nicht zu viel auf und vermeiden Sie Spritzer (siehe Warnung oben).

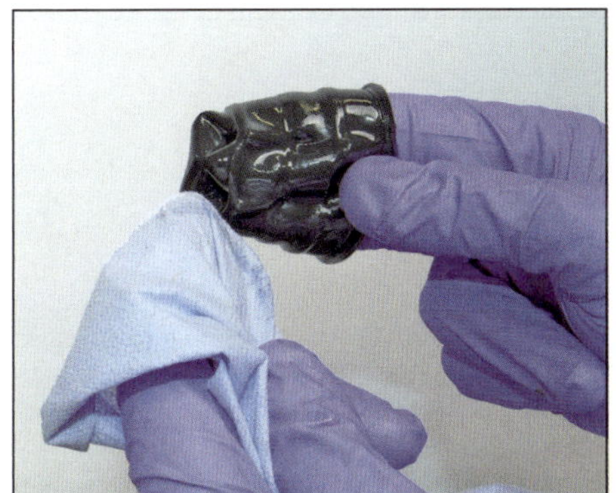

4 Wischen Sie mit einem Papiertuch Ablagerungen aus der Manschette.

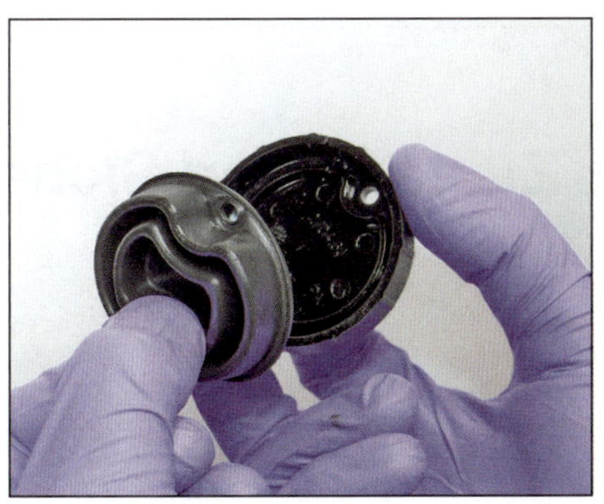

5 Installieren Sie die korrekt gefaltete Manschette in den Deckel.

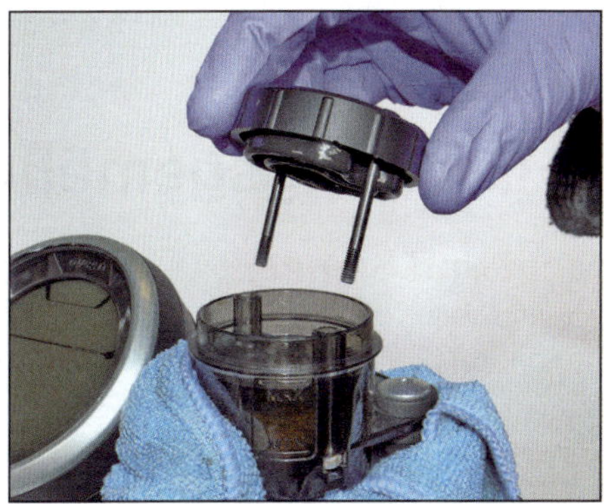

6 Setzen Sie den Deckel auf und sichern Sie ihn mit den Schrauben.

Hinterradbremse

1 Der Bremsflüssigkeitspegel ist durch das transparente Gehäuse des Ausgleichsbehälters sichtbar – er muss zwischen den MAX- und MIN-Linien stehen.

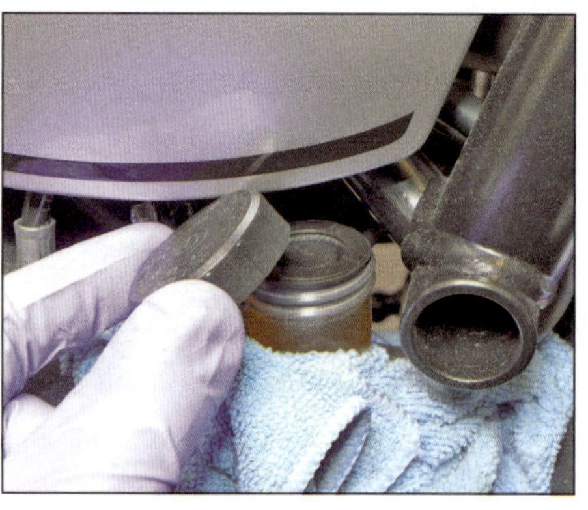

2 Falls der Pegel nahe oder unterhalb des MIN-Linie liegt, muss der Behälterdeckel abgeschraubt und die Platte und Manschette abgenommen werden.

3 Füllen Sie frische DOT 4-Bremsflüssigkeit auf, bis der Pegel kurz unter der MAX-Markierung steht – füllen Sie nicht zu viel auf und vermeiden Sie Spritzer (siehe Warnung oben).

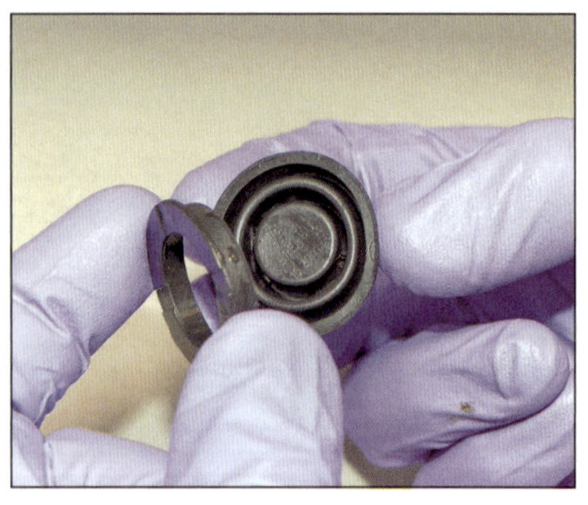

4 Befreien Sie die Platte aus der Manschette.

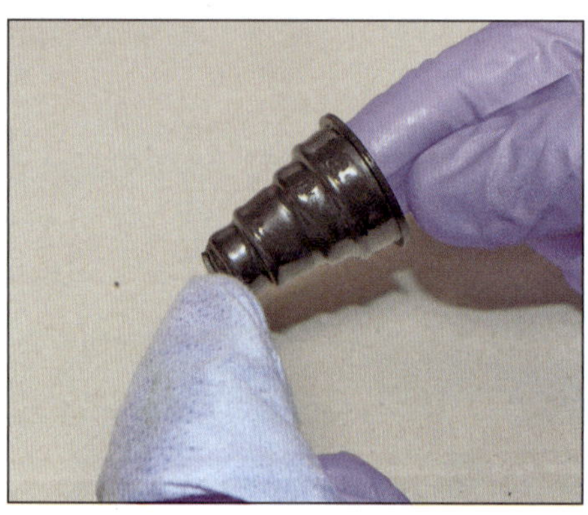

5 Wischen Sie mit einem Papiertuch Ablagerungen aus der Manschette.

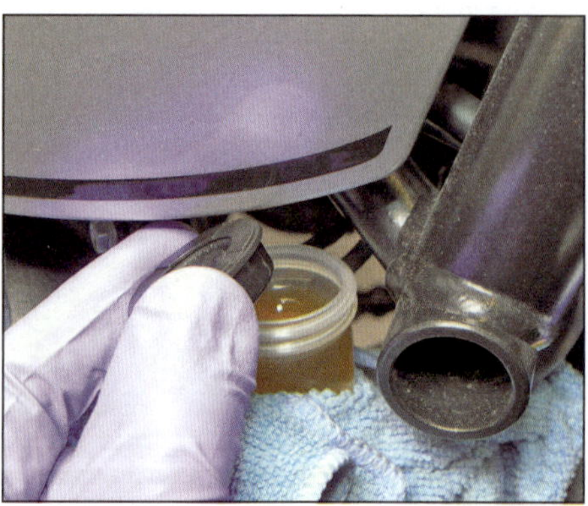

6 Installieren Sie die Platte in die korrekt gefaltete Manschette, setzen Sie diese in den Behälter und schrauben Sie den Deckel auf.

4 Ordnungsgemäßer Zustand und Sicherheit

Licht und Signale:

- Kontrollieren Sie, ob Scheinwerfer, Rücklicht, Bremslicht, Kennzeichen- und Instrumentenbeleuchtung sowie alle Blinker korrekt funktionieren.
- Prüfen Sie die Funktion der Hupe.
- Ein funktionierender Tachometer ist gesetzlich vorgeschrieben.

Sicherheit:

- Überprüfen Sie, ob der Gasgriff leichtgängig ist und jederzeit und in allen Lenkerstellungen von alleine wieder schließt. Kontrollieren Sie das korrekte Gasgriff-Spiel (siehe Kapitel 1, Sektion 11).
- Prüfen Sie, ob sich der Bremshebel, das Bremspedal, der Kupplungshebel und der Schalthebel sanft und frei bewegen lassen. Schmieren alle Teile in den vorgegebenen Intervallen oder bei Erfordernis (siehe Kapitel 1, Sektion 16).
- Prüfen Sie, ob der Motor abschaltet, wenn der Killschalter betätigt wird. Kontrollieren Sie den Sicherheits-Stromkreis (siehe Kapitel 1, Sektion 13).
- Prüfen Sie, ob die Ständerfedern den Seitenständer im eingeklappten Zustand sicher an der Maschine halten.

Kraftstoff:

- Auch wenn es überflüssig klingt: Überprüfen Sie, ob Sie genug Benzin für die bevorstehende Fahrt im Tank haben. Wenn irgendwo Kraftstoff ausläuft, muss die Ursachen hierfür sofort beseitigt werden.
- Vergewissern Sie sich, dass immer Benzin der vorgeschriebenen Oktanzahl verwendet wird – Ducati schreibt Otto-Kraftstoff mit mindestens 95 Oktan vor.

5 Reifen

Vorsichtsmaßnahmen

- Kontrollieren Sie die Reifen sorgfältig auf Risse, Schnitte, eingedrungene Nägel oder andere scharfe Dinge und erhöhte Abnutzung. Die Benutzung eines Motorrads mit stark abgefahrenen Reifen ist extrem gefährlich, auch die Straßenlage und Traktion verschlechtert sich stark.
- Achten Sie auf festsitzende Schutzkappen. Entweicht nach dem Entfernen einer Kappe Luft, kann dies an einem locker sitzenden Ventil liegen. Mithilfe eines preiswerten Werkzeugs (das es auch in die Ventilkappe integriert gibt) kann das Ventil wieder angezogen (oder ausgetauscht) werden. Kontrollieren Sie den Zustand der Reifenventile.
- Im Gummi steckende Steine, Scherben und Nägel müssen entfernt werden, damit sie nicht komplett eindringen und für einen Plattfuß sorgen.
- Wenn eine Beschädigung offensichtlich ist oder ungewöhnlich hoher Druckverlust auftritt, muss unverzüglich Rat bei einem Reifenhändler gesucht werden.

Reifenprofiltiefe

- Zurzeit muss ein Reifen laut Gesetz eine Mindestprofiltiefe von 1,6 mm aufweisen. Honda empfiehlt nicht, Reifen früher zu wechseln, doch kann es vorkommen, dass das Fahrverhalten bereits früher schlechter wird.
- Viele heutige Reifen besitzen Profiltiefen-Indikatoren, auf die an den Flanken mit Dreiecken oder der Bezeichnung TWI hingewiesen wird. Diese Indikatoren müssen nicht den gesetzlich vorgeschriebenen 1,6 mm entsprechen! Ermitteln Sie die Profiltiefe an der am stärksten verschlissenen Stelle des Reifens – die Polizei wird es bei einer Kontrolle ebenso tun. Ersetzen Sie einen abgefahrenen Reifen – dies erhöht die Sicherheit und schützt vor Strafe.

Der richtige Reifendruck

- Der Luftdruck muss bei kalten Reifen überprüft werden – also nicht direkt nach längerer Fahrt, denn hierbei wird der Reifen warm und der Luftdruck steigt. Extrem niedriger Reifenluftdruck kann den Reifen auf der Felge rutschen oder sogar abspringen lassen. Zu hoher Luftdruck lässt den Reifen in der Mitte stark verschleißen und sorgt für eine unsichere Fahrweise.
- Benutzen Sie ein genaues Messgerät.
- Ein richtiger Luftdruck erhöht die Lebensdauer der Reifen und sorgt für beste Fahrstabilität und Fahrkomfort.

Café Racer

vorn	hinten
2,3 bar	2,5 bar – nur Fahrer 2,8 bar – mit Beifahrer und/oder Gepäck

Desert Sled

vorn	hinten
2,2 bar	2,2 bar – nur Fahrer 2,6 bar – mit Beifahrer und/oder Gepäck

Alle anderen Modelle

vorn	hinten
2,5 bar	2,5 bar – nur Fahrer 2,9 bar – mit Beifahrer und/oder Gepäck

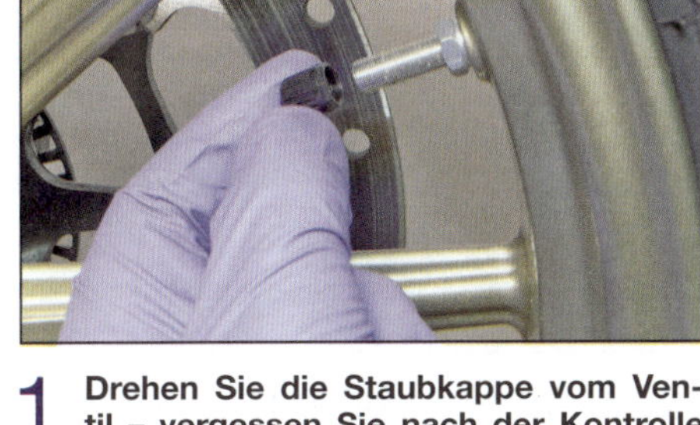

1 Drehen Sie die Staubkappe vom Ventil – vergessen Sie nach der Kontrolle nicht, sie wieder aufzuschrauben.

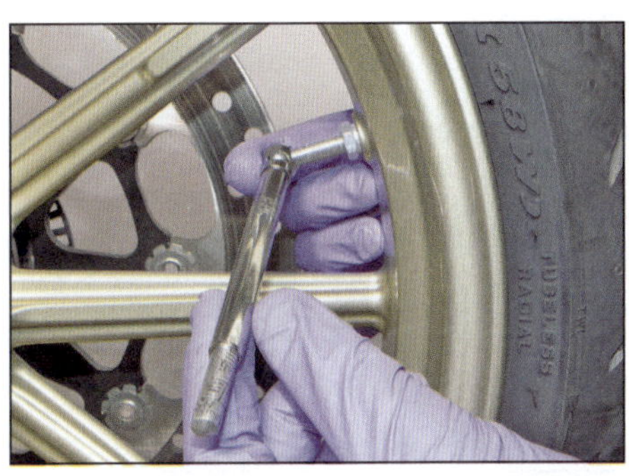

2 Kontrollieren Sie den Luftdruck bei kaltem Reifen.

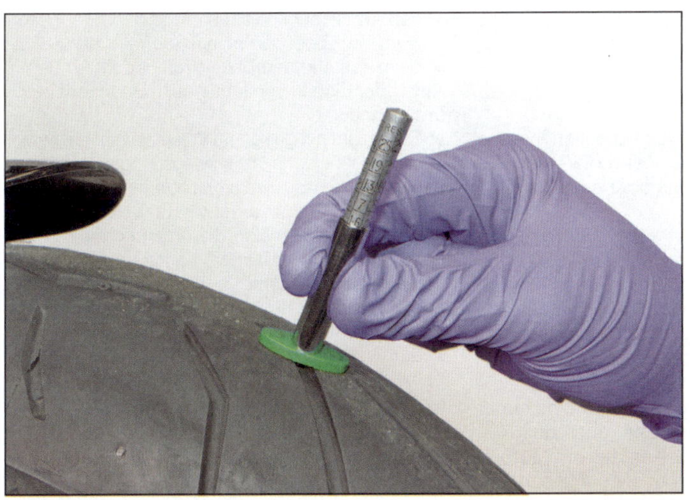

3 Messen Sie die Profiltiefe in der Reifenmitte an mehreren Stellen.

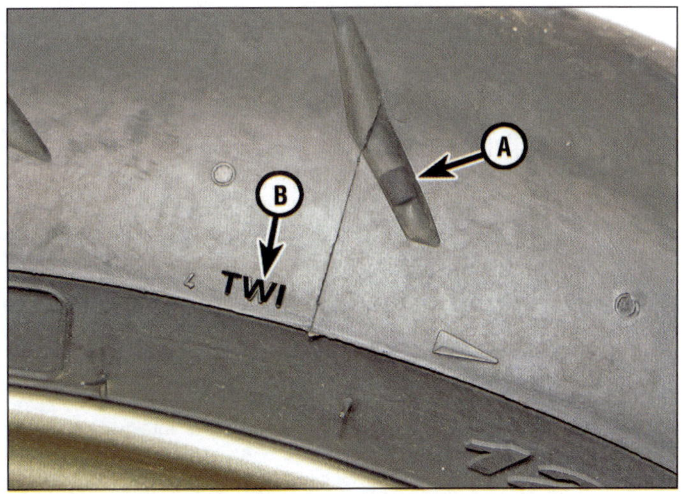

4 Auf den Profiltiefen-Indikator (A) weist die Bezeichnung TWI am Rande der Lauffläche (B) hin.

Sicherheit geht vor!

Professionelle Mechaniker haben während ihrer Ausbildung viel über Arbeitssicherheit gelernt. Doch auch der Enthusiast sollte sich bei seinen Tätigkeiten die Zeit nehmen, um sicherzustellen, dass er sich nicht unnötig in Gefahr begibt. Eine kurze Unachtsamkeit kann genauso zu einem Unfall führen wie die Nichtbeachtung simpler Vorsichtsmaßnahmen.

Es gibt unendlich viele Möglichkeiten, einen Unfall herbeizuführen – und es kann hier keine umfassende Liste aller Gefahren wiedergegeben werden; vielmehr soll auf das Risiko hingewiesen und auf eine sichere Herangehensweise an alle Arbeiten am Motorrad aufmerksam gemacht werden.

Asbest

• Verschiedene Reibmaterialien, Isolierungen und Dichtungen (z. B. Brems- und Kupplungsbeläge, Kopfdichtungen, Hitzeschilde, usw.) können Asbest enthalten. Absolute Vorsicht ist beim Einatmen des Staubs solcher Teile geboten, da dieser äußerst gesundheitsschädlich ist. Im Zweifelsfall sollte man immer davon ausgehen, dass Asbest enthalten ist.

Feuer

• Denken Sie immer daran, dass Benzin leicht entzündbar ist. Rauchen Sie niemals bei der Arbeit am Fahrzeug und lassen Sie keine offenen Flammen in die Nähe kommen. Hiermit ist das Feuerrisiko jedoch noch nicht gebannt, denn Funken durch einen elektrischen Kurzschluss, das Aneinanderschlagen zweier Metallteile, der unbedachte Einsatz von Werkzeugen oder die statische Aufladung des Körpers oder der Kleidung können in geschlossenen Räumen Benzindämpfe entzünden, die sich zu einem hochexplosiven Gemisch entwickelt haben. Verwenden Sie Benzin niemals als Reinigungsmittel, sondern benutzen Sie ungefährlichere Lösungsmittel.

• Trennen Sie vor jeder Arbeit am Kraftstoff- oder Zündsystem den Masseanschluss (–) von der Batterie. Lassen Sie niemals Benzin auf den heißen Motor oder Auspuff tropfen.

• Es wird empfohlen, in der Garage oder der Werkstatt einen für brennende Flüssigkeiten geeigneten Feuerlöscher griffbereit zu halten. Löschen Sie niemals brennendes Benzin oder unter Strom stehende Teile mit Wasser!

Dämpfe

• Manche Dämpfe sind hochgiftig und können schnell zur Bewusstlosigkeit oder gar zum Tod führen, wenn sie in einer bestimmten Konzentration eingeatmet werden. Benzindämpfe gehören genauso dazu wie Dämpfe von Lösungsmitteln wie Trichlorethylen. Sämtlicher Umgang mit solch flüchtigen Stoffen darf nur in gut belüfteten Bereichen geschehen.

• Bei der Verwendung von Reinigungs- oder Lösungsmitteln müssen stets sorgfältig die Anwendungshinweise durchgelesen werden. Benutzen Sie niemals Stoffe aus unbeschrifteten Behältern und mischen Sie niemals verschiedene an sich harmlose Lösungsmittel – sie können giftige Dämpfe freisetzen.

• Lassen Sie niemals einen Verbrennungsmotor in geschlossenen Räumen laufen. Auspuffgase enthalten Kohlenmonoxid, das extrem giftig ist. Wenn ein Motor gestartet werden muss, hat dies möglichst im Freien zu geschehen, zumindest ist die Maschine so hinzustellen, dass der Auspuff nach draußen zeigt.

Batterie

• Setzen Sie die Batterie nie offenem Feuer oder Funken aus, da sie immer etwas Wasserstoff abgibt, der hochexplosiv ist.

• Trennen Sie vor der Arbeit am Kraftstoff- oder Zündsystem den Masse-Anschluss (–) von der Batterie – außer, die Stromzufuhr wird ausdrücklich verlangt.

• Lockern Sie beim Laden der Batterie die Einfüllstopfen. Laden Sie die Batterie nicht mit einer zu hohen Rate, da sie hierdurch beschädigt wird.

• Seien Sie beim Auffüllen, Reinigen und Tragen der Batterie vorsichtig. Die Batteriesäure ist auch im verdünnten Zustand stark ätzend. Haut- und Augenkontakt muss durch das Tragen von Gummihandschuhen und einer Schutzbrille mit Gesichtsschutz vermieden werden. Muss die Batteriesäure selber vorbereitet werden, darf nur die Säure langsam dem Wasser zugefügt werden – gießen Sie niemals das Wasser in die Säure!

Elektrizität

• Beim Einsatz von Elektrowerkzeugen, Lampen usw. muss immer ein korrekter Stromanschluss und ggf. Masseanschluss sichergestellt sein. Verwenden Sie keine Elektrogeräte in feuchter Umgebung oder in der Nähe von Benzin oder Benzindämpfen. Achten Sie darauf, dass alle Geräte und das Stromnetz den Sicherheitsstandards entsprechen.

• Einen starken Stromschlag kann man beim Berühren bestimmter Teile der elektrischen Anlage bekommen, so zum Beispiel beim Anfassen der Zündkabel bei laufendem oder durchgedrehtem Motor – und besonders, wenn Bauteile feucht sind oder eine defekte Isolierung haben. Bei elektronischen Zündanlagen kann die Zündspannung lebensgefährlich sein!

Niemals ...

✘ den Motor starten, ohne geprüft zu haben, dass sich das Getriebe im Leerlauf befindet.

✘ plötzlich den Deckel eines heißen Kühlsystems entfernen – sondern ihn mit Lappen abdecken und langsam den Druck ablassen, um sich nicht durch austretendes Kühlmittel zu verbrühen.

✘ aus einem heißen Motor Öl ablassen, sondern ihn erst etwas abkühlen lassen, um sich nicht zu verbrennen.

✘ Teile eines heißen Motors oder Auspuffs anfassen, um sich nicht zu verbrennen.

✘ Bremsflüssigkeit oder Kühlmittel auf Lack oder Kunststoffteile gelangen lassen.

✘ giftige Flüssigkeiten wie Benzin, Bremsflüssigkeit oder Frostschutzmittel mit dem Mund ansaugen oder auf die Haut gelangen lassen.

✘ Staub einatmen, der gesundheitsschädlich sein kann (siehe oben unter Asbest).

✘ Öl oder Fett auf dem Boden belassen, sondern es aufwischen, bevor jemand darauf ausrutscht.

✘ verschlissene Werkzeuge benutzen, da man damit abrutschen und sich verletzen kann.

✘ schwere Dinge wie Motoren allein heben, sondern einen Assistenten zu Hilfe holen.

✘ in Zeitnot arbeiten oder die Arbeit auf gefährlichen Wegen abkürzen.

✘ Kindern oder Tieren ermöglichen, sich in der Nähe eines unbeobachteten Fahrzeugs aufzuhalten.

✘ einen Reifen über den erlaubten Maximaldruck aufpumpen. Abgesehen von der Überlastung der Karkasse kann er in Extremfällen platzen.

Stets ...

✔ dafür sorgen, dass die Maschine sicher steht. Besonders wichtig ist dies, wenn die Maschine für den Ausbau eines Rades oder einer Radaufhängung aufgebockt wird.

✔ festsitzende Schrauben oder Muttern vorsichtig lockern. An einem Schlüssel zu ziehen ist immer besser, als ihn zu drücken, damit man beim Abrutschen nicht auf die Maschine stößt.

✔ beim Einsatz von Bohrern, Schleifern und anderen Maschinen eine Schutzbrille tragen.

✔ beim Arbeiten in schmutzigen Bereichen die Hände mit Schutzcreme versehen, die nicht nur vor Infektionen schützt, sondern auch das Reinigen erleichtert. Längerer Kontakt mit Motoröl kann ein Gesundheitsrisiko sein. Passen Sie auf, dass die Hände durch die Creme nicht rutschig werden.

✔ Kleidungsstücke wie Ärmel, Halstücher oder lange Haare außerhalb des Arbeitsbereichs beweglicher Teile halten.

✔ Schmuck und Uhren vor der Arbeit – besonders an elektrischen Bauteilen – ablegen.

✔ den Arbeitsbereich sauber und geordnet halten, um nicht über herumliegende Teile zu fallen.

✔ beim Zusammendrücken von Federn für den Aus- oder Einbau vorsichtig sein. Spannen und Entspannen.

✔ Federn nur mit geeigneten Werkzeugen greifen, die die Feder nicht plötzlich wegspringen lassen.

✔ aufpassen, dass Hebevorrichtungen genügend Tragkraft für die zu verrichtende Arbeit haben.

✔ jemanden regelmäßig die Arbeit kontrollieren lassen, wenn man allein am Fahrzeug arbeitet.

✔ die Arbeit in einer logischen Reihenfolge ausführen und anschließend prüfen, ob alles korrekt montiert und gesichert ist.

✔ daran denken, dass die Sicherheit des Fahrzeugs auch Ihre eigene Sicherheit und die anderer bedeutet. Bei jedem Zweifel muss professioneller Rat eingeholt werden.

• Da man sich trotz des Befolgens dieser Hinweise verletzen kann, muss dafür gesorgt werden, dass immer jemand (nötigenfalls per Telefon) erreichbar ist, der einem zu Hilfe kommen kann.

Kapitel 1
Einstellungs- und Wartungsarbeiten

Inhalt (in alphabetischer Reihenfolge, die Zahlen geben die Nummerierung in den grauen Feldern wieder)

Schwierigkeitsgrade

Leicht. Für Anfänger mit wenig Erfahrung geeignet. 	**Relativ leicht.** Für Anfänger mit etwas Erfahrung geeignet. 	**Relativ schwierig.** Geeignet für geübte Selbstschrauber. 	**Schwer.** Geeignet für Selbstschrauber mit viel Erfahrung. 	**Sehr schwer.** Geeignet für Experten und Profis.

Technische Daten

Motor

Zündkerzen-Typ	NGK DCPR 8E
Zündkerzen-Elektrodenabstand	0,7 bis 0,8 mm
Ventilspiel (bei kaltem Motor) – Einlass- und Auslassventile	
Öffner-Kipphebel	0,10 bis 0,15 mm
Schließer-Kipphebel	0,02 bis 0,05 mm

Fahrwerk

Antriebsketten-Durchhang	
Café Racer	45 bis 47 mm
Desert Sled	35 bis 37 mm
Alle anderen Modelle	27 bis 29 mm
Kupplungszug-Spiel am Hebelhalter	3 bis 4 mm
Gaszug-Spiel am Griffbund	2 bis 4 mm
Reifendruck	siehe *Tägliche Kontrollen*

Schmiermittel und Flüssigkeiten

Kraftstoff	Bleifreier Otto-Kraftstoff mit mindestens 95 Oktan
Motoröl-Typ	Synthetiköl der API-Klasse SM oder höher, JASO T 903 MA2 (Motorrad-Motoröl)
Motoröl-Viskosität	SAE 15W 50
Motoröl-Füllmenge	3,7 Liter
Gabelöl	7,5W-Gabelöl (z. B. Shell Advance Fork 7.5 oder Donax TA)
Bremsflüssigkeit	DOT 4
Kupplungsflüssigkeit	DOT 4
Antriebskette	Für Dichtringe verträgliches Kettenspray oder SAE 80/90-Getriebeöl
Lenkkopflager	Mehrzweckfett auf Lithiumbasis
Ständerzapfen	Mehrzweckfett auf Lithiumbasis
Radlager-Dichtlippen	Mehrzweckfett auf Lithiumbasis
Kupplungshebel	Mehrzweckfett auf Lithiumbasis
Schalthebel/Bremspedal/Fußrasten-Gelenke	Mehrzweckfett auf Lithiumbasis

Schmiermittel und Flüssigkeiten (Fortsetzung)

Schaltgestänge-Kugelköpfe	Mehrzweckfett auf Lithiumbasis
Schwingenlager	Mehrzweckfett auf Lithiumbasis
Stoßdämpferanlenkung	Mehrzweckfett auf Lithiumbasis
Bowdenzüge	Bowdenzug-Schmiermittel oder Waffenöl
Bowdenzug-Enden	Mehrzweckfett
Handbremshebel-Lager und Kontaktpunkt	Silikon-Schmiermittel
Hinterradbremssattel-Gleitzapfen und Manschetten	Silikon-Schmiermittel
Fußbremszylinder-Druckstange und Manschette	Silikon-Schmiermittel

Anzugsdrehmomente	**Nm**
Hinterachsmutter	145
Lenkschaftmutter	
bis Modelljahr 2018	30
ab Modelljahr 2019	35
Motoröl-Ablassschrauben	18
Motorölfilter	11
Motorölsieb-Stopfen	42
Obere Gabelbrücke (Standrohr- und Lenkrohr-Klemmungen)	24
Zündkerzen	20

1 Wartungsplan

Täglich (vor jeder Fahrt)

- ☐ Alle am Anfang dieses Buchs beschriebenen *Täglichen Kontrollen*.

Nach den ersten 1000 km

Anmerkung: *Normalerweise wird die Erstinspektion nach 1000 km durch eine Ducati-Fachwerkstatt durchgeführt. Danach werden alle Inspektionen nach den im Plan vorgesehenen Intervallen vorgenommen.*

Alle 1000 km oder 6 Monate

- ☐ Kontrolle, Einstellung, Reinigung und Schmieren der Antriebskette, Kontrolle der Kettenräder auf Verschleiß (Sektion 3)
- ☐ Kontrolle der Bremsbeläge auf Verschleiß (Sektion 7)

Alle 12 000 km oder 12 Monate

- ☐ Wechsel des Motoröls, Austausch des Ölfilters (Sektion 4)
- ☐ Kontrolle und ggf. Einstellung des Ventilspiels (Sektion 5)
- ☐ Reinigung und Kontrolle des Luftfilterelements (Sektion 6)
- ☐ Kontrolle des Bremssystems und der Bremslichtschalter (Sektion 7)
- ☐ Kontrolle der Kupplungsbetätigung (Sektion 8)
- ☐ Kontrolle des Kraftstoffsystems, der Emissionsregelung und der Schläuche (Sektion 9)
- ☐ Kontrolle der Standgasdrehzahl (Sektion 10)
- ☐ Kontrolle und ggf. Einstellung des Gaszugs (Sektion 11)
- ☐ Kontrolle der Scheinwerfereinstellung (Sektion 12)
- ☐ Kontrolle des Seitenständers und des Sicherheitsstromkreises (Sektion 13)
- ☐ Kontrolle der Federelemente (Sektion 14)
- ☐ Kontrolle der Räder, Radlager und Reifen (Sektion 15)
- ☐ Schmieren des Kupplungs- und Bremshebels, Bremspedals, Ständerzapfens und der Bowdenzüge (Sektion 16)
- ☐ Festigkeitsprüfung aller Muttern und Schrauben (Sektion 17)
- ☐ Kontrolle der Batterie (Sektion 18)
- ☐ Kontrolle sowie ggf. Einstellung und Schmieren der Lenkkopflager (Sektion 20)

Alle 24 000 km

Neben den Punkten der 12 000 km-Inspektion müssen folgende Aufgaben durchgeführt werden:

- ☐ Reinigung des Motoröl-Siebs (Sektion 4).
- ☐ Austausch der Zündkerzen (Sektion 19)
- ☐ Wechsel des Luftfilterelements (Sektion 6)
- ☐ Reinigung der Ruckdämpferelemente im Hinterrad (Kapitel 5, Sektion 23)

Alle 24 000 km oder 5 Jahre

- ☐ Austausch der Zahnriemen (Sektion 21)

Alle 36 000 km

- ☐ Wechsel des Gabelöls (Sektion 14)

Alle 3 Jahre

- ☐ Wechsel der Bremsflüssigkeit (Sektion 7)
- ☐ Wechsel der Kupplungsflüssigkeit (Modelle ab 2019) (Sektion 8)

Lage der Baugruppen

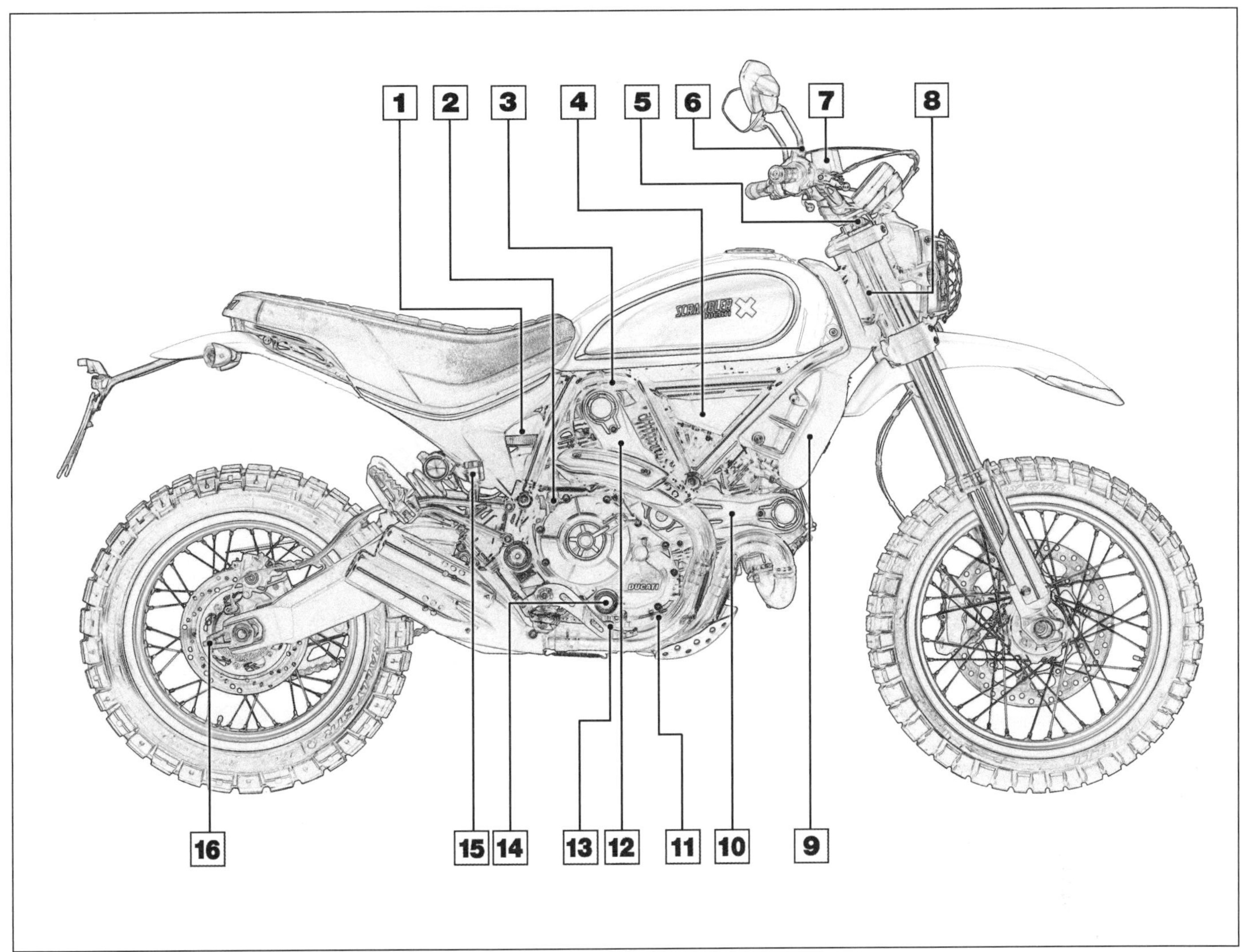

Lage der Baugruppen – rechte Seite

1 Batterie und Sicherungen
2 Öleinfülldeckel
3 Kupplungszug-Einsteller (bis Modelljahr 2018)
4 Sekundärluft-Regelventil
5 Gabel-Zug- und Druckstufenverstellung (nur Desert Sled)
6 Gaszugeinsteller
7 Handbremsen-Ausgleichsbehälter
8 Rahmennummer
9 Luftfilter
10 Zahnriemendeckel (vorderer Zylinder)
11 Motorölfilter
12 Zahnriemendeckel (hinterer Zylinder)
13 Motoröl-Sieb
14 Ölpegel-Schauglas
15 Fußbremsen-Ausgleichsbehälter
16 Antriebsketten-Einsteller

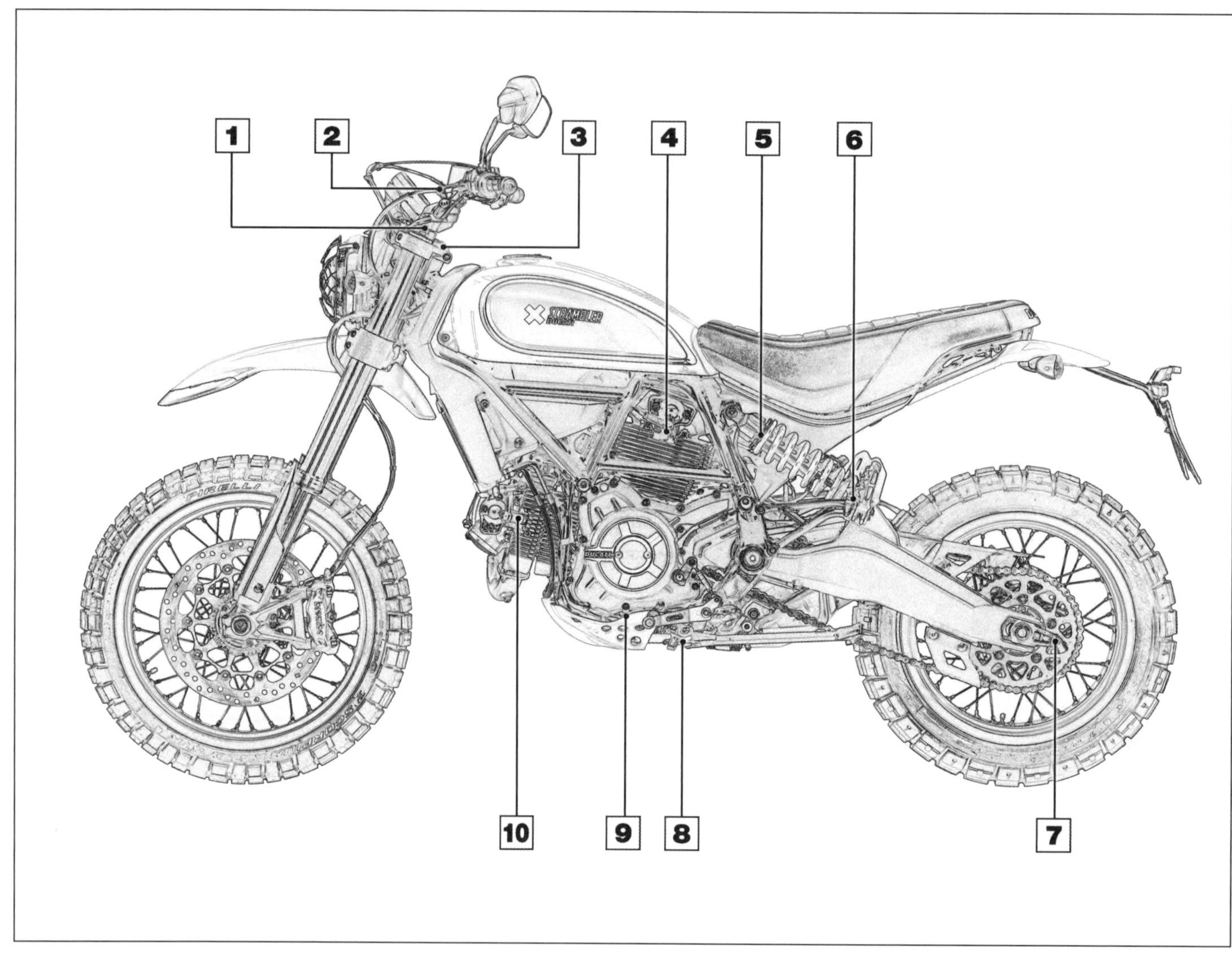

Lage der Baugruppen – linke Seite

1 Gabel-Zug- und Druckstufenverstellung (nur Desert Sled)
2 Kupplungszug-Einsteller (bis Modelljahr 2018), Kupplungshydraulik-Ausgleichsbehälter (ab Modelljahr 2019)
3 Lenkkopflager-Einsteller
4 Zündkerze (hinterer Zylinder)
5 Federvorspannungs-Einsteller
6 Federbein-Dämpfungsverstellung (nur Desert Sled)
7 Antriebsketten-Einsteller
8 Motoröl-Ablassschraube
9 Motornummer
10 Zündkerze (vorderer Zylinder)

2 Allgemeine Informationen

1 Dieses Kapitel soll dem Hobbyschrauber helfen, sein Motorrad in einem sicheren und technisch guten Zustand zu halten, sodass es immer voll leistungsfähig ist und eine lange Lebensdauer erreicht.

2 Die Entscheidung, wo und wann man mit den Routinekontrollen anfangen soll, hängt von verschieden Faktoren ab. Wenn die Garantieperiode der Maschine gerade abgelaufen ist und bisherige Inspektionen von einer Werkstatt vorgenommen wurden, kann mit der nächsten Routinekontrolle bis zum nächsten vorgeschriebenen Kilometerstand oder Zeitablauf gewartet werden. Wenn Sie die Maschine schon einige Zeit haben, aber schon lange keine Inspektion haben machen lassen, sollten Sie mit dem nächsten Intervall beginnen und einige zusätzliche Kontrollen vornehmen, um sicherzugehen, dass nichts Wichtiges überse-

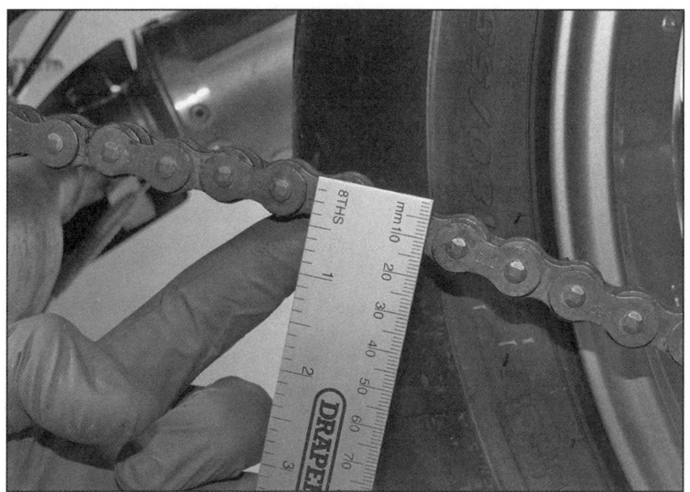

3.3a Drücken Sie den unteren Kettentrum mittig zwischen den zwei Kettenrädern hoch und »nullen« Sie das Lineal.

3.3b Ziehen Sie die Kette herunter und ermitteln Sie mit dem Lineal den Durchhang.

hen wurde. Wenn Sie gerade eine große Motor-Überholung erledigt haben, sollten Sie die Service-Intervalle von Anfang an beginnen. Wenn Sie eine gebrauchte Maschine erworben haben und über ihre Geschichte und Wartung nichts wissen, sollten Sie sich für eine Komplettkontrolle aller Punkte entscheiden und dann mit den normalen Intervallen weitermachen.

3 Eine ins Instrument integrierte Inspektionsanzeige zählt bis zur nächsten Inspektion herunter. Details hierzu finden sich in der Bedienungsanleitung.

4 Vor Beginn irgendwelcher Wartungsarbeiten sollte das Motorrad sorgfältig gereinigt werden, besonders um den Ölfilter, die Ablassschrauben, die Ventildeckel, die Federelemente, Räder usw. herum. Saubere Teile schützen davor, dass während der Arbeit Schmutz in den Motor eindringt, außerdem lassen sie Verschleiß und Beschädigungen besser erkennen.

5 Wichtige Wartungshinweise sind oft auf Aufklebern vermerkt, die am Motorrad angebracht sind. Falls diese Informationen sich von denen in diesem Buch angegeben unterscheiden, richten Sie sich nach denen am Motorrad.

Warnung: Lesen Sie vor Beginn der Arbeit die Sektion »Sicherheit geht vor!« am Anfang des Buchs sorgfältig durch!

3 Antriebskette und Kettenräder

1 Eine vernachlässigte Antriebskette wird nur ein kurzes Leben haben und ebenfalls schnell das Motorritzel und das Kettenblatt zerstören. Weil die Kette mit zunehmendem Verschleiß länger wird, muss ihr Durchhang gelegentlich nachgestellt werden. Eine regelmäßige Einstellung und Schmierung garantiert eine maximale Lebensdauer aller Komponenten.

Kontrolle

2 Das Motorrad muss auf dem Seitenständer stehen und darf nicht belastet sein. Das Getriebe muss sich im Leerlauf befinden und die Zündung muss abgeschaltet sein.

3 Drücken Sie den unteren Kettentrum mittig zwischen den zwei Kettenrädern mit leichtem Fingerdruck hoch und positionieren Sie ein Lineal an einer ausgewählten Stelle der Kette (wie z. B. hier am oberen Rand eines Bolzens). Drücken Sie die Kette mit leichtem Druck herunter und lesen Sie ab, wie weit sie nach unten durchhängt (siehe Abbildungen). Vergleichen Sie das Ergebnis mit den in den technischen Daten angegebenen Vorgaben. Weil der Kettentrieb einem gewissen Verschleiß unterliegt, muss der Durchhang gelegentlich eingestellt werden (siehe unten). Da Ketten selten gleichmäßig verschleißen, muss das Hinterrad gedreht werden, sodass ein anderer Bereich der Kette gemessen werden kann. Wiederholen Sie dies mehrmals über die gesamte Kettenlänge und markieren Sie die straffste Stelle.

Achtung: Fahren mit einer zu sehr gespannten Kette kann ebenso zu Beschädigungen führen wie mit einer zu lockeren Kette!

4 In Fällen mangelnder Schmierung können Korrosion und Abrieb bewirken, dass die Glieder sich nicht mehr frei bewegen können – was bei den Messungen eine stramme Kette vortäuschen kann (siehe Abbildung). Markieren Sie die Stelle, reinigen Sie den Bereich, führen Sie eine kurze Probefahrt durch und wiederholen Sie die Messung.

5 Falls die Kette nach der Probefahrt immer noch klemmt oder lose Bolzen oder beschädigt Rollen aufweist, muss dringend eine neue eingebaut werden (siehe Kapitel 5). Eine verrostete, verklemmte oder verschlissene Kette beschädigt Kettenräder und sogar Getriebewellenlager, schluckt Leistung, erhöht den Verbrauch und kann reißen – was zu schweren Beschädigungen oder gar Verletzungen und einem Sturz führen kann. Bei jedem Zweifel

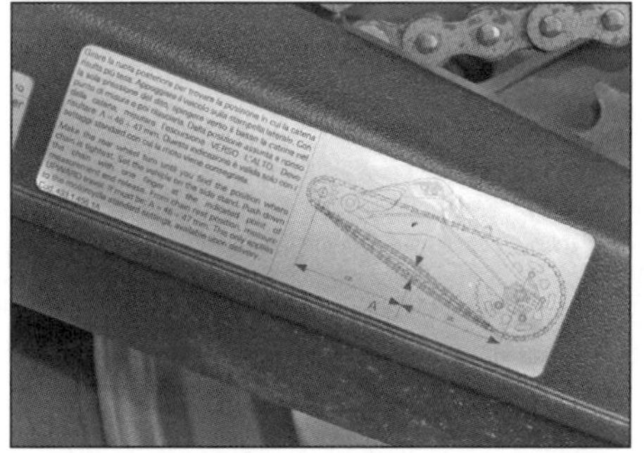

3.3c Auf dem Aufkleber an der Schwinge sind Details zur Ermittlung des Kettendurchhangs angegeben.

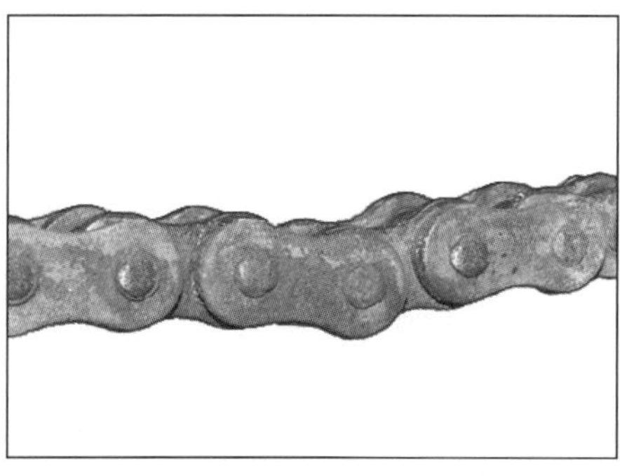

3.4 Bei einer schlecht gewarteten Kette können die Kettenglieder verklemmt sein.

3.8 Lockern Sie die Hinterachsmutter.

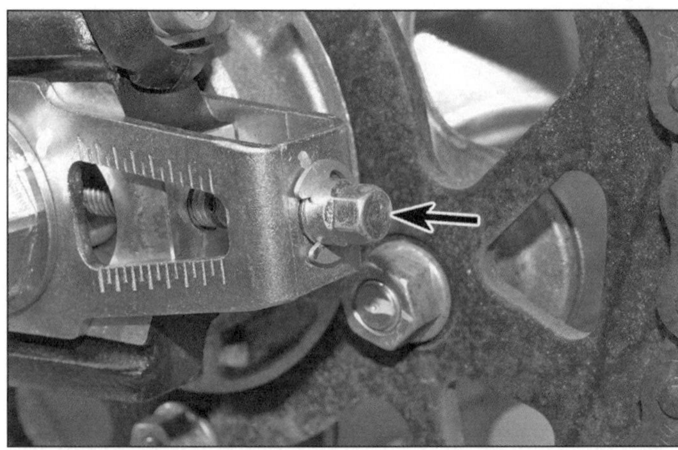

3.9 Verdrehen Sie an beiden Seiten die Einstellschraube, um den korrekten Durchhang einzustellen.

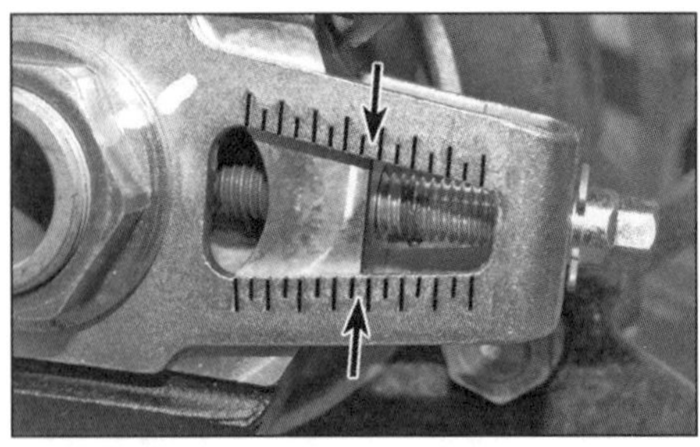

3.10 Die Enden der Schwinge müssen an beiden Seiten zur gleichen Markierung am Gleitstück zeigen.

muss daher die Kette (und wahrscheinlich auch die Kettenräder) ersetzt werden.

6 Kontrollieren Sie die gesamte Kette auf beschädigte Rollen sowie lockere Laschen und Bolzen und fehlende O-Ringe. Erneuern Sie die Kette gegebenenfalls sofort. Nach einer erhöhten Laufleistung ist auch eine gut gewartete Kette am Ende des Einstellbereichs angekommen, sodass sie samt ihrer Kettenräder ersetzt werden muss.

Anmerkung: *Montieren Sie niemals eine neue Kette auf verschlissene Kettenräder und benutzen Sie niemals eine alte Kette weiter, wenn Sie neue Kettenräder montiert haben – ersetzen Sie immer die Kette und beide Kettenräder als Satz.*

Einstellung

7 Wenn der Durchhang an der straffsten Stelle den Maximalwert überschreitet, muss die Kette eingestellt werden. Drehen Sie das Hinterrad so, dass der straffste Punkt der Kette in der Mitte des unteren Trums liegt. Stützen Sie das Motorrad auf dem Seitenständer ab.

8 Lockeren Sie rechts die Hinterachsmutter (siehe Abbildung).

9 Drehen Sie an beiden Seiten der Schwinge die Einstellschrauben gleichmäßig und in kleinen Schritten gegen den Uhrzeigersinn, um den Durchhang zu verringern; oder im Uhrzeigersinn, um ihn zu vergrößern – drücken Sie hierbei das Rad nach vorn, damit die Gleitstücke stets gegen die Schraubenköpfe drücken (siehe Abbildung).

10 Wenn der Durchhang stimmt, muss geprüft werden, ob die Kerben an den Gleitstücken an beiden Seiten in einer relativ gleichen Position zu den Enden der Schwinge stehen (siehe Abbildung) – andernfalls müssen die Einsteller angeglichen werden, da das Hinterrad nicht mehr in Flucht zum Vorderrad steht. Kontrollieren Sie erneut den Durchhang und stellen Sie ihn nötigenfalls ein – auch wenn nur der rechte Einsteller verdreht wurde, kann sich dies auf den Kettendurchhang auswirken, sodass dieser unbedingt erneut kontrolliert werden muss.

11 Nach Beendigung der Einstellung wird die Achsmutter mit 145 Nm angezogen (siehe Abbildung).

Reinigen und Schmieren

Anmerkung: *Falls ein automatisches Kettenschmiersystem (z. B. von Scottoiler) verwendet wird, muss kein weiterer Schmierstoff von Hand aufgetragen werden.*

Anmerkung: *Die beste Zeit zum Schmieren der Kette ist direkt nach der Fahrt, wenn sie warm ist. Der Schmierstoff dringt dann besser zwischen die Glieder als im kalten Zustand.*

12 Reinigen Sie die Kette nötigenfalls mit einem speziellen Reinigungsspray oder waschen Sie sie mit einer speziellen Bürste in Petroleum oder anderem Lösungsmittel, das nicht die Dichtringe angreift (siehe Abbildung). Wischen Sie das Reinigungsmittel ab und lassen Sie die Kette trocknen – ggf. mithilfe von Druckluft. Eine extrem verschmutzte Kette sollte demontiert und in Reinigungsmittel »eingeweicht« werden (siehe Kapitel 5, Sektion 21).

Achtung: Verwenden Sie kein Benzin, Lösungsmittel oder andere Reinigungsmittel, welche die O-Ringe in der Kette angreifen können. Benutzen Sie keinen Dampfstrahler. Der Reinigungsprozess soll nicht länger als zehn Minuten dauern, da sonst die Dichtringe beschädigt werden können.

13 Tragen Sie den Ketten-Schmierstoff von der Innenseite der Kette her auf die Stellen auf, wo sich die Laschen überlappen, nicht in die Mitte der Rollen. Schützen Sie beim Aufsprühen den Reifen mit einem Stück Pappe.

Anmerkung: *Ducati empfiehlt die Verwendung von Shell Advance Chain oder Teflon Chain, es dürfen aber auch andere O- oder X-Ring verträglichem Kettensprays und nötigenfalls auch SAE 80 oder 90 Getriebeöl verwendet werden. Lassen Sie das Öl in Ruhe einziehen und ggf. vorhandenes Lösungsmittel verdunsten.*

Tragen Sie den Schmierstoff auf der Oberseite des unteren Kettentrums auf, damit ihn die Fliehkräfte während der Fahrt in die gesamte Kette drücken. Lassen Sie den Schmierstoff einige Minuten einwirken, bevor überschüssiges Öl mit einem Lappen abgewischt wird.

Warnung: Das Schmiermittel darf nicht auf den Reifen oder die Bremsscheibe geraten. Reinigen Sie kontaminierte Bereiche sorgfältig mit Bremsenreiniger, bevor Sie mit dem Motorrad fahren.

Kettenrad-Verschleiß

14 Demontieren Sie den Motorritzeldeckel (siehe Kapitel 5, Sektion 22). Überprüfen Sie die Zähne des Ritzels und des hinteren Kettenblatts auf Verschleiß (siehe Abbildung). Wenn die Kettenräder verschlissen sind, müssen sie zusammen mit der Kette ausgetauscht werden (siehe Kapitel 5, Sektion 22).

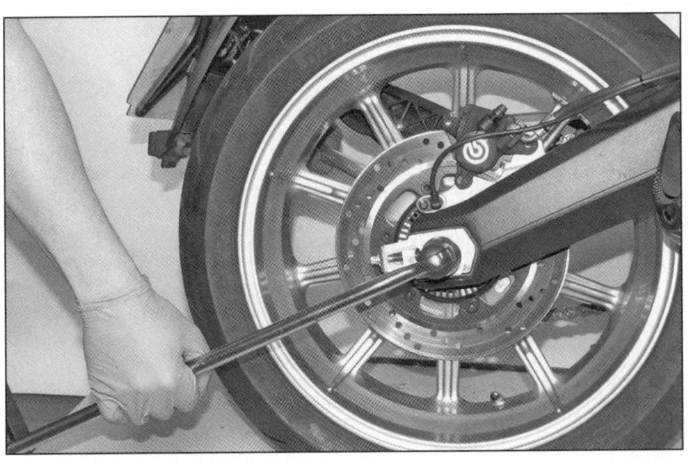

3.11 Kontern Sie links die Achse und ziehen Sie rechts die Hinterachsmutter mit 145 Nm an.

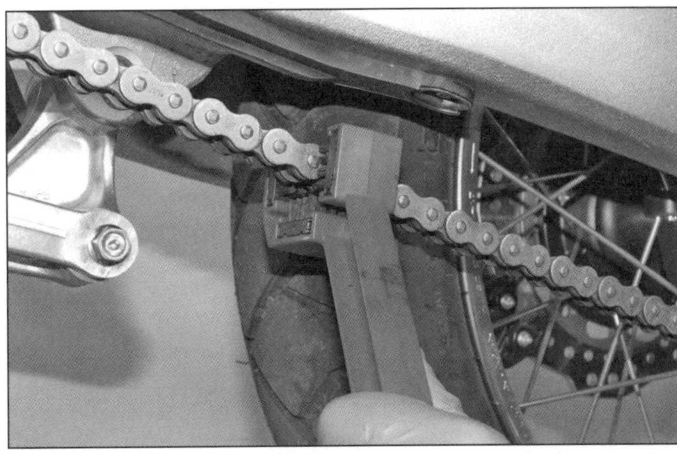

3.12 Zubehörhandel sind spezielle Bürsten für die Kettenreinigung erhältlich.

Gleitschiene

15 Inspizieren Sie die vorn an der Schwinge sitzende Ketten-Gleitschiene auf übermäßigen Verschleiß und Beschädigungen. Falls die Reibfläche stark verschlissen ist, muss sie ersetzt werden. Da hierfür das Motorritzel demontiert werden muss, sollten beide Teile gleichzeitig ausgetauscht werden (siehe Kapitel 5, Sektion 22).

4 Motoröl und Ölfilter

Spezialwerkzeug: *Für die Demontage des Motorölfilters wird ein spezieller Filterschlüssel oder Bandschlüssel benötigt (siehe Schritt 5). Ducati bietet unter der Teilenummer 88713.0944 ein entsprechendes Werkzeug an.*

Warnung: Seien Sie beim Ablassen des Motoröls vorsichtig – der Auspuff, der Motor und das Öl selbst sind heiß und man kann sich schwere Verbrennungen zuziehen!

1 Ein regelmäßiger Öl- und Filterwechsel ist die wichtigste Wartungsarbeit für den Erhalt eines Motors. Das Öl ist nicht nur zur Schmierung der Motorinnereien, der Kupplung und des Getriebes da, sondern auch zum Kühlen, Reinigen, Abdichten und den Oberflächenschutz. Aufgrund dieser Anforderungen trägt das Motoröl einen hohen Grad an Verantwortung für die Funktion des Motors und muss deshalb spätestens nach 12 000 km oder zwölf Monaten ersetzt werden. Hierbei muss auch der Ölfilter ausgetauscht werden. Das Ölsieb ist bei jedem zweiten Ölwechsel zu reinigen.

Für das durch Preisunterschied zwischen Billig-Öl und Markenöl gesparte Geld kann man sich nach einem möglichen Motorschaden nicht allzu viele Ersatzteile kaufen.

2 Wärmen Sie den Motor zunächst auf, damit das Öl besser abfließen kann. Demontieren Sie ggf. den Motorschutz (siehe Kapitel 6, Sektion 7). Die Ölablassschraube befindet sich hinten an der tiefsten Stelle des Motors, der Ölfilter sitzt rechts vorn unten am Motor.

3 Stellen Sie einen geeigneten Auffangbehälter (mit mindestens 4 Liter Fassungsvermögen) unter den Motor. Drehen Sie den Einfülldeckel aus dem Kupplungsdeckel – einmal um ihn zu belüften und zum anderen als Erinnerung daran, dass sich kein Öl im Motor befindet (siehe Abbildung).

4 Schrauben Sie die Ölablassschraube aus dem Motor und lassen Sie das Öl in den Behälter ablaufen (siehe Abbildungen). Befreien Sie die Dichtscheibe von der Schraube – nötigenfalls muss sie aufgeschnitten werden – und ersetzen Sie sie durch ein Neuteil.

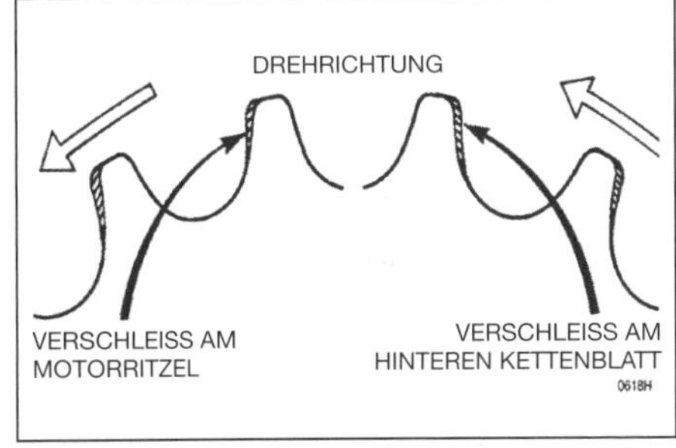

3.14 Kontrollieren Sie die Motorritzel- und Kettenblattzähne in den gezeigten Bereichen auf Verschleiß.

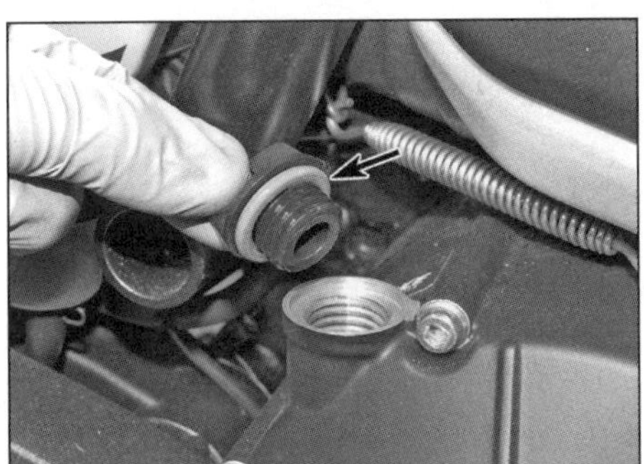

4.3 Drehen Sie Öleinfülldeckel heraus, um den Motor zu belüften.

4.4a Lösen Sie die Ölablassschraube ...

4.4b ... und lassen Sie das Motoröl vollständig ablaufen.

4.5a Lösen Sie den Motorölfilter mit einem geeigneten Steckschlüssel ...

4.5b ... oder Bandschlüssel.

4.6a Lösen Sie den Ölsieb-Stopfen und entnehmen Sie seine Dichtung (Pfeil).

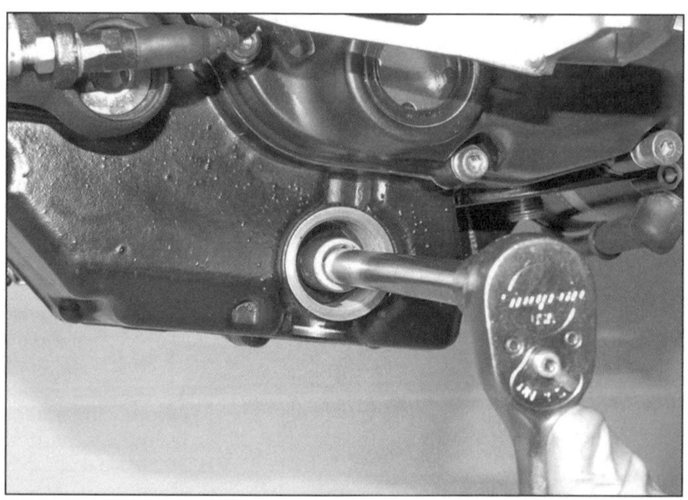

4.6b Drehen Sie das Sieb aus dem Motor ...

4.6c ... und ziehen Sie es heraus.

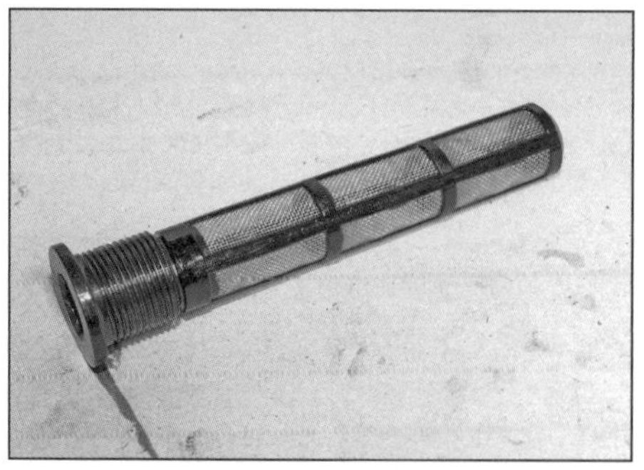

4.6d Reinigen Sie die Maschen und kontrollieren Sie sie auf Beschädigungen.

4.7 Befreien Sie Metallspäne vom Magneten der Ölablassschraube.

5 Lösen Sie den Motorölfilter mit einem geeigneten Schlüssel (siehe Werkzeug-Tipp oben), schrauben Sie ihn vom Stutzen und gießen Sie das darin befindliche Öl in den Sammelbehälter (siehe Abbildungen). Ein Steckschlüssel-Aufsatz (Abbildung 4.5a) hat den Vorteil, dass der neue Ölfilter damit mit dem korrekten Drehmoment angezogen werden kann.

6 Bei jedem zweiten Ölwechsel soll das Ölsieb gereinigt werden – hierfür muss zunächst die Auspuffanlage demontiert werden (siehe Kapitel 3, Sektion 15). Lösen Sie rechts hinter

4.8 Rüsten Sie die Ablassschrauben mit neuen Dichtscheiben aus und installieren Sie sie in den Motor.

4.9a Schmieren Sie die Ölfilter-Dichtung, ...

4.9b ... drehen Sie den Filter auf seinen Stutzen ...

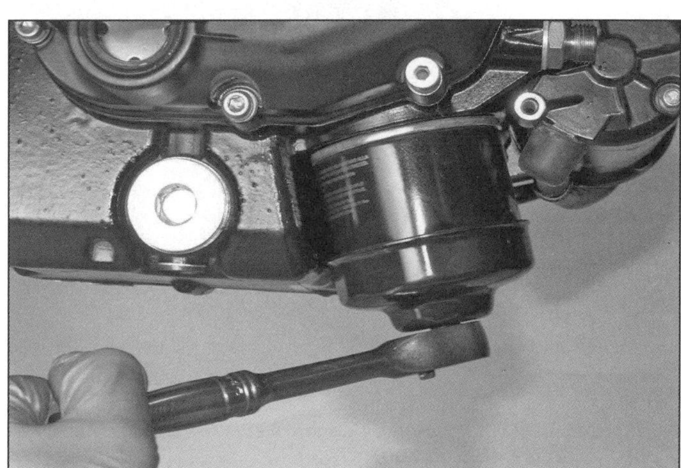

4.9c ... und ziehen Sie ihn wie beschrieben an.

dem Ölfilter den Stopfen aus dem Motor – seine Dichtscheibe muss erneuert werden. Drehen Sie dann das Sieb aus dem Motor (siehe Abbildungen). Reinigen Sie das Sieb mit Lösungsmittel oder Benzin und blasen Sie es möglichst mit Druckluft aus. Kontrollieren Sie seine Maschen auf Beschädigungen und ersetzen Sie das Sieb nötigenfalls (siehe Abbildung). Installieren Sie das Sieb in den Motor und ziehen Sie es sorgfältig an. Installieren Sie seinen Stopfen mit einer neuen Dichtscheibe und ziehen Sie ihn mit 42 Nm an.

7 Reinigen Sie die magnetische Spitze der Ölablassschraube (siehe Abbildung).

8 Nachdem das Öl abgelassen wurde, wird die Ablassschraube mit einer neuen Dichtscheibe ausgerüstet, in den Motor gedreht und mit 18 Nm angezogen (siehe Abbildung) – zu festes Anziehen kann das Gewinde des Motors beschädigen!

9 Entfernen Sie die Schutzfolie oder Kappe vom neuen Ölfilter und schmieren Sie die Gummidichtung – falls nicht bereits gefettet – mit frischem Motoröl (siehe Abbildung). Drehen Sie den Ölfilter von Hand auf den Stutzen und ziehen Sie ihn entweder mit 11 Nm oder so fest wie möglich von Hand an (siehe Abbildungen). Manchmal finden sich auf am Filter selbst Hinweise zur Montage.

Anmerkung: *Ziehen Sie einen Filter niemals mit einem Band- oder Kettenschlüssel an, da er hierdurch beschädigt werden kann!*

4.10a Füllen Sie Motoröl auf ...

4.10b ... bis der Pegel im Schauglas an der oberen Linie steht.

10 Füllen Sie ca. 3,5 Liter des vorgeschriebenen Motoröls durch die Einfüllöffnung. Prüfen Sie am Schauglas, ob der Pegel **bei gerade stehendem Motorrad** an der oberen Markierungslinie steht (siehe Abbildungen). Füllen Sie entsprechend Öl nach und kontrollieren Sie mehrmals den Pegel. Kontrollieren Sie die O-Ringe des Einfülldeckels (Abbildung 4.3), erneuern Sie sie nötigenfalls und installieren Sie ihn.

5.3a Trennen Sie den Stecker, schieben Sie das Relais aus seiner Halterung und verlagern Sie es.

5.3b Lösen Sie die Schrauben und entnehmen Sie den Relaishalter.

5.3c Heben Sie die Sicherungsbox von ihrer Aufnahme und verlagern Sie sie beiseite.

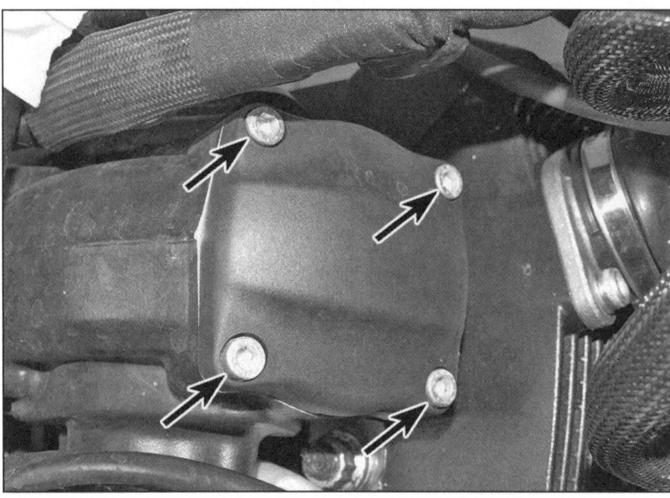

5.5a Jedes Ventil hat seinen eigenen Deckel – es gibt also vier Stück. Lösen Sie die Schrauben, ...

5.5b ... befreien Sie nötigenfalls zuvor die Kabelführung.

5.5c Hebeln Sie die Deckel an den dafür vorgesehenen Punkten mit Schraubendrehern ab.

11 Starten Sie den Motor und lassen Sie ihn zwei bis drei Minuten laufen – die Ölkontroll-Lampe muss nach wenigen Sekunden erlöschen. Schalten Sie den Motor ab, warten Sie einige Minuten und kontrollieren Sie erneut den Ölpegel. Da sich das Öl im Motor und in den Filtern verteilt hat, muss wahrscheinlich etwas nachgefüllt werde, bis der Pegel knapp unter der oberen Markierung am Schauglas liegt.

Um einen übermäßigen Verschleiß im Motor zu ermitteln, sollte man das ablaufende Öl durch ein Sieb in den Behälter fließen lassen, sodass Fremdkörper herausgefiltert werden. Falls sich im Öl kleine Metallbrocken oder Splitter finden, läuft in Ihrem Motor etwas entschieden falsch, und die Maschine muss zur Inspektion und Reparatur zerlegt werden. Metallischer Schimmer im Öl weist bei einem neuen oder überholten Motor darauf hin, dass die Komponenten eingefahren wurden – bei einem eigentlich bereits eingefahrenen Motor zeigt er Schmierprobleme an. Wenn Sie faserartiges Material vorfinden, weist das auf extremen Kupplungsverschleiß hin.

12 Kontrollieren Sie, ob die Bereiche um den Ölfilter und die Ablassschraube trocken sind. Montieren Sie ggf. den Ölwannenschutz (siehe Kapitel6, Sektion 7).

13 Das alte Motoröl kann nicht mehr verwendet werden und sollte in einen auslaufsicheren Behälter gefüllt werden. Jeder Händler, der technische Öle verkauft, ist auch dazu verpflichtet, entsprechende Mengen Altöl zurückzunehmen und zur fachgerechten Entsorgung oder zum Recycling zu bringen. Lassen Sie nie Altöl in die Kanalisation gelangen oder im Boden versickern! Ein entleerter Ölfilter darf zwar im Hausmüll entsorgt werden, sollte jedoch zusammen mit dem Altöl beim Händler oder dem Sondermüll abgegeben werden.

5 Ventilspiel

Anmerkung: *Wer mit der desmodromischen Ventilsteuerung nicht gut vertraut ist, sollte diese Arbeit einer Ducati-Werkstatt überlassen. Falls das Spiel eines Ventils nicht den Vorgaben entspricht und ein neues Einstellplättchen (»Shim«) benötigt wird, muss die Größe des vorhandenen Shims bekannt sein, um die Stär-*

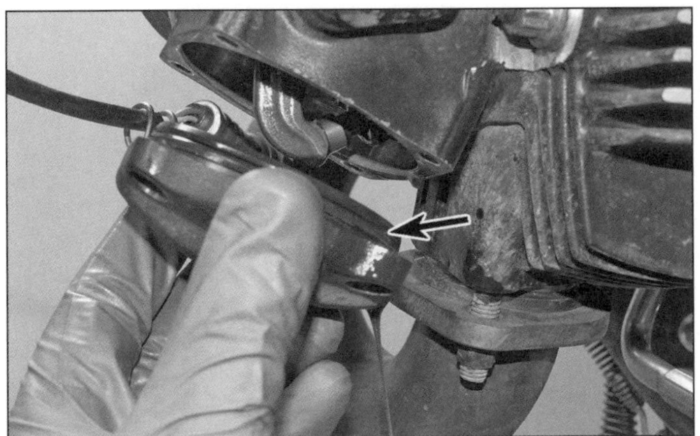

5.5d Kontrollieren Sie die O-Ringe der Ventildeckel.

5.7 Messen Sie das Spiel zwischen Öffner-Kipphebel und Einstellplättchen.

5.8 Drücken Sie den Schließerhebel mit einem Schraubendreher herunter und messen Sie das Spiel zum Shim.

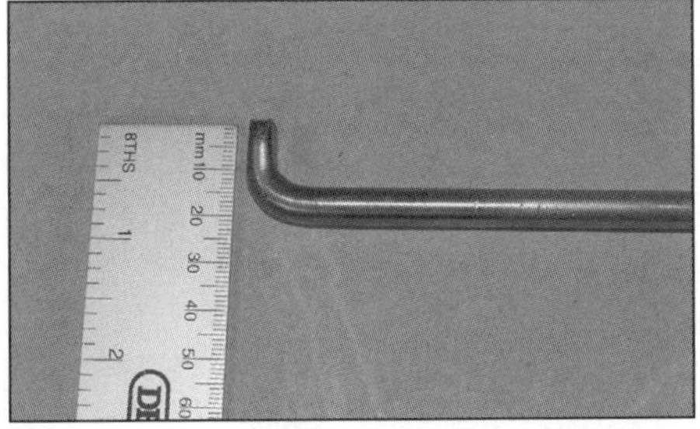

5.12 Werkzeug zum Herunterdrücken des Schließerhebels – besser noch mit etwas längerer und nicht ganz rechtwinkliger Spitze.

ke des neuen Shims berechnen zu können. Die Shim-Stärke ist auf seinem Rand markiert und normalerweise kann man sich auf diese Angabe verlassen (weil eher der Ventilsitz verschleißt als der Shim selbst). Sicherheitshalber sollte die Stärke jedoch nachgemessen werden. Aufgrund ihrer Form sind die Shims schwierig nachzumessen – Ducati bietet hierfür das Spezialwerkzeug 88765.1298 an (Abbildung 5.14b).

Ventilspiel

Kontrolle

1 Der Motor muss für die Ventilspielkontrolle völlig abgekühlt sein – am besten lässt man ihn über Nacht stehen. Stützen Sie das Motorrad möglichst mit einem Montageständer hinten ab, damit das Hinterrad gedreht werden kann. Demontieren Sie den Luftfilter (siehe Sektion 6) und die Motorentlüftungs-Kammer von der Rückseite des Luftfilter-Gehäuses (siehe Sektion 23, Schritt 8). Entfernen Sie die Batterie (siehe Kapitel 7, Sektion 3).

2 Entfernen Sie **ab Modelljahr 2019** die Inertiale Messeinheit (IMU) samt Halter (siehe Kapitel 5, Sektion 14). Demontieren Sie das Anlasserrelais (siehe Kapitel 7, Sektion 23).

3 Trennen Sie **bis Modelljahr 2018** den Stecker des Anlasserrelais, befreien Sie dies, verlagern Sie es beiseite und entfernen Sie den Relaishalter. Entnehmen Sie die Sicherungsbox (siehe Abbildungen).

4 Drehen Sie die Zündkerzen heraus (siehe Sektion 19) – hierdurch lässt sich der Motor leichter durchdrehen.

5 Demontieren Sie an beiden Zylinderköpfen die zwei Ventildeckel (siehe Abbildungen) – falls ihre O-Ringe beschädigt sind oder bereits Öl ausgetreten ist, müssen für die Montage neue Dichtringe beschafft werden (sie sind nicht teuer).

6 Das Ventilspiel muss mit jeweils im oberen Totpunkt des Verdichtungstaktes stehendem Kolben, d. h. geschlossenen Ventilen, gemessen werden. Drehen Sie bei eingelegtem Gang das Hinterrad und beobachten Sie das (obere) Einlassventil des vorderen Zylinders. Drehen Sie den Motor durch, bis das Ventil öffnet und wieder vollständig schließt, messen Sie nun das Spiel seines Öffner- und Schließhebels (Schritt 7) und notieren Sie den gemessenen Wert. Drehen Sie anschließend das Hinterrad weiter, bis das (untere) Auslassventil des vorderen Zylinders öffnet und wieder schließt und auch das Spiel seiner Kipphebel ermittelt und notiert werden kann. Wiederholen Sie die Prozedur am hinteren Zylinder.

7 Das Spiel eines Öffnerhebels wird mit einer zwischen ihn und dem Öffner-Shim eingeschobenen Fühlerlehre ermittelt (siehe Abbildung) – beginnen Sie mit dem für das Einlassventil vorgegebenen Wert (Mittelwert: 0,12 mm). Das Fühlerlehrenblatt muss sich mit leichtem Widerstand hindurchziehen lassen; falls es sehr fest oder locker sitzt, muss mit anderen Fühlerlehrenblättern das tatsächliche Spiel ermittelt werden.

8 Um das Spiel eines Schließer-Kipphebels zu ermitteln, muss dieser gegen den Druck der Feder heruntergedrückt werden, sodass seine Gleitfläche gegen die Nockenwelle drückt (das Spiel wird sonst von der Feder kompensiert). Führen Sie eine Fühlerlehre mit dem für das Einlassventil vorgegebenen Wert (Mittelwert: 0,03 mm) zwischen dem Kipphebel und dem Schließer-Shim ein (siehe Abbildung).

Anmerkung: *Weil das Spiel hier sehr gering ist, kann auch versucht werden, den Schließer-Shim von Hand zu drehen. Das Fühlerlehrenblatt muss sich mit leichtem Widerstand hindurchziehen lassen; falls es sehr fest oder locker sitzt, muss mit anderen Fühlerlehrenblättern das tatsächliche Spiel ermittelt werden.*

9 Ein außerhalb der Vorgaben liegendes Spiel muss mit entsprechenden Shims korrigiert werden. Für die Berechnung der erforderlichen Shim-Stärke werden akkurate Messergebnisse benötigt.

Einstellung des Schließerhebel-Spiels

10 Sorgen Sie dafür, dass das Ventil geschlossen ist (Schritt 6).

11 Demontieren Sie die Nockenwelle (siehe Kapitel 2, Sektion 9).

12 Um den Schließer-Shim entfernen zu können, muss der Schließerhebel gegen den Federdruck heruntergedrückt werden – hierfür wird ein abgewinkeltes Werkzeug mit an beiden Seiten abgeflachtem Ende benötigt (siehe Abbildung).

Anmerkung: *Das abgebildete Werkzeug funktionierte zwar, das gebogene Ende hätte aber etwas länger und mit einem Winkel von weniger als 90° angefertigt werden können.*

5.13a Führen Sie das Werkzeug ein, ...

5.13b ... um das gebogene Ende unter dem inneren Bereich des Schließerhebels zu positionieren.

5.13c Drücken Sie das Werkzeug gegen die Federkraft herunter, um das äußere Ende des Hebels vom Shim zu befreien.

5.13d Schieben Sie den Schließer-Shim herunter, um die Draht-Keile freizulegen ...

5.13e ... und sie mit einem Magneten oder kleinen Schraubendreher zu entfernen.

5.13f Ziehen Sie den Schließer-Shim vom Ventilschaft.

13 Positionieren Sie das umgebogene Ende des Werkzeugs unter dem inneren Bereich des Kipphebels und drücken Sie ihn herunter, um ihn in dieser Position zu halten (siehe Abbildungen). Schieben Sie den Shim am Ventilschaft herunter und entnehmen Sie die zwei Draht-Keile (siehe Abbildungen). Ziehen Sie den Shim jetzt nach oben ab und entlasten Sie den Schließerhebel (siehe Abbildung).

14 Ermitteln Sie die Stärke des Schließer-Shims – messen Sie ggf. mit den korrekten Werkzeugen nach (siehe Abbildungen) – siehe Anmerkung oben.

15 Falls das Spiel des Schließer-Shims größer als vorgegeben war, wird ein dickerer Shim benötigt; subtrahieren Sie das Standard-Ventilspiel (0,03) vom gemessenen Wert und addieren Sie das Ergebnis zur Stärke des vorhandenen Shims, um die Stärke des benötigten Shims zu erhalten.

16 Falls das Spiel des Schließer-Shims kleiner als vorgegeben war, wird ein dünnerer Shim benötigt; subtrahieren Sie den gemessenen Wert vom Standard-Ventilspiel (0,03) und subtrahieren Sie das Ergebnis von der Stärke des vorhandenen Shims, um die Stärke des benötigten Shims zu erhalten.

17 Austausch-Shims sind in Abstufungen von 2,2 bis 4,5 mm Stärke erhältlich. Die Größe ist seitlich am Shim angegeben (Abbildung 5.14a).

5.14a Die Shim-Stärke ist seitlich eingeätzt. Der Schließer-Shim hat eine Stärke von 2,85 mm, der Öffner-Shim 3,40 mm.

5.14b Für eine akkurate Messung der Shims wird dieses Spezialwerkzeug benötigt.

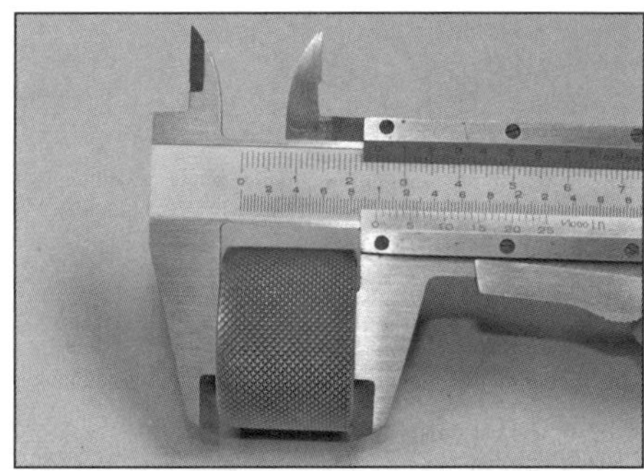

5.14c Messen Sie für die Kontrolle des Schließer-Shims zunächst wie gezeigt die Stärke des Werkzeugs (beachten Sie den Unterschied zu Abbildung 5.26a), ...

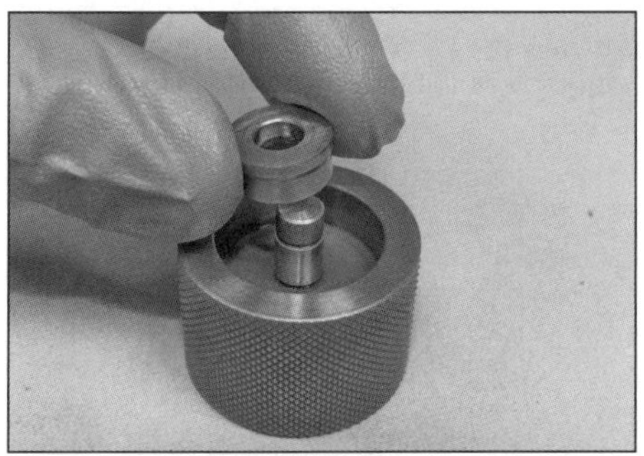

5.14d ... installieren Sie den Schließer-Shim ...

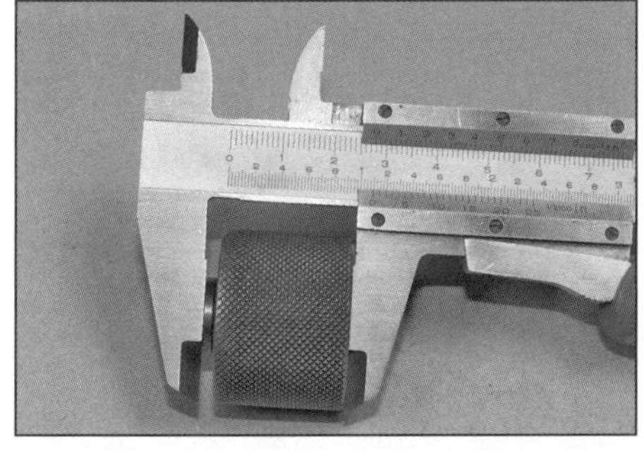

5.14e ... und messen Sie wie gezeigt das Werkzeug samt Shim. Berechnen Sie die Differenz zwischen den beiden Messungen, um die Stärke des Shims zu erhalten.

5.19a Installieren Sie die Drahtkeile in die Ventilschaft-Nut, ...

5.19b ... schieben Sie den Shim dagegen und entlasten Sie den Schließer-Hebel.

5.19c Drücken Sie den Hebel mit einem Schraubendreher herunter und lassen Sie ihn gegen den Shim springen.

18 Kontrollieren Sie die Draht-Keile und ihre Nuten im Ventilschaft. Falls die Keile Verschleißerscheinungen aufweisen oder in der Nut Spiel aufweisen, müssen sie ersetzt werden.

19 Schmieren Sie etwas Fett in die Ventilschaft-Nut, um die Keile »ankleben« zu können. Halten Sie den Schließerhebel wie beim Ausbau herunter und schieben Sie den Schließer-Shim mit der breiten Seite nach unten zeigend auf das Ventil (Abbildung 5.13f). Installieren Sie die Keile korrekt in die Ventilschaft-Nut, schieben Sie den Shim dagegen und entlasten Sie langsam den Schließerhebel – die Keile müssen dabei in der Nut verbleiben (siehe Abbildungen). Halten Sie jetzt den Shim mit einer Zange hoch, drücken Sie den Kipphebel mit einem Schraubendreher herunter und lassen Sie ihn wieder gegen die Unterseite des Shims springen, damit sich die Keile korrekt setzen (siehe Abbildung).

20 Montieren Sie die Nockenwelle (siehe Kapitel 2, Sektion 9).

21 Überprüfen Sie erneut das Spiel des Schließerhebels.

5.25 Heben Sie den Öffner-Shim vom Ventilschaft.

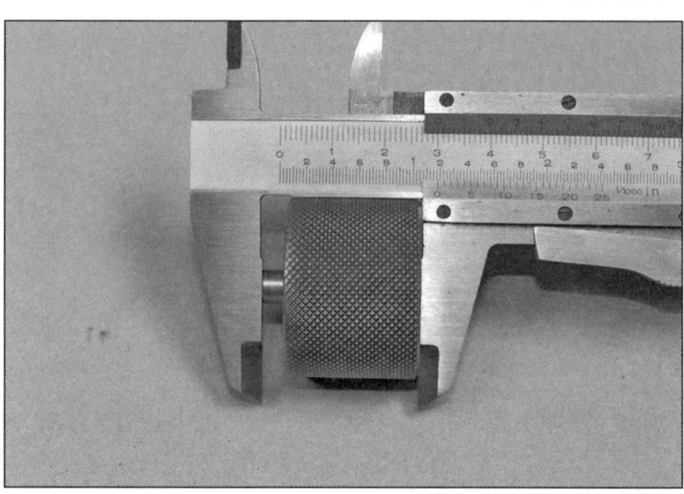

5.26a Messen Sie für die Kontrolle des Öffner-Shims zunächst wie gezeigt die Stärke des Werkzeugs (beachten Sie den Unterschied zu Abbildung 5.14c), ...

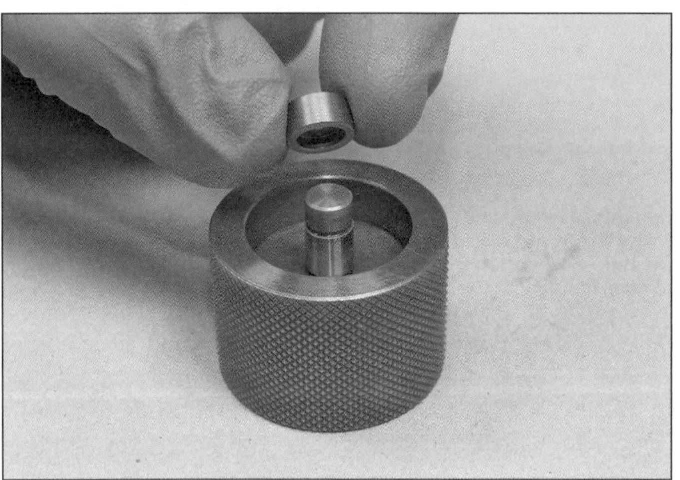

5.26b ... installieren Sie den Öffner-Shim ...

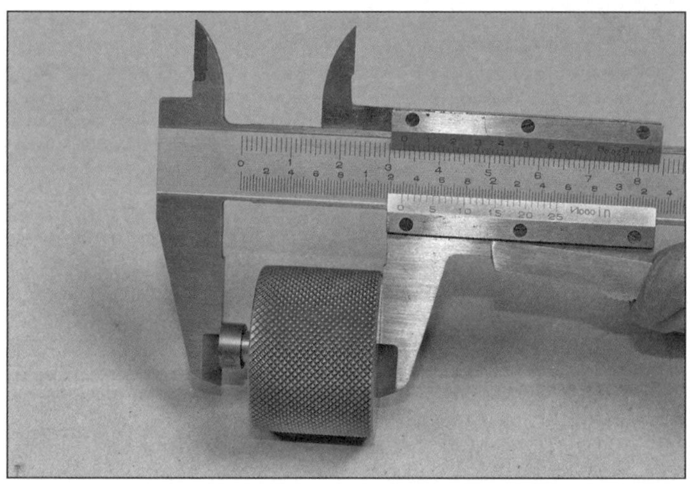

5.26c ... und messen Sie wie gezeigt das Werkzeug samt Shim. Berechnen Sie die Differenz zwischen den beiden Messungen, um die Stärke des Shims zu erhalten.

22 Montieren Sie alle entfernten Komponenten in der umgekehrten Ausbaureihenfolge – rüsten Sie die Ventildeckel nötigenfalls mit neuen O-Ringen aus.

Einstellung des Öffnerhebel-Spiels

23 Sorgen Sie dafür, dass das Ventil geschlossen ist (Schritt 6).
24 Demontieren Sie den Öffner-Kipphebel (siehe Kapitel 2, Sektion 9).
25 Heben Sie den Öffner-Shim vom Ventilschaft (siehe Abbildung).
26 Notieren Sie die seitlich am Shim eingeätzte Stärke (Abbildung 5.14a) oder messen Sie sie mit dem Spezialwerkzeug nach (siehe Abbildungen).
27 Falls das Spiel des Öffner-Shims größer als vorgegeben war, wird ein dickerer Shim benötigt; subtrahieren Sie das Standard-Ventilspiel (0,12) vom gemessenen Wert und addieren Sie das Ergebnis zur Stärke des vorhandenen Shims, um die Stärke des benötigten Shims zu erhalten.
28 Falls das Spiel des Öffner-Shims kleiner als vorgegeben war, wird ein dünnerer Shim benötigt; subtrahieren Sie den gemessenen Wert vom Standard-Ventilspiel (0,12) und subtrahieren Sie das Ergebnis von der Stärke des vorhandenen Shims, um die Stärke des benötigten Shims zu erhalten.
29 Austausch-Shims sind in Abstufungen von 1,8 bis 3,45 mm Stärke erhältlich. Die Größe ist seitlich am Shim angegeben (Abbildung 5.14a).
30 Installieren Sie den neuen Shim mit der Vertiefung nach unten auf den Ventilschaft (Abbildung 5.25) und montieren Sie den Öffner-Kipphebel (siehe Kapitel 2, Sektion 9).
31 Überprüfen Sie erneut das Spiel des Schließerhebels.
32 Montieren Sie alle entfernten Komponenten in der umgekehrten Ausbaureihenfolge – rüsten Sie die Ventildeckel nötigenfalls mit neuen O-Ringen aus.

6 Luftfilter

Achtung: Falls das Motorrad regelmäßig in staubiger oder feuchter Umgebung gefahren wird, muss der Filter öfter als in den Inspektionsintervallen vorgegeben kontrolliert, gereinigt und ersetzt werden!

1 Entfernen Sie die vorderen Seitenabdeckungen (siehe Kapitel 6, Sektion 3).

2 Demontieren Sie die Regler/Gleichrichter-Einheit vom Luftfilterdeckel (siehe Abbildung).
3 Demontieren Sie den Ölkühler – die Ölleitungen können angeschlossen bleiben (siehe Abbildung).
4 Lösen Sie die Schrauben des Luftfilterdeckels und entnehmen Sie diesen (siehe Abbildungen).
5 Befreien Sie **bis Modelljahr 2018** den Luftfilter aus dem Deckel, beachten Sie seine Einbaulage. Falls ein neuer Luftfilter installiert werden soll, muss die Dichtung von der Oberseite des alten Filters entfernt und auf den neuen gesteckt werden (siehe Abbildungen).

6.2 Die Regler/Gleichrichter-Einheit ist mit zwei Schrauben am Luftfilterdeckel gesichert.

6.3 Lösen Sie die zwei Schrauben des Ölkühlers, um diesen beiseite zu verlagern.

6.4a Lösen Sie die Schrauben des Luftfilterdeckels (rechts befinden sich weitere) ...

6.4b ... und entnehmen Sie diesen.

1

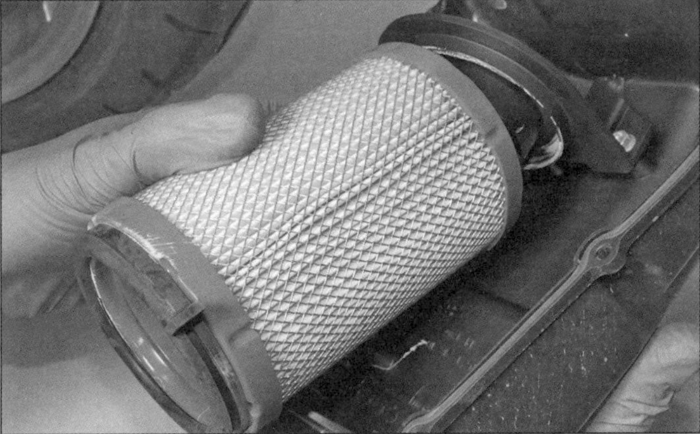

6.5a Entfernen Sie den Luftfilter aus dem Deckel.

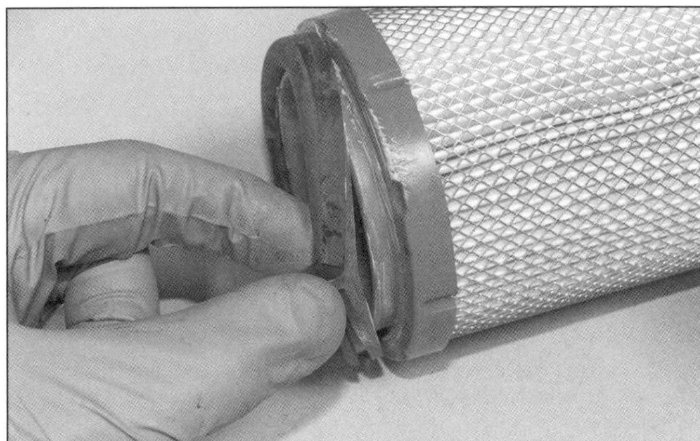

6.5b Übertragen Sie nötigenfalls die Dichtung auf das neue Filterelement.

6 Lösen Sie **ab Modelljahr 2019** die Mutter oben am Filter, heben Sie den Filter oben an und entfernen Sie den Halter – jetzt kann der Filter entnommen werden (siehe Abbildungen).

7 Zur Reinigung des Filters wird er zunächst auf einer harten Unterlage ausgeklopft, damit sich größere Partikel lockern. Anschließend wird das Filterelement entgegen der normalen Strömungsrichtung – also von innen nach außen – mit Druckluft ausgeblasen. Falls sich der Filter nicht zufriedenstellend reinigen lässt, muss er ungeachtet des Austausch-Intervalls durch ein Neuteil ersetzt werden.

8 Befreien Sie den Luftfilterdeckel und das Gehäuse von Staub und Ablagerungen. Kontrollieren Sie den Zustand der Deckeldichtung und ihren Sitz in der Nut (siehe Abbildung) – verwenden Sie nötigenfalls eine neue Dichtung.

9 Installieren Sie **bis Modelljahr 2018** die Dichtung oben am gereinigten oder neuen Filter an (Abbildung 6.5b). Installieren Sie den Filter in den Deckel, richten Sie dabei seine Nut über der Rippe aus und positionieren Sie die Laschen parallel zur Dichtfläche (siehe Abbildungen).

10 Installieren Sie **ab Modelljahr 2019** den gereinigten oder neuen Filter in den Deckel, montieren Sie den Halter und ziehen Sie die Mutter an (Abbildungen 6.6c, b und a).

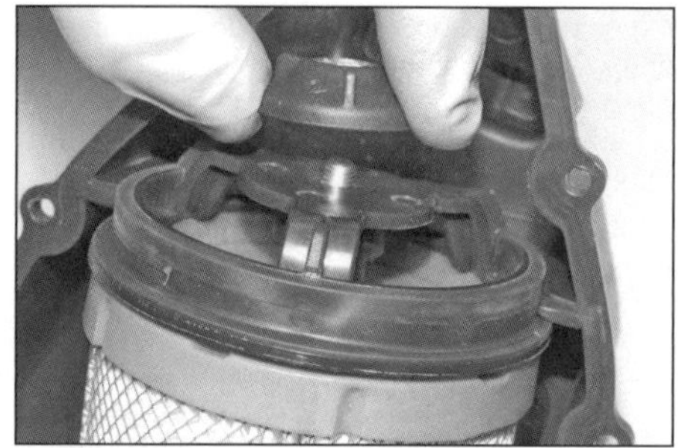

6.6a Lösen Sie die Mutter oben am Filter – dies sollte von Hand möglich sein, ansonsten kann ein Inbusschlüssel angesetzt werden.

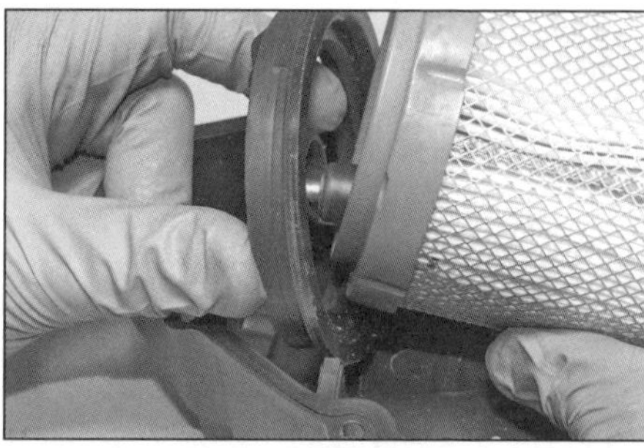

6.6b Beachten Sie, wie der Bund des Halters gegen die Rippe des Deckels positioniert ist, heben Sie den Filter an, entnehmen Sie den Halter ...

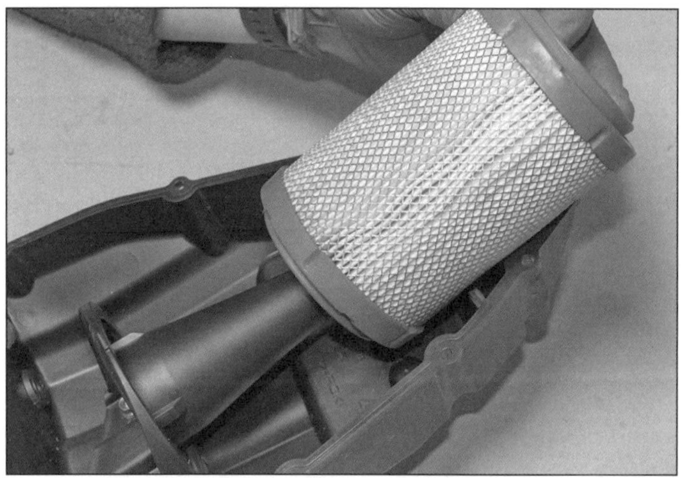

6.6c ... und ziehen Sie das Filterelement ab.

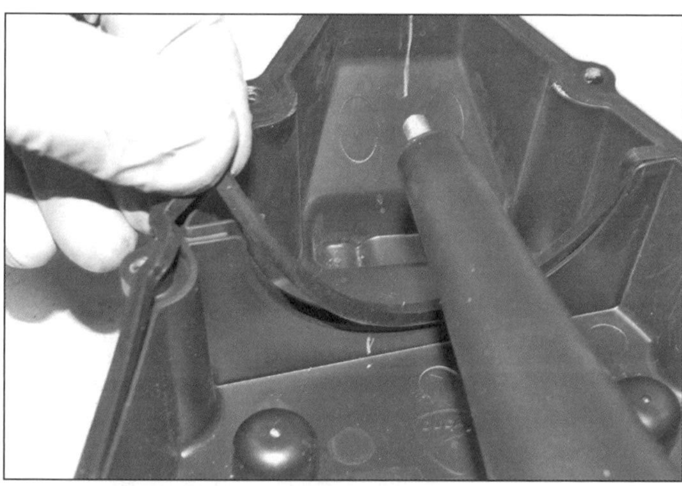

6.8 Die Gummidichtung muss rundherum korrekt in ihrer Nut liegen – gezeigt am Modell ab 2019.

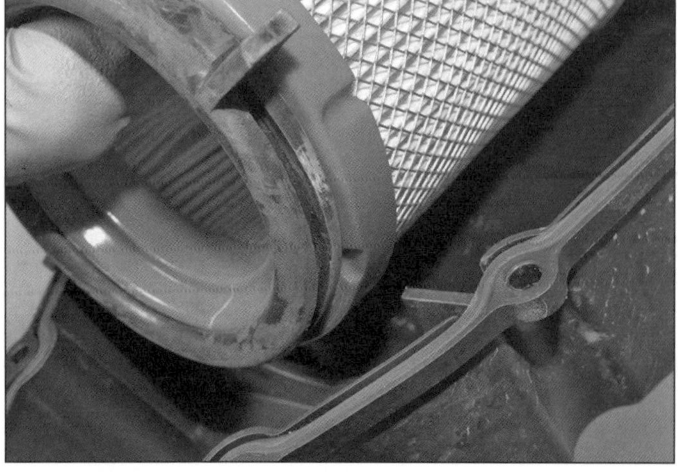

6.9a Richten Sie die Nut am Filter über der Rippe des Deckels aus ...

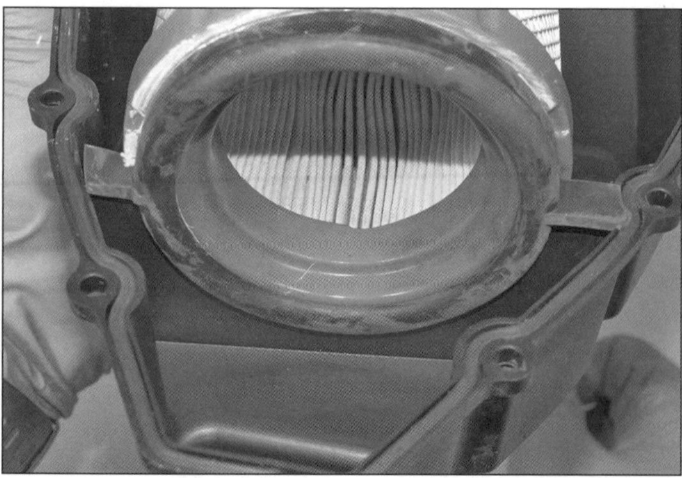

6.9b ... und positionieren Sie die Laschen parallel zur Dichtfläche.

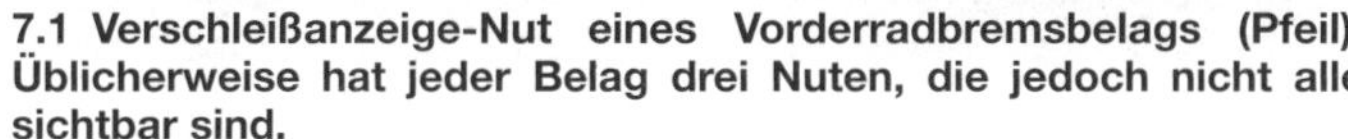

7.1 Verschleißanzeige-Nut eines Vorderradbremsbelags (Pfeil). Üblicherweise hat jeder Belag drei Nuten, die jedoch nicht alle sichtbar sind.

7.2 Abgewinkelter Bereich am äußeren Hinterradbremsbelag

11 Montieren Sie den Deckel ans Luftfiltergehäuse und ziehen Sie seine Schrauben sorgfältig an (Abbildungen 6.4b und a).

12 Montieren Sie die Regler/Gleichrichter-Einheit und den Ölkühler (Abbildungen 6.2 und 6.3). Montieren Sie die vorderen Seitenabdeckungen (siehe Kapitel 6, Sektion 3).

7 Bremssystem

Bremsbelag-Verschleißkontrolle

1 Originale Vorderradbremsbeläge sind mit Verschleißmarkierungen in Form von Nuten im Belagmaterial versehen, die von außen erkennbar sein sollten (siehe Abbildung). Allerdings kann sich Straßenschmutz und Bremsstaub darin ansammeln, sodass sie schwierig erkennbar sind. Falls die Bremsbeläge so stark verschlissen sind, dass keine Nuten mehr vorhanden sind, müssen sie durch Neuteile ersetzt werden (siehe Kapitel 5, Sektion 2). Bremsbeläge aus dem Zubehörmarkt können andere Verschleißanzeigen aufweisen.

2 Originale Hinterradbremsbeläge sind mit Verschleißmarkierungen in Form einer abgewinkelten hinteren Kante im Belagmaterial versehen, die von hinten erkennbar sein sollten (siehe Abbildung). Falls die Bremsbeläge so stark verschlissen sind, dass keine abgewinkelten Bereiche mehr vorhanden sind, müssen sie durch Neuteile ersetzt werden (siehe Kapitel 5, Sektion 6). Bremsbeläge aus dem Zubehörmarkt können andere Verschleißanzeigen aufweisen.

3 Auch wenn die Verschleißanzeigen schwierig zu erkennen sind, lässt sich anhand der Belagstärke deren Verschleiß ermitteln. Ducati schreibt vor, die Beläge bei einer Minimalstärke von 1 mm zu ersetzen.

4 Prüfen Sie, ob die Beläge gleichmäßig verschlissen sind. Vorn können einzelne Kolben oder die Kolben einer Seite klemmen, hinten kann der Bremssattel nicht korrekt auf seinen Zapfen gleiten. Nötigenfalls muss der entsprechende Bremssattel kontrolliert werden (siehe Kapitel 5, Sektion 3 oder 7).

5 Falls Bremsbeläge stark verschmutzt sind oder Zweifel über ihren Zustand besteht, müssen sie für eine Kontrolle ausgebaut werden (siehe Kapitel 5, Sektion 2 oder 6). Übermäßig verschlissene Bremsbeläge können auch die Bremsscheibe in Mitleidenschaft ziehen – kontrollieren Sie diese nötigenfalls (siehe Kapitel 6).

Bremssystem-Kontrolle

6 Eine routinemäßige Gesamtkontrolle des Bremssystems stellt sicher, dass jedes Problem erkannt und behoben ist, bevor die Sicherheit der Besatzung aufs Spiel gesetzt wird.

7 Kontrollieren Sie den Verschleiß der Bremsbeläge (siehe oben) und die Pegel der Ausgleichsbehälter (siehe *Tägliche Kontrollen*).

8 Kontrollieren Sie den Bremshebel und das Pedal auf lockeren Sitz, Schwergängigkeit, übermäßiges Spiel, Verzug und andere Schäden. Ersetzen Sie alle schadhaften Teile (siehe Kapitel 4, Sektion 3 oder 5). Reinigen und schmieren Sie die Gelenke des Hebels und des Pedals, um Schwergängigkeit zu verhindern (siehe Sektion 16). Falls am Hebel oder Pedal ein schwammiges Gefühl festgestellt wird, muss die entsprechende Bremse entlüftet werden (siehe Kapitel 5, Sektion 11).

9 Demontieren Sie die Sitzbank (siehe Kapitel 6, Sektion 2). Kontrollieren Sie alle Bremsleitungs-Anschlüsse an den Geberzylindern, den Bremszylindern und am ABS-Modulator auf Undichtigkeiten und Beschädigungen (siehe Abbildungen) – um die Leitungen der Vorderradbremse auf der gesamten Länge überprüfen zu können, muss der Tank demontiert werden (siehe Kapitel 3, Sektion 2). Falls Lecks festgestellt werden, müssen alle Anschlüsse auf korrekten Anzug geprüft werden; nötigenfalls müssen neue Dichtscheiben eingesetzt werden. Prüfen Sie die Klemmung der Schläuche in den Anschlüssen und diese selbst auf Risse und Korrosion. Schadhafte Bremsschläuche müssen nötigenfalls ersetzt werden (siehe Kapitel 5, Sektion 10). Nachdem alle Probleme behoben sind, muss die Bremse entlüftet werden (siehe Kapitel 5, Sektion 11).

1

7.9a Kontrollieren Sie alle Bremsschlauch-Anschlüsse an den Geberzylindern, den Bremszylindern ...

7.9b ... und am ABS-Modulator auf Undichtigkeiten und Beschädigungen.

7.12a Handbremshebel-Weitenversteller am Café Racer

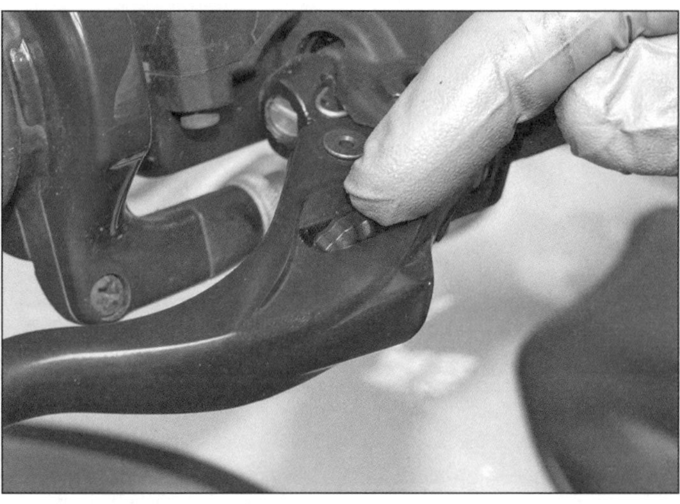

7.12b Handbremshebel-Weitenversteller ab Modelljahr 2019

10 Die Geberzylinder und Bremszylinder müssen korrekt befestigt sein. Falls an einem Kolben des Geber- oder Bremszylinders Bremsflüssigkeit austritt, muss die Komponente ersetzt werden – Ducati bietet keine Reparatursets an.

Anmerkung: *Erkundigen Sie sich bei einem auf Brembo-Komponenten spezialisierten Fachhändler nach der Verfügbarkeit von Reparatursets.*

11 Prüfen Sie, ob das Bremslicht beim Betätigen beider Bremsen leuchtet – kontrollieren Sie ggf. die Funktion des jeweiligen Bremslichtschalters (siehe Kapitel 7, Sektion 13).

12 Der Handbremshebel ist mit einem Weitenversteller ausgerüstet, um seinen Abstand zum Gasgriff anzupassen. Drücken Sie den Hebel nach vorn und drehen Sie den Einsteller in die gewünschte Position (siehe Abbildung) – stellen Sie ihn nicht zwischen zwei Positionen.

13 Die Höhe des Bremspedals kann individuell geringfügig angepasst werden. Lockern Sie hierzu die Kontermutter der Druckstange und drehen Sie diese, bis das Pedal die gewünschte Höhe erreicht hat (siehe Abbildung); ziehen Sie die Kontermutter anschließend wieder an.

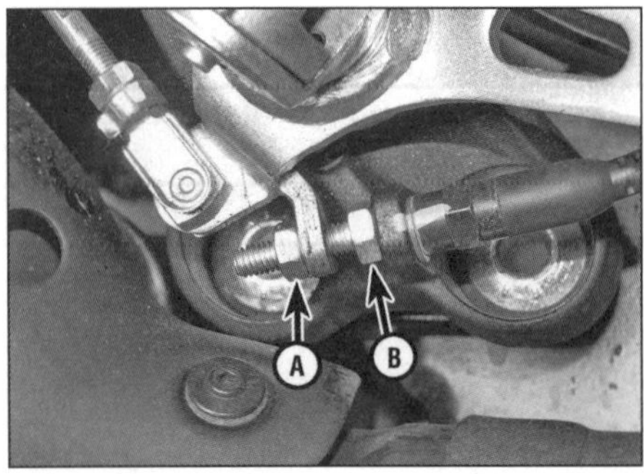

7.13 Lockern Sie die Kontermutter (A) und stellen Sie mit dem Druckstangen-Sechskant (B) die Pedalhöhe ein.

Bremsflüssigkeitswechsel

14 Die Bremsflüssigkeit muss bei jeder Zerlegung oder Überholung einer Bremsenkomponente sowie spätestens nach drei Jahren erneuert werden. Details hierzu finden sich in Kapitel 5, Sektion 11. Stellen Sie sicher, dass sämtliche alte Bremsflüssigkeit aus dem System gepumpt wird. Kontrollieren Sie den Pegel im Ausgleichsbehälter und testen Sie die Bremsen vor der ersten Fahrt.

8 Kupplungsbetätigung

Modelle mit Kupplungs-Bowdenzug

1 Prüfen Sie, ob sich der Kupplungshebel sanft und ohne große Kraftanstrengung betätigen lässt.

2 Falls sich die Kupplung nur schwergängig betätigen lässt, müssen der Kupplungszug und der Hebel geschmiert werden (siehe Sektion 16). Falls sich der Seilzug danach immer noch schwergängig in der Hülle bewegt, muss der Kupplungszug ersetzt werden.

3 Soweit der Kupplungszug und der Hebel leichtgängig sind, muss die Einstellung kontrolliert werden – gelegentliches Justieren gleicht den Verschleiß der Kupplungsbeläge und eine Längung des Zugseils aus. Prüfen Sie, ob sich der Kupplungshebel 2 bis 3 mm frei vom Halter weg bewegen lässt, bevor der Zug unter Last gesetzt wird (siehe Abbildung).

4 Falls eine Einstellung nötig wird, kann das Spiel am oberen Ende des Bowdenzuges justiert werden. Drehen Sie den Einsteller in den Hebelhalter, um das Spiel zu vergrößern – oder heraus, um es zu verringern (siehe Abbildung).

5 Achten Sie darauf, dass nach der Einstellung etwa 5 mm Abstand zwischen dem mittleren Ring und dem Hebelhalter bestehen, und der Mittelring nicht an der Anschlagplatte anliegt. Auch darf die Öffnung des Einstellers nicht zu derjenigen des Hebelhalters ausgerichtet sein, damit der Zug nicht während der Fahrt herausspringen kann. Der Einsteller muss stets mit einigen Gewindegängen in den Halter gedreht bleiben, um stabil zu sitzen.

6 Falls am Kupplungshebel keine Einstellungen mehr nötig sind, wird hier der Einsteller so positioniert, dass 5 mm Abstand zwischen dem Einstellring und dem Hebelhalter liegt – er also mittig zwischen Hebelhalter und Anschlagplatte liegt.

7 Schneiden Sie rechts unter dem Tank den vorderen Kabelbinder auf, der den zweiten Kupplungszug-Einsteller am Rahmen sichert, und ziehen Sie die Gummihülse ab (siehe Abbildungen). Lockern Sie die Kontermutter und verdrehen Sie den Einsteller entsprechend, bis am Hebel das korrekte Spiel besteht – von der Kontermutter weg, um es zu verringern, oder zur Kontermutter hin, um es zu vergrößern. Ziehen Sie anschließend die Kontermutter gegen den Einsteller an, schieben Sie die Gummihülle auf und sichern Sie den Einsteller mit einem neuen Kabelbinder am Rahmen. Weitere Einstellungen können jetzt wieder am Lenkerhebel vorgenommen werden.

Modelle mit hydraulischer Betätigung

Allgemeine Kontrolle

8 Die ab Modelljahr 2019 verwendete hydraulische Kupplungsbetätigung kann und muss nicht eingestellt werden.

9 Kontrollieren Sie den Hydraulikschlauch sowie seine Anschlüsse am Geberzylinder und am Ausrückzylinder (links am Motor) auf Un-

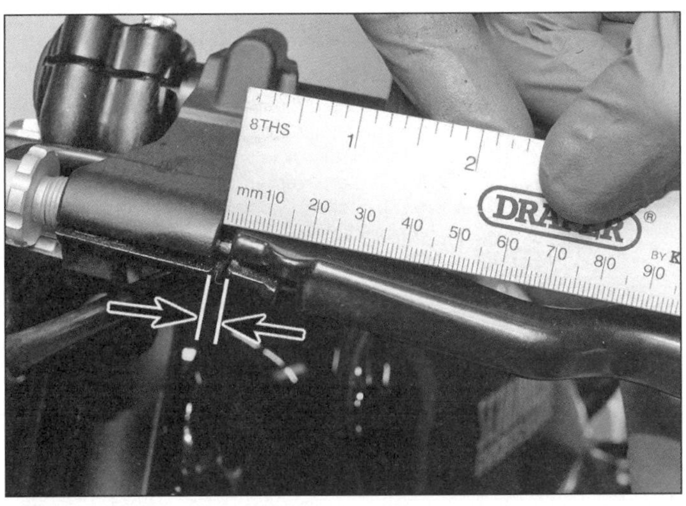

8.3 Messen Sie das Spiel des Kupplungszugs zwischen Hebel und Halter.

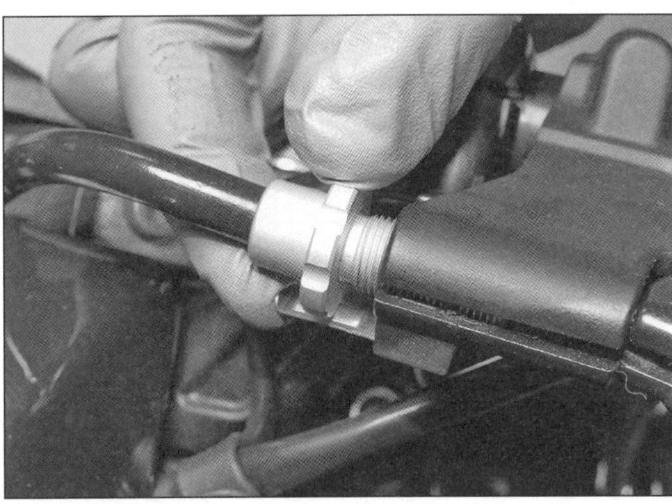

8.4 Verdrehen Sie den oberen Kupplungszugeinsteller, um das Spiel zu verändern.

dichtigkeiten (siehe Abbildungen). Kontrollieren Sie ggf. die Festigkeit der Anschlussschrauben – sie müssen mit 24 Nm angezogen sein – und tauschen Sie nötigenfalls die Dichtscheiben durch Neuteile aus. Ein schadhafter Schlauch muss ersetzt werden – beachten Sie hierzu die Hinweise zu Bremsschläuchen in Kapitel 5, Sektion 10. Sowohl der Geberzylinder links am Lenker als auch der Ausrückzylinder am Motor müssen gut gesichert sein. Falls am Kolben des Geber- oder Ausrückzylinders Bremsflüssigkeit austritt, muss die Komponente ersetzt werden – Ducati bietet keine Reparatursets an. Nachdem alle Probleme behoben sind, muss die Kupplungshydraulik entlüftet werden (siehe Kapitel 2, Sektion 17).

10 Prüfen Sie die Funktion der Kupplungsbetätigung. Falls sich das Getriebe schwer schalten lässt oder die Kupplung nicht korrekt trennt, wird wahrscheinlich Luft in die Hydraulik eingedrungen sein, sodass sie entlüftet werden muss – die Prozedur ist in Kapitel 2, Sektion 17 beschrieben. Falls sich der Kupplungshebel schwergängig anfühlt, müssen der Geberzylinder und der Ausrückzylinder kontrolliert werden.

11 Der Kupplungshebel ist mit einem Weitenversteller ausgerüstet, um seinen Abstand zum Lenkergriff anzupassen. Drücken Sie den Hebel nach vorn und drehen Sie den Einsteller in die gewünschte Position (siehe Abbildung) – stellen Sie ihn nicht zwischen zwei Positionen.

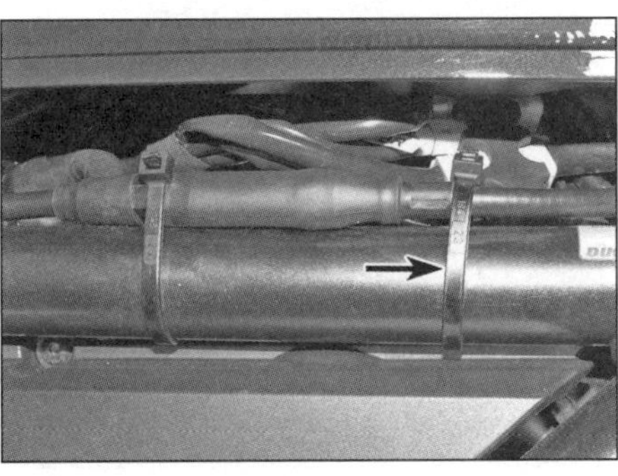

8.7a Schneiden Sie rechts unter dem Tank den vorderen Kabelbinder auf ...

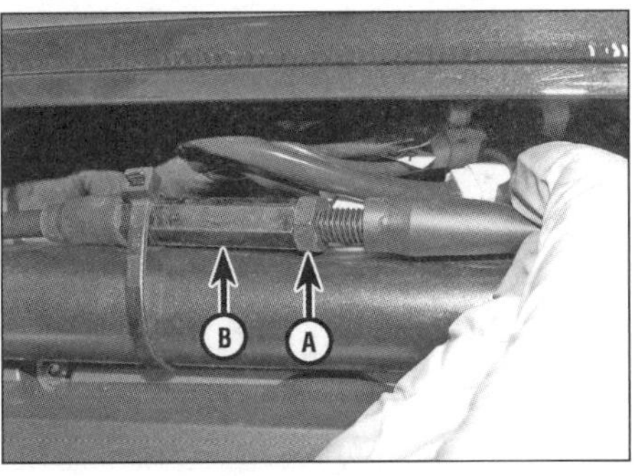

8.7b ... und schieben Sie die Gummihülle nach vorn, um die Kontermutter (A) und den Einsteller (B) freizulegen.

Hydraulikflüssigkeit

Kontrolle und Nachfüllen

Warnung: Hydraulikflüssigkeit kann zu Augenverletzungen führen und Lackoberflächen angreifen, bewahren Sie deshalb beim Umgang hiermit größte Sorgfalt. Beim Eingießen sollten gefährdete Teile mit Lappen verdeckt sein. Verwenden Sie ausschließlich DOT 4-Bremsflüssigkeit. Benutzen Sie keine Bremsflüssigkeit, die längere Zeit offen gestanden hat, da sie Feuchtigkeit aus der Luft absorbiert, was die Betätigung der Kupplung beeinflussen kann.

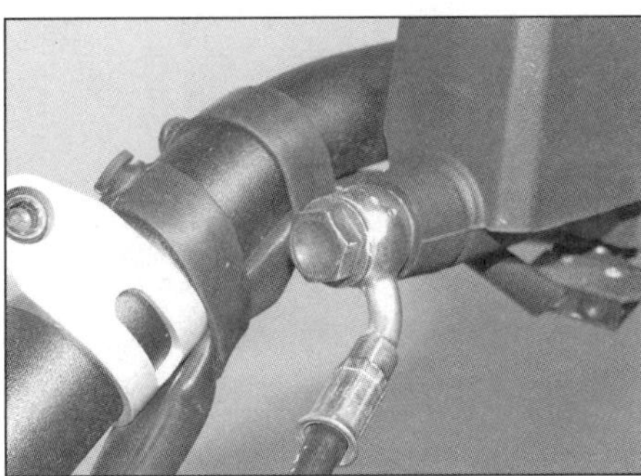

8.9a Kupplungsschlauch-Anschluss am Geberzylinder ...

8.9b ... und am Ausrückzylinder

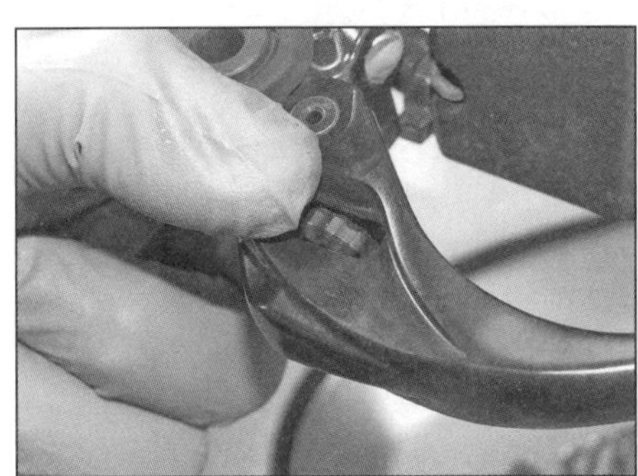

8.11 Kupplungshebel-Weitenversteller

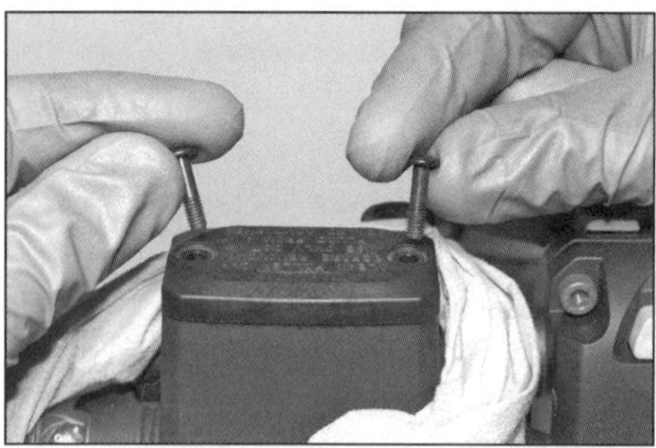

8.13 Lösen Sie die Schrauben des Behälterdeckels.

8.14 Füllen Sie frische DOT 4-Bremsflüssigkeit bis zur Linie innerhalb des Behälters auf – nicht darüber hinaus.

12 Der Flüssigkeitsstand im Kupplungs-Ausgleichsbehälter steigt mit zunehmendem Verschleiß der Kupplungsbeläge leicht an.

13 Verdrehen Sie für eine Kontrolle des Pegels den Lenker so, dass der Ausgleichsbehälter möglichst senkrecht steht. Umwickeln Sie den Behälter mit Lappen, damit mögliche Spritzer nicht auf lackierte Oberflächen geraten. Lösen Sie die Schrauben des Behälterdeckels und heben Sie diesen samt Manschette ab (siehe Abbildung).

14 Füllen Sie frische DOT 4-Bremsflüssigkeit auf, bis die Linie innerhalb des Behälters erreicht ist (siehe Abbildung) – aber nicht darüber hinaus. Vermeiden Sie Spritzer, die Lackflächen angreifen können. Falls der Pegel zu hoch liegt, muss überschüssige Flüssigkeit abgesaugt werden.

15 Wischen Sie mit einem sauberen und fusselfreien Lappen Ablagerungen aus der Manschette und setzen Sie diese korrekt gefaltet sowie den Deckel auf und sichern Sie alles mit den Schrauben (siehe Abbildungen).

Hydraulikflüssigkeit

Austausch

16 Die Kupplungsflüssigkeit muss bei jeder Zerlegung oder Überholung einer Kupplungskomponente sowie spätestens nach drei Jahren erneuert werden (siehe Kapitel 2, Sektion 17). Stellen Sie sicher, dass sämtliche alte Hydraulikflüssigkeit aus dem System gepumpt wird. Kontrollieren Sie den Pegel im Ausgleichsbehälter und testen Sie die Kupplung vor der ersten Fahrt.

9 Kraftstoffsystem und Emissionsregelung

Warnung: Benzin ist sehr leicht entzündbar. Treffen Sie deshalb besondere Vorsichtsmaßnahmen, wenn Sie am Kraftstoffsystem arbeiten. Rauchen Sie nicht und lassen Sie keine offenen Flammen oder Glühbirnen in die Nähe. Arbeiten Sie nicht in Garagen, in denen ein Gasheizgerät läuft. Sollte Benzin auf die Haut geraten, muss die Stelle sofort

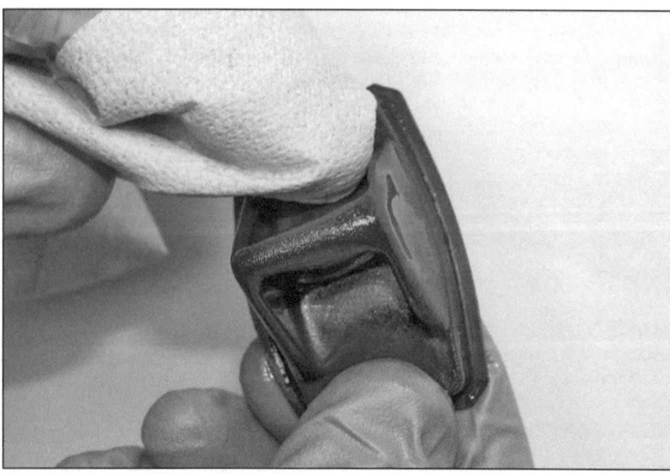

8.15a Wischen Sie die Manschette sauber ...

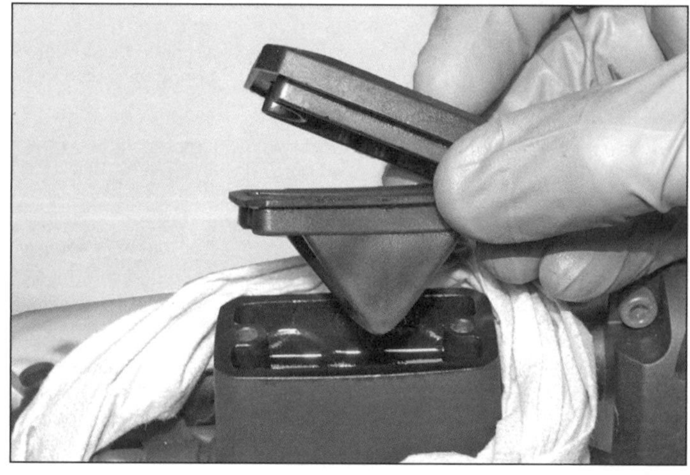

8.15b ... setzen Sie sie korrekt gefaltet in den Behälter und setzen Sie den Deckel auf.

9.2 Kontrollieren Sie im Bereich der Benzinpumpenplatte die Schläuche, Anschlüsse und Kabelstecker.

9.4 Einspritzdüsen-Halter

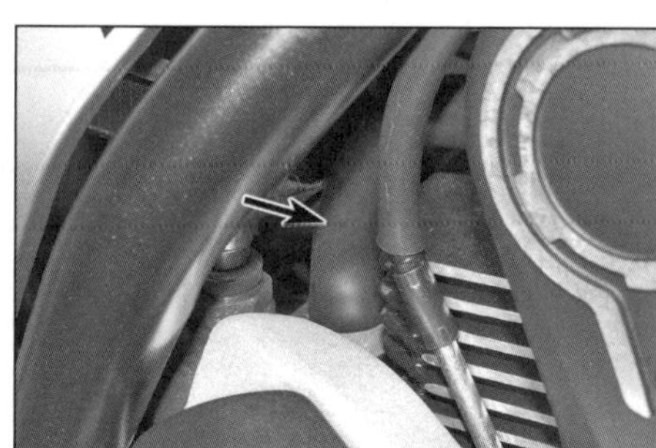

9.6 Motorentlüftungsschlauch

9.10 Sekundärluft-Abschaltventil und Schläuche

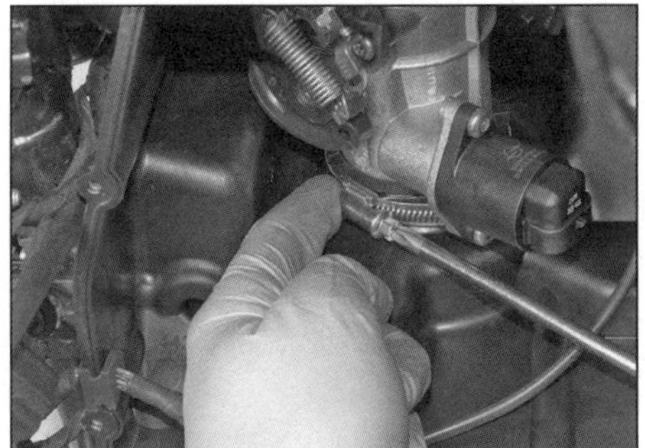

10.1a Kontrollieren Sie die Schellen des Drosselklappengehäuses ...

10.1b ... und der Einlassstutzen, außerdem die Schrauben der Adapter auf festen Sitz.

mit Wasser und Seife abgewaschen werden. Tragen Sie bei Tätigkeiten an der Kraftstoffanlage immer eine Schutzbrille und stellen Sie einen Feuerlöscher, der für brennende Flüssigkeiten ausgelegt ist, bereit – vergewissern Sie sich, wie er zu benutzen ist.

Kraftstoffsystem

1 Heben Sie den Tank hinten an und stützen Sie ihn ab (siehe Kapitel 3, Sektion 2).

2 Überprüfen Sie die Unterseite des Tanks sowie alle Schläuche auf Anzeichen von Undichtigkeit, Porosität und Beschädigungen (siehe Abbildungen). Benzinschläuche werden mit der Zeit spröde und härten aus, sie müssen deshalb gelegentlich ausgewechselt werden (siehe Kapitel 3).

3 Kontrollieren Sie die Dichtfläche der Benzinpumpen-Grundplatte und ab Modelljahr 2019 auch die der Tankanzeigegeber-Platte. Prüfen Sie nötigenfalls zunächst die Festigkeit der Befestigungsschrauben (Benzinpumpe: 5 Nm). Hilft ein Nachziehen nicht, muss die Pumpe und ggf. der Geber ausgebaut und mit neuen Dichtungen versehen werden (siehe Kapitel 3, Sektion 3).

4 Entfernen Sie die mittleren Seitendeckel (siehe Kapitel 6, Sektion 4) und inspizieren Sie die Verbindungen zwischen den Schläuchen, dem Einspritzdüsenhalter, den Einspritzdüsen und den Einlassstutzen (siehe Abbildung) – falls Lecks festgestellt werden, muss die Einspritzdüse demontiert und mit neuen O-Ringen ausgerüstet werden (siehe Kapitel 3, Sektion 8).

5 Der Austausch des Kraftstofffilters gehört nicht zu den regelmäßigen Wartungsarbeiten, doch bei Kraftstoffmangel kann durchaus ein blockierter Filter oder das Ansaugsieb die Ursache sein. Bis Modelljahr 2018 kann der Filter separat ersetzt werden, ab Modelljahr 2019 ist er in die Pumpe integriert – erkundigen Sie sich beim Ducati-Händler nach der Verfügbarkeit von Einzelteilen. Details hierzu finden sich in Kapitel 3, Sektion 3.

Motorentlüftung

Anmerkung: *Falls das Motorrad viel in feuchter Umgebung oder viel mit Vollgas gefahren wurde, muss die Motorentlüftung häufiger kontrolliert werden. Dies gilt auch, wenn die Maschine umgekippt ist oder Ablagerungen im Sammelstück entdeckt wurden.*

6 Überprüfen Sie den zwischen der Oberseite des Motorgehäuses und dem rechts hinten am Luftfiltergehäuse sitzenden Motorentlüftungsgehäuse verlaufenden Schlauch auf Risse und andere Schäden, kontrollieren Sie die Festigkeit seiner Schellen (siehe Abbildung). Falls der Schlauch ersetzt werden muss, ist hierfür der Tank zu demontieren (siehe Kapitel 3, Sektion 2).

Sekundärluftsystem

7 Zur Reduzierung unverbrannter Kohlenwasserstoffe in den Auspuffgasen sind alle Modelle mit einem Sekundärluftsystem ausgerüstet. Das System besteht aus einem Abschaltventil (rechts zwischen den Zylindern), Zungenventilen in den Zylinderköpfen und zwischen diesen Ventilen und dem Luftfiltergehäuse verlegten Schläuchen. Das Regelventil wird vom Motorsteuermodul überwacht.

8 Unter normalen Betriebsbedingungen lässt das Ventil gefilterte Frischluft durch die Zungenventile in die Auslasskanäle des Zylinderkopfs strömen, wo sie sich mit den Abgasen vermischt und bisher unverbrannte Partikel verbrennen lässt. Hierdurch wird ein Großteil des vorhandenen Kohlenwasserstoffs und Kohlenmonoxids in relativ harmloses Kohlendioxid und Wasser umgewandelt. Die Zungenventile im Zylinderkopf verhindern das Zurückströmen der Abgase in den Luftfilter.

9 Das System ist nicht einstellbar und erfordert nur wenig Wartung. Für eine Sichtprüfung aller Komponenten muss der rechte mittlere Seitendeckel demontiert werden (siehe Kapitel 6, Sektion 4).

10 Die Schläuche des Sekundärluftsystems dürfen nicht geknickt, gequetscht oder spröde sein, zudem müssen sie an beiden Enden sicher verbunden sein (siehe Abbildung). Ersetzen Sie alle zweifelhaften Schläuche und korrodierte oder ermüdete Federklemmen.

11 Für weitere Informationen und falls im System ein Fehler vermutet wird, müssen die Hinweise in Kapitel 3, Sektion 17 beachtet werden.

Verdunstungsregelung

12 Dieses bei einigen Modellen eingebaute System sorgt bei abgeschaltetem Motor dafür, dass keine Benzindämpfe aus dem Tank in die Atmosphäre entweichen, indem sie in einem Behälter gespeichert und nach dem Start des Motors in die Drosselklappengehäuse geleitet werden. Inspizieren Sie alle Schläuche und das Rückschlagventil auf Knicke, Risse und andere Schäden. Alle Schläuche müssen vollständig aufgeschoben und mit Schellen gesichert sein. Ersetzen Sie schadhafte Teile. Der Sammelbehälter darf keine Risse oder anderen Schäden aufweisen. Für weitere Informationen und falls im System ein Fehler vermutet wird, müssen die Hinweise in Kapitel 3, Sektion 18 beachtet werden.

10 Standgasdrehzahl

1 Falls die Standgasdrehzahl zu hoch oder zu niedrig ist, müssen zuerst das Gaszug-Spiel (siehe Sektion 11), die Zündkerzen (siehe Sektion 19, der Luftfilter (siehe Sektion 6) und das Ventilspiel (siehe Sektion 5) kontrolliert werden. Falls die General-Warnleuchte und die Motor-Warnleuchte im Instrument leuchten, müssen die Hinweise in Kapitel 3, Sektion 11 beachtet werden. Prüfen Sie auch, ob die Schellen des Drosselklappengehäuses und der Einlassstutzen sowie die Schrauben der Stutzen-Adapter an den Zylinderköpfen fest angezogen sind (siehe Abbildungen) – für den Zugang zu den Schellen des Drosselklappengehäuses muss der Luftfilter entfernt werden (siehe Sektion 6).

2 Die Standgasdrehzahl wird über einen vom Motorsteuermodul überwachten Stellmotor im Drosselklappengehäuse reguliert. Das Steuermodul legt anhand der vom Temperatursensor erhaltenen Informationen fest, wie der Schrittmotor den Drosselklappen-Anschlag verstellt, damit die erforderliche Luftmenge nötigenfalls erhöht werden kann. Mehr Informationen über den Stellmotor und Fehlerdiagnosen finden sich in Kapitel 3, Sektion 14.

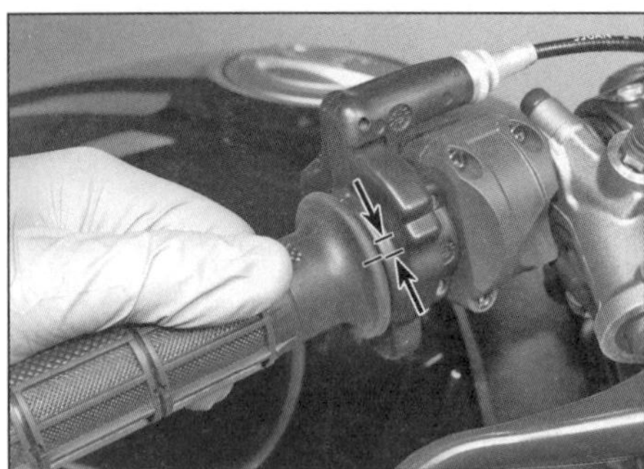

11.2 Der Bund des Gasgriffs muss 2 bis 4 mm Spiel zum Gehäuse aufweisen.

11.3a Lockern Sie den Konterring ...

11.3b ... und verdrehen Sie den Gaszug-Einsteller entsprechend – gezeigt am Café Racer, ...

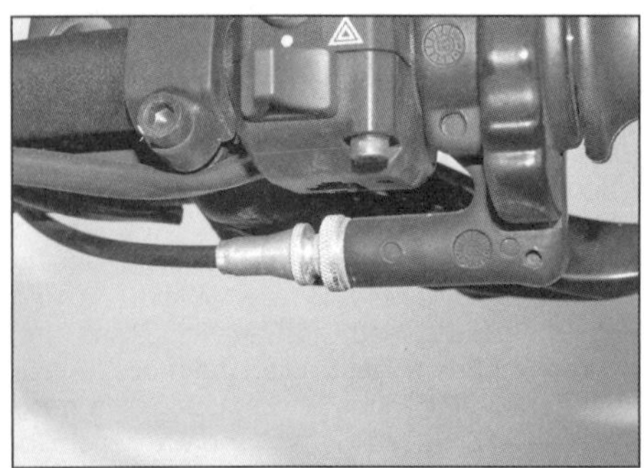

11.3c ... bei anderen Modellen liegt der Einsteller unter dem Gasgriffgehäuse.

11.4a Lockern Sie die Kontermutter, ...

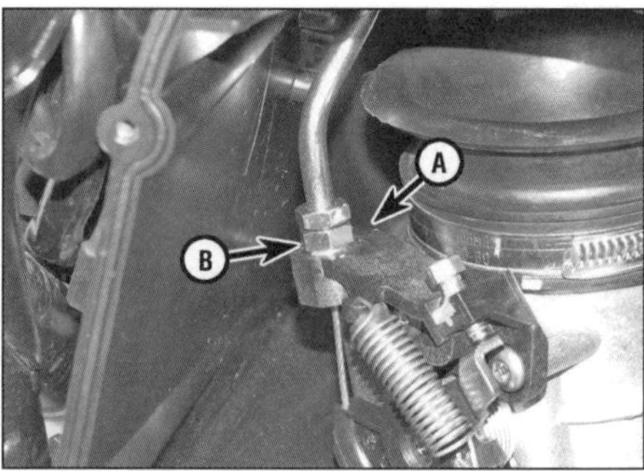

11.4b ... befreien Sie den Sicherungsclip (A) und heben Sie den Gaszug aus dem Halter, um den Einsteller (B) freizulegen.

11 Gaszug

1 Prüfen Sie bei abgeschaltetem Motor, ob sich der Gasgriff in allen Lenkerstellungen sanft und frei drehen lässt und beim Loslassen selbstständig in die Grundstellung zurückkehrt. Falls der Gasgriff klemmt, müssen er und der Gaszug kontrolliert und geschmiert werden – siehe unten.

Spiel-Kontrolle und Einstellung

2 Der Gaszug muss etwas Spiel aufweisen, sodass der Bund des Gasgriffs 2 bis 4 mm Spiel hat (siehe Abbildung)

3 Falls das Gaszug-Spiel nicht korrekt ist, muss der Konterring gelockert und der Einsteller entsprechend verdreht werden, bis es stimmt, ziehen Sie dann den Konterring wieder an (siehe Abbildungen). Wenn der Einsteller an seine Grenzen stößt, muss er vollständig hineingedreht werden, um maximales Spiel zu erreichen; entfernen Sie den Luftfilterdeckel, um Zugang zum Einsteller am

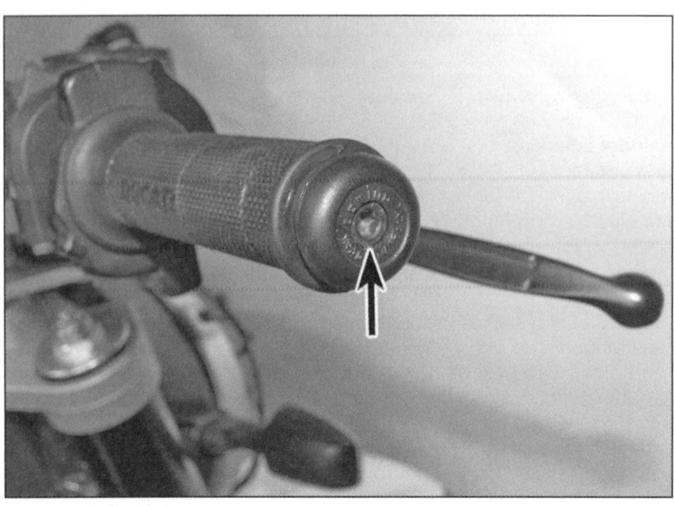

11.6a Lenkergewicht-Schraube

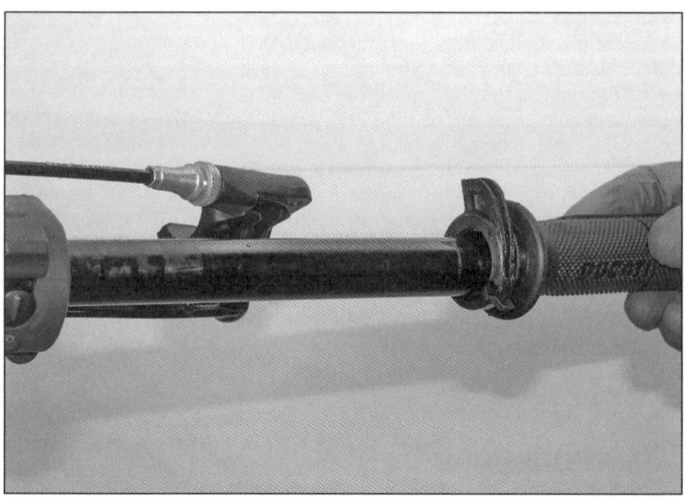

11.6b Ziehen Sie den Gasgriff vom Lenker.

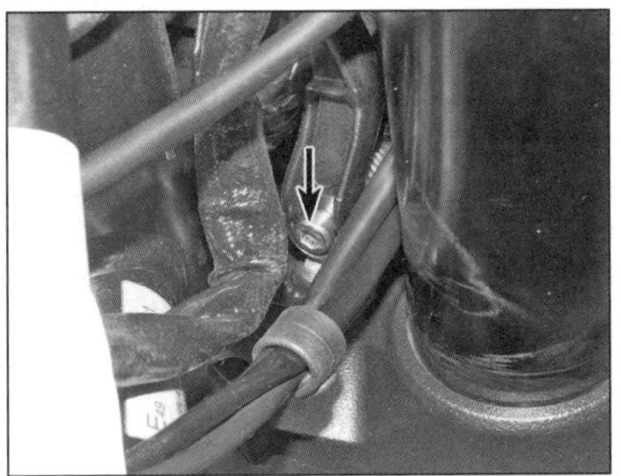

12.2 Die Scheinwerfer-Höhenverstellung erfolgt über diese Schraube.

Drosselklappengehäuse zu erhalten (siehe Sektion 6).

4 Lockern Sie die Kontermutter des Einstellers, befreien Sie den Sicherungsclip und heben Sie den Gaszug aus dem Halter, um den Einsteller freizulegen (siehe Abbildungen). Verdrehen Sie den Einsteller entsprechend, um das Spiel zu verringern oder zu vergrößern, und setzen Sie den Gaszug wieder ein – der Sechskant des Einstellers muss in seinen Sitz greifen und der Clip einrasten; ziehen Sie dann die Kontermutter wieder an. Falls der Gaszug gar nicht eingestellt werden kann, muss ein Neuteil beschafft und installiert werden (siehe Kapitel 3, Sektion 6).

Warnung: Drehen Sie nach dem Einbau eines neuen Gaszugs den Lenker bei im Standgas laufendem Motor von Anschlag zu Anschlag – falls sich die Drehzahl dabei verändert, wurde der Gaszug falsch verlegt. Korrigieren Sie diesen Zustand, bevor Sie mit dem Motorrad fahren!

Schmieren des Gaszugs und des Gasgriffs

5 Wahrscheinlich liegt das Problem eines klemmenden Gasgriffs im Gaszug. Trennen Sie den Bowdenzug an beiden Enden (siehe Kapitel 3, Sektion 6) und schmieren Sie ihn (siehe Sektion 16). Prüfen Sie, ob sich das Drahtseil sanft und frei in der Hülle verschieben lässt – andernfalls kann es aufgrund falscher Montage gequetscht oder geknickt worden sein. Bei Schäden muss der Gaszug erneuert und korrekt verlegt werden.

6 Prüfen Sie bei getrenntem Gaszug, ob sich der Gasgriff frei auf dem Lenker verdrehen lässt. Schmutz kann in Kombination mit mangelnder Schmierung für Schwergängigkeit sorgen. Demontieren Sie beim Café Racer nötigenfalls den Rückspiegel (siehe Kapitel 6, Sektion 11) und lockern Sie bei allen anderen Modellen die Schraube des Lenkergewichts (siehe Abbildung). Ziehen Sie den Gasgriff vom Lenker (siehe Abbildung). Reinigen Sie den Lenker und Innenbereich des Gasgriffs und tragen Sie Mehrzweckfett am Lenker auf, bevor Sie den Gasgriff wieder aufschieben. Installieren Sie das Lenkergewicht und sichern Sie es mit der Schraube oder dem Rückspiegel.

7 Prüfen Sie von Hand die Funktion der Drosselklappenbetätigung im Luftfiltergehäuse – falls sie sich rau oder steif anfühlt (berücksichtigen Sie die Rückholfeder), muss das Drosselklappengehäuse demontiert werden, um die Drosselklappe und ihre Betätigung zu reinigen und zu kontrollieren (siehe Kapitel 3, Sektion 5).

8 Schließen Sie den Gaszug wieder an (siehe Kapitel 3, Sektion 6).

12 Scheinwerfereinstellung

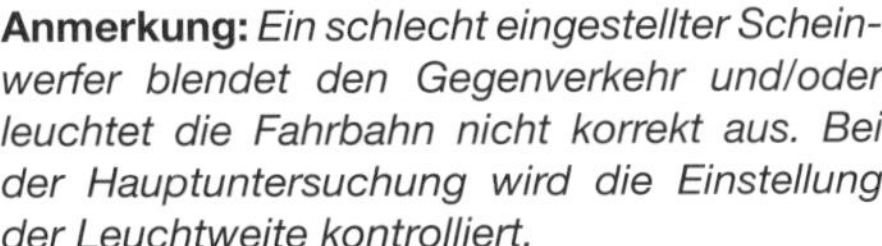

Anmerkung: *Ein schlecht eingestellter Scheinwerfer blendet den Gegenverkehr und/oder leuchtet die Fahrbahn nicht korrekt aus. Bei der Hauptuntersuchung wird die Einstellung der Leuchtweite kontrolliert.*

1 Der Lichtstrahl des Scheinwerfers kann vertikal eingestellt werden. Vor Beginn müssen der Reifendruck und die Einstellung des Stoßdämpfers geprüft werden. Einstellungen sollten möglichst mit halb gefülltem Tank und einem auf der Maschine sitzenden Assistenten auf einer ebenen Fläche vorgenommen werden. Wird vorzugsweise zu zweit gefahren, muss eine zweite Person auf dem Rücksitz platz nehmen.

2 Die Einstellschraube sitzt rechts vom Scheinwerfer, drehen Sie gegen den Uhrzeigersinn, um den Lichtstrahl anzuheben, und im Uhrzeigersinn, um ihn abzusenken (siehe Abbildung).

13 Seitenständer und Sicherheitsstromkreis

1 Der Ständer muss während der Fahrt sicher von seinen Federn oben gehalten werden. Eine ermüdete oder gebrochene Feder muss umgehend durch ein Neuteil ersetzt werden – kontrollieren Sie die Federn und tauschen Sie nötigenfalls beide Federn aus.

2 Das Ständer-Gelenk muss regelmäßig geschmiert werden (siehe Sektion 16) – es muss sich sanft und spielfrei bewegen lassen.

3 Kontrollieren Sie den Ständer und seine Halterung auf Risse und andere Schäden. Ein beschädigter Ständer darf geschweißt werden.

4 Der Sicherheitsstromkreis soll davor schützen, mit ausgeklapptem Ständer loszufahren. Prüfen Sie seine Funktion wie folgt:

- Schalten Sie die Zündung ein, den Killschalter auf RUN und das Getriebe in den Leerlauf. Klappen Sie den Ständer ein und starten Sie den Motor. Ziehen Sie die Kupplung und legen Sie einen Gang ein. Halten Sie die Kupplung gezogen und klappen Sie den Ständer aus – der Motor muss ausgehen.
- Schalten Sie das Getriebe in den Leerlauf, klappen Sie den Ständer aus und starten Sie den Motor. Ziehen Sie die Kupplung und legen Sie einen Gang ein – der Motor muss ausgehen.
- Bei ausgeklapptem Ständer darf sich der Motor nur starten lassen, wenn im Getriebe der Leerlauf eingelegt ist.
- Bei eingeklapptem Ständer und eingelegtem Gang darf sich der Motor nur starten lassen, wenn die Kupplung gezogen ist.

5 Bei anderen Ergebnissen müssen der Seitenständerschalter, der Gangsensor und der Kupplungsschalter sowie der gesamte Stromkreis kontrolliert werden (siehe Kapitel 7).

14 Federelemente

1 Alle Elemente der Federung müssen sich in gutem Zustand befinden, um die Sicherheit der Besatzung zu gewährleisten. Lockere, verschlissene oder beschädigte Komponenten vermindern die Stabilität und die Kontrolle über die Maschine.

Vorderradfederung

Kontrolle

2 Stellen Sie sich neben die Maschine und drücken Sie mit betätigter Bremse den Lenker mehrmals nach unten (siehe Abbildung). Klemmt die Gabel oder federt sie nicht weich ein und aus, sollte sie demontiert und begutachtet werden (siehe Kapitel 4, Sektion 8)

14.2 Drücken Sie die Gabel zusammen, um ihre Funktion zu testen.

14.3 Kontrollieren Sie die Oberflächen der Innenrohre (Tauchrohre) auf Ausbrüche und Ölspuren.

3 Inspizieren Sie die Oberflächen der (inneren) Tauchrohre auf Kratzer, Korrosion und kleine Pickel, die zu vorzeitigem Ausfall der Dichtringe führen können (siehe Abbildung). Falls Lecks festgestellt werden, muss der Dichtring ersetzt werden. Bei übermäßiger Beschädigung oder Undichtigkeiten müssen die Rohre ersetzt werden. Der Austausch der Dichtringe und das Überholen der Gabel ist in Kapitel 4, Sektion 8 beschrieben.

Hinterradfederung

Kontrolle

4 Lassen Sie einen Assistenten das Motorrad halten und drücken einige Male das Heck herunter (siehe Abbildung) – es muss sich ohne Klemmen frei auf und ab bewegen können. Wenn hier irgendwelche Ungleichmäßigkeiten gefühlt werden, muss das fehlerhafte Teil identifiziert und kontrolliert werden. Das Problem kann am Stoßdämpfer, an seinen Aufnahmen oder an der Schwingenlagerung liegen.

5 Kontrollieren Sie den Stoßdämpfer auf Undichtigkeit und fest sitzende Aufnahmen (siehe Abbildung). Wenn ein Leck festgestellt wurde, muss der Dämpfer von einem Fachbetrieb kontrolliert und gegebenenfalls überholt oder ersetzt werden (siehe Kapitel 4, Sektion 11).

6 Stützen Sie das Motorrad mit einer geeigneten Vorrichtung ab, sodass das Hinterrad nicht den Boden berührt. Greifen Sie die Schwinge und drücken Sie sie seitlich hin und her (siehe Abbildung) – hinten sollten keine erkennbaren Bewegungen festzustellen sein. Falls Bewegung fühlbar ist, muss geprüft werden, ob die Schrauben der Schwingenlagerung angezogen sind, andernfalls werden wahrscheinlich die Schwingenlager verschlissen sein; überprüfen Sie dies, nachdem das Hinterrad und der Stoßdämpfer demontiert sind.

7 Als Nächstes wird das Hinterrad nach oben gezogen. Es darf kein erkennbarer Weg festzustellen sein, bis der Stoßdämpfer zu arbeiten beginnt (siehe Abbildung). Falls Leerweg vorhanden ist und dieser nicht auf lockere Stoßdämpferbefestigungen zurückgeführt werden kann, muss der Stoßdämpfer ausgebaut werden, um die Buchsen der oberen und unteren

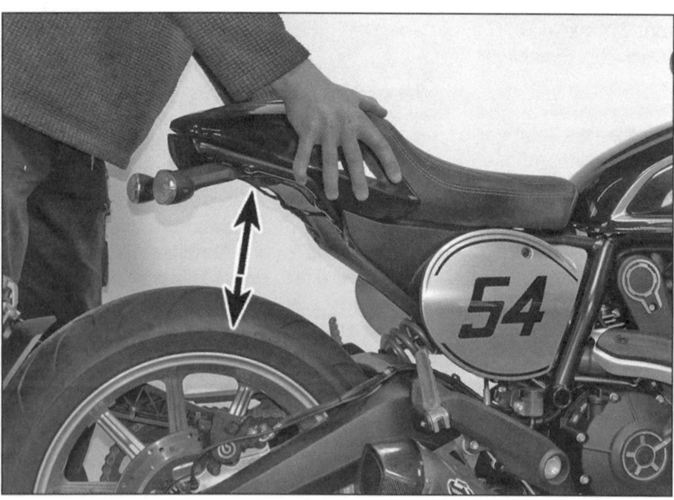

14.4 Prüfen Sie die Funktion der Hinterradfederung.

14.5 Kontrollieren Sie die Dämpferstange auf ausgetretenes Öl.

14.6 Kontrollieren Sie, ob die Schwingenlager Spiel aufweisen.

14.7 Prüfen Sie, ob die Stoßdämpfer-Aufnahmen Spiel aufweisen.

15.2 Einstellung der Speichen-Spannung

15.5 Kontrollieren Sie die Radlager auf Spiel.

Aufnahmen zu prüfen (siehe Kapitel 4, Sektion 11).

Vorderradgabel

Ölwechsel

8 Gabelöls wird mit der Zeit schlechter und verliert seine dämpfenden Eigenschaften, sodass es alle 36 000 km ersetzt werden muss. Details zum Ausbau der Gabelrohre und dem Wechsel des Öls sind in Kapitel 4, Sektion 7 beschrieben – die Gabel muss für den Ölwechsel nicht vollständig zerlegt werden.

15 Reifen, Räder und Radlager

Leichtmetall-Gussräder

1 Gussräder sind zwar nahezu wartungsfrei, doch sollten sie regelmäßig gereinigt und auf Brüche und andere Beschädigungen untersucht werden. Kontrollieren Sie ebenfalls den Rundlauf und die Ausrichtung der Räder (siehe Kapitel 5, Sektion 15 und 16).

Achtung: Versuchen Sie nicht, Gussräder zu reparieren! Bei geringen Schäden kann ein Spezialbetrieb zurate gezogen werden – ansonsten sind sie zu erneuern.

Achten Sie auf den festen Sitz aller vorhandenen Auswuchtgewichte an der Felge; ist ein Gewicht abgefallen, muss das Rad von einem Fachbetrieb neu ausgewuchtet werden.

Drahtspeichen-Räder

2 Inspizieren Sie die Speichen auf Beschädigungen und Korrosion. Eine gerissene oder verbogene Speiche muss unverzüglich erneuert werden, da bei einem Ausfall die Last durch benachbarte Speichen aufgenommen wird und diese ebenfalls brechen können. Kontrollieren Sie die Spannung der Speichen, indem Sie sie leicht mit einem Schraubendreher anklopfen – alle müssen einen hellen Klang abgeben. Stellen Sie lockere Speichen nötigenfalls mit einem geeigneten Speichenschlüssel oder 7er-Maulschlüssel am Nippel nach, bis der Klang stimmt (siehe Abbildung).

3 Ungleichmäßig gespannte Speichen können dazu führen, dass die Felge nicht korrekt zur Nabe ausgerichtet ist oder einen Schlag (Höhen- oder Seitenschlag) bekommt. Beachten Sie hierzu die Informationen in Kapitel 5, Sektion 15 und 16 und suchen Sie Rat bei einem Fachbetrieb, der das Rad wieder korrekt einstellen kann. Achten Sie auf den festen Sitz aller vorhandenen Auswuchtgewichte an der Felge; ist ein Gewicht abgefallen, muss das Rad von einem Fachbetrieb neu ausgewuchtet werden.

Radlager

Anmerkung: *Vermeiden Sie es, einen Hochdruckreiniger direkt auf die Radnabe zu richten. Das Wasser kann in die Lagerdichtungen eindringen, das Fett auswaschen und zu Korrosion führen, sodass das Lager zerstört wird.*

4 Radlager verschleißen mit der Zeit und müssen daher regelmäßig kontrolliert werden, bevor sich die Fahreigenschaften der Maschine erheblich verschlechtern.

5 Stützen Sie das Motorrad auf einer geeigneten Vorrichtung ab, sodass das zu kontrollierende Rad nicht den Boden berührt. Kontrollieren Sie durch Ziehen und Drücken der Räder, ob irgendein Spiel in den Lagern festzustellen ist (siehe Abbildung). Schwenken Sie zur Kontrolle des Vorderrades die Lenkung gegen einen Anschlag, damit man das Rad dagegen drücken kann. Drehen Sie außerdem das Rad und prüfen Sie, ob es sich sanft und geräuschlos dreht.

Anmerkung: *Die Bremsen und der Endantrieb können Geräusche und Widerstand hervorrufen – verwechseln Sie dies nicht mit den Radlagern.*

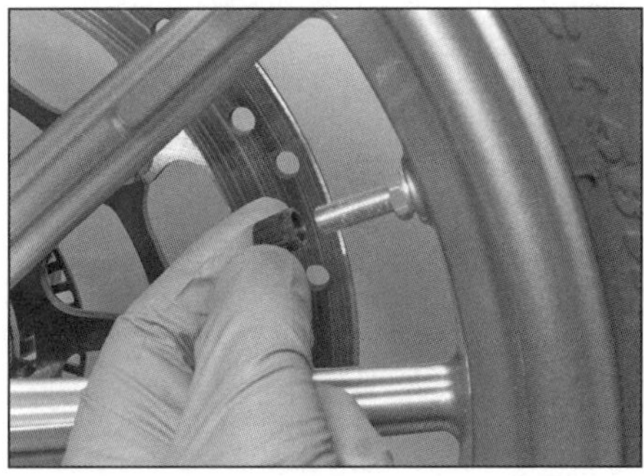

15.8 Jedes Reifenventil muss mit einer Kappe ausgerüstet sein.

6 Falls in der Radnabe Spiel festgestellt wurde oder das Rad sich nicht sanft dreht (und dies nicht auf eine schleifende Bremse oder den Antrieb zurückzuführen ist), muss das Rad ausgebaut und die Lager auf Verschleiß oder Beschädigung kontrolliert werden (siehe Kapitel 5, Sektion 19). Im Zweifel sind die Lager zu ersetzen.

Reifen

7 Kontrollieren Sie sorgfältig den Zustand und die Profiltiefe – siehe *Tägliche Kontrollen*.

8 Achten Sie darauf, dass die Ventilkappe immer fest sitzt (siehe Abbildung). Falls nach dem Abschrauben der Kappe Luft austritt, wird sich das Ventil wahrscheinlich gelockert haben. Beim Reifenhändler sind in die Ventilkappe integrierte Ventilausdreher erhältlich, mit denen die Festigkeit kontrolliert werden kann. Wenn bei einem fest sitzenden Ventil Luft austritt, muss es herausgeschraubt und durch ein Neuteil ersetzt werden. Füllen Sie den Reifen mit dem in den Täglichen Kontrollen vorgegebenen Luftdruck.

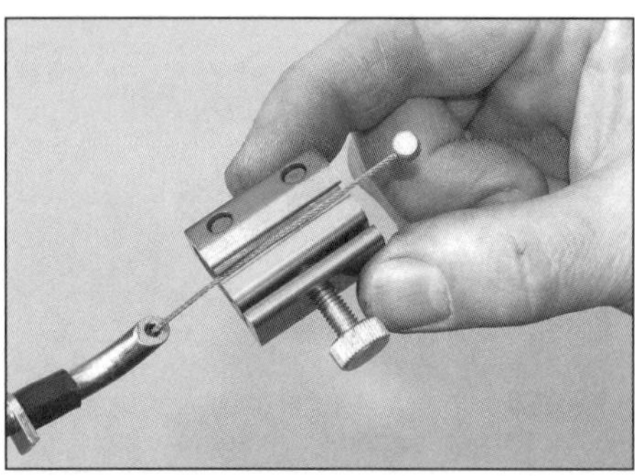

16.5a Setzen Sie den Adapter an den Bowdenzug ...

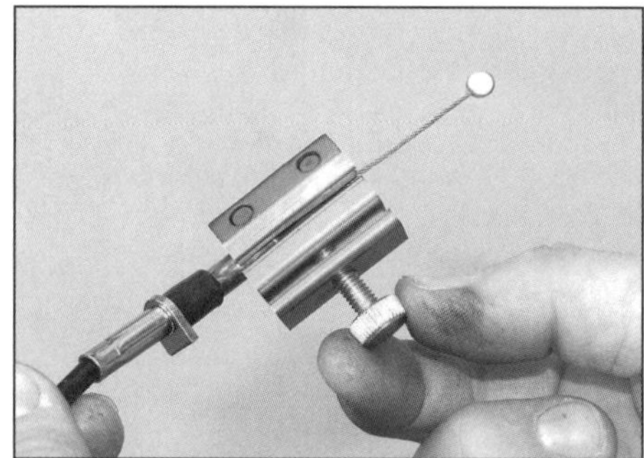

16.5b ... und ziehen Sie die Schraube an, um ihn abzudichten.

16 Schmier-Hinweise

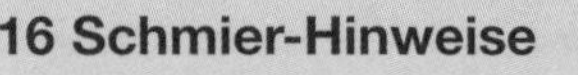

1 Da die Bedienungselemente, Bowdenzüge oder andere Komponenten des Motorrades ständig den Unbilden des Wetters ausgesetzt sind, müssen sie regelmäßig geschmiert werden, um eine problemlose Funktion sicherzustellen.

2 Die Gelenke des Kupplungs- und Bremshebels, der Fußrasten, des Bremspedals, des Schalthebels und des Ständers müssen regelmäßig geschmiert werden, Je nach Art des Schmierstoffes kann es das Beste sein, die Komponenten vorher zu zerlegen, um die wichtigsten Stellen zu erreichen (siehe Kapitel 5).

3 Die von Ducati empfohlenen Schmiermittel sind zu Beginn dieses Kapitels aufgeführt. Wenn Sprühöl verwendet wird, reicht es, die Verbindungsstellen zu schmieren, es kriecht dann von alleine an die Stellen, wo die Reibung auftritt (allerdings empfiehlt es sich, die Teile zu zerlegen, um sie zu reinigen und von Korrosion zu befreien).

4 Bei der Verwendung von Motoröl und dünnem Fett sollte auf Sparsamkeit geachtet werden, da Schmutz daran haften bleibt, der die Funktion der Bedienungselemente nach kurzer Zeit stark beeinträchtigen kann.

Anmerkung: *Ein alternatives Schmiermittel für Hebel-Gelenke ist Trockenfilm, der unter verschiedenen Namen im Fachhandel erhältlich ist.*

5 Zum Schmieren eines Bowdenzugs wird dieser am oberen Ende getrennt oder komplett ausgebaut und dann mit einem Sprühdosen-Adapter versehen (siehe Abbildungen). Das Trennen des Kupplungszugs ist in Kapitel 2, Sektion16 beschrieben, Infos zum Gaszug finden sich in Kapitel 3, Sektion 6.

17 Muttern und Schrauben

1 Da sich durch die Vibrationen des Motorrades Befestigungen lockern können, sollten alle Muttern, Schrauben und Bolzen regelmäßig auf Festigkeit kontrolliert werden.

2 Beachten Sie besonders die folgenden Befestigungen – Details finden sich in den entsprechenden Kapiteln:

- Bremssattel- und Geberzylinder-Befestigungsschrauben
- Bremsleitungs-Anschlussschrauben und Entlüftungsventile
- Bremsscheibenschrauben
- Auspuffbefestigungen
- Motoröl-Ablassschraube
- Motorhalterungen
- Hebel- und Pedalbolzen
- Lenker-Befestigungen
- Fußrastenträger-Befestigungen
- Seitenständer-Schraube/Mutter
- Stoßdämpferbefestigungen
- Schwingenachse
- Gabelbrücken-Klemmschrauben (oben und unten)
- Lenkschaft-Klemmschraube
- Vorderachsmutter
- Hinterradmuttern
- Ritzelmutter und Kettenblattmuttern

3 Es ist immer sinnvoll, einen Drehmomentschlüssel zu benutzen und sich an die Drehmomentangaben am Anfang dieses und anderer Kapitel zu halten.

18 Batterie

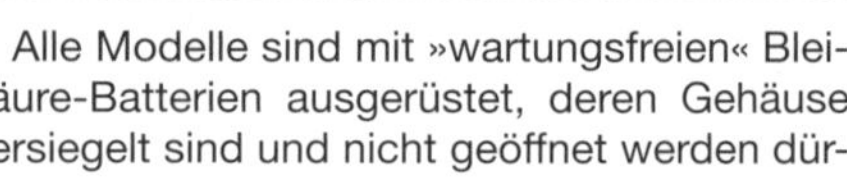

1 Alle Modelle sind mit »wartungsfreien« Bleisäure-Batterien ausgerüstet, deren Gehäuse versiegelt sind und nicht geöffnet werden dürfen.

Achtung: Versuchen Sie nicht, die Verschlusskappen zu öffnen – dies zerstört die Batterie!

2 Die einzige mögliche Wartungsarbeit liegt darin, die Sauberkeit und Festigkeit der Batteriepole sowie die Unversehrtheit des Batteriegehäuses sicherzustellen. Weitere Details sind in Kapitel 7, Sektion 3 beschrieben.

16.5c Sprühen Sie geeigneten Schmierstoff durch die Bohrung des Adapters.

19.1 Ziehen Sie den Zündkerzenstecker ab.

Achtung: Arbeiten an der Batterie müssen mit größter Sorgfalt erfolgen. Die Batteriesäure ist stark ätzend und beim Laden können explosive Gase entweichen!

3 Falls das Motorrad nicht regelmäßig gefahren wird, sollte die Batterie vom Bordnetz getrennt und alle 4 bis 6 Wochen geladen werden (siehe Kapitel 7, Sektion 4).

19 Zündkerzen

Spezialwerkzeug: *Es wird ein 18-mm-Zündkerzenschlüssel benötigt – dem Bordwerkzeug sollte einer beigefügt sein. Zur Ermittlung des Kontaktabstands wird eine Drahtlehre benötigt (Abbildungen 19.7a, b und c).*

1 Ziehen Sie den Zündkerzenstecker ab (siehe Abbildung).

2 Blasen Sie die Zündkerzenschächte möglichst mit Druckluft aus, damit kein Schmutz in den Brennraum fällt.

3 Schrauben Sie die Zündkerze heraus – hierfür ist im Bordwerkzeug ein passender Zündkerzenschlüssel enthalten (siehe Abbildung).

4 Kontrollieren Sie die Zündkerzen-Elektroden und vergleichen Sie sie mit den Abbildungen auf dem hinteren Innenumschlag, um abnormale Betriebszustände zu identifizieren und deren Ursachen zu beseitigen.

5 Ducati schreibt vor, die Zündkerzen alle 24 000 km zu erneuern (siehe Schritte 7 und 8).

6 Soweit die Zündkerzen zwischen den Wechselintervallen kontrolliert werden, sollten ihre Elektroden mit einer Drahtbürste gereinigt werden – falls sich Ablagerungen hierdurch nicht entfernen lassen, müssen die Zündkerzen ersetzt werden. Eine Reinigung per Sandstrahlgebläse darf nur erfolgen, wenn anschließend mit Druckluft und Lösungsmittel sichergestellt werden kann, dass kein Sand an der Kerze verbleibt und später in den Brennraum gelangt. Reinigen Sie auch den inneren weißen Keramik-Isolator. Kontrollieren Sie die gereinigten Elektroden – sowohl die Mittelelektrode als auch der Masseelektrode-Bügel dürfen weder abgerundet noch anderweitig verschlissen oder beschädigt sein. Am Isolator dürfen keine Abplatzungen erkennbar sein. Kontrollieren Sie auch das Gewinde, die Dichtscheibe und den Außen-Isolator. Bei jedem Zweifel sollte eine Zündkerze ersetzt werden.

Zündkerzen können für viele Symptome verantwortlich sein: Schlechtes Anspringen, ungleichmäßiges Standgas, Fehlzündungen, hoher Verbrauch, mangelnde Leistung, usw. Ein Kerzenwechsel bewirkt hier oft Wunder.

7 Ermitteln Sie den Abstand zwischen Mittel- und Masseelektrode mit einer entsprechenden Fühlerlehre oder Drahtlehre (siehe Abbildungen) – er muss 0,7 bis 0,8 mm betragen. Falls sich die Lehre locker hindurchschieben lässt, ist der Abstand zu groß und die Masseelektrode muss vorsichtig nachgebogen werden (siehe Abbildung) – beschädigen Sie dabei nicht die Mittelelektrode! Klopfen Sie die Zündkerze nicht auf die Masseelektrode, um den Abstand zu verringern.

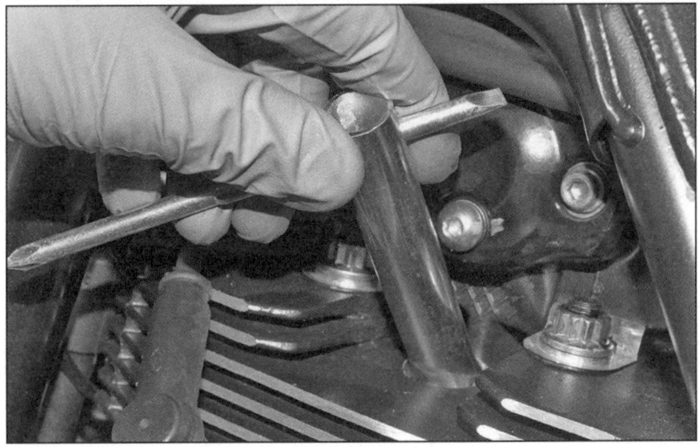

19.3 Ausbau der Zündkerze mit dem Bordwerkzeug

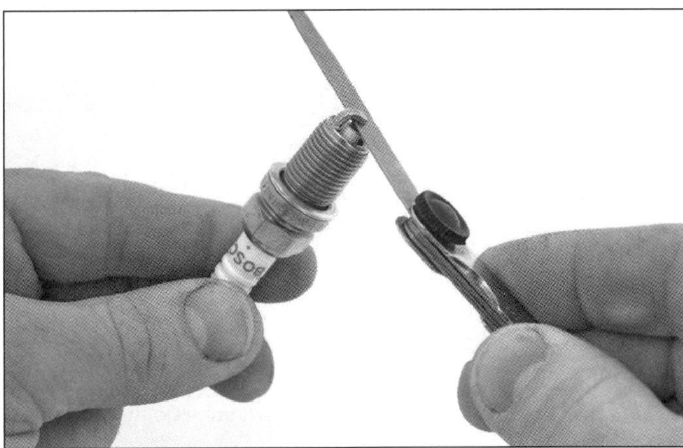

19.7a Ermitteln Sie den Elektroden-Abstand mit einer Fühlerlehre ...

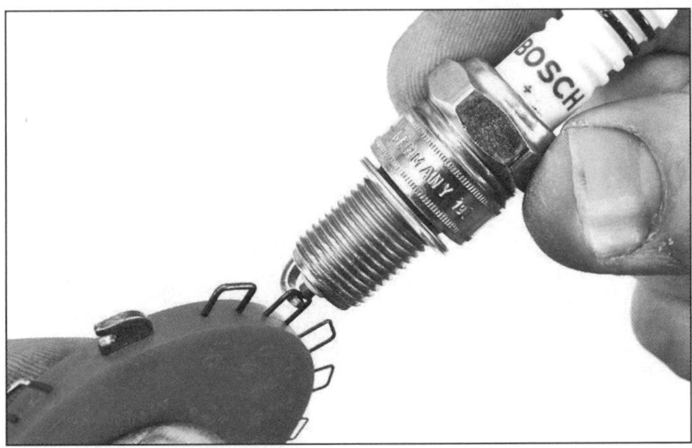

19.7b ... oder einer Drahtlehre, ...

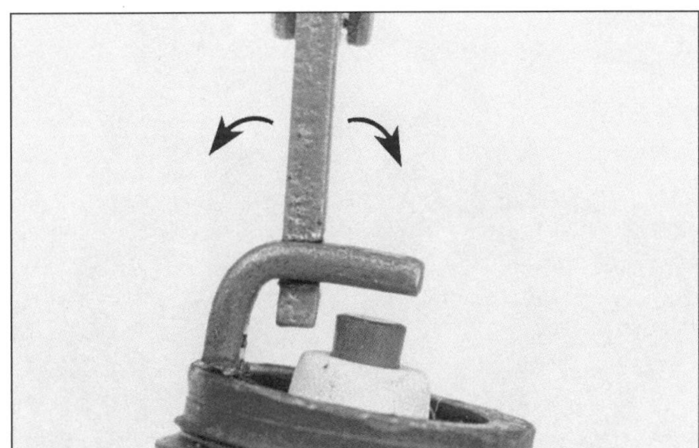

19.7c ... die oft auch über ein Werkzeug zum vorsichtigen Biegen der Masseelektrode verfügt.

19.8 Drehen Sie die Zündkerze möglichst weit von Hand ein.

20.4 Kontrolle des Lenkkopflagerspiels

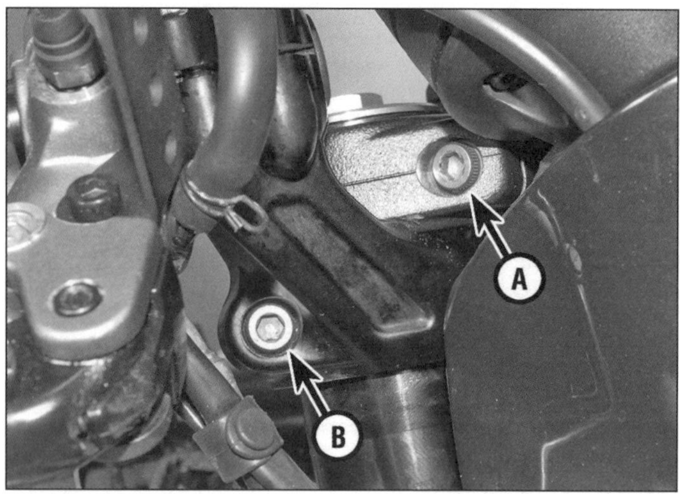

20.5a Lockern Sie an beiden Seiten die Gabelholm-Klemmschrauben (A) und beim Café Racer die Lenkerhalter-Klemmschrauben (B).

20.5b Lockern Sie die Lenkschaft-Klemmschraube ...

20.5c ... und an beiden Seiten die Muttern des Scheinwerfer-Trägers.

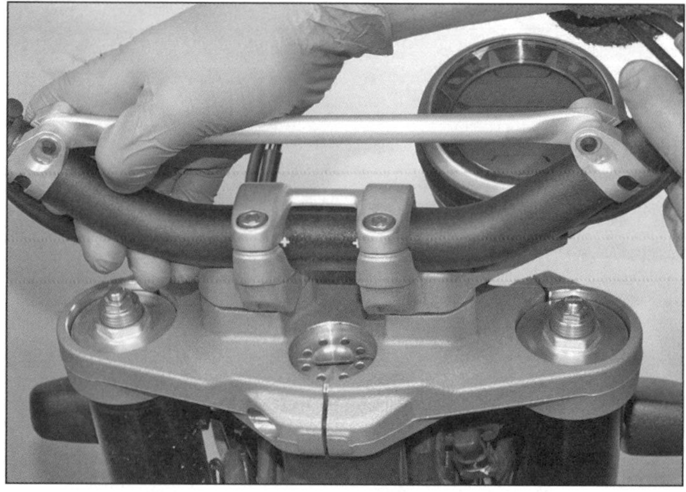

20.5d Heben Sie die Gabelbrücke samt Lenker an, ...

8 Drehen Sie die Zündkerze möglichst weit per Hand in den Motor und ziehen Sie sie anschließend an (siehe Abbildung). Falls ein Drehmomentschlüssel vorhanden ist, sollten sie mit 20 Nm angezogen werden; ansonsten werden neue Zündkerzen nach dem Aufsetzen des Dichtrings eine halbe Umdrehung angezogen, alte Kerzen werden eine achtel bis viertel Umdrehung festgezogen – zu festes Anziehen kann schnell das Gewinde ausreißen lassen.

9 Setzen Sie den Kerzenstecker auf und drücken Sie ihn fest auf die Zündkerze (Abbildung 19.1).

Ausgerissene Kerzengewinde können mit Gewindeeinsätzen wieder repariert werden. Beachten Sie sich hierzu die* Werkzeug- und Werkstatt-Tipps *im Anhang dieses Buchs.

20 Lenkkopflager

Lagerspiel

Kontrolle und Einstellung

1 Die an diesen Motorrädern verwendeten Kugellager können sich auch im normalen Betrieb eindrücken und lockern oder rau laufen. In Extremfällen können verschlissene oder lockere Lenkkopflager gefährliches Lenkerflattern verursachen. Zu fest angezogene Lager sorgen für ein schlechtes Fahrverhalten.

Kontrolle

2 Stützen Sie das Motorrad mithilfe einer geeigneten Vorrichtung so ab, dass das Vorderrad nicht den Boden berührt und die Lenkung nicht beeinträchtigt wird (z. B. einem Montageständer am Heck und Hölzern unter dem Motor). Sorgen Sie für eine sichere Abstützung.

3 Stellen Sie das Vorderrad geradeaus und bewegen Sie den Lenker ganz langsam hin und her. Falls das Lager Druckstellen hat, rau läuft oder zu fest eingestellt ist, ist das dadurch zu spüren, dass der Lenker sich nicht weich und frei bewegen lässt. Stellen Sie das Vorderrad erneut geradeaus und klopfen Sie es vorn zu einer Seite – es muss unter seinem Eigengewicht bis zu Anschlag »fallen« und dadurch anzeigen, dass die Lenkkopflager nicht zu fest angezogen sind (berücksichtigen Sie den Widerstand durch Bowdenzüge, Hydraulikschläuche und Kabel). Wiederholen Sie diese Prüfung zur anderen Seite.

4 Greifen Sie als Nächstes unten an die Gabel und versuchen Sie sie vorwärts und rückwärts zu bewegen (siehe Abbildung). Jede Lockerung des Lenkkopflagers kann man durch die Bewegung der Gabel erfühlen. Wenn Lagerspiel festgestellt wird, muss der Lenkkopf wie unten beschrieben nachgestellt werden.

Verwechseln Sie nicht irgendeine Bewegung des Motorrades auf dem Ständer mit Lagerspiel. Drücken und ziehen Sie nicht zu stark – eine leichte Bewegung reicht völlig aus. Spiel in der Gabel kann auch durch verschlissene Gleitbuchsen in den Standrohren entstehen. Verwechseln Sie dieses Spiel nicht mit dem Lenkkopflagerspiel.

Einstellung

Spezialwerkzeug: *Zum Lösen der Lenkschaftmutter wird ein Zapfenschlüssel benötigt – Ducati bietet unter der Teilenummer 88713.1058 ein entsprechendes Werkzeug an (Abbildung 20.6a).*

5 Bedecken Sie den Tank zum Schutz mit mehreren Lappen. Lockern Sie an beiden Seiten die Gabelholm-Klemmschrauben der oberen Gabelbrücke und beim Café Racer die Klemmschrauben der Lenkerhalter. Lockern Sie die Lenkschaft-Klemmschraube und unter der Brücke die Muttern des Scheinwerfer-Trägers (siehe Abbildungen). Heben Sie die Gabelbrücke samt Lenker (nicht beim Café Racer) soweit an, dass genug Platz besteht, um den Zapfenschlüssel anzusetzen (siehe Abbildungen).

6 Falls ein Drehmomentschlüssel vorhanden ist, wird die Lenkschaftmutter mithilfe des Zapfenschlüssels etwas gelockert und dann wieder mit 30 Nm (bis Modelljahr 2018) bzw. 25 Nm (ab Modelljahr 2019) angezogen (siehe Abbildungen).

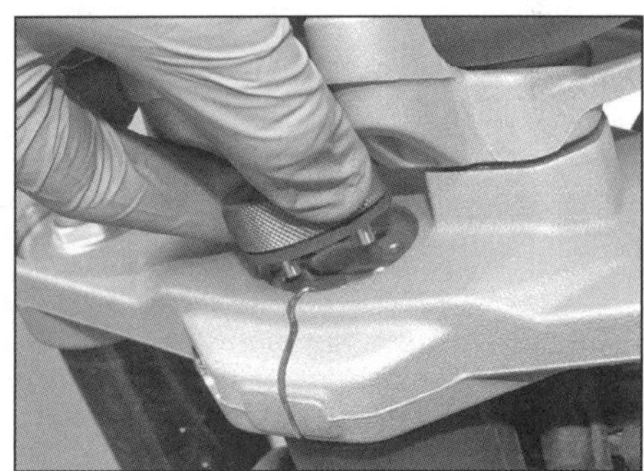

20.5e ... bis genug Platz besteht, um den Zapfenschlüssel anzusetzen.

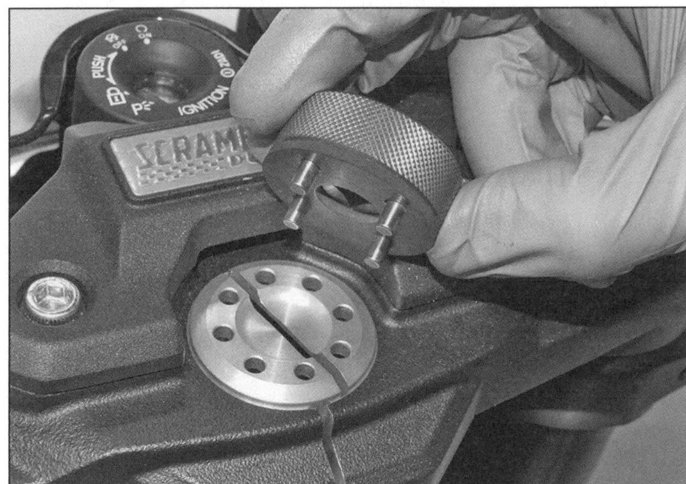

20.6a Dies ist eine Alternative zum Ducati-Zapfenschlüssel.

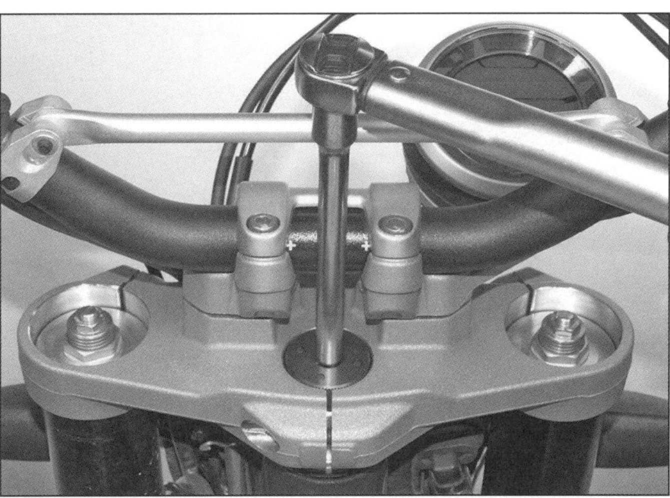

20.6b Einstellung der Lenkkopflager mit einem Drehmomentschlüssel samt Verlängerung (bei allen Modellen außer dem Café Racer empfehlenswert)

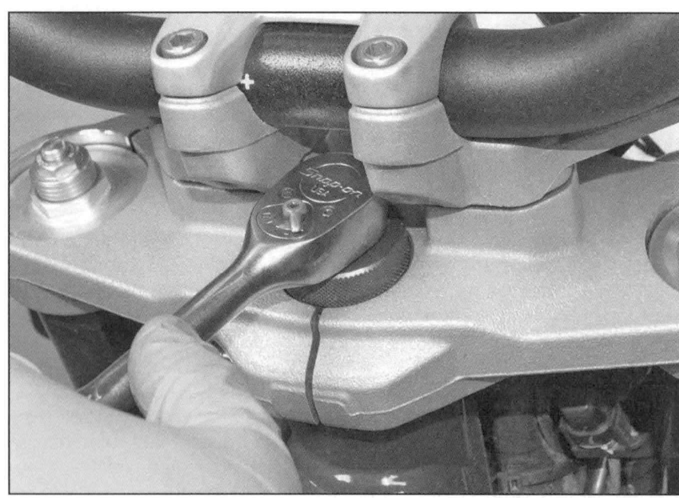

20.7a Einstellen des Lenkkopflagerspiels mithilfe eines ¾-Zoll-Antriebs an der Desert Sled

20.7b Einstellen des Lenkkopflagerspiels mithilfe eines ¾-Zoll-Antriebs am Café Racer

7 Falls **kein** Drehmomentschlüssel vorhanden ist, wird die Lenkschaftmutter je nach Bedarf mithilfe des Zapfenschlüssels (und beim Ducati-Werkzeug eines ¾-Zoll-Antriebs) etwas gelockert oder angezogen und die Kontrolle (Schritte 3 und 4) wiederholt, bis die Lager korrekt eingestellt sind (siehe Abbildungen) – Ziel ist es, die Lager unter sehr leichten Druck zu setzen, sodass jegliches Spiel beseitigt ist (Schritt 5), die Lenkung sich aber noch frei bewegen lässt (Schritt 4).

Achtung: Achten Sie sorgfältig darauf, beim Einstellen auf die Lager keinen hohen Druck auszuüben – dieses führt zu vorzeitigen Lagerschäden.

8 Falls sich die Lager nicht korrekt einstellen lassen oder die Lenkung sich weiterhin rau und klemmend bewegen lässt, müssen der Lenkschaft demontiert und die Lenkkopflager kontrolliert werden (siehe Kapitel 4, Sektion 10).

9 Soweit die Lager korrekt eingestellt sind, wird die Gabelbrücke samt Lenker (nicht beim Café Racer) bis zum Anschlag aufgeschoben, dann werden die Gabelholm- und Lenkschaft-Klemmschrauben mit 24 Nm angezogen (Abbildungen 20.5 a und b). Positionieren Sie beim Café Racer die Lenkerhalter unter der Brücke und drücken Sie die Lenker zurück, bis die Anschläge an den Halter gegen die Laschen der Brücke drücken, ziehen Sie dann die Klemmschrauben der Halter mit 24 Nm an (Abbildung 20.5a). Ziehen Sie bei allen Modellen die Muttern des Scheinwerferträgers sorgfältig an (Abbildung 20.5c).

10 Kontrollieren Sie erneut das Lenkkopflagerspiel und justieren Sie es nötigenfalls nach.

Schmieren

11 Mit der Zeit altert das Fett der Lenkkopflager und härtet aus, sodass Schmutz und Wasser eindringen können.

12 Ducati empfiehlt, die Lenkkopflager gelegentlich zu zerlegen, zu reinigen und nachzufetten (siehe Kapitel 4, Sektion 10).

21 Zahnriemen
Ersetzen

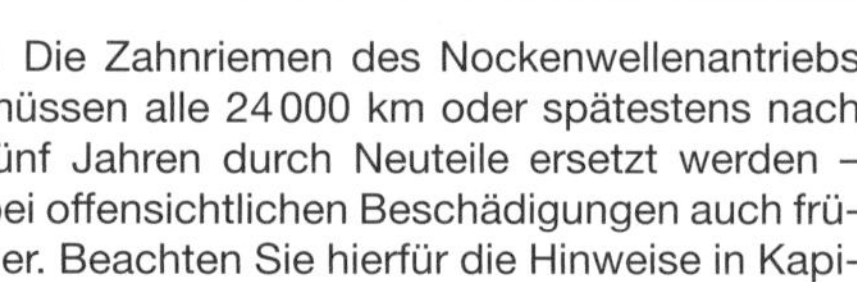

1 Die Zahnriemen des Nockenwellenantriebs müssen alle 24 000 km oder spätestens nach fünf Jahren durch Neuteile ersetzt werden – bei offensichtlichen Beschädigungen auch früher. Beachten Sie hierfür die Hinweise in Kapitel 2, Sektion 6.

Warnung: Ein bei laufendem Motor reißender Zahnriemen kann zu schweren Motorschäden führen! Während der Fahrt können hierdurch extrem gefährliche Situationen entstehen!

Kapitel 2
Motor, Kupplung und Getriebe

Inhalt (in alphabetischer Reihenfolge, die Zahlen geben die Nummerierung in den grauen Feldern wieder)

Schwierigkeitsgrade

Leicht. Für Anfänger mit wenig Erfahrung geeignet. 

Relativ leicht. Für Anfänger mit etwas Erfahrung geeignet. 

Relativ schwierig. Geeignet für geübte Selbstschrauber. 

Schwer. Geeignet für Selbstschrauber mit viel Erfahrung. 

Sehr schwer. Geeignet für Experten und Profis.

Technische Daten

Allgemeines

Typ	Luft-/ölgekühlter OHC-V2-Motor mit 90° Zylinderwinkel
Hubraum	803 cm³
Bohrung	88 mm
Hub	66 mm
Verdichtungsverhältnis	11,0 : 1
Kühlung	Luft/Öl
Schmierung	Nasssumpf mit Zahnradpumpe
Kupplung	Mehrscheiben-Ölbadkupplung
Getriebe	6 Gänge in konstantem Eingriff
Endantrieb	Dichtringkette

Zahnriemen-Spannung

bis Modelljahr 2018	
Vorderer Zylinder	160 Hz (neuer Riemen), 100 Hz (gebrauchter Riemen) – siehe Sektion 6
Hinterer Zylinder	145 Hz (neuer Riemen), 100 Hz (gebrauchter Riemen) – siehe Sektion 6
ab Modelljahr 2019 – beide Zylinder	140 Hz (neuer Riemen), 95 Hz (gebrauchter Riemen) – siehe Sektion 6

Nockenwellen

Verzug (max.)	0,1 mm

Ventile und Kipphebel

	Standard	Verschleißgrenze
Ventilspiel (bei kaltem Motor) – Einlass- und Auslassventile		
Öffner-Kipphebel	0,10 bis 0,15 mm	
Schließer-Kipphebel	0,02 bis 0,05 mm	
Ventilsitz-Breite	1,0 bis 1,5 mm	2,0 mm (max.)

Ventilteller-Verzug		0,03 mm (max.)
Ventilschaft-Spiel in Führung	0,03 bis 0,06 mm	0,08 mm (max.)
Kipphebelwellenbohrung-Innendurchmesser	10,040 bis 10,062 mm	
Kipphebelwellen-Außendurchmesser	10,000 bis 10,005 mm	
Kipphebel-Spiel auf Welle	0,03 bis 0,06 mm	0,08 mm (max.)

Zylinderbohrungen

	Standard	Verschleißgrenze
Zylinder-Kompression	11 bis 13 bar	10 bar (min.)
Differenz zwischen den Zylindern		2 bar (max.)
Kolben-Spiel in Bohrung	0,025 bis 0,045 mm	
Ovalität		0,03 mm (max.)
Kegelförmigkeit		0,03 mm (max.)

Kolben

Kolben-Spiel in Bohrung	0,025 bis 0,045 mm
Kolbenbolzen-Durchmesser	18,000 bis 18,004 mm
Kolbenbolzen-Bohrung in Kolben	18,015 bis 18,020 mm
Kolbenbolzen-Spiel in Kolben	0,015 bis 0,024 mm
Kolbenbolzen-Spiel in Pleuelauge	0,028 bis 0,041 mm

Kolbenringe

	Standard	Verschleißgrenze
Stoßspiel (eingebaut)		
Oberer und 2. Kompressionsring	0,2 bis 0,4 mm	0,8 mm (max.)
Ölabstreifring-Seitenteile	0,3 bis 0,6 mm	1,0 mm (max.)
Spiel in Ringnuten		
Oberer Kompressionsring		0,15 mm (max.)
Zweiter Kompressionsring		0,10 mm (max.)
Ölabstreifring		0,10 mm (max.)

Kupplung

	Standard	Verschleißgrenze
Belagscheiben – Anzahl	11	
Stahlscheiben – Anzahl	10	
Belagscheiben-Stärke	2,8 mm	2,6 mm (min.)
Kupplungsscheibenpaket-Stärke		46,1 mm (min.)
Stahlscheiben-Verzug		0,2 mm (max.)

Schaltwalze und Schaltgabeln

	Standard	Verschleißgrenze
Schaltwalze – Axialspiel		0,14 mm (max.)
Schaltgabel-Spiel in Getrieberadnut		
Äußere Gabeln (Ausgangswelle)	0,1 bis 0,3 mm	
Mittlere Gabel (Eingangswelle)	0,07 bis 0,285 mm	0,4 mm (max.)
Schaltgabelnut-Breite in Getrieberad	4,07 bis 4,185 mm	
Schaltgabelenden-Stärke	3,9 bis 4,0 mm	

Kurbelwelle und Pleuel

Hubzapfen-Durchmesser	40,009 bis 40,041 mm
Pleuelfuß-Radialspiel	0,023 bis 0,070 mm
Pleuelfuß-Axialspiel	0,15 bis 0,35 mm
Kolbenbolzen-Spiel in Pleuelauge	0,028 bis 0,041 mm

Getriebe-Untersetzung (Anzahl der Zähne)

	Standard	Verschleißgrenze
Primäruntersetzung	1,85 zu 1	
Enduntersetzung	3,06 zu 1 (46/15)	
1. Gang	2,461 zu 1 (32/13)	
2. Gang	1,666 zu 1 (30/18)	
3. Gang	1,333 zu 1 (28/21)	
4. Gang	1,130 zu 1 (26/23)	
5. Gang	1,000 zu 1 (22/22)	
6. Gang	0,923 zu 1 (24/26)	
Getriebewellen-Verzug		0,052 mm (max.)

Anzugsdrehmomente

	Nm
Anlasserfreilaufgehäuse-Schrauben	13
Anlasseruntersetzungsradwelle – Schraube	10
Kupplungsausrückzylinder-Schrauben (Modelle ab 2019)	10

Kupplungsdeckel-Schrauben	13,5
Kupplungsfeder-Schrauben	5
Kupplungsgeberzylinder-Klemmschrauben (Modelle ab 2019)	10
Kupplungsmutter	190
Kupplungsschlauch-Anschlussschrauben (Modelle ab 2019)	24
Leerlauf-Arretierkugel-Schraube	30
Lichtmaschinendeckel-Schrauben	13,5
Lichtmaschinenrotor-Bolzen	330
Motorbolzen rechts unten – Desert Sled	42
Motorbolzen-Muttern	60
Motorgehäuse-Schrauben	
M6-Schrauben	10
M8-Schrauben	25
Ölkühlerrohr-Anschlussmuttern	
an Motorgehäuse-Stutzen	25
an Ölkühlerstutzen	18
Ölkühlerrohr-Stutzen	23
Ölpumpen-Befestigungsschrauben	
M6-Schraube	10
M8-Schrauben	26
Ölüberdruckventil-Stopfen	17
Pleuelfußschrauben	siehe Sektion 25
Primärtriebradmutter	190
Schalt/Klauenarm-Halter-Schrauben	
Hintere Schraube	36
Vordere Schraube	16
Schaltstern – Arretierhebelschraube	18
Spreizrollenplatten-Schrauben	10
Zahnriemenführungsrollen-Schraube	20
Zahnriemenrad-Muttern	71
Zahnriemenspanner-Schrauben	26
Zahnriemen-Zwischenwellenrad-Mutter	55
Zylinderkopfmuttern	
Schritt 1	15
Schritt 2	30
Schritt 3	48

1 Allgemeine Informationen

1 Beim luft/ölgekühlten V2-Motor (Ducati nennt ihn »L-Twin«) wird je Zylinder eine obenliegende Nockenwelle per Zahnriemen angetrieben und betätigt über Öffner- und Schließerhebel jeweils ein Ein- und ein Auslassventil. Die rechts liegenden Zahnriemen werden von einer Zwischenwelle angetrieben, deren 2:1-Untersetzung links von Zahnrädern erledigt wird. Der Kurbelwellen-Positionssensor links oben im Motorgehäuse nutzt Auslöser am Zwischenwellen-Antriebsrad: Zwei Einschnitte in der Verzahnung zeigen ihm, wann der vordere Zylinder im oberen Totpunkt (OT) steht.

2 Das Primärtrieb-Zahnrad rechts an der Kurbelwelle treibt die im Ölbad laufende Mehrscheiben-Kupplung an, die bis Modelljahr 2018 per Bowdenzug und ab Modelljahr 2019 hydraulisch betätigt wird. Ein Sechsganggetriebe leitet die Kraft über eine Dichtringkette auf das Hinterrad weiter.

3 Eine vom rechten Kurbelwellen-Ende angetriebene Zahnrad-Ölpumpe fördert das Motoröl durch ein Sieb und eine von unten ins Motorgehäuse geschraubte Filterpatrone. Das Motorgehäuse ist vertikal geteilt.

4 An der Rückseite des links auf der Kurbelwelle steckenden Lichtmaschinenrotors sitzt der Anlasserfreilauf. Der Anlasser selbst ist unterhalb des vorderen Zylinders ans Motorgehäuse geschraubt.

2 Motorbauteile Zugang

Arbeiten, die bei eingebautem Motor möglich sind:

1 Die unten aufgelisteten Komponenten und Teile können demontiert werden, ohne dass der Motor aus dem Rahmen gebaut werden muss. Wenn jedoch mehrere dieser Arbeiten zugleich ausgeführt werden müssen, empfiehlt es sich, den Motor dafür auszubauen.

- Zahnriemen
- Nockenwellen und Kipphebel
- Vorderer Zylinderkopf, Zylinder und Kolben
- Kupplung
- Ölpumpe
- Primärtriebrad
- Schaltmechanismus
- Lichtmaschine (Rotor und Stator)
- Zahnriemenwellen-Antrieb
- Anlasserfreilauf

Arbeiten, die den Ausbau des Motors erfordern:

2 Für den Zugang zu folgenden Komponenten muss der Motor aus dem Rahmen genommen und die Gehäusehälften getrennt werden:

- Hinterer Zylinderkopf, Zylinder und Kolben
- Kurbelwelle und Pleuel
- Zahnriemenwellen
- Getriebewellen
- Schaltwalze und -Gabeln

2

3 Motor Kompressionstest

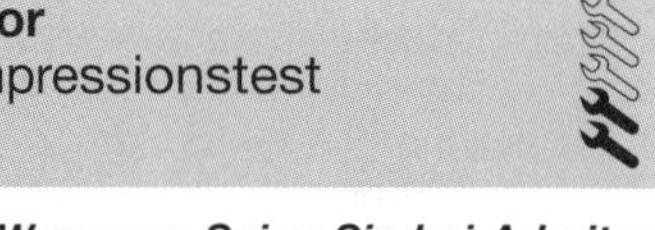

Warnung: Seien Sie bei Arbeiten am heißen Motor sehr vorsichtig – an der Auspuffanlage und Motorteilen kann man sich leicht die Hände verbrennen!

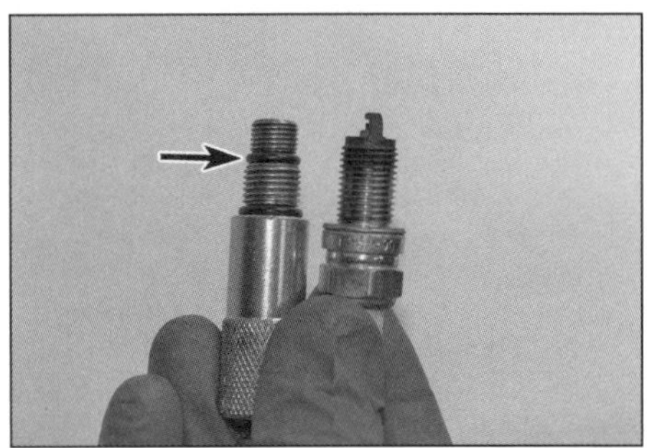

3.4a Wählen Sie den zur Zündkerze passenden Adapter aus (dieser hat zwei Gewinde und der Dichtring des unteren (Pfeil) muss entfernt werden.

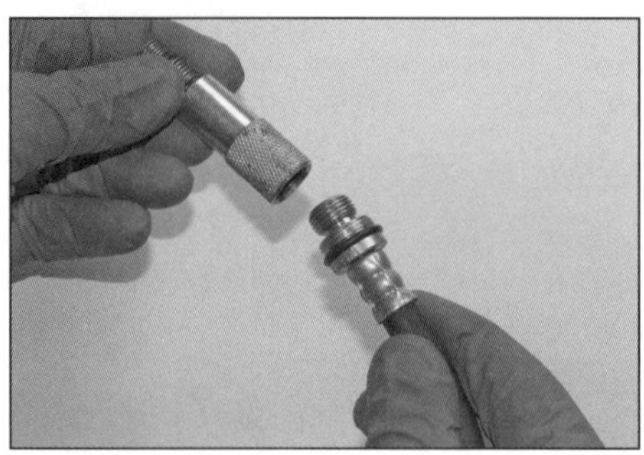

3.4b Verbinden Sie den Adapter mit dem Schlauch ...

3.4c ... und drehen Sie ihn in die Zündkerzenbohrung.

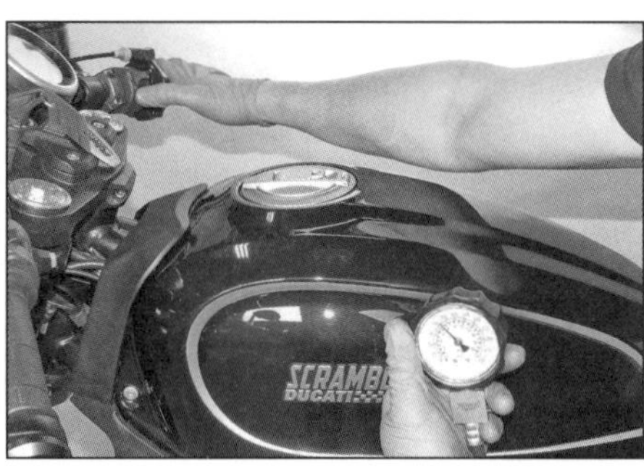

3.5 Ermitteln der Zylinderkompression

Spezialwerkzeug: *Für diese Kontrolle wird ein Kompressionsprüfer und ein Adapter für das M12 x 1,25-Zündkerzengewinde benötigt. Je nach Ergebnis des ersten Tests kann es nötig werden, für weitere Kontrollen eine Öl-Spritzflasche zu beschaffen.*

1 Geringe Motorleistung, Auspuffqualm, starker Ölverbrauch und schlechtes Startverhalten können die Folge mangelnder Kompression sein. Diese kann unter anderem durch undichte Ventile, eine leckende Zylinderkopfdichtung sowie Verschleiß an Kolben, den Kolbenringen und Zylinderbohrungen hervorgerufen werden. Eine Kompressionsprüfung kann helfen, die Ursache zu finden; zudem lassen sich damit übermäßige Kohleablagerungen ermitteln. Ein spezieller Druckverlust-Tester (fragen Sie Ihren Ducati-Händler) kann helfen, die Gründe einzugrenzen.

Zylinderkompressionstest

2 Vor dem Durchführen des Tests muss sichergestellt werden, dass das Ventilspiel in Ordnung ist (siehe Kapitel 1, Sektion 5). Die Batterie muss vollständig geladen sein.
3 Starten Sie den Motor, lassen Sie ihn Betriebstemperatur erreichen, schalten Sie ihn dann ab. Schrauben Sie die Zündkerzen heraus (siehe Kapitel 1, Sektion 5).
4 Drehen Sie den passenden Adapter in die Kerzenbohrung des zu prüfenden Zylinders (siehe Abbildungen).
5 Schalten Sie die Zündung ein und den Killschalter auf RUN, legen Sie im Getriebe den Leerlauf ein, öffnen Sie vollständig den Gasgriff und drehen Sie den Motor mit dem Anlasser solange durch, bis sich das Messgerät nach ein paar Kurbelwellenumdrehungen auf einen Wert stabilisiert, der den maximalen Druck angibt (siehe Abbildung).
6 Notieren Sie den gemessenen Wert und wiederholen Sie die Messungen am anderen Zylinder. Schalten Sie anschließend die Zündung wieder aus.
7 Ein Ergebnis von ca. 12 bar ist gut, mindestens müssen 10 bar festgestellt werden. Der Unterschied zwischen den Zylindern darf nicht mehr als 2 bar betragen. Zu wenig Kompression kann am Verschleiß der Zylinderbohrung, den Kolbenringen oder dem Kolben liegen, außerdem an einer defekten Zylinderkopfdichtung, lockeren Zylinderkopfschrauben oder undichten Ventilen. Um die Ursache näher einzugrenzen, wird etwas Motoröl durch die Zündkerzenbohrung in den Brennraum gespritzt, um die Kolbenringe gegen den Zylinder abzudichten, dann wird der Kompressionstest wiederholt – liegt das Ergebnis deutlich höher, sind der Zylinder, der Kolben und/oder die Ringe verschlissen. Bleibt die Kompression niedrig, wird wahrscheinlich eine defekte Zylinderkopfdichtung, ein lockerer Kopf oder ein undichtes Ventil der Grund sein, bei extrem niedrigen Werten sind aber auch ein Loch im Kolben oder ein gebrochener Kolbenring mögliche Gründe.
8 Drücke über den Vorgaben sind dank sauber verbrennender moderner Kraftstoffe unwahrscheinlich, würden allerdings auf massive Ölkohleablagerungen im Brennraum hinweisen. In diesem Fall muss der Zylinderkopf demontiert werden, um die Ablagerungen vom Kolben, aus dem Kopf und von den Ventilen entfernen zu können (siehe Sektion 8).

Druckverlust-Test

9 Ein Druckverlust-Test ähnelt einer Kompressionsprüfung, gibt aber auch Hinweise darauf, wie viel Druck durch Lecks verloren geht. Viele Werkstätten ziehen einen Druckverlust-Test gegenüber einer Kompressionsprüfung vor, da hierdurch gezielter auf Probleme hingewiesen wird, sodass nach einer Zerlegung leichter gegen die Ursachen vorgegangen werden kann. Die erforderliche Ausrüstung ist allerdings teurer als ein Kompressionsprüfer, zudem wird eine Druckluftquelle benötigt. Richten Sie sich bei der Durchführung des Tests ggf. nach der Bedienungsanleitung des Prüfgeräts – oder lassen Sie ihn von einer entsprechend ausgerüsteten Fachwerkstatt durchführen.
10 Ein Druckverlust-Test kann zusammen mit einer Kompressionsprüfung durchgeführt werden, um andere Probleme zu diagnostizieren – darunter schadhafte Komponenten des Ventiltriebs, unkorrekte Steuerzeiten oder Defekte am Zünd- und Einspritzsystem.

4 Motor
Ausbau und Einbau

Warnung: Der Motor ist sehr schwer. Der Ein- und Ausbau des Motors sollte immer mit der Hilfe mindestens eines Assistenten ausgeführt werden. Ein herunterfallender oder abrutschender Motor kann zu Verletzungen führen und Beschädigungen zur Folge haben. Um das Gewicht des Motors vor dem Ausbau zu reduzieren, sollten gut zugängliche Komponenten wie die Kupplung (Sektion 15), die Lichtmaschine (Sektion 13) und der Anlasser (siehe Kapitel 7) demontiert werden.

Anmerkung: *Legen Sie ausgebaute Motorbolzen mit allen Scheiben, Haltern, Hülsen und der Mutter ab, um beim Einbau alles korrekt zuordnen zu können und nichts zu vergessen.*

Ausbau

1 Stützen Sie das Motorrad anfangs mit einem Montageständer für die Hinterachse ab und sichern Sie den Handbremshebel mit einem Gummiband oder einer speziellen Klemme gegen den Lenker, um das Vorderrad zu blockieren. Später wird eine Alternative benötigt, da die Schwingenachse durch das Motorgehäuse geführt ist. Bei allen Modellen **außer der De-**

sert Sled empfehlen wir, den Motor mit zwei ca. 10 x 5 cm großen Hölzern zu stützen, die nach der Demontage der Fußrastenträger (Schritt 14) in deren Bohrungen verschraubt werden. Demontieren Sie das Hinterrad, entfernen Sie den Montageständer und stützen Sie den Motor auf den Hölzern ab, sodass die Schwinge ausgebaut werden kann. Stützen Sie auch den vorderen Zylindern wie in Schritt 19 beschrieben ab. Statt den Motor aus dem Rahmen zu bauen, kann der Rahmen über dem so abgestützten Motor abgehoben werden. Bei der **Desert Sled** wird der Motor mit dem in Schritt 19 beschriebenen Hilfsmittel gehalten und der Rahmen an beiden Seiten unterhalb der Fußrastenträger mit Böcken gestützt.

2 Falls der Motor – speziell an seinen Aufhängungen – verschmutzt ist, muss er zuerst gründlich gereinigt werden. Hierdurch wird nicht nur die Arbeit erleichtert, sondern auch ausgeschlossen, dass abfallender Schmutz hineingeraten kann.

3 Lassen Sie das Motoröl ab und demontieren Sie den Ölfilter (siehe Kapitel 1, Sektion 4).

4 Bauen Sie die Batterie aus (siehe Kapitel 7, Sektion 3).

5 Demontieren Sie den Tank, das Luftfiltergehäuse und nötigenfalls den Einlassstutzen (der aber auch zunächst am Motor verbleiben kann) (siehe Kapitel 3, Sektionen 2, 7 und 9).

6 Demontieren Sie die Auspuffanlage (siehe Kapitel 3, Sektion 15) – um zusätzliche Arbeit zu vermeiden, sollte der Krümmer des hinteren Zylinders daran verbleiben, bis der Motor ausgebaut ist; verbinden Sie den Krümmer auf jeden Fall vor dem Einbau des Motors mit dem Zylinderkopf.

7 Entfernen Sie den Ölkühler – trennen Sie dabei die Schläuche vom Motor (siehe Sektion 20).

8 Ziehen Sie die Zündkerzenstecker ab und sichern Sie sie abseits des Motors (siehe Abbildung).

9 Trennen Sie das Anlasserkabel und alle mit dem Motor verbundenen Massekabel (siehe Abbildungen).

10 Lösen Sie **bis Modelljahr 2018** die Schraube des Kupplungszug-Halters und entnehmen Sie den Halter unter Beachtung seiner Einbaulage; trennen Sie dann den Kupplungszug vom Ausrückhebel (Abbildungen 16.3a, b und c).

11 Befreien Sie **ab Modelljahr 2019** den Kupplungs-Ausrückzylinder vom Motor und sichern Sie ihn abseits des Arbeitsbereichs (siehe Sektion 17).

12 Lösen und trennen Sie **ab Modelljahr 2019** den Stecker des Getriebesensors (siehe Abbildung). Befreien Sie die Verkabelung aus allen Führungen und führen Sie es zum Sensor zurück – merken Sie sich seine Verlegung.

13 Trennen Sie die Stecker der Lichtmaschine, des Kurbelwellensensors und des Öltemperatursensors (siehe Abbildungen). Befreien Sie die Verkabelung aus allen Führungen, um sie mit dem Motor ausbauen zu können – merken Sie sich ihre Verlegung.

14 Beachten Sie bei allen Modellen **außer der Desert Sled** die Hinweise in Kapitel 4, Sektion 12, um die Schwinge samt Antriebskette auszubauen, aber demontieren Sie zuerst die Fußrastenträger, bevor das Hinterrad und der Stoßdämpfer ausgebaut werden. Nachdem die Fußrastenträger demontiert wurden, müssen zwei gleichlange Hölzer der Stärke 10 x 5 cm mit Bohrungen versehen werden, um mithilfe von M8-Schrauben in deren Gewinden des Motor gesichert werden zu können (siehe Abbildung 4.19). Bauen Sie bei **der Desert Sled** die Schwinge samt Antriebskette aus – beachten Sie dazu die Hinweise in Kapitel 4, Sektion 12).

4.8 Ziehen Sie an beiden Zündkerzen die Kerzenstecker ab.

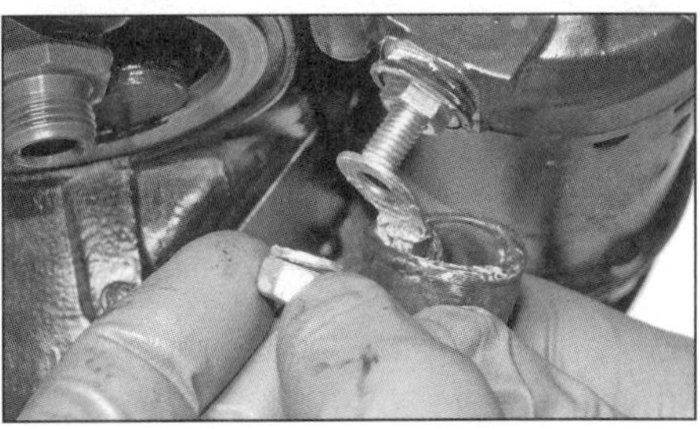

4.9a Heben Sie am Anlasser-Anschluss die Gummikappe an, lösen Sie die Mutter und trennen Sie die Stromversorgung.

4.9b Lösen Sie links am Motor die Schraube, um die Massekabel zu trennen.

4.12 Stecker des Getriebesensors

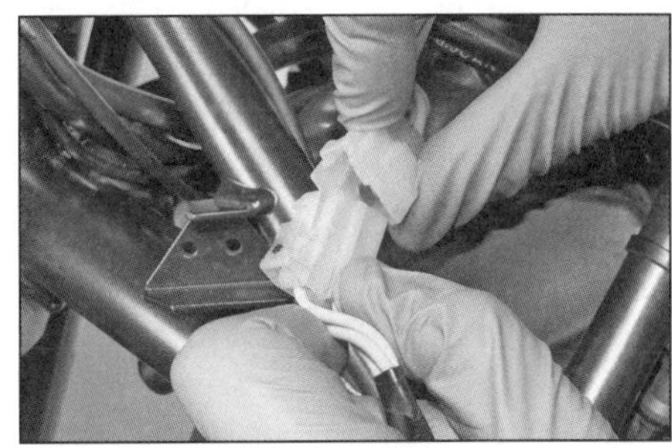

4.13a Stecker der Lichtmaschinenkabel

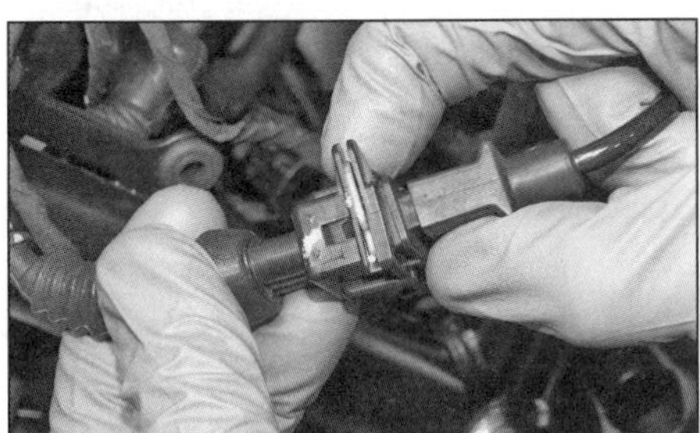

4.13b Stecker des Kurbelwellensensors

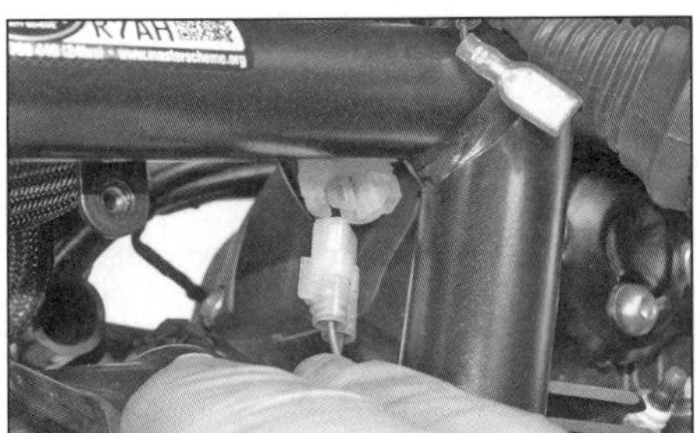

4.13c Stecker des Öltemperatursensors

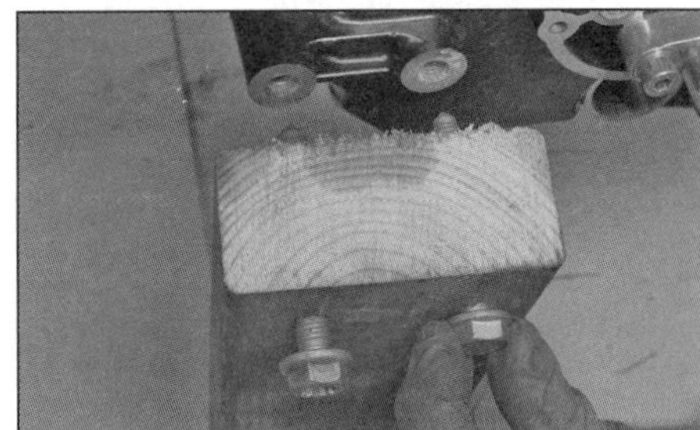

4.14 Schrauben Sie stabile Hölzer an die Fußrastenträger-Aufnahmen.

2

4.15 Befreien Sie hinten am Motor die Kappe und ziehen Sie vorsichtig den Stecker ab.

4.17a Trennen Sie den Stecker des Seitenständerschalters.

4.17b Entfernen Sie die komplette Seitenständer-Baugruppe – alle Modelle außer Desert Sled

4.17c Lösen Sie bei der Desert Sled die Schrauben und ziehen Sie den Seitenständerträger zwischen Rahmen und Motor nach unten heraus.

4.18 Rechte untere Motor-Befestigungsschraube – Desert Sled

4.19 Stützen Sie den Motor vorn wie gezeigt ab.

4.20a Lösen Sie die Muttern ...

4.20b ... und ziehen Sie die Bolzen heraus.

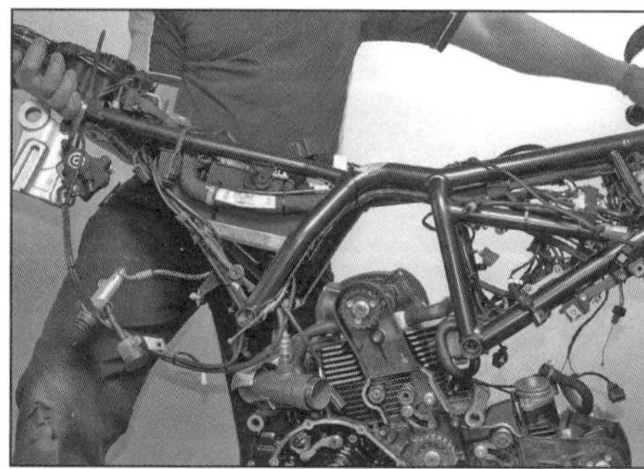

4.20c Heben Sie das Fahrgestell vom Motor ab ...

15 Trennen Sie **bis Modelljahr 2018** den Stecker des Leerlaufschalters (siehe Abbildung).
16 Demontieren Sie bei **der Desert Sled** den Schalthebel samt Schaltgestänge (siehe Kapitel 4, Sektion 3). Beachten Sie **bei allen anderen Modellen** die Ausrichtung des Schaltgestänge-Hebels auf der Schaltwelle, lösen Sie die Klemmschraube und ziehen Sie den Hebel ab (Abbildung 13.2b).
17 Trennen Sie den Stecker des Seitenständerschalters (siehe Abbildung). Lösen Sie alle (verbliebenen) Schraube(n) des Seitenständerträgers und entnehmen Sie die komplette Seitenständer-Baugruppe (siehe Abbildungen).
18 Demontieren Sie bei der Desert Sled das Bremspedal (siehe Kapitel 4, Sektion 3). Lösen Sie rechts unten die Motor-Befestigungsschraube (siehe Abbildung).
19 Stützen Sie bei allen Modellen **außer der Desert Sled** den Motor vorn mit geeigneten Böcken und einem Holz ab (siehe Abbildung). Bei der Desert Sled muss der Motor mit einer Hebevorrichtung oder dem Ducati-Werkzeug 88713.3220 sicher abgestützt werden. Prüfen Sie rundherum, ob alle Kabel und Leitungen getrennt sind.
20 Lösen rechts Sie die Muttern von den Motorbolzen (siehe Abbildung). Ziehen Sie die Bolzen heraus und heben Sie bei allen Modellen **außer der Desert Sled** das Fahrgestell über dem Motor ab, um es gesichert abzustellen (siehe Abbildungen). Bei **der Desert Sled** muss der Motor unter dem Rahmen abgesenkt und befreit werden.

Einbau

21 Sichern Sie bei allen Modellen **außer der Desert Sled** die beim Ausbau verwendeten Hölzer an den Aufnahmen der Fußrastenträger und stützen Sie den Motor aufrecht ab (Abbildungen 4.14 und 4.19). Heben Sie den Rahmen über den Motor und richten Sie die Bol-

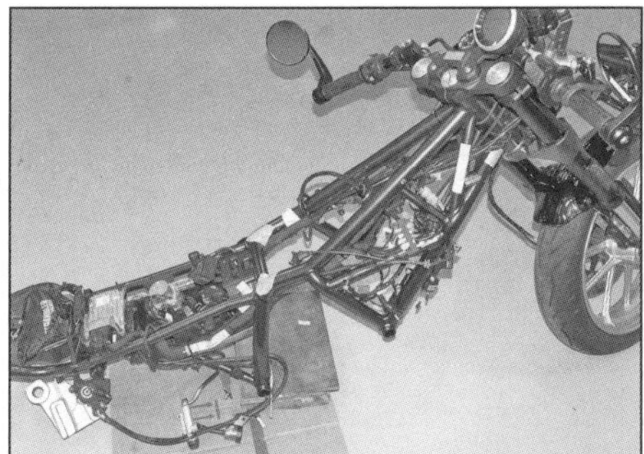

4.20d … und stellen Sie es wie gezeigt ab.

4.20e Der Motor verbleibt auf seinen Abstützungen.

4.21a Alle Schläuche und Leitungen müssen wie gezeigt rechts um die hintere Motoraufnahme des Rahmens verlegt sein.

4.21b Der längere Bolzen wird von links in die vordere Aufnahme eingeschoben.

4.23 Die vordere Schraube des Fußrastenträgers sichert auch die Seitenständeraufnahme und die zwischen dieser und dem Fußrastenträger liegende Scheibe.

zenbohrungen aus (Abbildung 4.20c) – die hintere Bremsleitung und die Verkabelung des Hinterradsensors sowie der Kennzeichenbeleuchtung müssen korrekt um den rechten Rahmenbereich verlegt sein (siehe Abbildung). Platzieren Sie bei der Desert Sled den Motor mit der Hebevorrichtung unter dem Rahmen und heben Sie ihn an, um die Bolzenbohrungen auszurichten. Schmieren Sie die Schäfte (aber nicht die Gewinde!) der Motorbolzen mit MoS_2-Fett und führen Sie sie von links ein (Abbildung 4.20b) – der längere Bolzen gehört nach vorn (siehe Abbildung). Drehen Sie die Muttern auf und ziehen Sie sie mit 60 Nm an (Abbildung 4.20a).

22 Installieren Sie bei der Desert Sled die Schraube, die rechts unten am Rahmen den Motor sichert, und ziehen Sie sie mit 42 Nm an (Abbildung 4.18).

23 Der Rest des Einbaus entspricht der umgekehrten Ausbaureihenfolge – beachten Sie dabei folgende Punkte:

- Folgen Sie den Hinweisen in Kapitel 4, um die Schwinge zu installieren. Entfernen Sie nach dem Einbau der Schwinge, des Stoßdämpfers und des Hinterrads (nicht bei der Desert Sled) die Stützhölzer, um das Motorrad hinten mit dem Montageständer abzustützen. Montieren Sie das Motorritzel und die Fußrastenträger; links muss die Seitenständeraufnahme und die zwischen dieser und dem Fußrastenträger liegende Scheibe installiert werden (siehe Abbildung).
- Alle Kabel müssen korrekt verlegt, gesichert und verbunden sein.
- Stellen Sie bis Modelljahr 2018 das Spiel des Kupplungszugs ein (siehe Kapitel 1, Sektion 8).
- Stellen Sie den Kettendurchhang ein (siehe Kapitel 1, Sektion 3).
- Installieren Sie einen neuen Ölfilter und füllen Sie den Motor mit dem vorgeschriebenen Öl auf (siehe Kapitel 1, Sektion 4).
- Starten Sie den Motor und prüfen Sie alles auf Dichtigkeit. Schalten Sie den Motor ab, warten Sie ein paar Minuten und kontrollieren Sie erneut den Ölpegel.

5 Motorüberholung
Allgemeine Informationen

1 Vor einer Überholung müssen alle zugehörigen Arbeitsschritte durchgelesen werden, damit man sich einen Überblick über den Umfang und die Anforderungen der Tätigkeit machen kann. Eine Motorüberholung ist nicht besonders schwierig, dafür aber zeitaufwendig. Prüfen Sie die Verfügbarkeit aller notwendigen Teile und sorgen Sie dafür, dass alle notwendigen Spezialwerkzeuge zugänglich sind.

2 Die meisten Arbeiten können mit der normalen Werkstatt-Ausrüstung durchgeführt werden, doch zur Verschleißermittlung werden zahlreiche Präzisions-Messgeräte benötigt – beachten Sie dazu die Hinweise im Anhang.

3 Um den überholten Motor möglichst problemlos möglichst lange betreiben zu können, muss alles äußerst sorgfältig in einer absolut sauberen Umgebung zusammengebaut werden.

Zerlegung und Zusammenbau

4 Vor dem Zerlegen des Motors muss dieser ordentlich gereinigt und äußerlich entfettet werden. Hiermit wird einer Verschmutzung der Motorinnereien vorgebeugt und außerdem ein leichteres und sauberes Arbeiten ermöglicht. Mit einem schwer entflammbaren Lösungsmittel (Petroleum) oder besser noch einem speziellen Maschinen-Entfettungsmittel und alten Pinseln oder Zahnbürsten werden die verschiedenen Ecken und Winkel gereinigt. Passen Sie auf, dass kein Lösungsmittel oder Wasser an elektrische Teile oder in die Ein- und Auslasskanäle gerät.

Warnung: Die Verwendung von Benzin als Reinigungsmittel sollte aufgrund des hohen Entzündungsrisikos vermieden werden.

5 Schaffen Sie für den gereinigten und getrockneten Motor ausreichend Platz auf einer sauberen Arbeitsfläche – möglichst einer stabilen Werkbank –, damit alle demontierten Baugruppen bearbeitet werden können. Halten Sie eine Ansammlung von Behältern und Plastiktüten bereit, damit zusammengehörige Einzelteile in übersichtlichen Gruppen gelagert werden können. Papier und Stift sollten für Notizen und Markierungen ebenso vorhanden sein wie ein Vorrat an sauberen und saugfähigen Lappen.

6 Lesen Sie vor Arbeitsbeginn die entsprechende Sektion vollständig durch, um einen Überblick zu erhalten. Beachten Sie, dass bei der Zerlegung der verschiedenen Motorkomponenten nur selten große Kraftanstrengung

6.2a Lösen Sie die drei unteren Schrauben ...

6.2b ... und die vordere Schraube des vorderen Deckels, ...

6.2c ... um diesen zu entnehmen.

6.2d Lösen Sie die verbliebene Schraube des hinteren Deckels und entnehmen Sie auch diesen.

6.7a Lösen Sie die zwei Schrauben des Inspektionsdeckels – kontrollieren Sie dessen O-Ring.

6.7b Drehen Sie die Verschlussschrauben aus den Nockenwellendeckeln der Zylinderköpfe – kontrollieren Sie deren Dichtscheiben.

nötig ist – außer dies ist extra erwähnt. Das Überprüfen des vorgeschriebenen Anzugdrehmoments einer bestimmten Schraube zeigt an, wie fest sie sitzt und wie viel Kraft zum Lösen gebraucht wird. In vielen Fällen, in denen sich Teile hartnäckig weigern, auseinanderzugehen, liegt ein unkorrekter Versuch der Demontage vor. Bei jedem Zweifel sollte im Text nachgelesen werden. Sprühen Sie korrodierte Verbindungen mit Kriechöl ein und lassen Sie es einige Stunden einwirken.

7 Beim Zerlegen des Motors müssen im Motor zusammenarbeitende »Paare« zusammengehalten werden (Kolben mit Ringen und Pleuel, Zahnräder, Ventile mit ihren Komponenten usw.). Diese Paare dürfen nur als Einheit erneuert oder wiederverwendet werden. Es ist hilfreich, eine große Pappe entsprechend des Aufbaus des Motors zu markieren, sodass die Teile darauf entsprechend ihrer Positionen im Motor verteilt werden können.

8 Die Zerlegung der Motor/Getriebe-Einheit sollte nach der folgenden generellen Reihenfolge und unter Berücksichtigung der entsprechenden Sektionen vorgenommen werden:

- Entfernen Sie die Zahnriemen.
- Demontieren Sie die Zylinderköpfe.
- Demontieren Sie die Zylinder und Kolben.
- Demontieren Sie den Kupplungsdeckel (rechts)
- Demontieren Sie die Kupplung.
- Demontieren Sie die Ölpumpe.
- Demontieren Sie das Primärtriebrad.
- Demontieren Sie den Anlasser.
- Demontieren Sie den Lichtmaschinenrotor und den Anlasserfreilauf.
- Demontieren Sie den Schaltmechanismus.
- Demontieren Sie die Zahnriemenräder und den Zwischenwellenantrieb.
- Trennen Sie die Motorgehäusehälften.
- Demontieren Sie die Schaltwalze und die Schaltgabeln.
- Demontieren Sie die Getriebewellen.
- Demontieren Sie die Zahnriemen-Zwischenwelle
- Demontieren Sie die Kurbelwelle.

9 Der Zusammenbau des Motors erfolgt in der umgekehrten Demontage-Reihenfolge.

6 Zahnriemendeckel und Zahnriemen

Zahnriemendeckel

1 Demontieren Sie die Auspuffanlage (siehe Kapitel 3, Sektion 15).

2 Zuerst muss der Deckel rechts am vorderen Zylinder entfernt werden. Lösen Sie die drei unteren Schrauben und dann die vordere Schraube des Deckels und entnehmen Sie ihn. Lösen Sie am hinteren Zylinder die einzelne Schraube des Deckels und entnehmen Sie auch diesen (siehe Abbildungen) – merken Sie sich die Positionen der unterschiedlich langen Schrauben.

3 Der Einbau entspricht der umgekehrten Ausbaureihenfolge – installieren Sie zuerst den Deckel des hinteren Zylinders und achten Sie darauf, die unterschiedlich langen Schrauben korrekt zu positionieren. Ziehen Sie die Schrauben sorgfältig an.

Zahnriemen

Anmerkung 1: *Um eine präzise Steuerzeiteneinstellung sicherzustellen, müssen vor dem Entfernen der Zahnriemen die Kurbelwelle und die Nockenwellen arretiert werden. Ducati bietet hierfür unter den Teilenummern 88713.2011 (für die Kurbelwelle) und 88713.2282 (für die Nockenwellen) entsprechende Werkzeuge an; Alternativen können auch im Zubehörmarkt – z.B. von der Firma Laser – beschafft werden (Abbildung 6.8a).*

Anmerkung 2: *Die Zahnriemen müssen beim Einbau korrekt gespannt werden. Verwenden Sie hierfür das Ducati-Spezialwerkzeug 97900.0253 oder ein anderes Frequenz-Messgerät. Falls ein solches Gerät nicht zur Hand ist, kann der Riemen übergangsweise mechanisch eingestellt werden (siehe Schritt 20), doch sollte unverzüglich eine Frequenzmessung erfolgen, um die korrekte Spannung ein-*

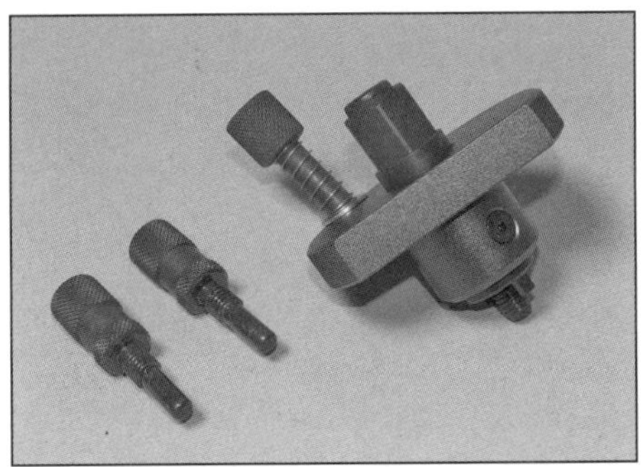

6.8a Die von der Firma Laser angebotenen Nockenwellen-Arretierungen (links) und das Werkzeug zum Drehen und Arretieren der Kurbelwelle (rechts)

6.8b Setzen Sie das Kurbelwellen-Werkzeug mit den Stiften in die Ausschnitte der Welle an ...

6.8c ... und sichern Sie es mit der mittigen Schraube.

6.8d Drehen Sie das Werkzeug mit einem am Sechskant angesetzten Schlüssel, ...

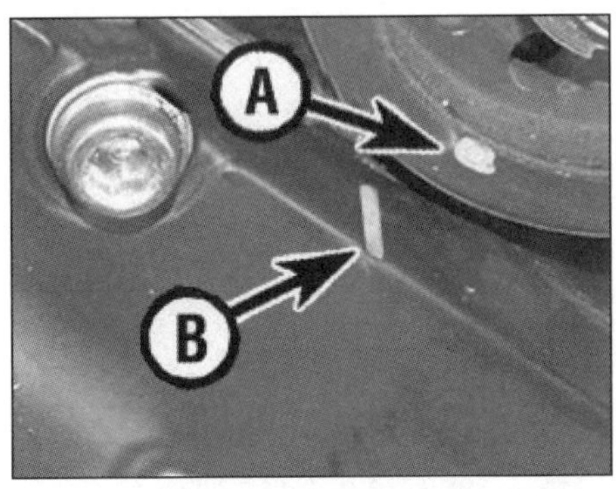

6.8e ... bis die Markierung am Zahnriemen-Antriebsrad (A) zur Linie am Kupplungsdeckel (B) fluchtet.

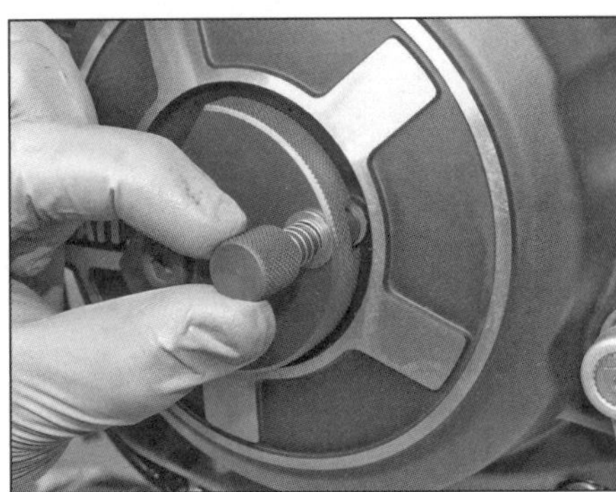

6.8f Drehen Sie die Kurbelwellen-Arretierung in das Gewinde der Inspekionsdeckel-Schraube ...

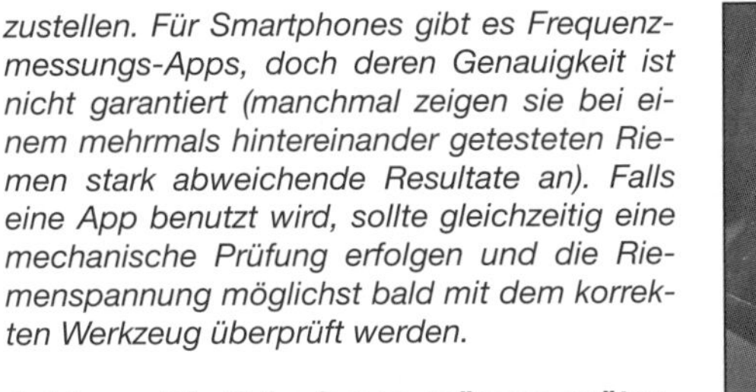

zustellen. Für Smartphones gibt es Frequenzmessungs-Apps, doch deren Genauigkeit ist nicht garantiert (manchmal zeigen sie bei einem mehrmals hintereinander getesteten Riemen stark abweichende Resultate an). Falls eine App benutzt wird, sollte gleichzeitig eine mechanische Prüfung erfolgen und die Riemenspannung möglichst bald mit dem korrekten Werkzeug überprüft werden.

Achtung: Die Zahnriemen müssen spätestens nach 24000 km oder fünf Jahren durch Neuteile ersetzt werden. Ein bei laufendem Motor reißender Zahnriemen kann zu schweren Motorschäden führen! Während der Fahrt können hierdurch extrem gefährliche Situationen entstehen!

6.8g ... und die Nockenwellen-Arretierungen vollständig ...

6.8h ... in beide Nockenwellendeckel.

Ausbau

4 Das Getriebe muss sich im Leerlauf befinden. Klemmen Sie den Handbremshebel gegen den Lenker, um die Vorderradbremse zu blockieren.

5 Demontieren Sie die Zahnriemendeckel (siehe oben).

6 Schrauben Sie die Zündkerzen heraus (siehe Kapitel 1, Sektion 19).

7 Entfernen Sie links am Motor den Inspektionsdeckel aus dem Lichtmaschinendeckel und drehen Sie die Verschlussschrauben aus den Nockenwellendeckeln der Zylinderköpfe (siehe Abbildungen). Kontrollieren Sie die den O-Ring des Deckels und die Dichtscheiben der Schrauben und ersetzen Sie sie nötigenfalls durch Neuteile.

8 Beschaffen Sie die in Schritt 1 beschriebenen Werkzeuge (siehe Abbildung). Setzen Sie das Kurbelwellen-Werkzeug wie gezeigt an und drehen Sie damit die Kurbelwelle, bis die Markierung am Zahnriemen-Antriebsrad zur Linie am Kupplungsdeckel fluchtet (siehe Abbildungen) – der vordere Zylinder steht jetzt im oberen Totpunkt des Verdichtungstakts und der Arretierstift des Werkzeugs muss mit einer der Bohrungen für die Inspekionsdeckel-Schrauben fluchten; drehen Sie das Werkzeug, bis der Stift exakt ausgerichtet ist, und drehen Sie ihn hinein (siehe Abbildung). Drehen Sie jetzt die Nockenwellen-Arretierungen bis zum Anschlag in die Bohrungen der Verschlussschrauben, um beide Nockenwellen zu arretieren (siehe Abbildungen).

2

6.9 Lockern Sie die drei Schrauben des Nockenwellen-Riemenrads.

6.10 Markieren Sie die Zahnriemen entsprechend der Einbaulage und Laufrichtung, um sie wieder korrekt einbauen zu können.

6.11a Markieren Sie die Position der Riemenspanner-Sicherungsschraube (A), lösen Sie dann sie und die Gelenkschraube (B).

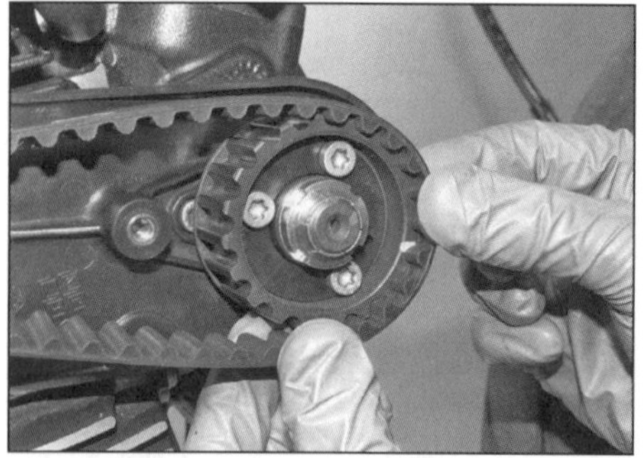

6.11b Der entspannte Zahnriemen kann vom Nockenwellenrad ...

6.11c ... und vom Antriebsrad gehoben werden.

6.16 Kontrollieren Sie die Führungsrolle (links) und die Spannerrolle.

6.18a Legen Sie den Riemen des hinteren Zylinders um das innere Antriebsrad, ...

6.18b ... führen Sie ihn zwischen den Rollen hindurch ...

6.18c ... und legen Sie ihn über das Nockenwellenrad.

9 Lockern Sie die Einstellschrauben an den Nockenwellen-Riemenrädern (siehe Abbildung) – sie ermöglichen einen kleinen Bewegungsspielraum zwischen dem Riemenrad und der Nabe, um nach der Montage neuer Zahnriemen die Spannung an deren beiden Seiten anzugleichen.

10 Soweit keine neuen Zahnriemen montiert werden sollen, müssen die alten entsprechend der Einbaulage und Laufrichtung markiert werden, damit sie später wieder korrekt installiert werden können (siehe Abbildung).

11 Beginnen Sie am vorderen Zylinder und markieren Sie die Kulisse des Riemenspanners um die Sicherungsschraube herum, um einen Hinweis für die ursprüngliche Riemenspannung zu erhalten (siehe Abbildung). Lockern Sie die Sicherungsschraube und die Gelenkschraube und schwenken Sie den Spanner so, dass der Riemen vollständig entspannt ist und abgehoben werden kann (siehe Abbildungen).

12 Befreien Sie den Zahnriemen des hinteren Zylinders auf die gleiche Weise.

Kontrolle

13 Begutachten Sie jeden Riemen auf der (flachen) Rückseite auf Risse und Löcher durch eingetretene kleine Steine. Die Flanken dürfen nicht ausgefranst sein. Auf der Innenseite dürfen keine Zähne beschädigt sein, keine Risse zwischen ihnen auftreten und das Riemenmaterial nicht verschlissen sein, eine glänzende Oberfläche zeigt extremen Verschleiß an.

14 Kontrollieren Sie den Verschleiß der Zähne, indem Sie den Riemen über ein Riemenrad legen und das Spiel zwischen Zähnen des Riemens und des Rades erfühlen.

15 Auch wenn nur ein Riemen Anzeichen von Verschleiß oder Beschädigung zeigt, müssen beide Zahnriemen ausgewechselt werden.

16 Kontrollieren Sie die Oberflächen der Spanner- und Führungsrollen auf Beschädigungen. Die Rollen müssen sich sanft und spielfrei drehen lassen (siehe Abbildung). Lösen Sie nöti-

6.18d Spannen Sie den Riemen entsprechend der Markierung und ziehen Sie die zwei Spanner-Schrauben leicht an.

6.20a Dies ist das originale Ducati-Frequenzmessgerät. Positionieren Sie seinen Sensorkopf wie gezeigt unter dem Riemen des vorderen Zylinders und »zupfen« Sie den Riemen.

6.20b Wiederholen Sie die Kontrolle hinter dem Riemen des hinteren Zylinders. Führen Sie jeweils mehrere Prüfungen durch.

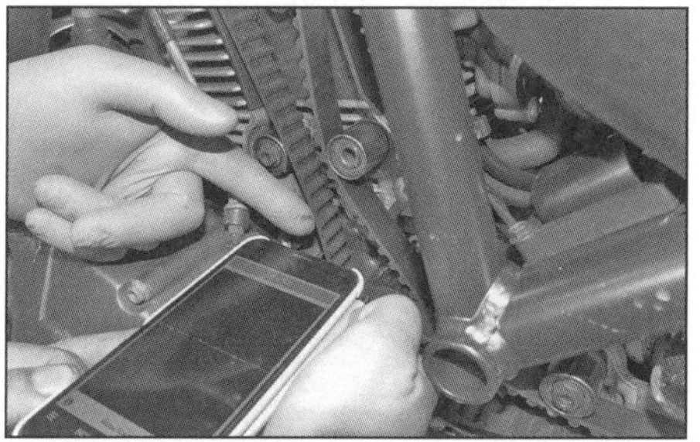

6.20c Es sind auch entsprechende Smartphone-Apps erhältlich, doch sie liefern oft ungenaue Ergebnisse.

6.20d Die »mechanische« Einstellung erfolgt mit einem 4er-Inbusschlüssel, der sich unter leichtem Druck zwischen Riemen und Führungsrolle einführen lassen muss (falls dies mit einem 5-mm-Schlüssel möglich ist, ist der Riemen zu locker).

6.21 Der O-Ring des Inspektionsdeckels muss zum Vorsprung im Ausschnitt fluchten und rundherum in der Nut liegen.

genfalls die Schrauben und ersetzen Sie die Rollen. Beim Einbau muss die Führungsrollen-Schraube mit 20 Nm angezogen werden; die Schrauben der Spannerrolle werden erst nach dem Einstellen der Spannung angezogen.

Einbau

17 Das doppelte Antriebsrad und beide Nockenwellenräder müssen wie in Schritt 8 beschrieben positioniert und die Kurbelwelle und beide Nockenwellen arretiert sein. Falls die alten Zahnriemen wiederverwendet werden, müssen sie an ihren originalen Zylinder und in der ursprünglichen Laufrichtung installiert werden (Abbildung 6.10). Die Nockenwellenrad-Schrauben müssen locker genug sein, damit das Rad im Bereich ihrer Langlöcher etwas auf der Nabe verdreht werden kann.

18 Legen Sie zuerst den Riemen des hinteren Zylinders um das innere Antriebsrad, führen Sie ihn zwischen den Rollen hindurch und legen Sie ihn über das Nockenwellenrad (siehe Abbildungen). Spannen Sie den Riemen provisorisch, indem Sie den Spanner in der zuvor markierten Position mit den zwei leicht angezogenen Schrauben sichern (siehe Abbildung).

19 Installieren Sie den Zahnriemen des vorderen Zylinders auf die gleiche Weise (um das äußere Antriebsrad).

20 Stellen Sie mit dem Frequenz-Messgerät (siehe Anmerkung 2 oben) die Zahnriemenspannung ein (siehe Abbildungen) – beachten Sie die unterschiedlichen Frequenzen in den technischen Daten. Messen Sie jeden Riemen mehrmals und verwenden Sie den Durchschnittswert.

Achtung: Frequenzmessgeräte lassen sich leicht von Umgebungsgeräuschen beeinflussen – achten Sie darauf, die Messung an einem stillen Ort durchzuführen!
Falls kein Frequenzmessgerät zur Hand ist, kann eine »mechanische« Einstellung erfolgen, bis ein 4-mm-Inbusschlüssel zwischen der Führungsrolle und dem leicht davon weg gedrückten Riemen positioniert werden kann (siehe Abbildung). Sobald die korrekte Spannung eingestellt ist, werden zuerst die Positionierungsschraube und dann die Gelenkschraube des Spanners mit jeweils 26 Nm angezogen (Abbildung 6.9).

21 Entfernen Sie die Nockenwellen-Arretierungen und installieren Sie die Verschlussschrauben – nötigenfalls mit neuen Dichtscheiben – in die Nockenwellendeckel (Abbildungen 6.8g und 6.7b). Entfernen Sie die Kurbelwellen-Arretierung (Abbildung 6.8b) und installieren Sie den Inspektionsdeckel – nötigenfalls mit einem neuen O-Ring (siehe Abbildung); ziehen Sie seine Schrauben sorgfältig an.

22 Installieren Sie die Zündkerzen (siehe Kapitel 1, Sektion 19).

23 Montieren Sie die Zahnriemendeckel (Schritt 3).

24 Falls die Spannung der Zahnriemen nicht mit dem Ducati-Frequenzmessgerät oder einer geeigneten Alternative eingestellt wurde, muss die möglichst schnell von einer Ducati-Werkstatt nachgeholt werden.

2

7 Zahnriemenräder, Zwischenwellen-Antrieb und -Dichtring

Zahnriemenräder

Spezialwerkzeuge: *Um die Zahnriemenräder beim Lösen und Anziehen ihrer Befestigungen zu kontern, werden spezielle Haltewerkzeuge benötigt, für die Antriebsrad-Mutter ist zusätzlich ein Zapfenschlüssel erforderlich. Ducati bietet unter der Teilenummer 88713.1805 (Antriebsrad – darin ist der Zapfenschlüssel enthalten) und 88713.3218 (Nockenwellenräder) solche Werkzeuge an, sie lassen sich auch im Zubehör-Fachhandel beschaffen (Abbildun-*

7.2a Der Zapfenschlüssel ...

7.2b ... für die Nutenmuttern der Zahnriemenräder ...

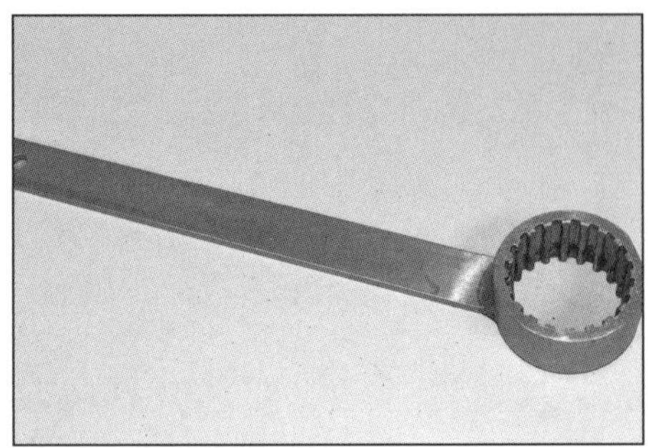

7.2c ... und das Haltewerkzeug für die Nockenwellen-Riemenräder.

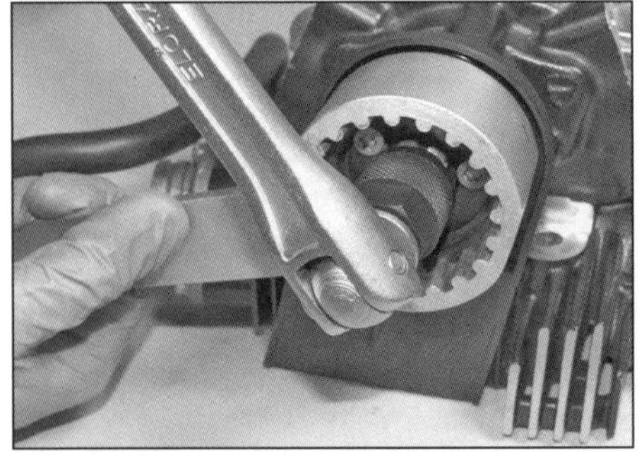

7.3a Setzen Sie das Haltewerkzeug und den Zapfenschlüssel an, ...

7.3b ... lösen Sie die Nutenmutter, entnehmen Sie die Scheibe ...

7.3c ... und ziehen Sie das Riemenrad von der Nockenwelle.

7.3d Stellen Sie den in der Nockenwelle sitzenden Keil sicher.

7.4a Setzen Sie das Haltewerkzeug am äußeren Antriebsrad sowie den Zapfenschlüssel an, ...

7.4b ... lösen Sie die Mutter und entnehmen Sie die Distanzhülse, ...

gen 7.2a und b). Der Zapfenschlüssel passt an den Muttern aller drei Riemenräder.

Ausbau

1 Entfernen Sie den/die Zahnriemen (siehe Sektion 6). Befreien Sie anschließend den Nockenwellen-Arretierstift.

2 Die drei Riemenräder sind mit Nutenmuttern gesichert, die nur einmal verwendet werden dürfen, sodass bei der Montage der Riemenräder neue Muttern benötigt werden. Zum Kontern der Riemenräder werden Haltewerkzeuge und für die Nutenmuttern ein Zapfenschlüssel benötigt (der zumindest dem Ducati-Haltewerkzeug für das doppelte Antriebsrad beigefügt ist) – siehe Spezialwerkzeuge oben (siehe Abbildungen).

3 Halten Sie das Nockenwellenrad mit dem Spezialwerkzeug, lösen Sie die Mutter und ziehen Sie das Riemenrad samt der Scheibe von der Nockenwelle (siehe Abbildungen). Falls auch das andere Nockenwellenrad demontiert werden soll, müssen sie entsprechend ihrer Zylinder markiert werden. Stellen Sie den Keil aus der Nockenwelle sicher (siehe Abbildung). Das Riemenrad kann nötigenfalls nach dem Lösen der drei Schrauben weiter zerlegt werden (Abbildungen 7.6c, b und a).

4 Für den Ausbau der Antriebsräder wird das äußere Rad mit dem Haltewerkzeug blockiert und die Mutter mit dem Zapfenschlüssel gelöst. Ziehen Sie die Distanzhülse und das äußere Rad, die Scheibe, das innere Rad und die Distanzscheibe ab (siehe Abbildungen) – merken Sie sich die Einbaurichtungen. Falls das Motorgehäuse getrennt oder ein neuer Dichtring installiert werden soll, müssen die Keile und der Federring entfernt werden (siehe Abbildungen).

Einbau

5 Der Einbau der Antriebsräder entspricht der umgekehrten Ausbaureihenfolge – beachten Sie dabei folgende Punkte:

- Der Federring muss rundherum in der Nut liegen und die Keile in ihren Nuten sitzen (Abbildungen 7.4h und g).
- Die Distanzscheibe muss mit der Vertiefung über dem Federring und mit der Nut über den Keilen liegen (Abbildung 7.4f).

7.4c ... das äußere Antriebsrad, ...

7.4d ... die Scheibe, ...

7.4e ... das innere Riemenrad ...

7.4f ... und die Distanzscheibe.

7.4g Befreien Sie nötigenfalls die Keile ...

7.4h ... und den Federring.

7.5 Der Griff des Haltewerkzeugs kann gegen den Rahmen abgestützt werden, während die Mutter mit 71 Nm angezogen wird.

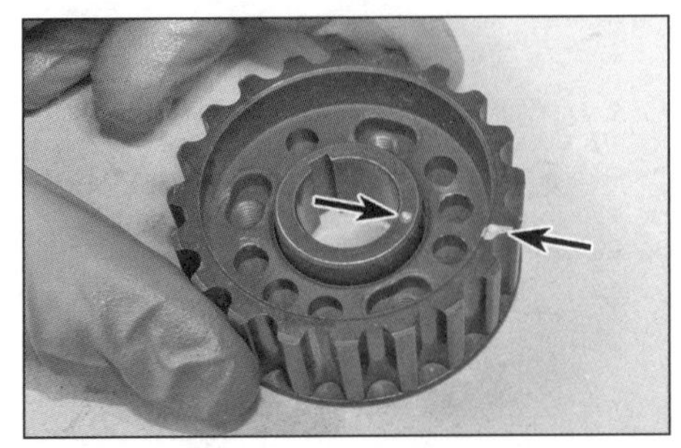
7.6a Richten Sie die Farbmarkierung am Riemenrad zur Körnermarkierung der Nabe aus, ...

7.6b ... legen Sie die Platte mit der kleinen Bohrung zwischen den Markierungen auf ...

- Beide Antriebsräder und die zwischen ihnen liegende Scheibe müssen mit den Nuten über den Keilen liegen (Abbildungen 7.4e, d und c). Vergessen Sie nicht die Distanzhülse.
- Schmieren Sie das Gewinde und den Sitz der neuen Mutter mit Fett (Abbildung 7.4b). Kontern Sie das äußere Antriebsrad und ziehen Sie die Mutter mit 71 Nm an (siehe Abbildung).

6 Der Einbau der Nockenwellenräder entspricht der umgekehrten Ausbaureihenfolge – beachten Sie dabei folgende Punkte:

- Falls ein Nockenwellenrad zerlegt wurde, müssen die Markierungen an der Nabe, dem Riemenrad und der äußeren Platte zueinander ausgerichtet werden. Drehen Sie die drei Schrauben nur handfest ein, damit das Riemenrad im Bereich ihrer Langlöcher etwas auf der Nabe verdreht werden kann (siehe Abbildungen). Erst nachdem die Zahnriemen installiert und gespannt sind, dürfen die Schrauben angezogen werden (siehe Sektion 6).

7.6c ... und sichern Sie sie mit den zunächst nur handfest eingedrehten Schrauben.

7.6d Halten Sie das Nockenwellenrad und ziehen Sie die Mutter mit 71 Nm an.

- Die Keile müssen korrekt in den Nuten der Nockenwellen sitzen (Abbildung 7.3d).
- Positionieren Sie das Riemenrad entsprechend der angebrachten Markierung an ihrer ursprünglichen Nockenwelle, richten Sie die Nut zum Keil aus und schieben Sie sie auf (Abbildung 7.3c). Legen Sie die Scheibe auf.
- Schmieren Sie das Gewinde und den Sitz der neuen Mutter mit Fett (Abbildung 7.3b). Kontern Sie das Riemenrad und ziehen Sie die Mutter mit 71 Nm an (siehe Abbildung).

2

7.10 Richten Sie die Körnermarkierungen der Zwischenwellen-Antriebsräder wie gezeigt zueinander aus.

7.11a Biegen Sie das Sicherungsblech der Zwischenwellen-Mutter zurück.

7.11b Blockieren Sie die Zahnräder mit Weichmetall und lösen Sie die Mutter.

7.11c Ziehen Sie das Zahnrad von der Zwischenwelle.

7.12 Ziehen Sie das Zwischenwellen-Antriebsrad von der Kurbelwelle.

7.13a Keil in der Kurbelwelle

7.13b Keil in der Zwischenwelle

7.16a Drehen Sie die Zwischenwelle so, dass die Körnermarkierungen der Zahnräder ineinander greifen können.

7.16b Legen Sie das Sicherungsblech auf, sodass seine innere Lasche in die Nut greift.

7 Installieren Sie den/die Zahnriemen (siehe Sektion 6) – die Nockenwellen müssen dazu korrekt positioniert und gesichert sein.

Zwischenwellen-Antrieb

Anmerkung: *Die Zwischenwelle selbst kann erst nach dem Trennen der Motorgehäusehälften ausgebaut werden.*

Ausbau

8 Stützen Sie das Motorrad mit einem Montageständer für die Hinterachse ab, sodass das Hinterrad nicht den Boden berührt. Sichern Sie den Handbremshebel mit einem Gummiband oder einer speziellen Klemme gegen den Lenker, um das Vorderrad zu blockieren.

9 Die Zahnräder des Zwischenwellen-Antriebs sitzen links am Motor. Entfernen Sie für den Zugang die Lichtmaschine und den Anlasserfreilauf (siehe Sektion 13). Drehen Sie die Zündkerzen heraus (siehe Kapitel 1, Sektion 19).

10 Legen Sie im Getriebe einen hohen Gang ein und drehen Sie das Hinterrad vorwärts, bis die Körnermarkierungen der zwei Zahnräder auf der Kurbelwelle und der Zwischenwelle wie gezeigt zueinander ausgerichtet sind (siehe Abbildung).

11 Biegen Sie das Sicherungsblech der Zwischenwellen-Mutter zurück (siehe Abbildung). Blockieren Sie die Zahnräder mit einem unten zwischen ihnen eingesetzten Aluminiumblech und lösen Sie die Mutter (siehe Abbildung). Entfernen Sie das Sicherungsblech (beachten Sie, wie seine innere Lasche in die Nut des Zahnrads greift – siehe Abbildung 7.16b). Ziehen Sie das Zahnrad von der Zwischenwelle (siehe Abbildung) – beim Einbau wird ein neues Sicherungsblech benötigt.

12 Ziehen Sie das Antriebsrad von der Kurbelwelle (siehe Abbildung).

13 Nachdem die Zahnräder entfernt sind, müssen die Positionen der Keilnuten in den Wellen beachtet werden, damit sie nach möglichen Verdrehungen wieder in die korrekten

7.16c Drehen Sie die Mutter auf, ...

7.16d ... blockieren Sie die Zahnräder (Pfeil) und ziehen Sie die Mutter mit 55 Nm an, ...

7.16e ... bevor Sie das Blech gegen eine flache Seite der Mutter biegen.

Einbaupositionen gedreht werden können (siehe Abbildungen) – nur eine korrekte Ausrichtung erlaubt ein exaktes Einhalten der Steuerzeiten. Stellen Sie lockere Keile nötigenfalls sicher.

Einbau

14 Stecken Sie nötigenfalls die Keile in die Nuten der Kurbelwelle und der Zwischenwelle (Abbildungen 7.13a und b). Drehen Sie die Wellen nötigenfalls so, dass die Keile wie gezeigt positioniert sind, bevor Sie die Zahnräder aufschieben.

15 Schieben Sie das (kleinere) Antriebsrad mit den Körnermarkierungen nach außen zeigend auf die Kurbelwelle und richten Sie seine Nut zum Keil aus (Abbildung 7.12). Drehen Sie die Kurbelwelle nötigenfalls, bis die Markierungen zur Zwischenwelle zeigen.

16 Schieben Sie das größere Zahnrad mit den Vertiefungen und den Körnermarkierungen nach außen zeigend auf die Zwischenwelle und richten Sie seine Nut zum Keil aus. Drehen Sie nötigenfalls die Zwischenwelle so, dass die Körnermarkierungen wie in Abbildung 7.10 gezeigt ineinandergreifen. Legen Sie ein neues Sicherungsblech (mit der inneren Lasche in die Zahnradnut greifend) auf und drehen Sie die Mutter auf (siehe Abbildungen). Blockieren Sie die Zahnräder mit einem jetzt oben eingelegten Weichmetall-Blech und ziehen Sie die Mutter mit 55 Nm an. Biegen Sie anschließend das Sicherungsblech gegen eine flache Seite der Mutter (siehe Abbildungen).

17 Montieren Sie den Lichtmaschinenrotor und die Zündkerzen.

Zwischenwellen-Dichtring

18 Falls durch den Zwischenwellen-Dichtring Öl austritt, muss er ersetzt werden – hierfür muss nicht die Zwischenwelle ausgebaut werden.

19 Demontieren Sie die Zahnriemen-Antriebsräder und den Federring (Schritt 4).

20 Hebeln Sie mit einem Schraubendreher oder ähnlichem den Dichtring aus seinem Sitz und ziehen Sie ihn ab (Abbildung 23.1b).

21 Umwickeln Sie das Ende der Zwischenwelle mit einer Lage Isolierband. Fetten Sie die Dichtlippe des neuen Dichtrings und schieben Sie ihn (mit der markierten Seite nach außen zeigend) auf die Welle; drücken Sie ihn mit den Daumen bündig in seinen Sitz (Abbildungen 23.9b und c). Entfernen Sie das Isolierband.

22 Montieren Sie den Federring und die Zahnriemen-Antriebsräder (Schritt 5).

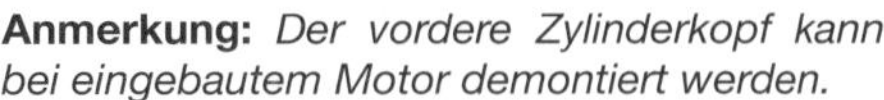

8 Zylinderköpfe

Anmerkung: *Der vordere Zylinderkopf kann bei eingebautem Motor demontiert werden.*

Spezialwerkzeug: *Für die Demontage des hinteren Zylinderkopfs muss der Motor aus dem Rahmen befreit werden. Zum Lösen und anziehen der Zylinderkopfmuttern wird das Ducati-Werkzeug 88713.2676 oder ein ähnlicher 14-mm-Schlüssel benötigt (Abbildung 8.13a). Um nach der Demontage des Zylinderkopfs einen möglichen Ölaustritt durch eine schadhafte Zylinderfußdichtung auszuschließen, sollte auch der Zylinder entfernt und eine neue Dichtung installiert werden.*

Praxis TiPP

Die Zylinderkopf-Muttern können – vor allem beim vorderen Zylinder – durch Korrosion schwierig zu lockern sein. Sprühen Sie die Muttern möglichst am Tag zuvor mit Kriechöl ein.

Ausbau

vorderer Zylinder

1 Demontieren Sie den Ölkühler (siehe Sektion 20).

2 Demontieren Sie das Luftfiltergehäuse und den Einlassstutzen sowie nötigenfalls dessen Adapter (siehe Kapitel 3, Sektion 7 und 9).

3 Demontieren Sie den vorderen Auspuff-Krümmer (siehe Kapitel 3, Sektion 15).

4 Entfernen Sie den Zahnriemen (siehe Sektion 6). Falls die Nockenwelle aus dem Zylinderkopf befreit werden soll, muss auch das Riemenrad demontiert werden (siehe Sektion 7).

5 Lockern Sie mit dem Spezialschlüssel schrittweise und über Kreuz die vier Zylinderkopfmuttern – achten Sie darauf, damit nicht den Zylinderkopf zu beschädigen. Drehen Sie die Muttern ab und entnehmen Sie die Scheiben (Abbildungen 8.13a, b und c).

6 Ziehen Sie den Zylinderkopf von den Stehbolzen. Entnehmen Sie die Zylinderkopfdichtung – beim Einbau wird eine neue benötigt. Stellen Sie nötigenfalls die zwei Passhülsen und den Arretierstift sicher (Abbildungen 8.14a, b und c).

7 Demontieren Sie den Zylinder (siehe Sektion 11).

8 Befreien Sie nötigenfalls die Nockenwelle, die Kipphebel und die Ventile aus dem Zylinderkopf (siehe Sektion 9). Demontieren Sie nötigenfalls den inneren Zahnriemendeckel (siehe Abbildung).

Ausbau

hinterer Zylinder

9 Bauen Sie den Motor aus (siehe Sektion 4).

10 Entfernen Sie die Zahnriemen (siehe Sektion 6). Falls die Nockenwelle aus dem Zylinderkopf befreit werden soll, muss auch das Riemenrad demontiert werden (siehe Sektion 7).

11 Demontieren Sie den Einlassstutzen sowie nötigenfalls dessen Adapter (siehe Kapitel 3, Sektion 9).

2

8.8 Schrauben des inneren Zahnriemendeckels

8.12a Lockern Sie am Ventil der Motorentlüftung die Schelle und ziehen Sie den Schlauch ab, ...

8.12b ... ziehen Sie ihn dann am Zylinderkopf ab – merken Sie sich seine Verlegung.

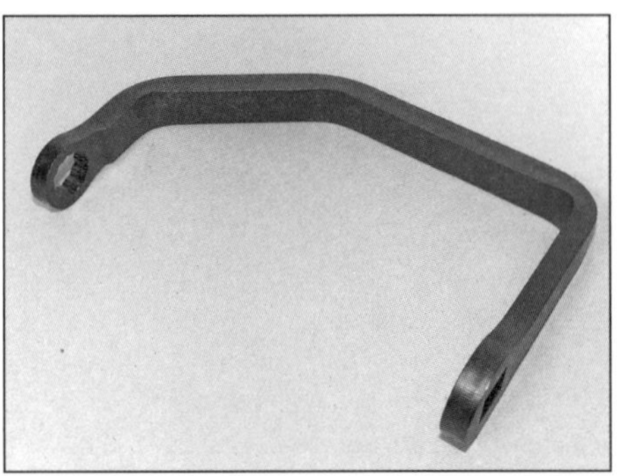

8.13a Ein solcher 14-mm-Schlüssel ...

8.13b ... wird für die Zylinderkopfmuttern benötigt.

8.13c Drehen Sie die Muttern ab und entnehmen Sie die Scheiben.

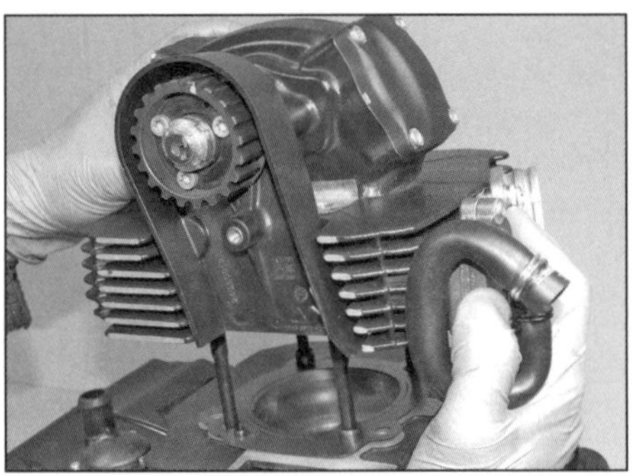

8.14a Ziehen Sie den Zylinderkopf von den Stehbolzen.

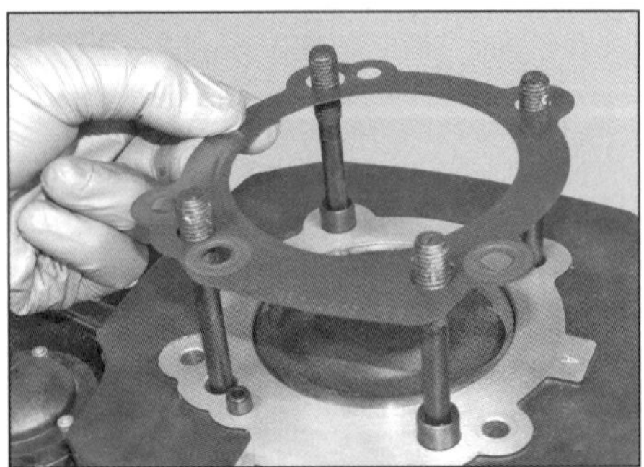

8.14b Entnehmen Sie die Zylinderkopfdichtung ...

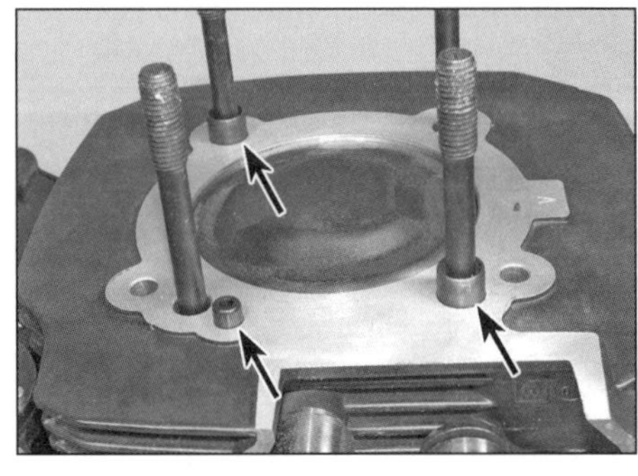

8.14c ... und stellen Sie die zwei Passhülsen sowie den Arretierstift sicher.

12 Entfernen Sie den Schlauch der Motorentlüftung (siehe Abbildungen).

13 Lockern Sie mit dem Spezialschlüssel schrittweise und über Kreuz die vier Zylinderkopfmuttern – achten Sie darauf, damit nicht den Zylinderkopf zu beschädigen. Drehen Sie die Muttern ab und entnehmen Sie die Scheiben (siehe Abbildungen).

14 Ziehen Sie den Zylinderkopf von den Stehbolzen. Entnehmen Sie die Zylinderkopfdichtung – beim Einbau wird eine neue benötigt. Stellen Sie nötigenfalls die zwei Passhülsen und den Arretierstift sicher (siehe Abbildungen).

15 Demontieren Sie den Zylinder (siehe Sektion 11).

16 Befreien Sie nötigenfalls die Nockenwelle, die Kipphebel und die Ventile aus dem Zylinderkopf (siehe Sektion 9). Demontieren Sie nötigenfalls den inneren Zahnriemendeckel (Abbildung 8.8).

Kontrolle

17 Reinigen Sie sorgfältig den Zylinderkopf und befreien Sie den Brennraum sowie die Ventilteller – falls nicht ausgebaut – von Kohleablagerungen. Inspizieren Sie den Zylinderkopf penibel auf Risse und andere Beschädigungen (ein Riss ist irreparabel und erfordert den Austausch des Zylinderkopfs). Kontrollieren Sie die Zylinderkopfdichtung und die Dichtflächen des Zylinders und des Kopfs – vor allem, wenn Undichtigkeiten aufgetreten sind.

18 Falls Undichtigkeiten festgestellt wurden, muss die Dichtfläche des Zylinderkopfs auf Verzug kontrolliert werden – beachten Sie hierzu die Hinweise in Sektion 3 der *Werkzeug- und Werkstatt-Tipps* im Anhang. Konsultieren Sie ggf. eine Ducati-Werkstatt, ob die Dichtfläche geplant werden kann oder ein neuer Zylinderkopf beschafft werden muss.

Einbau

19 Falls entfernt, werden die Ventile, die Kipphebel und die Nockenwelle installiert (siehe Sektion 9).

20 Installieren Sie den Zylinder mit einer neuen Zylinderfußdichtung (siehe Sektion 11). Falls beide Zylinder demontiert wurden, muss zuerst der hintere montiert und dann der vordere Kolben in den oberen Totpunkt (OT) gebracht werden. Dieser muss auch bei der Montage des Zylinderkopfs im OT stehen, damit bei der Montage des hinteren Zylinderkopfs nicht die durch die Nockenwellen-Arretierung offen stehenden Ventile Kontakt zum Kolben bekommen.

8.23a Ziehen Sie die Muttern mit dem Spezialwerkzeug wie beschrieben an, ...

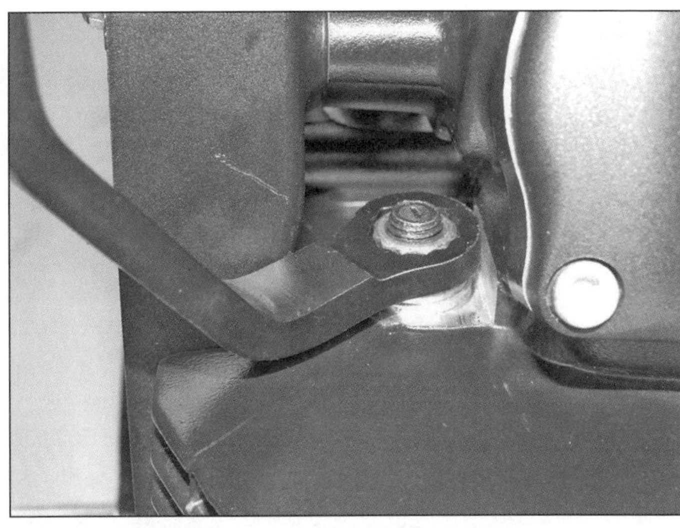

8.23b ... setzen Sie es mehrmals um, bevor es mit dem Zylinderkopf in Kontakt kommt.

21 Die Dichtflächen des Zylinders und des Kopfs müssen absolut sauber sein. Installieren Sie ggf. die zwei Passhülsen und den Arretierstift (Abbildung 8.14c) und legen Sie die **neue** Zylinderkopfdichtung auf (Abbildung 8.14b).
22 Setzen Sie den Zylinderkopf über die Stehbolzen, die Passhülsen und den Arretierstift auf die Dichtung. Versehen Sie die Gewinde und die Sitze der Muttern mit Fett und legen Sie die Scheiben mit den scharfkantigen Seiten nach unten auf. Drehen Sie die Muttern handfest auf (Abbildung 8.13c).
23 Ziehen Sie mithilfe des Spezialwerkzeugs die Zylinderkopfmuttern in drei Durchgängen über Kreuz an – zunächst mit 15 Nm, dann mit 30 Nm und schließlich mit 48 Nm (hierbei muss das Werkzeuge mehrmals umgesetzt werden, um nicht mit dem Zylinderkopf in Kontakt zu kommen (siehe Abbildungen).
24 Montieren Sie die verbliebenen Komponenten in der umgekehrten Ausbaureihenfolge – beachten Sie die Hinweise in den entsprechenden Sektionen und Kapiteln.

9 Nockenwellen, Kipphebel und Ventile

Spezialwerkzeug: Für die Demontage und den Einbau des Schließer-Kipphebels und seiner Feder wird das Ducati-Werkzeug 88713.2916 oder eine Alternative aus dem Zubehörmarkt benötigt (siehe Schritt 10).

Ausbau

1 Die Nockenwellen und Kipphebel können bei montierten Zylinderköpfen ausgebaut werden; für den Ausbau der Ventile muss der jeweilige Zylinderkopf demontiert werden (siehe Sektion 8).
2 Für Arbeiten am eingebauten vorderen Zylinderkopf muss der Luftfilter entfernt werden (siehe Kapitel 1, Sektion 6). Falls die Nockenwelle ausgebaut werden soll, müssen der Zahnriemen und das Riemenrad entfernt werden (siehe Sektionen 6 und 7).
3 Für Arbeiten am eingebauten hinteren Zylinderkopf muss die Batterie ausgebaut werden (siehe Kapitel 7, Sektion 3). Entfernen Sie an der Rückseite des Luftfiltergehäuses das Motorentlüftungs-Gehäuse (siehe Sektion 23, Schritt 8). Trennen Sie **bis Modelljahr 2018** den Stecker des Anlasserrelais, befreien Sie das Relais und verlagern Sie es beiseite (siehe Abbildung). Entfernen Sie den Relais-Halter und befreien Sie die Sicherungsbox (siehe Abbildungen). Entfernen Sie bei **ab Modelljahr 2019** die inertiale Messeinheit (IMU) samt Halter (siehe Kapitel 5, Sektion 14) und das Anlasserrelais (siehe Kapitel 7, Sektion 23). Falls die Nockenwelle ausgebaut werden soll, müssen der Zahnriemen und das Riemenrad entfernt werden (siehe Sektionen 6 und 7).

9.3a Trennen Sie den Stecker, schieben Sie das Relais aus seiner Halterung und verlagern Sie es.

9.3b Lösen Sie die Schrauben und entnehmen Sie den Relaishalter.

9.3c Heben Sie die Sicherungsbox von ihrer Aufnahme und verlagern Sie sie beiseite.

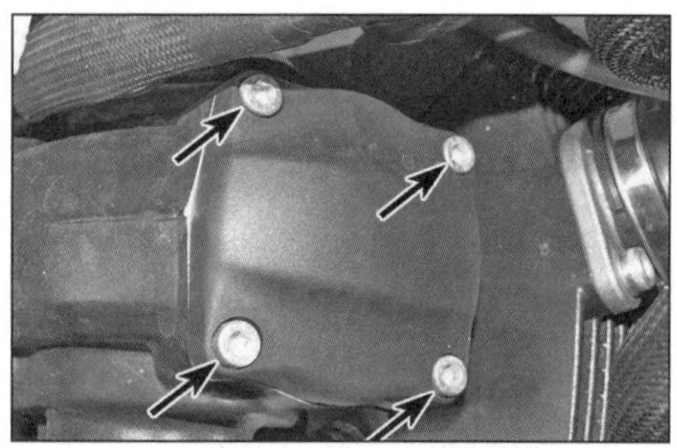

9.4a Jedes Ventil hat seinen eigenen Deckel. Lösen Sie die Schrauben, ...

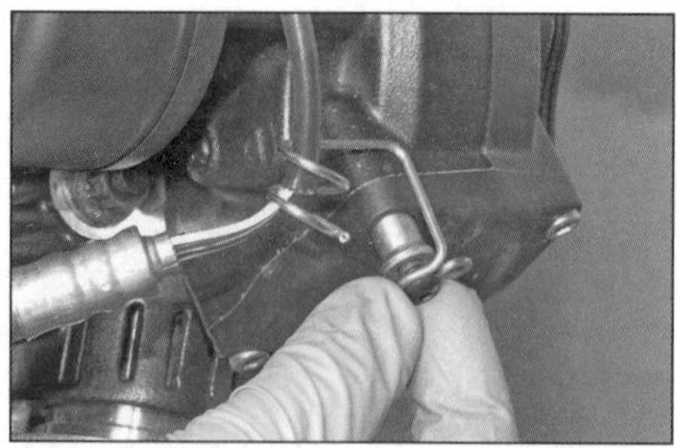

9.4b ... befreien Sie nötigenfalls zuvor die Kabelführung.

9.4c Hebeln Sie die Deckel an den dafür vorgesehenen Punkten mit Schraubendrehern ab.

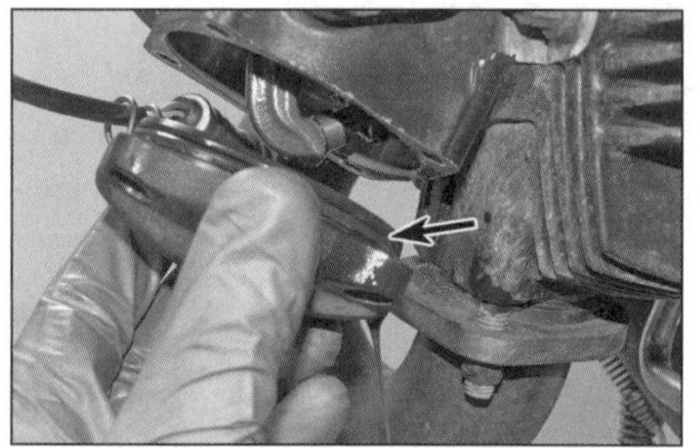

9.4d Kontrollieren Sie die O-Ringe (Pfeil) der Ventildeckel.

9.4e Lösen Sie die Schrauben des Nockenwellendeckels ...

9.4f ... und hebeln Sie ihn an der dafür vorgesehenen Stelle ab.

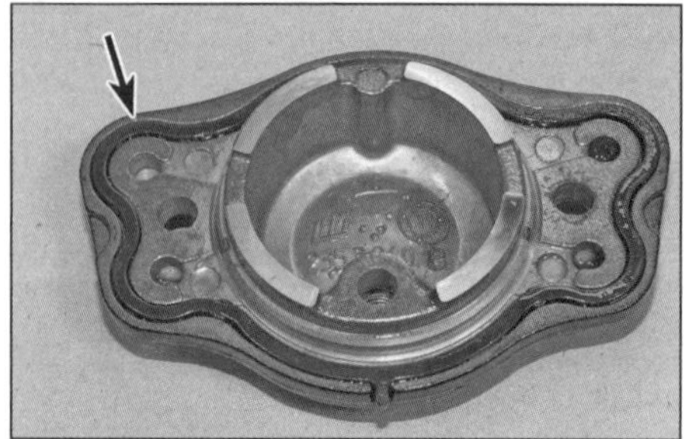

9.4g Kontrollieren Sie den Dichtring des Deckels.

9.6a Positionieren Sie den Federclip wie gezeigt und drücken Sie ihn mit einem großen Schraubendreher von der Welle weg, um ihn mit einem kleinen Schraubendreher vollständig abzuziehen.

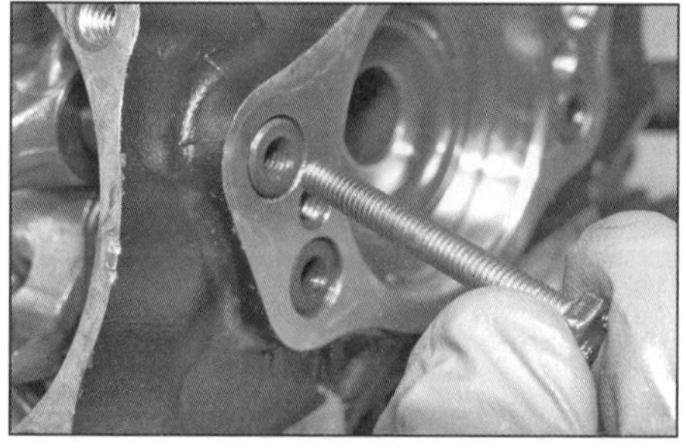

9.6b Drehen Sie eine M5-Schraube in das Gewinde der Welle, ...

4 Demontieren Sie die zwei Ventildeckel (siehe Abbildungen) und den Nockenwellendeckel (siehe Abbildungen) – falls ihre O-Ringe beschädigt sind oder bereits Öl ausgetreten ist, müssen für die Montage neue Dichtringe beschafft werden (sie sind nicht teuer). Kontrollieren Sie auch die Dichtscheiben der Nockenwellendeckel-Schrauben.

5 Stellen Sie vier Behälter bereit, in denen die Bauteile der jeweiligen Ventile gelagert werden können (vorderer oder hinterer Zylinder, Einlass oder Auslass) – sie müssen unbedingt wieder an ihre originale Positionen gelangen.

6 Das zu bearbeitende Ventil muss geschlossen sein. Befreien Sie mit einem Schraubendreher den Federclip von der Welle des Öffner-Kipphebels (siehe Abbildung). Drehen Sie eine M5-Schraube in das Gewinde der Welle, um sie damit herauszuziehen (siehe Abbildung). Wenn am Einlassventil des vorderen Zylinderkopfs oder am Auslassventil des hinteren Zylinderkopfs der Öffner-Kipphebel demontiert werden soll, müssen nach dem Ausbau der Kipphebelwelle zuerst die Distanzscheiben und dann der Kipphebel aus dem Zylinderkopf befreit werden (siehe Abbildung). Wenn am Auslassventil des vorderen Zylinderkopfs oder am Einlassventil des hinteren Zylinderkopfs der Öffner-Kipphebel demontiert werden soll, müssen nach dem Ausbau der Kipphebelwelle zuerst der Kipphebel und dann die Distanzscheiben aus dem Zylinderkopf befreit werden (siehe Abbildung). Heben Sie das Ventilspiel-Einstellplättchen (»Shim«) des Öffnerhebels vom Ventilschaft (siehe Abbildung).

7 Drücken Sie die Nockenwelle aus dem Zylinderkopf – richten Sie sie nötigenfalls so aus, dass keine Nocken die Schließer-Kipphebel behindern (siehe Abbildung). Entfernen Sie den Nockenwellen-Dichtring rechts aus dem Zylinderkopf – beim Einbau muss ein Neuteil installiert werden.

8 Für den Ausbau eines Schließerhebel-Shims muss der Hebel gegen den Druck seiner Feder heruntergedrückt werden – hierfür wird ein abgewinkeltes Werkzeug mit an beiden Seiten abgeflachtem Ende benötigt (siehe Abbildung).

Anmerkung: *Das abgebildete Werkzeug funktionierte zwar, das gebogene Ende hätte aber etwas länger und mit einem Winkel von weniger als 90° angefertigt werden können.*

9.6c ... ziehen Sie sie damit heraus und entnehmen Sie zuerst die Distanzscheiben (Pfeile) und dann den Öffnerhebel.

9.6d Ziehen Sie die Welle heraus und entnehmen Sie zuerst den Öffnerhebel und dann die Distanzscheiben (Pfeile).

9.6e Heben Sie den Öffnerhebel-Shim vom Ventilschaft.

9.7a Befreien Sie die Nockenwelle aus dem Zylinderkopf ...

9.7b ... und hebeln Sie ihren Dichtring heraus.

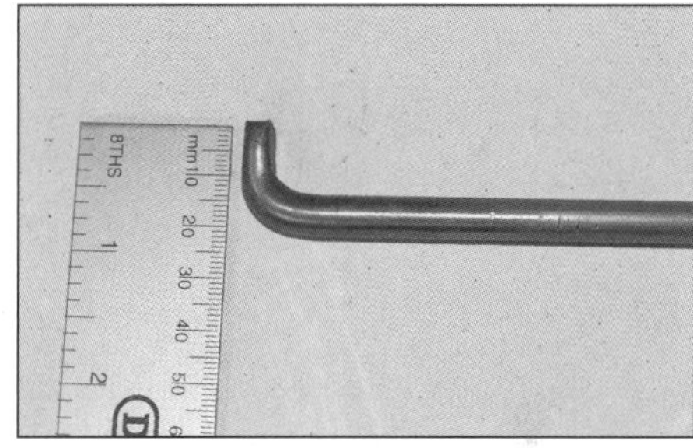
9.8 Werkzeug zum Herunterdrücken des Schließerhebels – besser noch mit etwas längerer und nicht ganz rechtwinkliger Spitze.

9.9a Führen Sie das Werkzeug ein, ...

9.9b ... um das gebogene Ende unter dem inneren Bereich des Schließerhebels zu positionieren.

9.9c Drücken Sie das Werkzeug gegen die Federkraft herunter, um das äußere Ende des Hebels vom Shim zu befreien.

9.9d Schieben Sie den Schließer-Shim herunter, um die Draht-Keile freizulegen ...

9.9e ... und sie mit einem Magneten oder kleinen Schraubendreher zu entfernen.

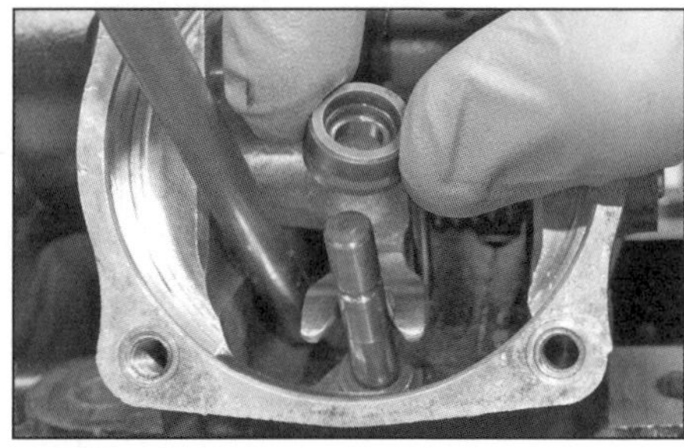
9.9f Ziehen Sie den Schließer-Shim vom Ventilschaft.

9 Positionieren Sie das umgebogene Ende des Werkzeugs unter dem inneren Bereich des Kipphebels und drücken Sie ihn herunter, um ihn in dieser Position zu halten (siehe Abbildungen). Schieben Sie den Shim am Ventilschaft herunter und entnehmen Sie die zwei Draht-Keile (siehe Abbildungen). Ziehen Sie den Shim jetzt nach oben ab und entlasten Sie den Schließerhebel (siehe Abbildung).

2

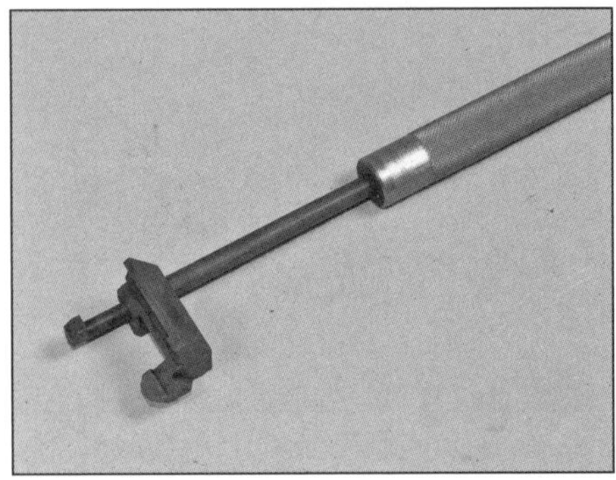

9.10a Werkzeug für den Aus- und Einbau des Schließerhebels

9.10b Setzen Sie das Werkzeug mit seiner wie gezeigt positionierten Klaue (Pfeil) am Schließerhebel, ...

9.10c ... drehen Sie dann den Werkzeug-Griff, um das Ende der Feder in die Nut der Klaue einzuführen.

9.11a Ziehen Sie mit einer M5-Schraube die Schließerhebelwelle heraus ...

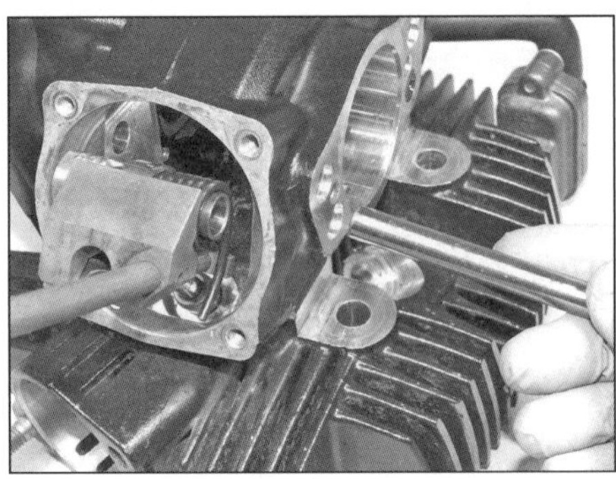

9.11b ... und entnehmen Sie das Werkzeug samt Kipphebel und Feder.

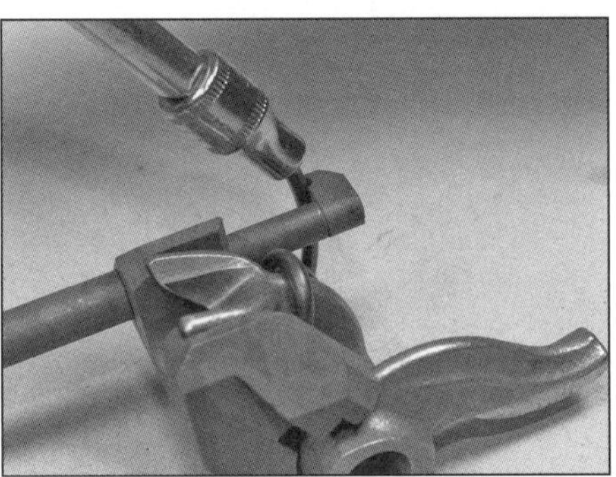

9.11c Um das Werkzeug zu befreien, wird am Ende der Feder ein kleiner Steckschlüssel samt Verlängerung angesetzt, ...

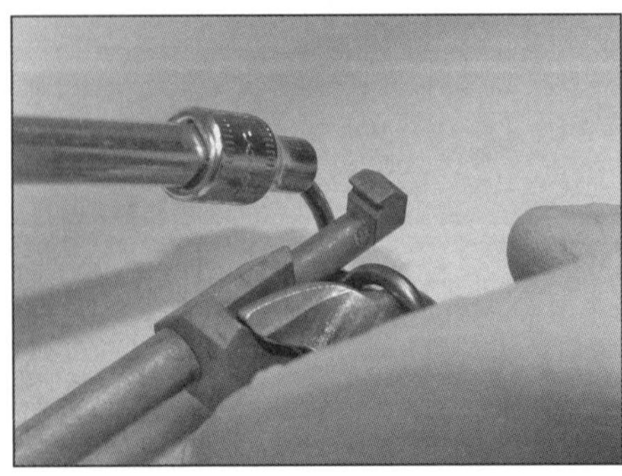

9.11d ... die Feder von der Klaue weg gezogen, diese beiseite gedreht ...

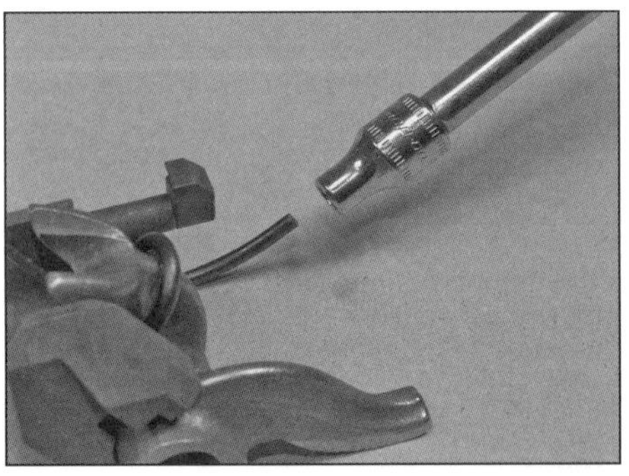

9.11e ... und die Feder langsam entspannt.

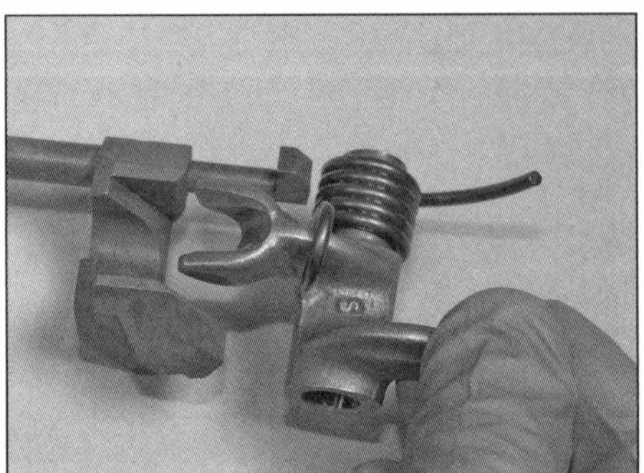

9.11f Entfernen Sie den Schließerhebel vom Werkzeug. Der Einbau erfolgt in der umgekehrten Befreiungsreihenfolge.

10 Für den Aus- und Einbau des Schließerhebels und seiner Feder wird das Ducati-Werkzeug 88713.2916 oder eine Alternative aus dem Zubehörmarkt benötigt (siehe Abbildung) – es hält den Hebel und die gespannte Feder zusammen, sodass die Welle leichter aus- und eingebaut werden kann. Installieren Sie das Werkzeug wie gezeigt und beschrieben (siehe Abbildungen).

11 Sobald das Werkzeug richtig sitzt, wird wieder mit einer M5-Schraube die Schließerhebelwelle herausgezogen und das Werkzeug samt Kipphebel und Feder entnommen (siehe Abbildung). Entspannen Sie vorsichtig die Feder und befreien Sie das Werkzeug vom Kipphebel (siehe Abbildungen). Wiederholen Sie die Schritte 8 bis 10 am anderen Schließerhebel. Nachdem auch der zweite Hebel entnommen ist und die Feder nicht separat entfernt werden muss, können der Hebel und die Feder mit dem Werkzeug verbunden bleiben – was beim Einbau Zeit spart.

12 Ziehen Sie das Ventil nach unten heraus und befreien Sie die Ventilschaftdichtung von der Ventilführung (siehe Abbildungen) – beim Einbau muss unbedingt eine neue Dichtung verwendet werden.

Kontrolle

Anmerkung: *Kontrollieren Sie stets nur ein Ventil und seine Komponenten, um keine Bauteile durcheinander geraten zu lassen und vorhandene Messergebnisse sicherzustellen.*

13 Begutachten Sie die Ventilsitze im Brennraum und die Dichtflächen der Ventile (siehe

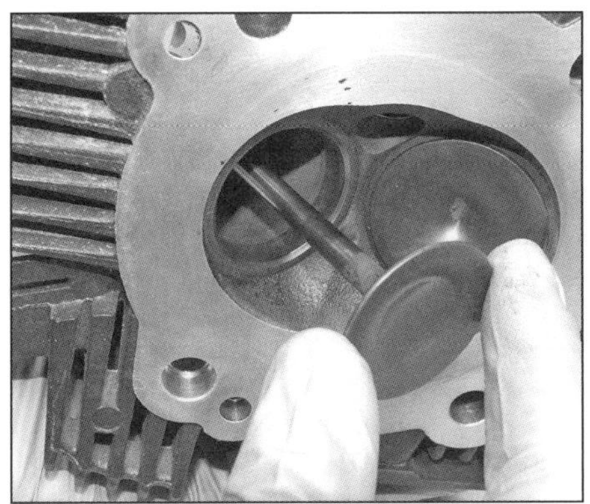

9.12a Ziehen Sie das Ventil nach unten heraus ...

9.12b ... und befreien Sie die Ventilschaftdichtung von der Ventilführung – entweder mit einem solchen Spezialwerkzeug oder einer Spitzzange.

9.13 Kontrollieren Sie die Dichtflächen des Ventils und des Sitzrings.

Abbildung). Falls sie Ausbrüche, Risse oder Verbrennungen zeigen, übersteigt dies die notwendige Arbeit die Möglichkeiten eines Hobbyschraubers. Messen Sie die Breite der Ventilsitze (siehe Abbildung) und vergleichen Sie die Ergebnisse mit den Vorgaben in den technischen Daten; falls sie irgendwo breiter als vorgegeben sind oder ungleichmäßig verlaufen, ist eine Überholung in einer Fachwerkstatt notwendig (siehe Sektion 10). Soweit sich die Sitze in einem guten Zustand befinden, können sie gereinigt und vor dem Einbau der Ventile geläppt werden (siehe Schritte 20 bis 23).

14 Inspizieren Sie sorgfältig den Ventilteller, den Schaft und die Keilnute auf Risse, Löcher sowie verbrannte Stellen.

15 Drehen Sie das Ventil und prüfen Sie dabei, ob es verzogen sein könnte und ersetzt werden muss. Legen Sie das Ventil ggf. auf Prismenblöcke und ermitteln Sie mit einer Messuhr den Verzug des Ventiltellers – ersetzen Sie das Ventil, falls der Teller mehr als 0,03 verzogen ist.

16 Befreien Sie die Ventilführung von sämtlichen Kohleablagerungen, indem Sie von unten eine Reibahle einführen und ausschließlich im Uhrzeigersinn drehen. Ermitteln Sie nun den Innendurchmesser der Ventilführung an beiden Enden und in der Mitte, um ungleichmäßigen Verschleiß festzustellen. Vermessen Sie zugehörigen Ventilschaft (siehe Abbildungen). Vergleichen Sie die Messwerte mit den Angaben in den technischen Daten und ersetzen Sie alle übermäßig verschlissenen Komponenten. Falls eine Ventilführung innerhalb der Toleranzwerte liegt aber ungleichmäßig verschlissen ist, muss sie dennoch ersetzt werden. Wiederholen Sie die Prozedur an den anderen Ventilen. Falls keine Messgeräte vorhanden sind, kann das Einschieben und Wackeln des Ventils in seine Führung einen groben Überblick über den Verschleiß geben. Der Austausch von Ventilführungen sollte von einer Fachwerkstatt durchgeführt werden.

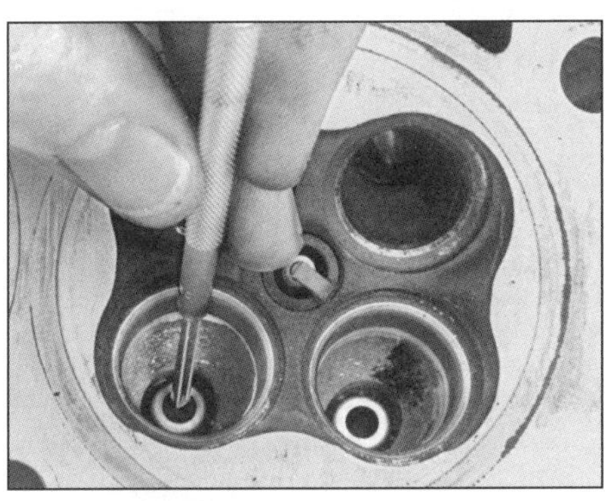

9.16a Messen Sie den Innendurchmesser der Ventilführung ...

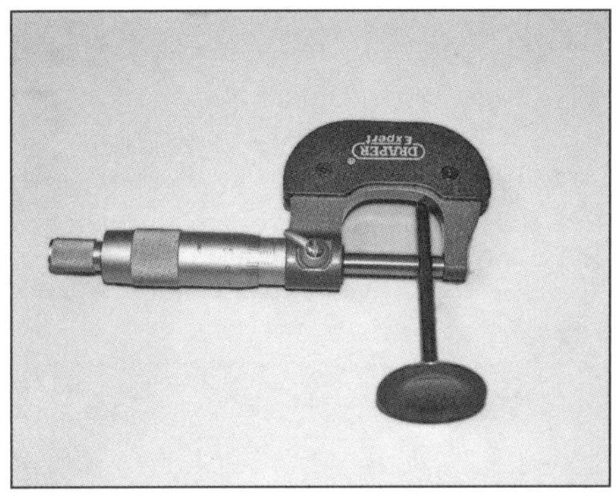

9.16b ... und den Ventilschaft-Durchmesser.

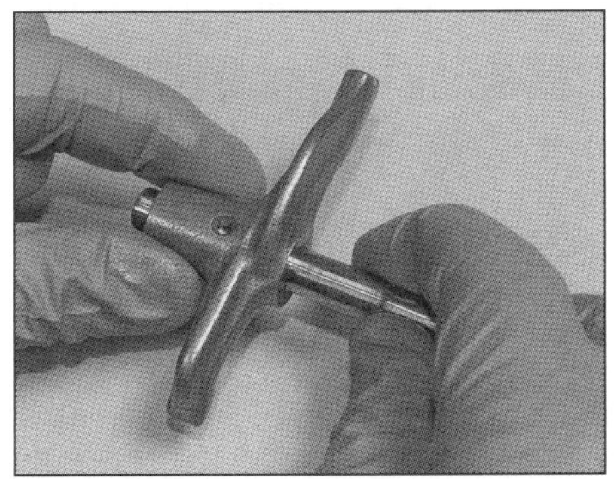

9.17 Überprüfen Sie das Spiel der Kipphebel auf ihren Wellen.

9.18 Inspizieren Sie die Gleitflächen der Nocken und der Kipphebel.

17 Inspizieren Sie die Kipphebel, ihre Wellen und die Feder des Schließerhebels (siehe Abbildung). Bei jedem Zweifel über ihren Zustand müssen entsprechende Komponenten durch Neuteile ersetzt werden. Messen Sie den Innendurchmesser der Kipphebel und den Außendurchmesser ihrer Welle (im Kontaktbereich des Hebels). Subtrahieren Sie den Wellen-Durchmesser vom Kipphebel-Innendurchmesser, um den Verschleiß zu bestimmen – beachten Sie die Angaben in den technischen Daten.

18 Inspizieren Sie die Gleitflächen der Nocken und der Kipphebel (siehe Abbildung) – es dürfen weder Kratzer, Risse noch Ausbrüche festgestellt werden. Die Ölkanäle der Nockenwellen müssen frei sein.

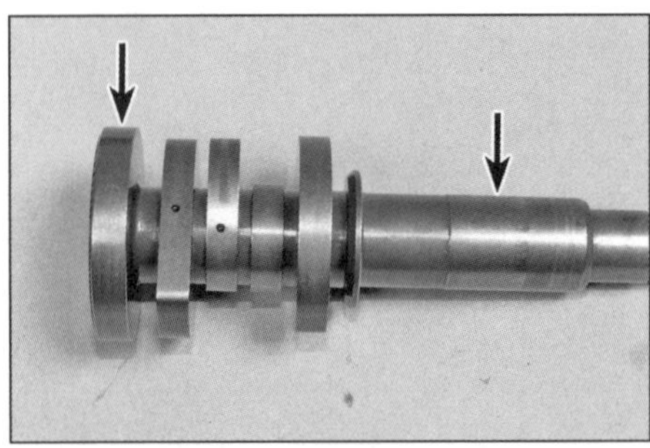

9.19a Kontrollieren Sie die Lagerflächen der Nockenwelle (Pfeile) ...

9.19b ... und in beiden Seiten des Zylinderkopfs.

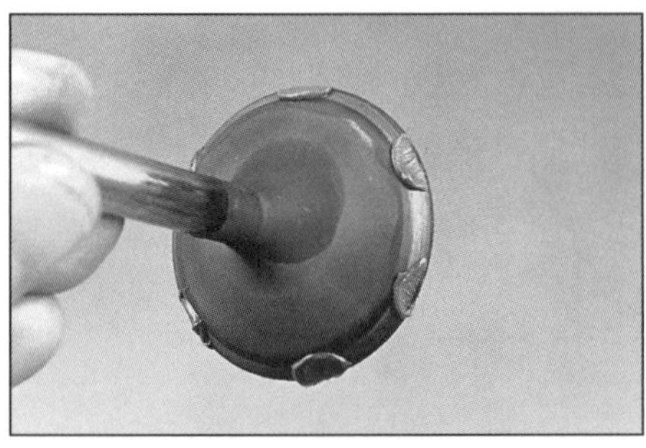

9.21 Verteilen Sie die Schleifpaste auf der Dichtfläche des Ventiltellers.

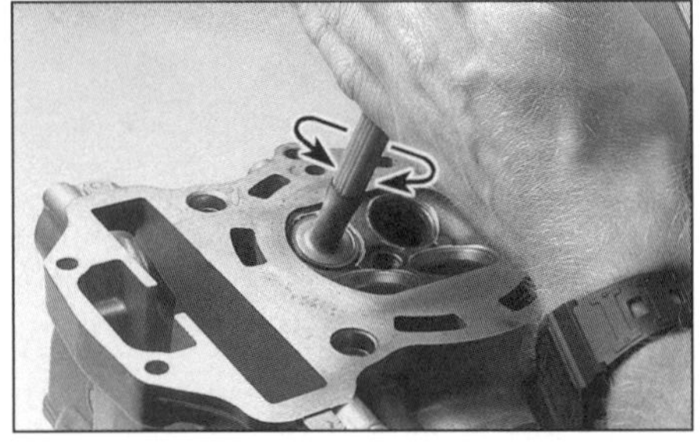

9.22 Drehen Sie das Werkzeug zwischen den Handflächen hin und her.

9.24a Drücken Sie die neue Ventilschaftdichtung ggf. mit einem Schraubendreher über die Ventilführung ...

9.24b ... und mit dessen Griff herunter, bis sie einrastet.

9.27a Installieren Sie die Drahtkeile in die Ventilschaft-Nut, ...

9.27b ... schieben Sie den Shim dagegen und entlasten Sie den Schließer-Hebel.

9.27c Drücken Sie den Hebel mit einem Schraubendreher herunter und lassen Sie ihn gegen den Shim springen.

19 Kontrollieren Sie die Lagerflächen der Nockenwellen und des Zylinderkopfs (siehe Abbildungen) – achten Sie auf Riefen, tiefe Kratzer oder Abplatzungen. Schieben Sie die Nockenwelle in den Zylinderkopf und prüfen Sie, ob Spiel fühlbar ist – weil keine technischen Daten zur Verfügung stehen, müssen die Teile nötigenfalls von einer Ducati-Werkstatt kontrolliert werden. Die Ölkanäle müssen frei sein – reinigen Sie sie mit Lösungsmittel und blasen Sie sie mit Druckluft durch.

Läppen der Ventile

20 Falls keine Ventilüberholung durchgeführt wurde (siehe Schritt 13), müssen die Ventile vor dem Einbau in den Kopf eingeschliffen (»geläppt«) werden, um die Dichtigkeit an den Ventilsitzen sicherzustellen. Falls die Ventilsitze nachgeschnitten oder durch Neuteile ersetzt wurden, müssen sie nicht geläppt werden, da dies bereits beim Überholen geschehen ist. Für das Läppen benötigt man feine Ventilschleifpaste sowie einen Ventildreher. Wenn dieses Werkzeug nicht zur Hand ist, kann auch ein Stück Gummi- oder Plastikschlauch über den Ventilschaft geschoben (nachdem das Ventil in die Führung gesteckt wurde) und das Ventil damit gedreht werden.

21 Geben Sie etwas von der feinen Schleifpaste auf die Ventildichtfläche (siehe Abbildung) sowie etwas von einem Gemisch aus MoS_2-Fett und Motoröl an den Ventilschaft, und stecken Sie das Ventil in die Führung (Abbildung 9.12a).

Anmerkung: *Gehen Sie sicher, dass das Ventil in der richtigen Führung steckt und das keine Schleifpaste an den Ventilschaft gerät.*

22 Befestigen Sie den Ventildreher (oder den Schlauch) am Ventil und drehen sie ihn zwischen den Handflächen. Hin- und herdrehen ist dem Drehen in eine Richtung vorzuziehen (siehe Abbildung). Heben Sie das Ventil regelmäßig vom Sitz und verteilen Sie die Paste ordentlich. Setzen Sie die Arbeit fort, bis die Dichtflächen am Ventil und am Sitz eine gleichmäßige Breite und am ganzen Umfang keine Unterbrechungen haben.

23 Ziehen Sie vorsichtig das Ventil aus der Führung, und wischen Sie alle Schleifpasten-Reste ab. Reinigen Sie das Ventil mit Lösungsmittel, und wischen Sie es sorgfältig mit einem mit Lösungsmittel getränkten Tuch ab. Reinigen Sie anschließend den Zylinderkopf erneut sorgfältig, und blasen Sie alle Kanäle mit Druckluft aus – vor der Montage müssen alle Schleifmittel-Reste entfernt sein.

9.29 Installieren Sie den neuen Dichtring.

9.33a Führen Sie über dem Einlassventil des vorderen und dem Auslassventil des hinteren Zylinderkopfs die Welle durch den Öffnerhebel, ...

9.33b ... installieren Sie die innere ...

9.33c ... und die äußere Distanzscheibe und drücken Sie die Welle vollständig in den Zylinderkopf.

9.33d Führen Sie über dem Auslassventil des vorderen und dem Einlassventil des hinteren Zylinderkopfs die Welle durch die innere ...

9.33e ... und die äußere Distanzscheibe ...

9.33f positionieren Sie den Öffnerhebel und drücken Sie die Welle vollständig in den Zylinderkopf.

Zusammenbau

24 Schmieren Sie die Innenbereiche der neuen Ventilschaftdichtungen mit Öl und drücken Sie sie von Hand, mit einem passenden Steckschlüssel oder einem kleinen Schraubendreher senkrecht auf die Ventilführungen, bis sie einrasten (siehe Abbildungen) – eine abgewinkelt angesetzte Dichtung kann beschädigt werden.

25 Schmieren Sie den Ventilschaft mit Motoröl und stecken Sie das Ventil drehend in die Führung, um die Dichtung nicht zu beschädigen (Abbildung 9.12a). Kontrollieren Sie, ob es sich frei auf und ab bewegen lässt.

26 Rüsten Sie den Schließerhebel mit der Feder aus und montieren Sie das Spezialwerkzeug (Abbildungen 9.11f bis c). Schmieren Sie die Welle des Schließerhebels mit Öl, positionieren Sie den Hebel im Zylinderkopf und schieben Sie die Welle (mit dem Gewinde nach außen) ein (Abbildungen 9.11b und a). Befreien und entnehmen Sie das Werkzeug (Abbildungen 9.10c und b).

27 Geben Sie etwas Fett innen an die Keile, um sie an das Ventil »kleben« zu können. Halten Sie den Schließerhebel mit dem in Schritt 9 beschriebenen Werkzeug herunter (Abbildungen 9.9a, b und c). Schieben Sie den Schließer-Shim mit der breiten Seite voran auf das Ventil (Abbildung 9.9f). Installieren Sie die Keile korrekt in die Ventilschaft-Nut, schieben Sie den Shim dagegen und entlasten Sie langsam den Schließerhebel – die Keile müssen dabei in der Nut verbleiben (siehe Abbildungen). Halten Sie jetzt den Shim mit einer Zange hoch, drücken Sie den Kipphebel mit einem Schraubendreher herunter und lassen Sie ihn wieder gegen die Unterseite des Shims springen, damit sich die Keile korrekt setzen (siehe Abbildung).

28 Installieren Sie das Andere Ventil und den Schließerhebel auf die gleiche Weise.

29 Drücken Sie den neuen Wellendichtring (mit der Markierung nach außen) senkrecht in seinen Sitz im Zylinderkopf, bis er bündig zum Rand sitzt (siehe Abbildung). Schmieren Sie seine Dichtlippen.

30 Kontrollieren Sie, ob die Nockenwelle zum Zylinderkopf passt – die Welle des vorderen Zylinders ist mit einem »O« markiert, diejenige des hinteren Zylinders mit einem »V«. Schmieren Sie die Lagerbereiche und Ölkanäle im Zylinderkopf mit Motoröl. Richten Sie die Nockenwelle so aus, dass die Nocken nicht mit dem Schließerhebel in Kontakt kommen, und schieben Sie sie von links vollständig ein (Abbildung 9.7a).

31 Kontrollieren Sie jetzt das Spiel des Schließerhebels (siehe Kapitel 1, Sektion 5).

32 Stecken Sie den Öffnerhebel-Shim auf den Ventilschaft (Abbildung 9.6e).

33 Schmieren Sie die Welle des Öffnerhebels mit Öl. Beim Einbau der Einlassventil-Öffnerhebel in den vorderen Zylinderkopf oder des Auslassventil-Öffnerhebels in den hinteren Zylinderkopf müssen der Hebel im Kopf positioniert, die Welle (Gewinde nach außen) eingeschoben und die Distanzscheiben eingesetzt werden, sobald die Welle aus dem Hebel herauskommt; dann wird die Welle vollständig in den Zylinderkopf gedrückt (siehe Abbildungen). Beim Einbau der Auslassventil-Öffnerhebel in den vorderen Zylinderkopf oder des Einlassventil-Öffnerhebels in den hinteren Zylinderkopf wird die Welle (Gewinde nach außen) in den Kopf eingeschoben, dann werden die Distanzscheiben aufgelegt und der Hebel im Kopf positioniert, anschließend wird die Welle vollständig eingeschoben (siehe Abbildungen).

34 Verschieben Sie die Distanzscheiben so, dass einer am Öffnerhebel und der andere am Zylinderkopf anliegt, und installieren Sie den Federclip dazwischen (siehe Abbildungen).
35 Installieren Sie die Öffnerhebel-Baugruppe des anderen Ventils.
36 Kontrollieren Sie jetzt das Spiel des Öffnerhebels (siehe Kapitel 1, Sektion 5).
37 Montieren Sie die zwei Ventildeckel, verwenden Sie nötigenfalls neue O-Ringe (Abbildung 9.4d). Installieren Sie den Nockenwellendeckel nötigenfalls mit einem neuen Dichtring und neuen Dichtscheiben (Abbildungen 9.4g und e).
38 Installieren Sie die verbliebenen Komponenten in der umgekehrten Ausbaureihenfolge (Schritte 3 bis 1).

9.34a Positionieren Sie die Distanzscheiben am Öffnerhebel und am Zylinderkopf ...

9.34b ...und installieren Sie den Federclip dazwischen

10 Ventilsitze und Ventilführungen Überholung

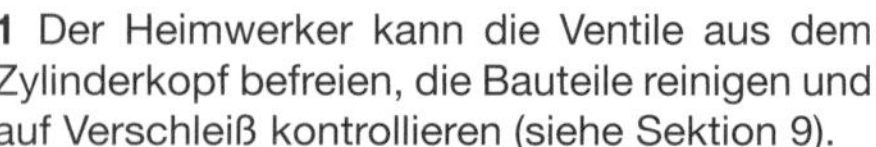

1 Der Heimwerker kann die Ventile aus dem Zylinderkopf befreien, die Bauteile reinigen und auf Verschleiß kontrollieren (siehe Sektion 9).
2 Die Ventilsitze können je nach Verschleiß nachgeschnitten oder erneuert werden, auch die Ventilführungen können durch Neuteile ersetzt werden. Aufgrund der Komplexität und der erforderlichen Spezialwerkzeuge müssen diese Arbeiten von einer Fachwerkstatt ausgeführt werden.
3 Nach erfolgter Ventilüberholung ist der Zylinderkopf in einem neuwertigen Zustand. Wenn Sie den Kopf zurückerhalten, sollten Sie ihn vor dem Einbau sorgfältig reinigen und von Metallspänen und Schleifmittelresten befreien, die von der Überholung stammen können. Wenn möglich, sollten alle Löcher und Kanäle mit Druckluft ausgeblasen werden.

11 Zylinder

Anmerkung: *Die Zylinder müssen zusammen mit den Kolben demontiert werden, da diese erst danach aus ihnen befreit werden können.*

Ausbau

1 Demontieren Sie den Zylinderkopf (siehe Sektion 8).
2 Befreien Sie nötigenfalls den Temperatursensor aus dem hinteren Zylinder (siehe Kapitel 3, Sektion 12).
3 Markieren Sie ggf. den Zylinder und seinen Kolben (vorn oder hinten), um beides wieder korrekt positionieren zu können. Drehen Sie die Kurbelwelle so, dass der Kolben des zu demontierenden Zylinders im oberen Totpunkt steht.
4 Ziehen Sie den Zylinder so weit vom Motorgehäuse, bis die Kolbenbolzen-Sicherungsringe zugänglich sind, die Kolbenringe aber noch im Zylinder verbleiben (siehe Abbildung). Falls der Zylinder fest sitzt, muss er rundherum mit einem weichen Hammer abgeklopft werden – **keinesfalls darf versucht werden, ihn vom Motorgehäuse abzuhebeln, da dies die Dichtfläche beschädigen würde!**
5 Stopfen Sie Lappen um das Pleuel herum in das Motorgehäuse, damit kein Sicherungsring in den Motor fallen kann und das Pleuel nach dem Abnehmen des Kolbens nicht gegen das

11.4 Ziehen Sie den Zylinder weit genug ab, um die Kolbenbolzen-Sicherungsringe freizulegen.

11.5a Stopfen Sie Lappen um das Pleuel herum in das Motorgehäuse.

11.5b Hebeln Sie vorsichtig den Sicherungsring heraus, ...

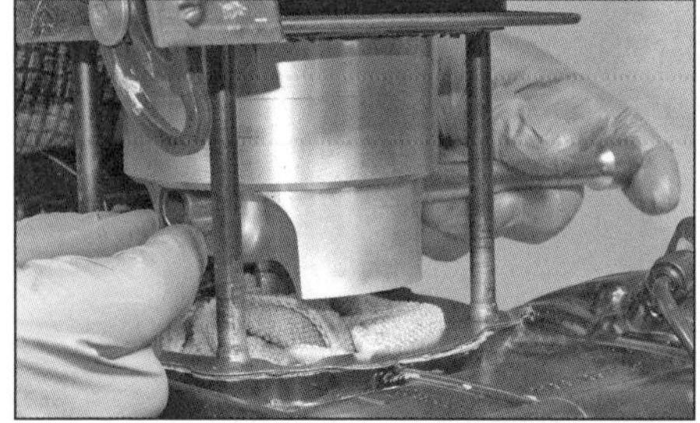

11.5c ... drücken Sie den Kolbenbolzen heraus ...

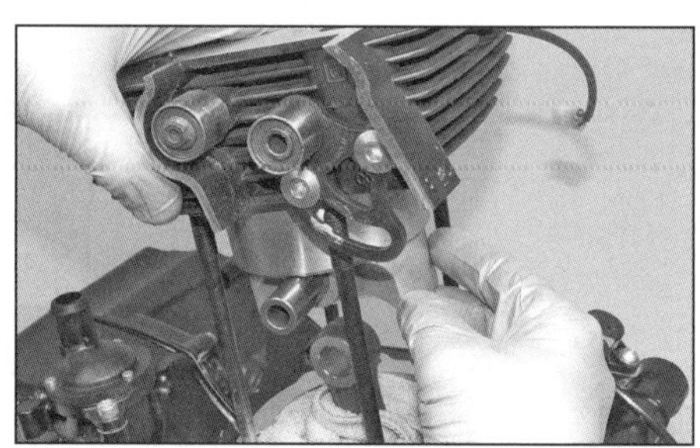

11.5d ... und entnehmen Sie den Zylinder samt Kolben.

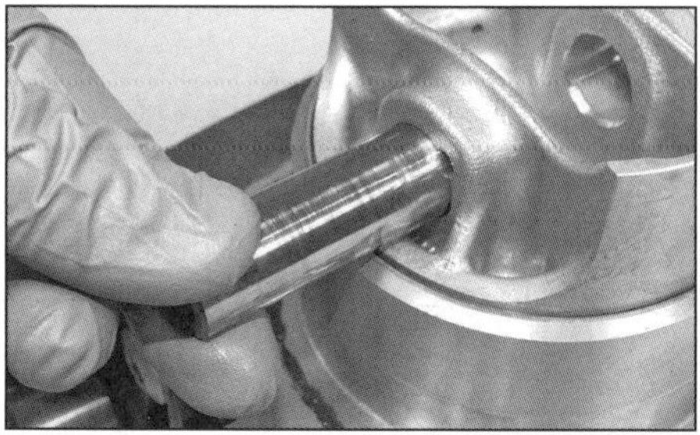

11.6a Ziehen Sie den Kolbenbolzen aus dem Kolben ...

11.6b ... und befreien Sie diesen nach unten aus dem Zylinder.

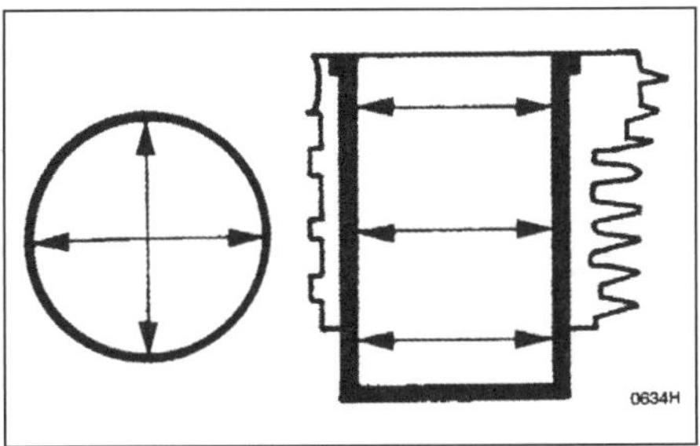

11.10 Vermessen Sie die Zylinderbohrungen an insgesamt sechs Stellen.

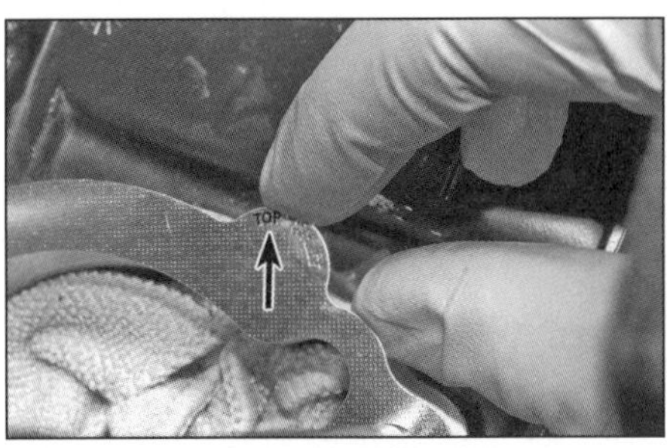

11.14a Die Oberseite der NEUEN Zylinderfußdichtung ist mit »TOP SIDE« markiert

Gehäuse schlägt. Hebeln Sie einen der Kolbenbolzen-Sicherungsringe vorsichtig heraus und drücken Sie den Kolbenbolzen von der anderen Seite durch den Kolben, um diesen vom Pleuel zu befreien und den Zylinder samt Kolben entnehmen zu können (siehe Abbildungen). Befreien Sie nötigenfalls den anderen Kolbenbolzen-Sicherungsring – alle ausgebauten Sicherungsringe müssen beim Einbau durch Neuteile ersetzt werden.

Falls der Kolbenbolzen fest im Kolben steckt, kann sein Sitz mit einem Heißluftgebläse erwärmt werden, damit sich das Aluminium ausdehnt und den Bolzen freigibt. Falls der Kolbenbolzen mit einem Ausziehwerkzeug befreit werden muss (siehe* Werkzeug- und Werkstatt-Tipps *im Anhang), ist dabei die Gleitfläche des Kolbens zu schützen.

11.14b Tragen Sie an der Unterseite der Dichtung etwas Dichtmasse auf ...

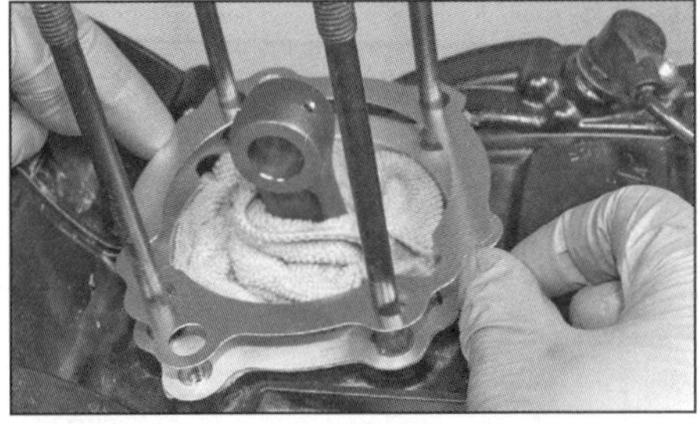

11.14c ... und legen Sie sie korrekt ausgerichtet auf das Motorgehäuse.

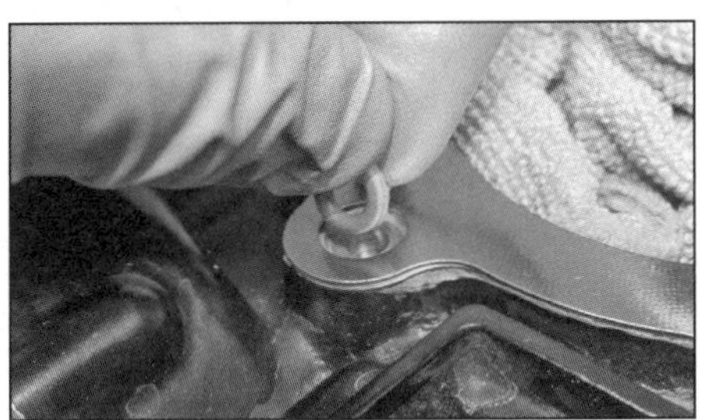

11.15a Legen Sie den neuen O-Ring ein ...

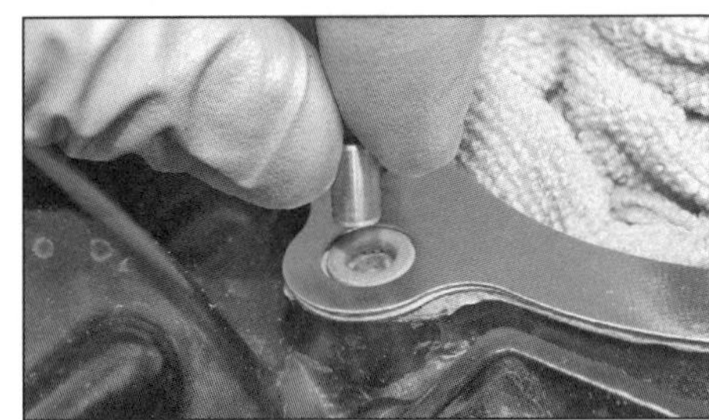

11.15b ... und installieren Sie die Passhülse.

6 Falls die Kolbenringe kontrolliert und/oder erneuert werden sollen, müssen der Kolbenbolzen vollständig aus dem Kolben und diesen aus dem Zylinder gezogen werden (siehe Abbildungen) – ansonsten kann der Kolben im Zylinder verbleiben (und das Risiko brechender Kolbenringe verringert werden). Die Unterseite jedes Kolbens ist mit einem Dreieck versehen, dass zur Auslass-Seite des Zylinders zeigt (Abbildung 11.18a).

7 Entfernen Sie die Passhülse und den O-Ring (Abbildungen 11.15b und a) – der O-Ring muss später durch ein Neuteil ersetzt werden. Entnehmen Sie die Zylinderfußdichtung (Abbildung 11.14c) – auch diese muss beim Einbau erneuert werden.

8 Entfernen Sie sämtliche Dichtungsreste vom Zylinder und dem Motorgehäuse – achten Sie beim Einsatz eines Schabers darauf, dass die Dichtflächen nicht beschädigt werden und kein Material in den Motor fällt.

Kontrolle

9 Die Zylinder sind mit einer extrem widerstandsfähigen Beschichtung versehen, die üblicherweise nicht verschleißt. Falls die unten beschriebenen Kontrollen ergeben, dass ein Zylinder dennoch verschlissen oder beschädigt ist, muss er durch ein Neuteil ersetzt werden – Honen und Aufbohren ist nicht möglich, Übermaß-Kolben sind nicht erhältlich.

10 Mit Präzisionsmessgeräten kann der Verschleiß, die Kegel- und Ovalförmigkeit der Zylinderbohrungen überprüft werden. Messen Sie dazu im oberen Bereich (aber noch unterhalb der Position des oberen Kolbenrings im OT) in der Mitte und unten (aber noch oberhalb der Position des Ölabstreifrings im UT) – je einmal in Fahrtrichtung und einmal parallel zur Kurbelwelle (siehe Abbildungen). Errechnen Sie anhand der Differenzen zwischen diesen sechs Ergebnissen und mithilfe der Angaben in den technischen Daten den Verschleiß – beachten Sie die Anmerkung oben.

11 Ermitteln Sie den Durchmesser des Kolbens (siehe Sektion 12, Schritt 6) und errechnen Sie zusammen mit den Ergebnissen aus Schritt 10 das Kolben-Spiel; falls es über den Vorgaben der technischen Daten liegt, muss herausgefunden werden, ob der Kolben oder der Zylinder verschlissen ist – oder beides (beachten Sie die Anmerkung oben).

12 Prüfen Sie den festen Sitz der Stehbolzen im Motorgehäuse – falls einer locker ist, muss er mithilfe zwei gegeneinander verkonterter Muttern herausgeschraubt werden, dann werden sein Gewinde und das im Gehäuse gereinigt und der Stehbolzen mit frischer Sicherungspaste versehen, bevor er wieder eingedreht und angezogen wird.

2

Einbau

13 Das Motorgehäuse muss mit Lappen verstopft sein, die auch das Pleuel abstützen. Die Dichtflächen des Zylinders und des Gehäuses müssen absolut sauber sein.

14 Die Oberseite der **neuen** Zylinderfußdichtung ist mit »TOP SIDE« markiert (siehe Abbildung). Tragen Sie etwas Dichtmasse (Ducati empfiehlt Three-Bond 1215) an der Unterseite der Dichtung auf und legen Sie sie korrekt ausgerichtet auf das Motorgehäuse (siehe Abbildungen).

15 Legen Sie einen neuen O-Ring in die Ölkanal-Vertiefung und stecken Sie die Passhülse ein (siehe Abbildungen).

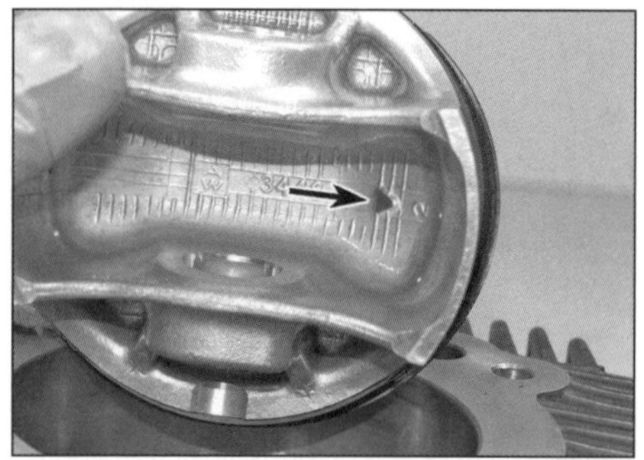

11.18a Das Dreieck muss zur Auslassseite des Zylinders zeigen.

11.18b Führen Sie den Kolben von oben in den Zylinder ein ...

11.18c ...und drücken Sie die Kolbenringe nach und nach in die Bohrung.

11.18d Die Ausschnitte im Kolbenhemd und Zylinder müssen fluchten (Pfeil). Tragen Sie etwas Dichtmasse auf.

11.20a Drücken Sie den Kolbenbolzen ein ...

11.20b ... und installieren Sie den zweiten Sicherungsring.

11.21 Prüfen Sie, ob sich der Kolben des hinteren Zylinders korrekt bewegen lässt, und bringen Sie den vorderen Zylinder in den OT.

16 Achten Sie darauf, den Kolben und Zylinder wieder an der ursprünglichen Position zu montieren (Schritt 3). Falls beide Zylinder entfernt wurden, muss zuerst der hintere montiert werden. Das entsprechende Pleuel muss im OT stehen. Schmieren Sie die Zylinderbohrung und die Kolbenringe mit frischem Motoröl. Richten Sie die Öffnungen der Kolbenringe um jeweils 120° versetzt aus. Prüfen Sie, ob der Buchstabe am Kolben zu dem am Zylinder passt (Abbildung 12.6b).

17 Falls beide Kolbenbolzen-Sicherungsringe aus dem Kolben entfernt waren, muss an einer Seite ein neuer installiert werden – verwenden Sie einmal ausgebaute Ringe niemals wieder! Spannen Sie die Ringe nicht mehr als nötig vor und achten Sie darauf, dass sie rundherum in der Nut sitzen und die Öffnung nicht in der Ausbau-Kerbe liegt (Abbildung 11.5b).

18 Richten Sie den Kolben so aus, dass das Dreieck an seiner Unterseite zum Auslass zeigt (siehe Abbildung) – beim hinteren Zylinder also nach hinten und beim vorderen nach unten). Führen Sie den Kolben von oben in den Zylinder ein und drücken Sie die Kolbenringe nach und nach in die Bohrung, während Sie leichten Druck auf den Kolben ausüben (siehe Abbildungen) – hierbei ist große Vorsicht geboten, damit kein Kolbenring zerbricht. Sobald alle Ringe im Zylinder stecken, wird der Kolben heruntergedrückt, der Zylinder umgedreht und der Kolben so ausgerichtet, dass der Ausschnitt in seinem Hemd zu dem im Zylinder fluchtet (siehe Abbildung). Tragen Sie an der Dichtfläche des Zylinders etwas Dichtmasse auf.

19 Schmieren Sie den Kolbenbolzen, seine Bohrungen im Kolben und das obere Pleuelauge mit frischem Motoröl. Führen Sie den Kolbenbolzen auf der Seite ohne Sicherungsring in den Kolben ein, aber lassen Sie ihn nicht nach innen hineinragen (Abbildung 11.6a).

20 Schieben Sie die Zylinder/Kolben-Baugruppe über die Stehbolzen auf (Abbildung 11.5d), richten Sie den Kolben über dem oberen Pleuelauge aus, drücken Sie den Kolbenbolzen hindurch und sichern Sie den Kolbenbolzen mit dem zweiten Sicherungsring (siehe Abbildungen).

21 Drücken Sie den Zylinder herunter und drehen Sie die Kurbelwelle, um zu prüfen, ob sich der Kolben sanft im Zylinder bewegen lässt. Drehen Sie dann die Kurbelwelle so, dass das Pleuel (oder der nicht entfernte Kolben) des vorderen Zylinders im OT steht (siehe Abbildung) – dies muss für die Montage der verbliebenen Komponenten und zum Einstellen der Steuerzeiten so bleiben.

22 Montieren Sie ggf. den Temperatursensor in den hinteren Zylinder (siehe Kapitel 3, Sektion 12).

23 Montieren Sie den Zylinderkopf (siehe Sektion 8).

12 Kolben und Ringe

1 Demontieren Sie den Zylinder und befreien Sie den Kolben daraus (siehe Sektion 11).

Kontrolle

Kolben

2 Befreien Sie vorsichtig die Kolbenringe vom Kolben (Abbildungen 12.14a und b, 12.13 sowie 12.11c, b und a) – sie dürfen hierbei nicht

12.6a Messen Sie den Kolben-Durchmesser etwa 10 mm oberhalb des unteren Rands sowie rechtwinklig zum Kolbenbolzen.

12.6b Der Buchstabe für die Größenangabe muss auf dem Kolben und dem Zylinder gleich sein.

12.7 Der Kolbenbolzen darf weder im Kolben noch im oberen Pleuelauge fühlbares Spiel aufweisen.

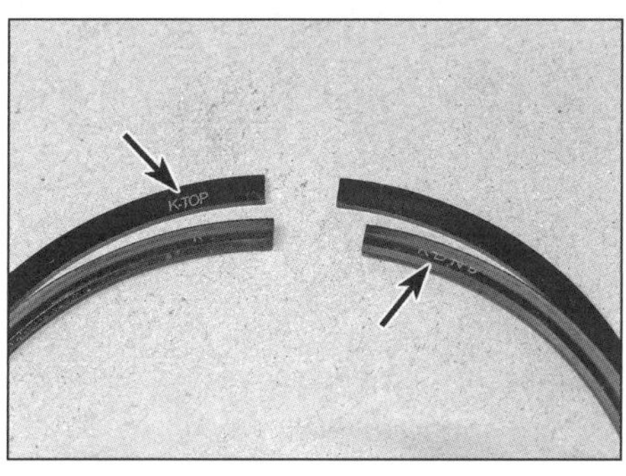

12.8 Die Oberseite aller Kolbenringe ist markiert – seltsamerweise ist der zweite Kompressionsring mit »K-TOP« beschriftet.

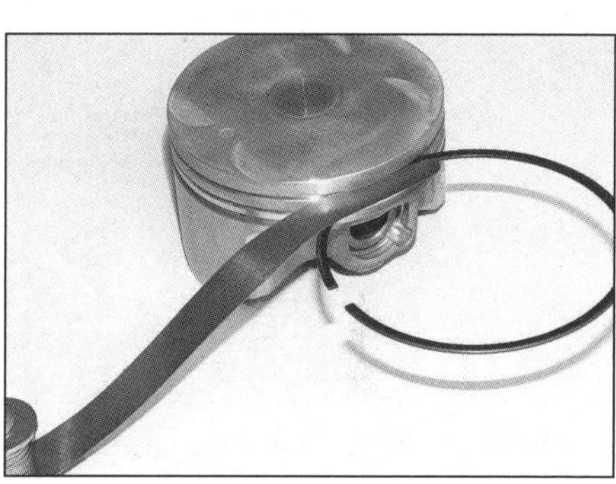

12.9 Messen Sie mithilfe einer Fühlerlehre das Spiel des Kolbenrings in seiner Kolbennut.

geknickt oder verkantet werden. Beachten Sie die Einbaulage der einzelnen Ringe, wenn sie wiederverwendet werden sollen. Die Oberseiten der beiden Kompressionsringe sollten mit Identifikations-Markierungen versehen sein (Abbildung 12.8).

3 Schaben Sie die Ölkohle vom Kolbenboden. Eine weiche Drahtbürste oder feines Schmirgelleinen kann zur Nacharbeit verwendet werden. Benutzen Sie keinesfalls einen Drahtbürstenaufsatz auf einer Bohrmaschine, das Kolbenmaterial ist sehr weich und würde abgetragen werden. Die Kolbenring-Nuten können mit einem Spezialwerkzeug, aber auch mit einem abgebrochenen Stück eines alten Kolbenringes von Kohleresten befreit werden. Seien Sie vorsichtig, dass kein Kolben-Metall entfernt wird oder die Seiten der Nut gequetscht oder eingekerbt werden. Sobald die Kohleablagerungen beseitigt sind, wird jeder Kolben mit Lösungsmittel gereinigt und anschließend getrocknet. Gehen Sie sicher, dass die Ölrücklaufbohrungen in der Nut des Ölabstreifrings sauber sind.

4 Begutachten Sie den Kolben sorgfältig auf Brüche am Hemd, an den Bolzenaugen und um die Kolbenringnuten. Normaler Kolbenverschleiß zeigt sich in gleichmäßige senkrechte Spuren auf der Lauffläche und leichtem Spiel des oberen Kolbenrings in seiner Nut. Falls das Hemd Riefen oder Klemmspuren zeigt, kann der Motor an Überhitzung gelitten haben und/oder eine abnormale Verbrennung sorgte für extrem hohe Arbeitstemperatur. Kontrollieren Sie auch die Nuten der Sicherungsringe auf mögliche Beschädigungen.

5 Ein Loch im Kolbenboden ist ein Zeichen für abnormale Verbrennung (durch Frühzündung). Verbrannte Stellen am Rand des Bodens weisen auf Klingeln oder Klopfen hin. Wenn eines dieser Probleme existiert, müssen die Gründe beseitigt werden, damit die Schäden sich nicht fortsetzen (siehe Fehlersuche im Anhang).

6 Kontrollieren Sie das Kolben-Spiel im Zylinder, indem Sie den Zylinder vermessen (siehe Sektion 11), messen Sie dann den Kolben-Durchmesser etwa 10 mm oberhalb des unteren Rands sowie rechtwinklig zum Kolbenbolzen (siehe Abbildung). Subtrahieren Sie den Kolben-Durchmesser vom Zylinder-Durchmesser, um das Spiel zu bestimmen – falls es größer als 0,045 mm ist oder kein Zugang zu Präzisions-Messinstrumenten besteht, sollten der Zylinder und der Kolben von einer Ducati-Werkstatt begutachtet werden. Neue Zylinder sind nicht separat, sondern nur zusammen mit dem Kolben, Kolbenbolzen, Kolbenringen und Sicherungsringen als Set erhältlich. Falls nur ein neuer Kolben benötigt wird (dieser wird samt Ringen und Kolbenbolzen geliefert), muss darauf geachtet werden, dass seine Größe zu derjenigen des Zylinders passt (siehe Abbildung).

7 Reinigen Sie den Kolbenbolzen und prüfen Sie, ob er eine absolut glatte Oberfläche aufweist. Geben Sie frisches Motoröl auf den Kolbenbolzen, schieben Sie ihn in den Kolben und fühlen Sie, ob Spiel vorhanden ist (siehe Abbildung). Messen Sie nötigenfalls den Außendurchmesser des Kolbenbolzens (an den Rändern) sowie den Innendurchmesser seiner Bohrungen im Kolben und vergleichen Sie das Ergebnis mit den technischen Daten. Falls noch nicht geschehen, sollte auch die Passung des Kolbenbolzens im oberen Pleuelauge ermittelt werden – falls dessen Bohrung ausgeschlagen ist, muss das Pleuel erneuert werden (siehe Sektion 25). Ersetzen Sie alle Bauteile, die außerhalb der Verschleißgrenzen liegen. Einem neuen Kolben sind stets ein Kolbenbolzen, Kolbenringe und Sicherungsringe beigefügt.

Kolbenringe

Anmerkung: *Generell ist es empfehlenswert, die Kolbenringe bei jeder Motorüberholung zu erneuern.*

8 Kontrollieren Sie vor dem Einbau der alten oder neuer Ringe das Spiel in den Nuten (Schritt 9) und das Stoßspiel (Schritt 10), um herauszufinden, ob der Kolben und/oder der Zylinder verschlissen ist. Ordnen Sie die Ringe stets dem richtigen Zylinder zu. Die beiden oberen Kompressionsringe sind an einem Ende markiert – diese Markierungen müssen sich oben befinden (siehe Abbildung).

9 Messen Sie mithilfe einer Fühlerlehre das Spiel der Kolbenringe in den jeweiligen Nuten des Kolbens (siehe Abbildung) – verwechseln Sie die Ringe nicht. Messen Sie die drei Teile des Ölabstreifrings gemeinsam (Schritt 11). Ermitteln Sie das Spiel an drei oder vier Stellen rundherum – falls es die Vorgaben (0,15 mm für den oberen Kompressionsring und 0,10 mm für den zweiten Kompressionsring und den Ölabstreifring) übersteigt, muss der Kolben (samt Ringen) erneuert werden.

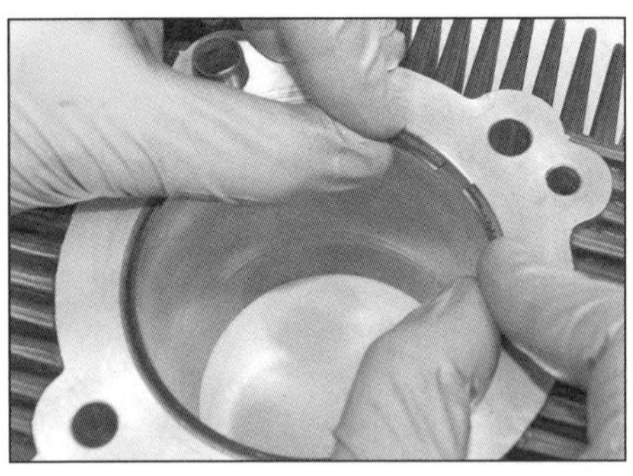

12.10a Installieren Sie den Kolbenring in die Zylinderbohrung, ...

12.10b ... richten Sie ihn mit dem Kolben rechtwinklig aus ...

12.10c ... und messen Sie das Stoßspiel mit einer Fühlerlehre.

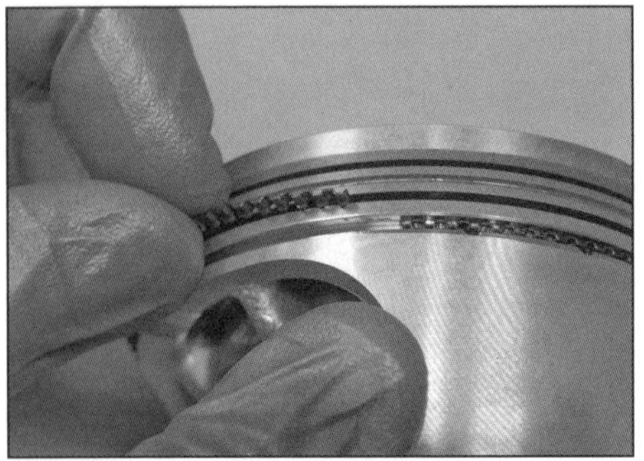

12.11a Installieren Sie den Expander in seine Nut.

12.11b Führen Sie den unteren ...

12.11c ... und den oberen Ölabstreifring an beiden Seiten des Expanders ein.

12.13 Installieren Sie den zweiten Kompressionsring wie beschrieben in die mittlere Kolbennut ...

12.14a ... und den oberen Kompressionsring in die obere Nut, ...

12.14b ... führen Sie die Kompressionsringe nötigenfalls mit einem Fühlerlehrenblatt ein.

10 Messen Sie das Stoßspiel aller Kolbenringe, indem Sie sie nacheinander in die Zylinderbohrung einschieben und mithilfe des Kolbens innerhalb seines Arbeitsbereichs rechtwinklig ausrichten und mit einer Fühlerlehre den Abstand zwischen den Ring-Enden ermitteln (siehe Abbildungen) – falls es die Vorgaben (0,2 bis 0,4 mm für die Kompressionsringe und 0,8 mm für den Ölabstreifring) übersteigt, müssen neue Kolbenringe beschafft und die Messung wiederholt werden. Falls auch hiermit das Spiel zu groß ist, muss die Zylinderbohrung auf Verschleiß überprüft werden (siehe Sektion 11). Bei zu geringem Stoßspiel muss geprüft werden, ob die Ringe zum Zylinder passen (die Ringe dehnen sich bei laufendem Motor aus und könnten verklemmen und den Zylinder stark beschädigen!)

Einbau

11 Der Ölabstreifring muss als unterer zuerst an den Kolben installiert werden. Er besteht aus drei Teilen: dem Expander und den äußeren Ringen. Zuerst wird der Expander in die untere Nut gesetzt – seine Enden dürfen nicht überlappen (siehe Abbildungen). Installieren Sie dann den unteren Ring unter den Expander und führen Sie ihn rundherum in die Nut ein (siehe Abbildung); installieren Sie den oberen Ölabstreifring auf die gleiche Weise (siehe Abbildung). Prüfen Sie erneut, ob die Enden des Expanders nicht überlappen.

Achtung: Kolbenringe bestehen aus spröden Material und können leicht zerbrechen!

12 Prüfen Sie, ob sich beide Ölabstreifringe sanft in der Kolbenringnut verdrehen lassen.

13 Installieren Sie als Nächstes den zweiten Kompressionsring mit der Markierung nach oben (siehe Schritt 8) in die mittlere Kolbennut (siehe Abbildung) – spreizen Sie ihn nicht mehr als nötig und helfen Sie nötigenfalls mit einem Fühlerlehrenblatt, um ihn in seine Nut einzuführen (Abbildung 12.14b).

13.2a Lösen Sie die Mutter und ziehen Sie die Schraube aus dem Schaltgestänge-Kugelkopf, um ihn vom Schaltwellenhebel zu befreien.

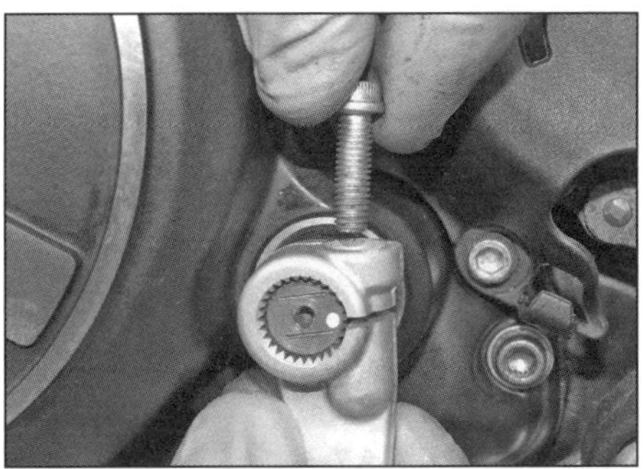

13.2b Markieren Sie die Position der Klemmöffnung, lösen Sie die Klemmschraube und ziehen Sie den Hebel ab.

13.3 Lösen Sie die Schraube und entnehmen Sie den Stopfen – beachten Sie die O-Ringe an seinem Zapfen.

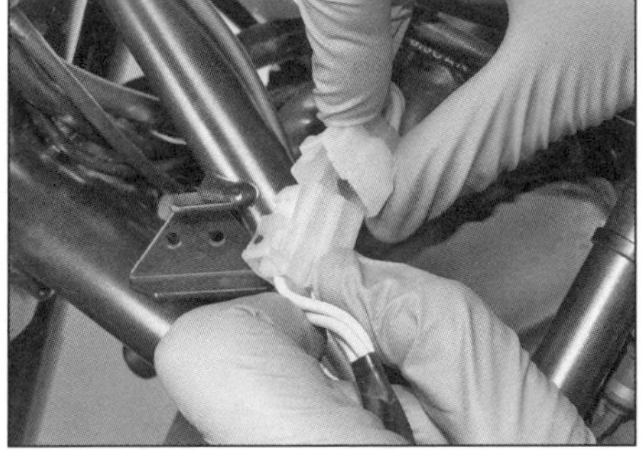

13.5a Trennen Sie den Lichtmaschinenstecker ...

13.5b ... und ab Modelljahr 2019 den Getriebesensor-Stecker.

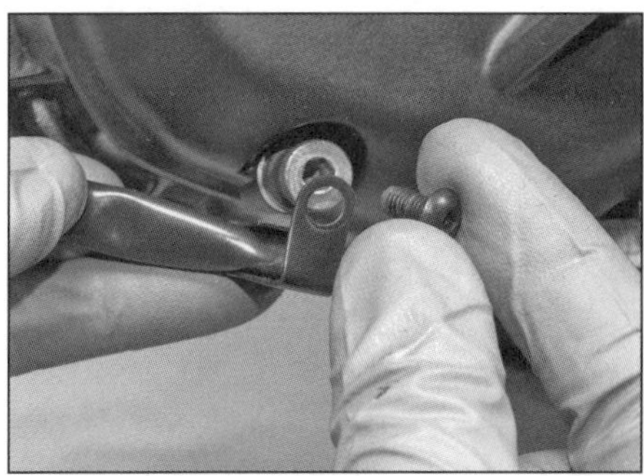

13.5c Lösen Sie die Schraube der Kabelführung.

14 Führen Sie anschließend den oberen Kompressionsring auf die gleiche Weise mit der Markierung nach oben in die obere Kolbennut ein (siehe Abbildungen).
15 Wenn die Ringe korrekt installiert sind, müssen sie sich frei und ohne zu haken bewegen lassen. Verdrehen Sie die Ringstöße anschließend um jeweils 120° zueinander.
16 Führen Sie den Kolben in den Zylinder ein und montieren Sie diesen (siehe Sektion 11).

13.6a Der Lichtmaschinendeckel ist mit 14 Schrauben gesichert.

13.6b Aufbau zum Abziehen des Lichtmaschinendeckels

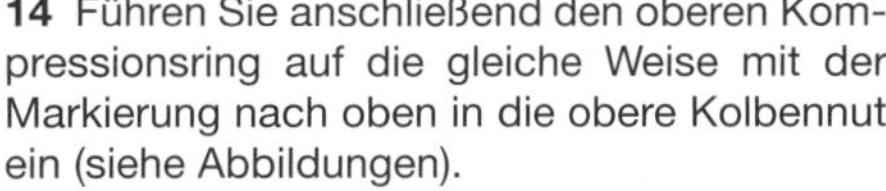

13 Lichtmaschinenrotor, Anlasserfreilauf und Anlasser-Untersetzung

Ausbau

Spezialwerkzeug: *Für diese Arbeit werden ein Rotor-Abzieher und ein Haltewerkzeug für den Rotor benötigt (Schritte 6 und 8).*

1 Lassen Sie das Motoröl ab (siehe Kapitel 1, Sektion 4).
2 Befreien Sie das Schaltgestänge vom Schaltwellenhebel. Markieren Sie auf der Schaltwelle die Position der Klemmöffnung, lösen Sie die Klemmschraube und ziehen Sie den Hebel ab (siehe Abbildung).
3 Demontieren Sie den Motorritzel-Deckel (siehe Kapitel 5, Sektion 22). Befreien Sie bis Modelljahr 2018 den vor dem Ritzel im Lichtmaschinendeckel sitzenden Stopfen – beachten Sie die zwei O-Ringe (siehe Abbildung).
4 Befreien Sie **ab Modelljahr 2019** den Kupplungs-Ausrückzylinder (siehe Sektion 17, Schritt 23) und sichern Sie ihn abseits des Arbeitsbereichs – die Hydraulikleitung kann angeschlossen bleiben.
5 Verfolgen Sie die Lichtmaschinenkabel und ab Modelljahr 2019 das Kabel des Getriebesensors und trennen Sie den/die Stecker (siehe Abbildungen). Befreien Sie am Lichtmaschinendeckel die Kabelführung (siehe Abbildung).
6 Der linke Kurbelwellenstumpf wird in einem im Lichtmaschinendeckel sitzenden Lager geführt. Für die Demontage des Deckels wird das Ducati-Werkzeug 88713.1749 oder ein anderer Abzieher benötigt. Demontieren Sie zunächst den Inspektionsdeckel, beachten Sie seinen O-Ring (Abbildung 6.7a). Lösen Sie die 14 Schrauben des Lichtmaschinendeckels – beachten Sie die unterschiedlichen Typen und Längen (siehe Abbildung). Drehen Sie zwei M6-Schrauben durch den Abzieher in die Gewindebohrungen des Inspektionsdeckels und ziehen Sie den Abzieher-Bolzen an, um den Deckel zu lösen (siehe Abbildung).

13.8 Kontern Sie den Rotor mit einem geeigneten Bandschlüssel und lösen Sie seine Mutter.

13.11 Ziehen Sie das Anlasser-Untersetzungsrad samt Distanzhülse (Pfeil) aus dem Motorgehäuse.

13.13 Prüfen Sie die Funktion des Anlasser-Freilaufs: Das Zahnrad darf sich nur linksherum drehen lassen.

13.14 Befreien Sie das Freilaufrad.

13.15a Begutachten Sie die Spreizrollen im Freilauf und die Gleitfläche der Zahnradnabe.

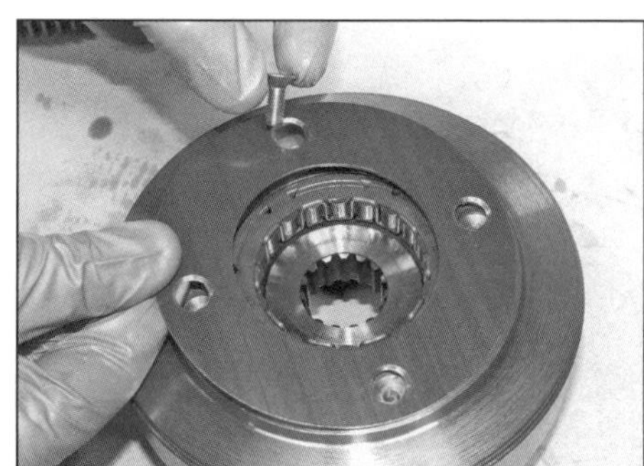
13.15b Demontieren Sie die Platte ...

13.15c ... und befreien Sie die Spreizrollen.

13.15d Das Freilaufgehäuse ist mit 8 Schrauben am Lichtmaschinenrotor gesichert.

13.20 Das Kurbelwellenlager ist mit einem Seegerring gesichert.

7 Stellen Sie nötigenfalls die zwei Passhülsen sicher (Abbildung 13.28a).

8 Zum Lösen der Lichtmaschinenrotor-Mutter muss der Rotor blockiert werden – verwenden Sie hierfür das Ducati-Werkzeug 88713.2036 oder einen hochwertigen Metallbandschlüssel mit einem ausreichend langem Hebel (die Rotormutter sitzt sehr fest (330 Nm + dauerfeste Sicherungspaste!), sodass ein einfacher Gewebe-Bandschlüssel nicht ausreicht). Erwärmen Sie die Muttern zunächst mit einem Heißluftgebläse und lockern Sie sie möglich mit einem Schlagschrauber, drehen Sie sie dann bei blockiertem Rotor ab (siehe Abbildung). Entnehmen Sie die Scheibe – beachten Sie ihre Einbaurichtung.

9 Ziehen Sie die aus dem Lichtmaschinenrotor und dem Anlasserfreilauf bestehende Baugruppe von der Kurbelwelle (Abbildung 13.26a).

10 Entfernen Sie die Hülse, das Nadellager und die Scheibe von der Kurbelwelle (Abbildung 13.25b).

11 Entfernen Sie das Anlasser-Untersetzungsrad und die Distanzhülse (siehe Abbildung).

12 Die Demontage des Lichtmaschinen-Stators aus dem Lichtmaschinendeckel ist in Kapitel 7, Sektion 26 beschrieben.

Kontrolle

13 Legen Sie den Rotor auf die Werkbank und prüfen Sie, ob sich das Freilaufrad frei gegen den Uhrzeigersinn drehen lässt und im Uhrzeigersinn blockiert (siehe Abbildung) – falls dies nicht möglich ist, müssen weitere Kontrollen durchgeführt werden.

14 Ziehen Sie das Zahnrad leicht nach links drehend aus dem Freilauf (siehe Abbildung).

15 Inspizieren Sie die im Freilaufgehäuse sitzenden Spreizrollen und ihre Gleitfläche auf der Zahnradnabe (siehe Abbildung). Sind Schäden, Ausbrüche oder Abflachungen festzustellen oder lässt sich das Zahnrad nicht wie in Schritt

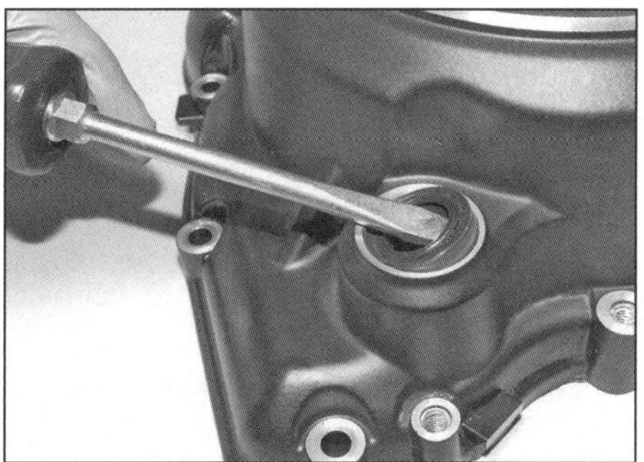

13.21a Hebeln Sie den alten Schaltwellen-Dichtring heraus ...

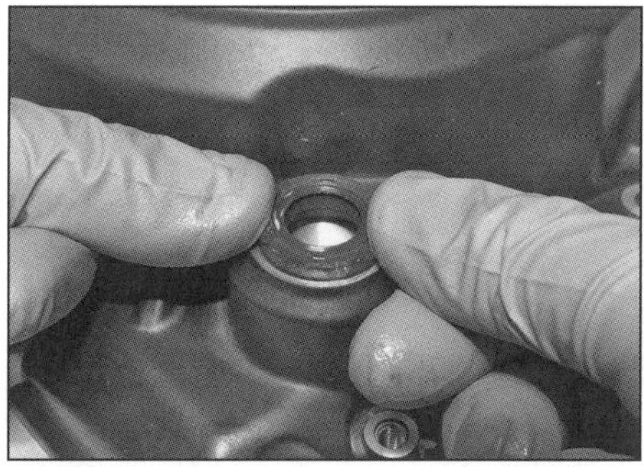

13.21b ... und drücken Sie einen neuen Dichtring ...

13.21c ... bündig in seinen Sitz.

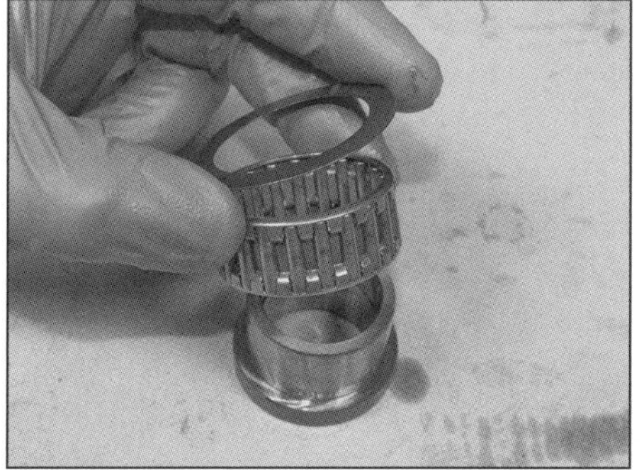

13.25a Installieren Sie das Lager und die gefettete Scheibe auf die Hülse ...

13.25b ... und schieben Sie die Baugruppe auf die Kurbelwelle.

13.26a Schieben Sie die Rotor/Freilauf-Baugruppe auf die Kurbelwelle, ...

13.26b ... lassen Sie dabei das Freilaufrad in das Untersetzungsrad greifen.

13 beschrieben drehen, muss die Spreizrollen-Baugruppe ersetzt werden; lösen Sie hierzu die vier Schrauben der Platte, entnehmen Sie diese und heben Sie die Spreizrollen aus dem Freilaufgehäuse (siehe Abbildungen). Lösen Sie nötigenfalls die acht Schrauben, um das Freilaufgehäuse vom Rotor zu trennen (siehe Abbildung).

16 Reinigen Sie ggf. die Gewinde der Freilaufgehäuse-Schrauben, tragen Sie mittelfeste Sicherungspaste auf, setzen Sie das Gehäuse an den Rotor und ziehen Sie die Schrauben schrittweise und über Kreuz mit 13 Nm an (Abbildung 13.15d).

17 Installieren Sie die Spreizrollen-Baugruppe mit der beschrifteten Seite nach außen ins Freilaufgehäuse (Abbildung 13.15c), setzen Sie die Platte an und ziehen Sie ihre vier Schrauben schrittweise und über Kreuz mit 10 Nm an (Abbildung 13.15b).

18 Kontrollieren Sie das Nadellager sowie seine Gleitfläche im Freilaufrad und auf der Hülse (Abbildung 13.25a). Falls das Lager oder seine Gleitfläche auf der Nabe verschlissen sind, müssen entsprechende Teile ersetzt werden.

19 Kontrollieren Sie die Zähne aller zur Anlasser-Untersetzung gehörenden Zahnräder sowie der Anlasserwelle – schadhafte Zahnräder oder der gesamte Anlasser müssen ausgetauscht werden. Überprüfen Sie auch die Welle des Untersetzungsrads auf Beschädigungen; das Zahnrad muss fest auf der Welle sitzen.

20 Drehen Sie das Kurbelwellenlager im Lichtmaschinendeckel – falls es rau läuft oder Geräusche verursacht, muss es erneuert werden (siehe Abbildung). Entfernen Sie den innen vor dem Lager sitzenden Seegerring, stützen Sie den Deckel auf Hölzern ab, damit seine Dichtfläche nicht beschädigt wird, und treiben Sie das Lager mit einem passenden Steckschlüssel von außen aus – nötigenfalls muss sein Sitz mit einem Heißluftgebläse erwärmt werden. Setzen Sie das neue Lager von innen an und treiben Sie es mit einem Steckschlüssel, der nur seinen Außenring berührt, vollständig in seinen Sitz – erwärmen Sie diesen nötigenfalls wieder. Installieren Sie den ggf. neuen Seegerring in die Nut, um das Lager zu sichern.

21 Bei jeder Demontage des Lichtmaschinendeckels – und natürlich bei Undichtigkeiten – sollte/muss der Schaltwellen-Dichtring ausgetauscht werden. Hebeln Sie den alten Dichtring mit einem Schraubendreher heraus und drücken Sie den neuen Dichtring bündig in seinen Sitz (siehe Abbildungen).

Einbau

22 Entfernen Sie alte Dichtmasse von den Kontaktflächen des Lichtmaschinendeckels und des Motorgehäuses.

23 Montieren Sie ggf. den Stator in den Lichtmaschinendeckel (siehe Kapitel 7, Sektion 26).

24 Schieben Sie das Untersetzungsrad-Paar mit dem großen Zahnrad voran auf die Welle, installieren Sie innen die Distanzhülse und positionieren Sie die Baugruppe im Motorgehäuse (Abbildung 13.11).

25 Installieren Sie das Freilaufrad-Lager auf die Hülse und legen Sie die gefettete Scheibe auf. Installieren Sie die Baugruppe mit der Scheibe voran auf die Kurbelwelle – die Scheibe darf dabei nicht von der Hülse abrutschen (siehe Abbildung). Schmieren Sie das Lager mit frischem Motoröl.

26 Installieren Sie das Freilaufrad in den Freilauf (Abbildung 13.14) und schieben Sie die Baugruppe auf die Kurbelwelle, sodass das Freilaufrad in das Untersetzungsrad greift (siehe Abbildungen).

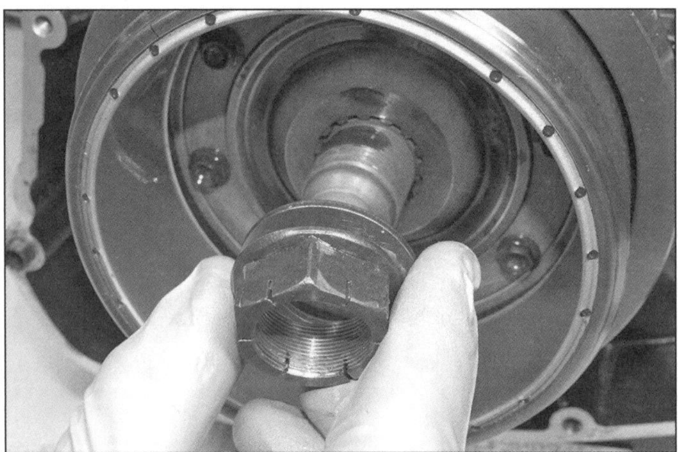

13.27a Legen Sie die eingeölte Scheibe auf und drehen Sie die mit dauerhafter Sicherungspaste bestrichene Mutter auf.

13.27b Blockieren Sie den Rotor und ziehen Sie die Mutter mit 330 Nm an.

13.28a Positionen der Passhülsen

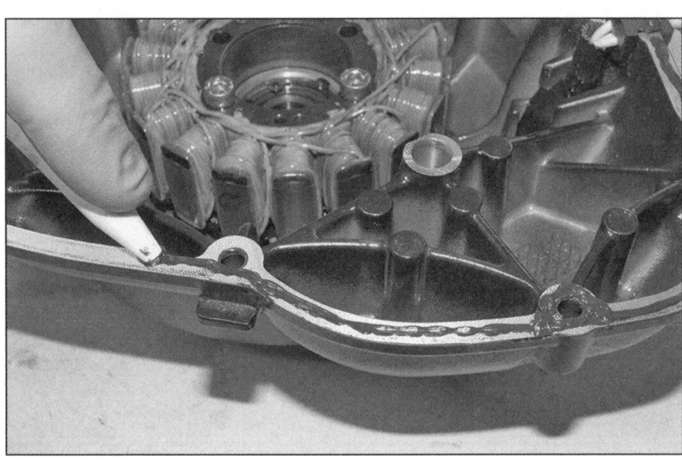

13.28b Tragen Sie am Deckel geeignete Dichtmasse auf.

27 Legen Sie die eingeölte Scheibe wie beim Ausbau notiert auf. Reinigen Sie die Gewinde der Kurbelwelle und der Rotormutter, versehen Sie sie mit dauerfester Sicherungspaste (z.B. Loctite 128455), drehen Sie die Mutter auf, blockieren Sie den Rotor wie beim Ausbau und ziehen Sie die Mutter mit 330 Nm an (siehe Abbildungen).

28 Prüfen Sie erneut, ob die Dichtflächen absolut sauber sind, und installieren Sie ggf. die zwei Passhülsen (siehe Abbildung). Versehen Sie die Dichtfläche des Deckels mit ThreeBond 1215 oder ähnlicher Dichtmasse (siehe Abbildung).

29 Fetten Sie das Ende der Kurbelwelle, die in das Lager greift. Schieben Sie den Lichtmaschinendeckel über die korrekt zum Dichtring ausgerichteten Schaltwelle, die zum Lager ausgerichtete Kurbelwelle und die Passhülsen, bis sie am Motorgehäuse anliegt (siehe Abbildung). Installieren Sie die 14 Deckelschrauben und die Kabelführung an ihre ursprüngliche Positionen und ziehen Sie sie schrittweise und über Kreuz mit 13,5 Nm an (Abbildung 13.16a).

30 Installieren Sie den Inspektionsdeckel – nötigenfalls mit einem neuen O-Ring (Abbildungen 6.21 und 6.7a); ziehen Sie seine Schrauben sorgfältig an.

31 Verbinden Sie den/die Stecker der Lichtmaschinenkabel und ggf. des Getriebesensors. Sichern Sie die Verkabelung in der Führung (Abbildungen 13.5a, b und c).

13.29 Setzen Sie den Deckel zur Schaltwelle und zur Kurbelwelle ausgerichtet auf.

32 Prüfen Sie **bis Modelljahr 2018,** ob die O-Ringe am Zapfen des Stopfens sitzen und sich in einem guten Zustand befinden (siehe Abbildung) – ersetzen Sie sie nötigenfalls. Installieren Sie den Stopfen und sichern Sie ihn mit der Schraube (Abbildung 13.3).

33 Setzen Sie **ab Modelljahr 2019** den Ausrückzylinder über die Kupplungs-Druckstange

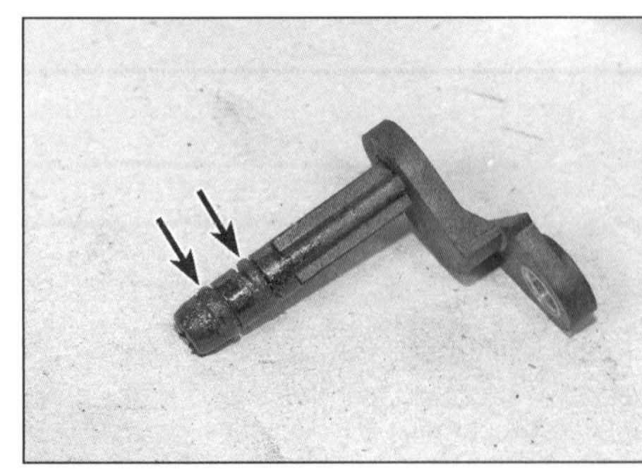

13.32 O-Ringe am Zapfen des Stopfens

und ziehen Sie seine drei Schrauben sorgfältig an.

34 Montieren Sie den Motorritzel-Deckel (siehe Kapitel 5, Sektion 22).

35 Schieben Sie den Schaltwellenhebel korrekt mit der Klemmöffnung zur Markierung ausgerichtet auf die Welle und ziehen Sie die Klemmschraube an (Abbildung 13.2b). Verbinden Sie den Schaltgestänge-Kugelkopf mit dem Heben (Abbildung 13.2a).

36 Füllen Sie Motoröl auf (siehe Kapitel 1, Sektion 4).

14 Schaltmechanismus

Ausbau

1 Schalten Sie das Getriebe in den Leerlauf. Um Zugang zur Schalthebel/Klauenarm-Baugruppe zu erhalten, muss der Lichtmaschinenrotor samt Anlasserfreilauf demontiert werden (siehe Sektion 13). Für den Zugang zum Arretierhebel muss die Kupplung ausgebaut werden (siehe Sektion 15).

2 Der Schaltarm-Halter ist mit zwei Schrauben am Motorgehäuse gesichert. Diese sitzen in Langlöchern, damit die Klauen beim Einbau zentriert werden, sodass es hilfreich ist, die Ausrichtung des Halters zum Gehäuse zu markieren. Lösen Sie die zwei Schrauben und entnehmen Sie die Platte, hängen Sie dann an den Schaltwalzen-Stiften die Klauen aus und entnehmen Sie den Mechanismus (siehe Abbildungen).

3 Zum Entfernen des Arretierhebels muss seine Schraube gelöst und der Hebel samt Scheibe und Feder entnommen werden – beachten Sie, wie die Rolle des Hebels in der Leerlauf-Vertiefung des Schaltsterns liegt und die Feder eingehängt ist (siehe Abbildung).

Kontrolle

4 Kontrollieren Sie die Schaltklauen in den Bereichen, die die Schaltwalzen-Stifte berühren (siehe Abbildung). Bei Verschleiß muss ein neuer Klauen-Arm montiert werden – er ist mit einem Federring und einer Scheibe am Schaltarm gesichert, beachten Sie, wie die Feder eingehängt ist (siehe Abbildung). Verwenden Sie für die Montage des neuen Klauenarms nötigenfalls einen neuen Federring.

5 Kontrollieren Sie die Federn des Schaltmechanismus und ersetzen Sie sie nötigenfalls durch Neuteile. Beachten Sie für die Klauenarm-Feder die Hinweise in Schritt 4. Befreien Sie für den Austausch der Rückholfeder den Seegerring, der den Halter am Schaltarm sichert, und entfernen Sie die Unterlegscheibe, die Tellerscheibe (unter Beachtung ihrer Einbaupositionen), den Halter und die Feder – merken Sie sich auch deren Einbaulage (siehe Abbildungen). Installieren Sie die neue Feder, den Halter und die Scheiben und sichern Sie alles mit dem – ggf. neuen – Seegerring.

6 Inspizieren Sie die Arretierhebel-Rolle und den Schaltstern auf Verschleiß und Beschädigungen (siehe Abbildung).

14.2a Lösen Sie die zwei Schrauben, entnehmen Sie die Platte ...

14.2b ... und heben Sie den Klauenarm von der Schaltwalze, um den Schaltmechanismus zu entnehmen.

14.3 Arretierhebel-Schraube (Pfeil). Beachten Sie die Ausrichtung der Feder und der Rolle.

14.4a Kontrollieren Sie die Klauen und die Stifte auf Verschleiß und Beschädigungen.

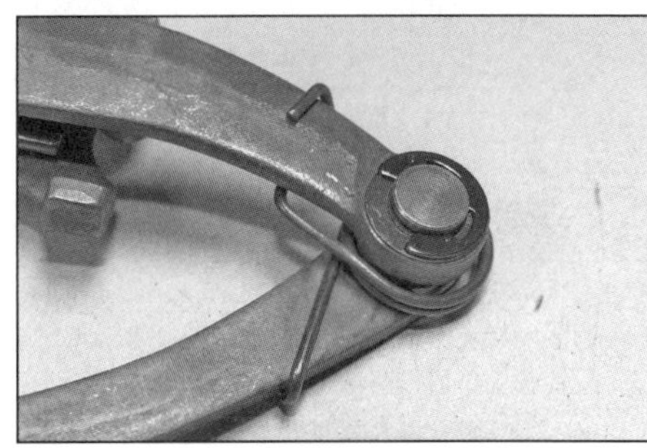

14.4b Der Klauenarm ist so am Schaltarm gesichert.

14.5a Entfernen Sie den Seegerring (Pfeil), die Scheiben und den Halter ...

14.5b ... sowie die Rückholfeder.

14.6 Inspizieren Sie die Arretierhebel-Rolle und den Schaltstern.

14.7a Setzen Sie den Arretierhebel zusammen, ...

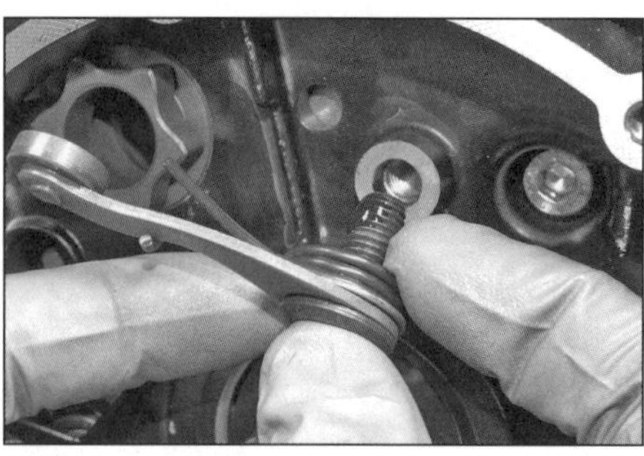
14.7b ... drehen Sie die Schraube teilweise ein, ...

14.7c ... hängen Sie die Feder wie gezeigt ein, ...

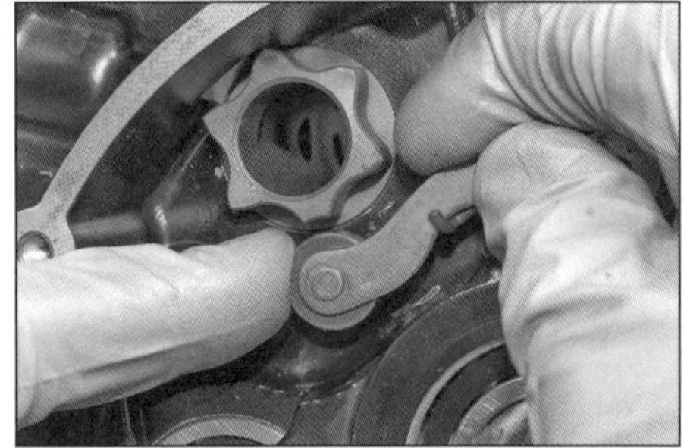
14.7d ... schwenken Sie den Hebel herunter, um die Rolle in der Leerlauf-Vertiefung anzusetzen, ...

14.7e ... und ziehen Sie die Schraube mit 18 Nm an.

14.8 Richten Sie die Schaltklauen wie gezeigt zu den Schaltwalzen-Stiften aus ...

14.8b ... und drehen Sie die Schrauben handfest ein.

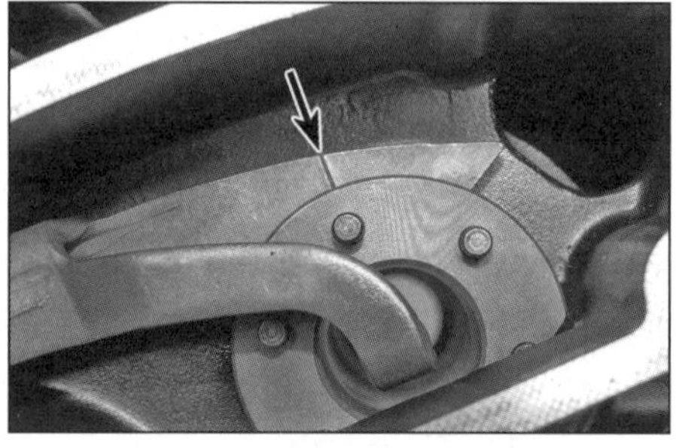
14.9 Die Linie am Arm (Pfeil) muss zum oberen Stift ausgerichtet sein.

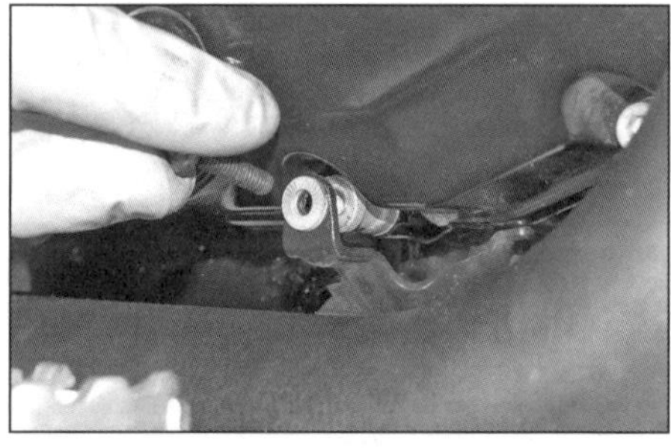
15.1 Lösen Sie die Schraube und befreien Sie den Halter vom Kopf der Kupplungsdeckel-Schraube.

15.3 Der Kupplungsdeckel ist mit zehn unterschiedlich langen Schrauben gesichert.

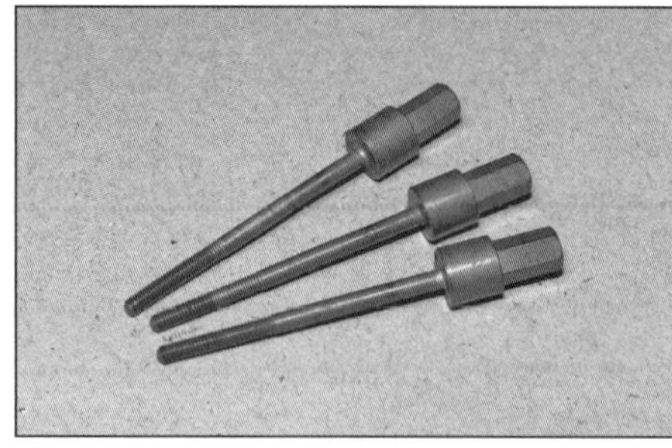
15.4a Die drei Ducati-Spezialwerkzeuge (oder ausreichend stabile M2-Schrauben) ...

15.4b ... werden hier eingedreht, aber nicht zu fest angezogen.

Einbau

7 Falls entfernt, wird die Schraube des Arretierhebel gereinigt und mit frischer Sicherungspaste bestrichen. Rüsten Sie die Schraube mit dem Arretierhebel, der Scheibe und der Feder aus. Setzen Sie die Schraube am Gehäuse an, hängen Sie die Feder am Hebel und im Gehäuse ein, richten Sie die Rolle über der Leerlauf-Vertiefung im Schaltstern aus und

15.5a Lösen Sie schrittweise und über Kreuz die Feder-Schrauben und entnehmen Sie sie samt Scheiben und Federn.

15.5b Heben Sie die Druckplatte ab, ...

15.5c ... die nötigenfalls mit einem kleinen Schraubendreher von den Köpfen der Gewindestifte befreit werden muss ...

15.5d ... oder ab Modelljahr 2019 per Kupplungshebel abgedrückt werden kann.

15.5e Die Druckstange ist mit zwei O-Ringen ausgerüstet.

ziehen Sie die Schraube mit 18 Nm an (siehe Abbildungen).

8 Positionieren Sie die Schalthebel/Klauenarm-Baugruppe im Motorgehäuse (Abbildung 14.2b) und hängen Sie die Schaltklauen an den Stiften der Schaltwalze ein (siehe Abbildung). Installieren Sie die zwei Schrauben mit der Platte, richten Sie diese entsprechend der zuvor angebrachten Markierungen aus und drehen Sie die Schrauben zunächst handfest ein (siehe Abbildung).

9 Die Schaltklauen-Enden müssen an beiden Seiten den gleichen Abstand zu den Schaltwalzen-Stiften haben, anschließend muss die Linie am Klauenarm mit dem oberen Stift der Schaltwalze ausgerichtet sein (siehe Abbildung). Korrekturen können durch Verschieben des Schaltarm-Halters vorgenommen werden. Sobald die Position korrekt ist, wird die hintere Schraube des Halters mit 36 Nm und die vordere mit 16 Nm angezogen – der Halter darf sich dabei nicht bewegen.

10 Installieren Sie übergangsweise den Schaltwellenhebel auf die Welle und prüfen Sie, ob im Leerlauf der Weg des Klauenarms beim Auf- und Ab-Bewegen gleich lang ist, zudem müssen alle Gänge korrekt einrasten (hierfür muss das Hinterrad gedreht werden).

11 Montieren Sie alle entfernten Komponenten.

15 Kupplung

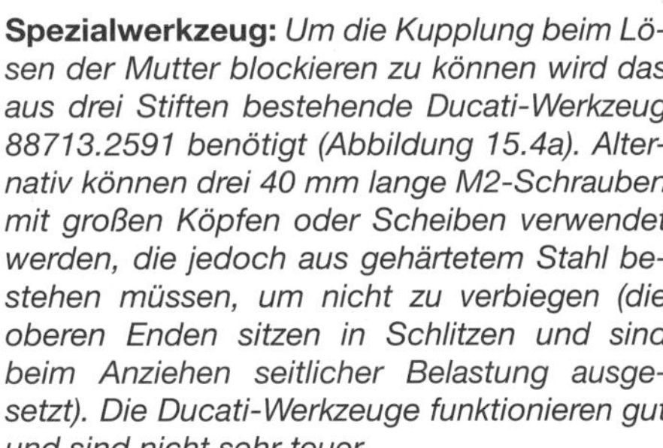

Spezialwerkzeug: *Um die Kupplung beim Lösen der Mutter blockieren zu können wird das aus drei Stiften bestehende Ducati-Werkzeug 88713.2591 benötigt (Abbildung 15.4a). Alternativ können drei 40 mm lange M2-Schrauben mit großen Köpfen oder Scheiben verwendet werden, die jedoch aus gehärtetem Stahl bestehen müssen, um nicht zu verbiegen (die oberen Enden sitzen in Schlitzen und sind beim Anziehen seitlicher Belastung ausgesetzt). Die Ducati-Werkzeuge funktionieren gut und sind nicht sehr teuer.*

Ausbau

1 Soweit das Motorrad bei dieser Arbeit nicht mit dem Seitenständer abgestützt wird, muss das Motoröl abgelassen werden (siehe Kapitel 1, Sektion 4). Soweit vorhanden, muss auf jeden Falls der Motorschutz demontiert werden (siehe Kapitel 6, Sektion 7), entfernen Sie dann den Halter von der Kupplungsdeckel-Schraube (siehe Abbildung).

2 Lösen Sie bis Modelljahr 2018 die Schraube des Kupplungszug-Halters, entnehmen Sie diesen unter Beachtung seiner Einbaulage und befreien den Kupplungszug aus dem Ausrückhebel (Abbildungen 16.3a, b und c). Entfernen Sie bei der Desert Sled den hinteren Bremslichtschalter (siehe Kapitel 7, Sektion 13).

3 Lösen Sie schrittweise und über Kreuz die zehn Kupplungsdeckel-Schrauben (siehe Abbildung) – beachten Sie deren unterschiedliche Längen. Heben Sie den Deckel ab – seien Sie dabei auf auslaufendes Öl vorbereitet. Stellen Sie die im Deckel oder Motorgehäuse steckende Passhülse sowie den Ölkanal-O-Ring sicher (Abbildungen 15.34b und a).

4 Jetzt werden die drei M2-Gewindestifte (siehe Spezialwerkzeug oben) durch die Schlitze eingeführt und leicht angezogen (siehe Abbildungen) – zu fest eingedreht würden sich die Köpfe zur Mitte verziehen und gegen die Druckplatte drücken, was den im folgenden Schritt geplanten Ausbau erschwert.

5 Halten Sie die Kupplung mit einem Lappen geschützt von Hand fest und lockern Sie schrittweise und über Kreuz die Kupplungsfeder-Schrauben, bis alle Federn entspannt sind, entnehmen Sie dann die Schrauben, Scheiben, Federn und die Druckplatte (siehe Abbildungen). Bei Modellen mit Hydraulikkupplung kann nötigenfalls die Druckstange herausgezogen werden – beachten Sie die O-Ringe (siehe Abbildung).

15.6a Ziehen Sie die Gewindestifte etwas weiter an, um die Kupplungsscheiben zu blockieren.

15.6b Klemmen Sie ein Stück Aluminiumblech unten zwischen die Zähne des Primärtriebs – Stahlblech würde die Zähne beschädigen!

15.6c Bei blockierter Kupplung wird die Kupplungsmutter gelöst, ...

15.6d ... nötigenfalls mit einer Verlängerung – sie sitzt sehr fest.

15.7 Ziehen Sie die Kupplungsnabe samt Kupplungsscheiben aus dem Kupplungskorb.

15.8a Drehen Sie die drei Gewindestifte heraus.

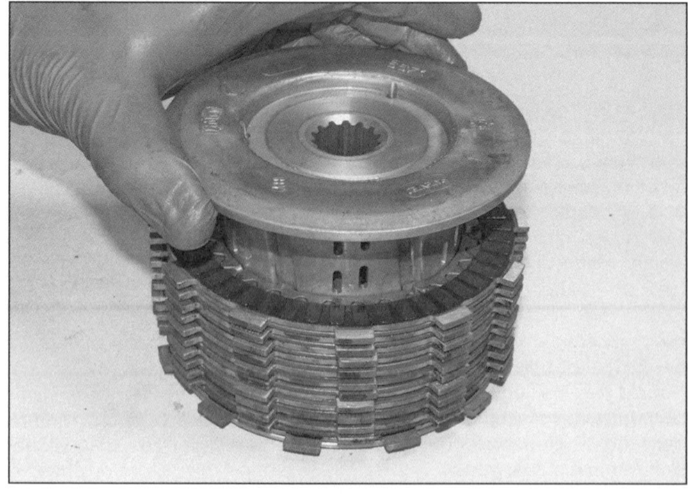

15.8b Heben Sie die Kupplungsnabe heraus ...

6 Ziehen Sie die Gewindestifte etwas weiter an (aber weiterhin nicht sehr fest) – ihre Köpfe müssen weiterhin in den Nuten verbleiben (siehe Abbildung). Zum Lösen der Kupplungsmutter muss die gesamte Kupplung blockiert werden. Die Gewindestifte halten zwar die Kupplungsscheiben zusammen, doch es muss zusätzlich ein Stück Aluminiumblech unten zwischen die Zähne des Primärtriebs ge-

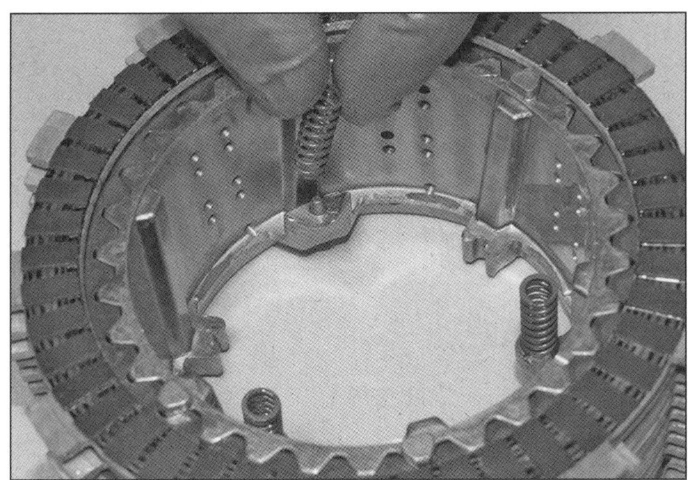

15.8c ... und entnehmen Sie die Federn.

15.8d Heben Sie die Kupplungsscheiben als Paket ab und belassen Sie sie zusammen.

15.9 Ziehen Sie die Anlaufscheibe von der Welle.

15.10 Ziehen Sie den Kupplungskorb ab.

15.11a Entfernen Sie die Führung ...

15.11b ... und das Distanzstück.

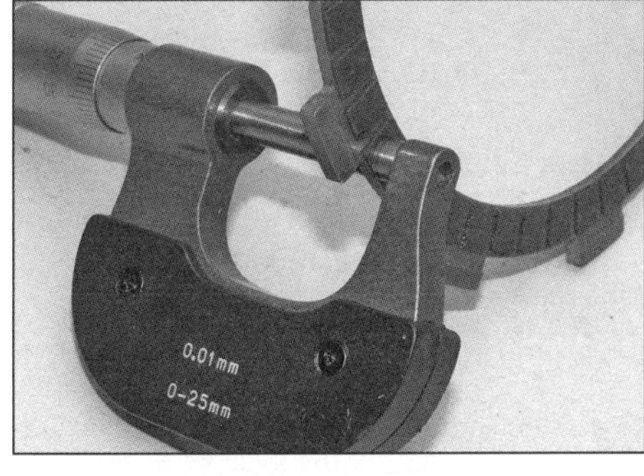

15.12 Messen Sie die Stärke der Belagscheiben.

klemmt werden (siehe Abbildung). Lösen Sie die Mutter und entnehmen Sie sie samt Sicherungsscheibe (siehe Abbildungen). Entfernen Sie das Alublech aus dem Primärtrieb.

7 Ziehen Sie die gesamte Kupplungsnabe mit allen Kupplungsscheiben aus dem Kupplungskorb (siehe Abbildung) – beachten Sie die Ausrichtung der Scheiben.

8 Um die Kupplungsscheiben entfernen zu können, müssen zuerst die Gewindestifte herausgeschraubt werden (siehe Abbildung). Legen Sie die Baugruppe über Kopf auf die Werkbank und befreien Sie sie die Kupplungsnabe (siehe Abbildung). Stellen Sie die drei kleinen Federn sicher – notieren Sie ihre Einbaupositionen (siehe Abbildung). Heben Sie die Kupplungsscheiben – ggf. gemeinsam ab, um sie nicht durcheinander geraten zu lassen (so können sie entweder in der originalen Reihenfolge installiert werden oder als Vorlage für neue Scheiben dienen) (siehe Abbildung). Entfernen Sie ab Modelljahr 2019 die Geräuschdämm-Feder samt Sitz (Abbildungen 15.28a und b).

9 Falls der Kupplungskorb demontiert werden soll, muss zuerst die Anlaufscheibe entnommen werden (siehe Abbildung).

10 Ziehen Sie den Kupplungskorb von der Getriebeeingangswelle (siehe Abbildung).

11 Ziehen Sie nötigenfalls die Kupplungs-Führungshülse und das Distanzstück ab – merken Sie sich die Einbaurichtungen (siehe Abbildungen).

Kontrolle

12 Nach einer großen Laufleistung ist es normal, dass die Kupplungsscheiben verschleißen und zu rutschen beginnen. Messen Sie mithilfe eines Messschiebers die Stärke der Belagscheiben (siehe Abbildung). Wenn irgendeine Scheibe unter der Verschleißgrenze von 2,6 mm liegt, müssen alle Belagscheiben als Satz ausgewechselt werden. Legen Sie alle Belag- und Stahlscheiben zusammen und messen Sie die Stärke des gesamten Pakets – falls weniger als 46,1 mm festgestellt werden, müssen alle Scheiben als Set ersetzt werden.

15.13 Prüfen Sie den Verzug aller Kupplungsscheiben.

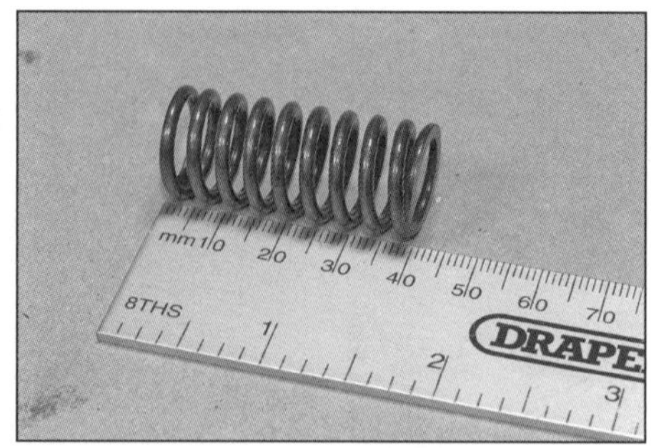

15.15 Messen Sie die Länge aller Kupplungsfedern.

15.16a Kontrollieren Sie die Laschen der Belagscheiben und die Nuten im Kupplungskorb.

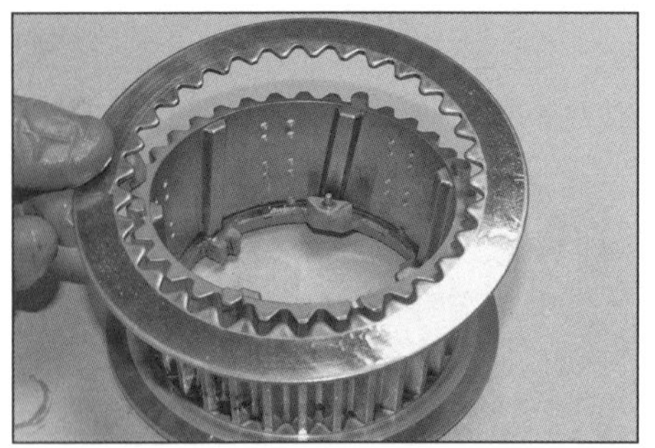

15.16b Kontrollieren Sie die Zungen der Stahlscheiben und die Nuten in der Kupplungsnabe.

15.17 Inspizieren Sie das Nadellager und die Lagerflächen der Hülse und auf der Eingangswelle.

15.18a Druckplatte samt Ausrücklager bis Modelljahr 2018.

15.18b Kontrollieren Sie den Druckpilz und den dazugehörigen Ausschnitt in der Ausrückmechanismus-Welle.

15.18c Druckplatte samt Ausrücklager ab Modelljahr 2019.

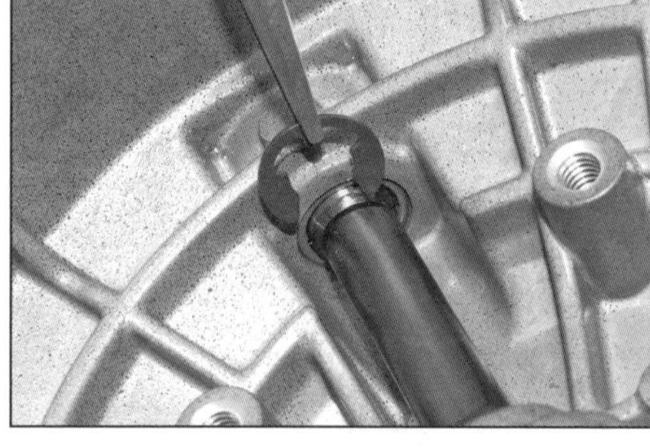

15.19a Entfernen Sie den Sicherungsring ...

13 Kontrollieren Sie den Verzug aller Scheiben, indem Sie sie auf eine ebene Unterlage legen und versuchen, eine 0,2 mm-Fühlerlehre hindurchzuführen (siehe Abbildung) – falls dies möglich ist, ist die Scheibe verzogen und alle Scheiben müssen als Set ersetzt werden.

14 Die Belagscheiben dürfen weder verbrannt noch verglast sind. Die Stahlscheiben dürfen keine Anzeichen starker Erwärmung (Blaufärbung) oder Ausbrüche aufweisen.

15 Messen Sie die freien Längen aller Kupplungsfedern (siehe Abbildung). Stellen Sie die Federn auf eine ebene Fläche, um ihren Verzug zu ermitteln. Falls eine oder mehrere Federn kürzer als die anderen oder übermäßig verzogen sind, müssen alle Federn als Set ausgetauscht werden.

16 Kontrollieren Sie die Belagscheiben-Laschen und deren Führungen am Kupplungskorb auf Riefen und Abdrücke (siehe Abbildung). Überprüfen Sie ebenso den Verschleiß an den Zungen der Stahlscheiben und der Kupplungsnabe (siehe Abbildung). Ein solcher Verschleiß äußert sich in Kupplungsrutschen und langsamem Einrücken beim Schalten, da die Scheiben haken, wenn die Druckplatte ausgerückt wird. Minimaler Verschleiß kann mit einer feinen Feile geschlichtet werden – ist er zu groß, müssen die entsprechenden Bauteile ausgetauscht werden.

17 Inspizieren Sie das Nadellager im Kupplungskorb, die innere und äußere Gleitfläche der Führungshülse und ihre Gleitfläche auf der Eingangswelle (siehe Abbildung). Starke Riefen und Ausbrüche weisen auf einen Austausch der entsprechenden Komponente hin.

18 Kontrollieren Sie **bis Modelljahr 2018 (Bowdenzug-Kupplung)** die Druckplatte und das Ausrücklager auf Verschleiß und Beschädigungen. Der äußere Lagerring muss fest in der Druckplatte sitzen und der innere Ring muss sich frei und sanft drehen lassen (A). Überprüfen Sie den Druckpilz und den dazugehörigen Ausschnitt in der Ausrückmechanismus-Welle auf Verschleiß und Beschädigungen (siehe Abbildung). Kontrollieren Sie **ab Modelljahr 2019 (Hydraulik-Kupplung)** die Druckplatte und das Ausrücklager sowie die Druckstange und dessen Ende auf Verschleiß und Beschädigungen (siehe Abbildung). Ersetzen Sie alle schadhaften Komponenten (beachten Sie für den Austausch

15.19b ... und ziehen Sie die Welle heraus.

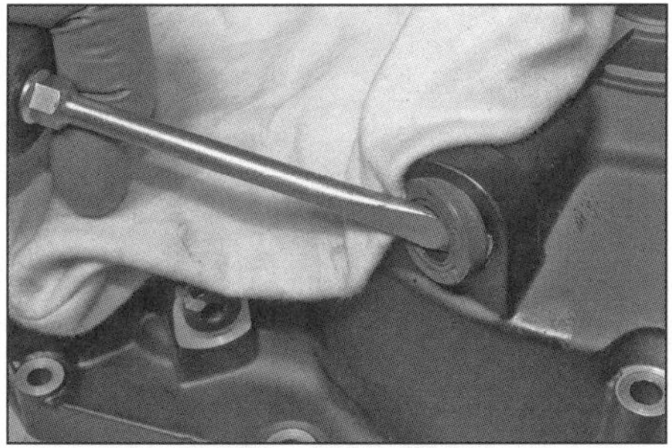

15.19c Hebeln Sie den Dichtring heraus.

15.19d Kontrollieren Sie die Nadellager.

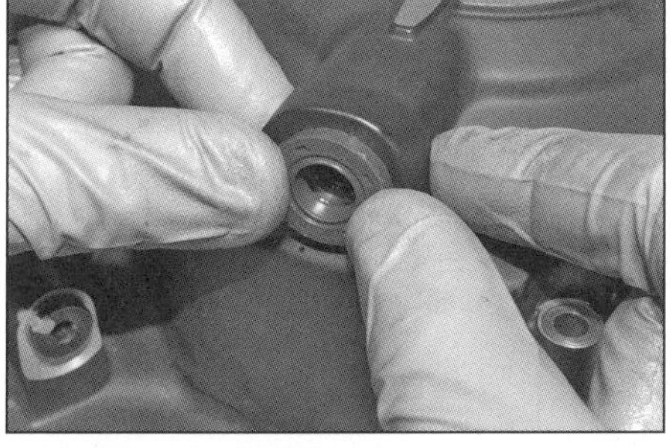

15.19e Drücken Sie den neuen Dichtring bündig in seinen Sitz.

15.19f Führen Sie die Welle durch die ausgerichtete Feder, ...

15.19g ... positionieren Sie Enden der Feder in der Nut unten an der Welle und an der Rippe des Deckels.

15.21a Entfernen Sie den Seegerring ...

15.21b ...entnehmen Sie die Scheibe ...

15.21c ...und hebeln Sie den Dichtring heraus.

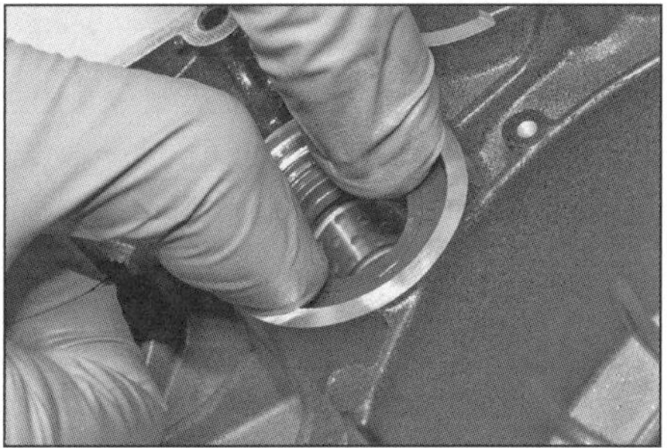

15.21d Drücken Sie den neuen Dichtring senkrecht in seinen Sitz.

des Ausrücklagers die Hinweise in Sektion 5 der *Werkzeug- und Werkstatt-Tipps* im Anhang).

19 Kontrollieren Sie bis Modelljahr 2018 den Ausrückmechanismus im Kupplungsdeckel auf sanfte Funktion. Falls sich der Mechanismus rau oder schwergängig bewegt, müssen der Sicherungsring entfernt, die Welle herausgezogen und die Feder entnommen werden – beachten Sie die Ausrichtung der Enden (siehe Abbildungen). Inspizieren Sie den Dichtring oben im Deckel – er kann nötigenfalls mit einem Schraubendreher herausgehebelt werden (siehe Abbildung). Reinigen und kontrollieren Sie die zwei Nadellager im Deckel (siehe Abbildung). Drücken Sie den neuen Dichtring in seinen Sitz. Schmieren Sie die Nadellager mit Öl und die Dichtring-Lippen mit Fett, führen Sie die Welle ein und installieren Sie die Feder – richten Sie ihre Enden korrekt aus (siehe Abbildungen). Installieren Sie den Sicherungsring (Abbildung 15.19a).

20 Inspizieren Sie die Zähne der Primärtriebräder hinten am Kupplungskorb und vorn an der Kurbelwelle auf Verschleiß und ausgebrochene Zähne. Das Rad des Kupplungskorbs ist in diesen integriert, sodass er nötigenfalls komplett ersetzt werden muss. Beachten Sie für den Austausch des vorderen Primärtrieb-Antriebsrads die Hinweise in Sektion 21.

21 Der rechte Kurbelwellenstumpf läuft in einem Dichtring, der nach jeder Demontage des Kupplungsdeckels ersetzt werden sollte, weil bei einem Ausfall der Öldruck in der Kurbelwelle zusammenbricht und schwere Motorschäden auftreten würden. Entfernen Sie den Seegerring, entnehmen Sie die Scheibe und hebeln Sie den Dichtring heraus (siehe Abbildungen). Kontrollieren Sie den Zustand der Buchse – die Ölbohrungen müssen deutlich erkennbar sein; falls sie verschlissen oder beschädigt ist, muss sie ersetzt werden. Installieren Sie den neuen Dichtring mit der markierten Seite nach außen und drücken Sie ihn vollständig in seinen Sitz (siehe Abbildung). Legen Sie die Scheibe auf und sichern Sie sie mit dem Seegerring – falls dieser ermüdet ist, muss ein Neuteil beschafft werden (Abbildungen 15.21b und a).

Einbau

22 Befreien Sie die Dichtflächen des Kupplungsdeckels und des Motorgehäuses von alten Dichtungsresten.

23 Schieben Sie ggf. das Distanzstück richtig herum auf die Eingangswelle (Abbildung 15.11b). Schmieren Sie die Kupplungs-Führungshülse innen und außen mit Öl und schieben Sie sie gegen das Distanzstück auf die Welle (Abbildung 15.11a).

24 Schieben Sie den Kupplungskorb über die Führung gegen das Distanzstück (Abbildung 15.10) und lassen Sie die Primärtriebräder ineinander greifen.

25 Schieben Sie die Anlaufscheibe gegen den Kupplungskorb auf die Welle (Abbildung 15.9).

26 Falls neue Belagscheiben installiert werden sollen oder die alten Scheiben zwar wiederverwendet werden sollen, aber das Paket auseinander genommen wurde, muss darauf geachtet werden, die Scheiben in der korrekten Reihenfolge einzubauen, da es unterschiedliche Typen gibt. Legen Sie die Stahlscheiben-Führung verkehrt herum auf die Werkbank. Schmieren Sie alle Kupplungsscheiben vor dem Einbau mit Öl und installieren Sie sie je nach Modelljahr wie in Schritt 27 oder 28 beschrieben.

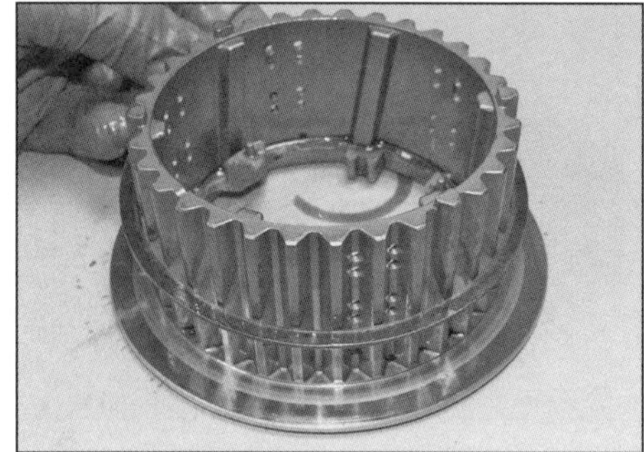

15.28a Legen Sie den Federsitz ...

15.28b ... und die Feder auf die Stahlscheiben-Führung, ...

27 Im **ersten Modelljahr (2015)** gibt es elf identische Belagscheiben und zehn Stahlscheiben, von denen sechs Stück 2 mm, drei Stück 2,5 mm und eine 1,5 mm dick sind. Installieren Sie zuerst eine Belagscheibe, dann eine 2,5-mm-Stahlscheibe, eine weitere Belagscheibe und die zweite 2,5-mm-Stahlscheibe. Es folgen abwechselnd Belagscheiben und alle 2-mm-Stahlscheibe, eine weitere Belagscheibe, die letzte 2,5-mm-Stahlscheibe, eine Belagscheibe, die 1,5-mm-Stahlscheibe und die letzte Belagscheibe. Richten Sie die Belagscheiben-Laschen so aus, dass sie in die Nuten des Kupplungskorbs greifen können, nur die äußere Belagscheibe muss in den versetzt angeordneten flachen Nuten liegen.

28 Ab Modelljahr 2016 gibt es elf Belagscheiben und zehn Stahlscheiben. Die äußere Belagscheibe hat einen größeren Innendurchmesser, da sie um die Geräuschdämm-Feder und deren Sitz herum liegt; alle anderen Belagscheiben sind identisch. Von den zehn Stahl-

15.28c ... die Feder muss außen vom Sitz abgehoben sein muss.

15.28d Legen Sie die Belagscheibe mit dem größeren Innendurchmesser um die Feder ...

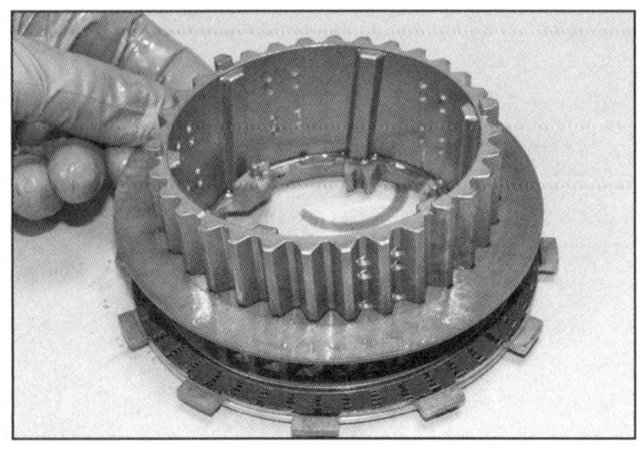

15.28e ... und die nitrierte Stahlscheibe darüber.

15.28f Legen Sie dann abwechselnd Belagscheiben ...

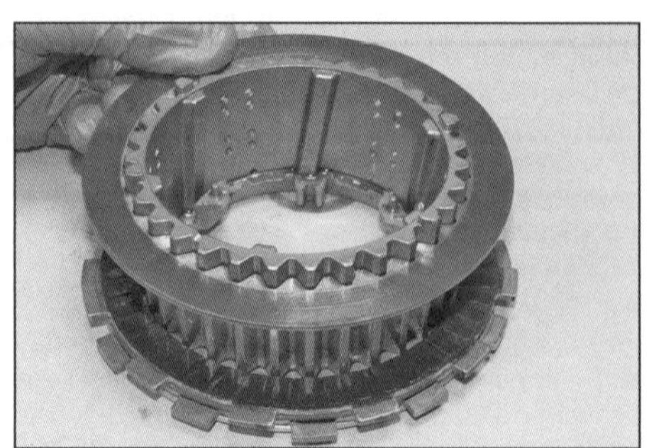

15.28g ... und wie beschrieben Stahlscheiben auf.

15.29a Richten Sie den Pfeil der Kupplungsnabe zur Kerbe der Stahlscheiben-Führung aus ...

15.29b ... und führen Sie die kleinen Federn über die Angüsse der Nabe, während Sie diese aufschieben.

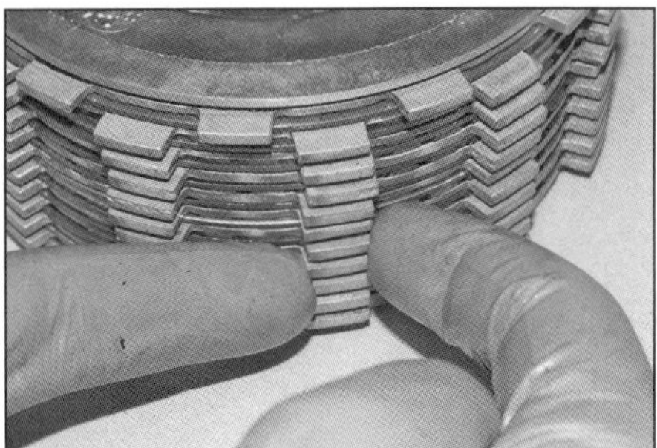

15.30a Richten Sie die Belagscheiben wie gezeigt aus – die äußere liegt versetzt, ...

15.30b ... sodass sie in die flachen Nuten des Kupplungskorbs greift.

15.30c Ziehen Sie die Gewindestifte weiter an.

15.31a Legen Sie die Sicherungsscheibe auf ...

15.31b ... und drehen Sie die Kupplungsmutter auf.

15.31c Blockieren Sie den Primärtrieb von oben ...

15.31d ... und ziehen Sie die Kupplungsmutter mit 190 Nm an.

2

scheiben sind vier Stück 2 mm, fünf Stück 2,5 mm und eine ist nitriert, hat also eine matte Oberfläche. Installieren Sie zuerst den Sitz der Geräuschdämm-Feder und dann die Feder mit dem Außenrand vom Sitz abgehoben (siehe Abbildungen). Legen Sie die äußere Belagscheibe mit dem größeren Innendurchmesser um die Geräuschdämm-Feder und deren Sitz herum und darüber die nitrierte Stahlscheibe. Es folgen eine Belagscheibe und eine 2-mm-Stahlscheibe sowie abwechselnd Belagscheiben und alle fünf 2,5-mm-Stahlscheiben. Danach kommen abwechselnd Belagscheiben und die verbliebenen 2-mm-Stahlscheiben, am Ende wird die letzte Belagscheibe aufgelegt (siehe Abbildungen). Richten Sie die Belagscheiben-Laschen so aus, dass sie in die Nuten des Kupplungskorbs greifen können, nur die äußere Belagscheibe muss in den versetzt angeordneten flachen Nuten liegen.

29 Stecken Sie die drei kleinen Federn auf die Angüsse der Kupplungsnabe (Abbildung 15.8c). Richten Sie den Pfeil der Kupplungsnabe zur Kerbe der Stahlscheiben-Führung aus (siehe Abbildung). Führen Sie die Nabe teilweise ein (Abbildung 15.8b), drehen Sie sie auf die Seite und richten Sie die kleinen Federn über die ihre Angüsse, während Sie die Nabe weiter einschieben (siehe Abbildung).

30 Drehen Sie die Gewindestifte leicht ein, um die Kupplungsscheiben zusammenzuhalten (Abbildung 15.8a), sie müssen jedoch locker genug sein, um noch die Laschen der Belagscheiben ausrichten zu können (siehe Abbildung). Führen Sie die Baugruppe in den Kupplungskorb ein (Abbildung 15.7), richten Sie dabei die Verzahnung der Nabe zu derjenigen der Welle aus; richten Sie die Laschen der Belagscheiben zu den Nuten des Kupplungskorbs aus – die äußere Scheibe muss in den flachen Nuten liegen (siehe Abbildung). Drehen Sie die Gewindestifte fester – ihre Köpfe müssen über den Nuten verbleiben und dürfen sich nicht in Richtung Mitte verschieben (siehe Abbildung).

31 Legen Sie die Kupplungsmutter-Sicherungsscheibe auf (siehe Abbildung). Schmieren Sie das Gewinde und die Kontaktfläche der Mutter mit MoS_2-Fett und drehen Sie sie auf (siehe Abbildung). Blockieren Sie die Kupplung – das Alublech muss jetzt oben in die Primärtrieb-Verzahnung gesteckt werden – und ziehen Sie die Mutter mit 190 Nm an (siehe Abbildungen).

15.33 Die Druckplatte muss vollständig in der Kupplung sitzen.

15.34a O-Ring des Ölkanals

15.34b Position der Passhülse

15.34c Tragen Sie am Deckel geeignete Dichtmasse auf ...

15.34d ... und setzen Sie ihn an.

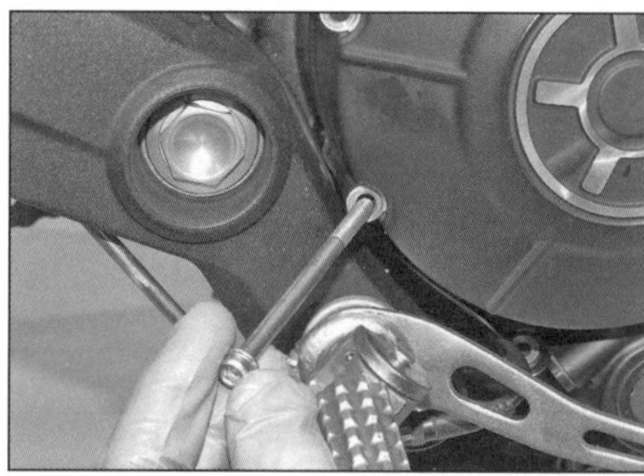

15.34e Die 90 mm lange Schraube kommt über die Fußraste ...

15.34f ... und die drei 80 mm langen Schrauben oben herum in den Deckel.

16.1 Drehen Sie den Einsteller in den Kupplungshebel-Hebelhalter.

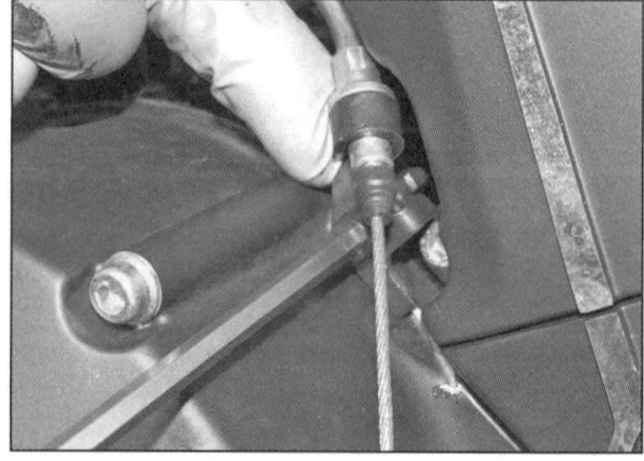

16.3a Lösen Sie die Schraube des Kupplungszug-Halters, ...

32 Falls beim Modell mit Hydraulik-Kupplung die Druckstange entfernt wurde, muss geprüft werden, ob ihre O-Ringe vorhanden sind. Führen Sie die Stange richtig herum ein (Abbildung 15.5e) – soweit sie nicht auf Anhieb korrekt ausgerichtet wird, muss sie beim Auftreffen auf den Ausrückzylinder-Deckel so gedreht werden, dass ihre Abflachungen mit denen des Deckels ausgerichtet sind, und die Stange weiter hindurchgeschoben werden kann.

33 Lockern Sie die Gewindestifte (aber drehen Sie sie nicht vollständig heraus). Setzen Sie die Druckplatte an und drücken Sie sie ein (entweder, weil die Gewindestift-Köpfe Kontakt haben oder weil sich beim Modell mit Hydraulik-Kupplung der Ausrückzylinder-Kolben etwas herausbewegt hat und über die Druckstange wieder eingeschoben werden muss), bis er richtig sitzt (siehe Abbildung). Installieren Sie die Federn und drehen Sie die mit den Scheiben ausgerüsteten Schrauben handfest ein (Abbildung 15.5a). Ziehen Sie die Schrauben nun schrittweise und über Kreuz bis zum Drehmoment von 5 Nm an. Drehen Sie jetzt die Gewindestifte heraus (Abbildung 15.4b).

34 Reinigen Sie erneut die Dichtflächen des Kupplungsdeckels und des Motorgehäuses. Schmieren Sie die Dichtlippe des im Deckel sitzenden Kurbelwellen-Dichtrings mit Fett (siehe Abbildung). Installieren Sie den O-Ring des Ölkanals und stecken Sie ggf. die Passhülse in ihren Sitz (siehe Abbildungen). Versehen Sie die Dichtfläche des Deckels mit ThreeBond 1215 oder ähnlicher Dichtmasse (siehe Abbildung). Setzen Sie den Deckel auf – führen Sie dabei die Kurbelwelle in den Dichtring ein und achten Sie darauf, dass der Deckel hinten über die Passhülse geführt wird (siehe Abbildung). Installieren Sie die Deckel-Schrauben entsprechend ihrer Länge handfest in ihren ursprüngliche Bohrungen. Sichergehend, dass der Deckel rundherum am Gehäuse anliegt, werden die Schrauben schrittweise und über Kreuz mit 13,5 Nm angezogen (siehe Abbildungen).

35 Verbinden Sie **bis Modelljahr 2018** den Kupplungszug mit dem Ausrückhebel (Abbil-

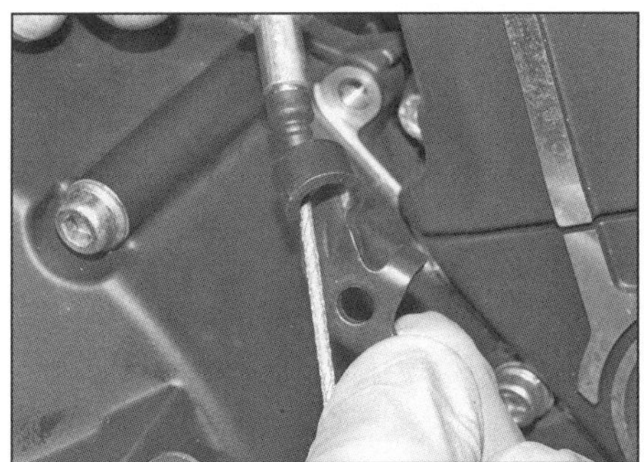

16.3b ... befreien Sie den Halter vom Motor und von der Kupplungszug-Hülle ...

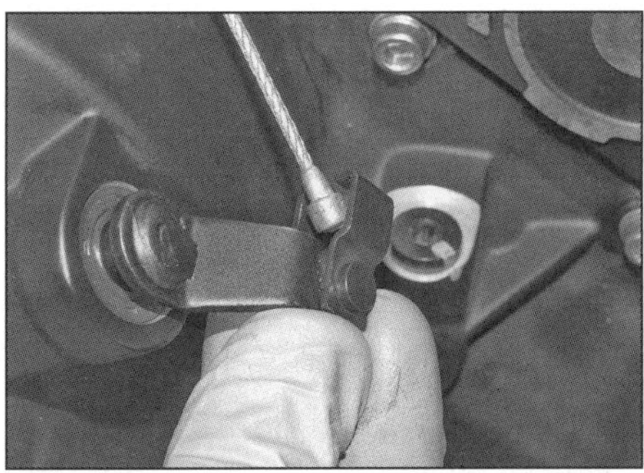

16.3c ...und lösen Sie den Seilzug-Nippel aus dem Ausrückhebel.

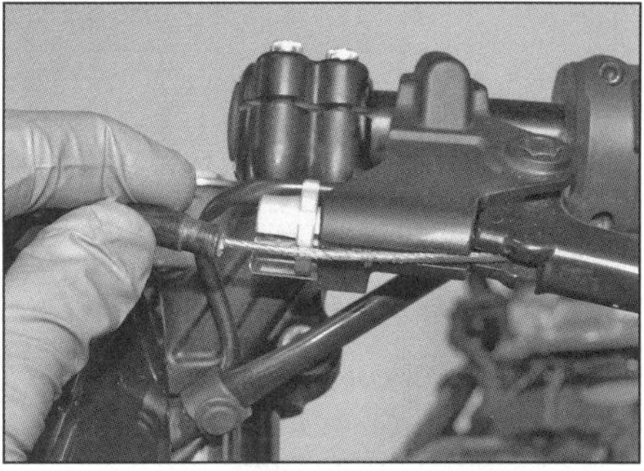

16.4a Befreien Sie den Kupplungszug aus dem oberen Einsteller ...

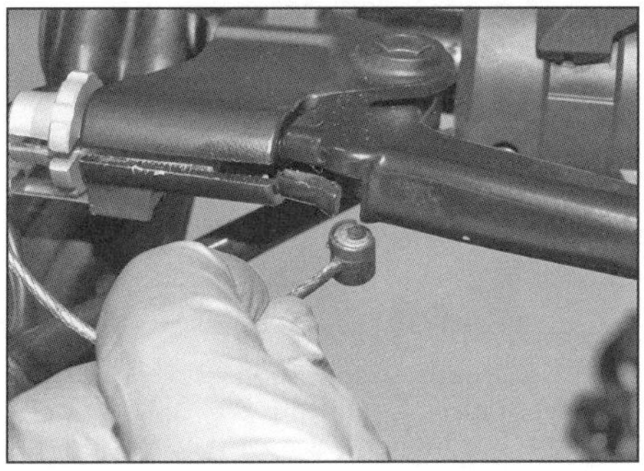

16.4b ... und dem Kupplungshebel.

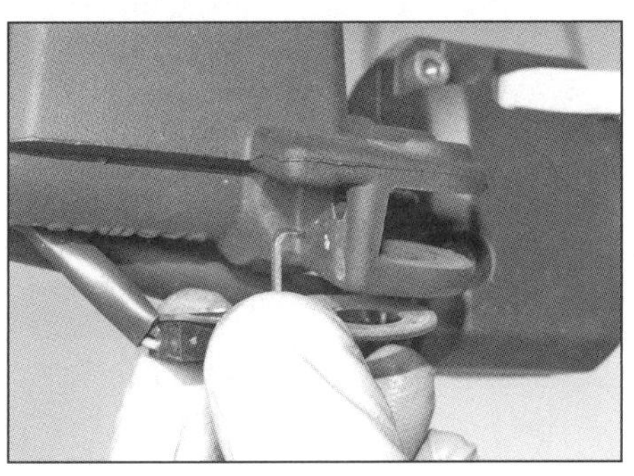

17.7 Befreien Sie den Schalter aus dem Geberzylinder – beachten Sie seine Einbauposition.

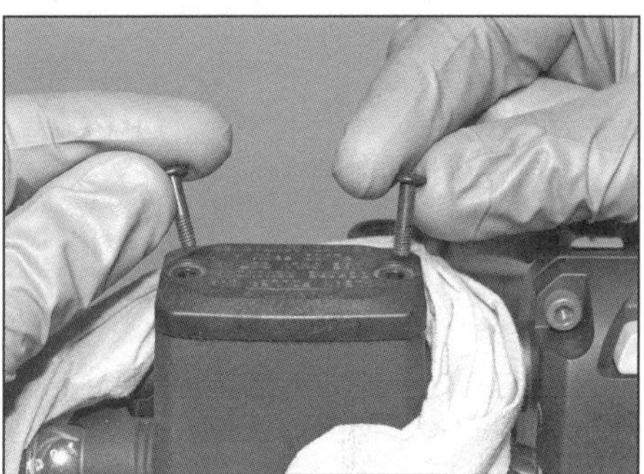

17.8 Schrauben des Ausgleichsbehälter-Deckels.

dungen 16.3c, b und a). Stellen Sie das Kupplungshebel-Spiel ein (siehe Kapitel 1, Sektion 8).

36 Füllen Sie ggf. Motoröl auf oder kontrollieren Sie den Ölpegel (siehe Kapitel 1, Sektion 4 oder *Tägliche Kontrollen*). Montieren Sie bei der **Desert Sled** den Bremslichtschalter (siehe Kapitel 7, Sektion 13) und den Halter samt Motorschutz (Abbildung 15.1) (siehe Kapitel 6, Sektion 7).

16 Kupplungs-Bowdenzug (bis Modelljahr 2018)

1 Drehen Sie den Kupplungszug-Einsteller vollständig in den Hebelhalter, um maximales Bowdenzug-Spiel zu erzeugen (siehe Abbildung).

2 Demontieren Sie den Tank (siehe Kapitel 3, Sektion 2).

3 Lösen Sie oben am Kupplungsdeckel die Schraube des Kupplungszug-Halters, befreien Sie diesen unter Beachtung seiner Einbauposition und lösen Sie den Seilzug-Nippel aus dem Ausrückhebel (siehe Abbildungen).

4 Richten Sie am Lenkerhebel die Nute des Einstellers zu derjenigen im Hebelhalter aus, befreien Sie das Stahlseil aus den Nuten des Einstellers, des Hebelhalters und des Hebels und ziehen Sie den Nippel nach unten ab (siehe Abbildungen).

Praxis TiPP

Um einen Bowdenzug sicher in der ursprünglichen Position verlegen zu können, wird das untere Ende des neuen Zuges mit Draht am oberen Ende des alten Zuges befestigt – und der neue Zug beim Herausziehen des alten Zuges in seine korrekte Einbaulage gezogen.

5 Ziehen Sie den Kupplungszug nach vorn heraus – merken Sie sich seine Verlegung.

6 Der Einbau entspricht der umgekehrten Ausbaureihenfolge. Schmieren Sie die Enden des Zugseils mit Fett. Ziehen Sie den neuen Zug korrekt ein (siehe *Praxis-Tipp*). Stellen Sie das Spiel des Kupplungshebels ein (siehe Kapitel 1, Sektion 8).

17 Kupplungs-Hydraulik (ab Modelljahr 2019)

1 Das ab Modelljahr 2019 verwendete System besteht aus dem Geberzylinder am Lenker, dem Schlauch und dem am Lichtmaschinendeckel sitzenden Ausrückzylinder. Außer der Pegel-Kontrolle und dem regelmäßigen Austausch der Kupplungsflüssigkeit erfordert das System keine Wartung.

2 Bei Hinweisen auf Luft im System (schwammiges Gefühlt am Hebel, schwierige Gangwechsel) muss die Hydraulik entlüftet werden (siehe unten).

3 Falls irgendwo Kupplungsflüssigkeit austritt, muss zunächst die Festigkeit der Schlauchanschlüsse überprüft werden. Ersetzen Sie nötigenfalls die an beiden Seiten jedes Anschlussauges liegenden Dichtscheiben. Leckt der Geberzylinder oder der Ausrückzylinder, muss ein Neuteil beschafft werden, da keine Einzelteile oder Reparatursets erhältlich sind.

4 Halten Sie frische Bremsflüssigkeit vom Typ DOT 4 bereit. Weiterhin werden Lappen und ein Sammelbehälter für die alte Hydraulikflüssigkeit benötigt.

Geberzylinder

Ausbau

5 Entfernen Sie den linken Rückspiegel (siehe Kapitel 6, Sektion 11).

6 Entfernen Sie den Kupplungshebel (siehe Kapitel 4, Sektion 5).

7 Demontieren Sie den Kupplungsschalter (siehe Abbildung).

8 Positionieren Sie den Lenker so, dass der Deckel des Kupplungs-Ausgleichsbehälters möglichst waagerecht steht. Lockern Sie die Deckel-Schrauben (siehe Abbildung).

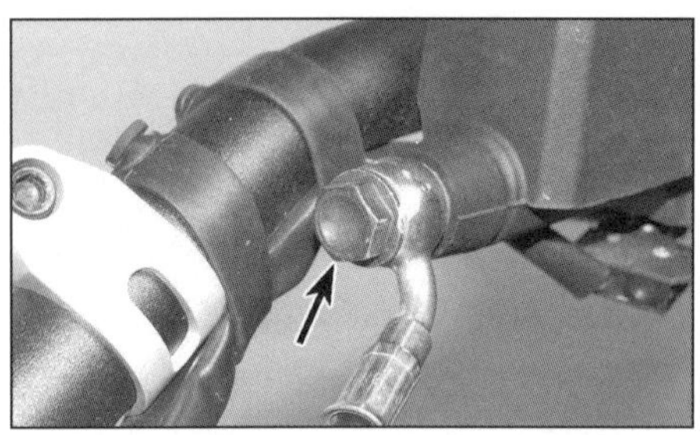

17.9a Kupplungsschlauch-Anschlussschraube am Geberzylinder

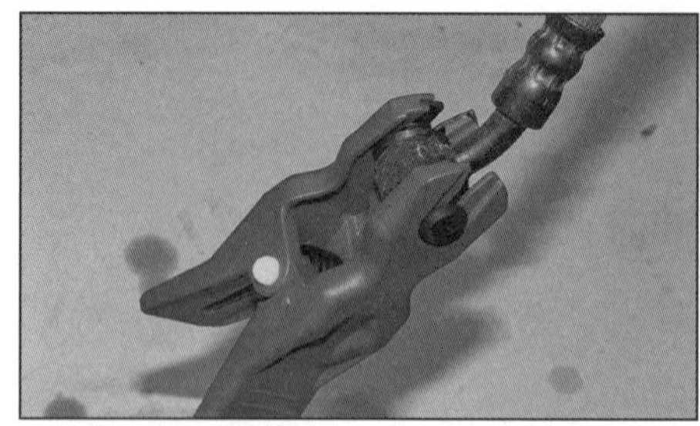

17.9b Spezialklemme zum Abdichten von Anschlussaugen

17.10 Beachten Sie die Ausrichtung der Klemmöffnung zur Markierung am Lenker (A) und lösen Sie die Klemmschrauben (B).

17.22 Kupplungsschlauch-Anschlussschraube am Ausrückzylinder – entfernen Sie die Gummikappe vom Entlüftungsventil, um einen langen Steckschlüssel ansetzen zu können.

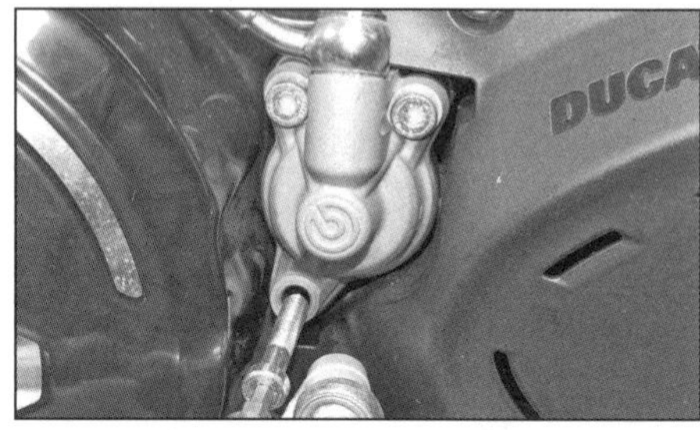

17.23a Lösen Sie die drei Schrauben ...

17.23b ... und entnehmen Sie den Ausrückzylinder – beachten Sie die Ausrichtung der Abflachung im Deckel zu derjenigen der Druckstange.

17.24 Die Kupplungs-Druckstange ist mit zwei O-Ringen ausgerüstet.

17.25a Entfernen Sie den Deckel, um die Kolbendichtung und den Kolben des Ausrückzylinders begutachten zu können.

17.25b Rüsten Sie den Deckel nötigenfalls mit einem neuen Dichtring aus.

17.28a Verbinden Sie den Entlüftungsschlauch mit der in der Ausrückzylinder-Anschlussschraube sitzenden Entlüftungsschraube.

17.28b Das Entlüften der Kupplungshydraulik kann ohne Assistent erledigt werden.

18.2a Beachten Sie die Positionen der Schrauben und ihre Scheiben.

9 Lösen Sie die Kupplungsschlauch-Anschlussschraube und trennen Sie die Leitung unter Beachtung ihrer Ausrichtung vom Geberzylinder (siehe Abbildung) – seien Sie auf austretende Hydraulikflüssigkeit vorbereitet. Umwickeln Sie den Schlauch mit einem Plastikbeutel oder sorgen Sie mit einer eingedrehten Schraube bzw. einer speziellen Klemme dafür, dass keine Flüssigkeit austreten und kein Schmutz

18.2b Richten Sie das Zahnrad so aus, dass die Pumpe am Primärtriebrad entlang befreit werden kann.

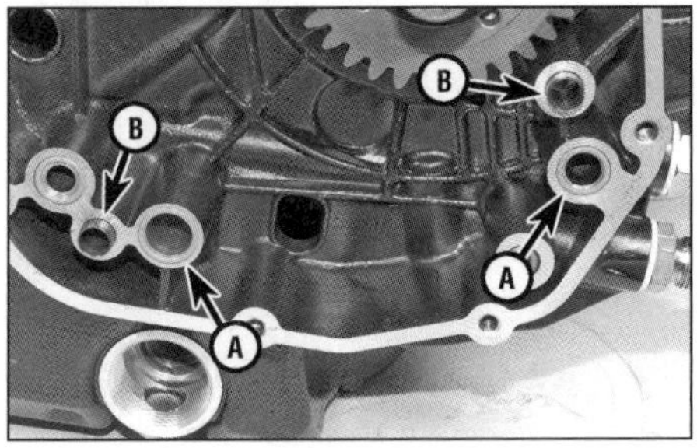

18.2c Entfernen Sie die O-Ringe (A) und stellen Sie nötigenfalls die Passhülsen (B) sicher.

eindringen kann (siehe Abbildung oder Abbildung 3.1b in Kapitel 5). Sichern Sie den Schlauch aufrecht. Entsorgen Sie die Dichtscheiben – später werden neue benötigt.

10 Lösen Sie die Klemmschraube des Geberzylinders, entnehmen Sie die Klemme und heben Sie den Geberzylinder vom Lenker ab (siehe Abbildung).

11 Heben Sie den Deckel des Ausgleichsbehälters ab, entnehmen Sie die Manschette und gießen Sie die Hydraulikflüssigkeit in den Sammelbehälter. Wischen Sie Reste aus dem Ausgleichsbehälter.

Achtung: Benutzen Sie zum Reinigen des Ausgleichsbehälters auf keinen Fall Lösungsmittel auf Petroleumbasis!

12 Falls es Probleme mit der Kupplungsfunktion gegeben hat, muss geprüft werden, ob sich der Geberzylinder-Kolben sanft gegen die Feder eindrücken lässt und wieder herausgeschoben wird – falls er rau läuft oder klemmt, muss der Geberzylinder durch ein Neuteil ersetzt werden – Ersatzteile oder ein Reparaturset sind nicht erhältlich. Soweit der Geberzylinder-Kolben korrekt funktioniert, wird das Problem wahrscheinlich im Ausrückzylinder liegen (siehe unten).

Einbau

13 Setzen Sie den Geberzylinder am Lenker an – richten Sie die Klemmverbindung zu den Markierungen an der Lenker-Oberseite aus. Setzen Sie das Klemmstück mit der Rückspiegel-Aufnahme nach oben zeigend an (Abbildung 17.10). Ziehen Sie zuerst die obere und dann die untere Klemmschraube mit 10 Nm an, sodass ein möglicher Spalt unten entsteht.

14 Richten Sie den Kupplungsschlauch wie beim Ausbau notiert zum Stutzen aus, rüsten Sie das Anschlussauge an beiden Seiten mit neuen Dichtscheiben aus (Abbildung 17.9) und ziehen Sie die Anschlussschraube mit 24 Nm an.

15 Montieren Sie den Kupplungsschalter (Abbildung 17.7).

16 Montieren Sie den Kupplungshebel (siehe Kapitel 4, Sektion 5).

17 Montieren Sie den Rückspiegel (siehe Kapitel 6, Sektion 11).

18 Füllen Sie frische Bremsflüssigkeit auf und entlüften Sie die Kupplungshydraulik (siehe unten).

19 Kontrollieren Sie alles auf Undichtigkeit und prüfen Sie vor der ersten Fahrt die Funktion der Kupplung.

Ausrückzylinder

20 Der Kupplungs-Ausrückzylinder sitzt am Lichtmaschinendeckel.

21 Falls die Kupplung trotz eines funktionierenden Geberzylinders schwergängig ist, wird wahrscheinlich im Ausrückzylinder ein Defekt vorliegen. Da es keine Reparaturmöglichkeit gibt, muss ein nicht korrekt funktionierender Ausrückzylinder ersetzt werden.

Ausbau

22 Lösen Sie die Kupplungsschlauch-Anschlussschraube und trennen Sie die Leitung unter Beachtung ihrer Ausrichtung vom Ausrückzylinder (siehe Abbildung) – seien Sie auf austretende Hydraulikflüssigkeit vorbereitet. Umwickeln Sie den Schlauch mit einem Plastikbeutel oder sorgen Sie mit einer eingedrehten Schraube bzw. einer speziellen Klemme dafür, dass keine Flüssigkeit austreten und kein Schmutz eindringen kann (Abbildungen 17.9b oder 3.1b in Kapitel 5). Sichern Sie den Schlauch aufrecht. Entsorgen Sie die Dichtscheiben – später werden neue benötigt.

Achtung: Betätigen Sie nicht den Kupplungshebel, wenn der Schlauch entfernt ist oder der Ausrückzylinder mit angeschlossenem Schlauch vom Lichtmaschinendeckel befreit wurde.

23 Lösen Sie die drei Befestigungsschrauben und ziehen Sie den Zylinder von der Druckstange – beachten Sie die Ausrichtung der Abflachungen (siehe Abbildungen).

24 Ziehen Sie nötigenfalls die Druckstange aus dem Motor – beachten Sie ihre zwei O-Ringe (siehe Abbildung).

25 Entfernen Sie nötigenfalls den Deckel vom Ausrückzylinder (siehe Abbildung). Dessen Komponenten können kontrolliert werden, dürfen aber nicht weiter zerlegt werden – Ersatzteile sind nicht erhältlich. Ein neuer Ausrückzylinder wird ohne Deckel geliefert. Inspizieren Sie den Dichtring des Deckels und ersetzen Sie ihn nötigenfalls (siehe Abbildung).

Einbau

26 Der Einbau entspricht der umgekehrten Ausbaureihenfolge – beachten Sie dabei folgende Punkte:

- Kontrollieren Sie den Dichtring des Ausrückzylinder-Deckels und erneuern Sie ihn nötigenfalls (Abbildung 17.25b).
- Kontrollieren Sie die O-Ringe der Druckstange und erneuern Sie sie nötigenfalls (Abbildung 17.24). Beachten Sie die Einbaurichtung der Druckstange.
- Richten Sie die Abflachungen des Deckels und der Druckstange zueinander aus und drücken Sie den Ausrückzylinder nötigenfalls auf seinen Sitz (der Kolben kann sich etwas herausbewegt haben und wird dabei wieder eingedrückt). Ziehen Sie die drei Schrauben mit 10 Nm an (Abbildung 17.23a).
- Richten Sie den Kupplungsschlauch wie beim Ausbau notiert zum Stutzen aus, rüsten Sie das Anschlussauge an beiden Seiten mit neuen Dichtscheiben aus (Abbildung 17.22) und ziehen Sie die Anschlussschraube (nicht die Entlüftungsschraube!) mit 24 Nm an.
- Entlüften Sie die Kupplungshydraulik (siehe unten).
- Kontrollieren Sie alles auf Undichtigkeit und prüfen Sie vor der ersten Fahrt die Funktion der Kupplung.

Entlüften der Kupplungshydraulik

27 Das Entlüften der Kupplung besagt, dass alle Luftblasen aus dem Geberzylinder, der Leitung und dem Ausrückzylinder entfernt werden. Entlüften ist immer notwendig, wenn eine Hydraulik-Verbindung gelöst oder eine Komponente oder Leitung gewechselt wurde. Lecks im System können ebenfalls das Eindringen von Luft ermöglichen – aber sie zeigen auch durch auslaufende Flüssigkeit das Problem an und weisen auf eine dringend notwendige Reparatur hin. Entleeren Sie die Hydraulik vor dem Tausch von Komponenten vollständig. Die Hydraulikflüssigkeit muss nach Ducati-Vorgaben alle drei Jahre erneuert werden.

28 Das Entlüften der Kupplung entspricht der Tätigkeit an der Handbremse – beachten Sie also die Hinweise in Kapitel 5, Sektion 11 und verfahren Sie am Ausrückzylinder wie am Bremssattel (siehe Abbildungen).

18 Ölpumpe

Ausbau

1 Demontieren Sie den Kupplungsdeckel (siehe Sektion 15).

2 Lösen Sie die drei Befestigungsschrauben der Ölpumpe, richten Sie ihr Zahnrad so aus, dass es durch das Primärtriebrad befreit werden kann, und entnehmen Sie die Pumpe (siehe Abbildungen). Stellen Sie die an der Pumpe oder am Motorgehäuse verbleibenden Passhülsen und O-Ringe sicher (siehe Abbildung) – die O-Ringe müssen beim Einbau erneuert werden.

18.3a Lösen Sie die sechs Schrauben, ...

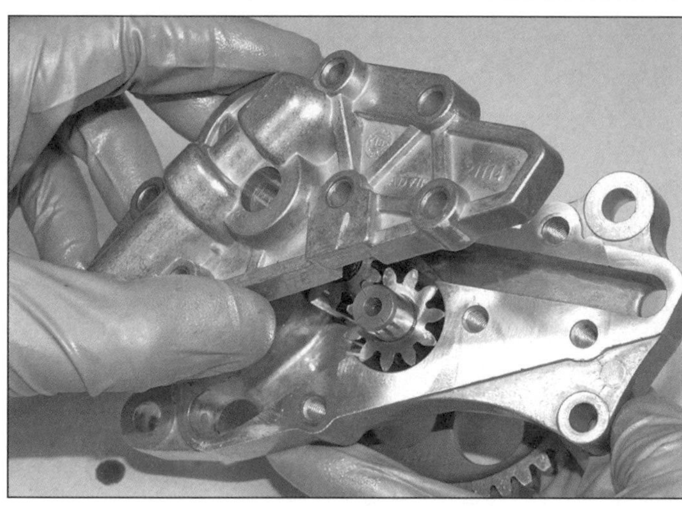

18.3b ... um dem Ölpumpendeckel zu befreien.

18.5a Ziehen Sie das Abtriebs-Pumpenrad-rad ab.

18.5b Befreien Sie die äußeren Sicherungsscheibe aus der Nut, ...

18.5c ... ziehen Sie das Zahnrad ab ...

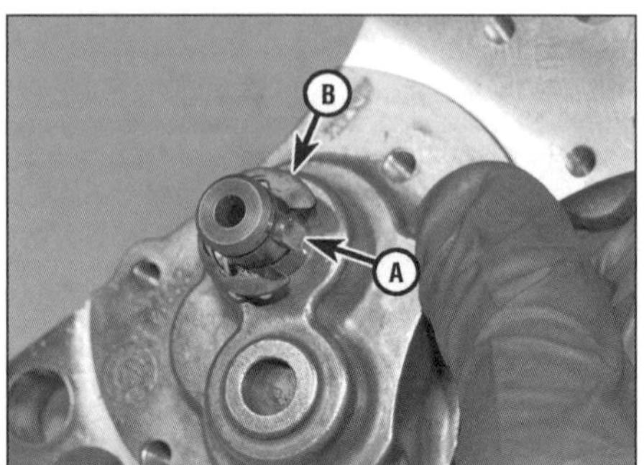

18.5d ...und stellen Sie den Keil (A) sowie die inneren Sicherungsscheibe (B) sicher.

18.6 Drücken Sie die Sicherungsscheiben mithilfe einer Zange vollständig in ihre Nuten.

Kontrolle

Anmerkung: *Für die Ölpumpe sind keine Einzelteile erhältlich, sie kann jedoch für eine Kontrolle und Reinigung zerlegt werden. Für die Ölpumpe sind keine technischen Daten zur Verschleißbestimmung erhältlich, sodass bei Öldruck-Problemen, für die keine anderen Ursachen gefunden werden, die Pumpe durch ein Neuteil ersetzt werden sollte.*

3 Lösen Sie die sechs Schrauben des Ölpumpendeckels und kontrollieren Sie diesen auf Beschädigungen und Verzug (siehe Abbildungen).

4 Inspizieren Sie die beiden Ölpumpenräder auf Verschleiß und Beschädigungen. Drehen Sie am äußeren Zahnrad, um zu testen, ob sich die Pumpenräder sanft und frei bewegen. Falls die Antriebswelle oder ein Pumpenrad fühlbares Spiel aufweisen, sollte die Pumpe von einem Fachbetrieb begutachtet und nötigenfalls ersetzt werden.

5 Für weitere Zerlegungen kann das Abtriebsrad der Pumpe vom Lagerzapfen gezogen werden (siehe Abbildung). Markieren Sie die Außenseite des äußeren Zahnrads, entfernen Sie die äußere Sicherungsscheibe und ziehen Sie das Zahnrad ab. Stellen Sie den Keil sicher und befreien Sie die innere Sicherungsscheibe (siehe Abbildungen). Das Pumpenrad kann jetzt samt Welle aus dem Gehäuse gezogen werden.

6 Soweit die Pumpe wiederverwendet werden soll, müssen alle Komponenten mit Lösungsmittel gereinigt und getrocknet werden. Bauen Sie die Pumpe in der umgekehrten Reihenfolge wieder zusammen, schmieren Sie dabei die Wellen und Zahnräder mit Motoröl. Setzen Sie das äußere Zahnrad mit der Markierung nach außen zeigend über den Keil und achten Sie darauf, dass die Sicherungsscheiben korrekt in ihren Nuten sitzen (siehe Abbildung).

7 Setzen Sie den Deckel auf und ziehen Sie die sechs Schrauben schrittweise und über Kreuz sorgfältig an (Abbildungen 16.3b und a).

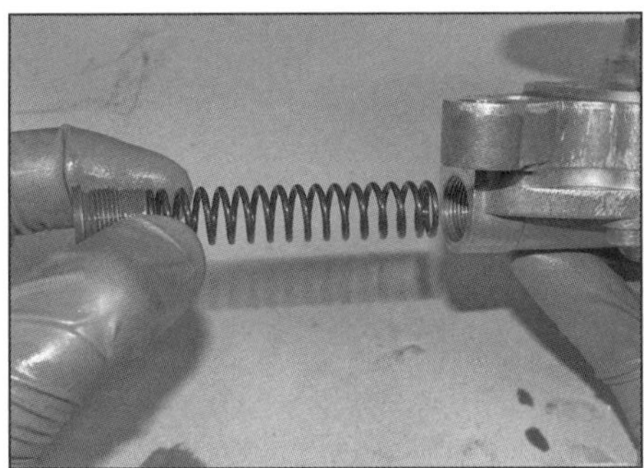

19.2a Lösen Sie den Stopfen und ziehen Sie die Feder ...

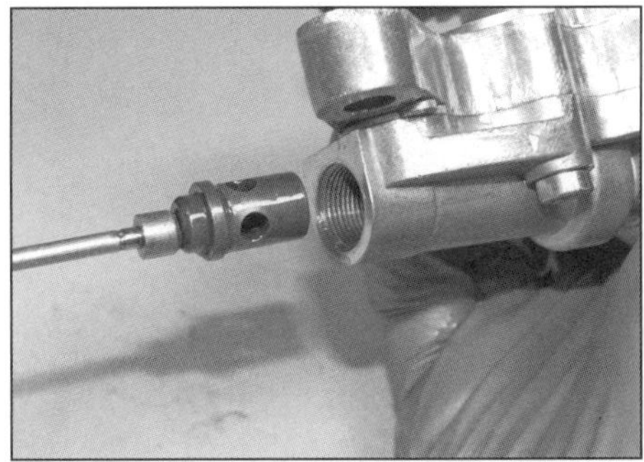

19.2b ... sowie mithilfe eines Magneten den Kolben heraus.

20.3a Ölrohr-Anschlüsse am Ölkühler – beachten Sie die unterschiedlichen Formen der Winkelrohre ...

Einbau

8 Installieren Sie ggf. die zwei Passhülsen und rüsten Sie die Ölkanäle mit neuen O-Ringen aus (Abbildung 18.2c). Richten Sie das äußere Zahnrad so aus, dass es durch das Primärtriebrad geführt werden kann und in das dahinter liegende Antriebsrad greift. Setzen Sie die Pumpe über die Passhülsen ans Motorgehäuse (18.2b) – die O-Ringe müssen dabei an ihren Positionen verbleiben.

9 Sichern Sie die Pumpe mit den drei mit den Scheiben versehenen Schrauben (Abbildung 18.2a). Ziehen Sie die M8-Schrauben mit 26 Nm und die M6-Schraube mit 10 Nm an.

10 Montieren Sie den Kupplungsdeckel (siehe Sektion 15).

19 Öldruck-Regelventil

1 Demontieren Sie den Kupplungsdeckel (siehe Sektion 15). Das Regelventil sitzt in der Ölpumpe und kann ohne deren Ausbau demontiert werden.

2 Lösen Sie hinten an der Ölpumpe den Stopfen des Regelventils und ziehen Sie die Feder heraus (siehe Abbildung). Ziehen Sie mit einem Magneten den Kolben heraus – er muss sich dabei sanft und frei in seiner Bohrung bewegen (siehe Abbildung). Kontrollieren Sie die Feder auf Ermüdung und Verzug.

3 Reinigen Sie den Kolben und die Feder sowie die Bohrung in der Pumpe mit Lösungsmittel und blasen Sie sie mit Druckluft aus.

4 Reinigen Sie die Gewinde des Stopfens und seines Sitzes und tragen Sie mittelfeste Sicherungspaste auf. Schmieren Sie die Bohrung und den Kolben mit Motoröl und installieren Sie den Kolben richtig herum (19.2b). Installieren Sie die Feder, drehen Sie den Stopfen ein und ziehen Sie ihn mit 17 Nm an (Abbildung 19.2a).

5 Montieren Sie ggf. die Ölpumpe (siehe Sektion 18). Montieren Sie den Kupplungsdeckel (siehe Sektion 15).

20 Ölkühler

Ausbau

1 Falls nur der Ölkühler entfernt werden soll, muss die linke vordere Seitenblende demontiert werden (siehe Kapitel 6, Sektion 3). Falls der Ölkühler und/oder seine Rohre entfernt werden sollen, müssen auch die rechte vordere Seitenblende sowie die Auspuffanlage demontiert werden (siehe Kapitel 3, Sektion 15).

2 Lassen Sie das Motoröl ab (siehe Kapitel 1, Sektion 4).

3 Trennen Sie die beiden Ölrohre von den Stutzen des Ölkühlers und/oder des Motorgehäuses – merken Sie sich, welches Rohr wo angeschlossen wird und wie sie ausgerichtet sind (siehe Abbildungen). Kontern Sie zunächst die Rohr-Stutzen mit einem Maulschlüssel und lösen Sie dann die Anschlussmutter mit einem zweiten Maulschlüssel; ziehen Sie das Rohr ab und beachten Sie die O-Ringe (siehe Abbildungen). Lösen Sie nötigenfalls die Stutzen aus dem Ölkühlers und/oder dem Motorgehäuse und entnehmen Sie die Dichtscheiben. Beim Einbau müssen neue Dichtscheiben und neue O-Ringe verwendet werden.

4 Trennen Sie den Stecker des Öldruckschalters (siehe Abbildung). Demontieren Sie nötigenfalls den Schalter (siehe Kapitel 7, Sektion 18).

20.3b ... und der unteren Rohre am Motorgehäuse. Kontern Sie den Rohrstutzen, lösen Sie die Mutter ...

20.3c ... und ziehen Sie sie ab.

20.3d Ziehen Sie die Rohre aus den Stutzen und kontrollieren Sie ihre jeweils zwei O-Ringe. Lösen Sie nötigenfalls den/die Stutzen.

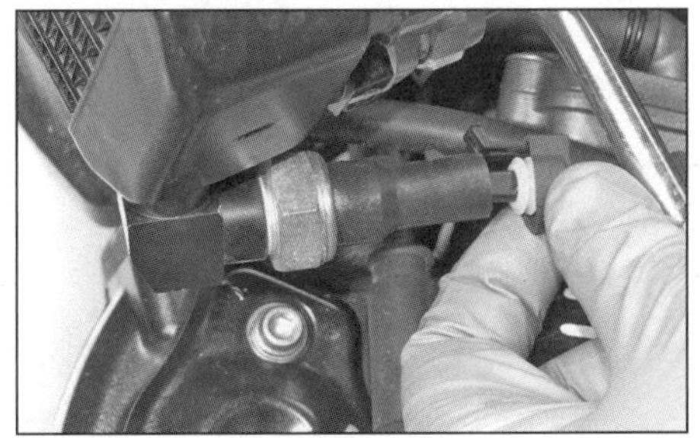

20.4 Lösen Sie die Lasche und ziehen Sie den Stecker vom Öldruckschalter.

20.5a Beachten Sie die unterschiedlichen Ölkühler-Schrauben ...

20.5b ... und die Anordnung der Hülsen und Gummiösen sowie des Halters.

21.2a Klopfen Sie mit einem Dorn das Sicherungsblech zurück.

21.2b Die Zapfen des Haltewerkzeugs greifen in die Bohrungen des Zahnrads.

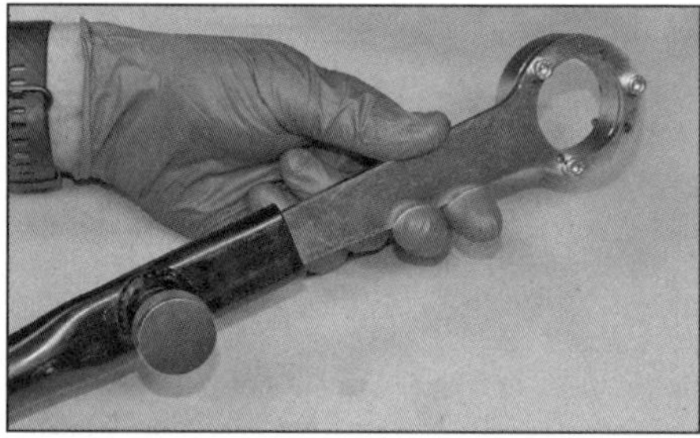

21.2c Weil die Mutter sehr fest sitzt, muss das Haltewerkzeug nötigenfalls verlängert werden.

21.2d Bei blockiertem Zahnrad wird die Mutter gelöst.

5 Lösen Sie die Befestigungsschrauben des Ölkühlers und entnehmen Sie diesen (siehe Abbildung). Beachten Sie die Hülsen in den Gummiösen und demontieren Sie nötigenfalls den unteren Halter vom Ölkühler (siehe Abbildung). Falls eine Gummiöse spröde oder anderweitig beschädigt ist, muss sie ersetzt werden.

Einbau

6 Der Einbau entspricht der umgekehrten Ausbaureihenfolge. Falls einer der Stutzen aus dem Ölkühler oder dem Motorgehäuse entfernt wurde, muss er mit einer neuen Dichtscheibe eingeschraubt und mit 23 Nm angezogen werden. Die Hülsen müssen in den Gummiösen stecken (Abbildung 20.5b). Montieren Sie ggf. den Öldruckschalter (siehe Kapitel 7, Sektion 18) und verbinden Sie seinen Stecker (Abbildung 20.4). Rüsten Sie jedes Ölrohr mit zwei neuen O-Ringen aus (Abbildung 20.3d). Setzen Sie zunächst beide Rohre an ihren Stutzen an und richten Sie sie korrekt aus. Kontern Sie die Stutzen und ziehen Sie die Anschlussmuttern am Motorgehäuse mit 25 Nm oder am Öltank mit 18 Nm an (Abbildung 20.3b). Füllen Sie Motoröl auf (siehe Kapitel 1, Sektion 4).

21 Primärtriebrad

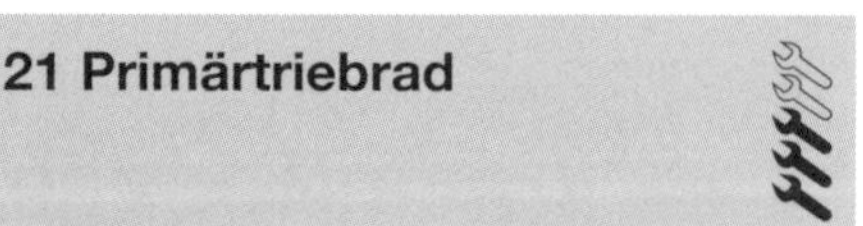

Spezialwerkzeug: *Um das Primärrad vom Konus der Kurbelwelle zu ziehen, wird das Ducati-Werkzeug 88713.2092 oder ein konventioneller Zweiarm-Abzieher benötigt (siehe Schritt 4).*

21.4a Zum Lösen des Primärtriebrads von der Kurbelwelle wird ein Abzieher benötigt. Dies ist ein konventioneller Zweiarm-Abzieher, dessen Arme korrekt hinter den Zähnen positioniert sind.

21.4b Mit dem Haltewerkzeug kann das Zahnrad beim Anziehen des Abzieher-Bolzens weiter gekontert werden. Klopfen Sie nötigenfalls auf den Bolzenkopf, um das Zahnrad vom Konus zu befreien.

21.8 Installieren Sie den Keil in die Nut der Kurbelwelle.

21.9a Schieben Sie das korrekt ausgerichtete Primärtriebrad mit dem Ölpumpen-Antriebsrad nach innen über den Keil auf die Kurbelwelle ...

21.9b ... und klopfen Sie es vollständig auf.

Ausbau

1 Demontieren Sie den Kupplungsdeckel (siehe Sektion 15) und die Ölpumpe (siehe Sektion 18).

2 Biegen Sie das Sicherungsblech der Primärradmutter zurück (siehe Abbildung). Zum Lösen der Mutter muss die Kurbelwelle blockiert werden. Hierfür kann entweder das Ducati-Werkzeug 88713.2423, ein Zapfenschlüssel aus dem Zubehör (siehe Abbildungen) oder auch ein kleines Alublech verwendet werden, das oben in die Primärverzahnung gesteckt wird (Abbildung 15.31c). Lösen Sie die Mutter und entnehmen Sie das Sicherungsblech (Abbildung 21.9c) – letzteres muss beim Einbau durch ein Neuteil ersetzt werden.

3 Demontieren Sie die Kupplung (siehe Sektion 15).

4 Beschaffen Sie das Ducati-Werkzeug 88713.2092 oder ein konventioneller Zweiarm-Abzieher – bei diesem muss darauf geachtet werden, dass er vollständig hinter das Zahnrad greift (siehe Abbildung). Legen Sie ein Stück Weichmetall zwischen den Abzieher-Bolzen und die Kurbelwelle, um diese nicht zu beschädigen. Ziehen Sie den Bolzen an, um das Zahnrad vom Konus zu befreien (siehe Abbildung) – klopfen Sie auf seinen Kopf, um das möglicherweise sehr fest sitzende Zahnrad zu lockern.

5 Sobald das Zahnrad entfernt ist, sollte der in der Konusnut sitzende Keil sichergestellt werden (Abbildung 21.8).

Kontrolle

6 Kontrollieren Sie die Zähne des Primärrads sowie des Abtriebsrades hinten am Kupplungskorb. Inspizieren Sie auch das kleine Ölpumpen-Antriebsrad hinter dem Primärrad. Verschleiß tritt üblicherweise erst nach einer sehr hohen Laufleistung auf, falls aber Risse oder Ausbrüche festgestellt werden, muss ein Zahnrad ersetzt werden.

7 Kontrollieren Sie den Sitz des Keils in den Nuten der Kurbelwelle und des Primärrads – falls der Keil locker sitzt, muss er erneuert werden. Falls die Kurbelwellen-Nut Schäden aufweist, muss Rat bei einem professionellen Motoren-Instandsetzungsbetrieb gesucht werden.

21.9c Richten Sie die Lasche des Sicherungsblechs zur Keilnut aus.

21.9d Schmieren Sie das Gewinde der Mutter mit MoS2-Fett, ...

21.9e ... ziehen Sie mit 190 Nm an ...

21.9f ... und sichern Sie sie mit dem gegen eine flache Seite gebogenem Blech.

Einbau

8 Der Konus der Kurbelwelle und sein Gegenstück im Zahnrad müssen gut entfettet werden. Stecken Sie den Keil in die Kurbelwellen-Nut (siehe Abbildung).

9 Schieben Sie das Primärtriebrad mit dem kleinen Ölpumpen-Antriebsrad voran auf die Kurbelwelle, richten Sie dabei seine Nut über dem Keil aus (siehe Abbildung). Klopfen Sie das Rad mit leichten Hammerschlägen auf einen passenden Steckschlüssel vollständig auf die Welle (siehe Abbildung). Legen Sie ein neues Sicherungsblech so auf, dass seine innere Lasche in die Keilnut greift (siehe Abbildung). Schmieren Sie das Gewinde der Mutter mit MoS_2-Fett und drehen Sie sie handfest auf (siehe Abbildung). Falls zum Blockieren das Alublech verwendet wird, muss jetzt der Kupplungskorb mit seiner inneren Scheibe und der Führung installiert werden (siehe Sektion 15, Schritte 23 und 24); stecken Sie dann das Blech von unten in die Primärtrieb-Verzahnung (Abbildung 15.6b) – oder blockieren Sie das Zahnrad mit dem Zapfenschlüssel oder dem Ducati-Werkzeug. Ziehen Sie die Mutter mit 190 Nm an (siehe Abbildung). Biegen Sie das Sicherungsblech gegen eine flache Seite der Mutter (siehe Abbildung).

22.9a Entfernen Sie die Schraube der Leerlauf-Arretierung samt Scheibe und Feder ...

10 Montieren Sie die Ölpumpe (siehe Sektion 18) und die Kupplung (siehe Sektion 15).

22 Motorgehäuse
Trennen und Zusammenbauen

Trennen

1 Um zu den Pleuelstangen, der Kurbelwelle, den Getriebewellen, der Zahnriemen-Zwischenwelle und der Schaltwalze samt Gabeln sowie allen dazugehörigen Lagern Zugang zu erhalten, muss der Motor zunächst ausgebaut werden (siehe Sektion 4).

2 Demontieren Sie die Zylinderköpfe (siehe Sektion 8) und die Zylinder (siehe Sektion 11). Die Kolben dürfen an den Pleuel verbleiben.

3 Demontieren Sie links am Motor die Lichtmaschine, den Anlasserfreilauf und die Anlasser-Untersetzung (siehe Sektion 13) sowie den Anlasser selbst (siehe Kapitel 7). Entfernen Sie außerdem die Zwischenwellen-Antriebsräder (siehe Sektion 7) den Schaltmechanismus (siehe Sektion 14) und das Motorritzel (siehe Kapitel 5, Sektion 22).

4 Demontieren Sie rechts am Motor die Kupplung (siehe Sektion 15), die Ölpumpe (siehe Sektion 18) und das Primärtriebrad (siehe Sektion 21).

5 Von der Zwischenwelle müssen die Zahnriemenräder und der Federring entfernt sein (Abbildungen 7.4a bis h).

6 Demontieren Sie bis Modelljahr 2018 den Leerlaufschalter und ab Modelljahr 2019 den Getriebesensor (siehe Kapitel 7, Sektion 19).

7 Entfernen Sie den Kurbelwellensensor (siehe Kapitel 3, Sektion 12).

8 Bauen Sie das Ölsieb aus (siehe Kapitel 1, Sektion 4).

9 Lösen Sie an der Rückseite der linken Gehäusehälfte die Schraube der Leerlauf-Arretierung und entfernen Sie die Scheibe, die Feder und die Arretierkugel (siehe Abbildungen).

22.9b ...und befreien Sie mit einem Magneten die Arretierkugel.

22.10 Positionen der 14 links sitzenden Motorgehäuseschrauben

22.11a Entfernen Sie die zwei M8-Schrauben aus der rechten Gehäusehälfte ...

22.11b ... und heben Sie diese vorsichtig ab.

22.11c Die Scheibe muss auf der Schaltwalze und die Distanzscheibe auf der Kurbelwelle liegen.

22.12a Positionen der Passhülsen

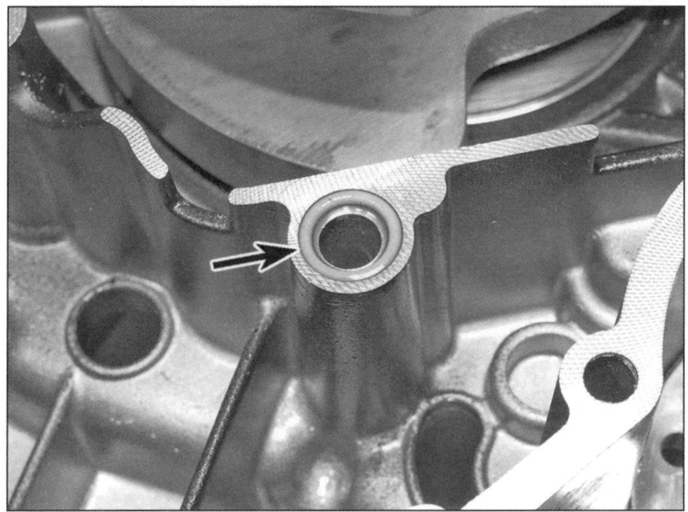

22.12b O-Ring des Ölkanals unter der Kurbelwelle

22.13 Ziehen Sie die Zahnriemen-Zwischenwelle aus dem Lager der linken Gehäusehälfte.

10 Die Gehäusehälften sind mit sieben gleichlangen M8-Schrauben (fünf von rechts und zwei von links) sowie neun von links eingedrehten M6-Schrauben verbunden, von denen zwei länger sind als der Rest. Stützen Sie den Motor auf der rechten Seite auf Hölzern oder Gummiblöcken liegend ab, sodass die Wellen nicht auf der Werkbank aufliegen. Lockern Sie die linken Gehäuseschrauben schrittweise und über Kreuz und entfernen Sie sie – beachten Sie ihre Positionen (siehe Abbildung).

11 Stützen Sie den Motor nun auf der linken Seite liegend ab und lösen Sie die zwei verbliebenen rechten Gehäuseschrauben (siehe Abbildung). Heben Sie die rechte Gehäusehälfte ab – alle Komponenten müssen dabei in der linken Hälfte verbleiben (siehe Abbildung). Rechts auf der Schaltwalze liegt eine Scheibe, rechts auf der Kurbelwelle befindet sich eine Distanzscheibe (siehe Abbildung) – diese können in der rechten Gehäusehälfte »kleben« und müssen wieder auf die Wellen geschoben werden.

12 Stellen Sie ggf. die zwei Passhülsen sicher (siehe Abbildung). Der O-Ring am Ölkanal muss beim Zusammenbau durch ein Neuteil ersetzt werden (siehe Abbildung).

13 Ziehen Sie die Zahnriemen-Zwischenwelle heraus (siehe Abbildung). Befreien Sie die Kurbelwelle, die Schaltwalze samt Schaltgabeln und die Getriebewellen entsprechend der Hinweise in den folgenden Sektionen.

14 Entfernen Sie den Ausgangswellen-Dichtring aus der linken Gehäusehälfte und den Zwischenwellen-Dichtring aus der rechten Gehäusehälfte. Reinigen und kontrollieren Sie beide Gehäusehälften und sämtliche Lager (siehe Sektion 23). Die Dichtringe müssen erneuert werden.

Zusammenbau

15 Beide Gehäusehälften müssen mit sämtlichen Lagern und neuen Dichtringen ausgerüstet sein (siehe Sektion 23).

16 Installieren Sie die Kurbelwelle, die Getriebewellen und die Schaltwalze samt Schaltgabeln entsprechend der Hinweise in den folgenden Sektionen in die linke Gehäusehälfte. Die Schaltwalze muss mit der Scheibe und die Kurbelwelle mit der Distanzscheibe ausgerüstet sein (Abbildung 22.11c).

17 Führen Sie die Zahnriemen-Zwischenwelle ins Lager der linken Gehäusehälfte ein (Abbildung 22.13).

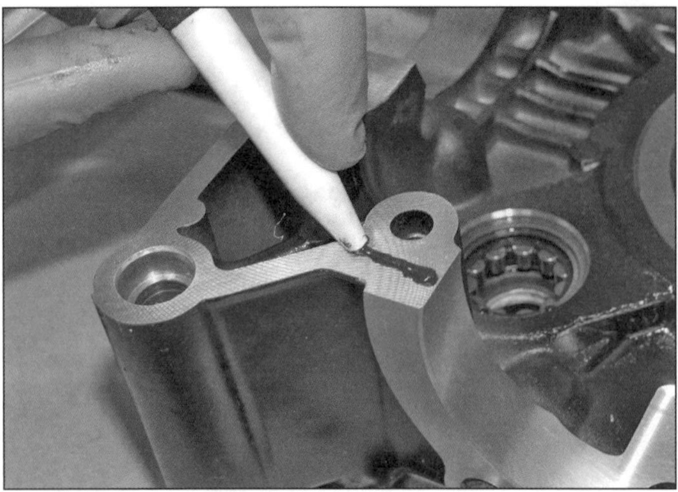

22.18a Tragen Sie geeignete Dichtmasse ...

22.18b wie gezeigt auf den Dichtflächen der rechten Gehäusehälfte auf.

22.19 Positionen der zwei längeren M6-Schrauben

23.1a Für den Ausbau (hier des Ausgangswellen-Dichtrings) gibt es spezielle Haken, ...

23.1b ... es kann aber auch ein Schraubendreher verwendet werden (hier beim Zwischenwellen-Dichtring).

23.8a Demontieren Sie die Entlüftungskammer – kontrollieren Sie seine O-Ringe (Pfeil).

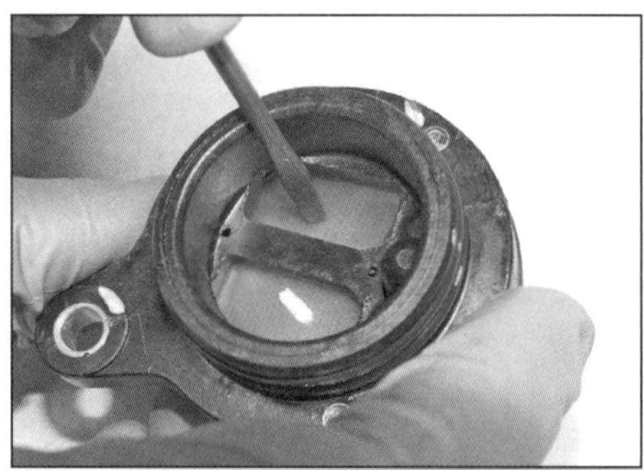

23.8b Die Zungenventile dürfen nicht verklebt sein.

18 Reinigen Sie die Dichtflächen beider Gehäusehälften mit Lösungsmittel und sauberen Lappen. Rüsten Sie den Ölkanal mit einem neuen O-Ring aus – »kleben« Sie ihn mit Fett in seinen Sitz (Abbildung 22.12b). Installieren Sie ggf. die Passhülsen (Abbildung 22.12a). Tragen Sie auf den gezeigten Bereichen der rechten Gehäusehälfte geeignete Dichtmasse auf – Ducati empfiehlt Three Bond 1215 (siehe Abbildungen). Schmieren Sie die Lager und Wellenzapfen mit frischem Motoröl. Senken Sie die rechte Gehäusehälfte über den Passhülsen auf die linke Hälfte ab (Abbildung 22.11b). Reinigen Sie die Gewinde der zwei rechts sitzenden M8-Schrauben und drehen Sie sie handfest ein (Abbildung 22.12a).

19 Drehen Sie das Motorgehäuse um, sodass die linke Seite oben liegt. Reinigen Sie die Gewinde aller 14 links sitzenden M8-Schrauben und drehen Sie sie handfest in ihre originalen Bohrungen – die zwei langen M6-Schrauben kommen hinter die Anlasser-Öffnung (siehe Abbildung). Ziehen Sie zuerst die M8-Schrauben beider Gehäusehälften schrittweise und ggf. über Kreuz in drei Schritten mit zunächst 10, dann 19 und schließlich 25 Nm an. Ziehen Sie dann die M6-Schrauben der linken Gehäusehälfte auf die gleiche Weise mit 10 Nm an.

20 Prüfen Sie, ob sich alle Wellen sanft und frei drehen lassen (lassen Sie die Pleuel nicht gegen das Motorgehäuse schlagen). Falls sich eine Welle nur schwergängig dreht oder klemmt, muss das Gehäuse wieder getrennt und das Problem beseitigt werden. Prüfen Sie, ob sich beim Drehen der Schaltwalze und der Getriebewellen alle Gänge einlegen lassen, schalten Sie das Getriebe dann wieder in den Leerlauf.

21 Schieben Sie die Arretierkugel in die Bohrung hinten in der linken Gehäusehälfte, rüsten

23.8c Lösen Sie die Schrauben ...

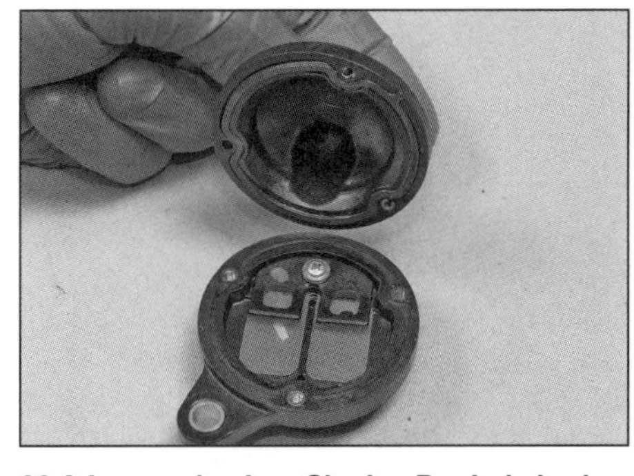

23.8d ... und neben Sie den Deckel ab – beachten Sie die Abdichtung.

23.8e Die Zungenventile werden durch eine einzelne Schraube gehalten.

23.9a Drücken Sie den neuen Ausgangswellen-Dichtring in die linke Gehäusehälfte ...

23.9b ... und den neuen Zwischenwellen-Dichtring in die rechte Gehäusehälfte.

23.9c Beide Dichtringe müssen bündig zum Außenrand ihres Sitzes positioniert sein.

Sie die Schraube mit der Feder und einer neuen Dichtscheibe aus und ziehen Sie sie mit 30 Nm an (Abbildungen 22.9b und a).

22 Installieren Sie alle verbliebenen Komponenten entsprechend der Hinweise in den entsprechenden Sektionen und Kapiteln in der umgekehrten Ausbaureihenfolge.

23 Motorgehäuse, Dichtringe und Lager

Motorgehäusehälften

1 Hebeln Sie den Ausgangswellen-Dichtring aus der linken und den Zwischenwellen-Dichtring aus der rechten Motorgehäusehälfte (siehe Abbildungen).

2 Reinigen Sie die Motorgehäusehälften sorgfältig mit Lösungsmittel und blasen Sie sie mit Druckluft aus.

3 Befreien Sie die Dichtflächen von altem Dichtungsmaterial. Kleinste Beschädigungen der Dichtflächen können mit einem feinen Schleifstein geschlichtet werden.

Achtung: Seien Sie sehr vorsichtig, die Dichtflächen nicht einzukerben oder abzutragen, da der Motor dadurch nicht mehr öldicht sein wird. Kontrollieren Sie die Gehäusehälften sorgfältig auf Brüche und andere Beschädigungen.

4 Kleine Brüche oder Löcher in Leichtmetallgehäusen können provisorisch mit Epoxyd-Harz repariert werden. Permanente Reparaturen können nur mit speziellen Schweißverfahren ausgeführt werden und nur ein Spezialist ist in der Lage, wirtschaftliche und praktische Aspekte abzuwägen. Wenn eine irreparable Beschädigung vorliegt, müssen die Gehäuseteile als Satz ausgetauscht werden.

5 Beschädigte Gewinde können kostengünstig wiederhergestellt werden, wenn man nach entsprechendem Aufbohren einen Gewindeeinsatz (z. B. Heli-Coil) einschraubt.

6 Abgerissene Schrauben und Bolzen können normalerweise mit Linksausdrehern demontiert werden, deren kegelförmiges Linksgewinde sich in ein vorsichtig vorgebohrtes Loch in der Schraube einfrisst und diese herauszieht. Falls Sie befürchten, hierbei an die Grenzen ihrer Fähigkeiten zu gelangen, sollten Sie lieber eine Fachwerkstatt aufsuchen, bevor Sie das sehr teure Gehäuse zerstören.

Wechseln Sie zu Sektion 2 in den** Werkzeug- und Werkstatt-Tipps **im Anhang, um Details über Gewindeeinsätze, Stehbolzen- und Linksausdreher zu erfahren.

7 Prüfen Sie, ob alle Zylinder-Stehbolzen fest im Gehäuse sitzen; ihr Austausch ist in Sektion 11, Schritt 12 beschrieben.

8 Das Motorentlüftungs-System arbeitet automatisch und erfordert normalerweise keine Wartung. Falls das Entlüftungsventil oben in der rechten Motorgehäusehälfte durch ein Öl/Wasser-Gemisch verstopft ist, muss seine Schraube gelöst und es ausgebaut werden (siehe Abbildung) – die O-Ringe müssen später durch Neuteile ersetzt werden. Reinigen Sie die Unterseite der Kammer und prüfen Sie, ob die Zungenventile nicht geschlossen verklebt sind, indem Sie sie sanft nach außen drücken (siehe Abbildung). Lösen Sie nötigenfalls die Gehäuseschrauben und entfernen Sie den Deckel und seine Abdichtung (siehe Abbildungen). Reinigen Sie die Baugruppe und tauschen Sie nötigenfalls die Zungenventile durch Neuteile aus (siehe Abbildung). Installieren Sie die (ggf. neuen) Zungenventile so, dass sie nach außen öffnen, und verwenden Sie nötigenfalls eine neue Abdichtung. Rüsten Sie die Entlüftungskammer nötigenfalls mit neuen und geölten O-Ringen aus und sichern Sie sie mit der sorgfältig angezogenen Schraube.

9 Kontrollieren Sie die Motorgehäuse-Lager (siehe unten) und erneuern Sie sie nötigenfalls. Nachdem neue Lager installiert wurden, werden der neue Ausgangswellen-Dichtring in die linke Gehäusehälfte und der neue Zwischenwellen-Dichtring in die rechte Gehäusehälfte senkrecht eingedrückt, bis sie bündig zu den Außenbunden liegen (siehe Abbildungen).

2

23.11a Getriebewellenlager in der rechten Gehäusehälfte – das der Eingangswelle ist mit Schrauben und Scheiben gesichert.

23.11b Getriebewellenlager in der rechten Gehäusehälfte – das der Ausgangswelle ist mit Schrauben und einem Blech gesichert.

23.15a Die Zahnriemen-Zwischenwelle dreht sich rechts in einem Rollenlager ...

23.15b ... und links in einem Kugellager – beide sind mit Seegerringen gesichert.

Lager

10 Kontrollieren Sie die Kurbelwellen-Hauptlager wie in Sektion 24 beschrieben.

Getriebewellenlager

11 Die Getriebewellen sind auf einer Seite mit einem Kugellager und auf der anderen mit einem Rollenlager geführt (siehe Abbildung) – der Innenring des Rollenlagers sitzt auf der Getriebewelle. Falls ein Lager defekt ist, werden bei laufendem Motor ein starkes Rumpeln und Vibrationen festgestellt. Die Lager müssen sich sanft, frei und leise drehen lassen; rau und schwergängig laufende Lager müssen durch Neuteile ersetzt werden. Lager dürfen nur aus dem Gehäuse befreit werden, wenn sie ersetzt werden sollen. Lösen Sie ggf. die Schrauben und entnehmen Sie die Scheiben oder das Blech der Lager-Sicherung.

12 Setzen Sie von außen am Lager-Innenring des jeweiligen Kugellagers einen Steckschlüssel an, um das Lager nach innen senkrecht aus seinem Sitz zu treiben – das Erwärmen des Gehäuses mit einem Heißluftgebläse erleichtert den Ausbau.

13 Die in Sackbohrungen sitzenden Außenringe der Rollenlager müssen mit speziellen Abziehern samt Zughammer ausgebaut werden; die Demontage der auf den Wellen sitzenden Innenringe ist in Sektion 28 beschrieben.

14 Beim Eintreiben neuer Lager in ihre Sitze im Motorgehäuse darf der dazu verwendete Steckschlüssel nur den Außenring berühren. Wieder erleichtert Erwärmen des Gehäuses den Einbau. Achten Sie darauf, das Lager nicht zu verkanten. Versehen Sie die Gewinde der Sicherungsschrauben mit mittelfester Sicherungspaste, bevor sie samt der Scheiben oder des Blechs installieren und sorgfältig anziehen. Die Montage der auf den Wellen sitzenden Innenringe ist in Sektion 28 beschrieben.

Lager der Zahnriemen-Zwischenwelle

15 Die Zwischenwelle dreht sich rechts in einem Rollenlager und links in einem Kugellager (siehe Abbildungen). Entfernen Sie zunächst den jeweiligen Seegerring. Der Aus- und Einbau der Lager erfolgt auf die gleiche Weise wie bei den Getriebewellen-Lagern. Sichern Sie die Lager zum Schluss mit dem – ggf. erneuerten – Seegerring.

24 Kurbelwelle und Hauptlager

Ausbau

1 Trennen Sie die Motorgehäusehälften (siehe Sektion 22).

24.2a Heben Sie die Kurbelwelle aus der rechten Gehäusehälfte ...

24.2b ... und stellen Sie die Distanzscheibe sicher.

24.4 Entfernen Sie die Ölkanal-Stopfen aus den Schwungscheiben und dem linken Ende des Hubzapfens.

24.5a Das Kurbelwellen-Hauptlager in der rechten ...

24.5b ... und in der linken Motorgehäusehälfte.

2 Heben Sie die Kurbelwelle aus der rechten Gehäusehälfte (siehe Abbildung). Falls sie fest im Hauptlager steckt, muss das Gehäuse senkrecht hingestellt und die Welle mit einem weichen Hammer ausgetrieben werden. Stellen Sie die rechts auf der Kurbelwelle liegende Distanzscheibe sicher (siehe Abbildung).
3 Demontieren Sie nötigenfalls die Pleuel (siehe Sektion 25).

Kontrolle

4 Reinigen Sie die Kurbelwelle mit Lösungsmittel. Entfernen Sie die Ölkanal-Stopfen aus den Schwungscheiben und dem linken Ende des Hubzapfens (siehe Abbildung) – erwärmen Sie sie zunächst, um die Sicherungspaste zu lösen. Blasen Sie alle Ölkanäle mit Druckluft durch und trocken. Harte Ablagerungen müssen nötigenfalls mit einer Waffenbürste entfernt werden. Reinigen Sie die Gewinde der Stopfen, tragen Sie dauerfeste Sicherungspaste (z. B. Loctite 128455) auf und ziehen Sie sie sorgfältig an.
5 Kontrollieren Sie die Hauptlager (siehe Abbildungen) – falls sie Spiel aufweisen, rau laufen oder offensichtlich verschlissen oder beschädigt sind, müssen sie **paarweise** ersetzt werden. Kontrollieren Sie auch die Lagersitze auf der Kurbelwelle – ein festgegangenes Lager wird hier Riefen hinterlassen haben. Verfärbungen sind Hinweise auf starke Hitze, die durch Schmiermangel entsteht. Stellen Sie sicher, dass die Ölpumpen und der Öldruckregler sowie die Ölkanäle und -Bohrungen in Ordnung sind, bevor der Motor wieder zusammengebaut wird. Ducati empfiehlt, die Hautlager bei jeder Motor-Zerlegung ungeachtet ihres Zustands durch Neuteile zu ersetzen. Nach deren Einbau muss die Stärke der rechts auf der Kurbelwelle sitzenden Distanzscheibe neu berechnet werden (siehe unten).
6 Bevor das linke Hauptlager entfernt werden kann, müssen die Schraube samt Scheibe, die Feder, der Stopfen und die Leerlauf-Arretierkugel entfernt werden (siehe Abbildung).

24.6a Entfernen Sie die Schraube samt Scheibe ...

24.6b ... und befreien Sie die Feder, den darin sitzenden Stopfen und die Leerlauf-Arretierkugel.

7 Für den Ausbau der Hauptlager müssen die Gehäusehälften auf etwa 100 °C erwärmt werden – entweder in einem Backofen, in kochendem Wasser oder mit einem Heißluftgebläse (siehe Abbildung) – verbrennen Sie sich am heißen Gehäuse nicht die Finger. Treiben Sie das jeweilige Lager mit einem Steckschlüssel, der nur den Außenring berührt, nach innen heraus. Kontrollieren Sie den Lagersitz – falls er riefig ist, wird sich der Außenring im Gehäuse gedreht haben; konsultieren Sie eine Fachwerkstatt, ob der Sitz repariert werden kann oder das Motorgehäuse erneuert werden muss.

8 Treiben Sie das neue Lager von innen in das noch heiße Gehäuse (oder erwärmen Sie es erneut) – das Werkzeug darf keinesfalls den Lager-Innenring berühren, da das Lager hierdurch beschädigt würde (siehe Abbildung). Nachdem das Gehäuse abgekühlt ist, muss geprüft werden, ob das Lager fest eingepresst ist. Ein locker sitzendes Lager würde rasch das Motorgehäuse beschädigen. Im Fachhandel sind spezielle Lager-Kleber erhältlich, doch sollte zunächst eine Fachwerkstatt konsultiert werden. Errechnen Sie die Stärke der rechts auf der Kurbelwelle sitzenden Distanzscheibe (siehe unten).

24.7 Erwärmen Sie den Lagersitz und treiben Sie das Lager nach innen heraus.

24.8 Treiben Sie das neue Lager senkrecht in seinen Sitz.

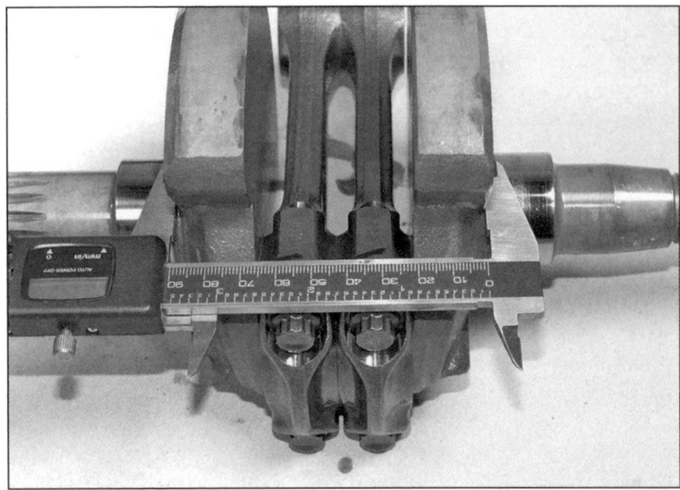

24.13a Achten Sie beim Vermessen der Kurbelwelle darauf, ...

24.13b ... den Messschieber jeweils außen am Bund neben der Lagerfläche anzusetzen.

25.2 Messen Sie das Axialspiel der Pleuel.

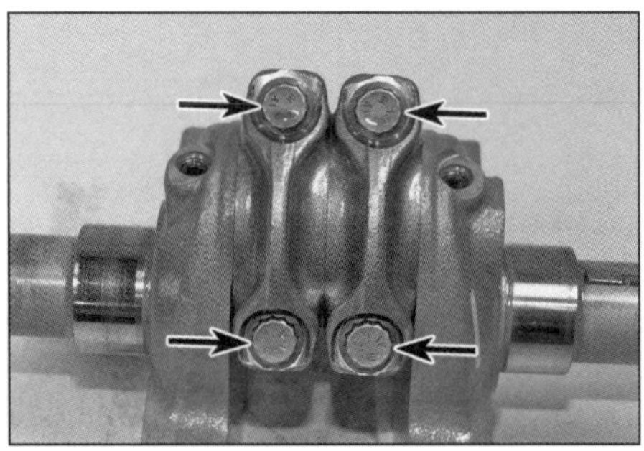

25.4 Pleuelfußschrauben

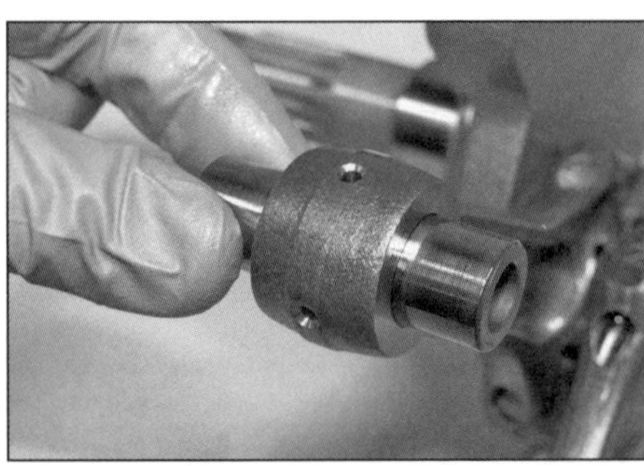

25.6 Der Kolbenbolzen darf im oberen Pleuelauge kein fühlbares Spiel aufweisen.

9 Nachdem das linke Hauptlager installiert ist, müssen die Kugel, der Stopfen, die Feder und die Schraube samt Scheibe installiert werden (Abbildungen 24.6b und a).

10 Kontrollieren Sie die Lagersitze auf der Kurbelwelle – ein festgegangenes Lager wird hier Riefen hinterlassen haben, sodass die Welle entweder von einer Fachwerkstatt repariert oder durch ein Neuteil ersetzt werden muss.

Berechnung der Kurbelwellen-Distanzscheibe

11 Nach dem Einbau neuer Hauptlager muss die Stärke der rechts auf der Kurbelwelle sitzenden Distanzscheibe berechnet und ggf. eine neue Scheibe beschafft werden.

12 Messen Sie den Abstand zwischen den Lagern und subtrahieren Sie die Breite der Kurbelwelle zwischen den Schwungscheiben. Legen Sie ein Haarlineal über die Dichtfläche der Motorgehäusehälfte und ermitteln Sie den Abstand von dessen Unterseite zum Hauptlager. Wiederholen Sie dies an der anderen Gehäusehälfte und notieren Sie beide Ergebnisse als P1 (linke Gehäusehälfte) und P2 (rechte Gehäusehälfte).

13 Falls noch nicht geschehen, muss die vorhandene Distanzscheibe vom rechten Wellenstumpf entfernt werden (Abbildung 24.2b). Messen Sie nun den Abstand zwischen den Schwungscheiben (siehe Abbildungen) und notieren Sie das Ergebnis als A.

14 Für die Berechnung müssen zunächst P1 und P2 addiert werden, hinzu kommen 0,3 mm für die Vorspannung neuer Lager. Subtrahieren Sie von diesem Ergebnis die Kurbelwellen-Breite A (P1 + P2 + 0,3 – A), um die Stärke der erforderlichen Scheibe zu erhalten. Scheiben sind von 1,9 bis 2,55 mm Stärke in Abstufungen von 0,05 mm erhältlich. Messen Sie vor dem Kauf einer neuen Scheibe die Stärke der vorhandenen – vielleicht hat sie das richtige Maß.

Einbau

15 Montieren Sie ggf. die Pleuel an die Kurbelwelle (siehe Sektion 25).

16 Schmieren Sie das Hauptlager in der linken Gehäusehälfte mit frischem Motoröl. Rüsten Sie den rechten Kurbelwellenstumpf mit der Distanzscheibe aus (Abbildung 24.2b). Senken Sie die Kurbelwelle in die linke Gehäusehälfte ab – positionieren Sie die Pleuel wie in Abbildung 24.2a gezeigt.

17 Verbinden Sie die Motorgehäusehälften (siehe Sektion 22).

Anmerkung: *Falls neue Hauptlager installiert wurden, werden sie beim Anziehen der Gehäuseschrauben vorgespannt und die Kurbelwelle lässt sich ggf. anfangs etwas schwergängig drehen.*

25 Pleuel und Pleuellager

Ausbau

Anmerkung: *Die Pleuelfüße werden mithilfe von Dehnschrauben zusammengehalten, die nach dem Anziehen nicht wiederverwendet werden dürfen – beschaffen Sie Neuteile, bevor Sie mit der Arbeit beginnen. Die alten Schrauben können jedoch für die Radialspiel-Kontrolle verwendet werden.*

1 Bauen Sie die Kurbelwelle aus (siehe Sektion 24).

2 Bevor die Pleuel von der Kurbelwelle getrennt werden, sollte mit einer Fühlerlehre das

Axialspiel (der Spalt) zwischen ihnen gemessen werden (siehe Abbildung). Im unwahrscheinlichen Fall eines zu großen Axialspiels (über 0,35 mm) müssen die Pleuel durch Neuteile ersetzt werden.

3 Markieren Sie mit einem Filzstift oder Farbe die Ausrichtung der Pleuel und ihrer Lagerdeckel zum jeweiligen Zylinder, um später alles wieder korrekt montieren zu können.

4 Lösen Sie die Pleuelfußschrauben und trennen Sie die Pleuel und ihre Lagerschalen vom Hubzapfen (siehe Abbildung). Halten Sie die Teile eines Pleuels zusammen.

Kontrolle

5 Kontrollieren Sie die Pleuel auf Risse und andere sichtbare Schäden. Lassen Sie die Pleuel im Zweifelsfall von einer Ducati-Werkstatt auf Verzug kontrollieren.

6 Schieben Sie den eingeölten Kolbenbolzen ins obere Pleuelauge und versuchen Sie, daran zu wackeln, um mögliches Spiel zu ermitteln (siehe Abbildung). Messen Sie den Außendurchmesser des Kolbenbolzens und den Innendurchmessers des Pleuelauges an ihren Kontaktflächen – die Differenz darf nicht größer als 0,041 mm sein. Falls der Bolzen dünner als 18,0 mm ist, muss er ersetzt werden – andernfalls ist das Pleuelauge verschlissen und das Pleuel muss erneuert werden.

7 Kontrollieren Sie die Pleuelfuß-Lagerschalen (siehe Sektion 26) – falls sie riefig oder stark abgerieben sind, müssen alle vier Lagerschalen beider Pleuel erneuert werden. Kontrollieren Sie bei beschädigten Lagerschalen auch den Hubzapfen.

8 Verfärbungen sind Hinweise auf starke Hitze, die durch Schmiermangel entsteht. Stellen Sie sicher, dass die Ölpumpen und der Öldruckregler sowie die Ölkanäle und -Bohrungen in Ordnung sind, bevor der Motor wieder zusammengebaut wird.

Kontrolle des Lagerspiels

9 Unabhängig davon, ob die alten Lagerschalen wiederverwendet oder Neuteile verwendet werden, sollte vor dem Zusammenbau das Lagerspiel kontrolliert werden. Zu diesem Zweck gibt es im Fachhandel Quetschmessstreifen namens »Plastigauge«. Kontrollieren Sie ein Pleuel zurzeit und achten Sie darauf, dass es an der richtigen Seite des Hubzapfens sitzt (siehe Schritt 3).

10 Die Lagerdeckel-Arretierstifte müssen im Pleuel stecken. Reinigen Sie beide Seiten der Lagerschalen und die Sitze im Pleuel und im Lagerdeckel mit Lösungsmittel. Drücken Sie die Lagerschalen in ihre Positionen, die Laschen an jeder Schale müssen in die Nuten des Sitzes einrasten. Gehen Sie sicher, dass die Lager in ihren originalen Positionen sitzen, und passen Sie auf, die Lageroberflächen nicht mit den Fingern zu berühren.

11 Schneiden Sie einen Quetschmessstreifen ab, der etwas kürzer als die Lagerbreite des Hubzapfens sein müssen, und legen Sie sie ihn längs auf seiner entsprechenden Seite auf

25.11 Legen Sie den Messstreifen längs zur Welle auf den Hubzapfen.

25.13 Ermitteln Sie anhand der Breite des gequetschten Messstreifens das Lagerspiel.

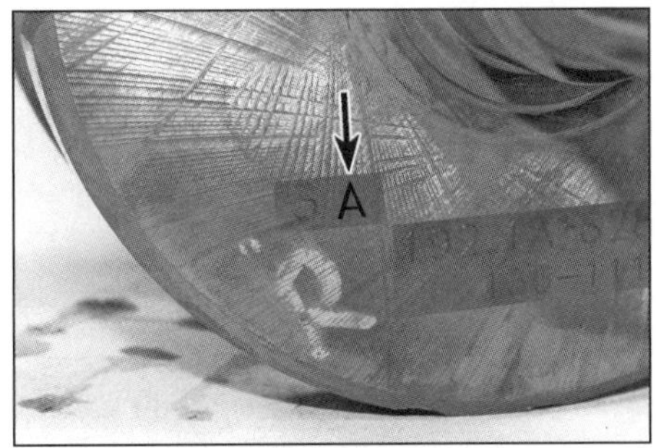
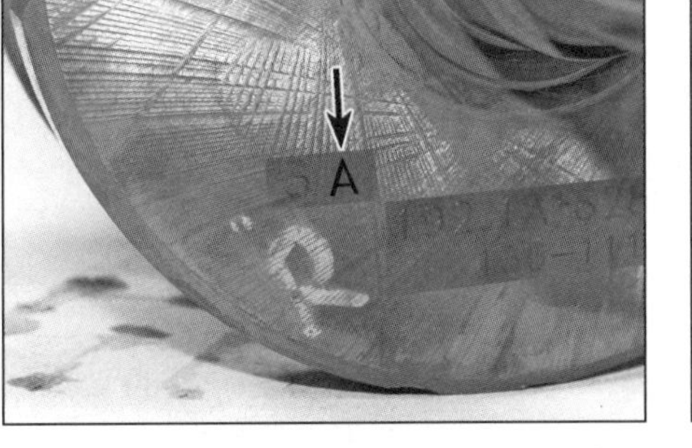

25.15 Hubzapfen-Größencode an der Kurbelwellen-Schwungscheibe

25.17 Jedes Pleuel und sein Lagerdeckel muss mit der gleichen Nummer markiert sein; diese müssen nebeneinander liegen.

(siehe Abbildung). Setzen Sie jetzt das entsprechend der Markierungen ausgerichtete Pleuel an und ziehen Sie die Pleuelfußschrauben mit 49 Nm an – hierbei darf keinesfalls das Pleuel auf dem Hubzapfen gedreht werden!

12 Lösen Sie die Pleuelfußschrauben wieder und trennen Sie das Pleuel vom Hubzapfen – achten Sie weiterhin darauf, es nicht zu drehen.

13 Vergleichen Sie die gequetschten Streifen mit der Skala auf der Packung, um das Lagerspiel zu ermitteln (siehe Abbildung). Wiederholen Sie die Messung mit dem anderen Pleuel an dessen Seite des Hubzapfens. Nach Beendigung der Messung muss der gequetschte Plastikstreifen vorsichtig aus der Lagerschale und vom Hubzapfen entfernt werden – hierzu reicht normalerweise ein Fingernagel.

14 Falls das Lagerspiel die Verschleißgrenze von 0,07 mm übersteigt, können die Lagerschalen oder der Hubzapfen verschlissen sein. Messen Sie den Durchmesser des Hubzapfens im Bereich des entsprechenden Pleuels – falls er dünner als 40,009 mm ist, muss die Kurbelwelle erneuert werden; liegt er darüber, müssen zwei neue Lagerschalen beschafft werden (Schritte 15 und 16).

Auswahl der Pleuellagerschalen

15 An der Kurbelwellen-Schwungscheibe findet sich ein Größen-Code (A oder B) für den Hubzapfen (siehe Abbildung) – die Pleuel haben alle die gleiche Größe (A).

16 Beim Hubzapfen der Größe A müssen Lagerschalen mit **roten** seitlichen Markierungen verwendet werden; bei der Hubzapfen-Größe B müssen die Lagerschalen **blaue** Markierungen aufweisen.

Einbau

Anmerkung: *Für den endgültigen Zusammenbau werden neue Pleuelschrauben benötigt.*

17 Die Lagerdeckel-Arretierstifte müssen im Pleuel stecken. Reinigen Sie beide Seiten der Lagerschalen und die Sitze im Pleuel und im Lagerdeckel mit Lösungsmittel. Drücken Sie die Lagerschalen in ihre Positionen, die Laschen an jeder Schale müssen in die Nuten des Sitzes einrasten. Gehen Sie sicher, dass die Lager in ihren originalen Positionen sitzen, und passen Sie auf, die Lageroberflächen nicht mit den Fingern zu berühren. Schmieren Sie die Lagerschalen und den Hubzapfen mit frischem Motoröl. Setzen Sie das korrekt ausgerichtete Pleuel entsprechend seiner in Schritt 3 angebrachten Markierungen an (das Pleuel des vorderen Zylinders sitzt rechts) (siehe Abbildung). Versehen Sie die Gewinde und die Kopf-Unterseiten der **neuen** Schrauben mit MoS_2-Fett und drehen Sie sie handfest ein. Montieren Sie das andere Pleuel auf die gleiche Weise. Prüfen Sie, ob alle Komponenten an ihren ursprünglichen Positionen sitzen.

18 Führen Sie zwischen den Pleuelstangen eine Fühlerlehre ein, damit sie sich beim Anziehen der Schrauben nicht auf dem Hubzapfen verdrehen (Abbildung 25.2).

19 Ziehen Sie die Pleuelfußschrauben schrittweise bis zum Drehmoment von 35 Nm an, lockern Sie sie dann eine volle Umdrehung (360°) und ziehen Sie sie erneut mit zunächst 20 Nm, dann mit 35 Nm an und schließlich mithilfe einer Gradscheibe um 65° weiter (siehe Abbildungen). Entfernen Sie die Fühlerlehre und prüfen Sie, ob sich die Pleuel sanft und frei auf dem Hubzapfen drehen lassen – falls sie klemmen oder rau bewegen, müssen sie demontiert und erneut das Lagerspiel kontrolliert werden.

20 Bauen Sie die Kurbelwelle ein (siehe Sektion 24).

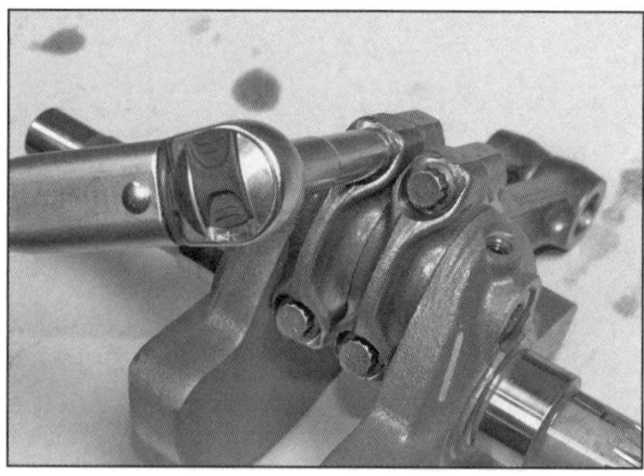

25.19a Ziehen Sie die Pleuelfußschrauben schrittweise mit den angegebenen Drehmomenten an ...

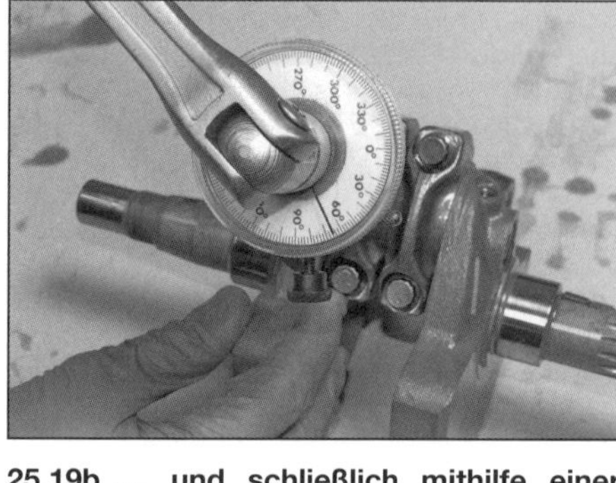

25.19b ... und schließlich mithilfe einer Gradscheibe um 65° weiter.

26 Pleuelfußlager
Allgemeine Information

1 Auch wenn die Pleuellager normalerweise bei einer Motorüberholung ersetzt werden, sollten die alten Bauteile für eine genaue Begutachtung aufbewahrt werden, um aus Ihnen wertvolle Informationen über den Zustand des Motors zu ziehen.

2 Lagerschäden beruhen zumeist auf Ölmängel, Schmutz oder Fremdkörper im Motor, Motorüberlastung und/oder Korrosion. Ungeachtet des Grundes für die Lagerschäden muss dieser vor der Motormontage korrigiert werden, um eine Wiederholung auszuschließen.

3 Zu einer Begutachtung der Lager werden alle Lagerschalen entsprechend ihrer Positionen an der Kurbelwelle auf eine saubere Oberfläche gelegt. Dieses erlaubt Ihnen, ein erkanntes Lagerproblem dem entsprechenden Kurbelzapfen zuzuordnen.

4 Schmutz und andere Fremdkörper können auf unterschiedliche Weise in den Motor gelangen. Sie können beim Zusammenbau zurückgelassen werden oder durch den Filter bzw. die Motorentlüftung eindringen. Die Partikel gelangen mit dem Öl in die Lager. Oftmals finden sich Metallsplitter als Bearbeitungsrückstände oder Verschleißspuren. Ablagerungen verbleiben auch nach Überholungen in Motorkomponenten, besonders wenn die Teile nicht sorgfältig gereinigt wurden. Solche Teilchen arbeiten sich auf jeden Fall in das weiche Lagermaterial ein und können leicht erkannt werden. Große Partikel werden jedoch nicht in das Lager eingebettet, sondern kerben und zerkratzen die Lager und Zapfen. Der beste Schutz gegen diese Lager-Ausfälle ist sorgfältiges Reinigen und absolute Sauberkeit bei der Motormontage. Ebenso müssen natürlich regelmäßig das Öl und der Ölfilter gewechselt werden.

5 Ölmangel und eine Unterbrechung der Schmierung haben eine Reihe von zusammenhängenden Gründen: Extreme Hitze verdünnt das Öl, Überlastung drückt das Öl aus den Lagern und überhöhtes Lagerspiel oder eine verschlissene Ölpumpe lässt den nötigen Druck des Schmiersystems zusammenbrechen. Blockierte Ölleitungen lassen ein Lager trocken laufen und schnell zerstören. Lagerschalen besitzen zwar sogenannte »Notlaufeigenschaften«, aber nur für die jeweils ersten Sekunden nach dem Anlassen – wird jedoch bei hohen Drehzahlen einmal die Schmierung für Zehntelsekunden unterbrochen, können Schalen und Zapfen bereits schrottreif sein. Das Lagermaterial wird vom Schild abgetragen und die durch die Reibung entstehende starke Hitze zerstört den Wellenzapfen.

Beachten Sie zur Fehlersuche bei Lagern die Hinweise in Sektion 5 der* Werkzeug- und Werkstatt-Tipps *im Anhang.

6 Auch die Fahrweise hat einen direkten Einfluss auf die Laufzeiten von Lagern. Vollgas bei niedrigen Drehzahlen und hohe Belastung beanspruchen die Lager stark, da diese dazu neigen, den Ölfilm abzuquetschen. Diese Zustände belasten die Lager stark und erzeugen feine Ermüdungsbrüche in der Oberfläche. Eventuell kann das Lagermaterial ausbrechen

27.4 Befreien Sie die Schaltwalze.

27.6 Kontrollieren Sie den Eingriff der Schaltgabeln in die Getrieberad-Nuten.

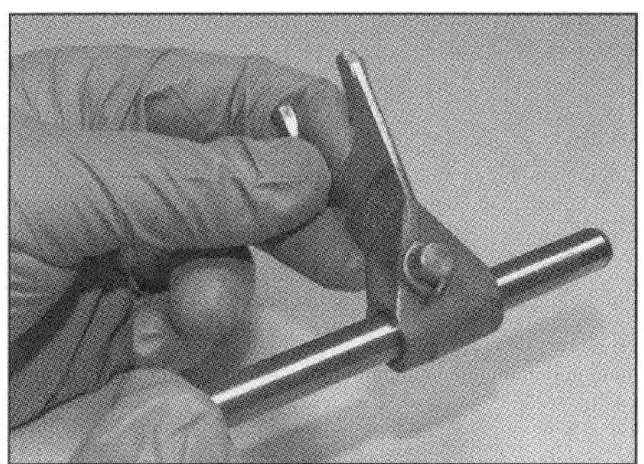

27.8 Prüfen Sie den Sitz der Schaltgabeln auf ihren Achsen.

27.11 Kontrollieren Sie die Lagerfläche der Schaltwalze und ihre Bohrung im Gehäuse.

27.12b ... in ihre jeweiligen Getrieberad-Nuten ein.

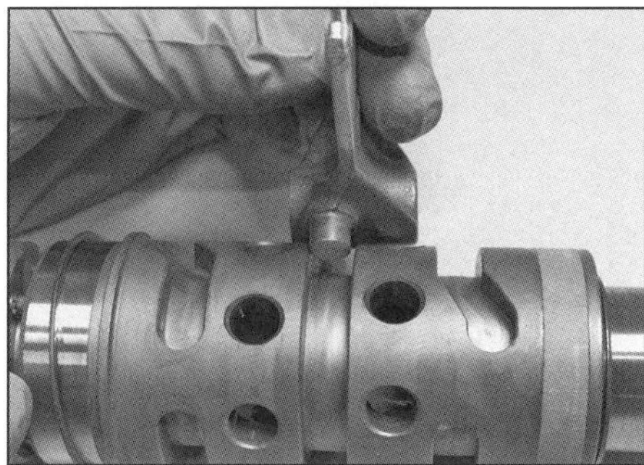

27.10 Kontrollieren Sie die Schaltwalzen-Nuten und die Schaltgabel-Führungszapfen.

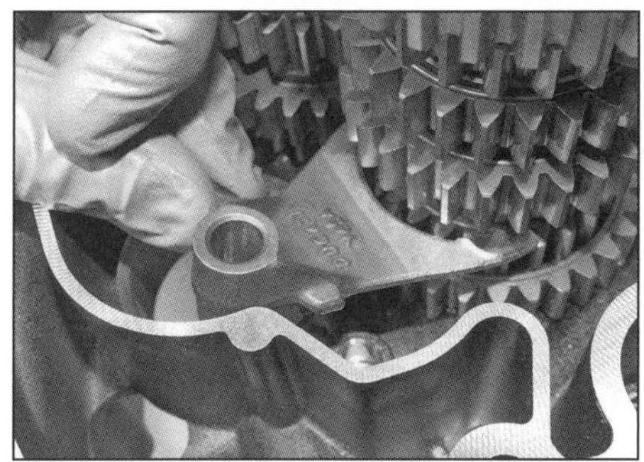

27.12a Führen Sie die Ausgangswellen-Schaltgabeln ...

27.12c ... und positionieren Sie die Eingangswellen-Schaltgabel.

und selbst weitere Schäden erzeugen. Kurzstreckenbetrieb führt zu Korrosion der Lager, da der Motor keine ausreichende Betriebstemperatur erreicht, um Kondenswasser und aggressive Gase zu vertreiben. Diese Produkte sammeln sich im Motoröl und bilden Säure und Schlamm. Wenn dieses Öl in die Lager gelangt, greift die Säure die Lager an und lässt das Material korrodieren.

7 Eine nachlässige Lagermontage während des Motorzusammenbaus kann ebenso zu Problemen führen. Fest sitzende Lager führen zu geringem Lagerspiel und einem unzureichenden Schmierfilm. Hinter einer Lagerschale verbleibender Schmutz oder Fremdteile verbiegen die Schale und sorgen für punktuellen Verschleiß.

8 Um Lagerprobleme zu vermeiden, müssen alle Teile vor dem Einbau sorgfältig gereinigt, mehrmals überprüft, genau vermessen und anschließend mit frischem Motoröl geschmiert werden.

27 Schaltwalze und Schaltgabeln

Ausbau

1 Bauen Sie den Motor aus (siehe Sektion 4) und trennen Sie die Motorgehäusehälften (siehe Sektion 22) – die Schaltwalze und die Schaltgabeln verbleiben in der linkten Gehäusehälfte.

2 Bevor die Schaltgabeln ausgebaut werden, sollten ihre Einbaupositionen markiert und notiert werden – die zwei Gabeln der Ausgangswelle sind identisch, müssen aber an ihre originalen Positionen zurückkehren; die Gabel der Eingangswelle ist anders geformt.

3 Halten Sie die Schaltgabeln und ziehen Sie ihre Achsen heraus – beachten Sie ihre Einbaupositionen (Abbildungen 27.14b und d). Schwenken Sie Schaltgabeln von der Schaltwalze weg, um ihre Führungsstifte aus deren Nuten zu befreien (Abbildungen 27.14a und c).

4 Beachten Sie die rechts auf der Schaltwalze liegende Scheibe und heben Sie die Schaltwalze heraus (siehe Abbildung) – links befindet sich eine weitere Scheibe, die möglicherweise im Gehäuse verbleibt und auf die Schaltwalze geschoben werden muss.

5 Entfernen Sie die Schaltgabeln (Abbildungen 27.12c, b und a) und schieben Sie sie richtig herum auf ihre Achsen, damit nichts durcheinander gerät.

Kontrolle

6 Begutachten Sie die Schaltgabeln auf Anzeichen von Verschleiß und Beschädigung – dies gilt besonders an den Enden, womit sie in die Nuten der Getrieberäder greifen (siehe Abbildung). Messen Sie die Breite der Gabel-Enden und der Zahnradnuten und ermitteln Sie anhand der Angaben in den technischen Daten, ob Teile verschlissen sind und ersetzt werden müssen.

7 Prüfen Sie genau, ob die Gabeln verbogen sind. Sind die Gabeln auf irgendeine Weise beschädigt oder ihre Enden verschlissen, müssen sie erneuert werden.

8 Kontrollieren Sie, ob die Gabeln korrekt auf ihrer Achse sitzen (siehe Abbildung). Sie sollen sich frei und mit leichtem Schlupf bewegen, aber kein spürbares Lagerspiel aufweisen. Ersetzen Sie ggf. schadhafte Gabeln oder Achsen. Überprüfen Sie, ob die Achsbohrungen im Motorgehäuse weder verschlissen noch beschädigt sind.

9 Jede Schaltgabel-Achse sollte durch Rollen auf einer ebenen Oberfläche auf Biegung überprüft werden – eine verbogene Achse verursacht schwergängiges Schalten und muss ersetzt werden.

10 Inspizieren Sie die Nuten der Schaltwalze und die Führungszapfen der Schaltgabeln auf Verschleiß und Schäden (siehe Abbildung) – ersetzen Sie schadhafte Teile.

11 Kontrollieren Sie die Schaltwalzen-Lagerflächen und ihre Lagersitze im Motorgehäuse auf Verschleiß und Beschädigungen (siehe Abbildung).

Einbau

12 Richten Sie die Schaltgabeln richtig herum in den Getrieberad-Nuten aus, aber halten Sie sie noch versetzt von ihren Achsen, damit die Führungszapfen beim Einbau der Schaltwalze nicht im Wege sind (siehe Abbildungen).

27.13a Rüsten Sie die Schaltwalze links ...

27.13b ... und rechts mit den Scheiben aus.

27.13c Richten Sie die Nut in der unteren Platte zur Bohrung der Leerlauf-Arretierkugel aus.

27.14a Schwenken Sie die Ausgangswellen-Schaltgabeln herum, um ihre Zapfen in die Nuten der Schaltwalze einzuführen, ...

27.14b ... und installieren Sie die Schaltgabel-Achse.

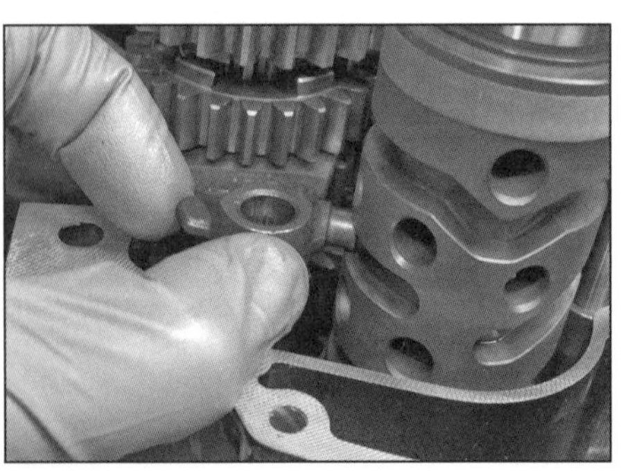

27.14c Wiederholen Sie dies mit der Eingangswellen-Schaltgabel ...

27.14d ... und ihrer Achse.

13 Schmieren Sie die Lagerflächen an beiden Seiten der Schaltwalze mit Motoröl und legen Sie die Scheiben auf (siehe Abbildungen). Schieben Sie die Schaltwalze in ihr Lager in der linken Motorgehäusehälfte – die Scheibe muss in ihrer Position verbleiben – und richten Sie die Nut in der unteren Platte zur Bohrung der Leerlauf-Arretierkugel aus (siehe Abbildung).
14 Positionieren Sie die Schaltgabel-Führungszapfen in den Nuten der Schaltwalze und schieben Sie die Achsen ein (siehe Abbildungen).
15 Verbinden Sie die Motorgehäusehälften (siehe Sektion 22).

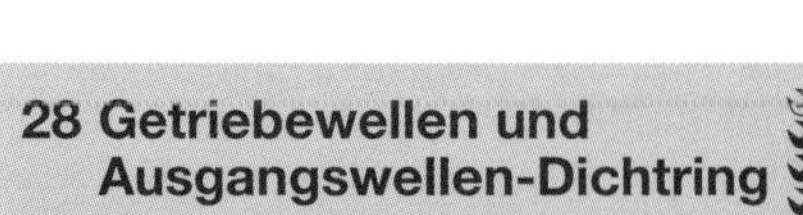

28 Getriebewellen und Ausgangswellen-Dichtring

Ausgangswellen-Dichtring

1 Falls der Ausgangswellen-Dichtring (hinter dem Motorritzel) undicht wird, kann er von außen gewechselt werden.
2 Demontieren Sie das Motorritzel (siehe Kapitel 5, Sektion 22) und reinigen Sie die Keilverzahnung der Ausgangswelle.
3 Hebeln Sie mit einem Schraubendreher oder anderem Werkzeug den alten Dichtring aus seinem Sitz und ziehen Sie ihn von der Welle (siehe Abbildung).
4 Umwickeln Sie möglichst die Welle mit einer Lage dünnen Isolierbands. Fetten Sie die Dichtlippe des neuen Dichtrings ein und schieben Sie ihn mit der Markierung nach außen zeigend auf, um ihn von Hand oder mit einem Steckschlüssel senkrecht in seinen Sitz zu drücken, bis er bündig sitzt (Abbildung 23.9a). Entfernen Sie das Isolierband.
5 Montieren Sie das Motorritzel (siehe Kapitel 5, Sektion 22)

Getriebewellen

Ausbau

6 Bauen Sie den Motor aus (siehe Sektion 4) und trennen Sie die Motorgehäusehälften (siehe Sektion 22).
7 Demontieren Sie die Schaltwalze samt Schaltgabeln (siehe Sektion 27).
8 Heben Sie beide Getriebewellen gemeinsam aus der linken Gehäusehälfte (siehe Abbildung).
9 Die Getriebewellen können nötigenfalls zerlegt und auf Verschleiß oder Beschädigungen überprüft werden. Alle Teile sind beim Ducati-Händler separat erhältlich, doch sollten Getrieberäder stets paarweise ersetzt werden.
10 Wechseln Sie zu Sektion 23, um den Ausgangswellen-Dichtring auszutauschen und die Getriebewellenlager in den Gehäusehälften zu kontrollieren sowie nötigenfalls zu ersetzen.

Eingangswelle

Überholung

Beim Zerlegen der Getriebewellen sollten die Teile auf eine Stange gesteckt oder ein Draht durch sie hindurch gezogen werden, um die richtige Reihenfolge und Einbaulage zu garantieren.

Zerlegen

11 Setzen Sie hinter dem 2.-Gangrad zwei Schraubendreher an, um damit den Lager-In-

28.3 Hebeln Sie den alten Dichtring heraus – beschädigen Sie dabei nicht seinen Sitz.

28.8 Heben Sie beide Getriebewellen gemeinsam heraus.

28.11 Hebeln Sie mit dem 2.-Gangrad den Innenring des Rollenlagers von der Welle.

28.12a Der sehr stabil ausgeführte Seegerring kann nicht mit einer Seegerringzange entfernt werden – wir empfehlen einen kleinen Schraubendreher und einen Haken.

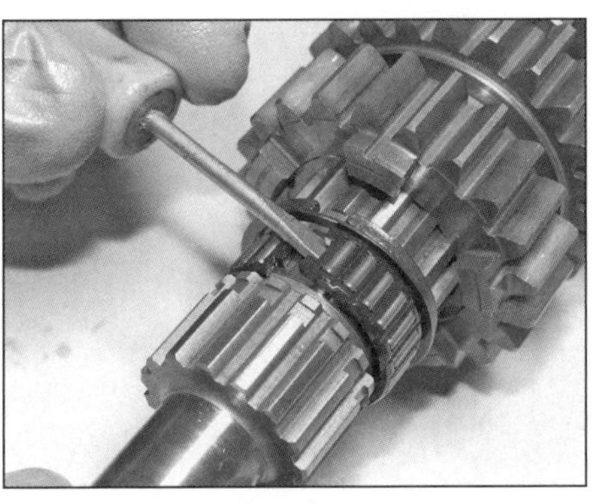

28.12b Hebeln Sie das Lager mit einem kleinen Schraubendreher an seiner Öffnung auseinander, um es zu befreien.

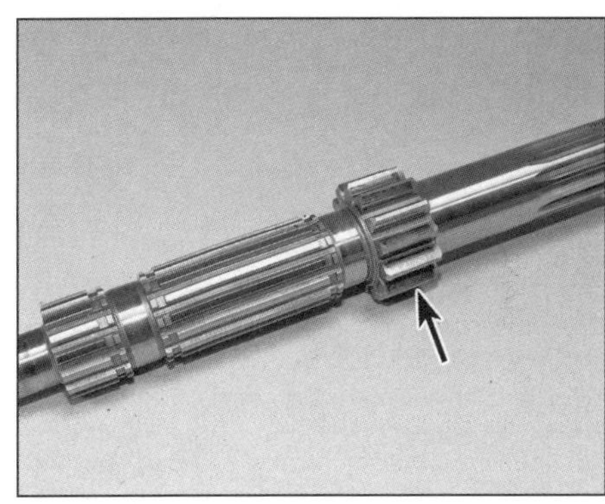

28.15 Das 1.-Gangrad ist Bestandteil der Eingangswelle.

nenring vom linken Wellen-Ende zu hebeln. Ziehen Sie dann die Anlaufscheibe und das 2.-Gangrad ab (siehe Abbildung sowie Abbildungen 28.27b und a).

12 Entfernen Sie den Seegerring (siehe Abbildung). Ziehen Sie die Nutenscheibe und das 6.-Gangrad ab (Abbildungen 28.26d und c). Öffnen Sie das Nadellager, um es aus seinem Sitz befreien und abziehen zu können (siehe Abbildung). Ziehen Sie die Nutenscheibe ab (Abbildung 28.26a).

13 Entfernen Sie den Seegerring und ziehen Sie das kombinierte 3./4.-Gangrad ab – merken Sie sich seine Einbaurichtung (Abbildungen 28.25b und a).

14 Entfernen Sie den Seegerring und ziehen Sie die Nutenscheibe, das 5.-Gangrad und sein Lager von der Welle (Abbildungen 28.24c, b und a).

15 Das 1.-Gangrad ist in die Welle integriert und kann nicht abgezogen werden (siehe Abbildung).

Kontrolle

16 Waschen Sie alle Bauteile in sauberem Lösungsmittel und trocknen Sie sie ab.

17 Kontrollieren Sie alle Zähne auf Ausbrüche, Lochbildung und andere augenfällige Beschädigungen oder Verschleiß. Alle beschädigten Zahnräder müssen ausgetauscht werden – ggf. als Paar.

18 Inspizieren Sie die Mitnehmer und Mitnehmernuten der Zahnräder auf Brüche, Absplitterungen und exzessiven Verschleiß, besonders auch auf abgerundete Ecken. Gehen Sie sicher, dass Zahnradpaare sauber ineinandergreifen. Falls Ersatz nötig wird, ist immer paarweise auszutauschen.

19 Kontrollieren Sie alle Räder, Buchsen und die Welle auf Riefen und blaue Verfärbung, die auf Überhitzung durch mangelhafte Schmierung zurückzuführen ist. Prüfen Sie, ob alle Ölbohrungen und Kanäle sauber sind. Ersetzen Sie alle beschädigten Komponenten.

20 Prüfen Sie, ob alle Räder sich frei aber ohne Spiel auf der Welle oder ihrem Lager drehen und gegebenenfalls verschieben lassen. Kontrollieren Sie, ob sich die Lager frei aber ohne übermäßiges Spiel auf der Welle drehen.

21 Eine Beschädigung der Welle ist sehr unwahrscheinlich, es sei denn, der Motor ist trocken gelaufen und hat gefressen, das Getriebe wurde unter sehr hoher Last gefahren, oder es liegt eine extrem hohe Laufleistung vor. Kontrollieren Sie die Oberfläche der Welle, besonders die Laufflächen der Zahnräder, und tauschen Sie die Welle aus, wenn Kerben oder Ausbrüche zu sehen sind oder anderer Verschleiß vorliegt.

22 Kontrollieren Sie alle Scheiben und Sicherungsringe und ersetzen Sie schadhafte Teile. Seegerringe sollten beim Zusammenbau generell durch Neuteile ersetzt werden.

2

Zusammenbau

23 Schmieren Sie während der Montage alle belasteten Teile der Welle, die Lager und die Zahnräder mit einem Gemisch aus gleichen Teilen MoS_2-Fett und Motoröl. Spannen Sie die **neuen** Sicherungsringe und offene Lager nicht mehr als nötig und setzen Sie ausgestanzte Ringe und Scheiben mit der abgerundeten Seite zum Zahnrad und der flachen Seite zur Druckbelastung ein. Die Öffnungen der Seegerringe müssen zwischen erhabenen Bereichen der Welle liegen – beachten Sie dafür die Sektion 2 der *Werkzeug- und Werkstatt-Tipps* im Anhang.

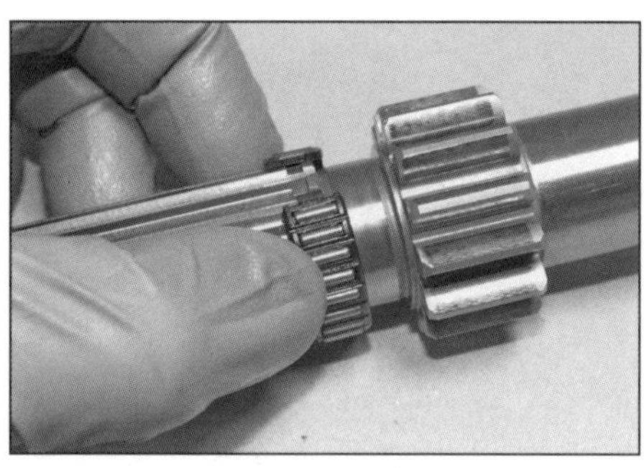

28.24a Installieren Sie das Nadellager in seinen Sitz, ...

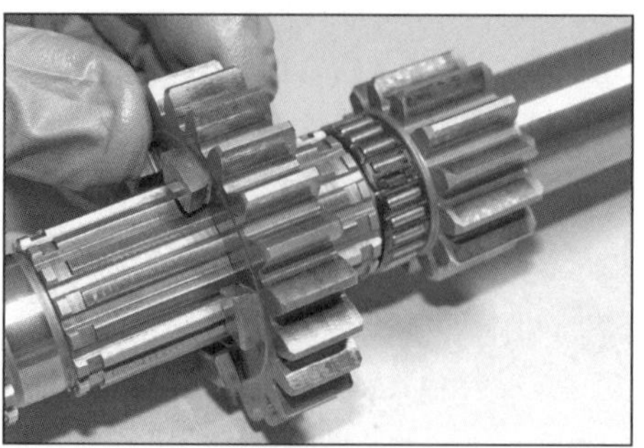

28.24b ... schieben Sie das 5.-Gangrad ...

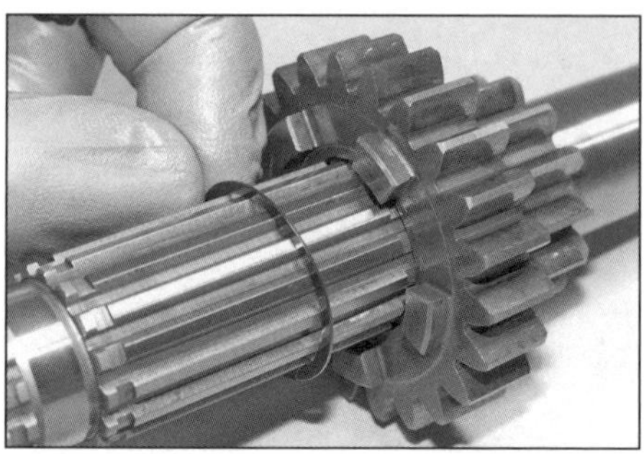

28.24c ... und die Nutenscheibe auf die Welle.

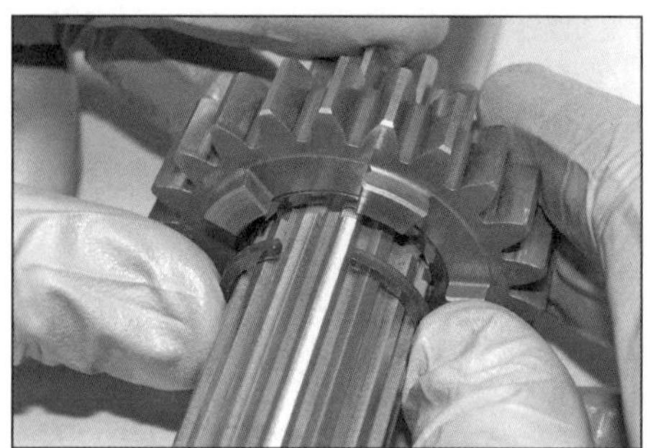

28.24d Schieben Sie den Seegerring über die Keilverzahnung ...

28.24e ... und positionieren Sie ihn rundherum in seiner Nut.

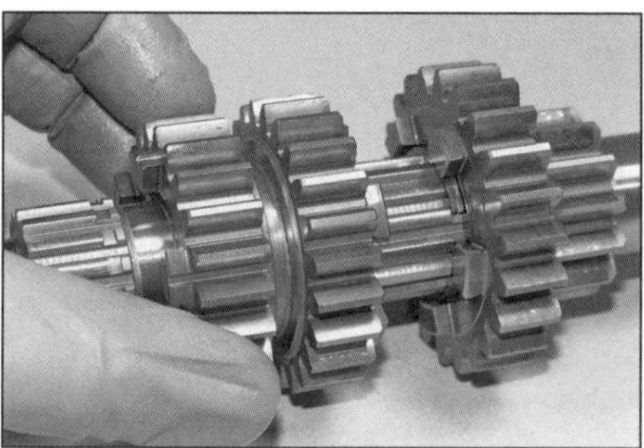

28.25a Schieben Sie das kombinierte 3./4.-Gangrad auf ...

28.25b ... und sichern Sie es mit dem Seegerring.

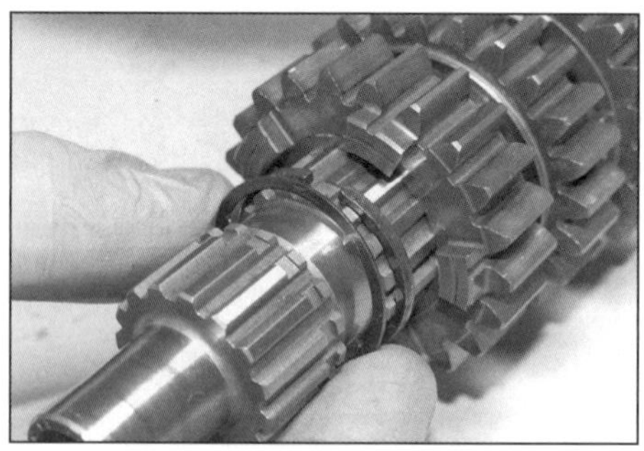

28.26a Schieben Sie die Nutenscheibe auf, ...

28.26b ... installieren Sie das Nadellager in seinen Sitz ...

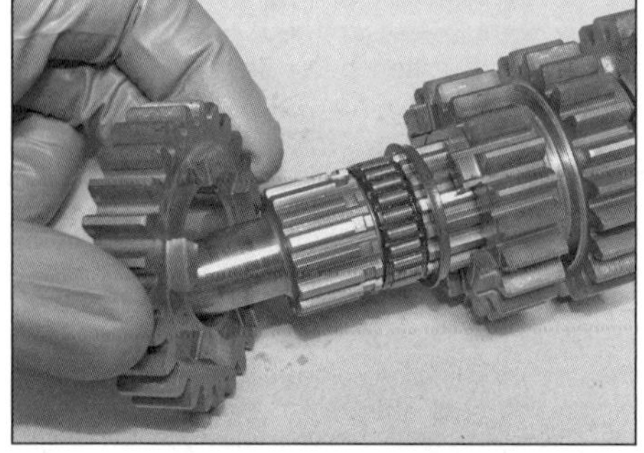

28.26c ... und schieben Sie das 6.-Gangrad auf.

24 Schieben Sie links das Lager und das 5.-Gangrad mit den Mitnehmern vom integrierten 1.-Gangrad weg zeigend auf (siehe Abbildungen). Schieben Sie die Nutenscheibe auf und sichern Sie alles mit dem korrekt sitzenden Seegerring (siehe Abbildungen).

25 Schieben Sie das kombinierte 3./4.-Gangrad mit dem größeren 4.-Gangrad voran gegen das 5.-Gangrad (siehe Abbildung). Installieren Sie den Seegerring in seine Nut (siehe Abbildung).

26 Schieben Sie die Nutenscheibe gefolgt vom Nadellager und dem 6.-Gangrad (mit den Mitnehmerzapfen voran) auf die Welle (siehe Abbildungen). Installieren Sie die nächste Nutenscheibe und sichern Sie alles mit dem Seegerring (siehe Abbildungen).

27 Schieben Sie das 2.-Gangrad mit der Vertiefung nach außen zeigend auf die Welle, schmieren Sie die Anlaufscheibe mit Fett und installieren Sie sie (siehe Abbildungen). Installieren Sie den Innenring des Rollenlagers und treiben Sie ihn mit einem geeigneten Steckschlüssel vollständig auf (siehe Abbildungen).

28 Überprüfen Sie, ob alle Bauteile korrekt installiert sind (siehe Abbildung).

Ausgangswelle

Überholung

Beim Zerlegen der Getriebewellen sollten die Teile auf eine Stange gesteckt oder ein Draht durch sie hindurch gezogen werden, um die richtige Reihenfolge und Einbaulage zu garantieren.

28.26d Schieben Sie die Nutenscheibe auf ...

28.26e ... und installieren Sie den Seegerring in seine Nut.

28.27a Installieren Sie das 2.-Gangrad ...

28.27b ... und die gefettete Anlaufscheibe.

28.27c Installieren Sie den Innenring des Rollenlagers ...

28.27d ... und treiben Sie ihn mit einem geeigneten Steckschlüssel vollständig auf.

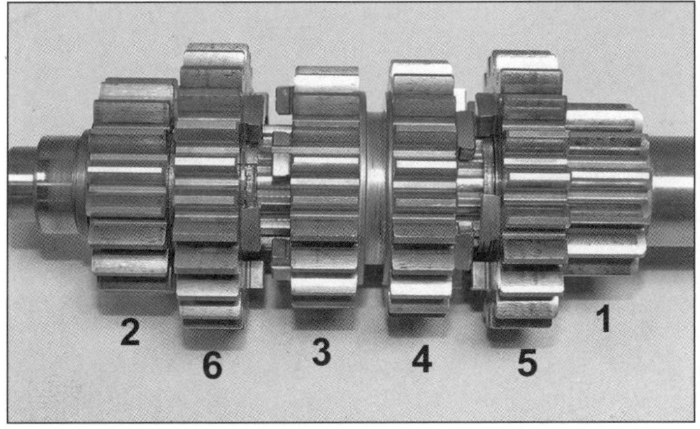

29.28 Die zusammengebaute Getriebeeingangswelle muss so aussehen – die Zahlen zeigen die Gänge an.

27.29a Hebeln Sie mit dem 1.-Gangrad den Innenring des Rollenlagers von der Welle, ...

Zerlegen

29 Setzen Sie hinter dem 1.-Gangrad zwei Schraubendreher an, um damit den Lager-Innenring vom rechten Wellen-Ende zu hebeln. Ziehen Sie dann die Anlaufscheibe, das 1.-Gangrad, sein Lager und die zweite Anlaufscheibe ab (siehe Abbildungen).

30 Ziehen Sie das 5.-Gangrad ab (Abbildung 28.41a).

31 Entfernen Sie den Seegerring (siehe Abbildung). Ziehen Sie die Nutenscheibe, das 4.-Gangrad und das Lager von der Welle (Abbildungen 28.40c, b und a).

32 Ziehen Sie das 3.-Gangrad samt Lager und Nutenscheibe von der Welle (Abbildungen 28.29c, b und a).

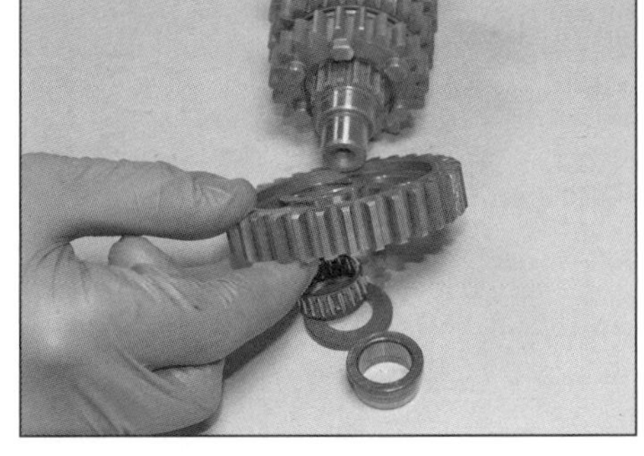

27.29b ... und entfernen Sie die Scheibe, das 2.-Gangrad, das Lager und die zweite Anlaufscheibe.

28.31 Der sehr stabil ausgeführte Seegerring kann nicht mit einer Seegerringzange entfernt werden – wir empfehlen einen kleinen Schraubendreher und einen Haken.

2

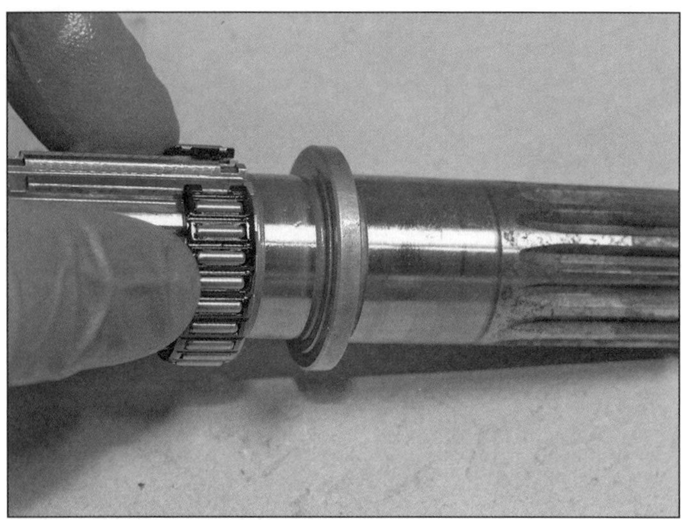

28.37a Installieren Sie das Nadellager in seinen Sitz ...

28.37b ...und schieben Sie das 2.-Gangrad darüber.

28.37c Schieben Sie die Nutenscheibe auf.

28.37d Sichern Sie alles mit dem Seegerring, ...

28.37e ...der korrekt in seiner Nut positioniert sein muss.

28.38a Schieben Sie das 6.-Gangrad auf ...

28.38b ... und sichern Sie es mit dem Spiral-Sicherungsring, ...

28.38c ... der rundherum korrekt in seiner Nut sitzen muss.

33 Entfernen Sie den Seegerring und ziehen Sie das 6.-Gangrad ab (Abbildungen 28.38b und a).

34 Entfernen Sie den Seegerring und ziehen Sie die Nutenscheibe, das 2.-Gangrad und sein Lager von der Welle (Abbildungen 28.37d, c, b und a).

Kontrolle

35 Wechseln Sie hierfür zu den Schritten 16 bis 22.

Zusammenbau

36 Schmieren Sie während der Montage alle belasteten Teile der Welle, die Lager und Zahnräder mit einem Gemisch aus gleichen Teilen MoS_2-Fett und Motoröl. Spannen Sie die Sicherungsringe nicht mehr als nötig und setzen Sie ausgestanzte Ringe und Scheiben mit der abgerundeten Seite zum Zahnrad und der flachen Seite zur Druckbelastung ein. Die Öffnungen der Seegerringe müssen zwischen erhabenen Bereichen der Welle liegen – be-

28.39a Schieben Sie die Nutenscheibe auf, ...

28.39b ... installieren Sie das Nadellager in seinen Sitz ...

28.39c ...und schieben Sie das 3.-Gangrad darüber.

28.40a Installieren Sie das Nadellager in seinen Sitz ...

28.40b ...und schieben Sie das 4.-Gangrad darüber.

28.40c Schieben Sie die Nutenscheibe auf.

28.40d Sichern Sie alles mit dem Spiral-Sicherungsring, ...

28.40e ...der korrekt in seiner Nut positioniert sein muss.

28.41a Installieren Sie das 5.-Gangrad mit der Schaltgabelnut voran auf die Welle ...

achten Sie dafür die Sektion 2 der *Werkzeug- und Werkstatt-Tipps* im Anhang.

37 Installieren Sie das Lager auf und schieben Sie das 2.-Gangrad darüber (siehe Abbildungen). Schieben Sie die Nutenscheibe auf und installieren Sie den Seegerring, der korrekt in seiner Nut liegen muss (siehe Abbildungen).

38 Schieben Sie das 6.-Gangrad mit der Schaltgabelnut vom 2.-Gangrad weg zeigend auf und sichern Sie es mit dem korrekt in seiner Nut sitzenden Spiral-Sicherungsring (siehe Abbildungen).

39 Schieben Sie die Nutenscheibe, installieren Sie das Lager des 3.-Gangrades und schieben Sie das 3.-Gangrad darüber – seine Mitnehmernuten müssen zum 6.-Gangrad zeigen (siehe Abbildungen).

40 Installieren Sie das Lager des 4.-Gangrades und schieben Sie das 4.-Gangrad darüber – seine Mitnehmernuten müssen vom 3.-Gangrad weg zeigen. Es folgen Sie die Nutenscheibe und der korrekt in seiner Nut sitzende Spiral-Sicherungsring (siehe Abbildungen).

41 Installieren Sie das 5.-Gangrad mit der Schaltgabelnut zum 4.-Gangrad zeigend und legen Sie die Anlaufscheibe auf (siehe Abbildungen).

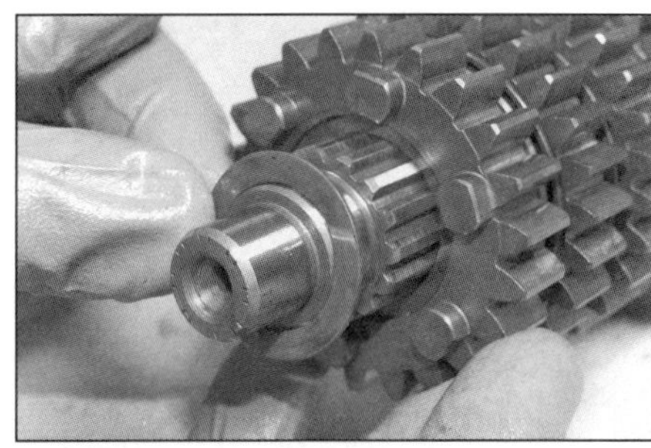

28.41b ... und schieben Sie die Anlaufscheibe auf.

28.42a Installieren Sie das Nadellager in seinen Sitz ...

28.42b ...und schieben Sie das 1.-Gangrad darüber.

28.42c Legen Sie die gefettete Scheibe auf, ...

42 Installieren Sie das Lager des 1.-Gangrads und schieben Sie das 1.-Gangrad mit den Mitnehmernuten zum 5.-Gangrad zeigend auf (siehe Abbildungen). Schmieren Sie die Anlaufscheibe mit Fett und installieren Sie sie auf die Welle (siehe Abbildung). Installieren Sie den Innenring des Rollenlagers und drücken oder treiben Sie ihn mit einem geeigneten Steckschlüssel vollständig auf (siehe Abbildungen).
43 Überprüfen Sie, ob alle Bauteile korrekt installiert sind (siehe Abbildung).

Getriebewellen

Einbau

44 Legen Sie die Wellen nebeneinander, sodass die Getrieberäder ineinander greifen (siehe Abbildung). Greifen Sie beide Wellen und führen Sie sie in die linke Gehäusehälfte ein (Abbildung 28.8).
45 Montieren Sie die Schaltwalze und die Schaltgabeln (siehe Sektion 27).
46 Bringen Sie das Getriebe in den Leerlauf und kontrollieren Sie, ob sich beide Getriebewellen unabhängig voneinander drehen lassen. Kontrollieren Sie die Schaltbarkeit des Getriebes, indem Sie mit einer Hand die Eingangswelle und mit der anderen die Schaltwalze drehen.
47 Verbinden Sie die Motorgehäusehälften (siehe Sektion 22).

28.42d ... installieren Sie den Rollenlager-Innenring ...

28.42e und drücken oder treiben Sie ihn vollständig auf.

28.43 Die zusammengebaute Getriebeausgangswelle muss so aussehen – die Zahlen zeigen die Gänge an.

28.44 Setzen Sie die Wellen so zusammen, dass die Getrieberäder ineinander greifen.

29 Einfahrhinweise

1 Stellen Sie sicher, dass der Motorölpegel korrekt ist (siehe *Tägliche Kontrollen*). Sorgen Sie dafür, dass sich im Tank Benzin befindet.
2 Schalten Sie die Zündung ein und den Killschalter auf RUN. Bringen Sie das Getriebe in den Leerlauf.
3 Starten Sie den Motor und lasen Sie bei Leerlaufdrehzahl Betriebstemperatur erreichen. Falls die Öldruck-Kontrolllampe nicht wenige Sekunden nach dem Starten des Motors erlischt, muss der Motor **sofort** gestoppt werden und die Ursache gefunden werden. Wenn ein Motor auch nur sehr kurze Zeit ohne Öl gefahren wird, entstehen Schäden größter Ausmaße.
4 Kontrollieren Sie sorgfältig alles auf Öl- und Kraftstoff-Undichtigkeiten. Überprüfen Sie vor der ersten Probefahrt besonders die Bremsen, die Kupplung und der Antrieb, auch die Instrumente müssen ordentlich funktionieren.
5 Behandeln Sie die Maschine auf den ersten Kilometern vorsichtig, um sicherzugehen, dass überall im Motor Öl angekommen ist und sich alle neuen Teile zu setzen begonnen haben.
6 Große Sorgfalt ist geboten, wenn neue Kolben, Kolbenringe oder Lagerschalen eingebaut wurden. Im Falle neuer Kolben oder Kolbenringe muss die Maschine behandelt werden, als wäre sie neu. Das bedeutet, dass öfter geschaltet werden muss, um immer im optimalen Drehzahlbereich zu fahren, aber nicht über 6000/min gedreht werden darf, zudem sollte der Gasgriff auf den ersten 1000 km nicht vollständig geöffnet werden. Eine Geschwindigkeitsbegrenzung wird nicht vorgeschrieben, hauptsächlich sollen die Teile des Motors sich »einschleifen« und die Leistung langsam auf den ersten 1000 km gesteigert werden. Hat man bereits Erfahrungen mit der Maschine, wird man merken, wann der Motor sich frei dreht.
7 Lassen Sie den Motor nach der Probefahrt abkühlen und prüfen Sie den Ölpegel (siehe *Tägliche Kontrollen*).
8 Wechseln Sie nach 1000 km das Motoröl und den Ölfilter (siehe Kapitel 1, Sektion 4).
9 Auf den folgenden 1500 km darf die Leistung schrittweise erhöht werden, doch sollte die Motordrehzahl 7000/min nicht überschreiten.

Kapitel 3
Motorsteuerung

Inhalt (in alphabetischer Reihenfolge, die Zahlen geben die Nummerierung in den grauen Feldern wieder)

Schwierigkeitsgrade

Leicht. Für Anfänger mit wenig Erfahrung geeignet. 	**Relativ leicht.** Für Anfänger mit etwas Erfahrung geeignet. 	**Relativ schwierig.** Geeignet für geübte Selbstschrauber. 	**Schwer.** Geeignet für Selbstschrauber mit viel Erfahrung. 	**Sehr schwer.** Geeignet für Experten und Profis.

Technische Daten

Kraftstoff

Typ	Super bleifrei (min. 95 Oktan)
Tankinhalt	13,5 Liter (davon ca. 4 Liter Reserve)

Einspritzanlage – Prüfdaten

Einspritzdüsen-Widerstand	11 bis 13 Ohm bei 24 °C

Tankanzeige-Geber (Modelle ab 2019)

Widerstand bei leerem Tank	ca. 20 Ohm
Widerstand bei vollem Tank	ca. 320 Ohm

Zündspulen

Primärwicklungs-Widerstand	ca. 1,5 Ohm
Zündkabel-Widerstand (inkl. Kerzenstecker)	ca. 4,5 K-Ohm

Zündkerzen

Typ	NGK DCPR 8E
Elektrodenabstand	0,7 bis 0,8 mm

Anzugsdrehmomente

	Nm
Auspuffanlage	
Krümmerflanschmuttern	24
Schalldämpfer-Befestigungsschrauben	10
Benzinpumpen-Befestigungsschrauben	5
Lambdasonde	45
Sekundärluft-Zungenventilgehäuse-Schrauben	15

1 Allgemeine Informationen und Warnhinweise

Allgemeine Informationen

1 Die Einspritzung und die Zündung werden von einem gemeinsamen Motorsteuermodul (ECU = Engine Control Unit) überwacht.

Kraftstoffsystem

2 Das Kraftstoffsystem besteht aus dem Benzintank, der darin sitzenden Benzinpumpe (samt Druckregler, Filter und Ansaugsieb),der Kraftstoffleitung zu den Einspritzdüsen, dem gemeinsamen Drosselklappengehäuse und dem Gasbowdenzug. Die Einspritzung wird vom Motorsteuermodul anhand der Informationen diverser Sensoren aktiviert – beachten Sie für weitere Informationen die Hinweise in Sektion 10.

3 Alle Modelle sind mit einem im Tank sitzenden Geber ausgerüstet, dieser aktiviert bis Modelljahr 2018 eine Warnleuchte und ab Modelljahr 2019 eine Tankanzeige im Instrument.

Zündsystem

4 Die elektronische Transistorzündung ist mit der Einspritzanlage kombiniert und beide werden mit dem Motorsteuermodul (ECU) geregelt. Die Zündanlage besteht aus mehreren Zündauslösern (Trigger), dem Kurbelwellensensor (CKP), Zündspulen und den Zündkerzen.

5 Die am Lichtmaschinenrotor (links auf der Kurbelwelle) sitzenden Auslöser aktivieren bei sich drehendem Motor magnetisch den am Motorgehäuse sitzenden Kurbelwellensensor. Dieser sendet ein Signal an das Steuermodul, welches die Zündspulen mit dem zur Bildung eines Zündfunken benötigten Stroms versorgt. Der Zündzeitpunkt ist nicht einstellbar.

6 Das Zündsystem ist mit einem Sicherheitsstromkreis ausgerüstet, der bei laufendem Motor die Zündung unterbricht, falls bei eingelegtem Gang der Seitenständer ausgeklappt ist. Der Stromkreis verhindert auch das Starten des Motors, falls ein Gang eingelegt ist und (bei eingeklappten Seitenständer) nicht die Kupplung gezogen wird.

Anmerkung: *Bauartbedingt können die Teile der Motorsteuerung zwar kontrolliert, aber nicht repariert werden. Wenn im Einspritz- oder Zündsystem Probleme auftreten, kann die fehlerhafte Komponente isoliert und durch ein Austauschteil ersetzt werden. Elektronikteile können oftmals nach dem Kauf nicht umgetauscht werden. Um unnötige Kosten zu vermeiden, sollten Sie absolut sicher gehen, dass das fehlerhafte Teil richtig identifiziert worden ist, bevor Sie ein Neuteil kaufen.*

Vorsichtsmaßnahmen

⚠ ***Warnung: Benzin ist leicht entzündlich, vor allem in Form von Dampf. Daher müssen unten stehende Vorsichtsmaßnahmen getroffen werden. Beachten Sie, dass Benzindampf schwerer ist als Luft und sich daher in schlecht belüfteten Ecken sammeln kann. Vermeiden Sie Hautkontakt und suchen Sie einen Arzt auf, wenn Benzin in die Augen gelangt ist oder verschluckt wurde. Tragen Sie immer eine Sicherheitsbrille und haben Sie einen geeigneten Feuerlöscher zur Hand.***

7 Nachdem der Motor abgeschaltet wurde, steht das Kraftstoffsystem noch längere Zeit unter einem gewissen Druck, der beim Trennen von Anschlüssen mit Lappen aufgefangen werden muss. Bei getrennten Kraftstoffleitungen darf kein Schmutz in den Tank oder den Druckspeicher gelangen, da hierdurch die Einspritzanlage verstopft oder beschädigt werden kann. Vor dem Trennen oder Verbinden von Kabelsteckern der Motorsteuerung muss sichergestellt sein, dass die Zündung abgeschaltet ist – andernfalls kann das Steuermodul beschädigt werden.

8 Führen Sie Arbeiten am Kraftstoffsystem nur in gut belüfteten Räumen durch.

9 Stellen Sie sicher, dass sich keine offenen Flammen oder Funken (z.B. Zündanlagen) in der Nähe befinden, wenn Sie mit Benzin hantieren.

10 Beachten Sie absolutes Rauchverbot für jedermann bei Arbeiten am Kraftstoffsystem. Denken Sie an die Gefahr, die von brennenden Zigaretten ausgeht, und entfernen Sie sich zum Rauchen weit genug vom Arbeitsplatz.

11 Denken Sie daran, dass elektrische Geräte wie Schalter, Bohrmaschinen, Schleifböcke u.a. Funken produzieren. Vermeiden Sie daher den Betrieb solcher Geräte bei Arbeiten am Kraftstoffsystem und lüften Sie den Raum gründlich aus, bevor Sie damit beginnen.

12 Wischen Sie grundsätzlich verschüttetes Benzin auf und entsorgen Sie benzingetränkte Lappen und Tücher in einem feuersicheren Behälter (z.B. einem Stahlfass).

13 Benzin darf nur in dafür geprüften und luftdicht verschlossenen und beschrifteten Behältern gelagert werden. Die Menge der Vorratshaltung in Wohnhäusern ist gesetzlich begrenzt. Bewahren Sie auch demontierte Benzintanks mit geschlossenem Tankdeckel sicher auf.

14 Lesen Sie sorgfältig die »Sicherheit Zuerst!«-Sektion am Anfang dieses Buchs, bevor Sie mit der Arbeit beginnen.

2 Tank

⚠ ***Warnung: Bei der Demontage des Tanks wird es sich nicht vermeiden lassen, dass Benzinreste austreten werden. Lesen Sie zunächst die Warnhinweise in Sektion 1 und halten Sie einige Lappen bereit. Nachdem der Tank demontiert wurde, sollte er auf Lappen abgelegt werden, um Schäden am Lack und Anschlüssen zu vermeiden. Versuchen Sie den Ausbau so zu legen, dass der Tank fast leer gefahren wurde; alternativ muss der Kraftstoff mit einer geeigneten Pumpe abgesaugt und in Kanistern gelagert werden.***

Ausbau

1 Der Tankdeckel muss fest verschlossen sein. Falls sich im Tank noch größere Mengen Benzin befinden, sollten diese mit einer Pumpe abgesaugt und in geeigneten Kanistern gelagert werden.

2 Demontieren Sie die Sitzbank (siehe Kapitel 6, Sektion 2). Trennen Sie den Masseanschluss (–) der Batterie (siehe Kapitel 7, Sektion 3).

3 Trennen Sie ab Modelljahr 2019 den Stecker des Tankuhr-Gebers (siehe Abbildung).

4 Befreien Sie die vordere Blende vom Tank, indem Sie seine Zapfen aus den Gummiösen ziehen (siehe Abbildung).

5 Lösen Sie hinten am Tank die zwei Schrauben – beachten Sie die Hülsen in den Gummiösen (siehe Abbildung). Lösen Sie links und rechts die vorderen Schrauben, beachten Sie die Scheiben und entfernen Sie die zwischen

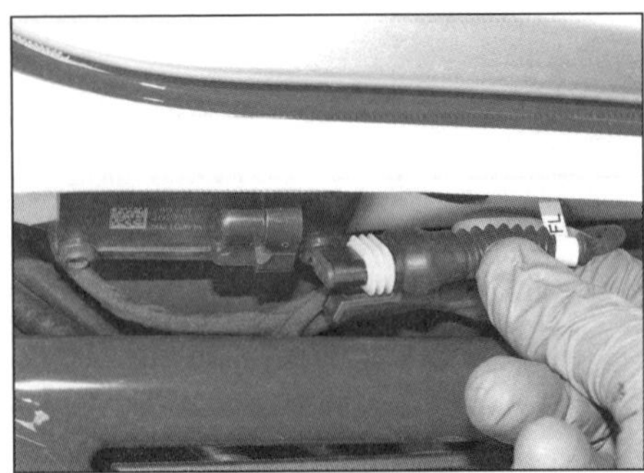

2.3 Stecker des Tankuhr-Gebers

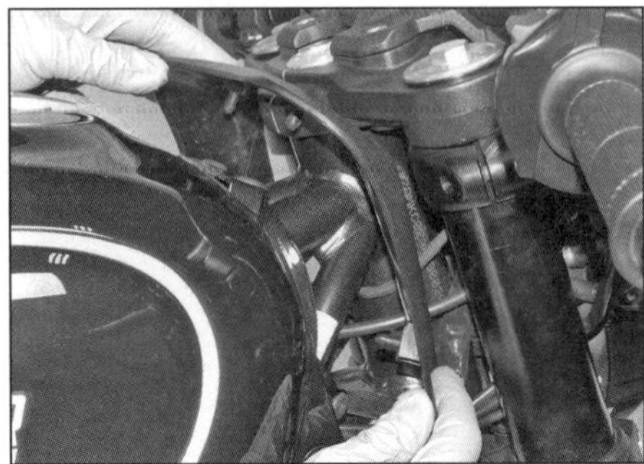

2.4 Entfernen Sie die vordere Tankblende.

Tank und Rahmen sitzenden Gummibuchsen – beachten Sie die von innen eingeschobenen Hülsen (siehe Abbildung).

6 Schützen Sie den vorderen Bereich des Tanks mit Lappen, heben Sie ihn hinten an und stützen Sie ihn ab (siehe Abbildungen).

7 Trennen Sie das Massekabel und den Stecker der Benzinpumpe (siehe Abbildungen).

8 Säubern Sie die Schnellverbinder der Kraftstoffleitungen, damit kein Schmutz eindringen kann. Unterlegen Sie die Verbindung mit Lappen, um Benzinreste aufzunehmen. Drücken Sie den Arretierring zur Basis und ziehen Sie den Anschluss heraus (siehe Abbildungen). Dichten Sie beide Seiten des Schnellverbinders mit Folie oder einem Stück Latex-Handschuh sowie Gummibändern ab, damit kein Schmutz eindringen kann.

9 Ziehen Sie den Überlaufschlauch und je nach Modell den Entlüftungs- oder Verdunstungsregelungs-Schlauch ab (siehe Abbildung).

10 Heben Sie den Tank vorsichtig vom Rahmen ab und stellen Sie ihn auf Lappen an einem sicheren Ort ab.

11 Kontrollieren Sie alle Haltegummis und Schläuche auf Beschädigungen und Alterungserscheinungen und ersetzen Sie sie nötigenfalls.

Einbau

11 Je nachdem, wie der Tank gelagert wurde und wie voll er ist, kann Benzin in die Stutzen des Entlüftungs- oder Verdunstungsregelungs-Schlauchs gelangt sein, sodass saugfähige Lappen bereitgehalten werden sollten, um beim Bewegen des Tanks austretendes Benzin aufzunehmen. Sobald der Tank aufrecht steht, werden sich die Rohre mit Luft füllen.

12 Die vorderen und hinteren Gummiösen müssen mit den Hülsen ausgerüstet sein (Abbildungen 2.5a und b).

13 Legen Sie den Tank auf dem Rahmen ab und heben Sie ihn hinten an, um ihn abzustützen (Abbildungen 2.6a und b).

14 Stecken Sie den Überlaufschlauch und je nach Modell den Entlüftungs- oder Verdunstungsregelungs-Schlauch auf die Stutzen (Abbildung 2.9).

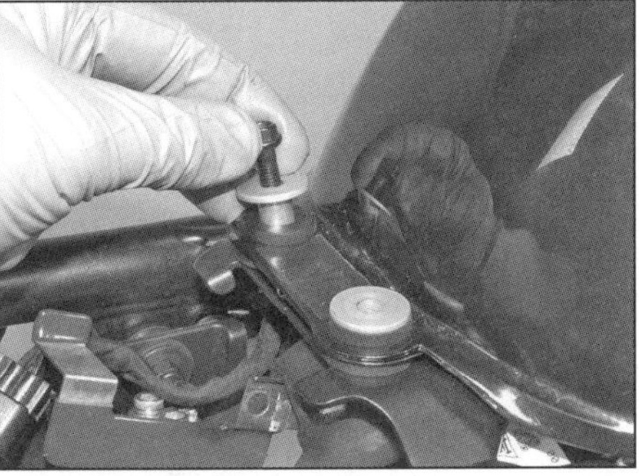

2.5a Lösen Sie die hinteren Tank-Schrauben …

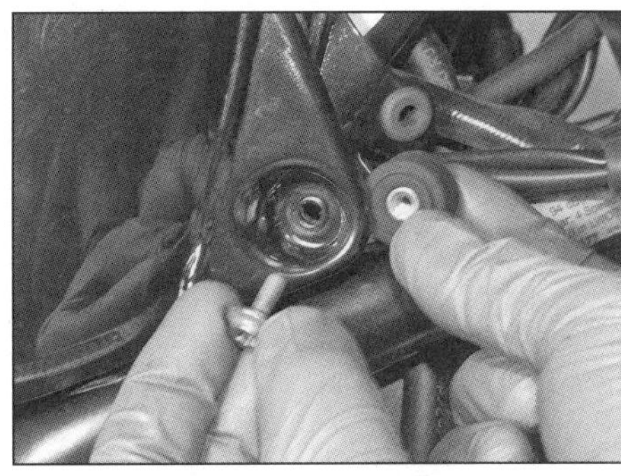

2.5b … und die vorderen Tank-Schrauben – entnehmen Sie die Gummibuchsen samt Hülsen.

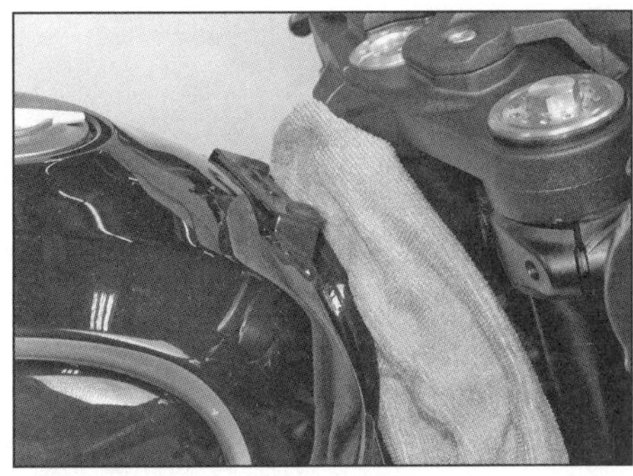

2.6a Legen Sie Lappen zwischen den Tank und die obere Gabelbrücke, …

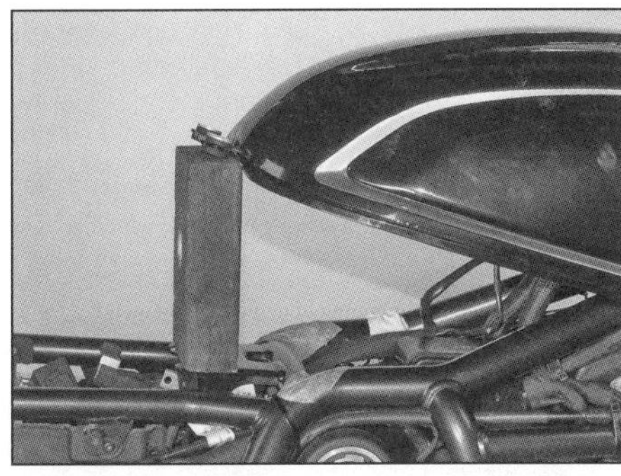

2.6b … heben Sie ihn hinten an und stützen Sie ihn ab.

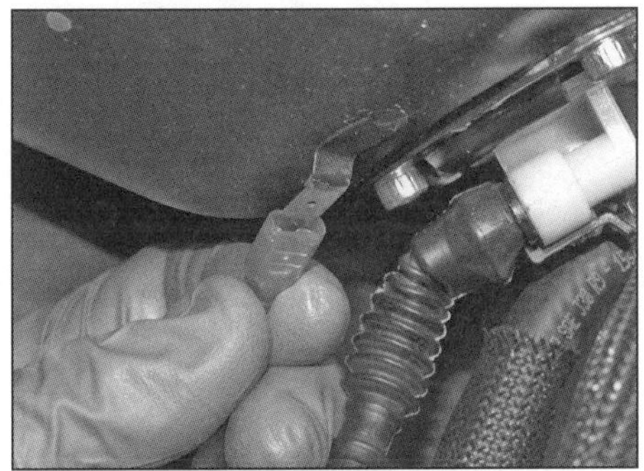

2.7a Ziehen Sie den Stecker des Massekabels ab …

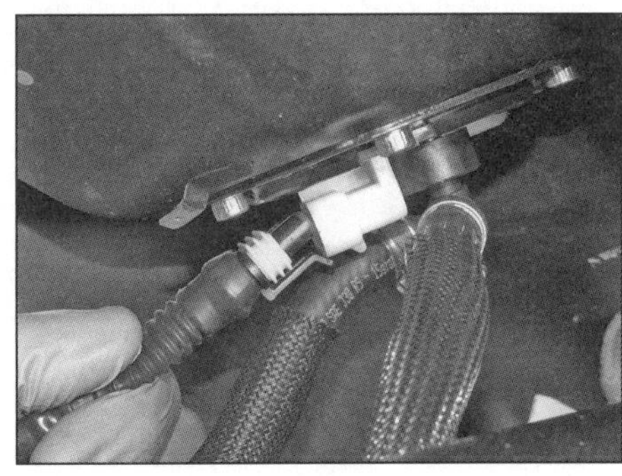

2.7b … und lösen Sie den Benzinpumpen-Stecker.

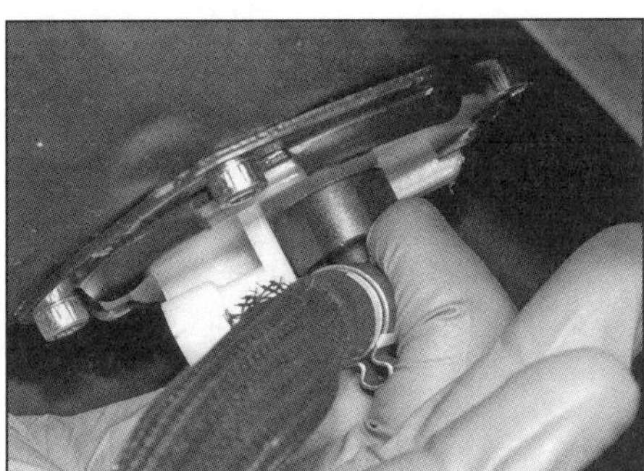

2.8a Drücken Sie die Arretierung hoch …

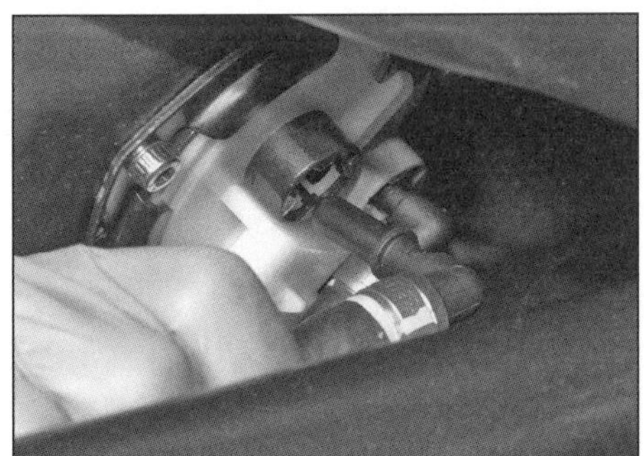

2.8b … und ziehen Sie den Steckverbinder heraus.

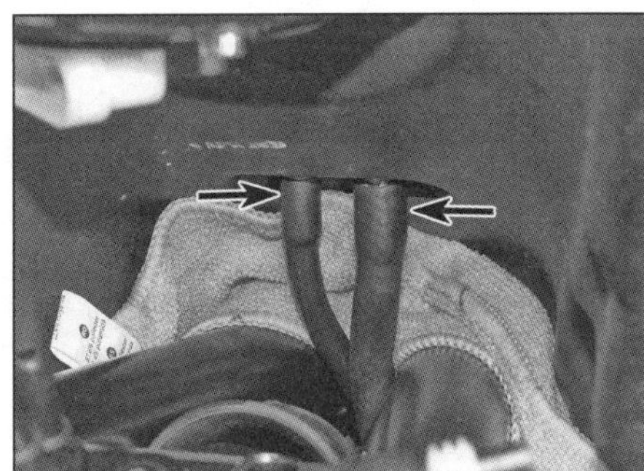

2.9 Ziehen Sie die Schläuche von den Stutzen.

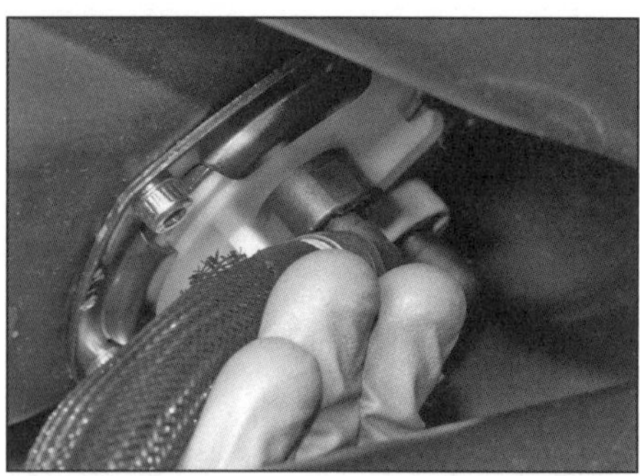

2.16 Drücken Sie die Schnellverschlüsse auf die Stutzen der Benzinpumpe, bis die Arretierungen einrasten.

15 Drücken Sie die Kraftstoffschlauch-Schnellverschlüsse auf die Stutzen der Benzinpumpe, bis sie einrasten und sich nicht mehr abziehen lassen (siehe Abbildung).

16 Verbinden Sie den Benzinpumpen-Stecker und das Massekabel (Abbildungen 2.7b und a).

17 Senken Sie den Tank ab, installieren Sie die vorderen Schrauben samt Buchsen sowie die hinteren Schrauben (Abbildungen 2.5b und a).

18 Schmieren Sie die Gummiösen der vorderen Tankblenden-Zapfen mit Vaseline oder Fett und drücken Sie die Zapfen hinein (Abbildung 2.4).

19 Verbinden Sie ab Modelljahr 2019 den Stecker des Tankuhr-Gebers (Abbildung 2.3).

20 Schließen Sie die Batterie an (siehe Kapitel 7, Sektion 3), schalten Sie den Killschalter auf RUN und die Zündung ein, damit die Benzinpumpe Druck aufbaut; schalten Sie dann die Zündung wieder ab. Wiederholen Sie dies einige Male und kontrollieren Sie die Schlauchanschlüsse auf Undichtigkeiten.

21 Montieren Sie die Sitzbank (siehe Kapitel 6, Sektion 2).

3 Benzinpumpe, Filter, Ansaugsieb und Druck-Regelventil

Warnung: Lesen Sie vor Arbeitsbeginn die Warnhinweise in Sektion 1.

Kontrolle

1 Die Benzinpumpe sitzt innerhalb des Tanks. Nach dem Einschalten der Zündung (Killschalter auf RUN) muss die Pumpe einige Sekunden hörbar laufen, bis das Kraftstoffsystem unter Druck gesetzt ist, dann schaltet sie sich bis zum Starten des Motors ab. Falls von der Pumpe nichts zu hören ist, muss nach dem Anheben des Tanks an seiner Rückseite zunächst geprüft werden, ob der Pumpenstecker und das Massekabel verbunden sind (Abbildungen 2.6b, 2.7a und b). Kontrollieren Sie dann, ob die Motorsteuerungs-Sicherung in Ordnung ist (siehe Kapitel 7, Sektion 5); prüfen Sie außerdem das Hauptrelais und das Pumpenrelais (siehe Kapitel 7, Sektion 15).

2 Beachten Sie anschließend die Hinweise in Kapitel 7, Sektion 2 sowie die Schaltpläne, um den Benzinpumpen-Stromkreis zu kontrollieren – alle Anschlüsse müssen frei von Korrosion und sicher verbunden sein. Reparieren oder ersetzen Sie schadhafte Kabel und reinigen Sie die Anschlüsse mit Kontaktspray.

3 Wenn bis hierher alles in Ordnung ist, kann die Pumpe selbst defekt sein. Bauen Sie sie

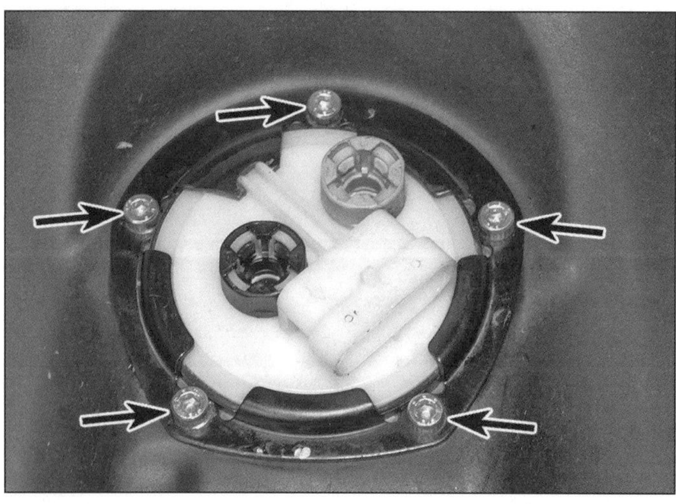

3.6a Lösen Sie die Schrauben der Pumpenplatte, entnehmen Sie diese ...

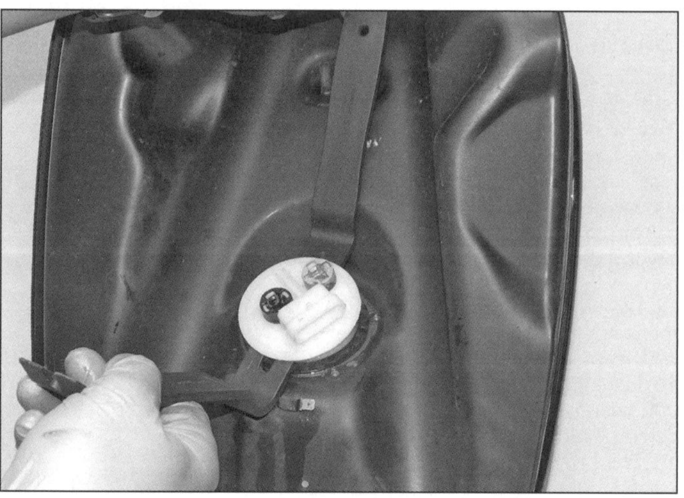

3.6b ... und hebeln Sie die Pumpen-Baugruppe vorsichtig aus dem Tank – verwenden Sie hierfür ein Kunststoff-Werkzeug.

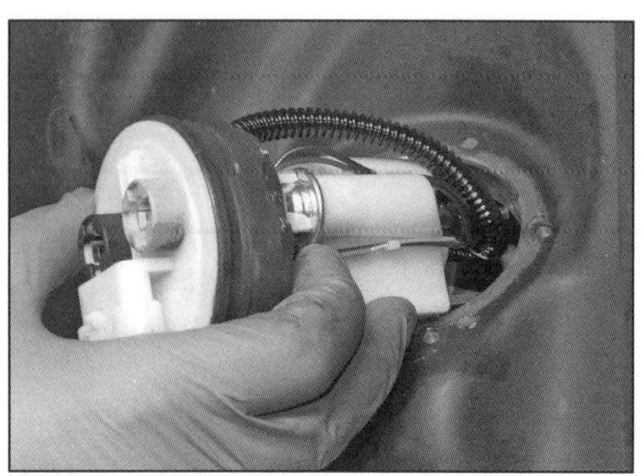

3.6c Befreien Sie die Pumpe, winkeln Sie sie dabei ab, ...

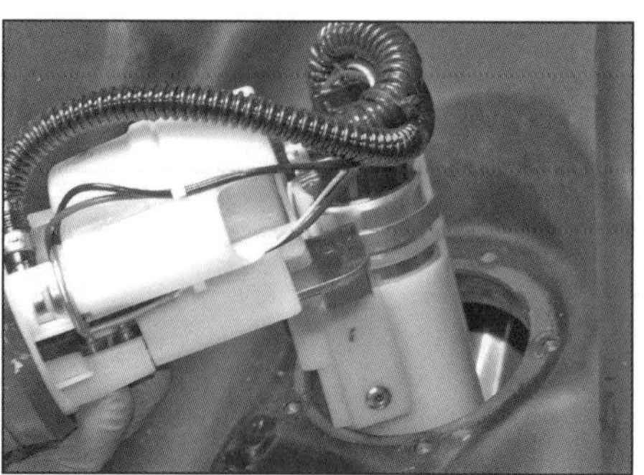

3.6d ... um sie vollständig ...

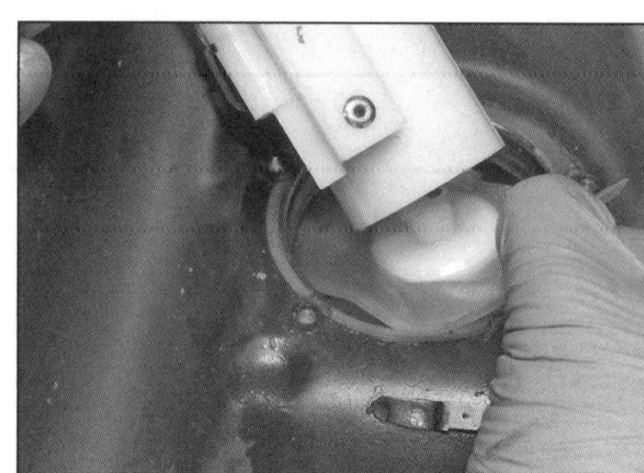

3.6e ... samt Ansaugsieb herausziehen zu können.

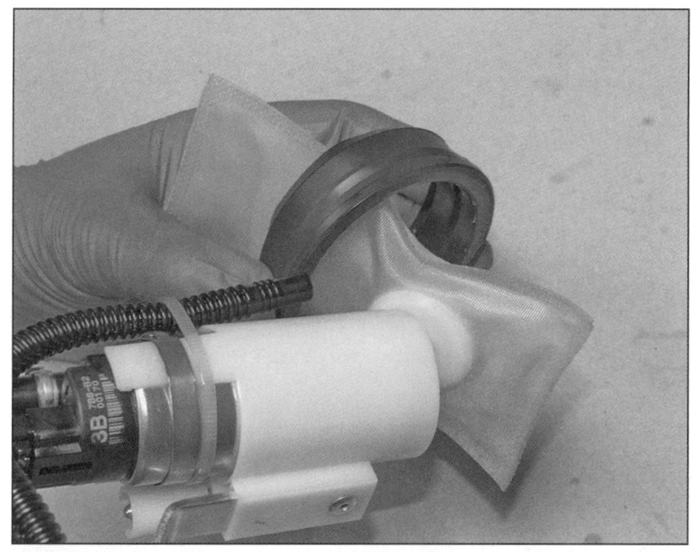

3.9a Führen Sie die neue Dichtung richtig herum über das Ansaugsieb ...

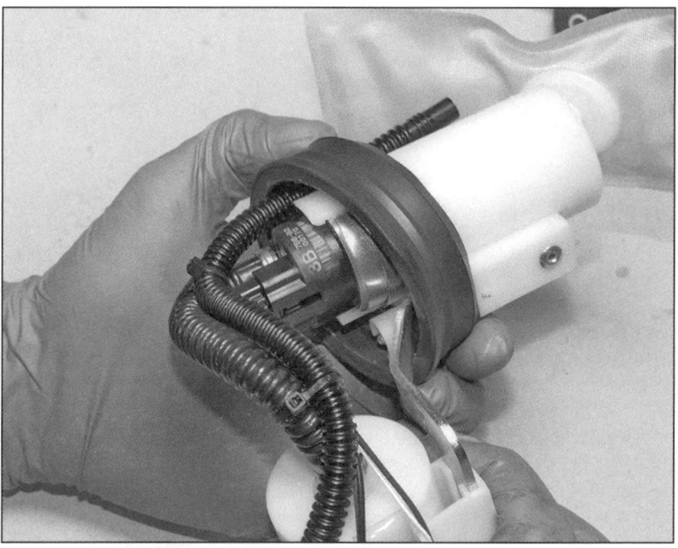

3.9b ... und auf das Pumpengehäuse, ...

zunächst aus und kontrollieren Sie ihre interne Verkabelung. Eine defekte Pumpe muss durch ein Neuteil ersetzt werden, da der Motor nicht separat erhältlich ist.

Benzinpumpe

Ausbau

4 Entleeren Sie den Tank so weit wie möglich (z. B. mit einer geeigneten Pumpe).

5 Demontieren Sie den Tank (siehe Sektion 2). Legen Sie den Tank bei gut verschlossenem Tankdeckel auf dem Kopf liegend auf Lappen ab.

6 Lösen Sie die Schrauben der Benzinpumpenplatte (siehe Abbildung). Heben Sie die Pumpen-Baugruppe vorsichtig aus dem Tank – hebeln Sie sie nötigenfalls ab, falls sie sehr fest sitzt (siehe Abbildungen).

7 Entfernen Sie die Dichtung – merken Sie sich ihre Einbaurichtung (Abbildungen 3.9c, b und a); beim Einbau wird ein Neuteil benötigt.

Benzinpumpe

Einbau

8 Prüfen Sie den festen Sitz aller internen Pumpen-Kabel.

9 Die Pumpen-Grundplatte, die Befestigungsplatte und die Tankoberfläche müssen absolut sauber und trocken sein. Rüsten Sie die Pumpe mit der neuen Dichtung aus (siehe Abbildungen). Schmieren Sie die Dichtung mit Klüberplus S 06-100 oder Vaseline ein (siehe Abbildung).

10 Manövrieren Sie die Pumpe vorsichtig ein Stück weit in den Tank (Abbildungen 3.6e, d und c), aber drücken Sie sie noch nicht in ihren Sitz, weil sich dann die Schraubenlöcher kaum noch ausrichten lassen (siehe Abbildungen). Setzen Sie die Halteplatte auf, sodass ihr Ausschnitt um die Rippe der Pumpe greift, und richten Sie jetzt die Schraubenbohrungen aus (siehe Abbildung).

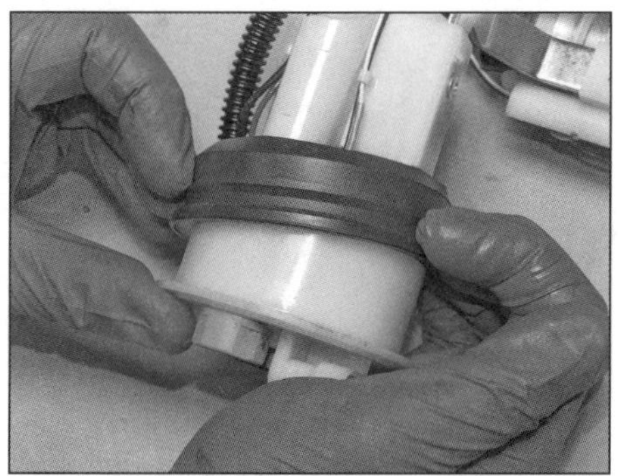

3.9c ... um sie über deren Grundplatte zu positionieren.

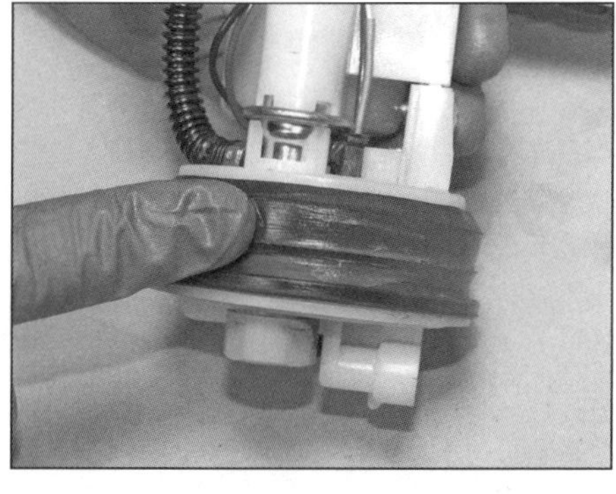

3.9d Schmieren Sie die Dichtung mit einem temporären Montagehilfsmittel oder Vaseline.

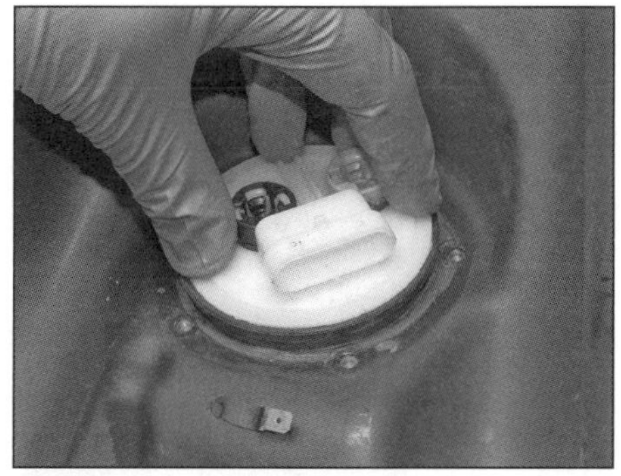

3.10a Positionieren Sie die Pumpe im Tank, sodass sie sich noch verdrehen lässt.

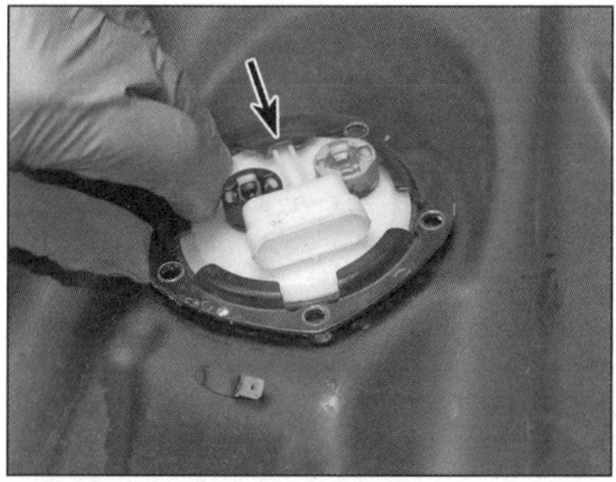

3.10b Setzen Sie die Platte mit dem Ausschnitt um die Rippe der Pumpe aus (Pfeil) und richten Sie die Schraubenbohrungen aus.

3.11a Ziehen Sie die Schrauben der Benzinpumpenplatte schrittweise mit 5 Nm an.

3.11b Die Benzinpumpe muss rundherum vollständig im Tank sitzen.

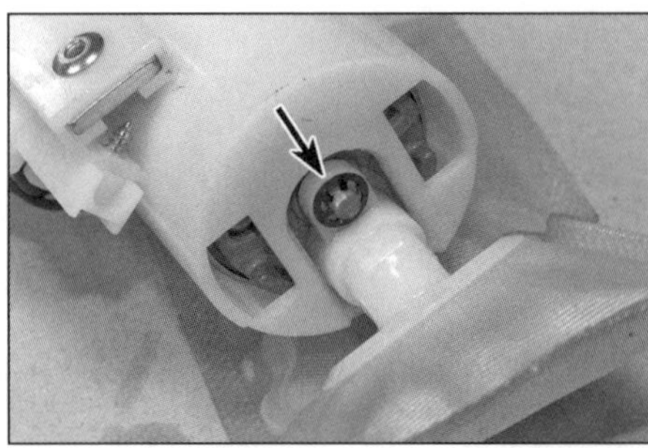

3.15 Das Ansaugsieb ist mit einer Innenzahnscheibe an der Pumpe gesichert.

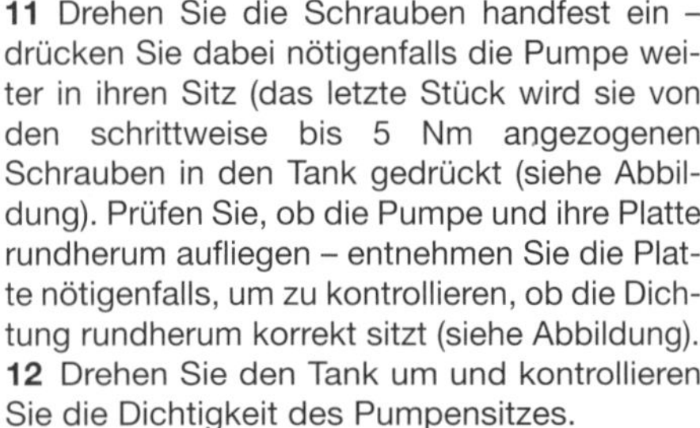

11 Drehen Sie die Schrauben handfest ein – drücken Sie dabei nötigenfalls die Pumpe weiter in ihren Sitz (das letzte Stück wird sie von den schrittweise bis 5 Nm angezogenen Schrauben in den Tank gedrückt (siehe Abbildung). Prüfen Sie, ob die Pumpe und ihre Platte rundherum aufliegen – entnehmen Sie die Platte nötigenfalls, um zu kontrollieren, ob die Dichtung rundherum korrekt sitzt (siehe Abbildung).
12 Drehen Sie den Tank um und kontrollieren Sie die Dichtigkeit des Pumpensitzes.
13 Montieren Sie den Tank (siehe Sektion 2).

Benzinfilter, Ansaugsieb und Druck-Regelventil (Modelle bis 2018)

Anmerkung: *Alle erforderlichen Komponenten zum Austausch des Filters, des Ansaugsiebs und des Regelventils für Modelle bis 2018 werden zusammen mit allen erforderlichen Schellen und O-Ringen gemeinsam als Set angeboten – für den Ausbau des Druck-Regelventils muss der Filter entfernt werden. Beim Verfassen dieses Buchs waren solche Kits für Modelle ab 2019 nicht erhältlich – erkundigen Sie sich beim Ducati-Händler nach der Verfügbarkeit.*

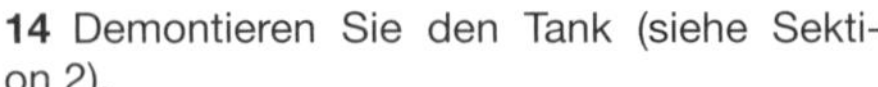

14 Demontieren Sie den Tank (siehe Sektion 2).

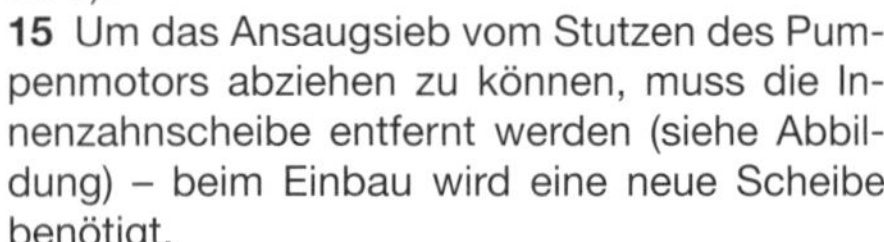

15 Um das Ansaugsieb vom Stutzen des Pumpenmotors abziehen zu können, muss die Innenzahnscheibe entfernt werden (siehe Abbildung) – beim Einbau wird eine neue Scheibe benötigt.
16 Um den Filter entfernen zu können, müssen der Pumpen- und der Sensor-Stecker getrennt und die Kabel aus den Clips befreit werden (siehe Abbildungen). Lösen Sie die Schellen und ziehen Sie oben am Filter sowie am Regelventil den Schlauch ab (siehe Abbildung). Lösen Sie die Schrauben und trennen Sie die aus dem Pumpenmotor und dem Filter bestehende Baugruppe (siehe Abbildung). Ziehen Sie den Filter aus der Pumpen-Basis und entfernen Sie die Hülse sowie den O-Ring.
17 Um das Druck-Regelventil entfernen zu können, muss zunächst der Pumpenmotor/Filterdeckel demontiert werden (Schritt 16). Ziehen Sie dann das Ventil aus der Pumpenbasis und entfernen Sie den O-Ring.

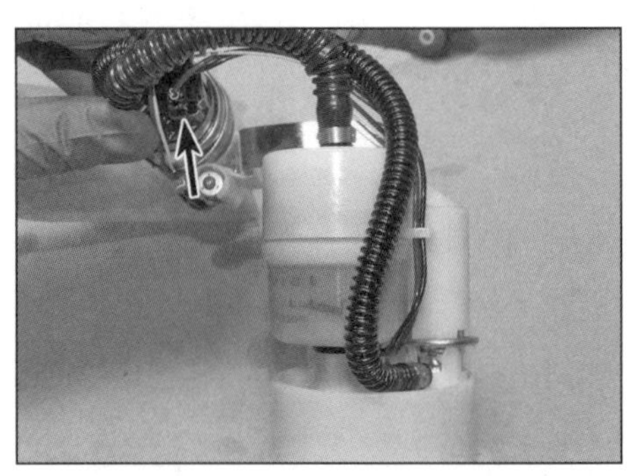

3.16a Pumpenstecker

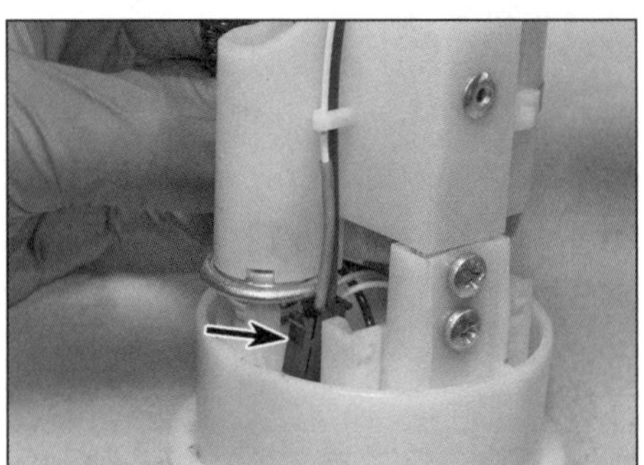

3.16b Sensor-Stecker

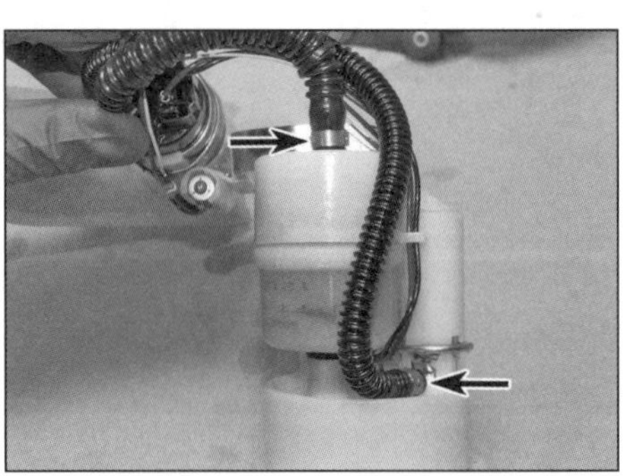

3.16c Schlauchschellen

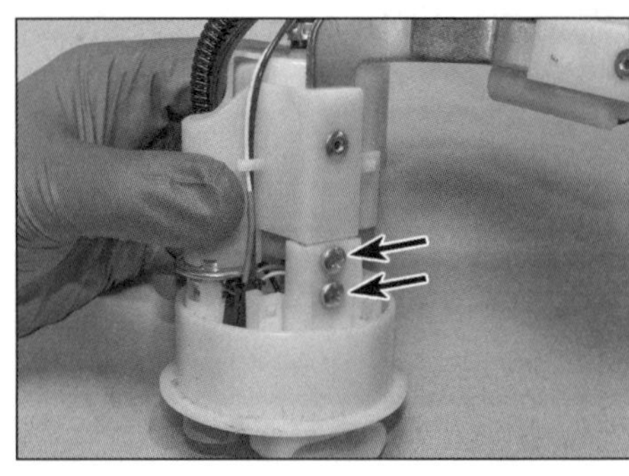

3.16d Schrauben, die den Pumpenmotor-Halter/Filterdeckel mit der Basis verbinden

18 Der Einbau entspricht der umgekehrten Ausbaureihenfolge – verwenden Sie alle im Set enthaltenen Bauteile.
19 Bauen Sie die Pumpe in den Tank (Schritte 8 bis 11).

4 Tankanzeige, Warnleuchte und Sensor/Geber

Modelle bis 2018

1 Der Stromkreis besteht aus dem an der Benzinpumpe sitzenden Reserve-Sensor und der Warnleuchte im Instrument. Sobald sich nur noch etwa vier Liter Kraftstoff im Tank befinden, wird die Warnleuchte aktiviert.
2 Wird ein Fehler vermutet, müssen der Benzinpumpenstecker (siehe Sektion 2) und der Instrumentenstecker getrennt werden (siehe Kapitel 7, Sektion 14). Prüfen Sie mithilfe des entsprechenden Schaltplans, ob zwischen den beiden Kabel-Enden Durchgang besteht.
3 Soweit die Verkabelung in Ordnung ist, muss die Pumpe ausgebaut und der Stecker des Sensors überprüft werden (Abbildung 3.16b).
4 Um den Sensor demontieren zu können, wird seine Verkabelung gelöst und befreit (Abbildung 3.16b) und der Sensor aus seinem Halter entfernt (siehe Abbildung). Der Einbau entspricht der umgekehrten Ausbaureihenfolge.
5 Wenn auch der Sensor in Ordnung ist, wird der Fehler im Instrument liegen (siehe Kapitel 7, Sektion 14).

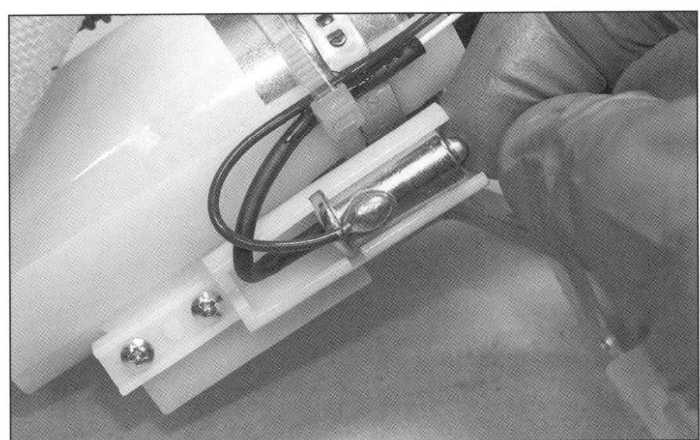

4.4 Befreien Sie den Sensor aus seinem Halter.

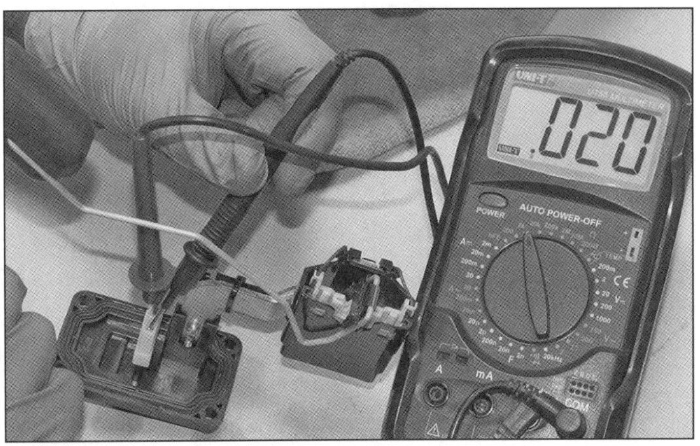

4.8a Prüfen Sie den Widerstand bei hoch geschwenktem Schwimmer (Tank voll) ...

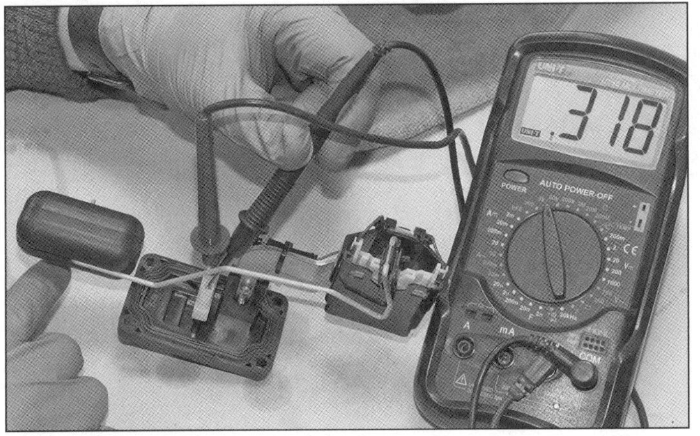

4.8b ... und bei abgesenktem Schwimmer (Tank leer).

4.11a Lösen Sie die Schrauben der Geberplatte.

Modelle ab 2019

6 Der Stromkreis besteht aus dem Geber im Tank und der Tankanzeige sowie der Warnleuchte im Instrument. Sobald sich nur noch etwa vier Liter Kraftstoff im Tank befinden, wird die Warnleuchte aktiviert.

Kontrolle

7 Wird ein Fehler vermutet, müssen der Stecker des Gebers (Abbildung 2.3) und der Instrumentenstecker getrennt werden (siehe Kapitel 7, Sektion 14). Prüfen Sie mithilfe des entsprechenden Schaltplans, ob zwischen den beiden Kabel-Enden Durchgang besteht. Soweit die Verkabelung in Ordnung ist, muss der Geber ausgebaut (siehe unten) und wie folgt überprüft werden:

8 Kontrollieren Sie den Schwimmerarm auf Beschädigungen. Im Schwimmer darf sich kein Kraftstoff befinden und der Hebel muss sich sanft und frei auf und ab schwenken lassen. Kontrollieren Sie auch die Verkabelung. Schalten Sie ein Multimeter auf den Ohm-Messbereich und verbinden Sie seine Klemmen mit den Geber-Kontakten. Ermitteln Sie den Widerstand bei hoch geschwenktem Schwimmer (Tank voll – ca. 20 Ohm) und abgesenktem Schwimmer (Tank leer – ca. 320 Ohm) (siehe Abbildungen). Falls die Ergebnisse stark von den Vorgaben abweichen, muss der Geber durch ein Neuteil ersetzt werden.

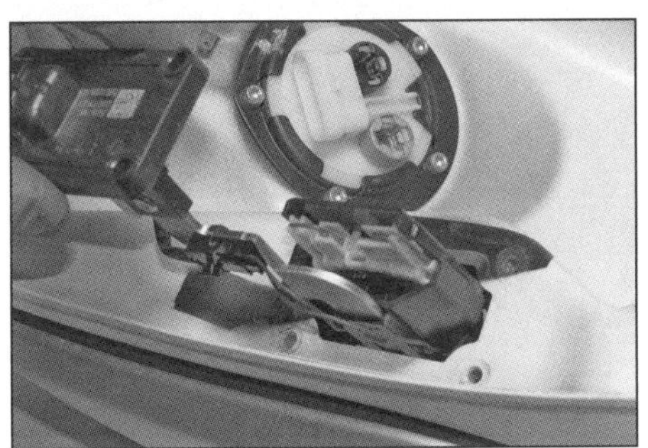

4.11b Heben Sie vorsichtig den Geber ...

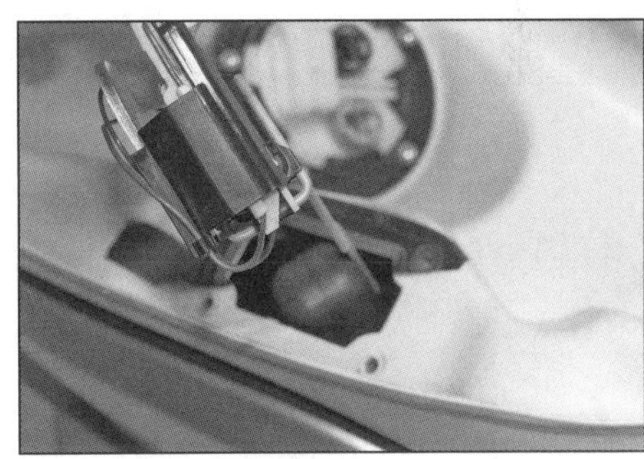

4.11c ... samt Schwimmer aus dem Tank.

Ausbau

9 Der Tank sollte weitgehend leer sein. Saugen Sie nötigenfalls mit einer Handpumpe möglichst viel Benzin ab und lagern Sie es in geeigneten Kanistern.

10 Demontieren Sie den Tank (siehe Sektion 2). Legen Sie den Tank bei fest verschossenem Tankdeckel über Kopf auf mehreren Lappen ab.

11 Lösen Sie die Schrauben der Geberplatte (siehe Abbildung). Befreien Sie den Geber vorsichtig aus dem Tank – verbiegen Sie dabei nicht den Schwimmerarm (siehe Abbildungen).

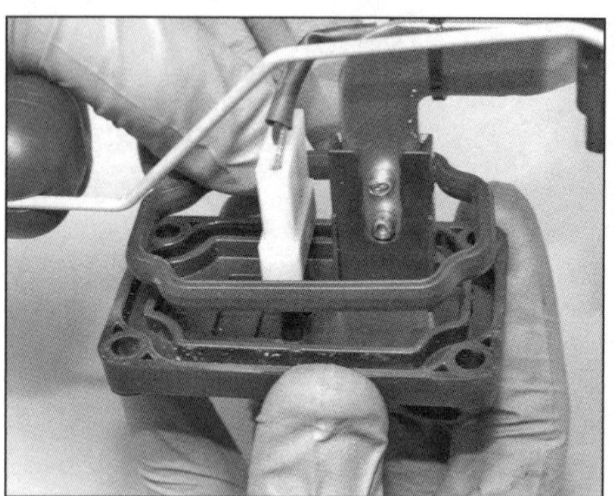

4.12a Befreien Sie die Dichtung aus der Nut der Geberplatte ...

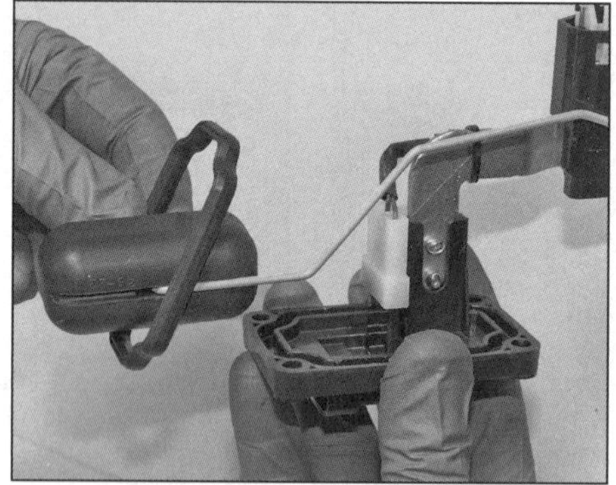

4.12b ... sowie um das Gehäuse und den Schwimmer herum.

5.4 Lösen Sie den Clip und befreien Sie den Stecker.

12 Entfernen Sie die Dichtung unter Beachtung ihrer Einbaurichtung (siehe Abbildungen) – beim Einbau muss ein Neuteil verwendet werden.
13 Trennen Sie nötigenfalls die Kabelstecker, befreien Sie die Kabel und befreien Sie den Geber samt Schwimmer von der Platte – die Baugruppe ist separat erhältlich.

Einbau

14 Die Geberplatte und die Tankoberfläche müssen absolut sauber und trocken sein. Führen Sie die neue Dichtung um den Schwimmer und das Gehäuse zur Nut der Geberplatte und drücken Sie sie dort hinein (Abbildungen 4.12b und a).
15 Manövrieren Sie den Geber vorsichtig in den Tank hinein (Abbildungen 4.11c, b und a).
16 Installieren Sie die Schrauben und ziehen Sie sie sorgfältig über Kreuz an. Prüfen Sie, ob die Geberplatte rundherum am Tank anliegt.
17 Drehen Sie den Tank um und kontrollieren Sie die Dichtigkeit der Geberplatte.
18 Montieren Sie den Tank (siehe Sektion 2).

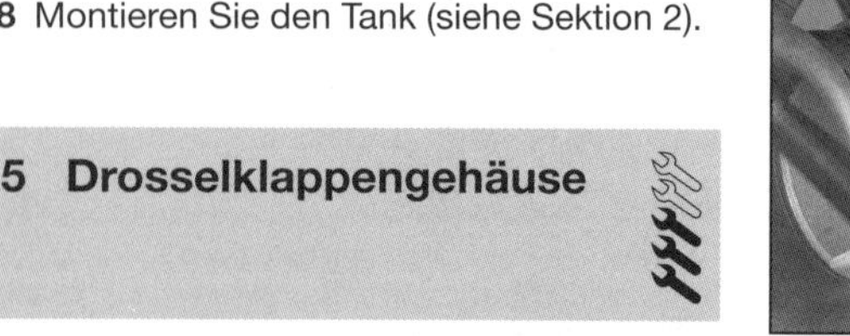

5 Drosselklappengehäuse

Warnung: Lesen Sie vor Arbeitsbeginn die Warnhinweise in Sektion 1.

Ausbau

1 Demontieren Sie die vorderen Seitenblenden (siehe Kapitel 6, Sektion 3).
2 Entfernen Sie das Luftfilterelement (siehe Kapitel 1, Sektion 6).
3 Trennen Sie den Gaszug von der Drosselklappenbetätigung (siehe Sektion 6, Schritt 3).
4 Trennen Sie den Stecker des Standgasanhebungs-Stellmotors (siehe Abbildung).
5 Lockern Sie unten am Drosselklappengehäuse die Schelle, heben Sie das Gehäuse vom Einlassstutzen, trennen Sie den Stecker des Drosselklappensensors und entnehmen Sie das Drosselklappengehäuse (siehe Abbildungen).

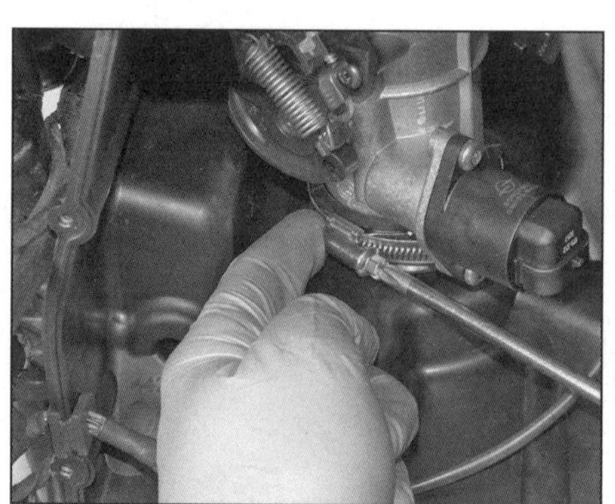

5.5a Lockern Sie die Schelle, ...

5.5b ... heben Sie das Drosselklappengehäuse vom Einlassstutzen, ...

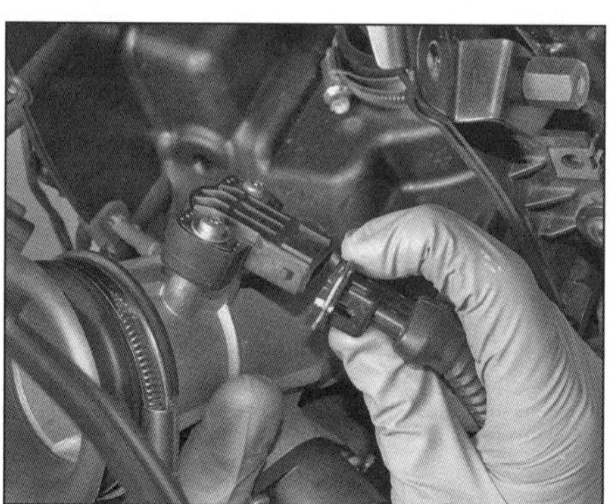

5.5c ... drücken Sie den Drahtbügel herunter und trennen Sie den Stecker des Drosselklappensensors.

5.7 Richten Sie das Drosselklappengehäuse mit dem Anguss (A) zwischen den Laschen (B) des Einlassstutzens aus.

Achtung: Verstopfen Sie das Drosselklappengehäuse und den Einlassstutzen mit Lappen, damit kein Schmutz eindringen kann.

6 Demontieren Sie vom Drosselklappengehäuse nötigenfalls den Standgasanhebungs-Stellmotor (siehe Sektion 14) und den Drosselklappensensor (siehe Sektion 12).

Einbau

7 Der Einbau entspricht der umgekehrten Ausbaureihenfolge – richten Sie das Drosselklappengehäuse mit dem Anguss zwischen den Laschen des Einlassstutzens aus und sichern Sie es mit der fest angezogenen Schelle (siehe Abbildung).

6 Gaszug

Ausbau

1 Demontieren Sie den Luftfilter (siehe Kapitel 1, Sektion 6).

2 Demontieren Sie am Gasgriffgehäuse die Gaszug-Abdeckung (siehe Abbildung). Lösen Sie die Schrauben des Gehäuses und ziehen Sie es vom Lenker – beachten Sie seine Einbauposition (siehe Abbildung). Befreien Sie den Gaszugnippel aus seiner Aufnahme, drehen Sie den Einsteller aus dem Gehäuse und befreien Sie den Gaszug (siehe Abbildungen).

3 Befreien Sie den Gaszugnippel aus der Drosselklappenbetätigung, lösen Sie den Clip des Gaszugeinstellers und heben Sie ihn aus dem Halter des Drosselklappengehäuses (siehe Abbildungen).

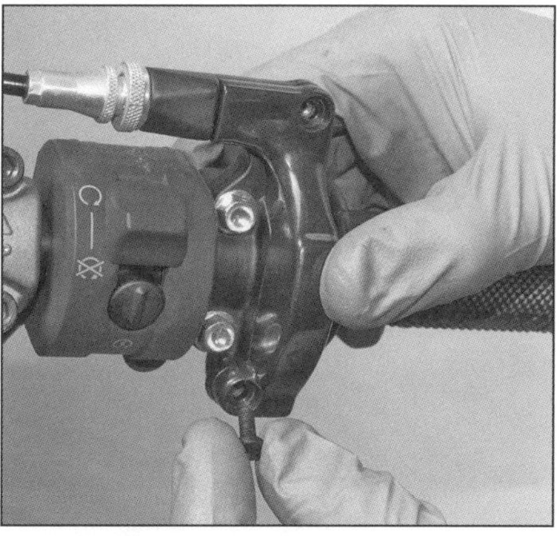

6.2a Lösen Sie die Schrauben und entnehmen Sie die Abdeckung (bei manchen Modellen ist das Gasgriffgehäuse um 180° verdreht montiert, sodass die Schrauben vorn und der Gaszug-Einsteller unten liegen.

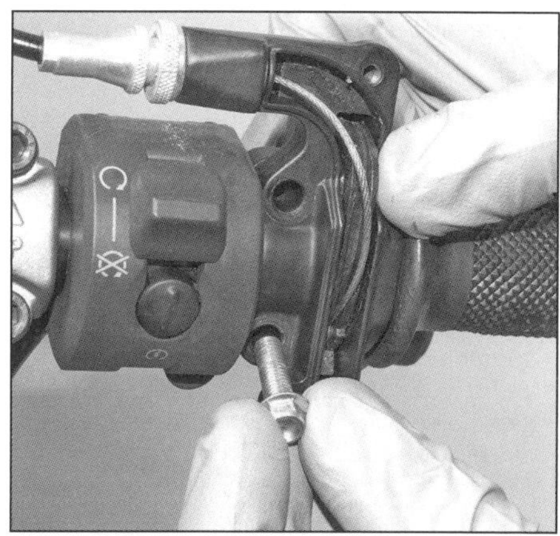

6.2b Lösen Sie die Schrauben des Gaszuggehäuses.

6.2c Befreien Sie den Gaszugnippel aus seiner Aufnahme ...

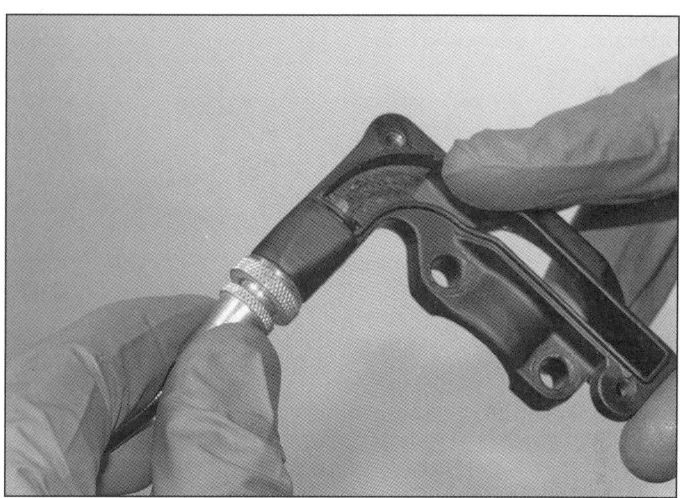

6.2d ... und drehen Sie den Einsteller aus dem Gehäuse.

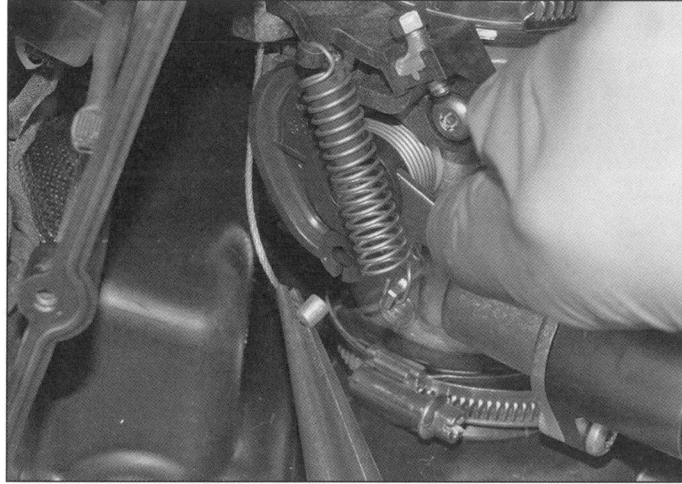

6.3a Befreien Sie den Gaszugnippel aus der Drosselklappenbetätigung, ...

6.3b ... lösen Sie den Clip des Gaszugeinstellers und heben Sie ihn aus dem Halter.

4 Befreien Sie den Gaszug aus dem Motorrad – merken Sie sich seine Verlegung (siehe Abbildungen).

Einbau

5 Der Einbau entspricht der umgekehrten Ausbaureihenfolge – beachten Sie dabei folgende Punkte:

- Der Gaszug muss korrekt verlegt sein und seine Gummiöse muss im Loch des Luftfiltergehäuses sitzen (Abbildung 6.5a).
- Schmieren Sie die Gaszug-Enden mit Fett.
- Positionieren Sie das untere Sechskant-Ende der Gaszug-Hülle korrekt im Halter des Drosselklappengehäuses, sodass der Clip einrastet. Der Seilzug muss in der Vertiefung der Betätigung liegen (Abbildung 6.5b).
- Drehen Sie den Einsteller komplett in das Gasgriffgehäuse, aber belassen Sie den Konterring locker (Abbildung 6.2d).
- Richten Sie den Stift des Gasgriffgehäuses zur Bohrung des Lenkers aus (Abbildung 6.5c).
- Achten Sie bei der Montage der Gaszugabdeckung darauf, dass der Seilzug in seiner Führung liegt (Abbildung 6.5d).

6.4a Drücken Sie den Gummistopfen nach oben aus dem Luftfiltergehäuse ...

6.4b ... und ziehen Sie den Gaszug heraus.

6 Kontrollieren Sie das Gaszug-Spiel und stellen Sie es ggf. ein (siehe Kapitel 1, Sektion 11). Prüfen Sie, ob sich die Drosselklappe vollständig öffnen und schließen lässt; drehen Sie dabei den Lenker von Anschlag zu Anschlag und prüfen Sie, ob der Gaszug nicht die Lenkung behindert.

7 Starten Sie den Motor und überprüfen Sie, dass die Leerlaufdrehzahl nicht steigt, wenn der Lenker bewegt wird – falls dies der Fall ist,

6.5a Drücken Sie die Gummiöse mit einem Schraubendreher in das Luftfiltergehäuse.

6.5b Der untere Einsteller und der Seilzug müssen korrekt positioniert sein.

6.5c Richten Sie den Stift des Gasgriffgehäuses (A) zur Bohrung des Lenkers (B) aus – gezeigt am Café Racer.

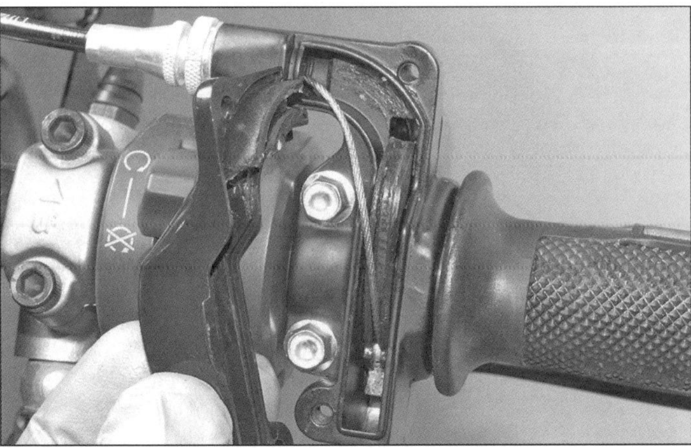

6.5d Der Seilzug muss korrekt in seiner Führung liegen.

7.5 Stopfen des Drosselklappen-Stellmotor- und -Sensor-Kabels

7.8a Lockern Sie die Schelle und ziehen Sie den Schlauch ab.

7.8b Befreien Sie den Halter des Ansaugluftdrucksensors von seinen Laschen.

ist der Gaszug falsch verlegt und muss korrekt eingebaut werden, bevor mit dem Motorrad gefahren wird.

8 Installieren Sie den Luftfilter (siehe Kapitel 1, Sektion 6).

7 Luftfiltergehäuse

Warnung: Lesen Sie zunächst die Warnhinweise in Sektion 1.

Ausbau

1 Demontieren Sie die vorderen Seitenblenden und mittleren Seitendeckel (siehe Kapitel 6, Sektion 3 und 4).

2 Demontieren Sie den Tank (siehe Sektion 2).

3 Entfernen Sie den Luftfilter (siehe Kapitel 1, Sektion 6).

4 Demontieren Sie das Drosselklappengehäuse (siehe Sektion 5).

5 Befreien Sie den Kabelstopfen aus dem Gehäuse (siehe Abbildung).

6 Trennen Sie den Stecker des Ansauglufttemperatursensors (Abbildungen 12.7a und b).

7 Entfernen Sie das Sekundärluft-Regelventil (siehe Sektion 17).

8 Trennen Sie den Motorentlüftungsschlauch von seiner Kammer (siehe Abbildung). Befreien Sie den Ansaugluftdrucksensor aus seiner Aufnahme (siehe Abbildung). Lösen Sie die Schrauben der Motorentlüftungskammer und entnehmen Sie diese – beachten Sie den O-Ring und die Hülsen der Aufnahmen (siehe Abbildungen).

9 Lösen Sie die drei Schrauben, drücken Sie das Gehäuse nach vorn, um es vom Einlassstutzen zu befreien, und entnehmen Sie es (siehe Abbildungen). Beachten Sie die Hülsen in den Gummiösen und die Clip-Muttern für die vorderen Seitenblenden (Abbildung 7.10a).

Achtung: Verstopfen Sie das Drosselklappengehäuse und den Einlassstutzen mit Lappen, damit kein Schmutz eindringen kann.

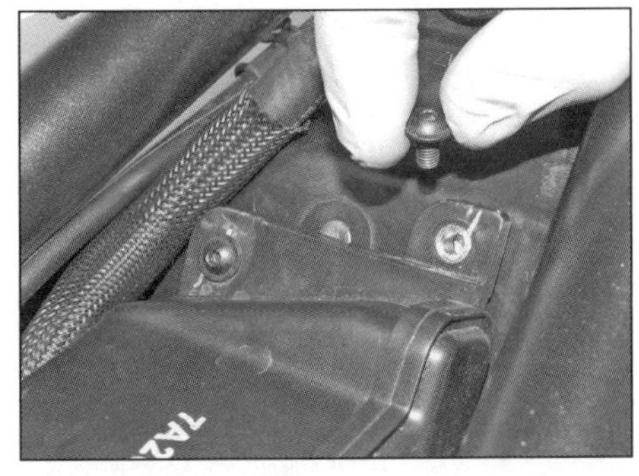

7.8c Lösen Sie die zwei Schrauben ...

7.8d ... und entnehmen Sie die Motorentlüftungskammer – beachten Sie den O-Ring (Pfeil) und die Hülsen.

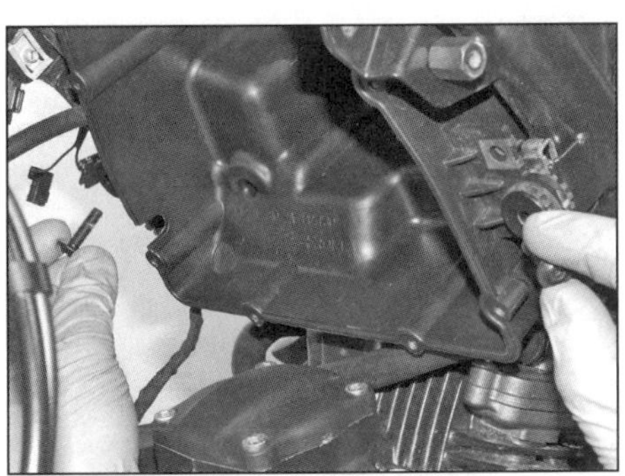

7.9a Lösen Sie die vorderen Schrauben ...

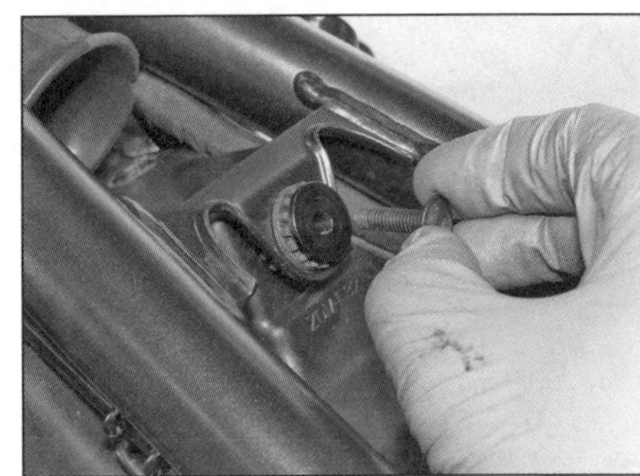

7.9b ... und die obere Schraube, ...

7.9c ... um das Gehäuse nach vorn vom Einlassstutzen zu drücken ...

7.9d ... und vorn aus dem Rahmen zu befreien.

7.10a Die Hülsen müssen in den Gummiösen stecken und die Clip-Muttern an ihren Positionen sitzen.

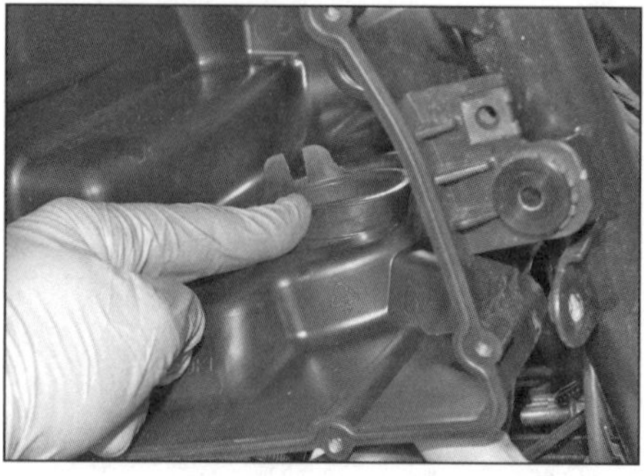

7.10b Ziehen Sie den Einlassstutzen in das Gehäuse, ...

7.10c ... sodass das Gehäuse in dessen Nut sitzt.

Einbau

10 Der Einbau entspricht der umgekehrten Ausbaureihenfolge – die Hülsen müssen in den Gummiösen stecken und die Clip-Muttern an ihren Positionen sitzen (siehe Abbildung). Das Gehäuse muss korrekt über dem Einlassstutzen und in dessen Nut sitzen (siehe Abbildungen). Die Motorentlüftungskammer muss mit dem O-Ring und den Hülsen ausgerüstet sein (Abbildung 7.8d).

8 Einspritzdüsen

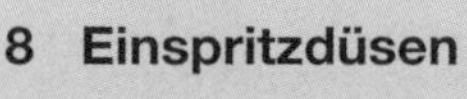

Warnung: Lesen Sie vor Arbeitsbeginn die Warnhinweise in Sektion 1.

Kontrolle

Anmerkung: *Beachten Sie die Elektrik-Fehlersuche in Kapitel 7, Sektion 2 und die Schaltpläne am Ende von Kapitel 7.*

1 Für den Zugang zur Einspritzdüse des vorderen Zylinders muss das Sekundärluft-Regelventil demontiert werden (siehe Sektion 17). Für den Zugang zum Einspritzdüsen-Kabelstecker des hinteren Zylinders muss der linke mittlere Seitendeckel entfernt werden (siehe Kapitel 6, Sektion 4).

2 Soweit der Motor läuft, wird er gestartet und im Standgas laufen gelassen. Prüfen Sie nacheinander die Funktion der Einspritzdüsen, indem Sie einen Schraubendreher oder andere Stange an die Düse halten und auf klickende Geräusche achten – falls an einer Düse keine Geräusche zu hören sind, ist entweder sie oder ihre Verkabelung defekt.

3 Kontrollieren Sie zuerst, ob der Einspritzdüsen-Kabelstecker sicher verbunden ist; trennen Sie ihn dann, indem Sie den Drahtbügel nach oben drücken und den Stecker abziehen (siehe Abbildungen). Prüfen Sie, ob die Kontakte frei von Korrosion sind.

4 Verbinden Sie ein Ohmmeter mit den beiden Kontakten der Einspritzdüse und messen Sie

8.3a Einspritzdüsenstecker des vorderen Zylinders

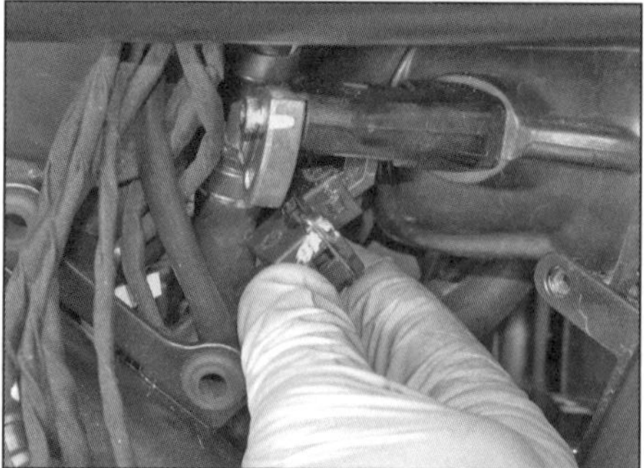

8.3b Einspritzdüsenstecker des hinteren Zylinders

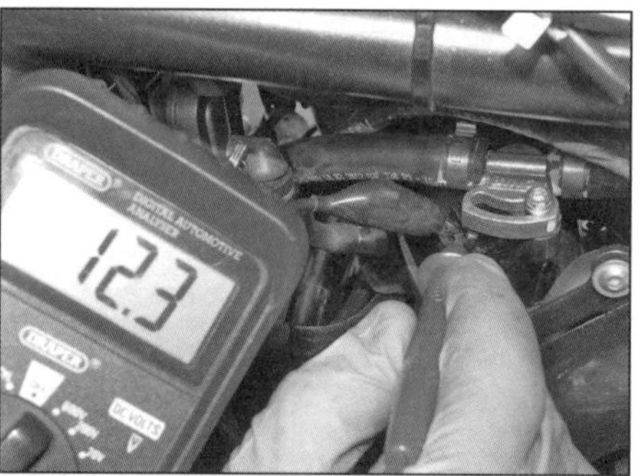

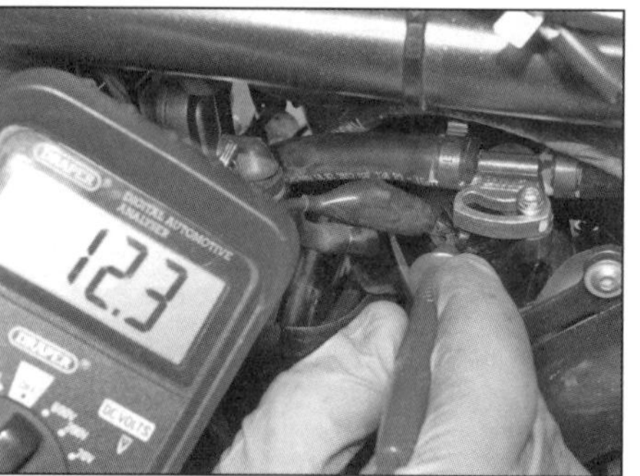

8.4 Messen Sie den Widerstand der Einspritzdüse.

8.8a Schraube des Einspritzdüsenhalters

8.8b Heben Sie den Halter ab ...

8.8c ... und befreien Sie die Einspritzdüse.

8.8d O-Ringe der Einspritzdüse

9.2a Ziehen Sie rechts am Einlassstutzen den Schlauch ab.

9.2b Trennen Sie den Stecker des Verdunstungsregelungs-Ventils.

9.3a lockern Sie die Einlassstutzen-Schelle des vorderen Zylinders ...

9.3b ... und des hinteren Zylinders ...

9.3c ... und heben Sie den Einlassstutzen von den Adaptern.

9.4 Adapter-Schrauben

den Widerstand (siehe Abbildung) – bei 24 °C müssen 11 bis 13 Ohm festgestellt werden; bei stark abweichenden Ergebnissen muss die Einspritzdüse ausgetauscht werden.

5 Falls andere Komponenten der Einspritzanlage nicht funktionieren, müssen die Sicherung und das Hauptrelais überprüft werden (siehe Kapitel 7).

Ausbau

6 Für den Ausbau der Einspritzdüse des vorderen Zylinders muss das Sekundärluft-Regelventil demontiert werden (siehe Sektion 17). Für den Ausbau der Einspritzdüse des hinteren Zylinders muss das Luftfiltergehäuse demontiert werden (siehe Sektion 7).

7 Trennen Sie den Einspritzdüsenstecker (Schritt 3).

8 Lösen Sie die Schraube des Einspritzdüsenhalters (siehe Abbildung). Heben Sie den Halter vorsichtig von der Einspritzdüse und befreien Sie diese aus ihrem Sitz (siehe Abbildungen). Kontrollieren Sie ihre O-Ringe (siehe Abbildung) – sie sind nicht separat erhältlich, sodass sie an ihren Positionen verbleiben sollten, um nicht beschädigt zu werden.

Einbau

9 Schmieren Sie die O-Ringe mit Motoröl (Abbildung 8.8d).

10 Führen Sie die Einspritzdüse in ihren Sitz ein, ohne dabei den O-Ring zu verschieben (Abbildung 8.8c).

11 Setzen Sie den Halter an die Einspritzdüse (Abbildung 8.8b) und sichern Sie ihn mit der Schraube (Abbildung 8.8a).

12 Verbinden Sie den Einspritzdüsenstecker und sichern Sie ihn mit dem Drahtbügel (Abbildungen 8.3a oder b).

13 Montieren Sie das Luftfiltergehäuse oder das Sekundärluft-Regelventil.

14 Starten Sie den Motor und prüfen Sie, ob das Kraftstoffsystem korrekt arbeitet, bevor Sie mit dem Motorrad fahren.

9 Einlassstutzen

Warnung: Lesen Sie vor Arbeitsbeginn die Warnhinweise in Sektion 1.

Ausbau

1 Demontieren Sie das Luftfiltergehäuse (siehe Sektion 7). Entfernen Sie entweder die Einspritzdüsen oder trennen Sie deren Stecker und demontieren Sie den Stutzen mit eingebauter Düse (siehe Sektion 8).

2 Ziehen Sie den Schlauch des Ansaugluftdrucksensors ab und trennen Sie den Stecker der Verdunstungsregelung (siehe Abbildungen).

3 Lockern Sie die Schellen und befreien Sie den Einlassstutzen von den Adaptern (siehe Abbildungen).

4 Lösen Sie nötigenfalls die Schrauben der Adapter, um diese von den Zylinderköpfen zu befreien (siehe Abbildung) – die O-Ringe müssen beim Einbau erneuert werden.

5 Trennen Sie nötigenfalls das Verdunstungsregelungs-Ventil vom Einlassstutzen – beachten Sie seine Einbaulage (siehe Abbildung).

Achtung: Verstopfen Sie das Drosselklappengehäuse und die Adapter oder Auslasskanäle mit Lappen, damit kein Schmutz eindringen kann.

6 Der Einbau entspricht der umgekehrten Ausbaureihenfolge.

10 Motorsteuerung
Beschreibung

1 Die Siemens Synerject-Einspritzanlage wird von einem Motorsteuermodul (ECU) überwacht, das auch die Zündung steuert.

2 Das Motorsteuermodul (ECU) erhält und koordiniert Signale der folgenden Sensoren:

- Der Drosselklappensensor (TP-Sensor) informiert über die Stellung sowie die Öffnungs- oder Schließ-Geschwindigkeit der Drosselklappe
- Der Ansauglufttemperatursensor (IAT-Sensor) informiert über die Temperatur der in das Drosselklappengehäuse eintretenden Luft.
- Der Motortemperatursensor (ET-Sensor) informiert über die Motortemperatur
- Der Ansaugluftdrucksensor (MAP-Sensor) informiert über den Unterdruck im Einlassstutzen.
- Der Kurbelwellensensor (CKP-Sensor) informiert über die Motordrehzahl und die Stellung der Kurbelwelle.
- Der Geschwindigkeitssensor (VS-Sensor) informiert über das gefahrene Tempo.
- Die Lambdasonde (λ-Sensor) informiert über den Sauerstoff-Gehalt der Abgase im jeweiligen Krümmer.

3 Anhand der erhaltenen Informationen berechnet das Steuermodul den besten Zünd- und Einspritz-Zeitpunkt sowie die erforderliche Kraftstoffmenge – Letzteres geschieht durch verschieden lange elektronische Impulse an die Einspritzdüsen, also über die Einspritzdauer. Diese Menge hängt davon ab, ob der Motor gestartet oder warm gefahren wird, im Standgas läuft, im Schiebebetrieb rollt oder unter Last arbeitet. Die Einspritzdüsen sitzen zwischen dem Drosselklappengehäuse und den Zylinderköpfen im Einlassstutzen.

4 Die Motordrehzahl beim Kaltstart und in der Aufwärmphase wird automatisch vom Standgasanhebungs-Stellmotor reguliert, der seitlich am Drosselklappengehäuse sitzt und vom Motorsteuermodul überwacht wird (siehe Sektion 14).

5 Im Falle eines abnormalen Sensor-Signals legt das Steuermodul fest, ob der Motor weiterhin sicher am Laufen gehalten werden kann – falls ja, ersetzt ein Sicherungsmodus die Sensorsignale durch einen festen Wert, sodass das Motorrad mit reduzierter Leistung nach Hause oder in eine Werkstatt gefahren werden kann. Bei einem schwerwiegenden Defekt wird der Motor abgeschaltet oder lässt sich nicht wieder starten – in allen Fällen beginnt die Motor-Warnlampe im Instrument zu leuchten. Der entsprechende Fehlercode wird im ECU gespeichert und kann in der MENU-Funktion im Instrument angezeigt werden – beachten Sie dazu die Hinweise in der Bedienungsanleitung. Falls mehr als ein Fehler gespeichert wurde, wechselt der Code nach drei Sekunden. Beachten Sie für die Motor-Warnlampe im Instrument die Hinweise in Sektion 11.

6 Falls das Warndreieck im Instrument aufleuchtet, wird in einem anderen System (ABS, Wegfahrsperre, Seitenständerschalter, Instrument, Tankanzeige-Geber oder Batterie) ein Fehler vorliegen, der wie oben beschrieben auch gespeichert wird – beachten Sie dazu die Hinweise in der Bedienungsanleitung (diese kann für einige Modelle auch unter www.ducati.com/de/de/service-wartung/owner-manuals heruntergeladen werden). Hierin finden sich nützliche Informationen über die Instrumenten-Funktion und den individuellen PIN-Code.

9.5 Das Verdunstungsregelungsventil ist mit einem Gummiband am Einlassstutzen gesichert und mit einem Schlauch mit ihm verbunden.

11 Motorsteuerung
Fehlerdiagnose

1 Die Motorsteuerung-Warnleuchte (mit dem Motor-Symbol) leuchtet bei auf RUN stehendem Killschalter nach dem Einschalten der Zündung (zusammen mit allen anderen Warnleuchten) für einige Sekunden auf und erlischt dann.

2 Falls die Motorsteuerung-Warnleuchte nicht erlischt oder bei laufendem Motor aufleuchtet, ist in der Einspritzanlage oder der Zündung ein Fehler aufgetreten. Der Fehlercode wird im Steuermodul gespeichert und kann über die MENU-Funktion im Instrument angezeigt werden – beachten Sie dazu die Hinweise in der Bedienungsanleitung. Falls mehr als ein Fehler

11.2a Eine professionelle Diagnoseausrüstung ist mit dem Vierstift-Diagnosestecker verbunden.

11.2b Befreien Sie den Diagnosestecker ...

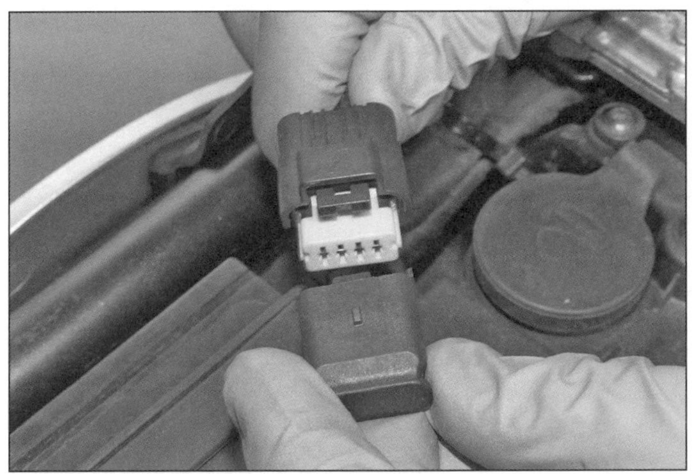

11.2c ... und ziehen Sie seine Kappe ab.

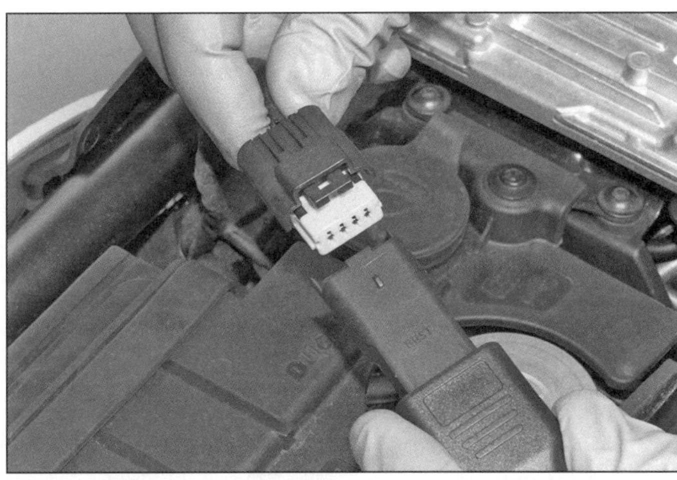

11.2d Verbinden Sie das Adapterkabel (hier eins von Lonelec) mit dem Vierstiftstecker ...

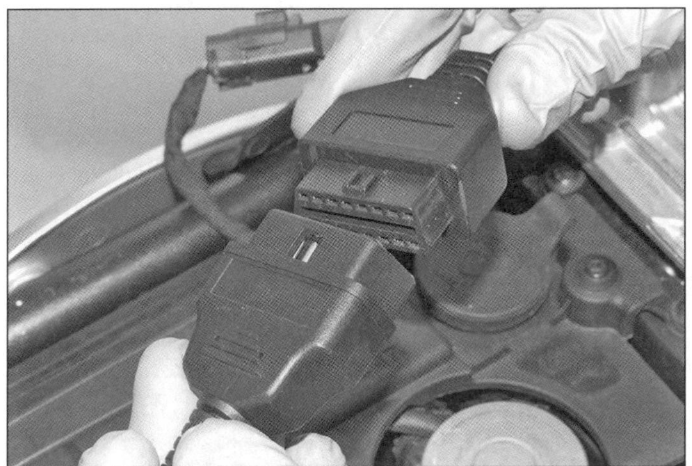

11.2e ... und dem OBD2-16-Stift-Stecker des Auslesegeräts.

12.3 Schrauben des Drosselklappensensors

gespeichert wurde, wechselt der Code nach drei Sekunden. Fehlercodes können mithilfe des DDS-Auslesegeräts einer Ducati-Werkstatt oder einem anderen professionellen Diagnosegeräts ausgelesen und das System analysiert werden (siehe Abbildung). Vor der Anschaffung eines eigenen Fehlercode-Lesegeräts muss geprüft werden, ob dies für Siemens-Steuermodule oder das spezielle Motorrad geeignet ist. Zusätzlich wird ein Adapterkabel benötigt, das zwischen dem Vierstift-Diagnosestecker und dem OBD2-16-Stift-Stecker des Lesegeräts installiert wird (siehe Abbildungen).

3 Prüfen Sie zunächst, ob alle Stecker des relevanten Systems sicher verbunden und frei von Korrosion sind – schlechte Kontakte sind mit Abstand die häufigsten Ursachen elektrischer Probleme. Kontrollieren Sie auch die Kabel selbst auf Unterbrechungen und andere Schäden – verwenden Sie hierfür einen Durchgangsprüfer, um die Verkabelung zwischen dem Bauteil, seinen Steckern und dem Steuermodul sowie ggf. Masse zu überprüfen (beachten Sie den entsprechenden Schaltplan). Prüfen Sie, ob Komponenten mit Hausmitteln kontrolliert werden können. Falls sich die Ursache nicht finden lässt, muss das Motorrad von einer Ducati-Werkstatt getestet werden.

Achtung: Die CAN-BUS-Stromkreise sind in den Schaltplänen mit »CAN High« und »CAN Low« markiert. Diese Stromkreise dürfen nicht mit konventionellen Prüfgeräten und Prüfverfahren getestet werden!

4 Stellen Sie sicher, dass Fehler nicht durch schlechte Wartung auftreten – sorgen Sie also für einen sauberen Luftfilter, funktionsfähige Zündkerzen und ein korrektes Ventilspiel (siehe Kapitel 1). Prüfen Sie ggf. die Motorkompression (siehe Kapitel 2, Sektion 3). Es kann auch hilfreich sein, den/die entsprechenden Sensor(en) auszubauen (siehe Sektion 12), um die Sensorspitze von möglichen Verschmutzungen zu befreien.

12 Motorsteuerungs-Sensoren

Achtung: Bevor irgendwelche elektrischen Leitungen der Motorsteuerung getrennt oder verbunden werden, muss die Zündung abgeschaltet werden – andernfalls kann das Steuermodul beschädigt werden!

3

Drosselklappensensor (TP-Sensor)

1 Der Sensor sitzt links am Drosselklappengehäuse (Abbildung 12.3).

2 Demontieren Sie das Drosselklappengehäuse (siehe Sektion 5).

3 Lösen Sie die zwei Schrauben des Drosselklappensensors und ziehen Sie ihn von der Welle (siehe Abbildung).

4 Der Einbau entspricht der umgekehrten Ausbaureihenfolge.

12.7a Schwenken Sie den Kabelstecker-Halter beiseite, um Zugang zum Sensor (Pfeil) zu erhalten, ...

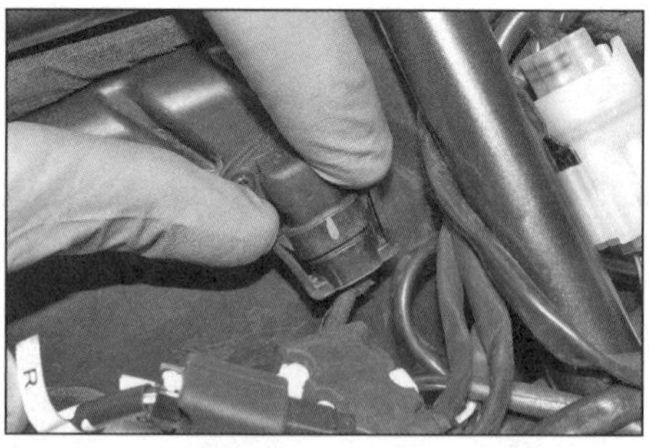

12.7b ... Lösen Sie dann die Clips und drücken Sie den Stecker ab.

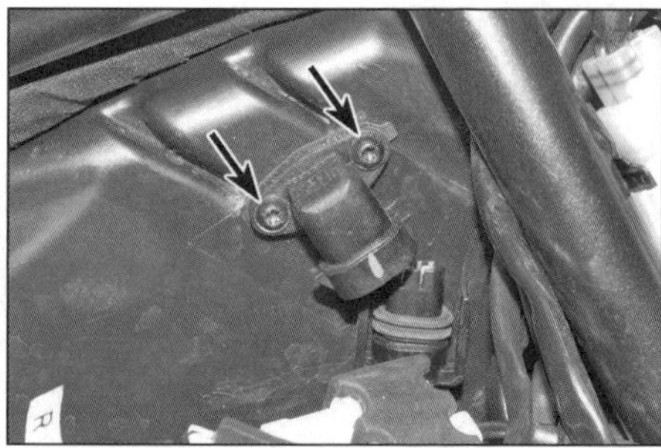

12.8 Schrauben des Ansauglufttemperatursensors

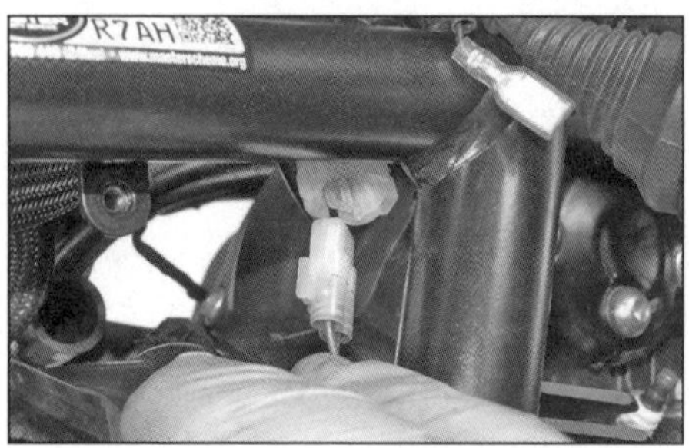

12.12 Trennen Sie den Stecker des Motortemperatursensors.

12.13 Sechskant des vorn im hinteren Zylinder sitzenden Motortemperatursensors

12.15 Position des Ansaugluftdrucksensors

Ansauglufttemperatursensor (IAT-Sensor)

5 Der Sensor sitzt rechts am Luftfiltergehäuse (Abbildung 12.7a).
6 Demontieren Sie den Tank (siehe Sektion 2).
7 Trennen Sie den Sensorstecker (siehe Abbildungen).
8 Lösen Sie die Schrauben des Sensors und entnehmen Sie diesen (siehe Abbildung). Kontrollieren Sie die Dichtung und erneuern Sie sie nötigenfalls.
9 Der Einbau entspricht der umgekehrten Ausbaureihenfolge.

Motortemperatursensor (ET-Sensor)

10 Der Sensor sitzt vorn am hinteren Zylinder (Abbildung 12.13).
11 Entfernen Sie den Einlassstutzen (siehe Sektion 9).
12 Trennen Sie den Kabelstecker des Sensors (siehe Abbildung).
13 Schrauben Sie den Sensor aus dem Zylinder (siehe Abbildung).
14 Der Einbau entspricht der umgekehrten Ausbaureihenfolge.

Ansaugluftdrucksensor (MAP-Sensor)

15 Der Sensor sitzt rechts an der Motorentlüftungskammer (hinten am Luftfiltergehäuse) (siehe Abbildung).

12.19a Schieben Sie den Halter des Ansaugluftdrucksensors von seinen Aufnahme-Laschen ...

Kontrolle

16 Entfernen Sie den rechten mittleren Seitendeckel (siehe Kapitel 6, Sektion 4); für einen besseren Zugang kann auch das Sekundärluft-Regelventil demontiert werden (siehe Sektion 17). Der Sensor muss sicher in seiner Aufnahme sitzen. Der zwischen der Aufnahme und dem Einlassstutzen sitzende Unterdruckschlauch muss an beiden Enden sicher verbunden sein und darf keine Risse oder anderen Schäden aufweisen. Der Stecker muss sicher verbunden sein. Demontieren Sie den Sensor und kontrollieren Sie seinen O-Ring (siehe unten).
17 Die Funktion des MAP-Sensors kann nur mit einem Diagnosetester geprüft werden.

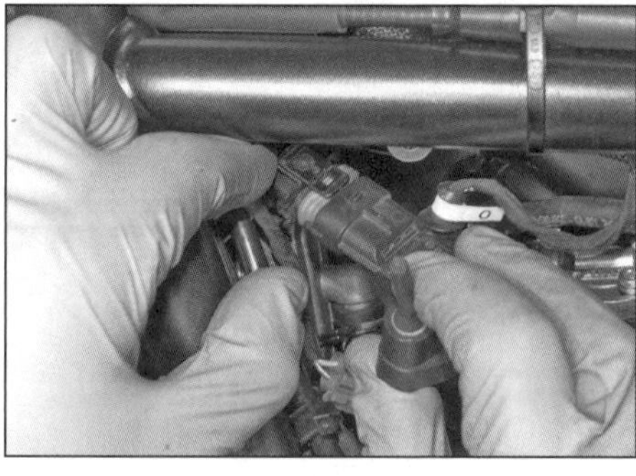

12.19b ... und trennen Sie den Stecker.

Ausbau und Einbau

18 Demontieren Sie das Sekundärluft-Regelventil (siehe Sektion 17).
19 Ziehen Sie den Unterdruckschlauch vom Einlassstutzen (Abbildung 9.2a). Befreien Sie den Sensor aus seiner Aufnahme, trennen Sie den Stecker und entnehmen Sie die Sensor-Baugruppe (siehe Abbildungen).
20 Trennen Sie nötigenfalls den Schlauch von der Sensor-Basis. Beachten Sie, wie der breite Teil des Gummizapfens oben am Sensor sitzt, und drücken Sie ihn mit einem kleinen Schraubendreher in die Bohrung und ziehen Sie den Sensor von der Basis ab (siehe Abbildungen) – der O-Ring muss beim Einbau erneuert werden.

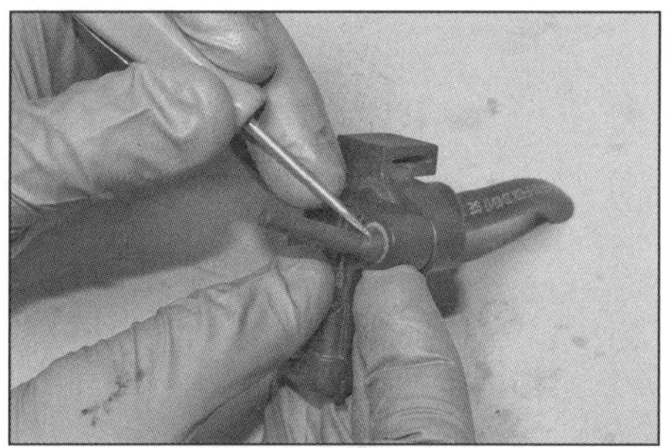
12.20a Drücken Sie den Gummizapfen in die Bohrung des Sensors ...

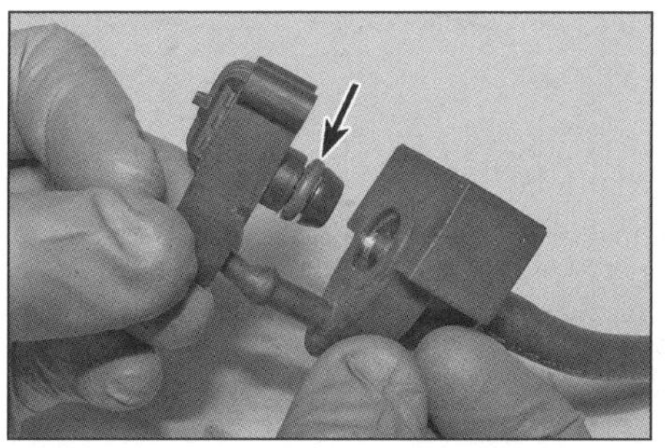
12.20b ... und ziehen Sie diesen von der Grundplatte. Erneuern Sie den O-Ring (Pfeil).

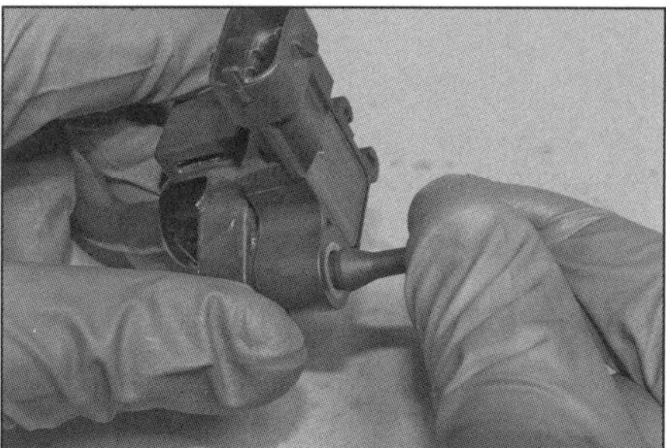
12.21 Ziehen Sie den Gummizapfen heraus, um den Sensor an der Basis zu sichern.

12.24a Befreien Sie den Stecker der vorderen Lambdasonde aus seiner Lasche ...

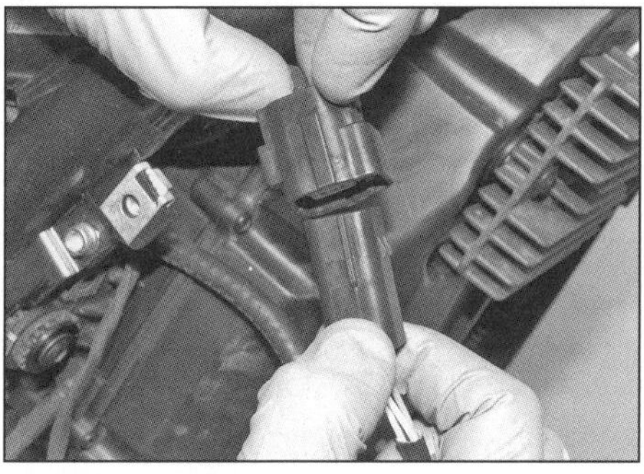
12.24b ... und trennen Sie ihn.

12.25a Befreien Sie das Lambdasondenkabel aus der Führung (Pfeil) und drehen Sie die Sonde ...

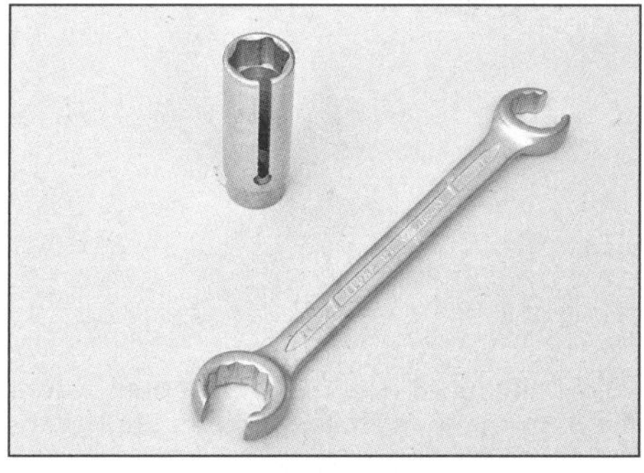
12.25b ... mit einem geeigneten Werkzeug heraus. Der Steckschlüssel mit Kabel-Durchführung erlaubt den Einsatz eines Drehmomentschlüssels.

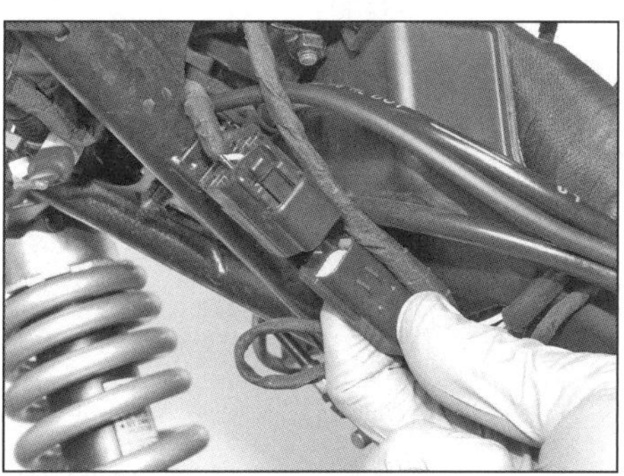
12.26 Stecker der hinteren Lambdasonde

12.27 Lambdasonde des hinteren Zylinders

21 Der Einbau entspricht der umgekehrten Ausbaureihenfolge. Rüsten Sie den Sensor-Stutzen mit einem neuen O-Ring aus und schmieren Sie alle Gummiteile mit Motoröl. Ziehen Sie den Gummizapfen durch den Sensor, bis der breite Teil befreit ist und den Sensor sichert (siehe Abbildung).

Geschwindigkeitssensor (VS-Sensor)

22 Beachten Sie die Hinweise in Kapitel 5, Sektion 14.

Lambdasonden (λ-Sensoren)

23 Jeder Zylinder ist in seinem Krümmer mit einer eigenen Lambdasonde ausgerüstet.

Anmerkung: *Die Lambdasonde ist sehr empfindlich und verträgt weder Schläge noch Reinigungsmittel. Lassen Sie die Auspuffanlage zunächst vollständig abkühlen.*

Sonde des vorderen Zylinders

24 Entfernen Sie die rechte vordere Seitenblende (siehe Kapitel 6, Sektion 3). Trennen Sie den Kabelstecker (siehe Abbildungen) und führen Sie das Kabel zur Sonde zurück – merken Sie sich seine Verlegung.

25 Lösen Sie mit einem geeigneten 22er-Schlüssel die Sonde aus dem Krümmer (siehe Abbildungen). Der Einbau entspricht der umgekehrten Ausbaureihenfolge – falls ein geeigneter Steckschlüssel vorhanden ist, sollte die Sonde mit 45 Nm angezogen werden.

Sonde des hinteren Zylinders

26 Entfernen Sie den hinteren rechten mittleren Seitendeckel und ggf. die Heck-Innenverkleidung (siehe Kapitel 6, Sektion 5 und 6). Trennen Sie den Kabelstecker (siehe Abbildungen) und führen Sie das Kabel zur Sonde zurück – merken Sie sich seine Verlegung (siehe Abbildung).

27 Lösen Sie mit einem geeigneten 22er-Schlüssel die Sonde aus dem Krümmer (siehe Abbildung und Abbildung 12.25b).

12.29 Position des Kurbelwellensensors

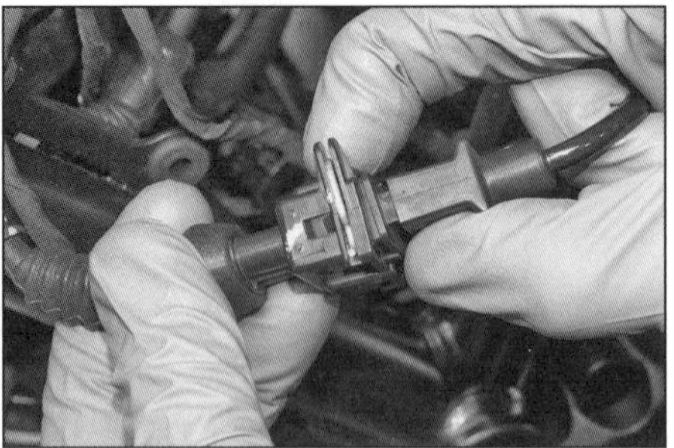

12.30 Drücken Sie den Drahtbügel herunter und ziehen Sie den Stecker heraus.

12.31 Schraube des Kurbelwellensensors

28 Der Einbau entspricht der umgekehrten Ausbaureihenfolge – falls ein geeigneter Steckschlüssel vorhanden ist, sollte die Sonde mit 45 Nm angezogen werden.

Kurbelwellensensor (CKP-Sensor)

29 Der Sensor sitzt links oben im Motorgehäuse (siehe Abbildung).

30 Entfernen Sie den linken mittleren Seitendeckel (siehe Kapitel 6, Sektion 4). Trennen Sie den Kabelstecker und führen Sie das Kabel zum Sensor zurück – merken Sie sich seine Verlegung (siehe Abbildung).

31 Lösen Sie die Schraube des Sensors (siehe Abbildung) – beachten Sie die Scheibe. Ziehen Sie den Sensor aus dem Motorgehäuse – die zwei O-Ringe müssen beim Einbau erneuert werden.

32 Rüsten Sie den Sensor mit zwei neuen O-Ringen aus und schmieren Sie diese mit Öl. Installieren Sie den Sensor, rüsten Sie die Schraube mit der Scheibe aus und ziehen Sie sie sorgfältig an.

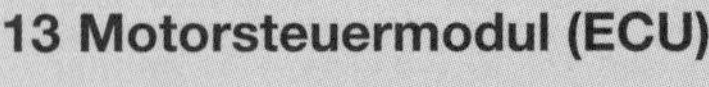

13 Motorsteuermodul (ECU)

Kontrolle

1 Die Zündung muss abgeschaltet sein. Kontrollieren Sie die ECU-Sicherung (siehe Kapitel 7, Sektion 5).

2 Alle Kabelstecker müssen sicher verbunden sein. Trennen Sie die Stecker und kontrollieren Sie die Kontakte.

3 Das Motorsteuermodul selbst kann nicht kontrolliert werden, doch das Eliminieren anderer möglicher Fehlerquellen kann ergeben, dass es defekt ist. Kontrollieren Sie bei getrenntem ECU-Stecker (siehe unten), ob jedes Kabel Durchgang zum relevanten Bauteil-Stecker hat – beachten Sie dazu die Kabelfarben und die Schaltpläne am Ende von Kapitel 7 sowie die Hinweise in der Fehlersuche (Sektion 2 in Kapitel 7).

Achtung: Mit diesen Methoden dürfen keine CAN-BUS-Stromkreise überprüft werden!

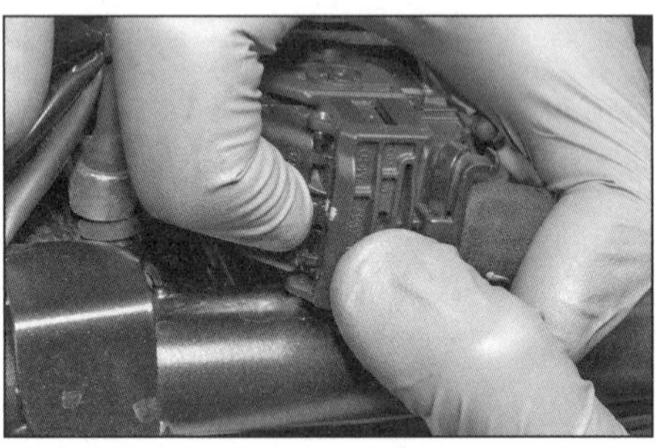

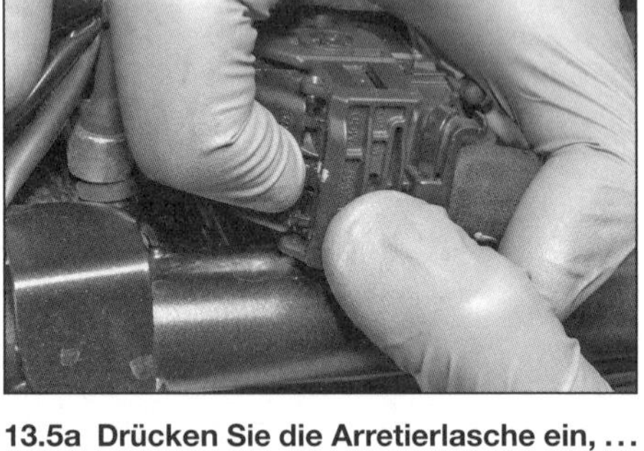

13.5a Drücken Sie die Arretierlasche ein, ...

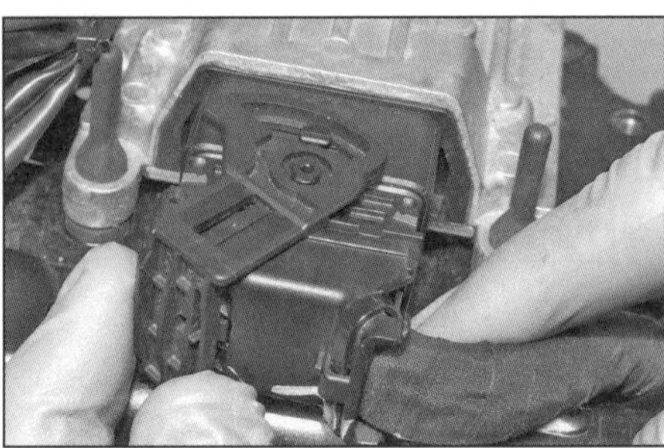

13.5b ... schwenken Sie den Sicherungshebel herum und trennen Sie den Steuermodul-Stecker.

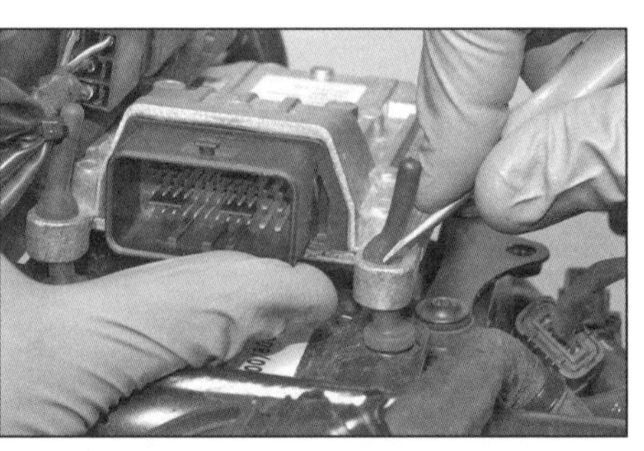

13.6 Drücken Sie die Gummizapfen durch die Bohrungen, während Sie das Steuermodul anheben.

13.7 Ziehen Sie die Gummizapfen durch die Bohrungen des Steuermoduls, bis die Vorsprünge einrasten.

Falls irgendwo kein Durchgang besteht, liegt der Fehler meistens eher in den Steckern und Anschlüssen des Stromkreises als in den Kabeln selbst. Lassen Sie das Motorrad nötigenfalls von einer mit einem DDS-Diagnosegerät ausgerüsteten Fachwerkstatt kontrollieren.

Ausbau und Einbau

4 Die Zündung muss abgeschaltet sein. Demontieren Sie die Sitzbank (siehe Kapitel 6, Sektion 2).

5 Lösen und trennen Sie den Steuermodul-Stecker (siehe Abbildungen).

6 Beachten Sie die Position des Steuermoduls auf den Gummizapfen, heben Sie es an und drücken Sie dabei die Vorsprünge der Zapfen durch die Bohrungen (siehe Abbildung).

7 Der Einbau entspricht der umgekehrten Ausbaureihenfolge. Schmieren Sie die Gummizapfen mit Öl und ziehen Sie sie durch die Bohrungen des Steuermoduls, bis die Vorsprünge einrasten und es sichern (siehe Abbildung). Setzen Sie den Stecker an, schwenken Sie den Sicherungshebel herum, um ihn einzudrücken, und lassen Sie die Laschen einrasten.

14 Standgasanhebungs-Stellmotor

1 Die Standgasdrehzahl wird automatisch überwacht, in dem das Motorsteuermodul Informationen von den Motor- und Ansaugluft-Temperatursensoren erhält und Signale an den

Stellmotor der Drosselklappe sendet, sodass dieser bei kaltem Motor die Klappe etwas öffnet. Die Funktion des Motors kann nur von einer mit einem DDS-Diagnosegerät ausgerüsteten Fachwerkstatt getestet werden.

Ausbau

2 Entfernen Sie den Luftfilter (siehe Kapitel 1, Sektion 6).
3 Trennen Sie am Stellmotor den Kabelstecker (Abbildung 5.4).
4 Reinigen Sie den Bereich um den Motor, damit kein Schmutz ins Drosselklappengehäuse eindringen kann.
5 Lösen Sie die zwei Schrauben des Stellmotors und entnehmen Sie ihn (siehe Abbildung) – kontrollieren Sie seinen O-Ring.

Einbau

6 Rüsten Sie den Flansch des Motors mit den – ggf. erneuerten – O-Ring aus.

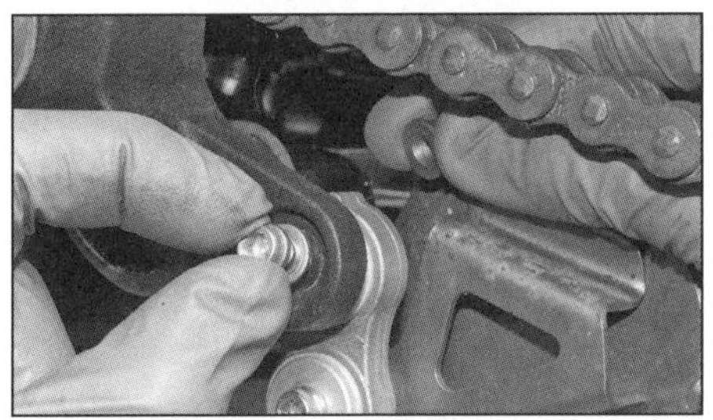

15.1 Drehen Sie die Mutter ab und ziehen Sie die Schraube heraus.

7 Die Dichtflächen des Motors und des Drosselklappengehäuses müssen sauber sein. Setzen Sie den Motor an und ziehen Sie die Schrauben sorgfältig an (Abbildung 14.5).
8 Verbinden Sie den Kabelstecker (Abbildung 5.4).
9 Installieren Sie den Luftfilter (siehe Kapitel 1, Sektion 6).

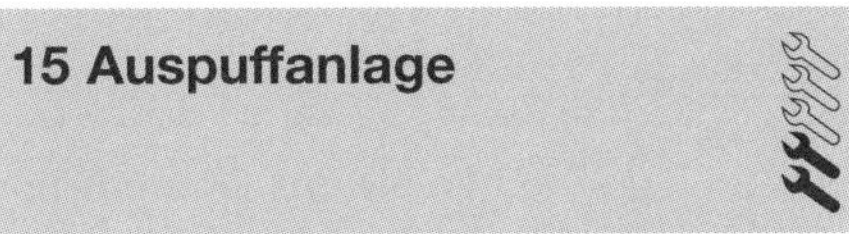

15 Auspuffanlage

Warnung: Wenn der Motor kürzlich in Betrieb war, ist der Auspuff sehr heiß. Lassen Sie ihn einige Zeit abkühlen, bevor Sie mit der Arbeit beginnen.

Auspuffbefestigungen neigen zum Korrodieren, sodass ihre Schrauben oder Muttern fest gehen. Es ist ratsam, sie einige Stunden vor dem Lösen mit Kriechöl einzusprühen.

Ausbau

Schalldämpfer

1 Lösen Sie links die Schraube der Schalldämpfer-Halterung (siehe Abbildung).
2 Hängen Sie die Feder aus (siehe Abbildung).

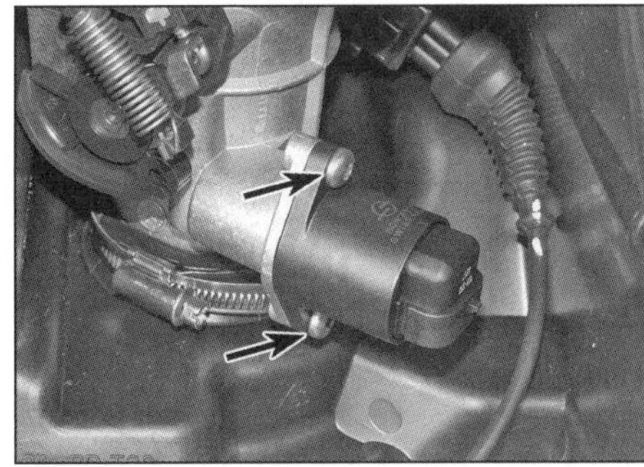

14.5 Schrauben des Standgasanhebungs-Stellmotors

3 Lösen Sie rechts die Schalldämpfer-Befestigungsschraube(n) (siehe Abbildung).
4 Ziehen Sie den Schalldämpfer nach hinten vom Sammlerrohr (siehe Abbildung) – stellen Sie nötigenfalls die Hülsen in den Gummiösen sicher (siehe Abbildung).
5 Kontrollieren Sie die Schrauben, Gummiösen und Hülsen und ersetzen Sie schadhafte oder verschlissene Teile.

Sammlerrohr

6 Demontieren Sie den Schalldämpfer (siehe oben).
7 Falls vorhanden, muss der Motorschutz entfernt werden (siehe Kapitel 6, Sektion 7).
8 Hängen Sie die Federn aus und befreien Sie das Sammlerrohr von den beiden Krümmerrohren (siehe Abbildungen).

15.2 Hängen Sie mit einem geeigneten Werkzeug die Schalldämpfer-Feder aus.

15.3 Rechts kann der Schalldämpfer mit einer oder zwei Schrauben gesichert sein – hier bei einem Zubehör-Schalldämpfer am Café Racer.

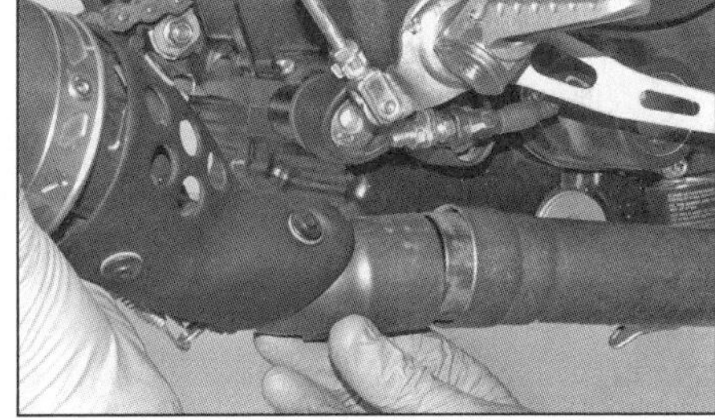

15.4a Ziehen Sie den Schalldämpfer ab.

3

15.4b Beachten Sie die Hülsen in den Gummiösen des Schalldämpfers

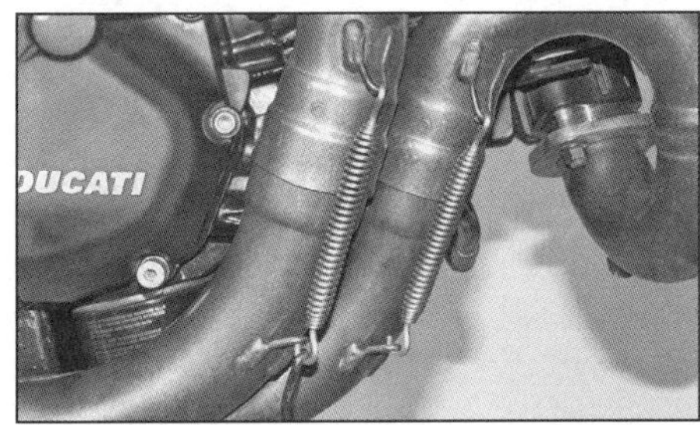

15.8a Hängen Sie die Sammlerrohr-Federn aus ...

15.8b ... und ziehen Sie den Sammler aus beiden Krümmerrohren.

15.10a Hängen Sie die zwischen den beiden Krümmerrohren sitzende Feder aus ...

15.10b ... und ziehen Sie das untere Krümmerrohr aus dem oberen Krümmer.

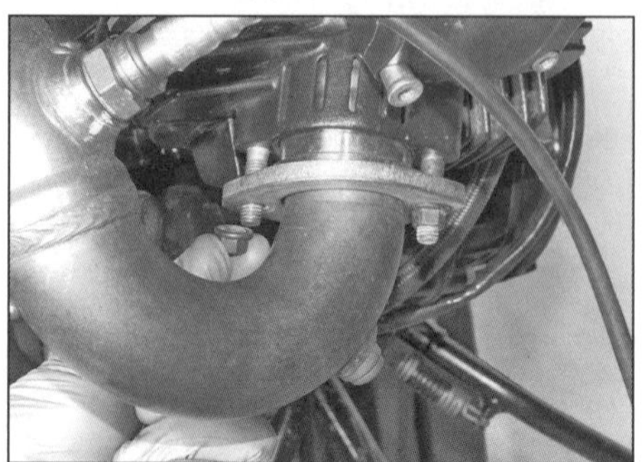

15.13a Lösen Sie die Krümmerflanschmuttern ...

15.13b ... und befreien Sie den Krümmer.

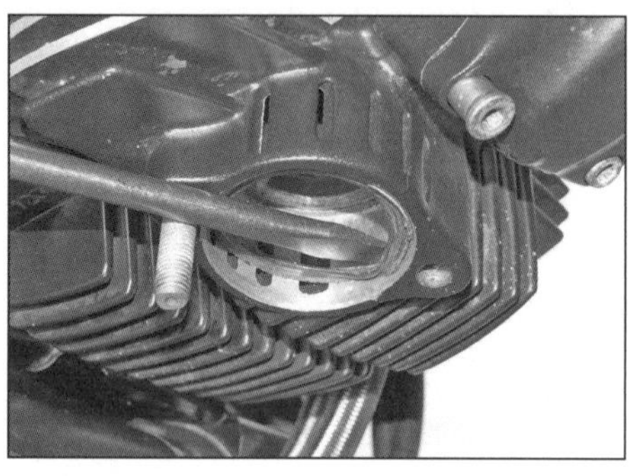

15.14 Der Dichtring im Auslasskanal muss erneuert werden.

15.19 Lösen Sie die Mutter, ziehen Sie den Bolzen heraus und schwenken Sie den Stoßdämpfer hoch.

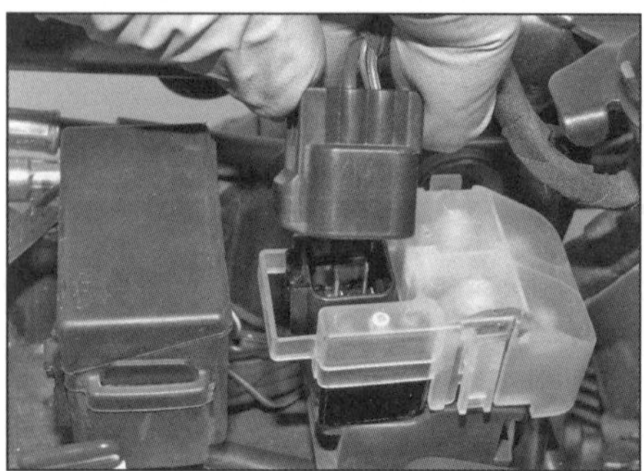

15.20a Trennen Sie den Stecker des Anlasserrelais und befreien Sie dies aus seiner Aufnahme.

15.20b Heben Sie bis Modelljahr 2018 die Sicherungsbox von ihren Aufnahmen.

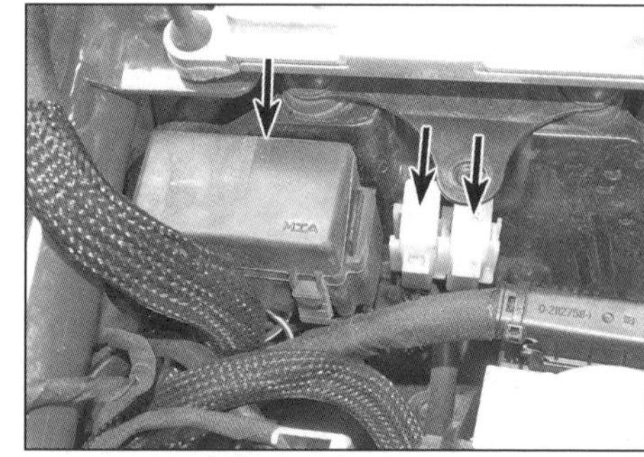

15.20c Heben Sie ab Modelljahr 2019 die Sicherungsbox und die Sicherungshalter von ihren Aufnahmen.

15.21 Sichern Sie bis Modelljahr 2018 den Modulator mit einem Kabelbinder außerhalb des Arbeitsbereichs.

15.22a Öffnen Sie die Kabelbinder (bis Modelljahr 2018).

15.22b Schrauben der Kabelabdeckung (ab Modelljahr 2019)

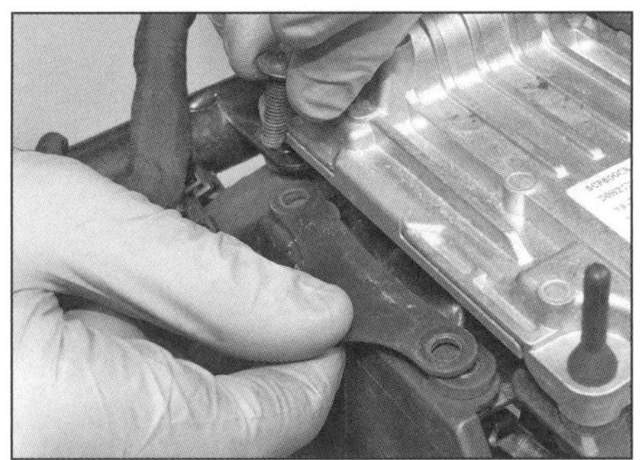

15.23a Lösen Sie die Schrauben an der Rückseite und entnehmen Sie den Halter.

Unteres Krümmerrohr des hinteren Zylinders

9 Demontieren Sie das Sammlerrohr (siehe oben).

10 Hängen Sie die Feder aus und ziehen Sie das Rohr aus dem oberen Krümmer (siehe Abbildungen).

Krümmer des vorderen Zylinders

11 Demontieren Sie das Sammlerrohr (siehe oben).

12 Trennen Sie den Stecker der Lambdasonde und drehen Sie diese nötigenfalls aus dem Krümmer (siehe Sektion 12).

13 Lösen Sie die Muttern, die den Krümmerflansch am Zylinderkopf sichern (siehe Abbildung). Ziehen Sie den Flansch von den Stehbolzen und entnehmen Sie den Krümmer (siehe Abbildung).

14 Entfernen Sie den Dichtring aus dem Auslasskanal des Zylinderkopfs (siehe Abbildung) – beim Einbau wird ein Neuteil benötigt.

15 Falls die Krümmerflanschmuttern stark korrodiert sind, müssen sie durch Neuteile ersetzt werden.

Oberes Krümmerrohr des hinteren Zylinders

16 Entfernen Sie die hinteren Seitenblenden und ggf. die Heck-Innenverkleidung (siehe Kapitel 6, Sektion 5 und 6).

17 Demontieren Sie das untere Krümmerrohr (Schritte 9 und 10).

18 Trennen Sie den Stecker der Lambdasonde und drehen Sie diese nötigenfalls aus dem Krümmer (siehe Sektion 12).

19 Für den Ausbau des oberen Krümmerrohrs muss der Stoßdämpfer demontiert werden. Ziehen Sie den Handbremshebel gegen den Lenker, damit das Motorrad nicht nach vorn rollen kann, und stützen Sie es unterhalb des Motors ab. Positionieren Sie eine Abstützung unter dem entlasteten Hinterrad, damit es beim Lösen des Stoßdämpfers nicht herunterfällt. Befreien Sie den Stoßdämpfer vom Rahmen und schwenken Sie ihn hoch (siehe Abbildung).

20 Bauen Sie die Batterie aus (siehe Kapitel 7, Sektion 3). Trennen Sie **bis Modelljahr 2018** den Stecker des Anlasserrelais und befreien Sie dies (siehe Abbildung). Entfernen Sie **ab Modelljahr 2019** das Anlasserrelais (siehe Kapitel 7, Sektion 23). Befreien Sie die Sicherungsbox und **ab Modelljahr 2019** auch die Halter der ABS-Sicherungen (siehe Abbildungen).

21 Trennen Sie **bis Modelljahr 2018** die hinteren Bremsleitungen vom ABS-Modulator (siehe Kapitel 5, Sektion 14), befreien Sie den Modulator, trennen Sie die Verkabelung und sichern Sie den Modulator wie gezeigt (siehe Abbildung) – halten Sie Lappen bereit, um austretende Bremsflüssigkeit aufzusaugen. **Ab Modelljahr 2019** muss der Modulator komplett entfernt werden (siehe Kapitel 5, Sektion 14).

22 Trennen Sie **bis Modelljahr 2018** den Stecker des Motorsteuermoduls (Abbildungen 13.5a und b) und schneiden Sie die Kabelbinder auf, die den Kabelbaum rechts am Elektrik-Fach sichert (siehe Abbildung). Demontieren Sie **ab Modelljahr 2019** das Motorsteuermodul (siehe Sektion 13), entfernen Sie die Kabelabdeckung rechts vom Elektrik-Fach und befreien Sie die Verkabelung aus der Befestigung (siehe Abbildung).

23 Lösen Sie die Schrauben des Elektrik-Fachs und manövrieren Sie diese nach links aus dem Rahmen (siehe Abbildungen).

15.23b Lösen Sie rechts die Mutter und ziehen Sie die Schraube heraus.

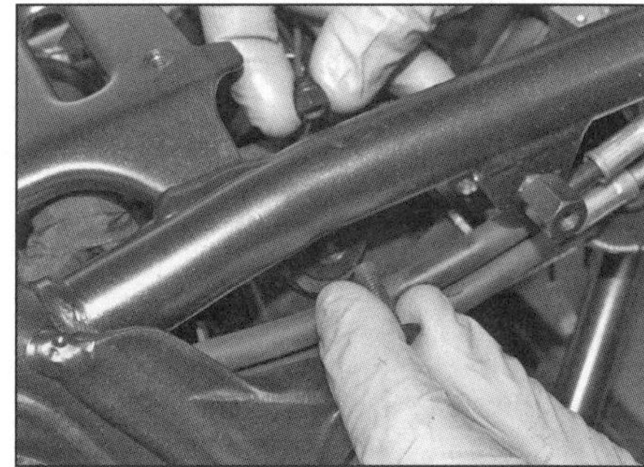

15.23c Lösen Sie bis Modelljahr 2018 links die Mutter und ziehen Sie die Schraube heraus.

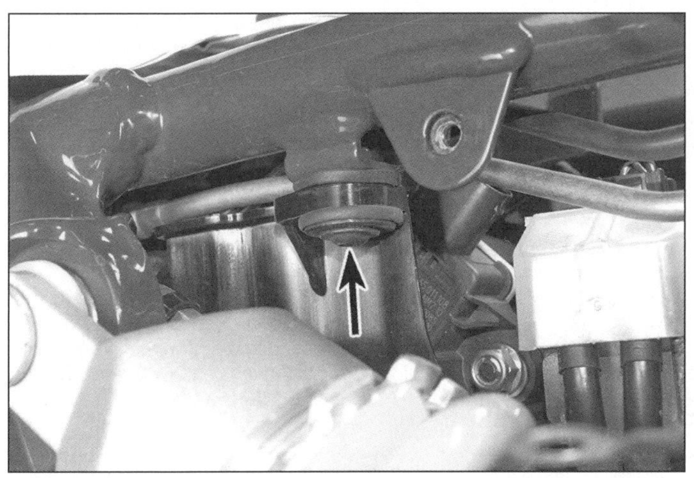

15.23d Lösen Sie ab Modelljahr 2019 links die Schraube.

15.23e Manövrieren Sie das Elektrik-Fachs nach links aus dem Rahmen.

15.24a Lösen Sie die Krümmerflanschmuttern ...

15.24b ... und befreien Sie den Krümmer.

15.25 Der Dichtring im Auslasskanal muss erneuert werden.

15.27a Rüsten Sie den Auslasskanal mit einer neuen Krümmerflanschdichtung aus.

15.27b Die obere Stoßdämpferaufnahme ist an beiden Seiten mit Hülsen und außen mit einer Distanzscheibe ausgerüstet.

24 Lösen Sie die Muttern, die den Krümmerflansch am Zylinderkopf sichern (siehe Abbildung). Ziehen Sie den Flansch von den Stehbolzen und entnehmen Sie den Krümmer (siehe Abbildung).
25 Entfernen Sie den Dichtring aus dem Auslasskanal des Zylinderkopfs (siehe Abbildung) – beim Einbau wird ein Neuteil benötigt.
26 Falls die Krümmerflanschmuttern stark korrodiert sind, müssen sie durch Neuteile ersetzt werden.

Einbau

alle Bauteile

27 Der Einbau entspricht der umgekehrten Ausbaureihenfolge – beachten Sie dabei folgende Punkte:

- Ersetzen Sie alle beschädigten, verformten oder an Alterungserscheinungen leidenden Befestigungen durch Neuteile. Ersetzen Sie stark korrodierte oder gelängte Federn durch Neuteile. Die Hülsen müssen in den Gummiösen stecken.
- Reinigen Sie die Gewinde der im Zylinderkopf sitzenden Krümmerflansch-Stehbolzen.
- Rüsten Sie den Auslasskanal mit einer neuen Dichtung aus – »kleben« Sie diese mit etwas Fett ein (Abbildung 15.27a).
- Versehen Sie die Stehbolzen, Muttern und Schrauben zum Schutz vor Korrosion mit Kupferpaste.
- Drehen Sie die Krümmerflanschmuttern zunächst handfest auf, bis alle Krümmerrohre und das Sammlerrohr korrekt ausgerichtet sind. Die Krümmerflanschmuttern des hinteren Zylinders müssen vor dem Einbau des Elektrik-Fachs (mit 24 Nm) angezogen werden, da sonst der Zugang sehr begrenzt ist.
- Ziehen Sie die Krümmerflanschmuttern mit 24 Nm an.
- Ziehen Sie die Schalldämpfer-Befestigungsschrauben mit 10 Nm an.
- Die Hülsen und Distanzscheiben der Stoßdämpferaufnahme müssen installiert sein, bevor der Stoßdämpfer montiert wird (Abbildung 15.27b).
- Starten Sie den Motor und überprüfen Sie die Auspuffanlage auf Undichtigkeiten.

16 Katalysator

Allgemeine Informationen

1 Im Schalldämpfer der Auspuffanlage ist ein Katalysator integriert, der die im Motor entstehenden giftigen Abgase in relativ harmlose Gase umwandeln soll, bevor sie aus dem Auspuff entlassen werden.
2 Durch eine auf feinen Gittermaschen angebrachte spezielle Metallbeschichtung wandelt der Katalysator Stickoxide in Stickstoff und Sauerstoff sowie unverbrannte Kohlenwasserstoffe und Kohlenmonoxide in Wasser und Kohlendioxide um. Die Wirksamkeit des Katalysators wird durch Ablagerungen von Ölkohle, Öl oder Blei beeinträchtigt.
3 Beim hier eingesetzten Dreiwege-Katalysator ermittelt eine Lambdasonde den Rest-Sauerstoffgehalt der Abgase und das damit verbundene Motorsteuermodul (ECU) passt die Einspritzung und Zündung entsprechend an, um optimale Abgaswerte zu erzielen.

Vorsichtsmaßnahmen

4 Der Katalysator arbeitet automatisch und erfordert praktisch keine Wartung. Trotzdem sollten folgende Hinweise beachtet werden:

- Tanken Sie immer bleifreien Kraftstoff und verwenden Sie keine Kraftstoffzusätze – bereits kleine Mengen verbleiten Benzins zerstören den Katalysator.
- Halten Sie das Kraftstoff- und Zündsystem in einem guten Zustand. Wird ein unkorrektes Benzin/Luft-Gemisch vermutet, muss das System mithilfe eines Abgas-Analysegerätes untersucht werden.
- Wenn der Motor Fehlzündungen produziert, muss dies unverzüglich behoben werden, da der Katalysator dadurch zerstört wird.
- Benutzen Sie keine Kraftstoff- oder Öl-Zusätze (Additive) – diese können Substanzen enthalten, die den Katalysator beschädigen.
- Wenn der Motor Öl verbrennt und blaue Abgaswolken produziert, muss er unverzüglich repariert werden, da der Katalysator dadurch zerstört wird.
- Behandeln Sie die ausgebaute Auspuffanlage vorsichtig – der Katalysator und die Lambdasonde vertragen keine Schläge oder Stürze.

17 Sekundärluftsystem

Funktion

1 Das System nutzt den durch die pulsierenden Abgase entstehenden Unterdruck, um durch ein Regelventil (hinter dem rechten mittleren Seitendeckel) und Zungenventile (jeweils am Zylinderkopf) Frischluft aus dem Luftfilter in die Auslasskanäle zu saugen, wo sie sich mit heißen Abgasen vermischt. Der dabei zugeführte Sauerstoff lässt bisher unverbrannte Kohlenwasserstoffe und Kohlenmonoxide zu Wasser und Kohlendioxid verbrennen, sodass die Emissi-

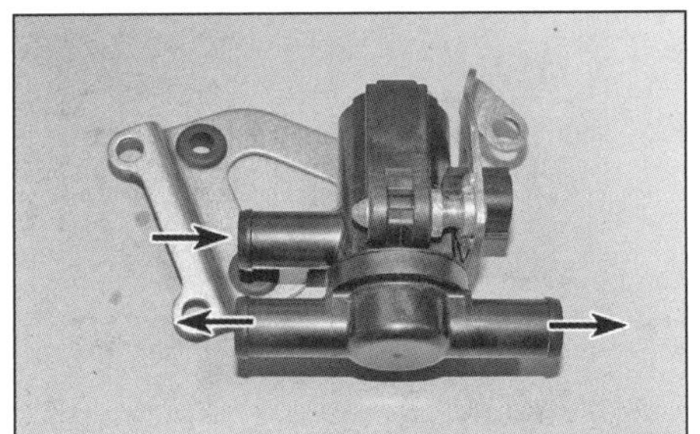
17.5a Die Luft darf nur in die gezeigten Richtungen strömen.

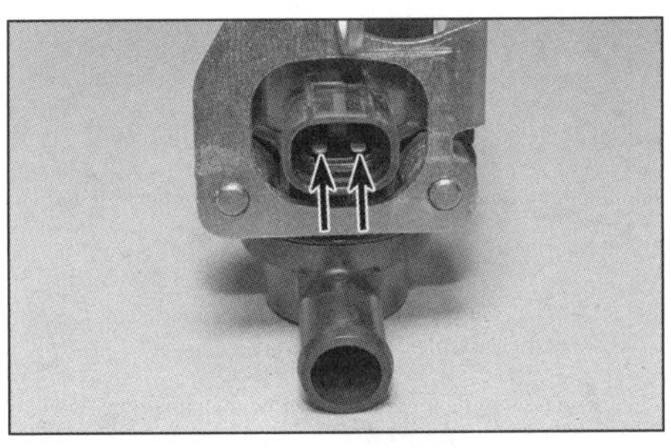
17.5b Legen Sie an den Kontakten des Regelventils (Pfeile) Batteriespannung an.

17.6a Zwischen den Zungen und ihren Sitzen darf kein Spalt erkennbar sein.

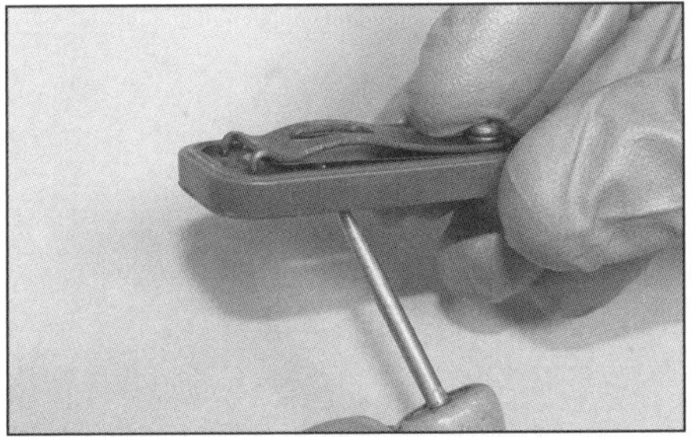
17.6b Drücken Sie die Zungen vorsichtig hoch – sie dürfen nicht am Sitz kleben.

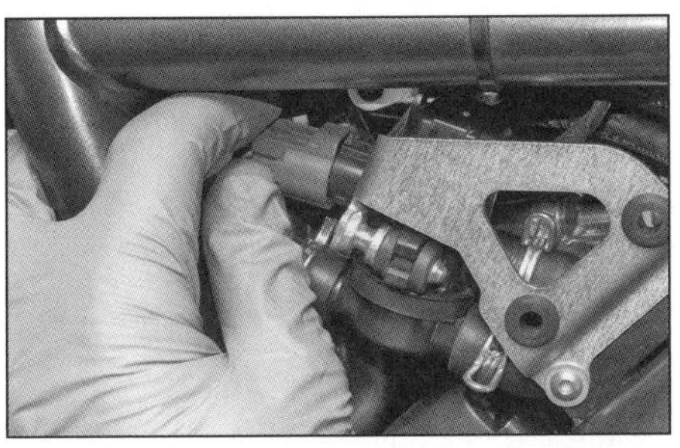
17.8 Trennen Sie den Regelventil-Stecker.

17.9a Lösen Sie die Schrauben des Halters, befreien Sie das Ventil ...

17.9b ... und trennen Sie die Schläuche vom vorderen ...

17.9c ... sowie vom hinteren Stutzen.

17.9d Ziehen Sie das Ventil von den Zapfen des Halters und kontrollieren Sie seine Gummiösen.

onswerte verbessert werden. Das Magnetventil wird vom Motorsteuermodul überwacht.

2 Unter normalen Betriebsbedingungen ist das Ventil geöffnet. Die Zungenventile innerhalb des Ventildeckels sorgen dafür, dass Luft nur in Richtung Auslasskanäle strömen kann, aber Abgase nicht durch das Regelventil in das Luftfiltergehäuse gelangen.

Testen

3 Starten Sie den Motor und bringen Sie ihn auf Betriebstemperatur, schalten Sie ihn dann ab.

4 Entfernen Sie den rechten mittleren Seitendeckel (siehe Kapitel 6, Sektion 4). Lösen Sie die Schrauben des Halters und trennen Sie am Regelventil den oberen vorderen Schlauch (Abbildungen 17.9a und b). Reinigen Sie das Ende des Luftfilterschlauchs (Kohleablagerungen weisen auf einen Defekt im System hin). Starten Sie den Motor erneut und geben Sie etwas Gas – jetzt muss Luft in den Schlauchstutzen des Ventils gesaugt werden; andernfalls muss der Motor abgeschaltet werden, um die folgenden Kontrollen durchzuführen:

5 Demontieren Sie das Regelventil (siehe unten). Blasen Sie Luft in den Einlassstutzen – sie muss durch das Ventil strömen (siehe Abbildung). Legen Sie mithilfe von Überbrückungskabeln am Regelventil Batteriespannung an und wiederholen Sie den Test (siehe Abbildung) – es darf keine Luft hindurchströmen. Trennen Sie die Batterie wieder. Falls das Ventil nicht wie beschrieben arbeitet, ist es defekt und muss ersetzt werden.

6 Saugen Sie jetzt am Luftfilter-Ende des Schlauchs – wenn die Zungenventile korrekt schließen, darf keine Luft angesaugt werden; andernfalls müssen die Zungenventile demontiert werden (siehe unten), um zu prüfen, ob die Zungen rundherum korrekt sitzen. Drücken Sie die Zungen vorsichtig hoch – sie dürfen nicht am Sitz kleben (siehe Abbildungen). Reinigen Sie die Grundplatten und Ventilgehäuse. Montieren Sie die Zungenventile und testen Sie das System erneut. Schadhafte Ventile müssen ersetzt werden.

Austausch der Komponenten

Regelventil

7 Entfernen Sie den rechten mittleren Seitendeckel (siehe Kapitel 6, Sektion 4).

8 Trennen Sie den Regelventil-Stecker (siehe Abbildung).

9 Lösen Sie die Schrauben des Halters , befreien Sie das Ventil und trennen Sie die Schläuche – merken Sie sich ihre Positionen. Entnehmen Sie das Ventil samt Halter und trennen Sie es nötigenfalls von ihm (siehe Abbildungen).

10 Der Einbau entspricht der umgekehrten Ausbaureihenfolge.

17.11a Zungenventilgehäuse des vorderen Zylinders

17.11b Zungenventilgehäuse des hinteren Zylinders

17.12 Ziehen Sie den Zungenventil-Schlauch ab.

Zungenventile

11 Um Zugang zum Zungenventil des vorderen Zylinders zu erhalten, muss der Ölkühler demontiert werden (siehe Kapitel 2, Sektion 20 – die Schläuche können angeschlossen bleiben) (siehe Abbildung). Für den Zugang zum Zungenventil des hinteren Zylinders muss das Regelventil demontiert werden (siehe oben) (siehe Abbildung).
12 Ziehen Sie am Deckel des Zungenventils den Schlauch ab (siehe Abbildung).
13 Lösen Sie die Schrauben und entnehmen Sie den Deckel (siehe Abbildung). Befreien Sie das Zungenventil unter Beachtung seiner Einbaurichtung (siehe Abbildungen).
14 Lösen Sie nötigenfalls die Schraube des Zungenventilgehäuses (siehe Abbildung), um es vom Zylinderkopf zu entnehmen – der O-Ring muss beim Einbau durch ein Neuteil ersetzt werden.
15 Der Einbau entspricht der umgekehrten Ausbaureihenfolge. Falls das Zungenventilgehäuse entfernt wurde, muss es mit einem neuen O-Ring installiert und seine Schraube mit 15 Nm angezogen werden (Abbildung 17.14). Die Zungenventil-Komponenten und ihre Gehäuse müssen sauber sein und die Ventile sowie ihre Grundplatten korrekt sitzen (Abbildungen 17.13c und b). Ziehen Deckel-Schrauben sorgfältig an.

17.13a Demontieren Sie den Deckel ...

17.13b ... und entnehmen Sie das Zungenventil ...

18 Verdunstungsregelungs-System (EVAP) – falls vorhanden

Allgemeine Informationen

1 Die *Evaporative Emission Control System* (EVAP) genannte Verdunstungsregelung ist nötig, um die Abgasnorm EURO 4 einzuhalten. Das System minimiert das Austreten von Benzindämpfen aus dem Tank in die Atmosphäre. Der Tank ist dazu abgedichtet und bei abgeschaltetem Motor entstehende Dämpfe werden in einem Aktivkohlebehälter gespeichert, von wo sie bei laufendem Motor mithilfe eines Absaugventils in das Drosselklappengehäuse geführt werden, um in die normale Verbrennung zu gelangen. Das Absaugventil wird vom Steuermodul (ECU) überwacht.
2 Das Absaugventil muss getestet werden, falls beim Heißstart des Motors Probleme auftreten.

Test

Absaugventil

3 Demontieren Sie das Ventil (siehe unten).
4 Prüfen Sie die Funktion des Ventils, indem Sie durch den Einlass (Behälterschlauch) blasen – das Ventil darf keine Luft durchlassen. Verbinden Sie jetzt eine geladene 12-V-Batterie mit den Ventil-Kontakten – jetzt muss das Ventil öffnen und Luft hindurchgelangen.
5 Prüfen Sie nötigenfalls den Widerstand zwischen den Ventil-Kontakten – falls der Widerstand null oder unendlich ist, ist das Ventil defekt und muss ersetzt werden.

Aktivkohlebehälter

6 Der Behälter kann nicht getestet werden. Falls er aus irgendeinem Grund beschädigt ist, muss er durch ein Neuteil ersetzt werden.

Ausbau und Einbau

Absaugventil

7 Das Ventil sitzt unter dem Einlassstutzen (Abbildung 9.5). Trennen Sie den Stecker und die Schläuche, um das Ventil zu befreien (Abbildung 9.2b).
8 Der Einbau entspricht der umgekehrten Ausbaureihenfolge.

Aktivkohlebehälter

9 Entfernen Sie die rechte vordere Seitenblende (siehe Kapitel 6, Sektion 3).
10 Befreien Sie das Lambdasondenkabel vom Behälter (siehe Abbildung).
11 Ziehen Sie die Schläuche vom Aktivkohlebehälter ab – merken Sie sich ihre Positionen (siehe Abbildungen). Erneuern Sie schadhafte Schläuche.
12 Befreien Sie den Aktivkohlebehälter aus seinem Halter.
13 Der Einbau entspricht der umgekehrten Ausbaureihenfolge – sichern Sie die Schläuche mit einer geeigneten Zange (siehe Abbildung).

19 Zündsystem Kontrolle

Warnung: Die Energie in elektronischen Zündsystemen kann sehr hoch sein. Daher darf niemals die Zündung angeschaltet werden, während Kerzenstecker oder Zündkerzen in der Hand gehalten werden. Hochspannungs-Stromschläge können sehr unangenehm sein.
Bei getrennten Zündspulen oder ausgebauten Zündkerzen darf der Motor niemals durchgedreht werden oder laufen, ohne dass ein guter Masseschluss sichergestellt ist (z. B. für einen Zündfunkentest). Zündsystem-Komponenten können ernsthafte

17.13c ... sowie seine Grundplatte.

17.14 Schraube des Zungenventilgehäuses

18.10 Öffnen Sie den Kabelbinder, um das Lambdasondenkabel zu befreien.

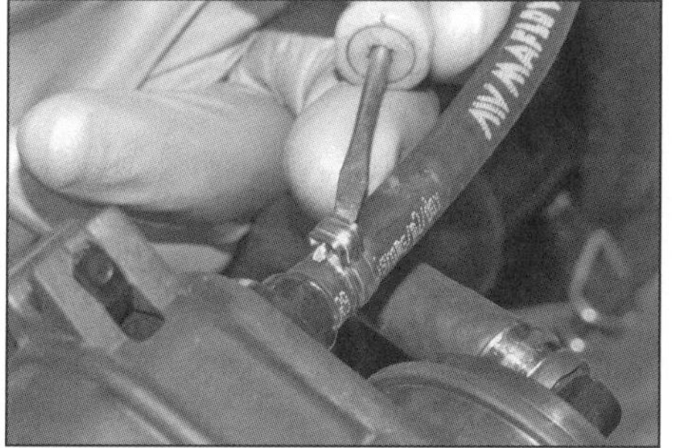
18.11a Die Schlauchschellen können wiederverwendet werden – lösen Sie sie mit einem kleinen Schraubendreher ...

18.11b ... und ziehen Sie die Schläuche von den Stutzen des Aktivkohlebehälters.

18.13 Zum Sichern der Schellen wird ein Spezialwerkzeug benötigt.

Schäden erleiden, falls der Hochspannungs-Stromkreis isoliert wird!

1 Da das Zündsystem völlig wartungsfrei ist und nicht eingestellt werden kann, können Fehlfunktionen nur auf Defekte in den einzelnen Komponenten oder in der Verkabelung zurückgeführt werden. Wahrscheinlicher ist die zweite Ursache. Bei Fehlfunktionen müssen die Zündungsbauteile in systematischer Reihenfolge wie folgt überprüft werden:
2 Die Zündung muss abgeschaltet sein. Ziehen Sie den Kerzenstecker von der Zündkerze (siehe Abbildung). Stecken Sie eine (möglichst neue) Zündkerze in den Kerzenstecker der zu testenden Zündspule und halten Sie die Kerze mit einem gut isolierten Werkzeug gegen den Zylinderkopf.

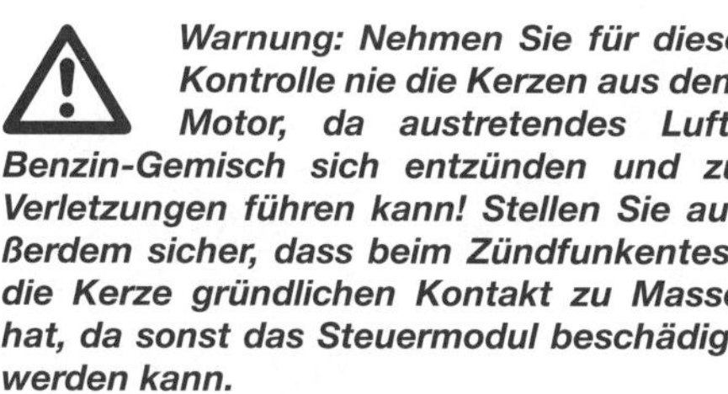
Warnung: Nehmen Sie für diese Kontrolle nie die Kerzen aus dem Motor, da austretendes Luft/Benzin-Gemisch sich entzünden und zu Verletzungen führen kann! Stellen Sie außerdem sicher, dass beim Zündfunkentest die Kerze gründlichen Kontakt zu Masse hat, da sonst das Steuermodul beschädigt werden kann.

3 Schalten Sie den Killschalter auf RUN und die Zündung ein, legen Sie den Leerlauf ein und drehen den Motor mit dem Anlasser durch. Ist die Zündung in Ordnung, werden an den Zündkerzen-Elektroden dicke blaue Funken überspringen; sind die Funken schwach, gehen ins Gelbe oder bleiben ganz aus, muss die Ursache gefunden werden. Schalten Sie vor weiterer Arbeit die Zündung wieder aus und wiederholen Sie den Test mit der anderen Zündspule.

19.2 Ziehen Sie den Zündkerzenstecker ab.

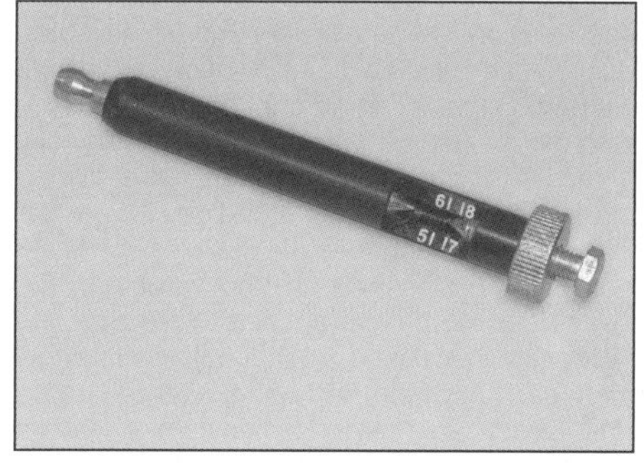
19.4 Ein typisches Zündfunken-Messgerät

4 Die Zündung muss einen Funken erzeugen, der in der Lage ist, eine Strecke von mindestens 6 mm zu überspringen. Für eine solche Kontrolle sind im Fachhandel sogenannte Funkenstrecken-Tester erhältlich (siehe Abbildung) – folgen Sie der beigefügten Anleitung.
5 Wenn die Testergebnisse in Ordnung sind, kann das Zündsystem als funktionsfähig betrachtet werden. Bei schwachen Funken sind weitere Untersuchungen nötig. Stellen Sie zuerst sicher, dass die Batterie vollständig geladen ist.

6 Fehlfunktionen der Zündanlage können in zwei Kategorien eingeteilt werden: ein vollständiger Ausfall oder gelegentliche Defekte. Die wahrscheinlichsten Ursachen sind unten aufgeführt, beginnend mit der häufigsten. Arbeiten Sie sich systematisch durch diese Liste, wobei in den jeweiligen Unterpunkten dieses Kapitels für Details nachgeschaut werden muss.

- Lockere, korrodierte oder beschädigte elektrische Steckverbindungen, gebrochene Kabel im Zündsystem.
- Lockerer oder defekter Kerzenstecker, schadhaftes Zündkabel, schadhafte Zündkerze, verschlissene oder korrodierte Kerzenelektroden.
- Durchgebrannte Motorsteuermodul-Sicherung (siehe Kapitel 7, Sektion 5).

- Fehlerhafter Leerlauf-, Getriebe-, Kupplungs- oder Seitenständer-Schalter (siehe Kapitel 7)
- Defekte Zündspule(n) (siehe Sektion 20).
- Defekter Kill- oder Zündschalter (siehe Kapitel 7, Sektion 17).
- Defekter Kurbelwellensensor (siehe Sektion 12).
- Defektes Hauptrelais (siehe Sektion 15).
- Defektes Steuermodul (ECU) (siehe Sektion 13).

7 Wenn alle oben beschriebenen Möglichkeiten keinen Grund des Problems erkennen lassen, sollte sie Zündanlage von einer Ducati-Werkstatt getestet werden – diese verfügt über ein Testgerät, das eine Diagnose der Zündanlage erstellen kann.

20 Zündspulen

Kontrolle

1 Entfernen Sie die Zündspule (siehe unten).
2 Unterziehen Sie die Zündspule(n) einer Sichtkontrolle auf lockere, beschädigte oder verschmutzte Anschlüsse, Risse und andere Beschädigungen.
3 Messen Sie wie folgt den Primärwicklungs-Widerstand der Zündspule: Verbinden Sie ein auf den Ohm-Bereich geschalteten Messgeräts mit den Primär-Kontakten der Zündspule und messen Sie den Widerstand (siehe Abbildung) – es müssen ca. 1,5 Ohm festgestellt werden. Bei stark abweichenden Ergebnissen wird die Zündspule wahrscheinlich defekt sein.
4 Messen Sie wie folgt den Zündkabel-Widerstand: Ziehen Sie das Zündkabel von der Zündspule ab. Schalten Sie das Messgerät auf den K-Ohm-Messbereich und verbinden Sie es mit den Kontakten am Anschluss bzw. am Kerzenstecker (siehe Abbildung) – falls dabei nicht ca. 4,5 K-Ohm festgestellt werden, muss das Zündkabel samt Kerzenstecker ersetzt werden.
5 Falls keine Fehler gefunden werden, muss die Funktion der Zündspule und des Zündsystems von einer mit speziellen Messgeräten ausgerüsteten Fachwerkstatt überprüft werden.

Ausbau und Einbau

6 Für den Zugang zur Zündspule des vorderen Zylinders (siehe Abbildung) müssen das Sekundärluft-Regelventil (siehe Sektion 17) und die Hupe siehe Kapitel 7, Sektion 22) demontiert werden. Für den Zugang zur Zündspule des hinteren Zylinders muss der linke mittlere Seitendeckel entfernt werden (siehe Kapitel 6, Sektion 4).
7 Ziehen Sie das Zündkabel von der Zündspule ab (siehe Abbildung).
8 Lösen Sie die Schrauben, befreien Sie die Zündspule und trennen Sie den Kabelstecker (siehe Abbildungen).
9 Der Einbau entspricht der umgekehrten Ausbaureihenfolge – das Zündkabel muss fest auf die Zündspule gesteckt sein (Abbildung 20.7).

21 Wegfahrsperre

1 Die Wegfahrsperre ermöglicht den Start des Motorrades nur, wenn das Signal des Transponders im Zündschlüssel vom Empfänger der oben am Zündschloss sitzenden Wegfahrsperre erkannt wurde (siehe Kapitel 7, Sektion 16). Das System ist mit einer Selbstdiagnosefunktion ausgerüstet, beachten Sie für Details die Hinweise in Sektion 10.
2 Falls neue Wegfahrsperren-Komponenten installiert werden sollen, müssen sie bei der Instrumentenkonsole »angemeldet« werden – dies kann nur mit der speziellen Diagnoseausrüstung einer Ducati-Werkstatt durchgeführt werden. Das Motorrad wurde mit zwei angemeldeten Zündschlüsseln ausgeliefert.

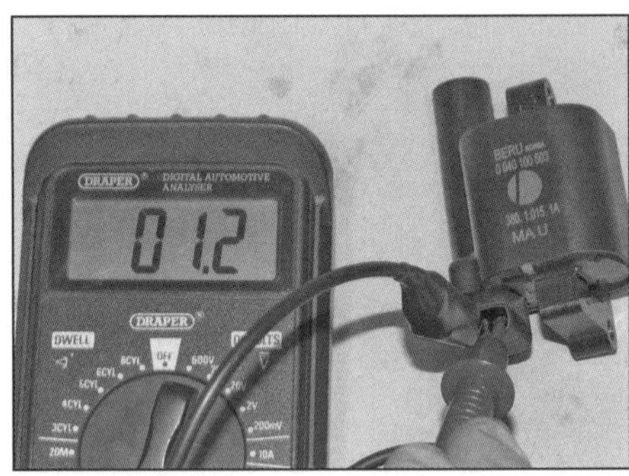

20.3 Ermitteln Sie an den Steckerkontakten den Primärwicklungs-Widerstand der Zündspule.

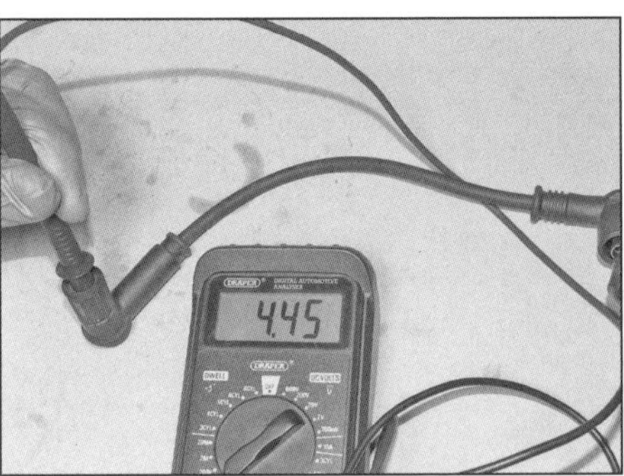

20.4 Ermitteln Sie den Widerstand des Zündkabels samt Kerzenstecker.

20.6 Die Zündspule des vorderen Zylinders sitzt hinter dem rechten mittleren Seitendeckel.

20.7 Ziehen Sie das Zündkabel von der Zündspule ab – gezeigt an der Zündspule des hinteren Zylinders.

20.8a Befreien Sie die Zündspule vom Rahmen ...

20.8b ... und trennen Sie den Kabelstecker – gezeigt an der Zündspule des hinteren Zylinders.

Kapitel 4
Rahmen und Federung

Inhalt (in alphabetischer Reihenfolge, die Zahlen geben die Nummerierung in den grauen Feldern wieder)

Schwierigkeitsgrade

Leicht. Für Anfänger mit wenig Erfahrung geeignet. 	**Relativ leicht.** Für Anfänger mit etwas Erfahrung geeignet. 	**Relativ schwierig.** Geeignet für geübte Selbstschrauber. 	**Schwer.** Geeignet für Selbstschrauber mit viel Erfahrung. 	**Sehr schwer.** Geeignet für Experten und Profis. 

Technische Daten

Gabel

Gabelöl-Typ	7,5W-Gabelöl (z. B. Shell Advance Fork 7.5 oder Donax TA)
Gabelöl-Füllmenge (siehe auch Sektion 7)	
Café Racer	rechts 417 ml, links 285 ml
Desert Sled	668 ml je Holm
Alle anderen Modelle	
bis Modelljahr 2018	rechts 427 ml, links 298 ml
ab Modelljahr 2019	rechts 390 ml, links 285 ml

Anzugsdrehmomente	**Nm**
Bremspedal-Gelenkbolzen (Desert Sled)	24
Fußrasten/Bremspedalträger-Mutter (**nicht** Desert Sled)	22
Fußrasten/Schalthebellträger-Mutter (**nicht** Desert Sled)	22
Fußrastenträger-Schrauben (**nicht** Desert Sled)	36
Gasgriffgehäuse-Schrauben	6
Gabelbrücken-Klemmschrauben	
obere Brücke	24
untere Brücke	22
Handbremszylinder-Klemmschrauben	10
Kupplungsarmatur-Klemmschrauben	10
Lenkerhalter-Muttern (**nicht** Café Racer)	45
Lenker-Klemmschrauben (Café Racer)	24
Lenker-Klemmschrauben (**nicht** Café Racer)	22
Lenkschaftmutter	
bis Modelljahr 2018	30
ab Modelljahr 2019	35
Schalthebel-Klemmschraube (Desert Sled)	24
Schwinge (Desert Sled)	
Einsteller	5
Einsteller-Kontermuttern	60
Schwingenachsen-Schrauben	70
Schwingenachsen-Klemmschrauben	18
Schwinge (**nicht** Desert Sled)	
Schwingenachsen-Schrauben	55
Schwingenachsen-Klemmschrauben	18
Seitenständerschalter-Schraube	5
Stoßdämpferbolzen/Muttern	42

1 Allgemeine Informationen

1 Alle Modelle sind mit einem Gitterrohr-Rahmen aus Stahl ausgerüstet, der den Motor als tragendes Element aufnimmt. Das Rahmenheck ist verschweißt.

2 Außer bei der Desert Sled steckt das Vorderrad in einer nicht einstellbaren ölgedämpften Upsidedown-Teleskopgabel mit 41 mm Innenrohrdurchmesser. Die Upsidedown-Teleskopgabel der Desert Sled hat 46 mm Tauchrohr-Durchmesser und ist in der Federvorspannung sowie der Druck- und der Zugdämpfung einstellbar.

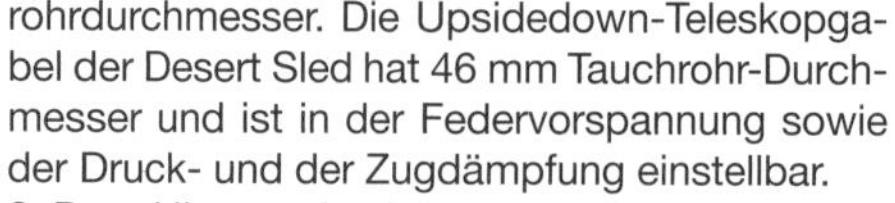

3 Das Hinterrad wird in einer Leichtmetall-Schwinge geführt, die sich direkt über ein Monofederbein mit einstellbarer Federvorspannung gegen den Rahmen abstützt; bei der Desert Sled ist es auch in der Druck- und Zugdämpfung einstellbar

4 Der Schwingen-Lagerbolzen ist durch den Rahmen und den Motor geführt.

2 Rahmen

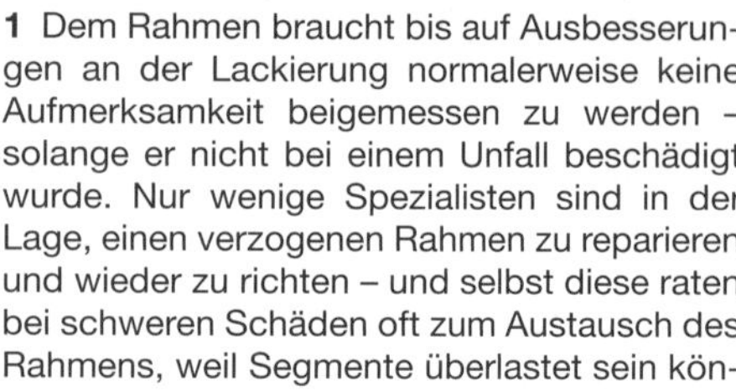

1 Dem Rahmen braucht bis auf Ausbesserungen an der Lackierung normalerweise keine Aufmerksamkeit beigemessen zu werden – solange er nicht bei einem Unfall beschädigt wurde. Nur wenige Spezialisten sind in der Lage, einen verzogenen Rahmen zu reparieren und wieder zu richten – und selbst diese raten bei schweren Schäden oft zum Austausch des Rahmens, weil Segmente überlastet sein können.

2 Nachdem eine Maschine sehr viele Kilometer zurückgelegt hat, sollte der gesamte Rahmen auf Anzeichen von Brüchen oder Rissen an den Schweißnähten begutachtet werden. Lockere Motorhaltebolzen können ihre Aufnahmen ausgeschlagen oder verbogen haben. Kleine Beschädigungen können je nach Ausmaß und Art eventuell von Spezialisten geschweißt werden.

3 Beachten Sie, dass ein verbogener Rahmen Fahrwerksprobleme hervorruft. Falls ein Verzug infolge eines Unfalls festgestellt wird, muss der Rahmen von sämtlichen Anbauteilen befreit werden, um ihn komplett kontrollieren und vermessen zu können.

3.1a Entfernen Sie die Sicherungsscheibe (Pfeil), indem Sie am Ausschnitt einen kleinen Schraubendreher ansetzen. Ziehen Sie den Lagerzapfen heraus …

3.1b … und beachten Sie die Positionierung der Feder-Enden.

3 Fußrasten, Bremspedal und Schalthebel

Fußrasten

1 Um eine Fahrerfußraste zu demontieren, muss unten am Lagerzapfen die Sicherungsscheibe entfernt werden, dann wird der Zapfen herausgezogen und die Fußraste entnommen – beachten der Ausrichtung der Feder (siehe Abbildungen).

2 Um bei allen Modellen **außer der Desert Sled** eine Beifahrerfußraste zu demontieren, muss unten am Lagerzapfen die Sicherungsscheibe entfernt werden, dann wird der Zapfen herausgezogen und die Fußraste entnommen – halten Sie dabei die Arretierbleche fest,

3.2a Entfernen Sie die Sicherungsscheibe (Pfeil), indem Sie am Ausschnitt einen kleinen Schraubendreher ansetzen. Ziehen Sie den Lagerzapfen heraus …

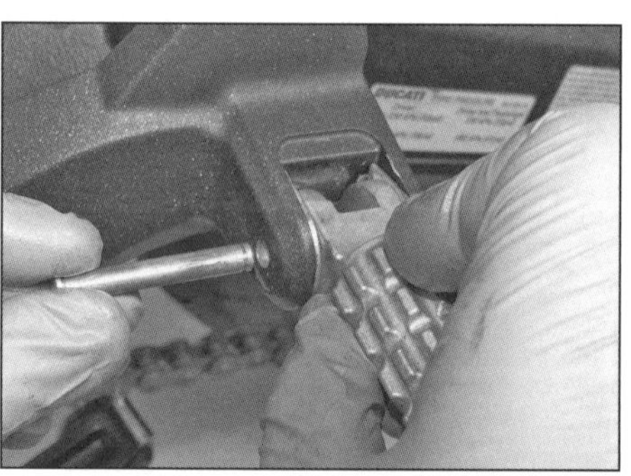

3.2b … und entnehmen Sie die Fußraste samt der Arretierbleche.

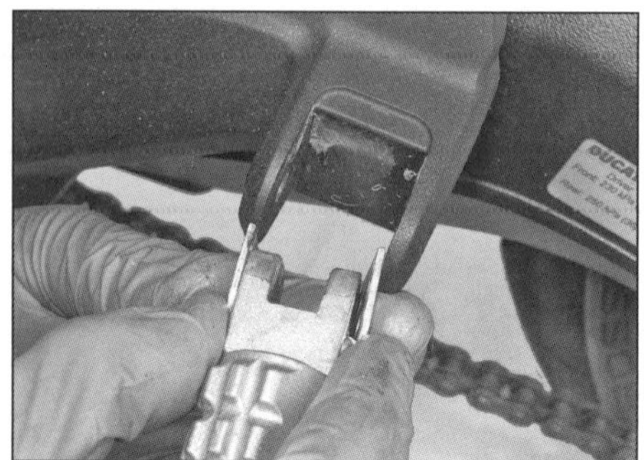

3.2c Halten Sie die Arretierbleche fest.

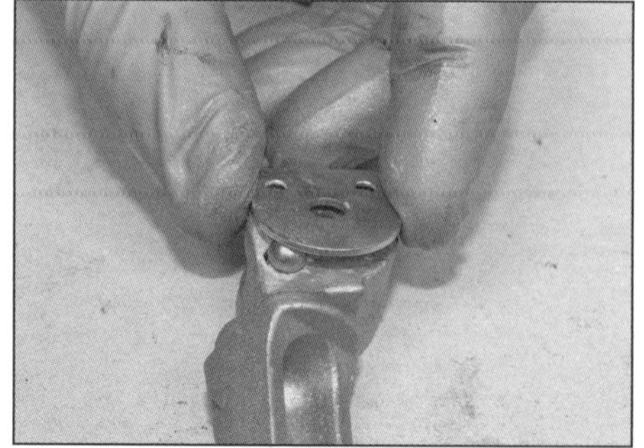

3.2d Heben Sie die Bleche ab …

3.2e … und stellen Sie die Kugel und die Feder sicher.

3.3a Entfernen Sie die Sicherungsscheibe (Pfeil), indem Sie am Ausschnitt einen kleinen Schraubendreher ansetzen.

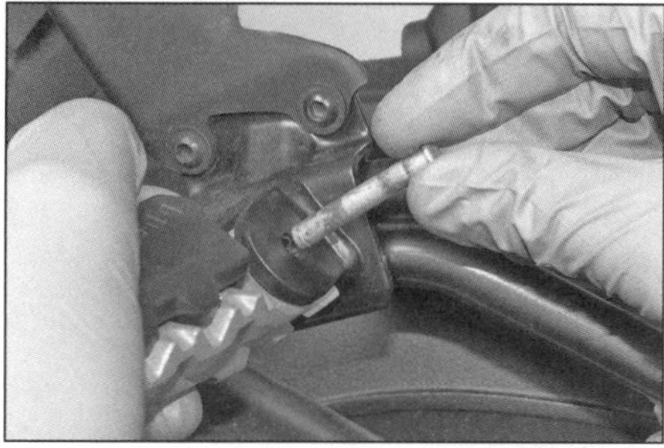

3.3b Ziehen Sie den Lagerzapfen heraus ...

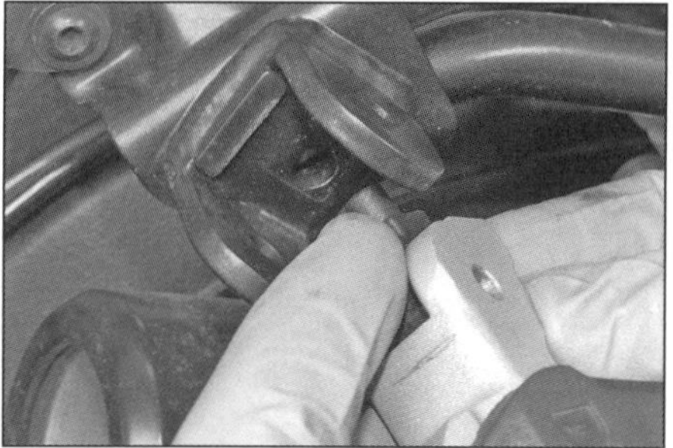

3.3c ... und entnehmen Sie die Fußraste samt Federsitz.

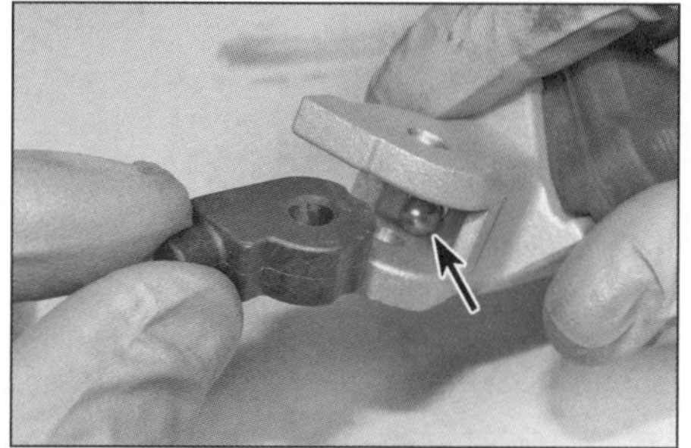

3.3d Entfernen Sie den Federsitz, die Kugel ...

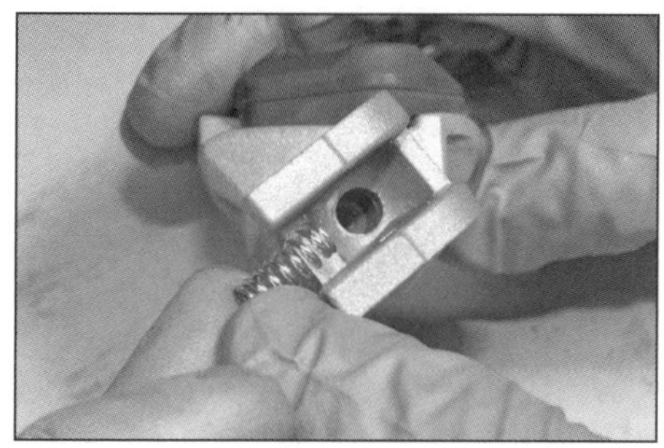

3.3e ... und die Feder.

3.5 Drücken Sie die Sicherungsscheibe in die Nut des Lagerzapfens.

3.7a Drücken Sie die Arretierung von der Druckstange ...

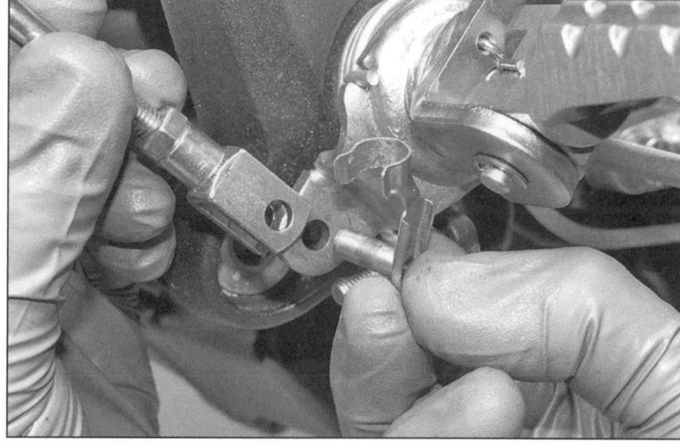

3.7b ... und ziehen Sie den Gelenkstift heraus, um die Druckstange vom Bremspedal zu trennen.

damit die Kugel und die Feder zwischen der hinteren Platte und der Fußraste nicht herausspringen (siehe Abbildungen). Entnehmen Sie die Bleche und stellen Sie die Kugel und die Feder sicher (siehe Abbildungen).

3 Um bei **der Desert Sled** eine Beifahrerfußraste zu demontieren, muss unten am Lagerzapfen die Sicherungsscheibe entfernt werden, dann wird der Zapfen herausgezogen und die Fußraste entnommen – halten Sie dabei den Federsitz fest, damit die Kugel und die Feder zwischen dem Sitz und der Fußraste nicht herausspringen (siehe Abbildungen). Lösen Sie den Federsitz und stellen Sie die Kugel und die Feder sicher (siehe Abbildungen).

4 Bei **der Desert Sled** können die Fußrastengummis entfernt werden, um im Gelände einen sicheren Tritt zu haben (oder um sie zu ersetzen).

5 Der Einbau entspricht der umgekehrten Ausbaureihenfolge. Schmieren Sie Lagerzapfen sowie die Kugel und die Feder der Beifahrerfußraste mit etwas Fett. Hängen Sie die Feder der Fahrerfußraste korrekt ein (Abbildung 3.1b). Positionieren Sie die Feder, die Kugel und die Arretierung(en) korrekt an die Beifahrerfußraste (Abbildungen 3.2e oder 3.3e und d). Drücken Sie die Sicherungsscheibe mit einer Zange in die Nut des Lagerzapfens (siehe Abbildung).

Bremspedal – alle Modelle außer Desert Sled

6 Demontieren Sie den Schalldämpfer (siehe Kapitel 3, Sektion 15).

7 Befreien Sie den Gelenkstift von der Druckstange und ziehen Sie ihn heraus (siehe Abbildungen).

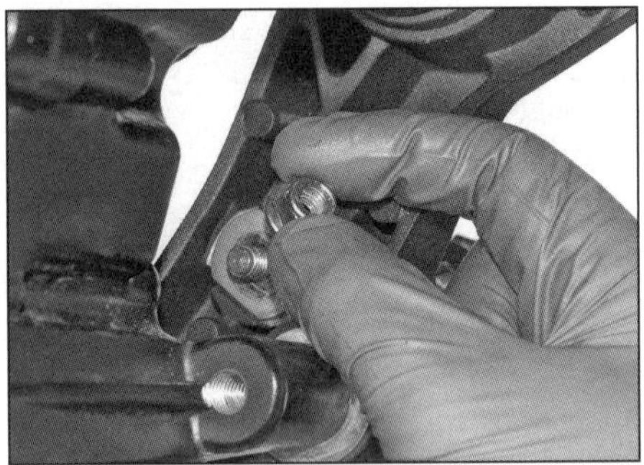

3.8a Lösen Sie die Mutter, ...

3.8b ... entnehmen Sie die Scheibe ...

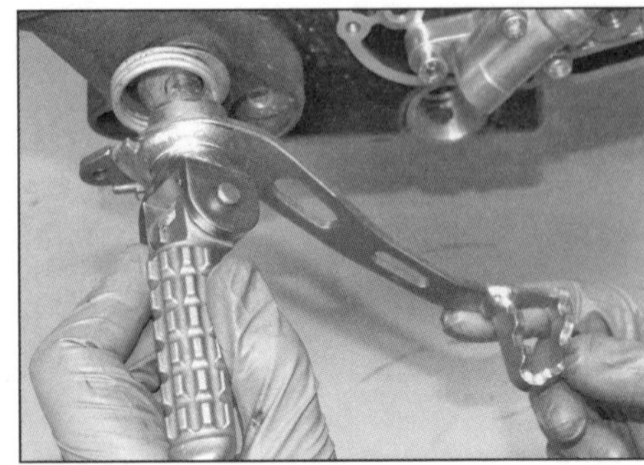

3.8c ... und ziehen Sie den Fußrasten/Bremspedalhalter aus dem Träger.

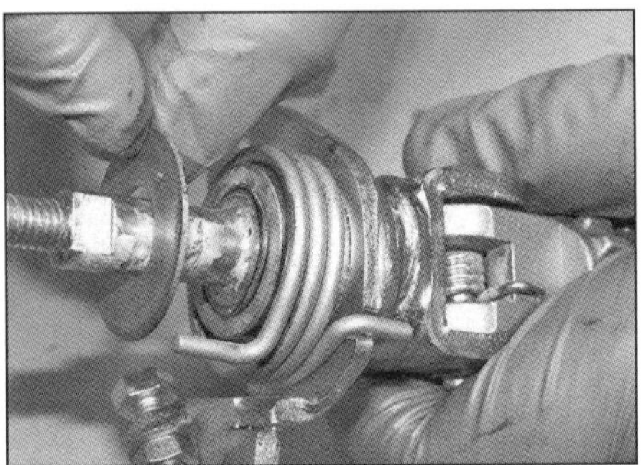

3.9a Ziehen Sie die Scheibe ...

3.9b ... und die Feder ab, ...

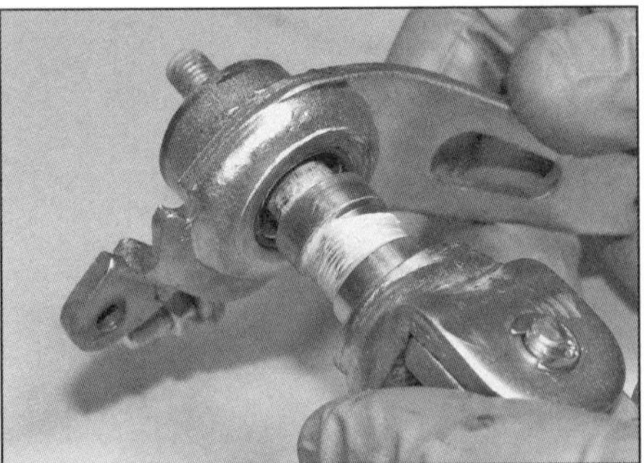

3.9c ... um das Bremspedal von der Fußraste zu befreien.

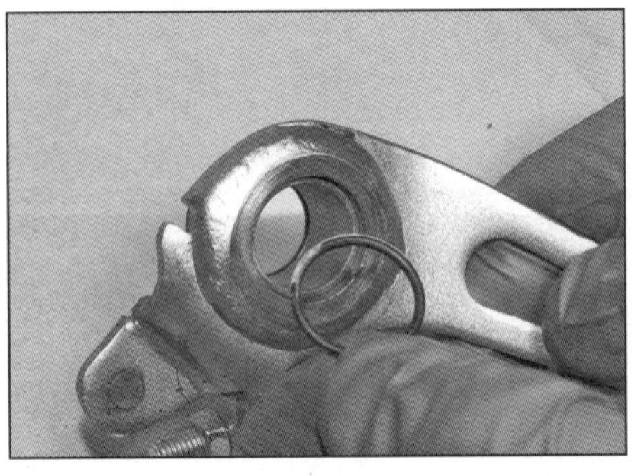

3.10 An beiden Seiten des Bremspedals findet sich ein O-Ring.

3.11a Richten Sie das Ende der Feder zur Bohrung aus ...

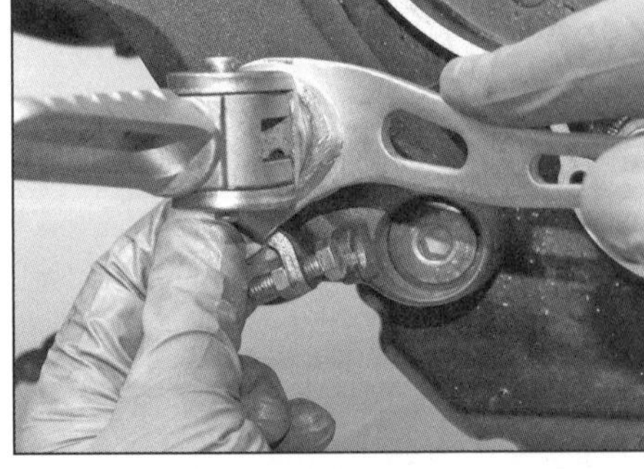

3.11b ... und schwenken Sie das Pedal herunter, sodass die Schraube den Anguss freigibt, ...

8 Lösen Sie die Mutter des Fußrasten/Bremspedalhalters und entnehmen Sie die Scheibe, um die Baugruppe vom Träger zu befreien (siehe Abbildungen).

9 Entfernen Sie die Scheibe und die Feder und ziehen Sie das Pedal ab (siehe Abbildungen).

10 Stellen Sie die O-Ringe sicher (siehe Abbildung).

11 Der Einbau entspricht der umgekehrten Ausbaureihenfolge – beachten Sie dabei folgende Punkte:

- Reinigen Sie die O-Ringe, das Pedal, den Lagerzapfen und das Gewinde am Fußrasten/Bremspedalhalter.
- Falls das Bremspedal viel Spiel auf dem Zapfen aufweist, ist seine Buchse verschlissen und das Pedal muss erneuert werden.
- Kontrollieren Sie die O-Ringe und erneuern Sie sie nötigenfalls (Abbildung 3.10).
- Schmieren Sie die Pedal-Lagerung und die O-Ringe mit Fett.
- Installieren Sie die Feder mit dem kürzeren Ende in den Ausschnitt des Pedals und legen Sie die Scheibe auf (Abbildungen 3.9b und a).
- Führen Sie beim Ansetzen des Fußrasten/Bremspedalhalters das innere Ende der entspannten Feder teilweise in die Bohrung ein, sodass das Pedal nach oben steht (Abbildung 3.11a). Spannen Sie die Feder, indem Sie das Pedal herunterdrü-

3.11c ... und schieben Sie die Baugruppe vollständig auf.

3.11d Drücken Sie die Arretierung des Gelenkstifts über die Druckstange.

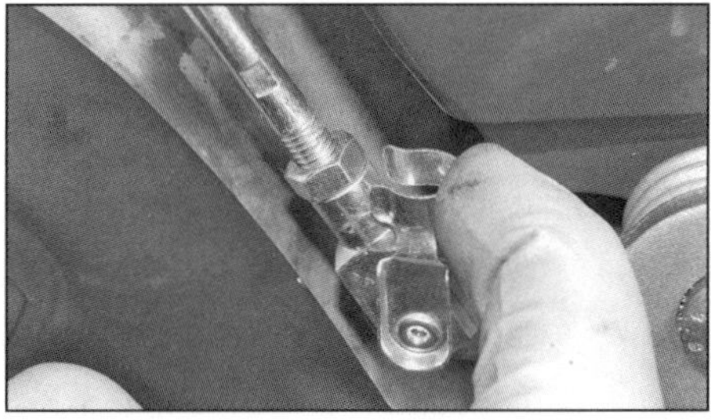

3.12a Drücken Sie die Arretierung von der Druckstange ...

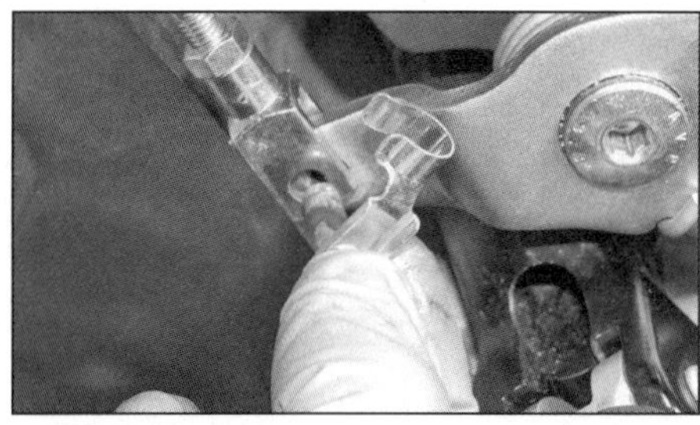

3.12b ... und ziehen Sie den Gelenkstift heraus, um die Druckstange vom Bremspedal zu trennen.

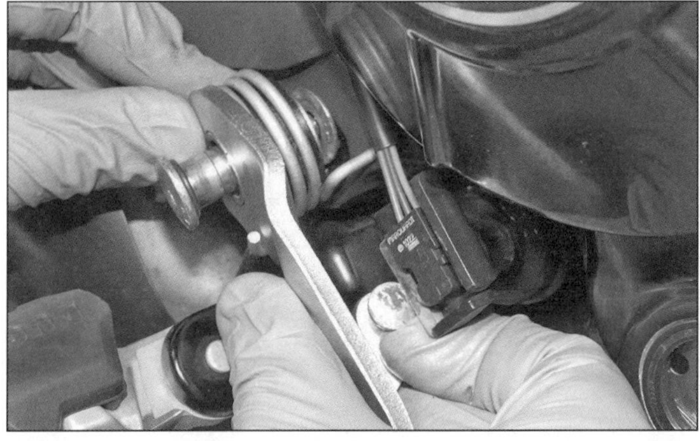

3.13 Beachten Sie bei der Demontage des Bremspedals, wie der Kopf der Anschlagschraube unter dem Bremslichtschalter sitzt, und wie der Feder in der Bohrung des Rahmens steckt.

3.14a Entfernen Sie die Scheibe, ...

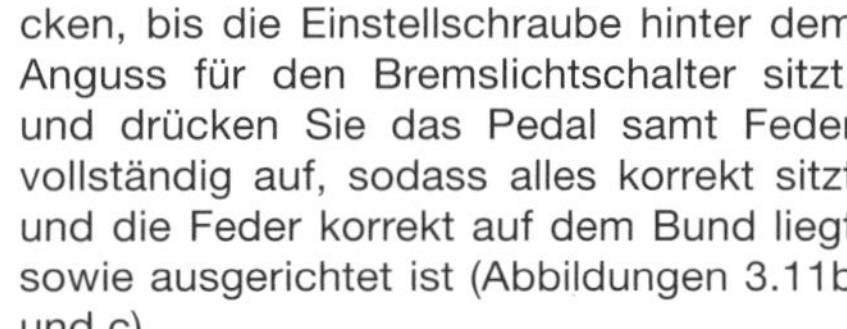

cken, bis die Einstellschraube hinter dem Anguss für den Bremslichtschalter sitzt, und drücken Sie das Pedal samt Feder vollständig auf, sodass alles korrekt sitzt und die Feder korrekt auf dem Bund liegt sowie ausgerichtet ist (Abbildungen 3.11b und c).

- Richten Sie die Abflachungen der Scheibe korrekt im Träger aus (Abbildung 3.8b). Versehen Sie das Gewinde der Mutter mit mittelfester Sicherungspaste und ziehen Sie sie mit 22 Nm an.
- Sichern Sie den Gelenkstift korrekt an der Druckstange (Abbildung 3.11d).
- Prüfen Sie vor der ersten Fahrt die Funktion der Bremse und des Bremslichtschalters (siehe Kapitel 1).

Bremspedal – Desert Sled

12 Befreien Sie den Gelenkstift von der Druckstange und ziehen Sie ihn heraus (siehe Abbildungen).

13 Lösen Sie den Bremspedal-Gelenkbolzen und entnehmen Sie das Pedal, die Scheibe und die Feder – beachten Sie deren Ausrichtung (siehe Abbildung).

14 Entfernen Sie die Scheibe, ziehen Sie den Gelenkbolzen heraus und entnehmen Sie die Feder, die Distanzhülse und die O-Ringe (siehe Abbildungen).

3.14b ... ziehen Sie den Gelenkbolzen heraus ...

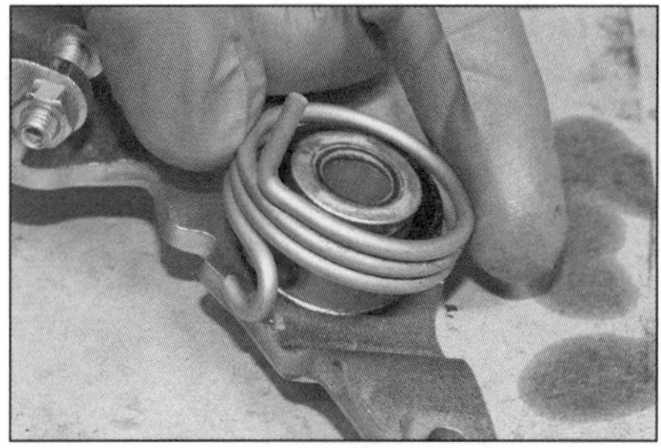

3.14c ... und entnehmen Sie die Feder ...

3.14d ... sowie die Distanzhülse – beachten Sie den inneren O-Ring.

3.14e Der äußere O-Ring sitzt entweder am Gelenkbolzen (Pfeil) oder am Bremspedal.

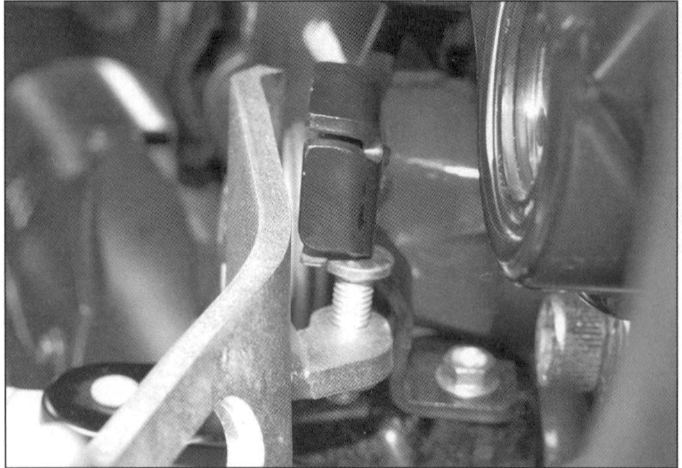

3.15 Der korrekt positionierte Anschlagschrauben-Kopf unter dem Schalter-Halter und dem Kontakt

3.17 Lösen Sie die Mutter, ziehen Sie die Schraube heraus und schwenken Sie das Schaltgestänge herunter.

3.18a Lösen Sie die Mutter, ...

3.18b ... entnehmen Sie die Scheibe ...

3.18c ... und ziehen Sie den Fußrasten/ Schalthebel-Halter aus der Aufnahme.

3.19a Entfernen Sie die Scheibe ...

3.19b ... und ziehen Sie den Schalthebel vom Fußrasten-Zapfen.

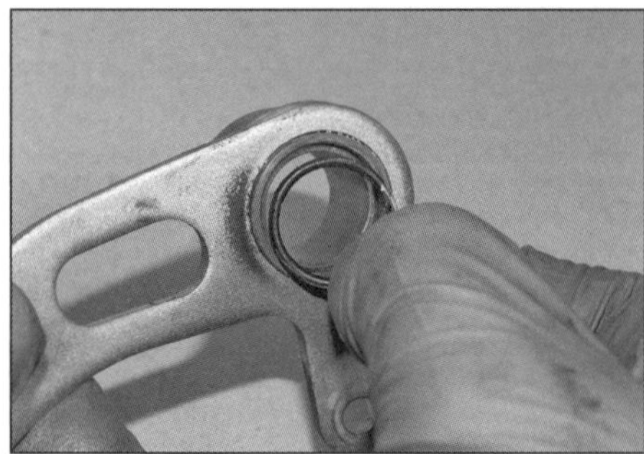

3.20 Der Schalthebel ist an beiden Seiten mit einem O-Ring ausgerüstet.

15 Der Einbau entspricht der umgekehrten Ausbaureihenfolge – beachten Sie dabei folgende Punkte:

- Reinigen Sie die O-Ringe, das Pedal, den Lagerbolzen und sein Gewinde.
- Falls das Bremspedal viel Spiel auf dem Zapfen aufweist, ist seine Buchse verschlissen und das Pedal muss erneuert werden.
- Kontrollieren Sie die O-Ringe und erneuern Sie sie nötigenfalls (Abbildung 3.10).
- Schmieren Sie die Pedal-Lagerung und die O-Ringe mit Fett.
- Setzen Sie die Pedal-Komponenten zusammen und installieren Sie die Feder mit dem kürzeren Ende in den Ausschnitt des Pedals (Abbildungen 3.14e, d, c, b und a).
- Tragen Sie am Gewinde des Lagerbolzens mittelfeste Sicherungspaste auf. Führen Sie beim Ansetzen des Bremspedals das innere Ende der entspannten Feder teilweise in die Bohrung ein, sodass das Pedal nach oben steht (Abbildung 3.11a). Spannen Sie die Feder, indem Sie das Pedal herunterdrücken, bis die Einstellschraube hinter dem Anguss für den Bremslichtschalter sitzt, und drücken Sie das Pedal samt Feder vollständig auf, sodass alles korrekt sitzt und die Feder korrekt auf dem Bund liegt sowie ausgerichtet ist (Abbildung 3.13).
- Ziehen Sie den Gelenkbolzen mit 24 Nm an. Prüfen Sie, ob der Kopf der Anschlagschraube korrekt unter dem Bremslichtschalter sitzt, sodass ihre innere Hälfte unter dem Halter sitzt und die äußere Hälfte gegen den Schalterkontakt drückt (siehe Abbildung) – der Kopf darf nicht alleine am Kontakt anliegen.

3.21a Markieren Sie die Position der Klemmöffnung, lösen Sie die Klemmschraube und ziehen Sie den Hebel ab.

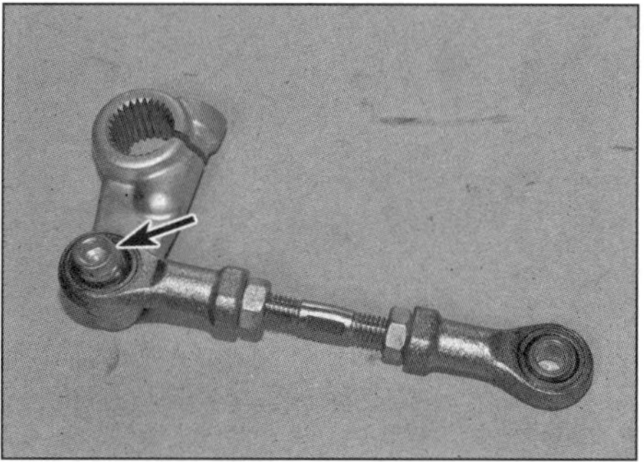

3.21b Lösen Sie die Schraube (Pfeil, um das Schaltgestänge vom Hebel zu befreien.

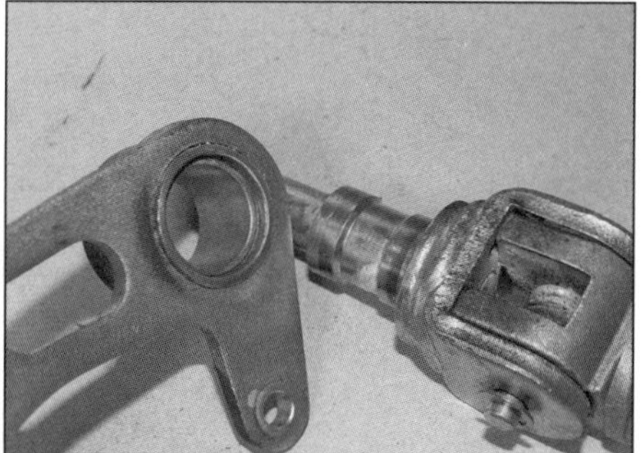

3.22 Prüfen Sie, ob der Schalthebel auf seinem Zapfen Spiel hat.

3.23 Lösen Sie die Mutter (Pfeil) und ziehen Sie die Schraube heraus, um das Schaltgestänge vom Schalthebel zu befreien.

3.24 Beachten Sie beim Entnehmen des Schalthebels die O-Ringe außen (Pfeil) und innen am Gelenkbolzen.

3.25 Markieren Sie die Position der Klemmöffnung, lösen Sie die Klemmschraube und ziehen Sie den Hebel ab.

- Prüfen Sie vor der ersten Fahrt die Funktion der Bremse und des Bremslichtschalters (siehe Kapitel 1).

Schalthebel und Schaltgestänge – alle Modelle außer Desert Sled

16 Demontieren Sie den Schalldämpfer (siehe Kapitel 3, Sektion 15).

17 Befreien Sie das Schaltgestänge vom Schalthebel (siehe Abbildung).

18 Lösen Sie die Mutter des Fußrasten/Schalthebel-Halters, entfernen Sie die Scheibe und ziehen Sie die Baugruppe aus dem Fußrastenträger (siehe Abbildungen).

19 Entfernen Sie die Scheibe und ziehen Sie den Schalthebel vom Fußrasten-Zapfen (siehe Abbildungen).

20 Entfernen Sie die O-Ringe (siehe Abbildung).

21 Markieren Sie auf der Schaltwelle die Position der Klemmöffnung, lösen Sie die Klemmschraube und ziehen Sie den Hebel ab (siehe Abbildung). Befreien Sie das Schaltgestänge vom Schaltwellenhebel (siehe Abbildung).

22 Der Einbau entspricht der umgekehrten Ausbaureihenfolge – beachten Sie dabei folgende Punkte:

- Falls der Schalthebel viel Spiel auf dem Zapfen aufweist, ist seine Buchse verschlissen und der Hebel muss erneuert werden.
- Reinigen und fetten Sie die Schaltgestänge-Kugelköpfe.
- Der Schaltgestängehebel muss korrekt auf der Schaltwelle ausgerichtet sein (Abbildung 3.21a).
- Reinigen und entfetten Sie die O-Ringe, den Schalthebel und den Zapfen. Reinigen Sie auch das Gewinde des Fußrastenhalters.
- Kontrollieren Sie die O-Ringe und ersetzen Sie sie nötigenfalls (siehe Abbildung).
- Schmieren Sie die Hebel-Lagerung und die O-Ringe mit Fett.
- Richten Sie die Abflachungen der Scheibe korrekt im Träger aus (Abbildung 3.18b). Versehen Sie das Gewinde der Mutter mit mittelfester Sicherungspaste und ziehen Sie sie mit 22 Nm an (Abbildung 3.18a).

Schalthebel und Schaltgestänge – Desert Sled

23 Befreien Sie das Schaltgestänge vom Schalthebel (siehe Abbildung).

24 Lösen Sie den Gelenkbolzen und entnehmen Sie den Schalthebel samt Scheibe (siehe Abbildung).

25 Markieren Sie auf der Schaltwelle die Position der Klemmöffnung, lösen Sie die Klemmschraube und ziehen Sie den Hebel ab (siehe Abbildung). Befreien Sie das Schaltgestänge vom Schaltwellenhebel.

26 Der Einbau entspricht der umgekehrten Ausbaureihenfolge – beachten Sie dabei folgende Punkte:

- Falls der Schalthebel viel Spiel auf dem Zapfen aufweist, ist seine Buchse verschlissen und der Hebel muss erneuert werden.
- Reinigen und fetten Sie die Schaltgestänge-Kugelköpfe.
- Der Schaltgestängehebel muss korrekt auf der Schaltwelle ausgerichtet sein (Abbildung 3.25).
- Reinigen und entfetten Sie die O-Ringe, den Schalthebel und den Gelenkbolzens. Reinigen Sie auch das Gewinde des Gelenkbolzens.
- Kontrollieren Sie die O-Ringe und ersetzen Sie sie nötigenfalls (siehe Abbildung).
- Schmieren Sie den Gelenkbolzen und die O-Ringe mit Fett.
- Versehen Sie das Gewinde des Gelenkbolzens mit mittelfester Sicherungspaste und ziehen Sie ihn mit 24 Nm an.

4 Seitenständer

Ausbau

1 Stützen Sie das Motorrad mit einer geeigneten Vorrichtung sicher ab. Binden Sie ggf. den

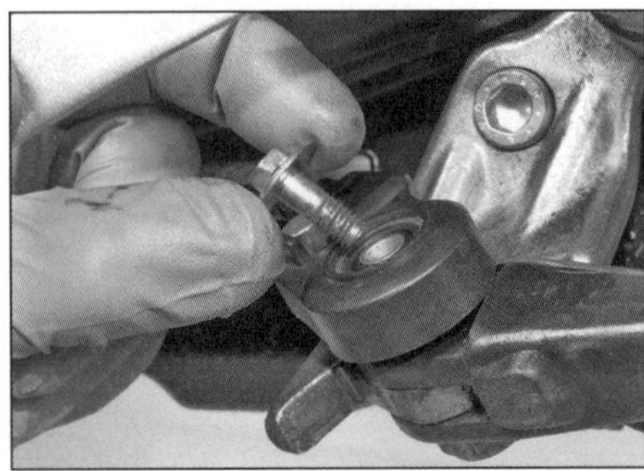

4.2 Lösen Sie die Schraube des Seitenständerschalters und heben Sie diesen ab.

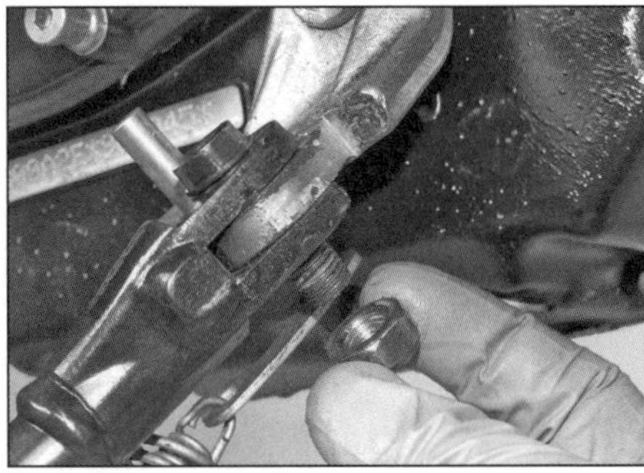

4.3a Lösen Sie die Mutter des Seitenständer-Gelenkbolzens, ...

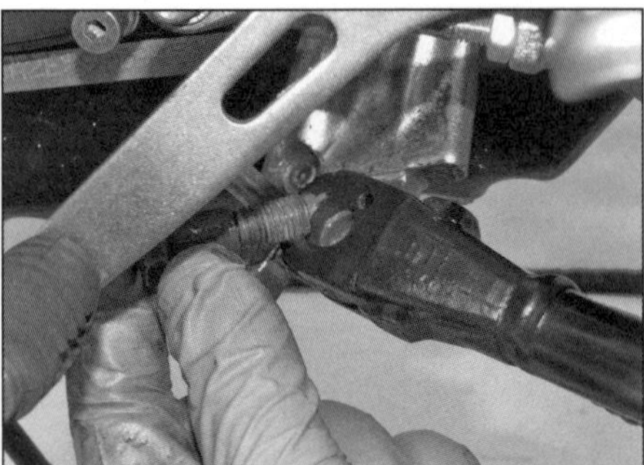

4.3b ... drehen Sie die Schraube heraus ...

4.3c ... befreien Sie vorsichtig den Ständer aus seiner Aufnahme ...

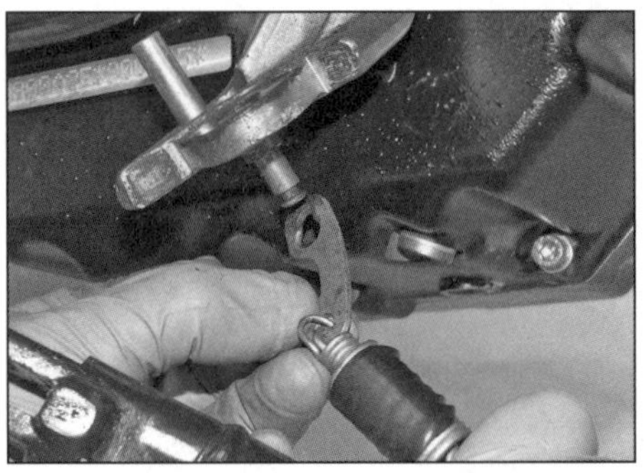

4.3d ... und hängen Sie die Federn an der Aufnahme ...

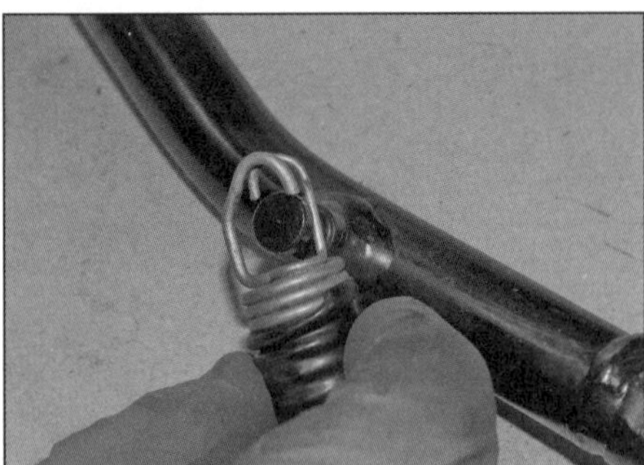

4.3e ... sowie am Ständer aus.

4.5a Richten Sie die Lasche des Schalters zur Bohrung im Ständer aus ...

4.5b ... und positionieren Sie die Aussparung des Gehäuses um den Zapfen.

Bremshebel gegen den Lenker, um das Vorderrad zu blockieren.

2 Lösen Sie die Schraube des Seitenständerschalters und befreien Sie diesen (siehe Abbildung) – beachten Sie seine Position. Der Schalter muss nicht vollständig entfernt werden, sondern kann am Kabel hängend am Motorrad verbleiben.

3 Lösen Sie die Mutter des Gelenkbolzens (siehe Abbildung), schrauben Sie diesen heraus, befreien Sie den Ständer und hängen Sie dessen Federn aus (siehe Abbildungen).

Einbau

4 Schmieren Sie den Gelenkbolzen mit Fett. Hängen Sie die Federn ein und positionieren Sie den Ständer an seinem Halter (Abbildungen 4.3e, d und c). Richten Sie den Ständer aus, führen Sie von außen den Gelenkbolzen ein (Abbildung 4.3b) und ziehen Sie ihn sorgfältig an. Kontern Sie den Bolzen, drehen Sie innen die Mutter auf und ziehen Sie sie an (Abbildung 4.3a). Prüfen Sie, ob die Federn den Ständer sicher in der eingeklappten Position halten – ein während der Fahrt ausklappender Ständer kann zu schweren Unfällen führen.

5 Montieren Sie den Seitenständerschalter – richten Sie die Lasche an der Innenseite des Schalters zur Bohrung im Ständer aus und positionieren Sie die Aussparung des Gehäuses um den Zapfen (siehe Abbildungen). Verwenden Sie eine neue Schraube oder reinigen Sie das Gewinde der alten Schraube und tragen Sie mittelfeste Sicherungspaste (Loctite) auf. Ziehen Sie die Schraube mit 5 Nm an (Abbildung 4.2).

6 Prüfen Sie die Funktion des Seitenständers und seines Schalters (siehe Kapitel 1, Sektion 13).

5 Lenker und Hebel

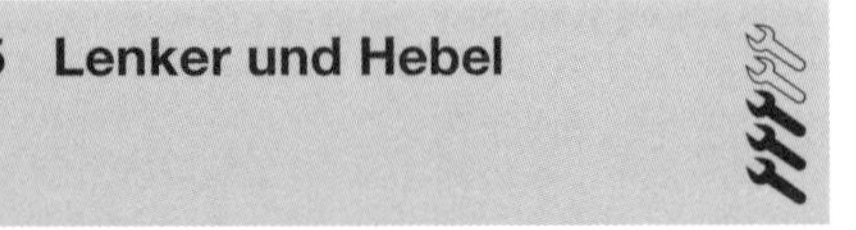

Lenker

Demontage – alle Modelle außer Café Racer

1 Bedecken Sie den Tank zum Schutz mit Lappen.

2 Entfernen Sie die Rückspiegel (siehe Sektion 11).

3 Entfernen Sie die Kabelbinder vom Lenker (siehe Abbildung).

4 Demontieren Sie die Lenkergewichte (siehe Abbildung).

5 Lösen Sie die zwei Handbremszylinder-Klemmschrauben (siehe Abbildung), entnehmen Sie das Klemmstück und positionieren Sie die Bremszylinder-Baugruppe abseits des Lenkers – halten Sie den Ausgleichsbehälter aufrecht, um das Auslaufen von Bremsflüssigkeit zu vermeiden und keine Luft in die Hyd-

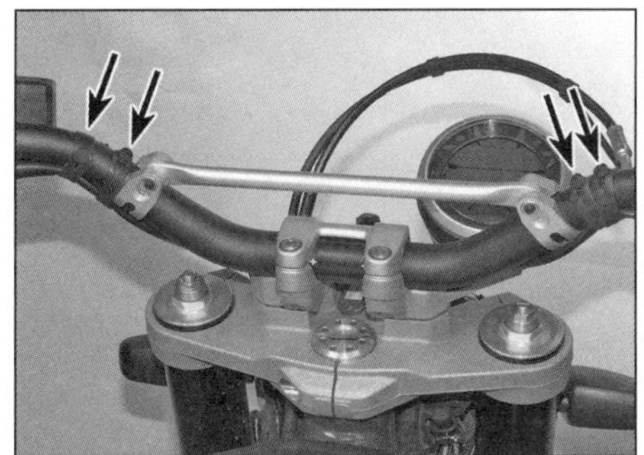
5.3 **Entfernen Sie sämtliche Kabelbinder vom Lenker – gezeigt an der Desert Sled von 2019.**

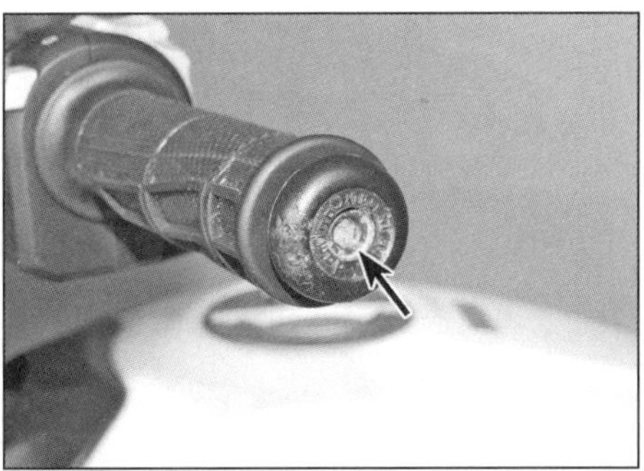
5.4 **Lockern Sie die Schraube und ziehen Sie das Gewicht aus dem Lenker.**

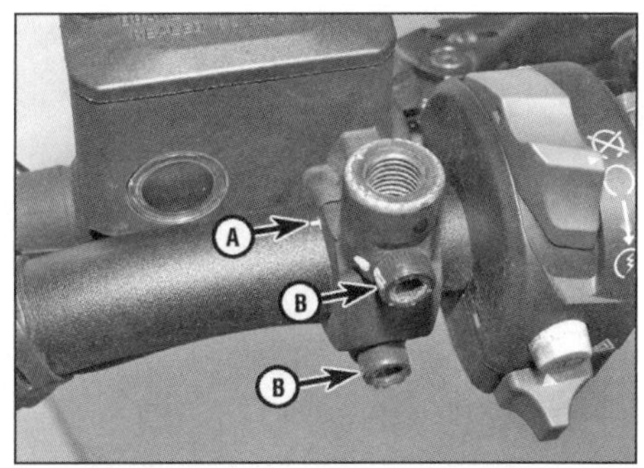

5.5 **Beachten Sie die Ausrichtung der Kontaktfläche zur Markierung am Lenker (A). Handbremszylinder-Klemmschrauben (B)**

5.6 **Beachten Sie die Ausrichtung der Kontaktfläche zur Markierung am Lenker (A). Kupplungszylinder-Klemmschrauben (B) – ab Modelljahr 2019**

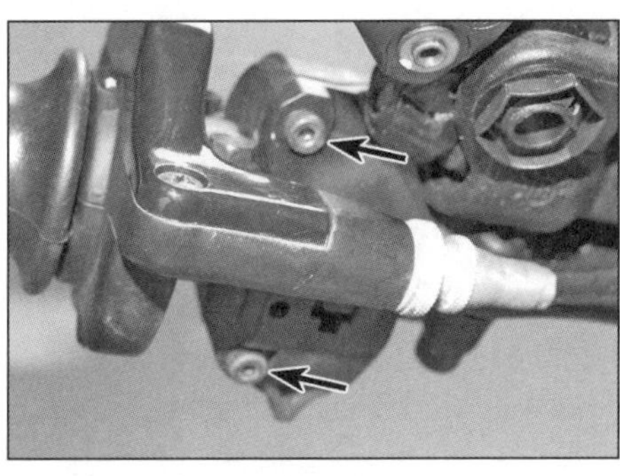
5.7a **Schrauben des rechten Schaltergehäuses – ab Modelljahr 2019.**

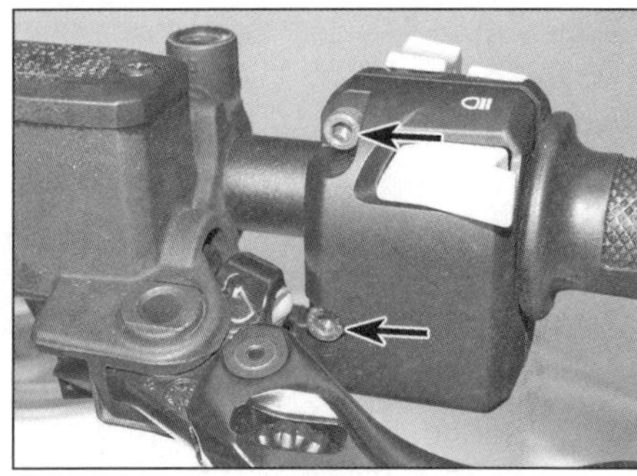
5.7b **Schrauben des linken Schaltergehäuses – ab Modelljahr 2019.**

5.9 **Die Gasgriffgehäuseschrauben können wie hier von vorn oder von hinten eingeschraubt sein.**

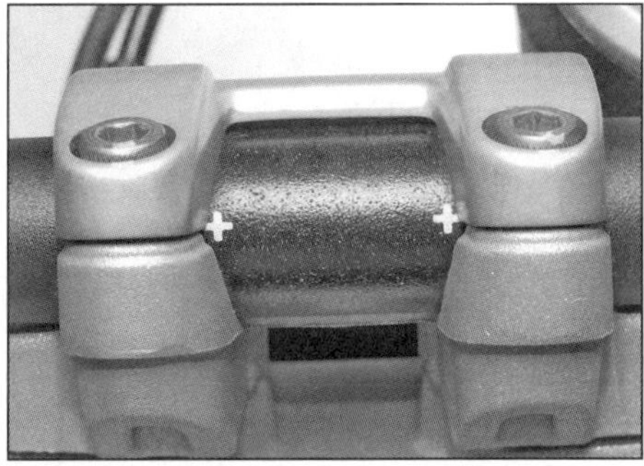
5.10a **Ausrichtung der Lenker-Markierungen bei der Desert Sled ab 2019; andere Modelle können mit Körnermarkierungen versehen sein.**

5.10b **Lenker-Klemmschrauben**

raulik eindringen zu lassen. Setzen Sie den Hydraulikschlauch nicht unter Last.

6 Lösen Sie die zwei Kupplungshebel-Klemmschrauben, entnehmen Sie das Klemmstück und positionieren Sie den Kupplungshalter abseits des Lenkers – halten Sie **ab Modelljahr 2019** den Ausgleichsbehälter aufrecht, um das Auslaufen von Bremsflüssigkeit zu vermeiden und keine Luft in die Hydraulik eindringen zu lassen. Setzen Sie den Hydraulikschlauch nicht unter Last.

7 Lösen Sie die Schaltergehäuse-Schrauben und befreien Sie die Schalter vom Lenker (siehe Abbildungen).

8 Falls der linke Griff vom Lenker entfernt werden soll, muss von innen an der Oberseite ein geeignetes Werkzeug zwischen Griffgummi und Lenker eingeführt werden, das nicht den Lenker zerkratzt, und Schmiermittel (z.B. WD40) eingesprüht werden (tragen Sie dabei eine Schutzbrille!). Lassen Sie das Mittel wirken, indem Sie das Werkzeug um den Lenker herum bewegen, und ziehen Sie den Griff ab. Auch Druckluft kann hilfreich sein.

9 Lösen Sie die Schrauben des Gasgriffgehäuses und nehmen Sie die gegenüberliegende Gehäusehälfte ab (siehe Abbildung).

10 Beachten Sie die Ausrichtung des Lenkers zum Halter (siehe Abbildung). Stützen Sie ihn, lösen Sie die Klemmschrauben, heben Sie das Klemmstück ab und befreien Sie den Lenker – ziehen Sie dabei das Gasgriffgehäuse ab (siehe Abbildung).

5.11 Der Lenkerhalter ist an beiden Seiten mit einer Mutter gesichert.

5.13a Gabelbrücken-Klemmschraube (A), Lenker-Klemmschraube (B)

5.13b Lenkschaft-Klemmschraube

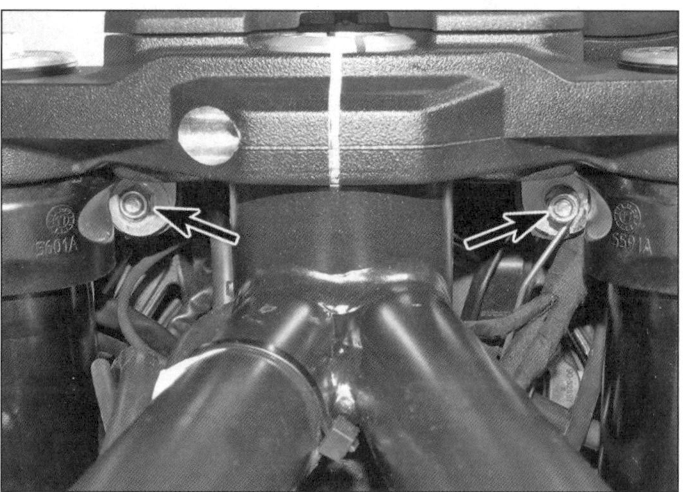

5.13c Muttern des Scheinwerferträgers

5.13d Ziehen Sie die Gabelbrücke ab – klopfen Sie sie nötigenfalls mit einem weichen Hammer hoch.

5.13e Ziehen Sie den Lenkerhalter vom Standrohr.

11 Demontieren Sie nötigenfalls das Instrument (siehe Kapitel 7, Sektion 14) und lösen Sie die Muttern des Lenkerhalters, entnehmen Sie die Scheiben und heben Sie den Halter ab (siehe Abbildung) – stellen Sie die Scheiben von der Gabelbrücke sicher.

Demontage

Café Racer

12 Befreien Sie die entsprechenden Lenker-Komponenten, wie oben in Schritt 1 bis 9 beschrieben, ignorieren Sie dabei Schritt 4.

13 Um die komplette Lenker-Baugruppe von der Gabel zu befreien, müssen die Klemmschrauben der oberen Gabelbrücke, die Lenkerhalter-Klemmschrauben und anschließend die Lenkschaft-Klemmschraube gelockert werden (siehe Abbildungen). Lösen Sie unterhalb der Gabelbrücke die Muttern des Scheinwerferträgers und heben Sie die obere Gabelbrücke ab. Ziehen Sie die beiden Lenkerhalter von den Standrohren und legen Sie die Baugruppe auf Lappen ab (siehe Abbildungen).

14 Um den jeweiligen Stummellenker vom Halter zu befreien, muss innen der Stopfen herausgezogen werden. Lockern Sie die Klemmschrauben, merken Sie sich die Ausrichtung des Lenkers und ziehen Sie ihn aus dem Halter (siehe Abbildungen).

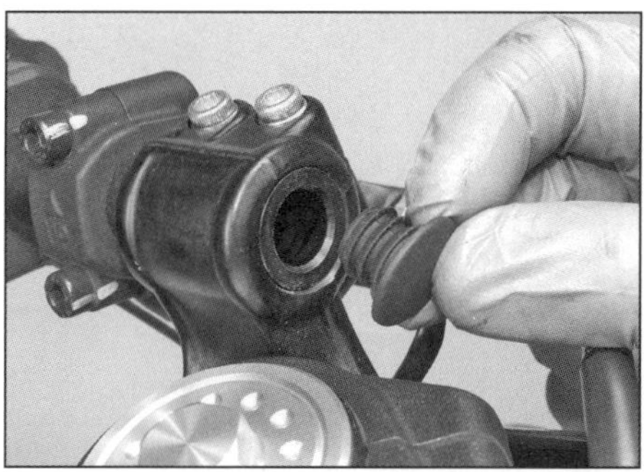

5.14a Ziehen Sie innen den Stopfen aus dem Lenker.

5.14b Lenker-Klemmschrauben

Einbau

alle Modelle

15 Die Montage des Lenkers erfolgt in der umgekehrten Demontagereihenfolge – beachten Sie dabei folgende Punkte:

- Falls der Lenkerhalter oben von der Gabelbrücke demontiert wurde, müssen die Gummibuchsen in der Brücke kontrolliert und nötigenfalls ersetzt werden (Abbildung 5.11). Legen Sie die Scheiben auf, positionieren Sie den Halter samt Schrauben, setzen Sie unten die Muttern samt Scheiben an und ziehen Sie sie mit 45 Nm an.
- Schmieren Sie die Gleitfläche des Gasgriffs mit Fett.
- Schieben Sie den durchgehenden Lenker in den Gasgriff, positionieren Sie ihn so am Lenker, dass die Markierungen an der Rückseite mit der Kontaktfläche des Lenkerhalters fluchten und der Lenker sowohl zentriert als auch korrekt ausgerichtet ist (Abbildung 5.10a). Setzen Sie das Klemmstück mit dem Dreieck nach hinten zeigend an und ziehen Sie zuerst seine vorderen Schrauben und dann die hinteren mit 22 Nm an, sodass ein möglicher Spalt hinten entsteht (Abbildung 5.10b).
- Falls beim **Café Racer** ein Lenkerstummel aus dem Halter befreit wurde, muss sein Ausschnitt exakt zur äußeren Klemmschraube ausgerichtet werden, damit diese installiert werden kann. Falls der Lenkerhalter vom Standrohr befreit wurde, muss er zunächst locker aufgeschoben werden – alle Kabel, Bowdenzüge und Hydraulikleitungen müssen dabei korrekt verlegt sein. Setzen Sie die Gabelbrücke auf, sodass die Stehbolzen des Scheinwerferträgers in ihre Aufnahmen geführt werden und die Anschläge der Lenkerhalter hinter den Angüssen sitzen, sodass sie beim Zurückziehen der Lenker anliegen (Abbildung 5.15a). Ziehen Sie alle drei Klemmschrauben der Gabelbrücke mit 24 Nm an (Abbildungen 5.13a und b). Installieren Sie die Muttern des Scheinwerferträgers – die rechte sichert auch die Kabelführung (Abbildung 5.13c). Schieben Sie jetzt die Lenkerhalter unter die Gabelbrücke und ziehen Sie die Lenker nach hinten, bis die Anschläge an der Brücke anliegen. Ziehen Sie die Klemmschrauben der Halter mit 24 Nm an (Abbildung 5.15b).
- Richten Sie den Stift im Gasgriffgehäuse zur Bohrung des Lenkers aus.
- Setzen Sie den Handbremsen-Geberzylinder und die Kupplungs-Armatur am Lenker an und setzen Sie die Klemmstücke an (Abbildungen 5.5 und 5.6) – die Rückspiegel-Gewinde (nicht beim Café Racer) müssen nach oben zeigen. Richten Sie die Kontaktfläche zur Markierung oben am Lenker aus. Ziehen Sie zuerst die obere Schraube und dann die unteren mit 10 Nm an, sodass ein möglicher Spalt unten an der Klemmung entsteht.
- Richten Sie die Stifte der Schaltergehäuse zu den Bohrungen des Lenkers aus.
- Prüfen Sie vor der ersten Fahrt die Funktion des Gasgriffs, der Bremse und der Kupplung sowie aller Schalter.

5.15a Beim Aufsetzen der Gabelbrücke müssen die Stehbolzen des Scheinwerferträgers in ihre Aufnahmen geführt werden und die Anschläge der Lenkerhalter hinter den Angüssen sitzen.

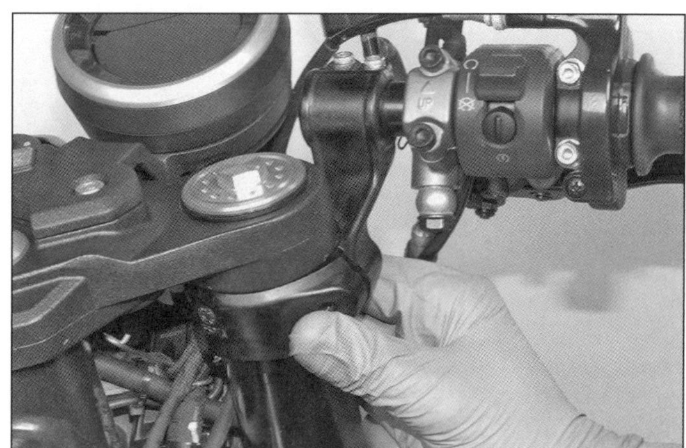

5.15b Schieben Sie die Lenkerhalter unter die Gabelbrücke und ziehen Sie die Lenker nach hinten, bis die Anschläge an der Brücke anliegen.

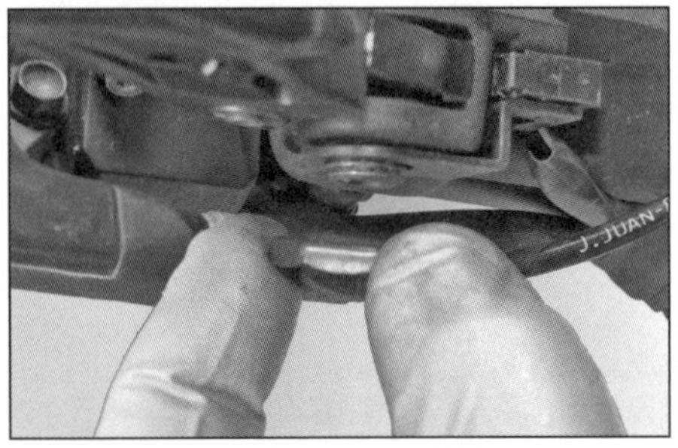

5.16a Lösen Sie unten am Hebelhalter die Mutter, ...

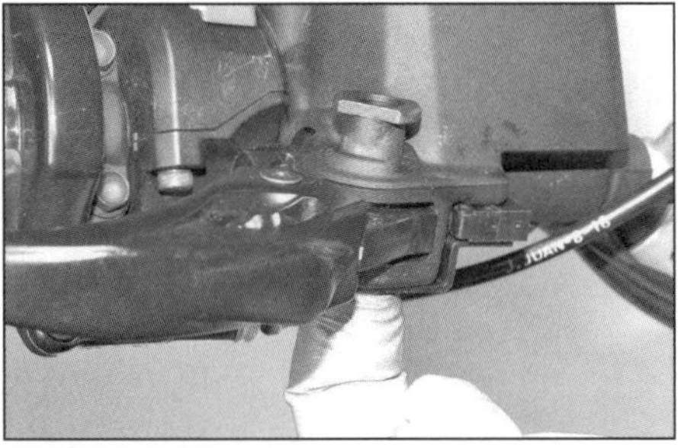

5.16b ... drücken Sie den Bolzen nach oben, ...

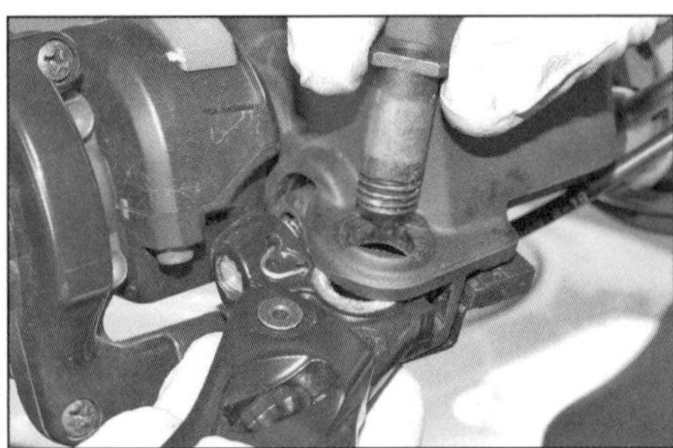

5.16c ... ziehen Sie ihn heraus und entnehmen Sie den Hebel.

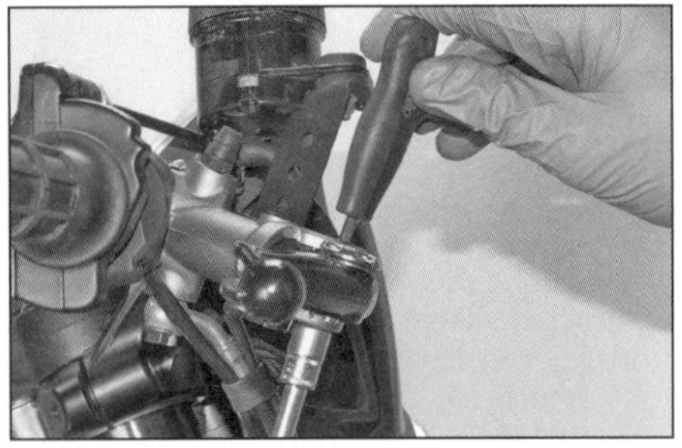

5.17a Kontern Sie den Gelenkbolzen, während Sie die Mutter lösen, ...

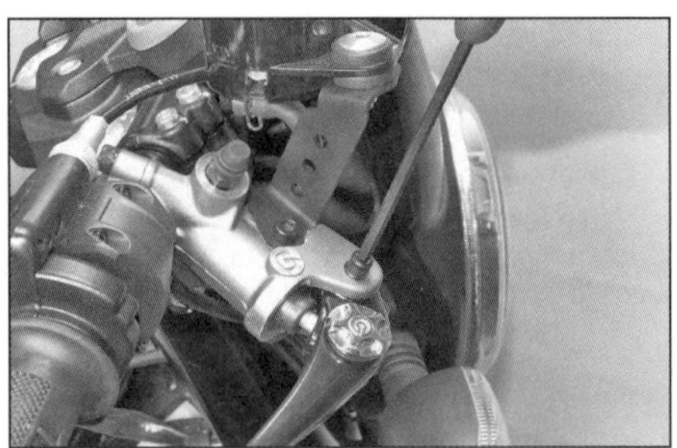

5.17b ... drehen Sie den Bolzen heraus ...

5.17c ... und entnehmen Sie den Hebel.

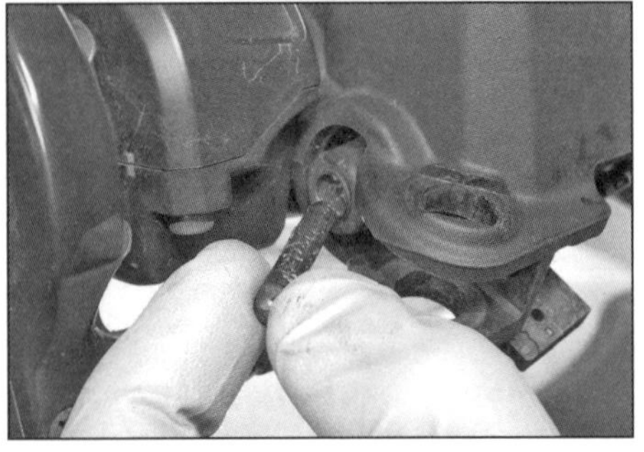

5.18a Die Druckstange muss korrekt in der Manschette sitzen.

Handbremshebel

16 Lösen Sie bei allen Modellen **außer dem Café Racer** die Kontermutter des Gelenkbolzens, ziehen Sie diesen heraus und entnehmen Sie den Hebel (siehe Abbildungen).

17 Lösen Sie beim **Café Racer** die Kontermutter des Gelenkbolzens, drehen Sie diesen heraus und entnehmen Sie den Hebel (siehe Abbildungen).

18 Der Einbau erfolgt in der umgekehrten Demontagereihenfolge – beachten Sie dabei folgende Punkte:

- Die Handbremszylinder-Druckstange muss in der Manschette sitzen (Abbildung 5.18a). Tragen Sie an den Kontaktflächen des Handbremshebels und der Spitze der Bremszylinder-Druckstange sowie am Gelenkbolzen Silikon-Schmiermittel auf.
- Bei allen Modellen **außer dem Café Racer** muss das Bremslichtschalter-Druckstück in seiner Bohrung sitzen (Abbildung 5.18b). Der Halter des Schalters muss korrekt ausgerichtet sein, sodass die Schraube hindurchgeführt werden kann. Der Kopf des Gelenkbolzens muss korrekt im Bremshebelhalter sitzen (Abbildung 5.18c). Ziehen Sie die Gelenkbolzen-Mutter nicht zu fest an.
- Ziehen Sie beim **Café Racer** den Gelenkbolzen leicht an, kontern Sie ihn und ziehen

5.18b Das Bremslichtschalter-Druckstück muss in seiner Bohrung sitzen.

5.18c Richten Sie die Abflachungen des Gelenkbolzen-Kopfs zum Halter aus.

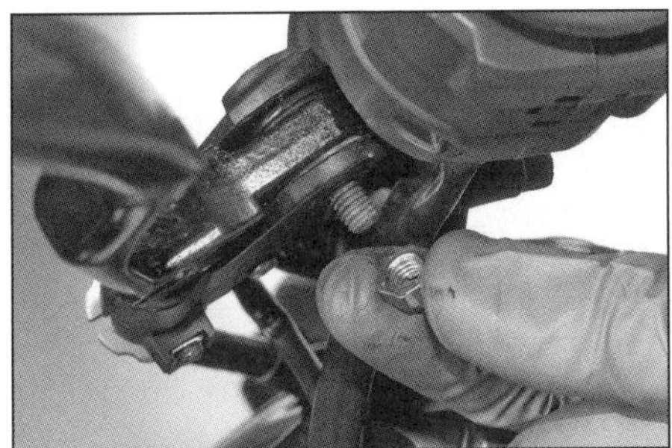

5.19a Lösen Sie die Mutter, ...

5.19b ... drücken Sie den Gelenkbolzen nach oben heraus ...

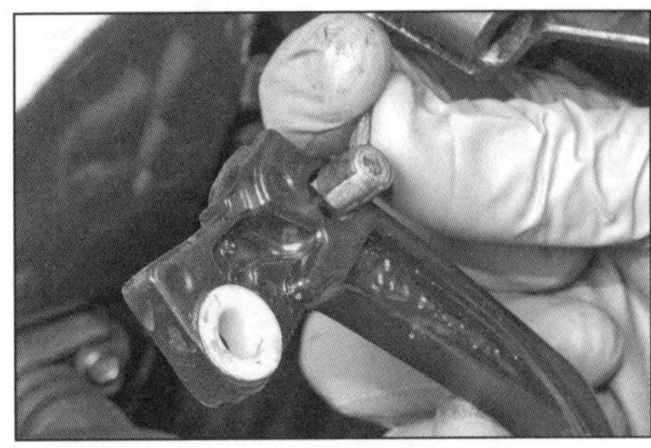

5.19c ... und befreien Sie den Hebel aus dem Halter, um den Seilzugnippel zu lösen.

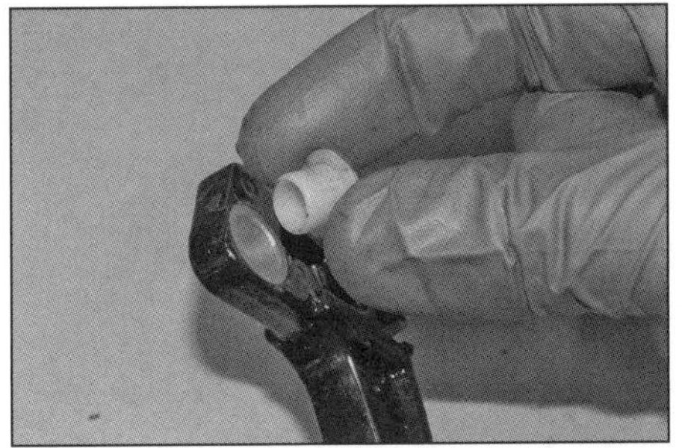

5.19d Beachten Sie die Hülse für den Gelenkbolzen.

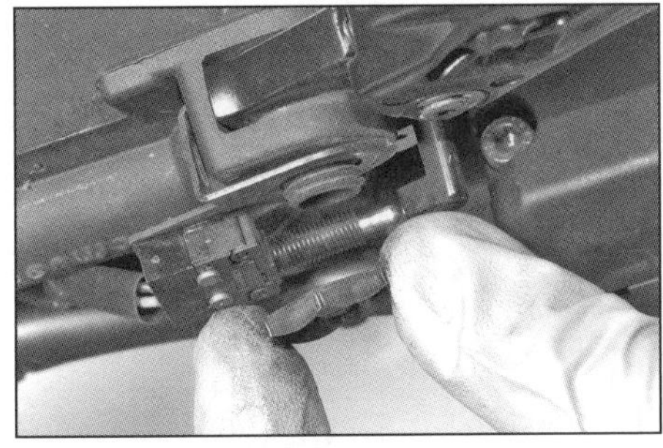

5.20a Lösen Sie die Mutter, ...

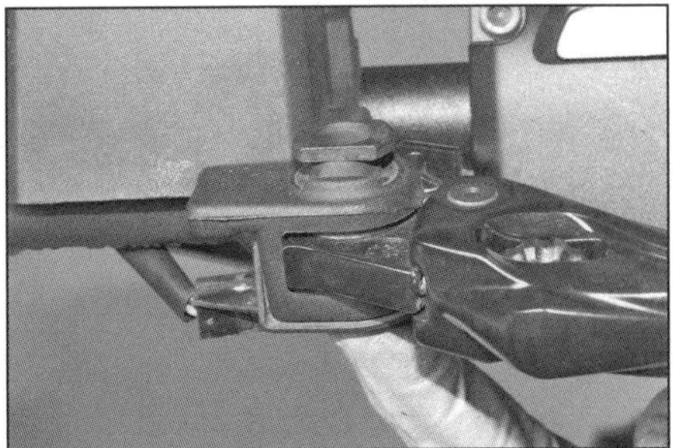

5.20b ... drücken Sie den Gelenkbolzen nach oben heraus ...

5.20c ... und befreien Sie den Hebel aus dem Halter.

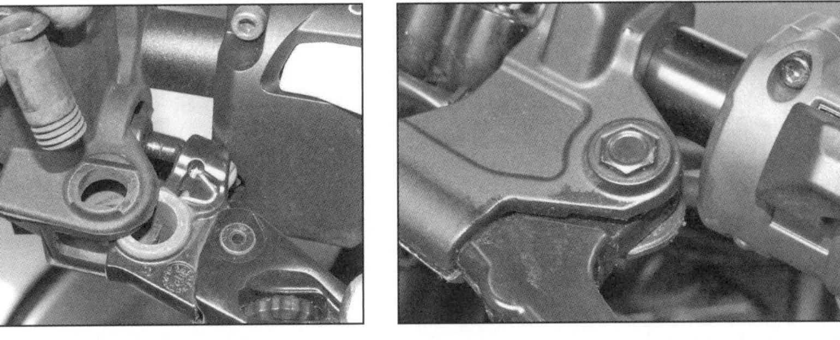

5.21a Richten Sie den Gelenkbolzen-Kopf zu seiner Aufnahme im Halter aus.

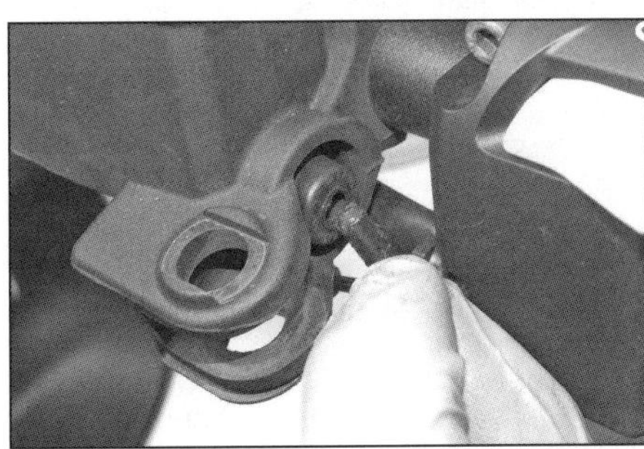

5.21b Die Druckstange muss korrekt in der Manschette sitzen.

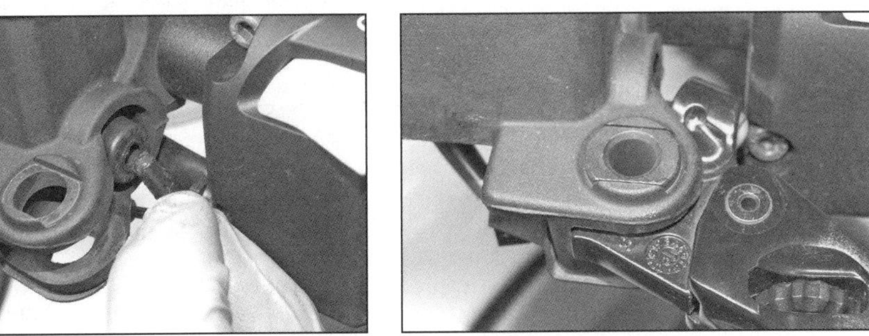

5.21c Richten Sie die Abflachungen des Gelenkbolzen-Kopfs zum Halter aus.

Sie die Kontermutter an (Abbildungen 5.17b und a).

Kupplungshebel

19 Um bei der **Seilzug-Kupplung** den Hebel zu entfernen, wird die Kontermutter des Gelenkhebels gelöst, dieser nach oben herausgezogen und der Hebel entnommen, um den Seilzug-Nippel daraus zu befreien (siehe Abbildungen). Entfernen Sie die Lagerhülse aus dem Hebel (siehe Abbildung).

20 Um bei der **Hydraulik-Kupplung** den Hebel zu entfernen, wird die Kontermutter des Gelenkhebels gelöst, dieser nach oben herausgezogen und der Hebel entnommen (siehe Abbildungen).

21 Der Einbau erfolgt in der umgekehrten Demontagereihenfolge – beachten Sie dabei folgende Punkte:

- Tragen Sie bei der **Seilzug-Kupplung** am Schaft des Gelenkbolzens, am Seilzug-Nippel und im Kontaktbereich zwischen Hebel und Halter Mehrzweckfett auf. Richten Sie den Kopf des Gelenkbolzens zum Hebelhalter aus (Abbildung 5.21a). Stellen Sie das Spiel des Kupplungszugs ein (siehe Kapitel 1, Sektion 8).
- Bei der **Hydraulik-Kupplung** muss die Druckstange in der Manschette sitzen (Abbildung 5.21b). Tragen Sie an den Kontaktflächen des Kupplungshebels und seines Halters, der Spitze der Druckstange sowie am Gelenkbolzen Silikon-Schmiermittel auf. Der Halter des Kupplungsschalters muss korrekt ausgerichtet sein, sodass die Schraube hindurchgeführt werden kann. Der Kopf des Gelenkbolzens muss korrekt im Bremshebelhalter sitzen (Abbildung 5.21c). Ziehen Sie die Gelenkbolzen-Mutter nicht zu fest an.

6.1a Lösen Sie die Schraube und entnehmen Sie die Kabelführung – beachten Sie ihre Einbauposition.

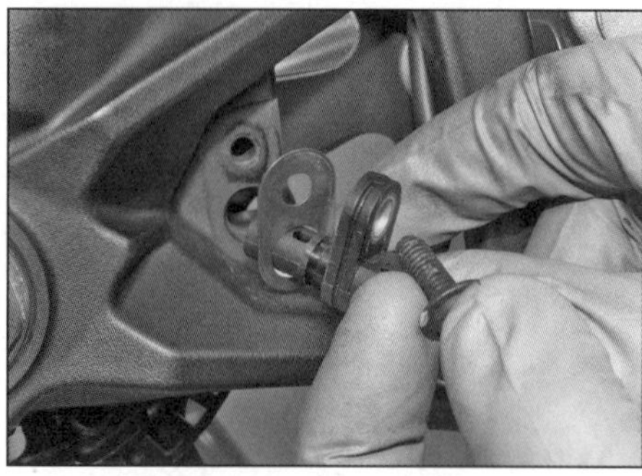

6.1b Lösen Sie die Schraube, befreien Sie den Sensor und entnehmen Sie alle vorhandenen Distanzstücke, ...

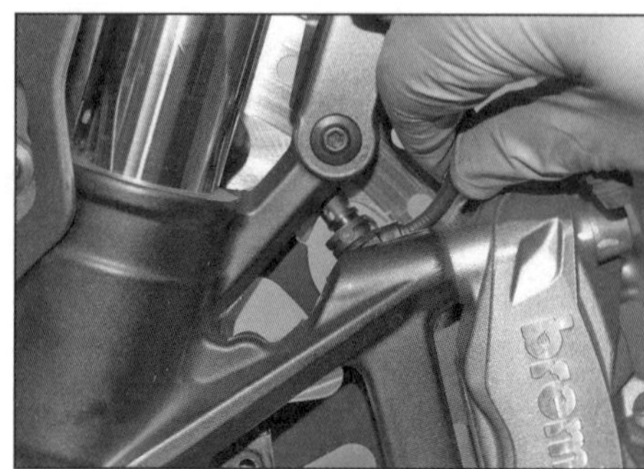

6.1c ... ziehen Sie dann den Sensor heraus und merken Sie sich die Verlegung des Kabels.

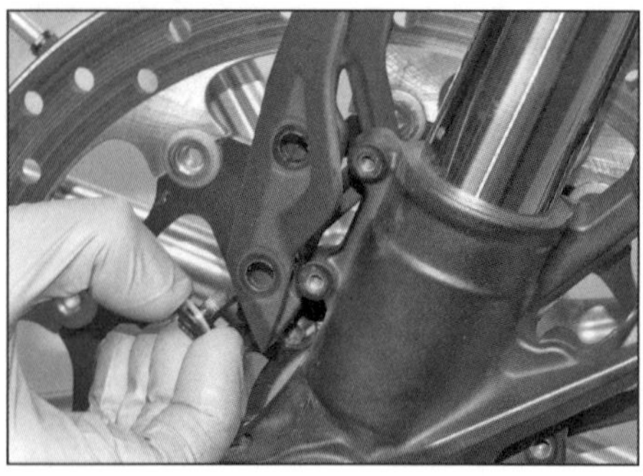

6.3 Lösen Sie die Schrauben und entnehmen Sie den Protektor – beachten Sie ihre Einbauposition.

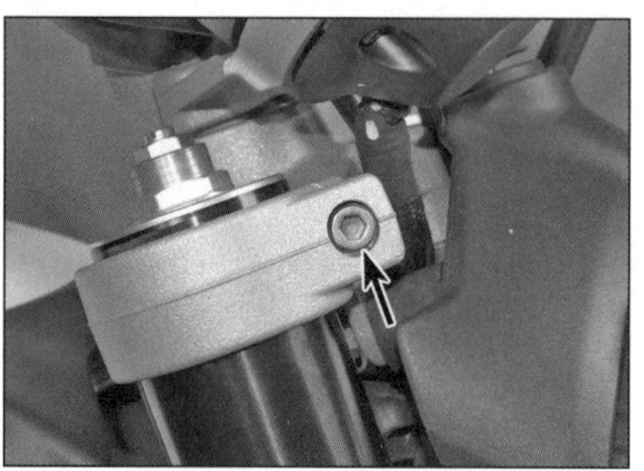

6.6 Klemmschraube der oberen Gabelbrücke

6.7a Schützen Sie die Gabel-Verschlussschraube mit Klebeband ...

6 Gabel
Ausbau und Einbau

Ausbau

1 Befreien Sie unten am linken Gabelholm den ABS-Sensor und seine Kabelführung (siehe Abbildungen).

2 Bauen Sie das Vorderrad aus (siehe Kapitel 5, Sektion 17). Sichern Sie den an der Leitung angeschlossenen Bremssattel außerhalb des Arbeitsbereichs.

3 Entfernen Sie ggf. den Gabelprotektor (siehe Abbildung).

4 Demontieren Sie bei allen Modellen **außer der Urban Enduro und der Desert Sled** das Vorderradschutzblech (siehe Kapitel 6, Sektion 8).

5 Merken Sie sich die Verlegung aller Kabel, Schläuche und Bowdenzüge im Bereich der Gabel. Messen Sie, wie weit die Standrohre oben aus der Gabelbrücke ragen (Ab. 6.7a).

6 Lockern Sie beide Klemmschrauben der oberen Gabelbrücke (siehe Abbildung) und beim Café Racer die Klemmschrauben der Lenkerhalter (Abbildung 5.13a).

7 Falls das Gabelöl gewechselt oder die Gabel zerlegt werden soll, sollte jetzt zum Schutz eine Lage Krepp- oder Isolierband um die Verschlussschraube gewickelt und diese mit einem Ring- oder Steckschlüssel gelockert werden (siehe Abbildungen).

8 Halten Sie den Gabelholm fest, lockern Sie die Klemmschrauben der unteren Gabelbrücke und ziehen den Holm nach unten aus der Brücke (und beim Café Racer aus dem Lenkerhalter) – drehen Sie ihn dabei nötigenfalls (siehe Abbildungen).

Falls die Standrohre fest in den Gabelbrücken sitzen, wird der Bereich mit Kriechöl eingesprüht und diesem etwas Zeit zum Einwirken gegeben, bevor der nächste Ausbauversuch gestartet wird.

Einbau

9 Entfernen Sie Schmutz und Korrosion vom Standrohr und aus den Gabelbrücken.

10 Schieben Sie den Gabelholm durch die untere Gabelbrücke (Abbildung 6.8b) (und beim Café Racer durch den Lenkerhalter) – achten Sie darauf, dass alle Kabel, Züge und Schläuche wie beim Ausbau notiert verlegt sind. Schieben Sie das Standrohr so weit durch die obere Brücke, wie beim Ausbau notiert. Ziehen Sie die Klemmschrauben der unteren Gabelbrücke mit 22 Nm an (Abbildung 6.8a).

11 Falls das Gabelöl gewechselt oder die Gabelholme zerlegt wurden, wird jetzt die Verschlussschraube sorgfältig angezogen und das Klebeband entfernt (Abbildung 6.7b).

12 Ziehen Sie jetzt die Klemmschrauben der oberen Gabelbrücke mit 24 Nm an (Abbildung 6.6).

13 Schieben Sie **beim Café Racer** die Lenkerhalter unter die Gabelbrücke und ziehen Sie die Lenker nach hinten, bis die Anschläge an der Brücke anliegen. Ziehen Sie die Klemmschrauben der Halter mit 24 Nm an (Abbildung 5.15b).

14 Montieren Sie ggf. den Gabel-Protektor (Abbildung 6.3).

15 Montieren Sie das Schutzblech (siehe Kapitel 6, Sektion 8) und das Vorderrad (siehe Kapitel 5, Sektion 17).

16 Montieren Sie den Radsensor und die Kabelführung (Abbildungen 6.1c, b und a).

17 Prüfen Sie vor der ersten Fahrt die Funktion der Gabel und der Vorderradbremse.

7 Gabel
Ölwechsel

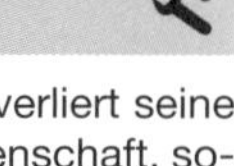

1 Gabelöl altert mit der Zeit und verliert seine dämpfende und schmierende Eigenschaft, sodass es gelegentlich erneuert werden muss.

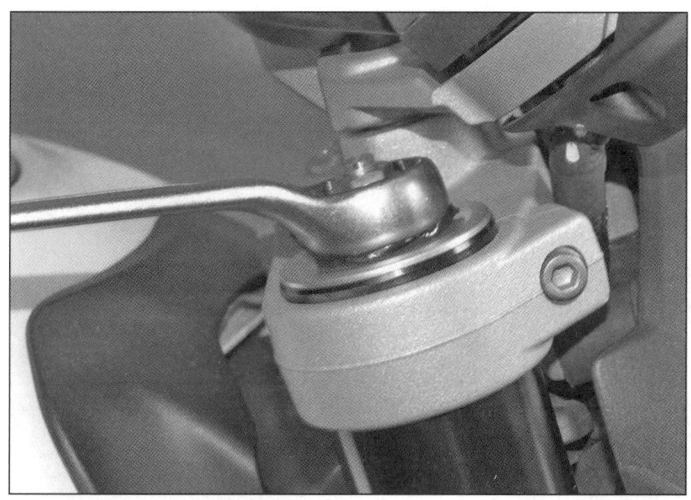

6.7b ... und lockern Sie sie.

6.8a Lockern Sie die Standrohr-Klemmschrauben der unteren Gabelbrücke ...

6.8b ... und ziehen Sie den Holm heraus.

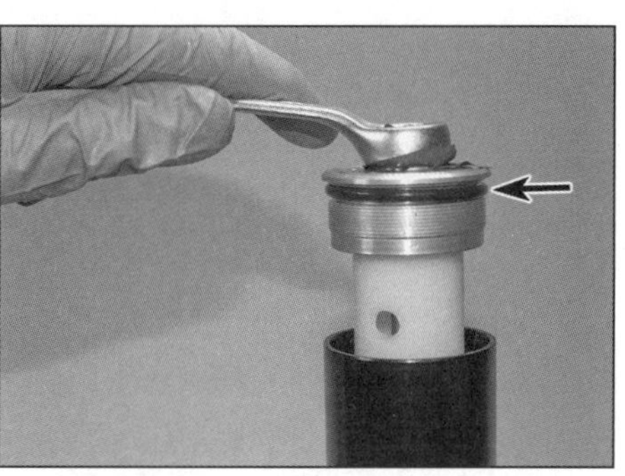

7.3 Drehen Sie die Verschlussschraube aus dem Standrohr – beachten Sie den O-Ring

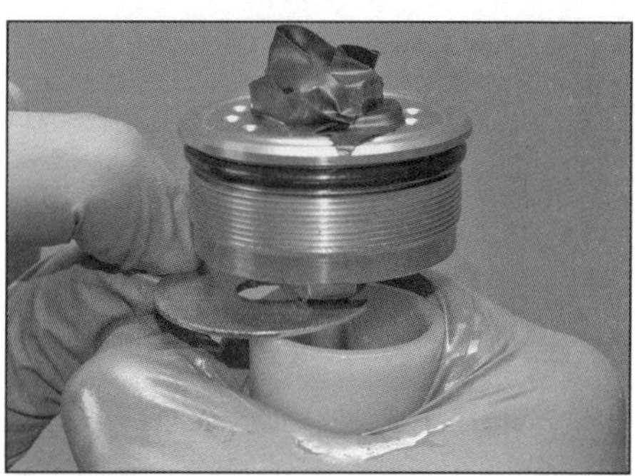

7.4 Drücken Sie das Distanzrohr herunter und führen Sie die geschlitzte Scheibe unter der Kontermutter ein.

Wechseln Sie immer das Gabelöl beider Gabelholme gleichzeitig. Nach dem Ablassen des Öls muss ermittelt werden, wie viel Gabelöl sich im jeweiligen Gabelholm befunden hat. Weil es schwierig ist, sämtliches Öl aus dem Gabelholm herauszubekommen, ist es ratsam, genau die abgelassene Menge zu ersetzen – so kann die Gabel nicht überfüllt werden. Füllmengen finden sich in den technischen Daten am Anfang dieses Kapitels und in der Bedienungsanleitung.

2 Bauen Sie einen Gabelholm aus – lockern Sie vor dem Lösen der unteren Gabelbrücken-Klemmschrauben die Verschlussschraube (siehe Sektion 6).

Alle Modelle außer Desert Sled

Rechter Gabelholm

3 Drehen Sie die Verschlussschraube aus dem Standrohr (siehe Abbildung) – sie verbleibt von einer Kontermutter gesichert an der Dämpferstange. Schieben Sie das Standrohr bis zum Anschlag auf das Tauchrohr.

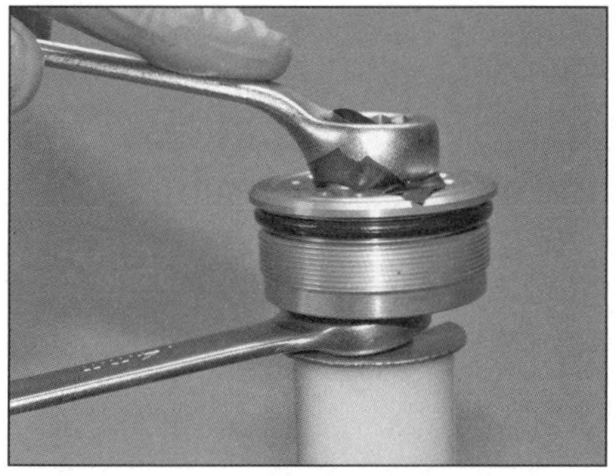

7.5a Halten Sie die Kontermutter, lockern Sie die Verschlussschraube ...

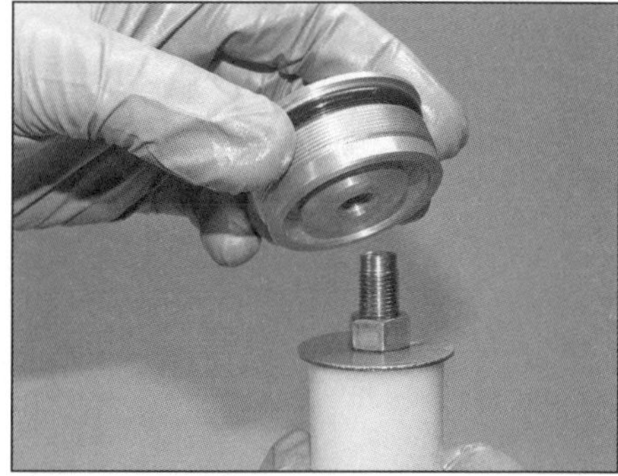

7.5b ... und drehen Sie sie ab.

4 Jetzt wird eine große Unterlegscheibe mit einem eingesägten Schlitz benötigt, die oberhalb des Distanzrohrs um die Dämpferstange gelegt wird. Drücken Sie das Distanzrohr gegen die Feder herunter, um die Kontermutter an der Dämpferstange freizulegen, und schieben Sie die geschlitzte Scheibe zwischen der Mutter und dem Distanzrohr ein (siehe Abbildung). Entlasten Sie langsam das Distanzrohr, sodass es die Scheibe gegen die Kontermutter drückt.

5 Kontern Sie mit einem Maulschlüssel die Mutter der Dämpferstange und lösen Sie die Verschlussschraube (siehe Abbildungen).

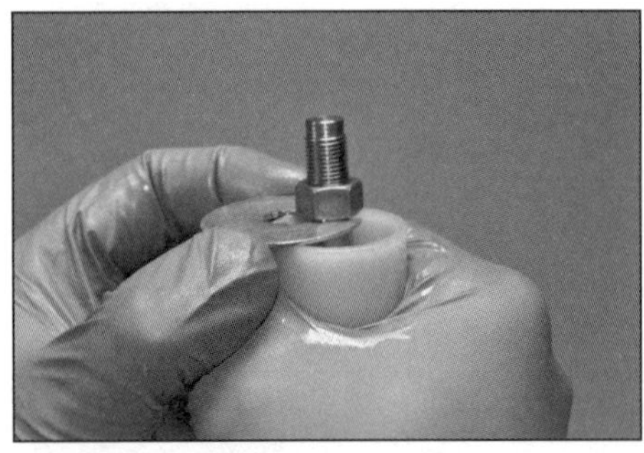
7.6a Entfernen Sie die Scheibe, ...

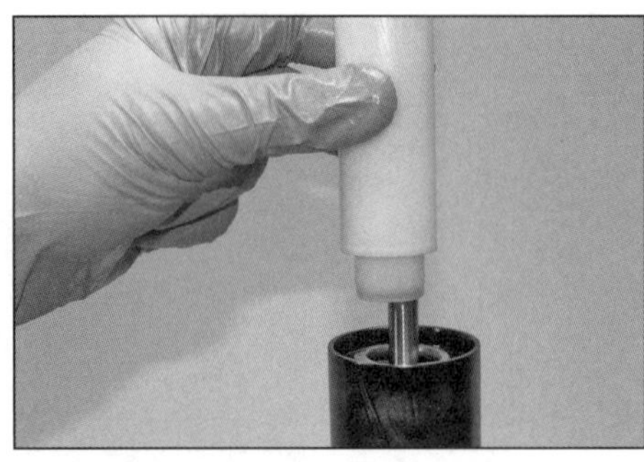
7.6b ... das Distanzrohr ...

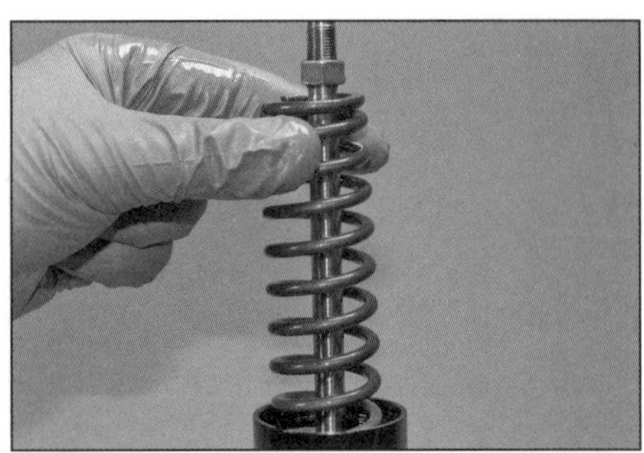
7.6c ... und die Feder.

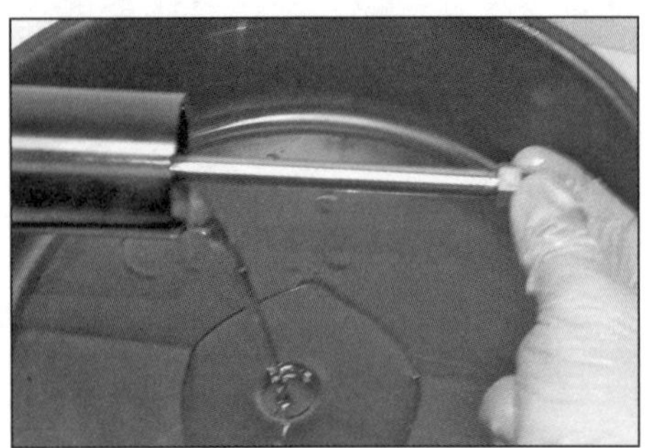
7.7 Pumpen Sie mit der Dämpferstange sämtliches Öl heraus.

7.8 Füllen Sie langsam frisches Gabelöl ein, damit möglichst wenige Luftblasen entstehen.

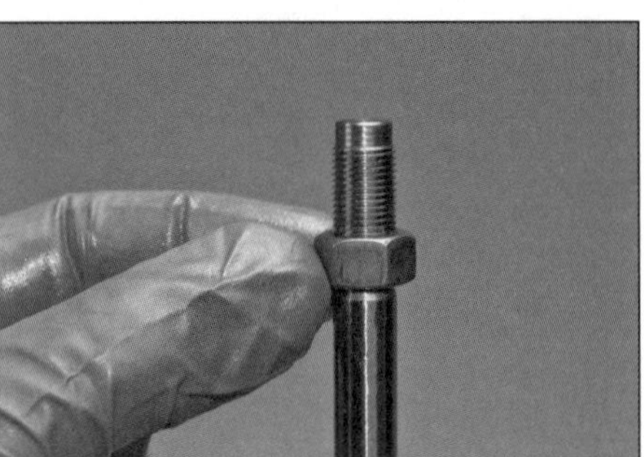
7.9a Drehen Sie die Kontermutter vollständig auf das Gewinde der Dämpferstange.

7.9b Installieren Sie die Gabelfeder mit den engeren Wicklungen nach oben zeigend ins Standrohr.

7.11 Das Distanzrohr muss in die Verschlussschraube greifen.

7.12 Drehen Sie die Verschlussschraube in das Standrohr.

6 Drücken Sie das Distanzrohr herunter, entfernen Sie die geschlitzte Scheibe und entlasten Sie anschließend vorsichtig die Feder, um sie samt Distanzrohr zu entnehmen (siehe Abbildungen).

7 Gießen Sie das Gabelöl in einen Sammelbehälter. Pumpen Sie mit dem Standrohr und der Dämpferstange einige Male, um möglichst viel Öl herauszubekommen (siehe Abbildung). Stellen Sie den Gabelholm eine Zeit lang verkehrt herum in den Behälter, um das Öl abtropfen zu lassen, und pumpen Sie anschließend erneut.

Anmerkung: *Falls das Gabelöl Metallpartikel enthält, müssen die Gleitbuchsen auf Verschleiß überprüft werden (siehe Sektion 8). Wischen Sie die Distanzhülse und die Feder sauber.*

8 Stellen Sie den zusammengeschobenen Gabelholm aufrecht hin und füllen Sie langsam die vorgeschriebene Menge des empfohlenen Gabelöls ein – beachten Sie die unterschiedlichen Füllmengen für die Gabelholme (siehe Abbildung). Pumpen Sie jetzt einige Male langsam mit der Dämpferstange, um das Öl zu verteilen und den Holm zu entlüften (ein sich füllender Dämpfer lässt sich am höheren Widerstand beim Pumpen erkennen).

9 Drehen Sie die Kontermutter vollständig auf ihr Gewinde (siehe Abbildung). Installieren Sie die Gabelfeder mit den engeren Wicklungen nach oben ins Standrohr (siehe Abbildung). Ziehen Sie die Dämpferstange möglichst weit heraus und schieben Sie das Distanzrohr mit dem Sitz in die Feder (Abbildung 7.6b).

10 Drücken Sie bei weiterhin herausgezogener Dämpferstange das Distanzrohr herunter, um die Feder zu komprimieren und die geschlitzte Scheibe unter die Kontermutter installieren zu können (Abbildung 7.6a).

11 Drehen Sie die Verschlussschraube handfest auf die Dämpferstange (Abbildung 7.5b). Drehen Sie die Kontermutter gegen die Verschlussschraube – halten Sie diese dabei, um die Mutter anziehen zu können (Abbildung 7.5a). Drücken Sie das Distanzrohr gegen die Feder herunter, entnehmen Sie die Scheibe und entlasten Sie die Feder vorsichtig wieder (Abbildung 7.4). Prüfen Sie, ob das Distanzrohr korrekt an der Verschlussschraube anliegt (siehe Abbildung).

12 Falls der O-Ring der Verschlussschraube beschädigt ist oder Alterungserscheinungen

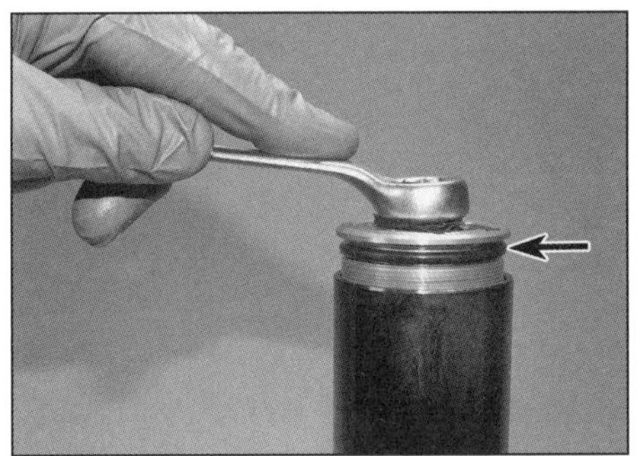

7.14 Drehen Sie die Verschlussschraube aus dem Standrohr – beachten Sie den O-Ring

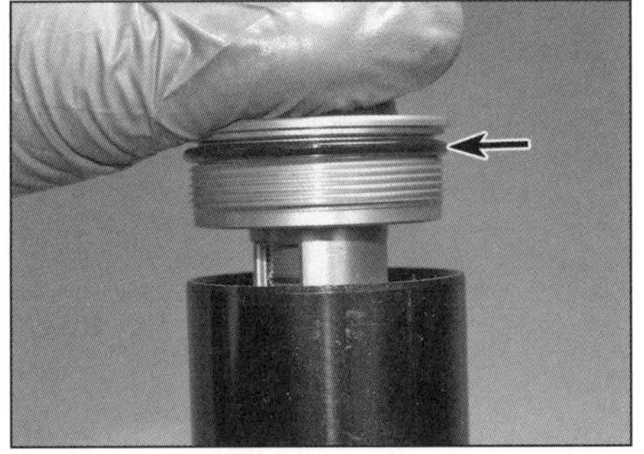

7.19 Drehen Sie die Verschlussschraube aus dem Standrohr – beachten Sie den O-Ring

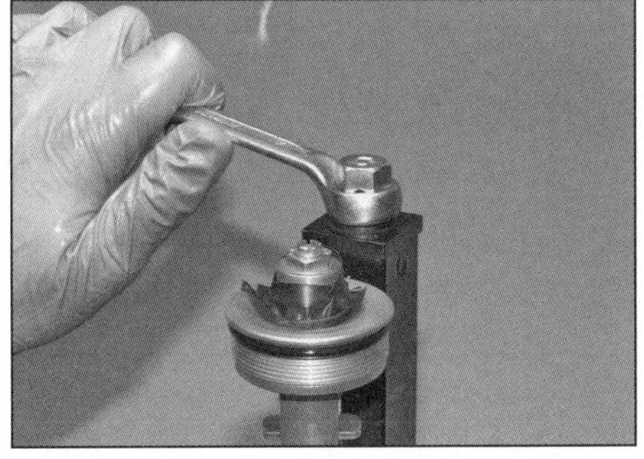

7.20b ... richten Sie das Werkzeug aus, um die Halteschrauben mit den Bohrungen im Distanzrohr auszurüsten, ...

zeigt, muss er ersetzt werden (Abbildung 7.3). Schmieren Sie den O-Ring mit Gabelöl und drehen Sie die Verschlussschraube ins vollständig herausgezogene Standrohr – drehen Sie sie möglichst weit von Hand ein – sie darf dabei nicht verkanten.

Anmerkung: *Die Verschlussschraube kann vollständig angezogen werden, wenn der Gabelholm montiert und mit der unteren Gabelbrückenklemmschraube gesichert ist – die obere Klemmschraube darf erst danach angezogen werden.*

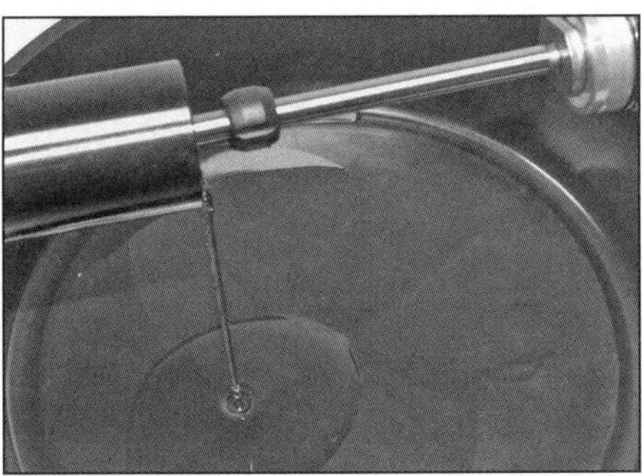

7.15 Pumpen Sie mit der Dämpferstange sämtliches Öl heraus.

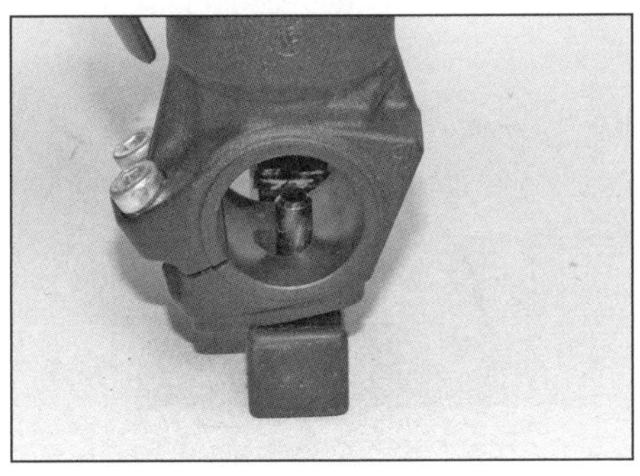

7.20a Stellen Sie den Gabelholm auf den Positionierungs-Zapfen der Federpresse, ...

7.20c ... und drehen Sie die Schrauben ein, sodass die Ausschnitte in den Bohrungen sitzen.

13 Montieren Sie den Gabelholm (siehe Sektion 6).

Linker Gabelholm

14 Drehen Sie die Verschlussschraube aus dem Standrohr (siehe Abbildung) – sie verbleibt von einer Kontermutter gesichert an der Dämpferstange. Schieben Sie das Standrohr bis zum Anschlag auf das Tauchrohr.

15 Gießen Sie das Gabelöl in einen Sammelbehälter. Pumpen Sie mit dem Standrohr und der Dämpferstange einige Male, um möglichst viel Öl herauszubekommen (siehe Abbildung).

7.16 Füllen Sie langsam frisches Gabelöl ein, damit möglichst wenige Luftblasen entstehen.

Stellen Sie den Gabelholm eine Zeit lang verkehrt herum in den Behälter, um das Öl abtropfen zu lassen, und pumpen Sie anschließend erneut.

Anmerkung: *Falls das Gabelöl Metallpartikel enthält, müssen die Gleitbuchsen auf Verschleiß überprüft werden (siehe Sektion 8). Wischen Sie die Distanzhülse und die Feder sauber.*

16 Stellen Sie den zusammengeschobenen Gabelholm aufrecht hin und füllen Sie langsam die vorgeschriebene Menge des empfohlenen Gabelöls ein (siehe Abbildung). Pumpen Sie jetzt einige Male langsam mit der Dämpferstange, um das Öl zu verteilen und den Holm zu entlüften (ein sich füllender Dämpfer lässt sich am höheren Widerstand beim Pumpen erkennen).

17 Falls der O-Ring der Verschlussschraube beschädigt ist oder Alterungserscheinungen zeigt, muss er ersetzt werden (Abbildung 7.14). Schmieren Sie den O-Ring mit Gabelöl und drehen Sie die Verschlussschraube ins vollständig herausgezogene Standrohr – drehen Sie sie möglichst weit von Hand ein – sie darf dabei nicht verkanten.

Anmerkung: *Die Verschlussschraube kann vollständig angezogen werden, wenn der Gabelholm montiert und mit der unteren Gabelbrückenklemmschraube gesichert ist – die obere Klemmschraube darf erst danach angezogen werden.*

18 Montieren Sie den Gabelholm (siehe Sektion 6).

Desert Sled

Spezialwerkzeug: *Für diese Arbeit wird eine Gabelfeder-Presse benötigt.*

19 Drehen Sie die Verschlussschraube aus dem Standrohr (siehe Abbildung) – sie verbleibt von einer Kontermutter gesichert an der Dämpferstange. Schieben Sie das Standrohr bis zum Anschlag auf das Tauchrohr.

20 Verbinden Sie den Gabelholm mit der Federpresse (siehe Abbildungen).

7.21a Halten Sie die Kontermutter, lockern Sie die Verschlussschraube ...

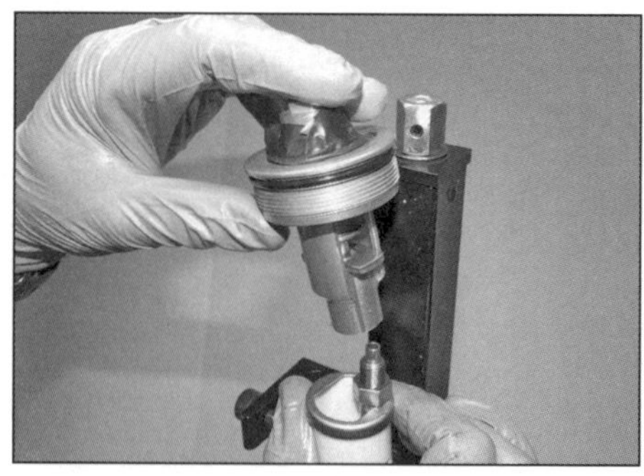

7.21b ... und drehen Sie sie ab.

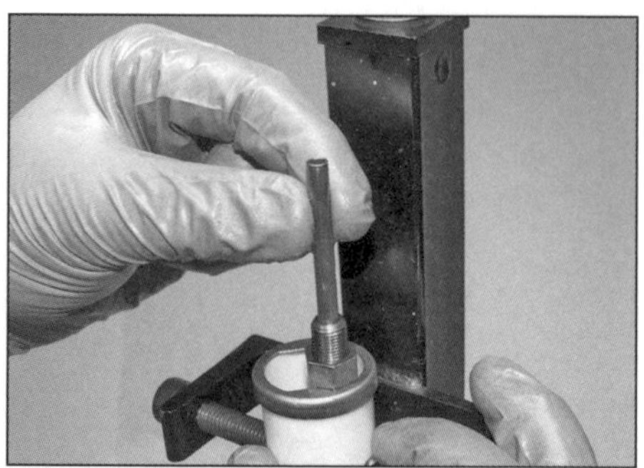

7.21c Ziehen Sie das Dämpfer-Einstellgestänge heraus.

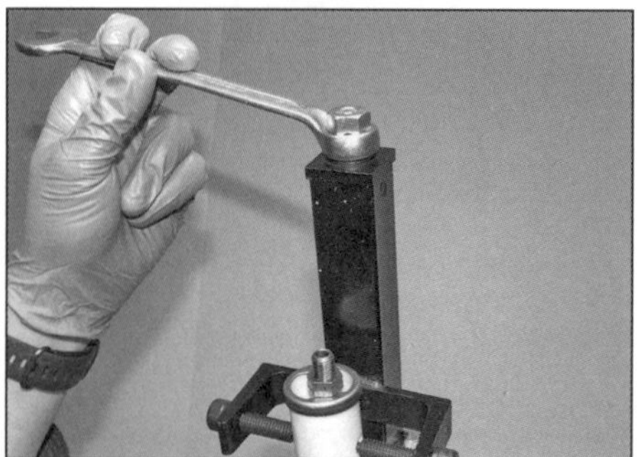

7.22a Entspannen Sie die Feder ...

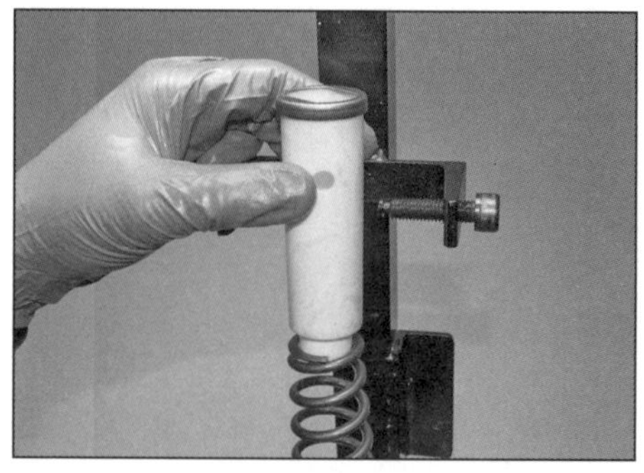

7.22b ... und entnehmen Sie das Distanzrohr ...

7.22c ... samt Feder.

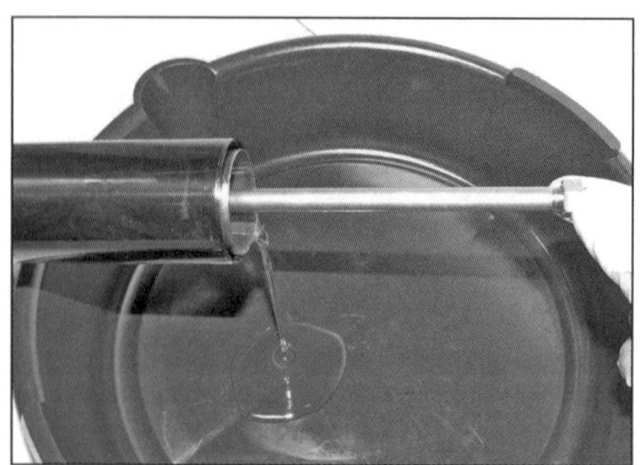

7.23 Pumpen Sie mit der Dämpferstange sämtliches Öl heraus.

7.24 Füllen Sie langsam frisches Gabelöl ein, damit möglichst wenige Luftblasen entstehen.

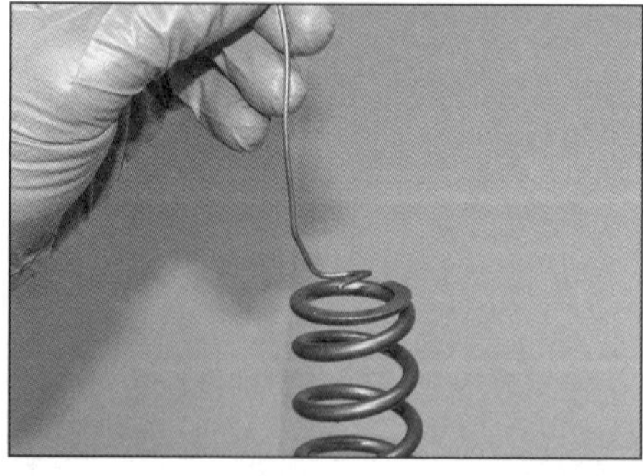

7.25a Führen Sie den entsprechend umgebogenen Draht in die Feder ein, ...

21 Halten Sie die Verschlussschraube hoch und komprimieren Sie mit der Presse die Feder so weit, bis die an der Dämpferstange sitzende Kontermutter zugänglich ist. Kontern Sie mit einem Maulschlüssel die Mutter der Dämpferstange und lösen Sie die Verschlussschraube (siehe Abbildungen) – die Kontermutter muss in ihrer ursprünglichen Position verbleiben und mit ihrer Scheibe auf dem Distanzrohr abgelegt werden, damit sie nicht hineinfällt. Ziehen Sie das Dämpfer-Einstellgestänge heraus (siehe Abbildung).

22 Bewegen Sie die Kontermutter vom Rand des Distanzrohrs zur Mitte und lassen Sie die Dämpferstange hineingleiten. Entspannen Sie die Gabelfeder und entnehmen Sie sie samt Distanzrohr (siehe Abbildungen). Entfernen Sie die Federpresse.

23 Gießen Sie das Gabelöl in einen Sammelbehälter. Pumpen Sie mit dem Standrohr und der Dämpferstange einige Male, um möglichst viel Öl herauszubekommen (siehe Abbildung). Stellen Sie den Gabelholm eine Zeit lang verkehrt herum in den Behälter, um das Öl abtropfen zu lassen, und pumpen Sie anschließend erneut.

Anmerkung: *Falls das Gabelöl Metallpartikel enthält, müssen die Gleitbuchsen auf Verschleiß überprüft werden (siehe Sektion 8). Wischen Sie die Distanzhülse und die Feder sauber.*

24 Stellen Sie den zusammengeschobenen Gabelholm aufrecht hin und füllen Sie langsam die vorgeschriebene Menge des empfohlenen Gabelöls ein (siehe Abbildung). Pumpen Sie jetzt einige Male langsam mit der Dämpferstange, um das Öl zu verteilen und den Holm zu entlüften (ein sich füllender Dämpfer lässt sich am höheren Widerstand beim Pumpen erkennen).

25 Installieren Sie die Gabelfeder mit den engeren Wicklungen nach oben ins Standrohr (Abbildung 7.22c). Biegen Sie das Ende eines Drahts so zurecht, dass er in die Feder eingeführt und unter die Mutter der Dämpferstange greifen kann, um diese herauszuziehen. Setzen Sie den Gabelholm wieder in die Feder-

7.25b ... um ihn unter der Mutter anzusetzen und die Dämpferstange hochzuziehen.

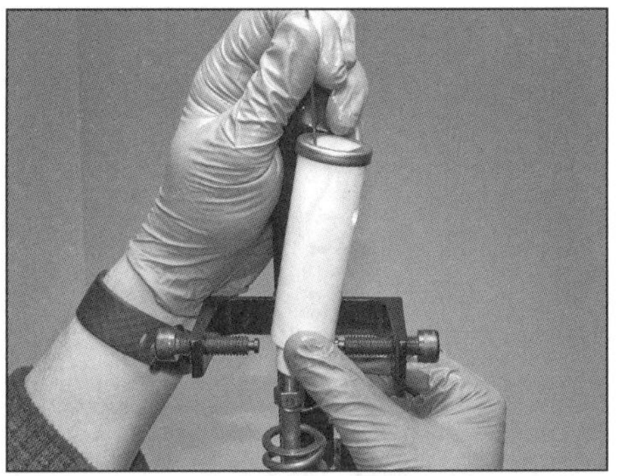

7.25c Führen Sie das Distanzrohr über den Draht in die Feder ein ...

7.25d ... und drehen Sie die Schrauben der Federpresse in dessen Bohrungen.

7.26 Die Kontermutter muss wie gezeigt auf der Dämpferstange sitzen.

7.28a Richten Sie die Verschlussschraube mit den Abflachungen zur Distanzrohr-Scheibe aus, ...

7.28b ... sodass sie wie gezeigt sitzt.

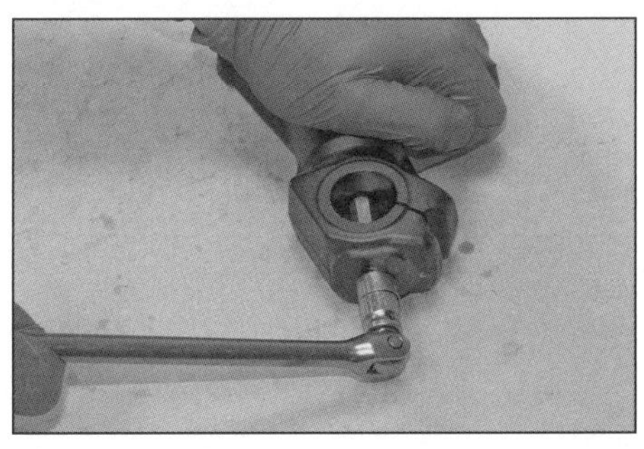

8.2 Lockern Sie ggf. die Dämpferpatronenschraube.

presse, führen Sie das Distanzrohr mit dem Sitz zur Feder zeigend über den Draht und drehen Sie die Schrauben der Federpresse in seine Bohrungen, um es zu halten (siehe Abbildungen). Komprimieren Sie mit der Presse die Feder so weit, bis die an der Dämpferstange sitzende Kontermutter zugänglich ist, und entfernen Sie den Draht, um die Mutter auf dem Rand des Distanzrohrs abzulegen.

26 Führen Sie das Dämpfer-Einstellgestänge ein (Abbildung 7.21c). Prüfen Sie die Position der Kontermutter auf der Dämpferstange – sie muss 11 mm unter deren Oberseite liegen (siehe Abbildung).

27 Drehen Sie die Verschlussschraube bis zur Kontermutter auf die Dämpferstange (Abbildung 7.21b). Halten Sie die Kontermutter und ziehen Sie die Verschlussschraube dagegen (Abbildung 7.21a).

28 Entspannen Sie die Federpresse – die Scheibe am Distanzrohr muss dabei so ausgerichtet sein, dass die Verschlussschraube hineinpasst und die Laschen des Federvorspanners auf ihr aufliegen (siehe Abbildungen).

29 Falls der O-Ring der Verschlussschraube beschädigt ist oder Alterungserscheinungen zeigt, muss er ersetzt werden (Abbildung 7.19). Schmieren Sie den O-Ring mit Gabelöl und drehen Sie die Verschlussschraube ins vollständig herausgezogene Standrohr – drehen Sie sie möglichst weit von Hand ein – sie darf dabei nicht verkanten.

Anmerkung: *Die Verschlussschraube kann vollständig angezogen werden, wenn der Gabelholm montiert und mit der unteren Gabelbrückenklemmschraube gesichert ist – die obere Klemmschraube darf erst danach angezogen werden.*

30 Montieren Sie den Gabelholm (siehe Sektion 6).

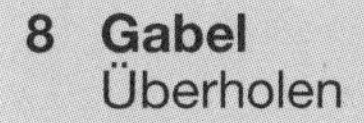

8 Gabel
Überholen

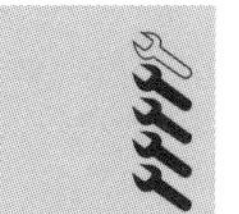

Spezialwerkzeug: *Für den Einbau der Gleitbuchse und des unteren Dichtrings wird ein geeigneter Eintreiber benötigt (siehe Schritt 18).*

1 Bauen Sie einen Gabelholm aus – lockern Sie vor dem Lösen der unteren Gabelbrücken-Klemmschrauben die Verschlussschraube (siehe Sektion 6). Zerlegen Sie die Gabelholme immer einzeln, um Verwechslungen von Teilen zu vermeiden, was nach der Montage zu einem erhöhten Verschleiß führen würde. Lagern Sie alle Komponenten in getrennten und markierten Behältern.

Zerlegen

2 Falls die im rechten Holm oder beiden Holmen (nur Desert Sled) sitzende Dämpferpatrone (»Cartridge«) ausgebaut werden soll, muss der Holm mit den Bremssattel-Aufnahmen nach links auf die Werkbank gelegt und die unten eingedrehte Schraube gelockert werden (siehe Abbildung) – dies ist nicht nötig, wenn nur die Gleitbuchsen oder der Dichtring erneuert werden sollen. Falls sich die Dämpferpatrone dabei mitdreht, muss mit der Feder Druck auf das Patronengehäuse ausgeübt werden, um es zu kontern. Alternativ kann ein Luftdruck-Schrauber verwendet werden. Drehen Sie die Dämpferpatronenschraube wieder handfest ein.

3 Wechseln Sie zu Sektion 7, um das Gabelöl auszugießen.

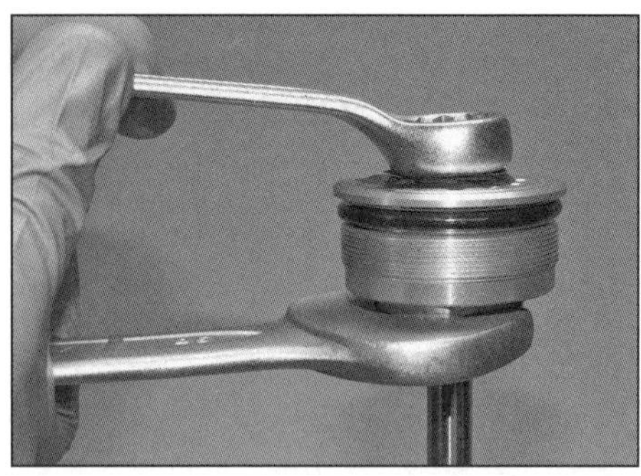

8.4a Halten Sie die Kontermutter, lockern Sie die Verschlussschraube ...

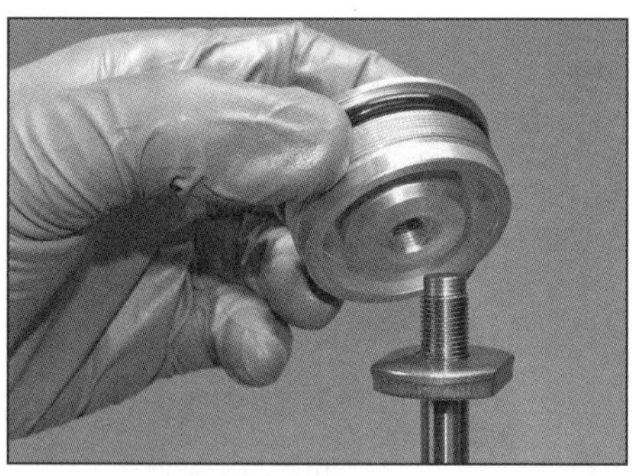

8.4b ... und drehen Sie sie ab.

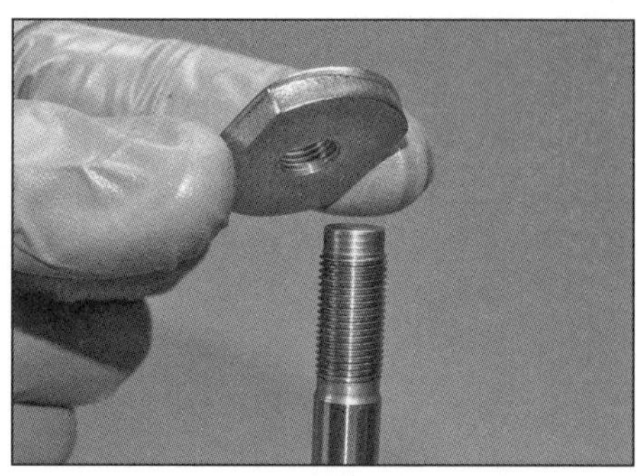

8.4c Drehen Sie die Kontermutter ab ...

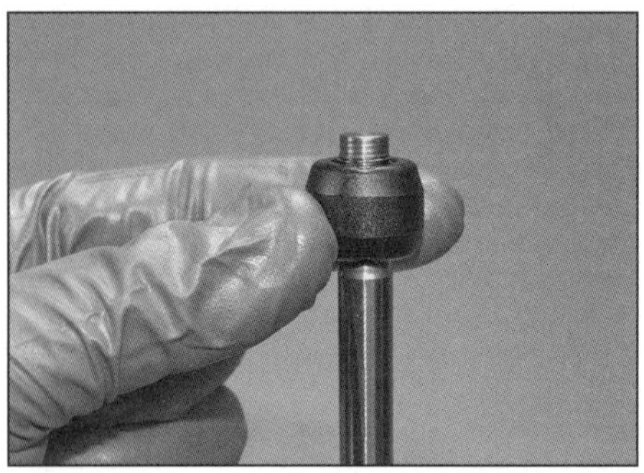

8.4d ... und entfernen Sie das Anschlaggummi.

8.6 Hebeln Sie mit einem Schraubendreher die Staubdichtung ab.

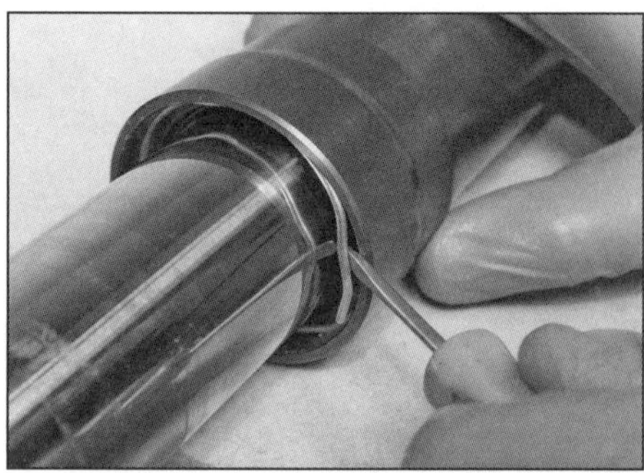

8.7 Hebeln Sie die Drahtsicherung vorsichtig mit einem Schraubendreher heraus.

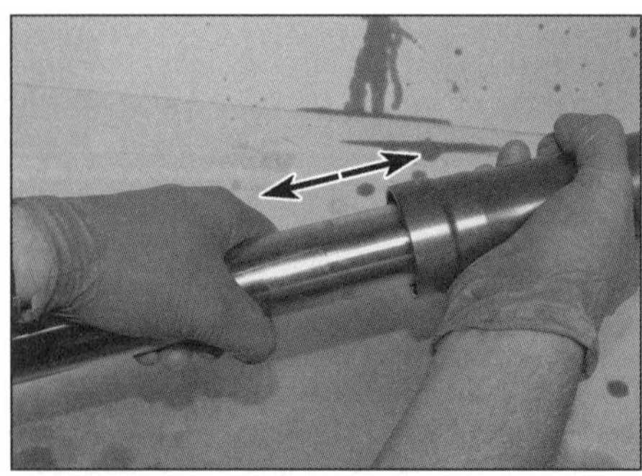

8.8a Ziehen Sie die beiden Rohre zum Trennen mehrmals kräftig auseinander, ...

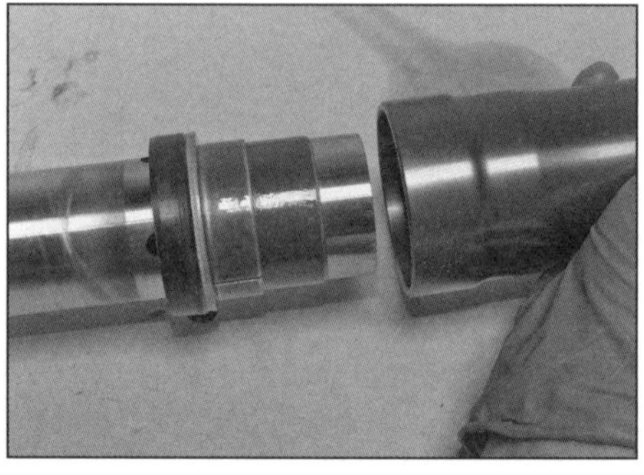

8.8b ... um den Dichtring, die Scheibe und die obere Buchse aus dem Standrohr zu ziehen.

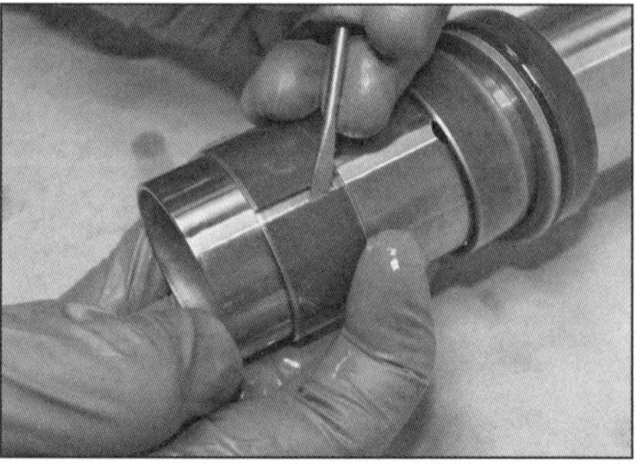

8.9 Hebeln Sie vorsichtig die Enden der oberen Buchse auseinander, um sie zu entfernen.

4 Außer bei der Desert Sled muss bei Arbeiten am linken Gabelholm die Kontermutter der Dämpferstange gekontert und die Verschlussschraube abgedreht werden; drehen Sie dann die Kontermutter ab und entnehmen Sie das Anschlaggummi (siehe Abbildungen).

5 Falls die Dämpferpatrone ausgebaut werden soll (siehe Schritt 2), muss ihre Schraube samt Dichtscheibe unten aus dem Tauchrohr entfernt werden – die Scheibe muss später erneuert werden. Ziehen Sie die Patrone aus dem Tauchrohr. Pumpen Sie den Dämpfer einige Male über dem Sammelbehälter, um das restliche Öl herauszubekommen.

6 Hebeln Sie vorsichtig die Staubdichtung unten aus dem Standrohr (siehe Abbildung)

7 Hebeln Sie dann mit einem kleinen Schraubendreher vorsichtig den Sicherungsdraht des Dichtrings aus dem Standrohr – zerkratzen Sie dabei nicht die Oberfläche des Tauchrohrs (siehe Abbildung).

8 Um die beiden Gabelrohre zu trennen, müssen der Dichtring und die untere Gleitbuchse aus dem Standrohr befreit werden. Weil die am Tauchrohr sitzende obere Buchse nicht durch die ins Standrohr gepresste untere Buchse passt, kann sie als Ausziehwerkzeug benutzt werden. Greifen Sie das Standrohr mit der einen Hand und das Tauchrohr mit der anderen und schieben Sie die Teile zusammen; ziehen Sie sie dann kräftig auseinander, sodass die obere die untere Buchse und den Dichtring herausdrückt. Wiederholen Sie dies, bis die Rohre getrennt sind (siehe Abbildungen).

9 Hebeln Sie mit einem Schraubendreher vorsichtig die Enden der oberen Buchse auseinander und schieben Sie diese aus ihrem Sitz am Standrohr (siehe Abbildung). Ziehen Sie die untere Buchse, die Dichtring-Scheibe, den Dichtring, den Sicherungsring und die Staubdichtung vom Tauchrohr – merken Sie sich die Einbaurichtungen. Der Dichtring und die Staubdichtung müssen auf jeden Fall durch Neuteile ersetzt werden. Ducati empfiehlt,

8.14 Kontrollieren Sie die Gleitflächen (Pfeile) der Buchsen.

8.16a Kleben Sie die Kanten mit Isolierband ab, um den Dichtring zu schützen.

8.16b Schieben Sie alle Bauteile korrekt ausgerichtet auf das Tauchrohr.

8.16c Spreizen Sie die obere Buchse etwas, um sie aufzuschieben.

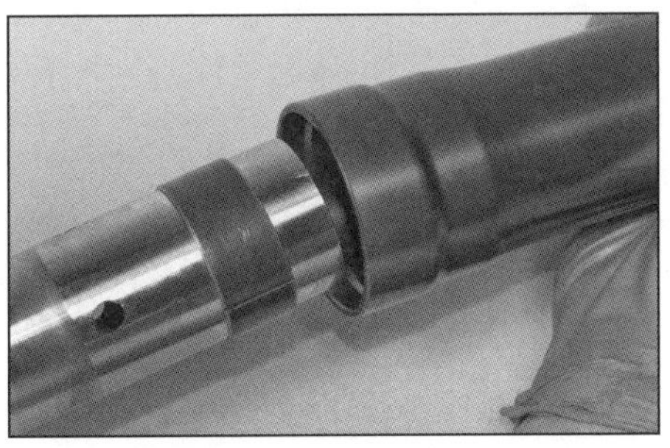
8.17a Schieben Sie das Tauchrohr vollständig ins Standrohr.

8.17b Schieben Sie die Buchse vollständig in ihren Sitz und legen Sie die Scheibe auf.

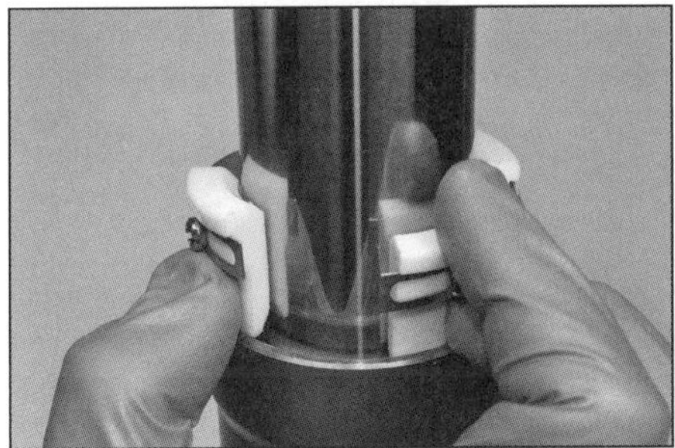
8.18a Positionieren Sie den Eintreiber über der Scheibe, ...

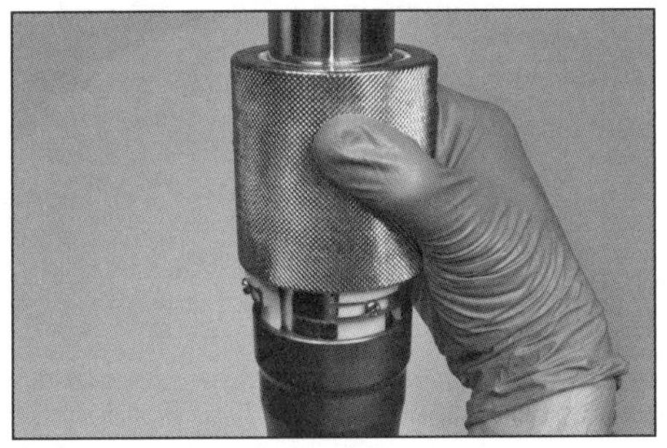
8.18b ... setzen Sie das Gewicht an und treiben Sie die Hülse bis zum Bund ein.

auch die Gleitbuchsen ungeachtet ihres Zustands nach jedem Ausbau zu erneuern.

Kontrolle

10 Reinigen Sie alle Teile in Lösungsmittel und blasen Sie sie möglichst mit Druckluft aus.
11 Begutachten Sie das Tauchrohr auf Kerben, Kratzer, abblätternde Beschichtung und extremen oder abnormalen Verschleiß und ersetzen Sie das Tauchrohr nötigenfalls. Kontrollieren Sie das Tauchrohr mithilfe von Prismenblöcken und einer Messuhr auf Verzug (siehe Abbildung). Ein verzogenes Rohr darf nicht gerichtet, sondern muss ersetzt werden.
12 Kontrollieren Sie das Standrohr auf Risse. Begutachten Sie den Dichtring-Sitz im Standrohr auf Kerben, Beulen und Riefen – solche Schäden können zu Undichtigkeit führen. Kontrollieren Sie auch die Dichtringscheibe auf Schäden und Verzug und ersetzen Sie sie nötigenfalls.
13 Kontrollieren Sie die Feder auf Brüche und andere Beschädigungen.
14 Überprüfen Sie die Gleitflächen der Buchsen (also die innere Fläche der unteren und die Außenfläche der oberen Buchse) (siehe Abbildung) – sie müssen überall mit Teflon beschichtet sein. Falls die Gleitschicht auf mehr als 75% der Fläche verschwunden ist oder Riefen erkennbar sind, müssen die Buchsen ersetzt werden.

Anmerkung: *Ducati empfiehlt, die Buchsen nach jedem Zerlegen des Gabelholms auszutauschen – sie sind nicht teuer.*

15 Kontrollieren Sie – falls ausgebaut – die Dämpferpatrone und die Stange auf Schäden und Verschleiß. Halten Sie das Patronengehäuse und pumpen Sie mit der Stange – sobald Verschleiß oder Beschädigungen festgestellt werden oder die Stange sich nicht sanft im Gehäuse bewegen lässt, muss der Dämpfer ersetzt werden.

Zusammenbau

16 Umwickeln Sie die Kanten an der Vertiefung für die obere Buchse im Tauchrohr mit einer Lage dünnen Isolierbands, um die Dichtring-Lippe zu schützen (siehe Abbildung). Schmieren Sie das Isolierband und die Dichtring-Lippe mit etwas Öl. Schieben Sie die neue Staubdichtung, den Sicherungsdraht, den neuen Dichtring, die Dichtringscheibe und die untere Buchse auf das Tauchrohr – achten Sie darauf, dass alle Teile richtig herum montiert werden (siehe Abbildung). Entfernen Sie das Isolierband, schmieren Sie die untere Buchse innen mit Gabelöl und schieben Sie sie auf das Tauchrohr (siehe Abbildung).
17 Schieben Sie das Tauchrohr vollständig ins Standrohr (siehe Abbildung). Stellen Sie den Gabelholm verkehrt herum auf die Werkbank und lassen Sie einen Assistenten die aufgeschobenen Komponenten oben halten. Schieben Sie die untere Buchse unten ins Standrohr und drücken Sie sie nach oben in ihren Sitz, legen Sie dann die Scheibe darüber (siehe Abbildung).
18 Treiben Sie die untere Buchse mithilfe des für den Rohrdurchmesser geeigneten Eintreibers senkrecht in ihren Sitz (siehe Abbildungen). Heben Sie die Scheibe an, um den korrekten Sitz zu überprüfen. Schieben Sie die Dichtringscheibe wieder über die Buchse.

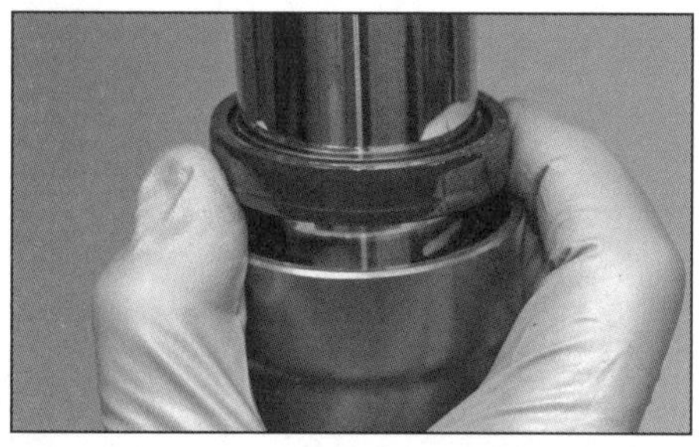

8.19a Installieren Sie den neuen Dichtring über seinen Sitz im Standrohr ...

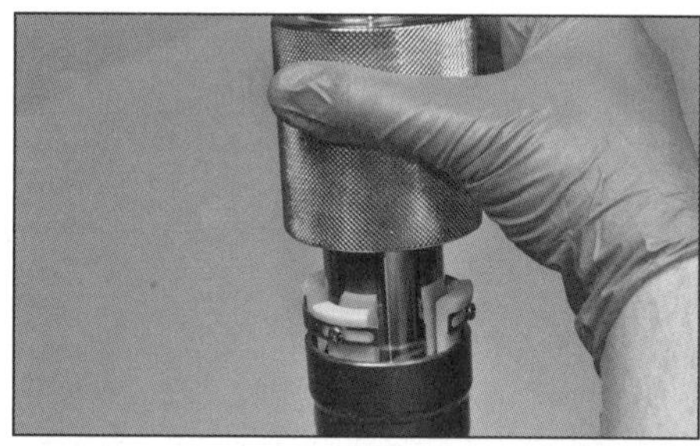

8.19b ... und treiben Sie ihn vollständig ein, ...

8.19c ... sodass die Nut des Sicherungsrings rundherum frei liegt.

8.20 Installieren Sie den Sicherungsdraht in seine Nut ...

8.21 ... und drücken Sie die neue Staubdichtung darüber.

9.2a Lösen Sie oben an der unteren Gabelbrücke an beiden Seiten die Muttern ...

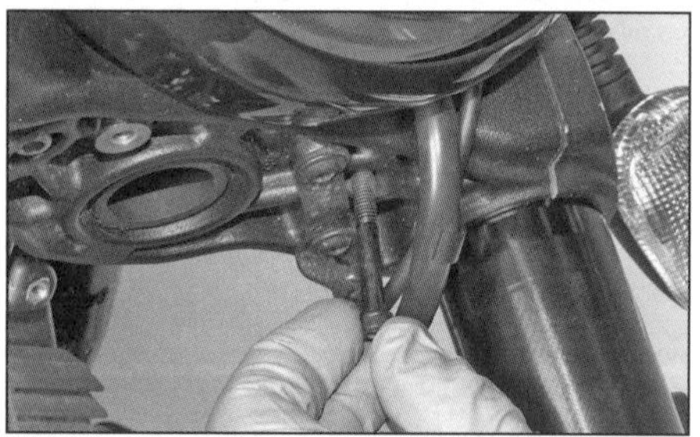

9.2b ... und ziehen Sie die Schrauben heraus, ...

9.2c ... achten Sie beim Café Racer auf die unterschiedlichen Längen.

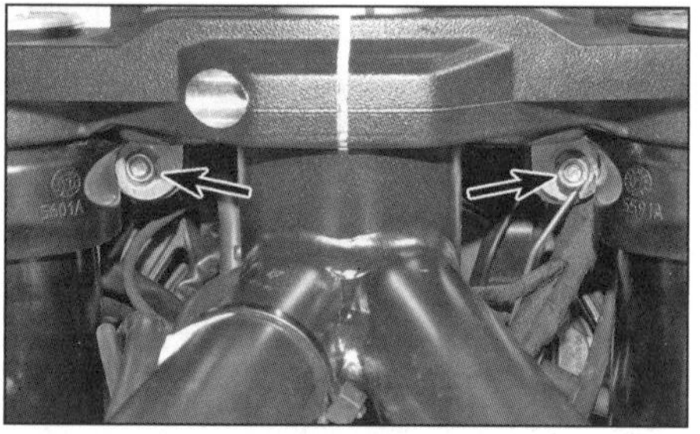

9.2d Lösen Sie unten an der oberen Gabelbrücke die Muttern des Scheinwerferträgers – beachten Sie rechts die Kabelführung oder den Sensor.

19 Schieben Sie den neuen Dichtring herunter und drücken oder treiben Sie ihn mit einer der in Schritt 18 beschriebenen Methoden in seinen Sitz im Standrohr, bis die Nut des Sicherungsrings rundherum frei liegt (siehe Abbildungen).

20 Installieren Sie die Drahtsicherung rundherum in ihre Nut (siehe Abbildung).

21 Drücken Sie die neue Staubdichtung in ihren Sitz im Standrohr (siehe Abbildung).

22 Falls ausgebaut, muss das Gewinde der Dämpferpatronenschraube gereinigt werden. Legen Sie den Gabelholm mit den Bremssattel-Aufnahmen nach rechts zeigend auf die Werkbank. Schieben Sie die Dämpferpatrone vollständig in den Gabelholm. Rüsten Sie die Dämpferpatronenschraube mit einer neuen Dichtscheibe aus und tragen Sie am Gewinde mittelfeste Sicherungspaste auf. Installieren Sie die Schraube unten ins Tauchrohr und drehen Sie sie in die Dämpferpatrone; ziehen Sie sie sorgfältig an – falls die Patrone sich mitdreht, muss mit dem Anziehen gewartet werden, bis der Gabelholm vervollständigt ist und mit der Feder Druck auf die Patrone ausgeübt werden kann.

23 Schieben Sie beim linken Gabelholm (außer bei der Desert Sled) das Anschlaggummi auf die Dämpferstange und drehen Sie die Kontermutter vollständig auf (Abbildungen 8.4d und c). Drehen Sie die Verschlussschraube handfest auf (Abbildung 8.4b), ziehen Sie dann die Kontermutter gegen die festgehaltene Verschlussschraube. (Abbildung 8.4a).

24 Wechseln Sie zu Sektion 7, um Gabelöl aufzufüllen und den Zusammenbau abzuschließen.

25 Falls die Dämpferpatronenschraube im rechten Gabelholm noch angezogen werden muss (siehe Schritt 22), muss der Gabelholm über Kopf auf mit Lappen geschützten Hölzer gestellt werden. Lassen Sie einen Assistenten den Holm komprimieren, damit der Dämpferpatronenkopf unter maximalem Federdruck steht, während die Schraube sorgfältig angezogen wird.

26 Montieren Sie den Gabelholm (siehe Sektion 6).

9 Lenkschaft

Spezialwerkzeug: *Beschaffen Sie für die Lenkschaftmutter das Ducati-Werkzeug 88713.1058 oder einen entsprechenden Zapfen-Steckschlüssel.*

Ausbau

1 Demontieren Sie die vorderen Blinker (siehe Kapitel 7, Sektion 12). Entfernen Sie bei der Desert Sled und der Urban Enduro das Vor-

9.2e Befreien Sie die Scheinwerfer-Baugruppe und trennen Sie den Stecker des Scheinwerfer-Kabels.

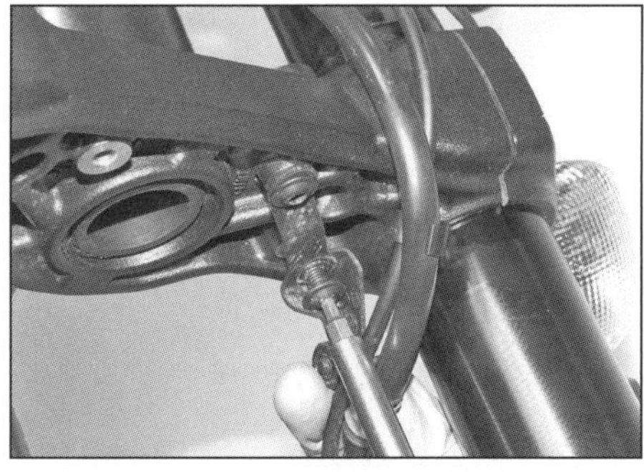

9.3 Lösen Sie die Schraube, um den Bremsleitungshalter zu befreien.

9.5 Lenkschaft-Klemmschraube

derradschutzblech (siehe Kapitel 6, Sektion 8).

2 Befreien Sie die Scheinwerfer-Baugruppe von den Gabelbrücken, trennen Sie den Stecker des Scheinwerfer-Kabels und entnehmen Sie die Baugruppe (siehe Abbildungen).

3 Befreien Sie die Bremsleitung von der unteren Gabelbrücke (siehe Abbildung).

4 Demontieren Sie die Gabelholme (siehe Sektion 6).

5 Bedecken Sie den Tank mit Lappen. Lockern Sie in der oberen Gabelbrücke die Lenkschaft-Klemmschraube (siehe Abbildung).

6 Heben Sie die obere Gabelbrücke vom Lenkschaft und legen Sie sie mit Lappen geschützt ab (siehe Abbildung).

7 Falls zum Anziehen der Lenkschaftmutter kein Drehmomentschlüssel eingesetzt werden kann, muss ihre Ausrichtung zum Lenkkopf markiert werden, um einen groben Hinweis für ihre Festigkeit zu erhalten; zählen Sie beim Lösen der Mutter die Anzahl der Umdrehungen.

8 Stützen Sie die untere Gabelbrücke und lösen Sie die Lenkschaftmutter mit dem Ducati-Werkzeug oder einem anderen Zapfenschlüssel (gezeigt ist das Werkzeug von Laser) (siehe Abbildungen). Senken Sie die untere Gabelbrücke samt Lenkschaft vorsichtig aus dem Lenkkopf ab (siehe Abbildung).

9 Entfernen Sie den Dichtring, die innere Lagerschale und den oberen Kugelkäfig aus dem Lenkkopf (siehe Abbildungen). Heben Sie den unteren Kugelkäfig vom Lenkschaft ab (siehe Abbildung).

10 Befreien Sie die Kugelkäfige und Lagerschalen vom alten Fett und kontrollieren Sie alles auf Beschädigungen und Verschleiß (siehe Sektion 10). Die oben und unten im Lenkkopf sitzenden äußeren Lagerschalen und die unten auf dem Lenkschaft sitzende innere Lagerschale dürfen nur demontiert werden, wenn sie ausgetauscht werden müssen.

Einbau

11 Verteilen Sie eine ausreichende Menge Mehrzweckfett auf den Lagerschalen und arbeiten Sie es gut in beide Lagerkäfige ein. Schieben Sie den unteren Kugelkäfig über den Lenkschaft und legen Sie ihn auf dem unteren Innenring ab (Abbildung 9.9b).

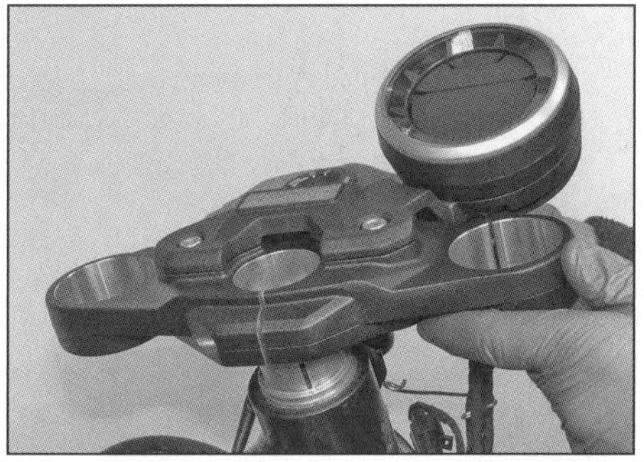

9.6 Befreien Sie die obere Gabelbrücke – klopfen Sie sie nötigenfalls mit einem weichen Hammer ab.

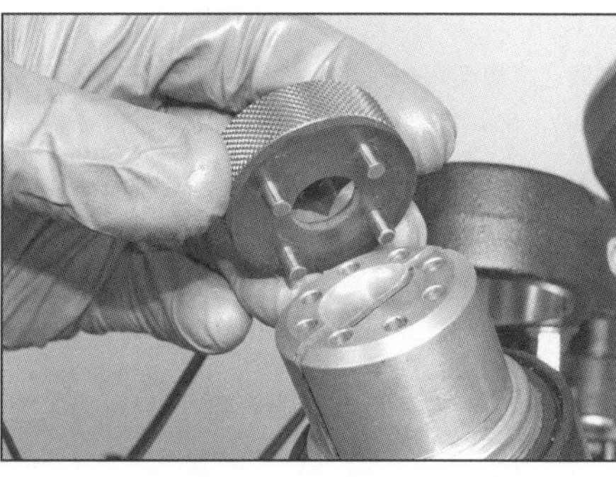

9.8a Setzen Sie den Zapfenschlüssel an der Lenkschaftmutter an, ...

9.8b ... lösen Sie sie ...

9.8c ... und senken Sie die untere Gabelbrücke samt Lenkschaft vorsichtig ab.

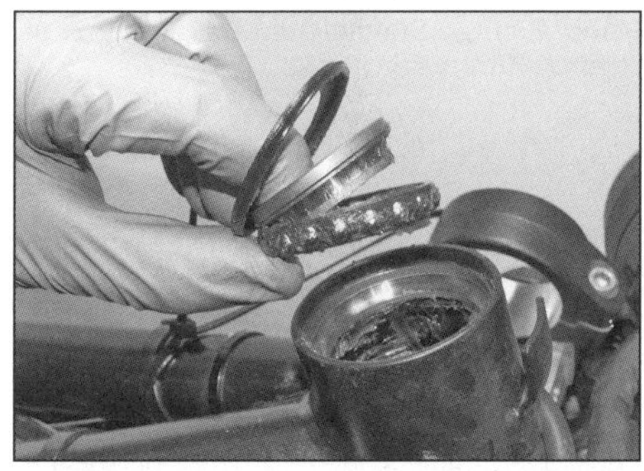

9.9a Entfernen Sie den Dichtring, die innere Lagerschale und den oberen Kugelkäfig aus dem Lenkkopf ...

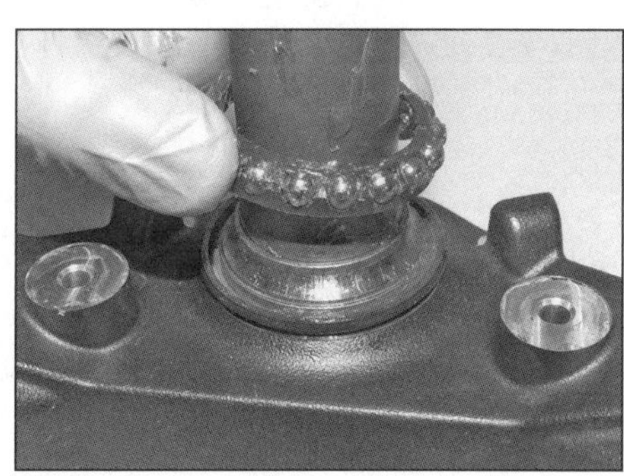

9.9b ... sowie den unteren Kugelkäfig vom Lenkschaft.

9.12a Legen Sie den oberen Kugelkäfig und die Innenlagerschale in den Lenkkopf ...

9.12b ... und Sie den Dichtring darüber.

9.12c Halten Sie die oberen Lager-Bauteile in Position und schieben Sie den Lenkschaft ein.

9.12d Drehen Sie die Lenkschaftmutter handfest auf.

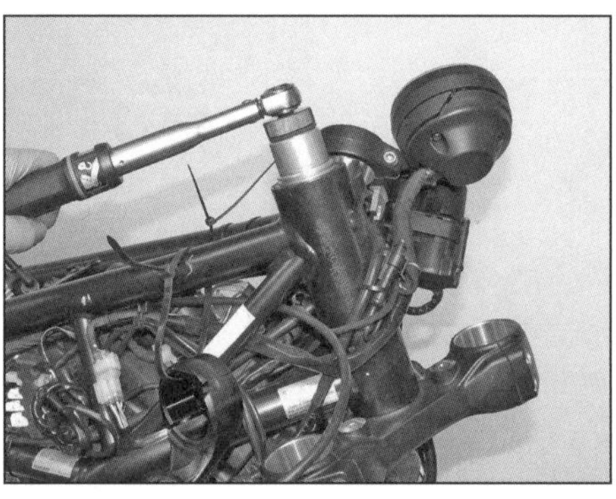

9.13 Ziehen Sie die Lenkschaftmutter wie beschrieben an.

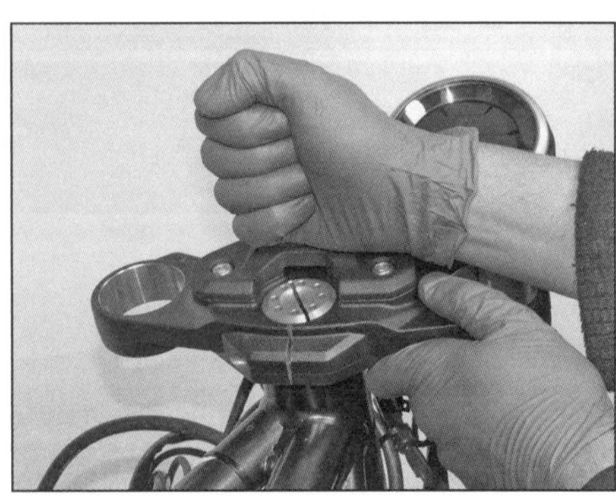

9.15a Klopfen Sie die obere Gabelbrücke auf, bis sie am unteren Bund der Lenkschaftmutter anliegt.

9.15b Richten Sie die Gabelbrücken mithilfe eines Gabelholms aus.

12 Legen Sie den oberen Kugelkäfig und die Innenlagerschale in den Lenkkopf. Legen Sie den Dichtring auf (siehe Abbildungen). Heben Sie vorsichtig die untere Gabelbrücke mit dem Lenkschaft in den Lenkkopf – drücken Sie dabei nicht das obere Lager heraus. Drehen Sie die Lenkschaftmutter handfest auf (siehe Abbildungen).

13 Falls das Ducati-Werkzeug oder ein geeigneter Zapfen-Steckschlüssel zur Hand ist, wird die Lenkschaftmutter damit mit 30 Nm angezogen. Schwenken Sie die untere Gabelbrücke fünfmal von Anschlag zu Anschlag, lockern Sie die Mutter und ziehen Sie sie erneut mit 30 Nm (bis Modelljahr 2018) bzw. 35 Nm (ab Modelljahr 2019) an (siehe Abbildung). Der Lenkschaft muss sich sanft über den gesamten Schwenkbereich bewegen lassen (eine gewisse Schwergängigkeit ist auf die fehlende Gabel samt Vorderrad zurückzuführen. Führen Sie nach der Montage aller Bauteile eine akkurate Kontrolle des Lenkkopflagerspiels durch (siehe Kapitel 1, Sektion 20).

14 Falls kein Drehmomentschlüssel verwendet wird, muss die Lenkschaftmutter um die beim Lösen gezählten Umdrehungen aufgeschraubt werden, dann werden die zuvor angebrachten Markierungen ausgerichtet. Schwenken Sie die untere Gabelbrücke fünfmal von Anschlag zu Anschlag, lockern Sie die Mutter und ziehen Sie sie erneut bis zur Ausrichtung der Markierungen an. Der Lenkschaft muss sich sanft über den gesamten Schwenkbereich bewegen lassen (eine gewisse Schwergängigkeit ist auf die fehlende Gabel samt Vorderrad zurückzuführen. Führen Sie nach der Montage aller Bauteile eine akkurate Kontrolle des Lenkkopflagerspiels durch (siehe Kapitel 1, Sektion 20).

Achtung: Üben Sie beim Anziehen der Lenkschaftmutter keinen hohen Druck auf die Lenkkopflager aus – diese können hierbei beschädigt werden!

15 Montieren Sie die obere Gabelbrücke über den Lenkschaft, bis sie am unteren Bund der Lenkschaftmutter anliegt (siehe Abbildung). Schieben Sie übergangsweise einen der Gabelholme ein, um die beiden Gabelbrücken zueinander auszurichten; ziehen Sie hierbei nur die Klemmschrauben der unteren Brücke an (siehe Abbildung). Ziehen Sie jetzt die Lenkschaft-Klemmschraube mit 24 Nm an (Abbildung 9.5).

16 Montieren Sie alle verbliebenen Teile in der entgegengesetzten Ausbaureihenfolge.

17 Führen Sie zum Schluss eine erneute Kontrolle des Lenkkopflagerspiels durch (siehe Kapitel 1, Sektion 20).

10 Lenkkopflager

Kontrolle

1 Demontieren Sie den Lenkschaft (siehe Sektion 9).

10.3 Kontrollieren Sie die äußeren Lagerschalen oben und unten im Lenkkopf auf Verschleiß und Schäden.

10.4a Treiben Sie die obere Lagerschale mit einem von unten angesetzten Dorn heraus ...

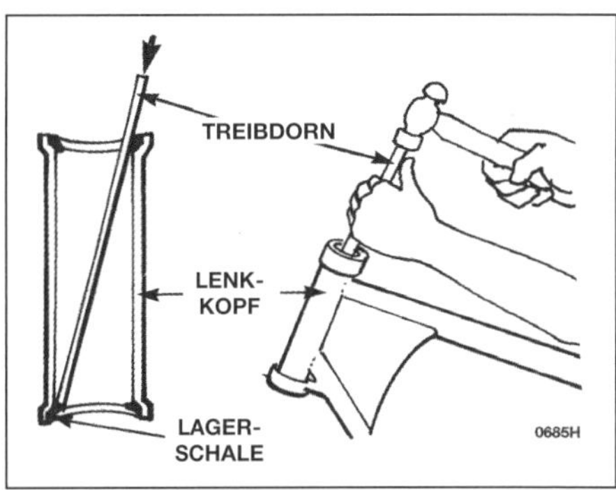

10.4b ... und die untere Lagerschale entsprechend von oben

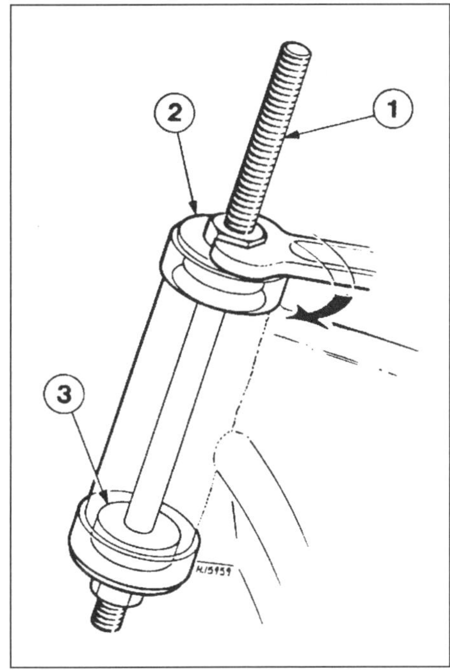

10.5 Lenkkopflager-Einziehvorrichtung
1 Lange Schraube oder Gewindestange
2 Dicke Scheibe
3 Führung für unteren Lagerring

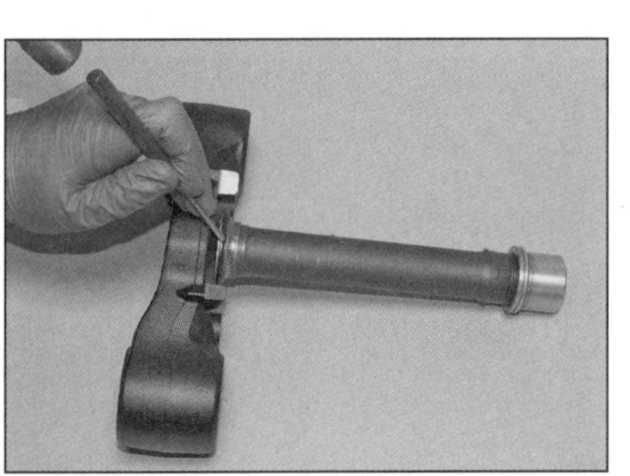

10.6a Demontieren Sie den unteren Lager-Innenring mit einem Meißel oder Dorn ...

2 Entfernen Sie alte Fettreste aus den Lagern und Schalen und kontrollieren Sie sie auf Verschleiß:

3 Die äußeren Lagerschalen oben und unten im Lenkkopf müssen glatt und ohne Eindrücke sein (siehe Abbildung). Inspizieren Sie die Kugeln auf Verschleiß, Schäden und Verfärbung und überprüfen Sie ihren Käfig auf Brüche oder Risse. Wenn irgendwelche Anzeichen von Verschleiß an einem Teil festgestellt werden, müssen beide Lenkkopflager als Satz ausgewechselt werden. Demontieren Sie die äußeren Lagerschalen oben und unten im Lenkkopf sowie den auf den Lenkschaft gepressten unteren Innenring nur, wenn die Teile ersetzt werden sollen – einmal ausgebaut, müssen sie erneuert werden.

Ersetzen

4 Die äußeren Lagerschalen sind in den Lenkkopf eingepresst und können mit einem geeigneten Dorn ausgetrieben werden (siehe Abbildungen) – dies muss gleichmäßig rundherum geschehen, damit sie nicht verkanten.

5 Die neuen äußeren Lagerschalen können mit einer Einziehvorrichtung in den Lenkkopf gepresst (siehe Abbildung) oder mit einem entsprechend großen Rohr oder Steckschlüssel eingetrieben werden. Achten Sie darauf, dass die Scheibe des Einziehers oder der Rand des Treibers nur den äußeren Rand des Lagers und niemals die Lagerlauffläche berührt.

Praxis TiPP ***Der Einbau neuer Lagerschalen kann vereinfacht werden, wenn man sie über Nacht in die Kühltruhe legt. Sie schrumpfen dadurch und lassen sich leichter einbauen. Alternativ kann Kältespray verwendet werden.***

6 Der untere Lagerinnenring darf nur demontiert werden, wenn er ausgetauscht werden soll. Drehen Sie zum Schutz des Gewindes die Lenkschaftmutter auf, legen Sie die Gabelbrücke auf ihre Vorderseite und klopfen Sie den Ring mithilfe eines Meißels ab (siehe Abbildung) – erwärmen Sie ihn zuvor mit einem Heißluftgebläse. Falls der Ring fest sitzt, ist es nötig, einen Abzieher anzusetzen. Nötigenfalls muss der Ring mit einer kleinen Schleifmaschine (»Dremel«) geöffnet werden – beschädigen Sie dabei nicht die Gabelbrücke oder den Lenkschaft! Suchen Sie nötigenfalls eine Fachwerkstatt auf.

7 Entnehmen Sie die Staubdichtung – beim Einbau wird ein Neuteil benötigt. Entfernen Sie die unter der Dichtung liegende Scheibe, reinigen Sie sie und legen Sie sie wieder auf; installieren Sie darüber die neue Dichtung mit dem Bund nach oben.

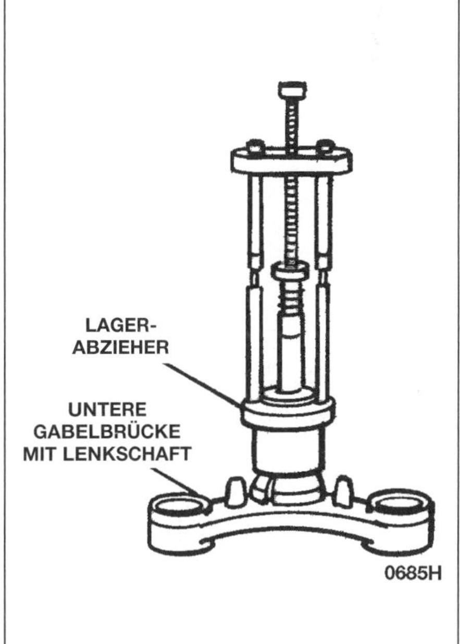

10.6b ... oder mit einem speziellen Abzieher.

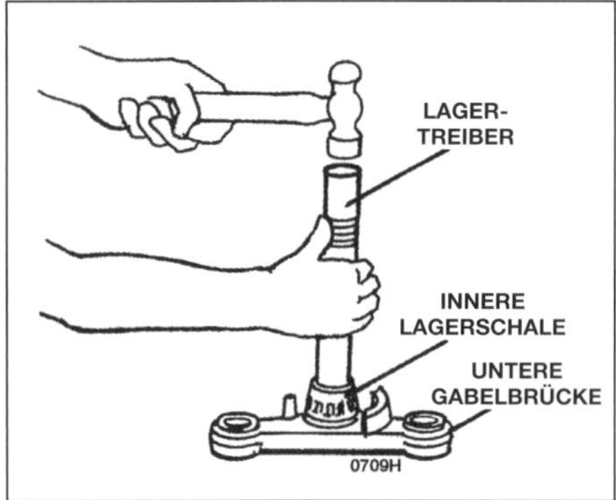

10.8 Treiben Sie das neue Lager mit einem geeigneten Treiber oder Rohr auf.

8 Installieren Sie einen neuen unteren Lager-Innenring über den Lenkschaft. Klopfen Sie den Ring mit einem Rohr, das nicht die Lager-Gleitflächen berührt, in seine Position (siehe Abbildung); durch Erhitzen des Rings und Abkühlen des Lenkschaftes wird die Arbeit erleichtert. Benützen Sie nötigenfalls eine hydraulische Presse.

9 Montieren Sie den Lenkschaft (siehe Sektion 9).

11 Stoßdämpfer

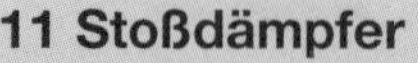

Warnung: Versuchen Sie nicht, den Stoßdämpfer zu zerlegen. Einzelteile des Stoßdämpfers sind nicht verfügbar.

Ausbau

1 Sichern Sie den Bremshebel gegen den Lenker, damit das Motorrad nicht nach vorn rollen kann. Stützen Sie die Maschine mit einer anderen geeigneten Vorrichtung senkrecht ab, sodass keine Gewicht über die Hinterradaufhängung übertragen wird. Positionieren Sie eine Abstützung unter dem Hinterrad, sodass es beim Lösen des Stoßdämpfers nicht herunterfällt – der Stoßdämpfer dadurch aber auch nicht komprimiert wird.

2 Entfernen Sie bei der **Desert Sled** den Träger der linken Beifahrerfußraste und befreien Sie den Ausgleichsbehälter des Stoßdämpfers aus seinem Halter (siehe Abbildungen).

3 Lösen Sie unten am Stoßdämpfer den Lagerbolzen – beachten Sie ggf. die Scheibe (siehe Abbildung).

11.2a Lösen Sie die Schrauben des linken Beifahrerfußrasten-Trägers und entnehmen Sie diesen.

4 Lösen Sie die Mutter des oberen Stoßdämpferbolzens (siehe Abbildung). Halten Sie den Stoßdämpfer und ziehen Sie den Bolzen heraus. Entnehmen Sie den Stoßdämpfer und stellen Sie ggf. die innen liegende Scheibe sicher (siehe Abbildung).

5 Entfernen Sie die Hülsen und den Distanzring aus der oberen Aufnahme – beachten Sie ihre Einbaupositionen (siehe Abbildung).

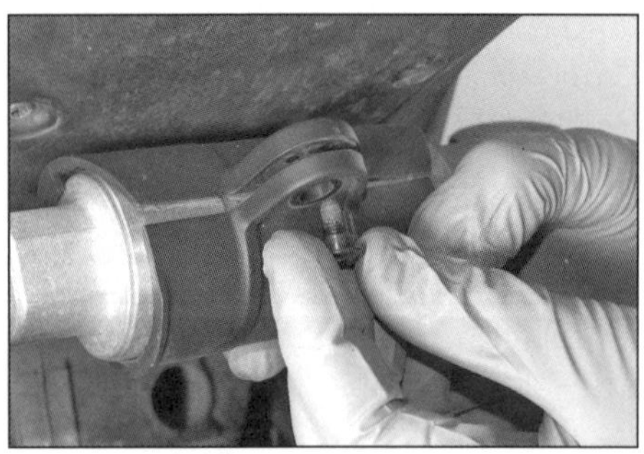

11.2b Lösen Sie die Schraube des Stoßdämpfer-Ausgleichsbehälters ...

11.2c ... und befreien Sie diesen.

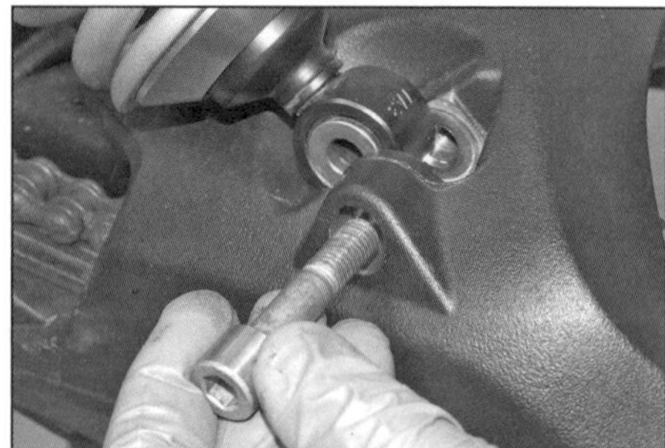

11.3 Entfernen Sie den unteren Stoßdämpfer-Bolzen.

11.4a Lösen Sie die Mutter, ...

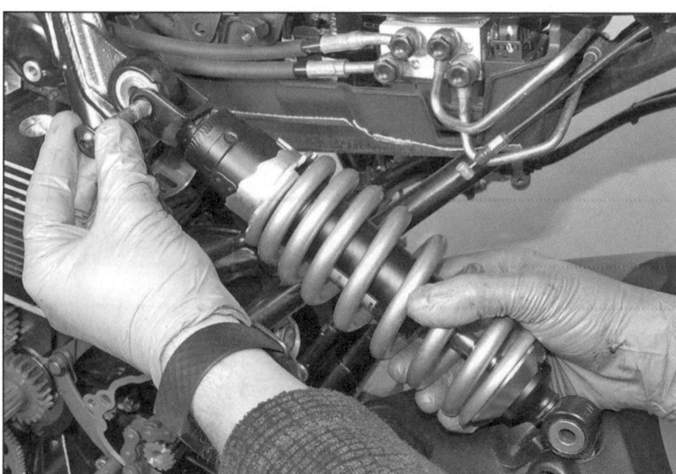

11.4b ... ziehen Sie den Bolzen heraus und entnehmen Sie den Stoßdämpfer – beachten Sie mögliche Scheiben.

Kontrolle

6 Inspizieren Sie das Stoßdämpfergehäuse auf sichtbare Beschädigungen, die Dämpferstange auf und Undichtigkeiten sowie die Feder auf lockeren Sitz, Risse und Anzeichen von Ermüdung.

7 Kontrollieren Sie die im Rahmen und dem unteren Stoßdämpferauge sitzenden Buchsen auf Verschleiß und Beschädigung (siehe Abbildungen).

8 Einzelteile des Stoßdämpfers sind nicht erhältlich – falls er verschlissen oder beschädigt ist, muss ein Neuteil beschafft werden.

Einbau

9 Der Einbau entspricht der umgekehrten Ausbaureihenfolge – beachten Sie dabei folgende Punkte:

- Schmieren Sie die Schäfte der Stoßdämpferbolzen mit Mehrzweckfett.
- Die Hülsen und der Distanzring der oberen Aufnahme müssen korrekt im Rahmen sitzen (Abbildung 11.5). Unten müssen alle Scheiben wieder an ihre alten Plätze gelangen.
- Installieren Sie beide Bolzen zunächst locker in ihre Aufnahmen, bevor Sie sie mit jeweils 42 Nm anziehen.

11.5 Entfernen Sie die Hülsen und den Distanzring aus der oberen Aufnahme.

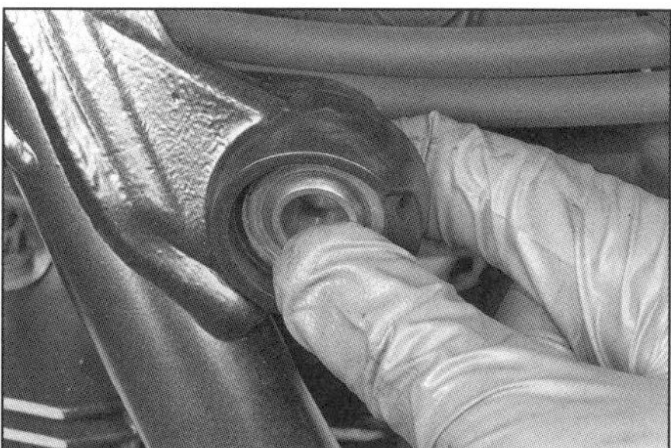

11.7a Kontrollieren Sie die Buchse im Rahmen.

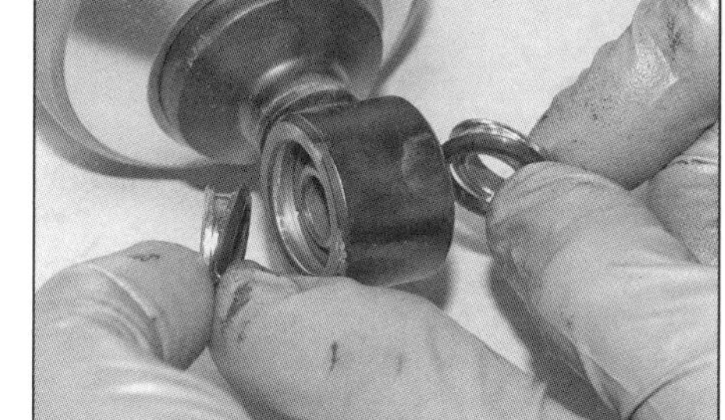

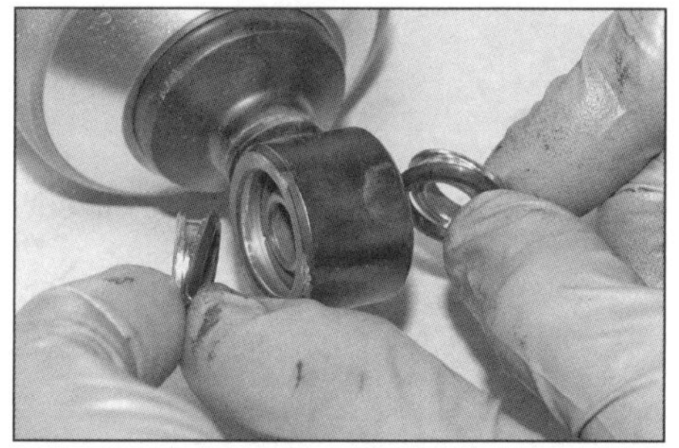

11.7b Entfernen Sie unten am Stoßdämpfer die Hülsen und Dichtringe ...

11.7c ... und kontrollieren Sie die Lagerbuchse.

12 Schwinge

Alle Modelle außer Desert Sled

Ausbau

1 Sichern Sie den Bremshebel gegen den Lenker, damit das Motorrad nicht nach vorn rollen kann. Stützen Sie die Maschine mit einer anderen geeigneten Vorrichtung senkrecht ab, sodass keine Gewicht über die Hinterradaufhängung übertragen wird. Positionieren Sie eine Abstützung unter dem Hinterrad, sodass es beim Lösen des Stoßdämpfers nicht herunterfällt – der Stoßdämpfer dadurch aber auch nicht komprimiert wird. Eine gute Methode zum Abstützen des Motorrads ist in Kapitel 2, Sektion 4, Schritt 19 beschrieben, siehe auch Abbildung 12.14a in dieser Sektion.

2 Bauen Sie das Hinterrad aus (siehe Kapitel 5, Sektion 18).

3 Befreien Sie den Bremssattel von der Schwinge und sichern Sie ihn abseits des Arbeitsbereichs – die Bremsleitung kann angeschlossen bleiben.

4 Demontieren Sie den Schalldämpfer (siehe Kapitel 3, Sektion 15).

5 Demontieren Sie den Hinterradstoßdämpfer (siehe Sektion 15).

6 Demontieren Sie den hinteren Bremslichtschalter (siehe Kapitel 7, Sektion 13).

7 Lösen Sie die Schraube des Fußbremsen-Ausgleichsbehälters (siehe Abbildung). Lösen Sie die Schrauben des Fußbremszylinders und heben Sie diesen ab, sodass dabei die Druckstange aus der Manschette befreit wird. Entnehmen Sie die Schrauben und sichern Sie den Bremszylinder abseits des Arbeitsbereichs – die Bremsleitung kann angeschlossen bleiben (siehe Abbildungen).

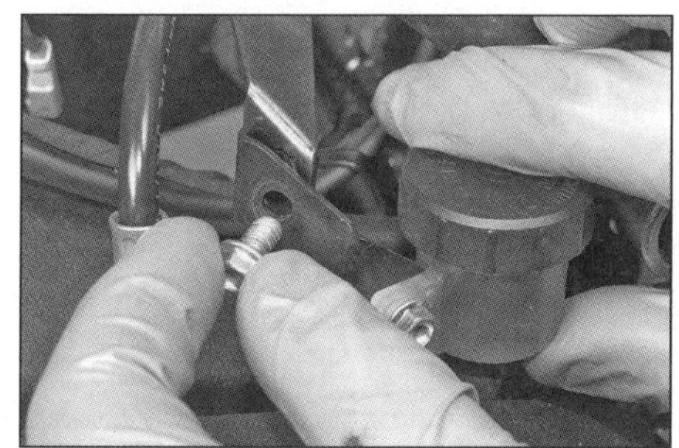

12.7a Befreien Sie den Fußbremsen-Ausgleichsbehälter.

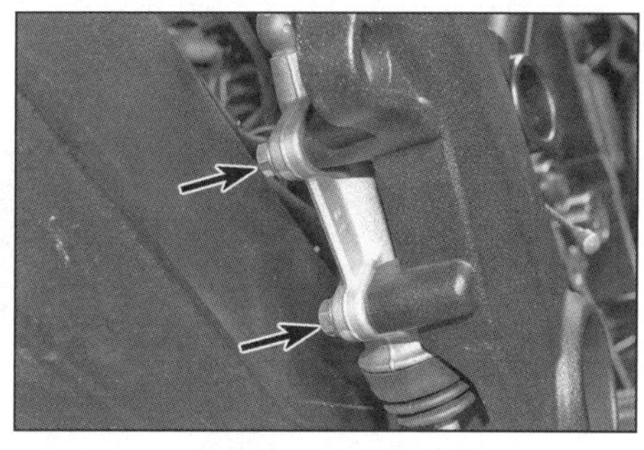

12.7b Lösen Sie die Schrauben des Fußbremszylinders ...

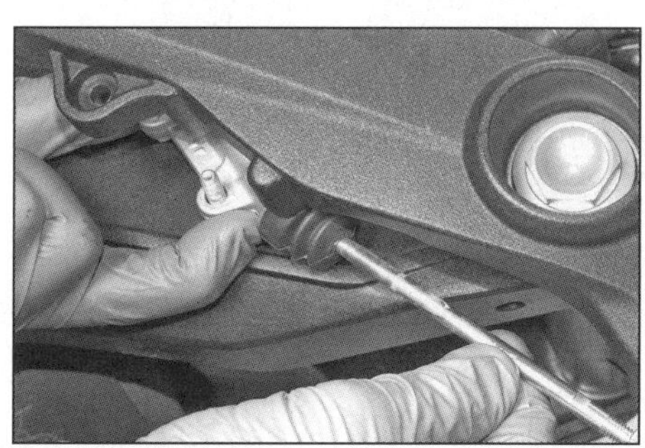

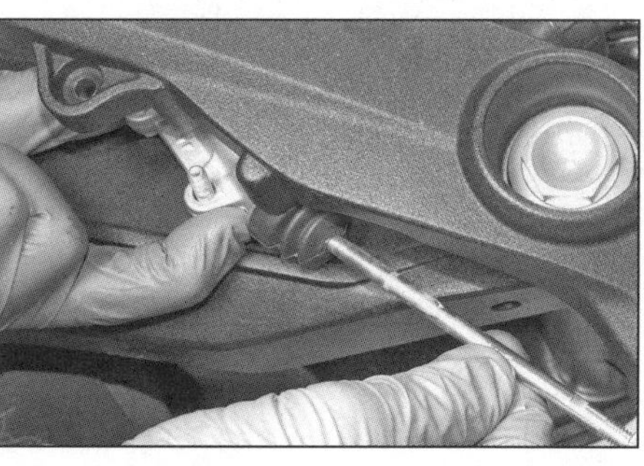

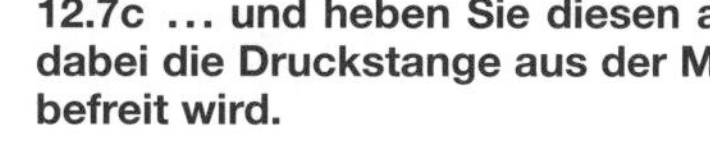

12.7c ... und heben Sie diesen ab, sodass dabei die Druckstange aus der Manschette befreit wird.

12.7d Entnehmen Sie die Schrauben und sichern Sie den Bremszylinder abseits des Arbeitsbereichs.

4

12.8a Lösen Sie rechts die Schraube aus der Schwingenachse.

12.8b Lösen Sie die Schrauben des rechten Fußrastenträgers, entnehmen Sie die Scheiben ...

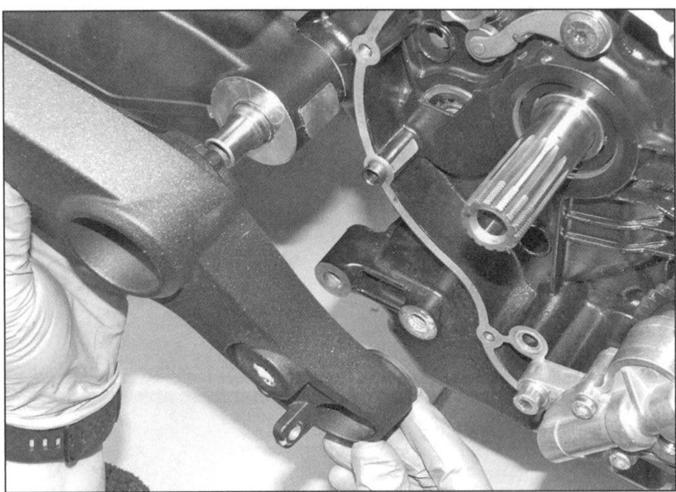

12.8c ... und ziehen Sie den Träger ab.

12.9a Lösen Sie links die Schraube aus der Schwingenachse.

12.9b Lösen Sie die Schrauben des linken Fußrastenträgers, entnehmen Sie die Scheiben ...

12.9c ... und ziehen Sie den Träger samt Schalthebel und Fußraste ab.

12.11a Lösen Sie die Schrauben, ...

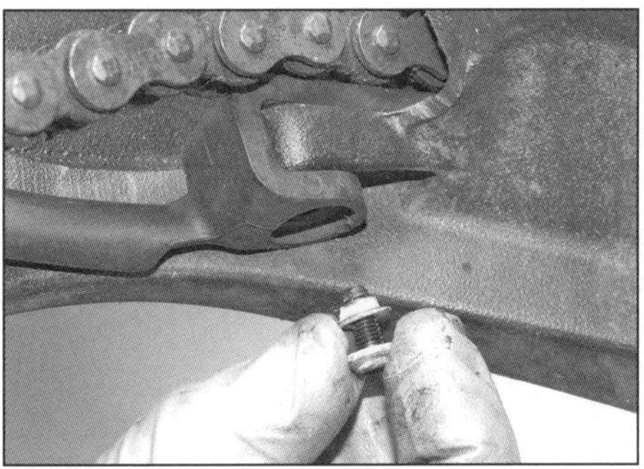

12.11b ... beachten Sie die Hülsen. Befreien Sie die Aufnahme aus der Schwinge ...

8 Lösen Sie rechts die Schraube aus der Schwingenachse (siehe Abbildung). Lösen Sie die Schrauben des rechten Fußrastenträgers, entnehmen Sie ggf. die zwischen ihm und dem Motor sitzenden Scheiben und entfernen Sie den Träger (siehe Abbildungen).

9 Trennen Sie das Schaltgestänge vom Schalthebel (Abbildung 3.17). Lösen Sie links die Schraube aus der Schwingenachse – beachten Sie die Scheibe (siehe Abbildung). Lösen Sie die Schrauben des linken Fußrastenträgers, entnehmen Sie die zwischen ihm und dem Motor sitzenden Scheiben und entfernen Sie den Träger samt Schalthebel und Fußraste (siehe Abbildungen).

10 Demontieren Sie die Abdeckung des Motorritzels (siehe Kapitel 5, Sektion 22). Demontieren Sie entweder die Antriebskette, indem Sie sie trennen, oder demontieren Sie das Ritzel und entfernen Sie die Schwinge samt Kette.

11 Entfernen Sie die Ketten-Gleitschiene – beachten Sie, wie sie hinten und über dem Stift sitzt (siehe Abbildungen). Falls die Schiene stark verschlissen ist, muss sie erneuert werden.

12 Kontrollieren Sie vor dem Ausbau der Schwinge ihr Axialspiel zum Motor – schieben Sie sie zu einer Seite und ermitteln Sie auf der anderen Seite mit einer Fühlerlehre das Spiel (siehe Abbildung). Falls dabei mehr als 0,1 mm Spiel festgestellt wird, muss beim Einbau eine neue Distanzscheibe verwendet werden (siehe Schritt 18). Schwenken Sie die Schwinge auch auf und ab, um ihre Lager zu kontrollieren.

13 Befreien Sie links den Sicherungsring von der Schwingenachse (siehe Abbildung). Lösen Sie unten die Mutter der Klemmschraube und ziehen Sie diese heraus (siehe Abbildungen).

12.11c ... und ziehen Sie die Gleitschiene nach vorn ab.

12.12 Ermitteln Sie das Spiel zwischen Schwinge und Motor mit einer Fühlerlehre.

12.13a Befreien Sie links den Sicherungsring von der Schwingenachse.

12.13b Lösen Sie unten die Mutter ...

12.13c ... und ziehen Sie die Klemmschraube heraus.

4

12.14a Falls sich die Schwingenachse nicht leicht herausziehen lässt, ...

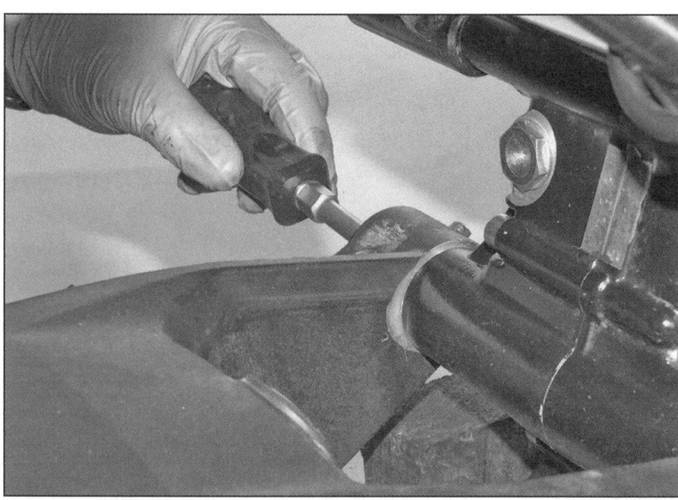
12.14b ... muss von links mit einem langen Schraubendreher nachgeholfen werden.

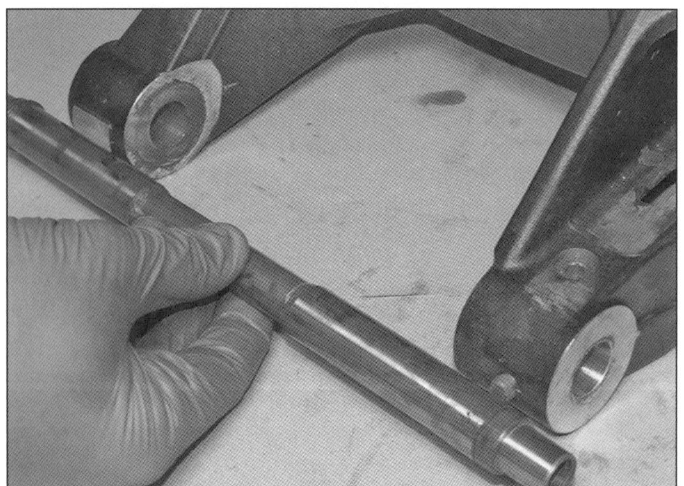
12.16 Kontrollieren die Schwinge und ihre Achse.

12.17 Kontrollieren Sie die Lager und Dichtringe an beiden Seiten des Motorgehäuses.

14 Ziehen Sie die Schwingenachse heraus und entnehmen Sie die Schwinge (siehe Abbildungen) – stellen Sie dabei an beiden Seiten die zwischen ihr und dem Motor sitzenden Distanzscheiben sicher und notieren Sie deren Positionen, damit sie wieder an ihre ursprüngliche Positionen gelangen (Abbildungen 12.20b und a).

Kontrolle

15 Reinigen Sie sorgfältig die Schwinge und alle Schwingenlager-Komponenten und entfernen Sie Korrosion und Fettreste.

16 Inspizieren Sie die Schwinge und ihre Aufnahmen penibel auf tiefe Riefen, Risse oder andere Beschädigungen (siehe Abbildung).

17 Die Schwingenlager sitzen im Motorgehäuse. In beiden Gehäusehälften befinden sich außen ein Dichtring, dahinter zwei Nadellager sowie ein Dichtring und ein Sicherungsring auf der Innenseite (siehe Abbildung). Kontrollieren Sie die Dichtringe und die Lager – falls diese locker sitzen, Korrosion aufweisen oder sich rau anfühlen, müssen sie durch Neuteile ersetzt werden. Einmal ausgebaute Lager müssen auf jeden Fall erneuert werden. Hebeln Sie die Dichtringe mit einem Schraubendreher heraus oder setzen Sie einen Dichtring-Haken ein. Der Ausbau der Nadellager ist in Sektion 5 der *Werkzeug- und Werkstatt-Tipps* im Anhang beschrieben – hierzu wird ein Zughammer benötigt. Pressen Sie die neuen Lager vorsichtig ein. Installieren Sie anschließend neue Dichtringe.

Einbau

18 Falls neue Schwingenlager, eine neue Schwinge oder ein neues Motorgehäuse (neuer Motor) montiert wurden, muss nach der Montage der Schwinge samt der 1,8 mm starken Standard-Distanzscheiben auf beiden Seiten deren Axialspiel kontrolliert und die Schwinge ggf. neu distanziert werden. Falls das in Schritt 12 kontrollierte Spiel zu groß war, muss es durch eine oder mehrere weitere Distanzscheibe(n) ausgeglichen werden. Lag das Spiel bei 0,1 mm und wurden keine neuen Komponenten installiert, werden die vorhandenen Distanzscheiben an ihre ursprüngliche Positionen installiert.

- Standardmäßig sollte an jeder Seite eine 1,8-mm-Distanzscheibe liegen, doch auch andere Varianten sind möglich (bei dem von uns fotografierten Modell befand sich nur rechts eine 1,8-mm-Distanzscheibe sowie eine dünne Scheibe; links befanden sich drei dünne Scheiben).

12.20a Führen Sie die Achse von rechts ein und installieren Sie zuerst die rechte(n) Distanzscheibe(n) ...

12.20b ... und dann links die Scheibe(n) zwischen Schwinge und Motor.

12.20c Schieben Sie links den Sicherungsring auf, bis er in der Nut der Achse einrastet.

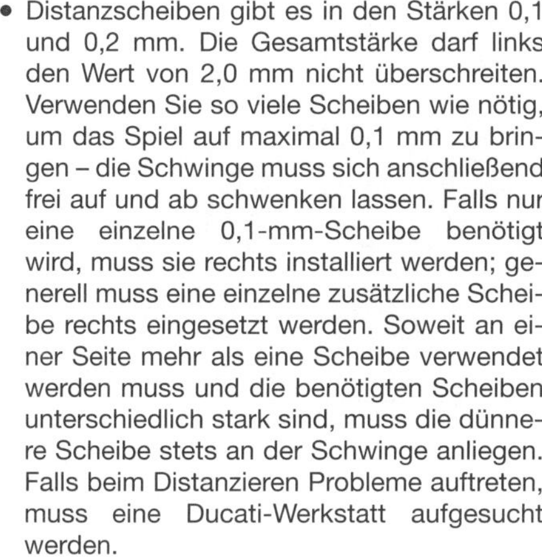

- Distanzscheiben gibt es in den Stärken 0,1 und 0,2 mm. Die Gesamtstärke darf links den Wert von 2,0 mm nicht überschreiten. Verwenden Sie so viele Scheiben wie nötig, um das Spiel auf maximal 0,1 mm zu bringen – die Schwinge muss sich anschließend frei auf und ab schwenken lassen. Falls nur eine einzelne 0,1-mm-Scheibe benötigt wird, muss sie rechts installiert werden; generell muss eine einzelne zusätzliche Scheibe rechts eingesetzt werden. Soweit an einer Seite mehr als eine Scheibe verwendet werden muss und die benötigten Scheiben unterschiedlich stark sind, muss die dünnere Scheibe stets an der Schwinge anliegen. Falls beim Distanzieren Probleme auftreten, muss eine Ducati-Werkstatt aufgesucht werden.

19 Falls entfernt, wird der Sicherungsring rechts auf die Schwingenachse gesetzt. Schmieren Sie den Bolzen, die Lager, die Dichtringe und die Distanzscheiben mit Fett.

20 Positionieren Sie die Schwinge am Motor und beginnen Sie, die Achse von rechts einzuschieben – installieren Sie dabei zwischen ihr und dem Motor die Distanzscheibe(n) (siehe Abbildungen). Installieren Sie links den Sicherungsring auf die Achse (siehe Abbildung). Prüfen Sie erneut das Axialspiel der Schwinge (siehe Schritt 12) und distanzieren Sie sie nötigenfalls neu aus (siehe Schritt 18).

21 Installieren Sie links von oben die korrekt ausgerichtete Klemmschraube, drehen Sie von unten die Mutter auf und ziehen Sie sie mit 18 Nm an (siehe Abbildungen). Prüfen Sie, ob sich die Schwinge sanft und klemmfrei auf und ab schwenken lässt.

22 Installieren Sie die verbliebenen Komponenten in der umgekehrten Ausbaureihenfolge – achten Sie auf eine korrekt positionierte Ketten-Gleitschiene (siehe Abbildungen). Ziehen Sie die Schrauben der Fußrastenträger mit 36 Nm und die Schwingenachsen-Schrauben mit 55 Nm an.

23 Kontrollieren Sie den Durchhang der Antriebskette und stellen Sie ihn nötigenfalls ein (siehe Kapitel 1, Sektion 3). Prüfen Sie vor der ersten Fahrt die Funktion der Hinterradfederung und der Bremse.

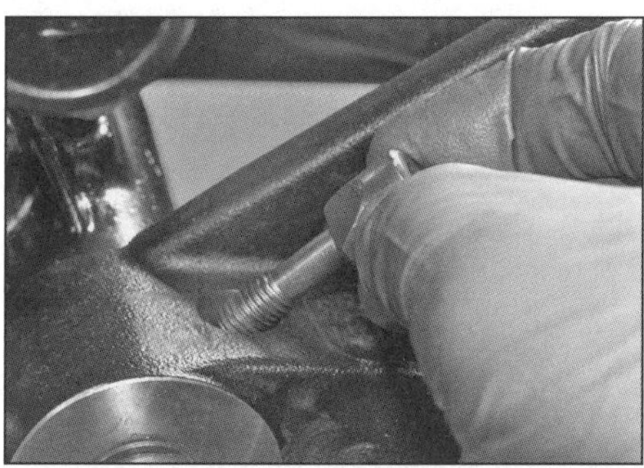

12.21a Installieren Sie die Klemmschraube mit der Abschrägung nach vorn, damit sie die Schwingenachse arretiert, ...

12.21b ... drehen Sie von unten die Mutter auf und ziehen Sie sie mit 18 Nm an.

12.22a Die hintere Aufnahme der Gleitschiene muss über dem Anguss liegen ...

12.22b ... und die Vorderseite über dem Stift.

Desert Sled

Ausbau

Spezialwerkzeuge: *Für den Schwingenachsen-Bolzen wird ein 24-mm-Innensechskant benötigt, für den Konterring des Einstellers ein 30 mm großer Zapfenschlüssel und für die Einsteller ein 20-mm-Innensechskant – siehe Schritt 30.*

24 Sichern Sie den Bremshebel gegen den Lenker, damit das Motorrad nicht nach vorn rollen kann. Stützen Sie die Maschine mit einer anderen geeigneten Vorrichtung senkrecht ab, sodass keine Gewicht über die Hinterradaufhängung übertragen wird. Positionieren Sie eine Abstützung unter dem Hinterrad, sodass es beim Lösen des Stoßdämpfers nicht herunterfällt – der Stoßdämpfer dadurch aber auch nicht komprimiert wird.

25 Bauen Sie das Hinterrad aus (siehe Kapitel 5, Sektion 18).

26 Befreien Sie den Bremssattel von der Schwinge und sichern Sie ihn abseits des Ar-

beitsbereichs – die Bremsleitung kann angeschlossen bleiben.
27 Demontieren Sie den Schalldämpfer (siehe Kapitel 3, Sektion 15).
28 Demontieren Sie den Hinterradstoßdämpfer (siehe Sektion 15).
29 Demontieren Sie die Abdeckung des Motorritzels (siehe Kapitel 5, Sektion 22). Demontieren Sie entweder die Antriebskette, indem Sie sie trennen, oder demontieren Sie das Ritzel und entfernen Sie die Schwinge samt Kette.
30 Lösen Sie mit einem 24 mm großen Innensechskant die Schraube links aus der Schwingenachse (siehe Abbildung). Lockern Sie mit einem 30 mm großen Zapfenschlüssel den Konterring des Einstellers, schieben Sie dann die Schwingenachse ein und lockern Sie mit einem 20 mm großen Innensechskant den Einsteller um eine volle Umdrehung (siehe Abbildungen).
31 Ziehen Sie die Achse nach rechts aus der Schwinge und befreien Sie diese vom Motor.
32 Entfernen Sie nötigenfalls den Kettenschutz, die obere und untere Ketten-Gleitschiene und die Kettenführung.
33 Befreien Sie die Hülsen aus beiden Seiten des rechten Auges und innen aus dem linken Auge der Schwinge.

Kontrolle

34 Reinigen Sie sorgfältig die Schwinge und alle Schwingenlager-Komponenten und entfernen Sie Korrosion und Fettreste.
35 Inspizieren Sie die Schwinge und ihre Aufnahmen penibel auf tiefe Riefen, Risse oder andere Beschädigungen (siehe Abbildung).
36 Die Schwinge trägt rechts zwei Kugellager (und einer dazwischen liegenden Distanzhülse sowie Dichtringen) und links zwei Nadellager (siehe Abbildung). Kontrollieren Sie die Dichtringe und die Lager – falls diese locker sitzen, Korrosion aufweisen oder sich rau anfühlen, müssen sie durch Neuteile ersetzt werden. Einmal ausgebaute Lager müssen auf jeden Fall erneuert werden. Hebeln Sie die Dichtringe mit einem Schraubendreher heraus oder setzen Sie einen Dichtring-Haken ein. Der Ausbau der Lager ist in Sektion 5 der *Werkzeug- und Werkstatt-Tipps* im Anhang beschrieben – hierzu wird ggf. ein Zughammer benötigt.
37 Pressen Sie die neuen Nadellager vorsichtig links ein, sodass sie mittig gegeneinander liegen – sie müssen von beiden Seiten 4,75 mm tief sitzen (siehe Abbildung).
38 Installieren Sie die neuen Kugellager mit den Markierungen nach außen in das rechte Schwingen-Auge – vergessen Sie nicht die Distanzhülse. Ziehen oder treiben Sie die Lager mit einem Werkzeug, das nur den Außenring berührt, ein (siehe Abbildung) – beachten Sie die Hinweise in Sektion 5 der *Werkzeug- und Werkstatt-Tipps* im Anhang.

Einbau

39 Falls entfernt, müssen die Kettenführung, die Gleitschienen und der Kettenschutz montiert werden.

12.30a Lösen Sie die Schraube links aus der Schwingenachse, ...

12.30b ... lockern Sie den Konterring, ...

12.30c ... schieben Sie die Achse ein ...

12.30d ... und lockern Sie den Einsteller eine volle Umdrehung.

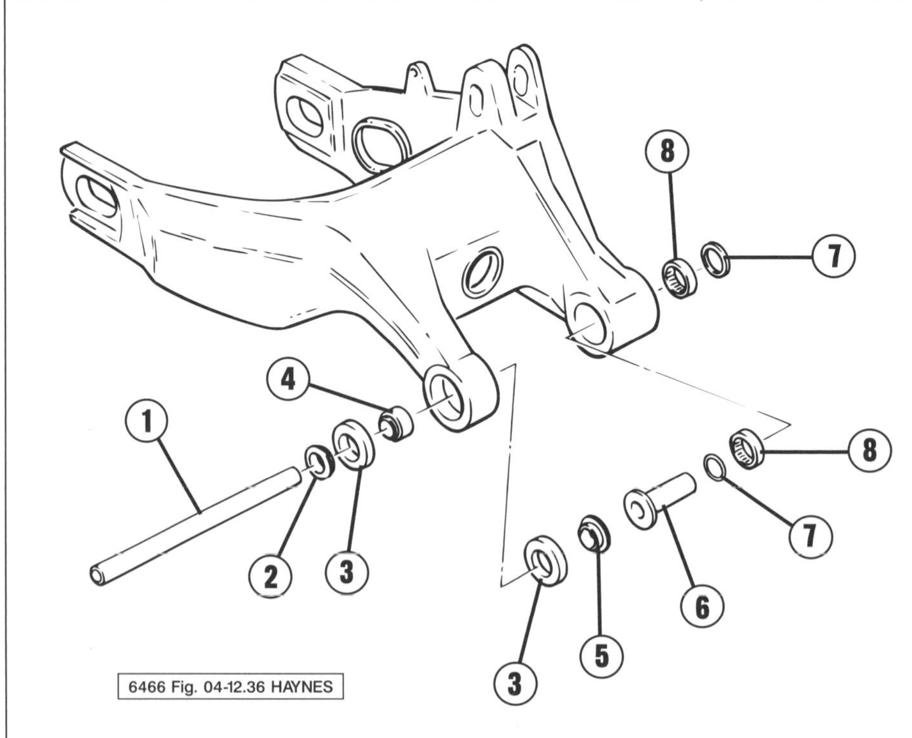

12.36 Bauteile der Schwingenlagerung – Desert Sled
1 Schwingenachse
2 Buchse
3 Kugellager
4 Distanzhülse
5 Buchse
6 Buchse
7 Dichtringe
8 Nadellager

40 Schmieren Sie die Schwingenachse, die Lager, die Dichtringe und die Buchsen mit Fett. Installieren Sie die zwei Buchsen ins rechte Schwingen-Auge – die kleinere nach außen. Führen Sie die lange Buchse von innen in die Nadellager des linken Schwingen-Auges ein.
41 Positionieren Sie die Schwinge am Rahmen und schieben Sie die Achse von rechts ein.
42 Drücken Sie die Schwingenachse weit genug nach links, um den Sechskant am Einsteller anzusetzen und ihn mit 5 Nm anzuziehen (Abbildungen 12.30c und d). Prüfen Sie, ob sich die Schwinge sanft und klemmfrei auf und ab schwenken lässt.
43 Ziehen Sie den Konterring des Einstellers mit 60 Nm an (Abbildung 12.30b).
44 Installieren Sie die Schwingenachsen-Schraube und ziehen Sie sie mit 70 Nm an (Abbildung 12.30a).
45 Installieren Sie die verbliebenen Komponenten in der umgekehrten Ausbaureihenfolge.
46 Kontrollieren Sie den Durchhang der Antriebskette und stellen Sie ihn nötigenfalls ein (siehe Kapitel 1, Sektion 3). Prüfen Sie vor der ersten Fahrt die Funktion der Hinterradfederung und der Bremse.

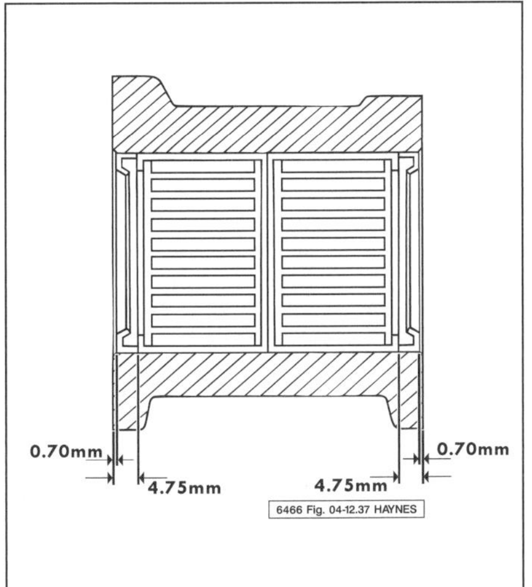

12.37 Einbautiefe der Nadellager im linken Schwingen-Auge

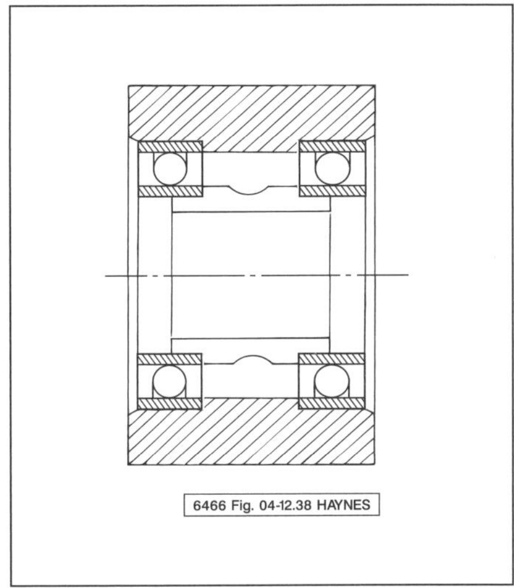

12.38 Einbaulage der Kugellager und der Distanzhülse im rechten Schwingen-Auge

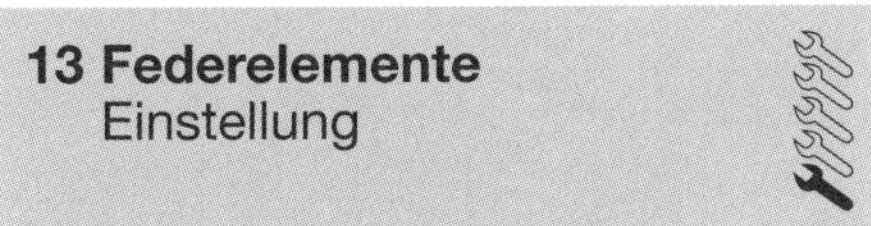

13 Federelemente
Einstellung

Gabel – nur Desert Sled

1 Die Gabel ist an beiden Holmen in der Federvorspannung einstellbar. Im rechten Gabelholm sitzt der Einsteller für die Zugdämpfung, im linken derjenige der Druckstufe.
2 Die Federvorspannung wird am Sechskant oberhalb der Verschlussschraube eingestellt (siehe Abbildung) – ein passender Maulschlüssel ist dem Bordwerkzeug beigefügt. Drehen Sie den Einsteller im Uhrzeigersinn, um die Federvorspannung zu erhöhen und nach links, um sie zu verringern. Zum Einrichten der Standardeinstellung wird der Einsteller bis zum Anschlag gegen den Uhrzeigersinn und dann 7 volle Umdrehungen (für den Straßenbetrieb) bzw. 10 Umdrehungen (für den Geländeeinsatz) nach rechts gedreht. Die Einstellungen in beiden Gabelholmen müssen stets gleich sein.
3 Die Zugdämpfung wird an der Schlitzschraube oben im rechten Federvorspanner eingestellt (Abbildung 13.2a). Drehen Sie die Schraube im Uhrzeigersinn, um die Zugdämpfung zu erhöhen, und nach links, um sie zu verringern. Zum Einrichten der Standardeinstellung wird die Schraube bis zum Anschlag im Uhrzeigersinn und dann 8 Klicks (für den Straßenbetrieb) bzw. 14 Klicks (für den Geländeeinsatz) nach rechts gedreht.
4 Die Druckdämpfung wird an der Schlitzschraube oben im linken Federvorspanner eingestellt (Abbildung 13.2b). Drehen Sie die Schraube im Uhrzeigersinn, um die Druckdämpfung zu erhöhen, und nach links, um sie zu verringern. Zum Einrichten der Standardeinstellung wird die Schraube bis zum Anschlag im Uhrzeigersinn und dann 8 Klicks (für den Straßenbetrieb) bzw. bis zum Anschlag (für den Geländeeinsatz) nach rechts gedreht.

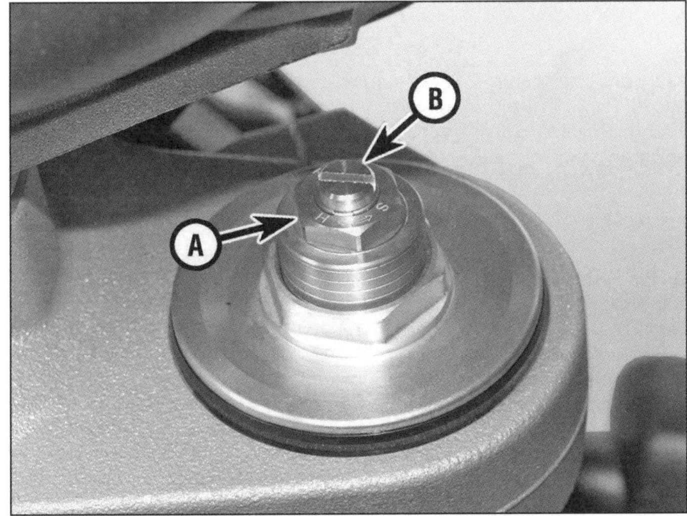

13.2a Einstellung für die Federvorspannung (A) und die Zugdämpfung (B) – rechter Gabelholm

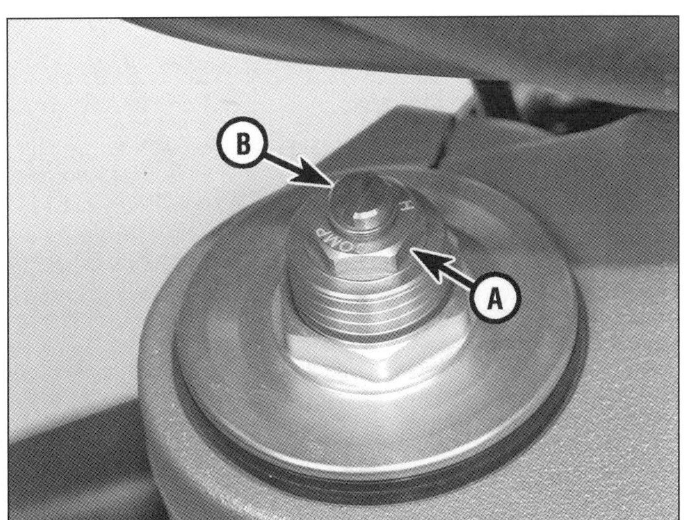

13.2b Einstellung für die Federvorspannung (A) und die Druckdämpfung (B) – linker Gabelholm

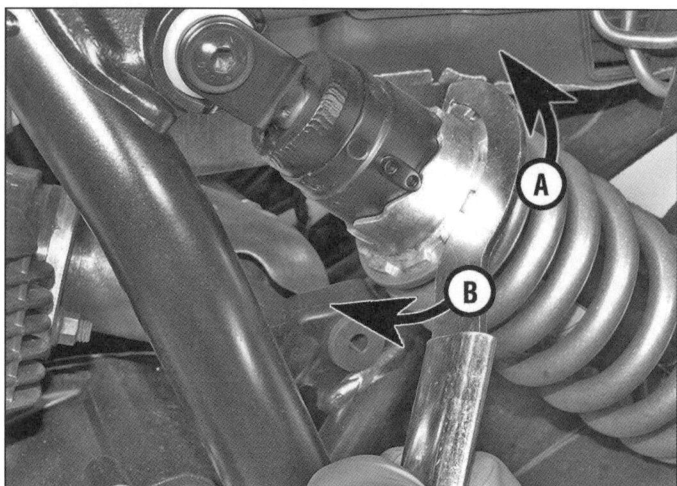

13.6 Drehen Sie den Einsteller in Richtung A, um die Federvorspannung zu erhöhen, und in Richtung B, um sie zu verringern.

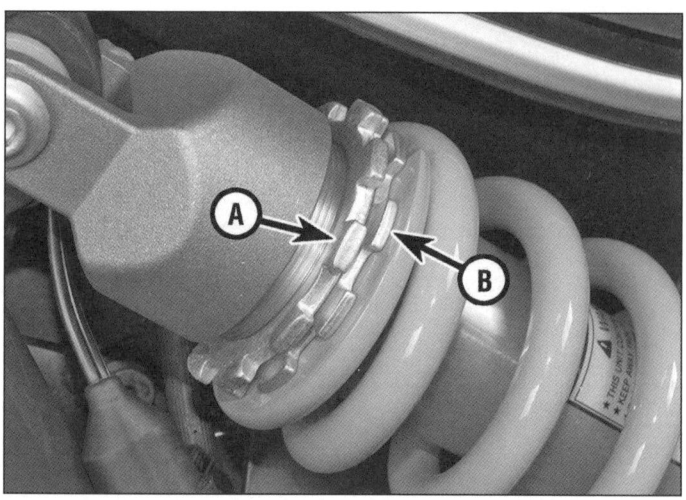

13.8a Lockern Sie bei der Desert Sled den Konterring (A) und verdrehen Sie den Einstellring (B) ...

13.8b ... mit dem Hakenschlüssel samt Verlängerung aus dem Bordwerkzeug.

13.9 Zugdämpfungs-Einstellschraube am Stoßdämpfer der Desert Sled

Hinterradstoßdämpfer

Alle Modelle außer Desert Sled

5 Der Stoßdämpfer ist in der Federvorspannung einstellbar. Entfernen Sie beim Café Racer die hintere linke Seitenblende (siehe Kapitel 6, Sektion 5).

6 Verdrehen Sie den oberhalb der Feder sitzenden Einsteller mithilfe eines Hakenschlüssels – dieser ist samt Griffverlängerung dem Bordwerkzeug beigefügt. Drehen Sie ihn im Uhrzeigersinn, um die Federvorspannung zu verringern oder gegen den Uhrzeigersinn, um sie zu erhöhen (siehe Abbildung). Es gibt fünf Positionen, die am Anschlag des Stoßdämpfergehäuses einrasten müssen. Position 1 eignet sich für geringe Beladung, Position 5 für volle Beladung. Die Standardeinstellung ist Nummer 3.

Desert Sled

7 Der Stoßdämpfer ist in der Federvorspannung und der Zugdämpfung einstellbar.

8 Lockern Sie mit den oberhalb der Feder sitzenden Konterring des Einstellers mithilfe eines Hakenschlüssels – dieser ist samt Griffverlängerung dem Bordwerkzeug beigefügt. Drehen Sie dann den Einstellring im Uhrzeigersinn, um die Federvorspannung zu erhöhen oder gegen den Uhrzeigersinn, um sie zu verringern (siehe Abbildungen). Ziehen Sie anschließend den Konterring gegen den Einsteller.

9 Die Zugdämpfung wird mit der Schraube unten am Stoßdämpfer verstellt. Drehen Sie die Schraube im Uhrzeigersinn (in Richtung H), um die Dämpfung zu verstärken, und gegen den Uhrzeigersinn (in Richtung S), um sie zu verringern (siehe Abbildung). Zur Einstellung der Standardposition wird die Schraube bis zum Anschlag im Uhrzeigersinn gedreht und dann eine ¾ Umdrehung zurück (für den Straßenbetrieb) bzw. 1 ½ Umdrehungen zurück (für den Geländeeinsatz).

Kapitel 5
Bremsen, Räder und Endantrieb

Inhalt (in alphabetischer Reihenfolge, die Zahlen geben die Nummerierung in den grauen Feldern wieder)

Schwierigkeitsgrade

Leicht. Für Anfänger mit wenig Erfahrung geeignet. 	**Relativ leicht.** Für Anfänger mit etwas Erfahrung geeignet. 	**Relativ schwierig.** Geeignet für geübte Selbstschrauber. 	**Schwer.** Geeignet für Selbstschrauber mit viel Erfahrung. 	**Sehr schwer.** Geeignet für Experten und Profis.

Technische Daten

Bremsen

Bremsflüssigkeit . . . . . DOT 4

Bremsscheiben

Bremsscheibenstärke
- Vorderradbremse
  - Standard . . . . . 5,0 mm
  - Verschleißgrenze (min.) . . . . . 4,5 mm
- Hinterradbremse
  - Standard . . . . . 4,0 mm
  - Verschleißgrenze (min.) . . . . . 3,6 mm

ABS

Vorderradsensor-Abstand zu Sensorring . . . . . 1,3 bis 1,9 mm

Räder

Seitenschlag (axial) (max.) . . . . . 0,5 mm
Höhenschlag (radial) (max.) . . . . . 1,0 mm
Achsen-Verzug (max.) . . . . . 0,05 mm

Reifen

Luftdruck . . . . . siehe *Tägliche Kontrollen*
Reifengrößen Vorderrad*
- Café Racer 120/70-17
- Desert Sled 120/70-19
- alle anderen Modelle 110/80-18

Reifengrößen Hinterrad*	
Desert Sled	170/60-17
alle anderen Modelle	180/55-17

** Beachten Sie die Eintragungen in Ihren Fahrzeugpapieren und der Bedienungsanleitung, wenden Sie sich im Zweifel an einen Ducati-Händler, einen Reifenhändler, den TÜV oder die DEKRA.*

Endantrieb

Antriebsketten-Durchhang	
Café Racer	45 bis 47 mm
Desert Sled	35 bis 37 mm
Alle anderen Modelle	27 bis 29 mm
Ketten-Typ	
Desert Sled	DID 520 VP2 (108 Glieder)
alle anderen Modelle	DID 520 VF (104 Glieder)
Kettenrad-Größen (Anzahl der Zähne)	vorn 15, hinten 46 Zähne

Anzugsdrehmomente

	Nm
Bremsschlauch-Anschlussschrauben	23
Fußrastenträger-Schrauben (nicht Desert Sled)	36
Handbremszylinder-Klemmschrauben	10
Hinterachsmutter	145
Hinterradbremsscheiben-Schrauben	25
Kettenblatt-Muttern	46
Kettenblattmitnehmer-Stifte	46
Motorritzel-Sicherungsblech-Schrauben	6
Schwingenachsen-Schrauben (nicht Desert Sled)	55
Vorderachsmutter	63
Vorderachsen-Klemmschrauben	10
Vorderradbremsscheiben-Schrauben	30
Vorderradbremssattel-Befestigungsschrauben	45

1 Allgemeine Informationen

1 Die Modelle Icon, Café Racer, Full Throttle, Flat Track Pro und Mach 2.0 sind serienmäßig Leichtmetall-Gussrädern ausgerüstet, die mit schlauchlosen Reifen (Tubeless – TL) bestückt werden dürfen. Die Modelle Classic, Street Classic, Urban Enduro und Desert Sled tragen Drahtspeichenräder, die nur mit Schlauchreifen samt Schläuchen bestückt werden dürfen.

2 Vorn und hinten verzögern je eine hydraulisch betätigte Scheibenbremse von Brembo die Räder. Vorn wirkt ein radial montierter Vierkolben-Festsattel auf eine 330 mm große schwimmend gelagerte Bremsscheibe, während die fest verschraubte hintere Bremsscheibe (245 mm Durchmesser) von einem Einkolben-Schwimmsattel umgriffen wird.

3 Ein Anti-Blockier-System (ABS) ist bei allen Modellen serienmäßig an Bord. Das System verhindert, dass die Räder beim scharfen Bremsen oder auf rutschigem Untergrund blockieren, was meist unweigerlich zu einem Sturz führen würde. An beiden Rädern sitzen Sensoren, die Informationen über deren Umdrehungsgeschwindigkeit an das im ABS-Modulator sitzende Steuergerät senden. Falls dies erkennt, dass ein Rad langsamer wird als das andere und zu blockieren droht, verringert es den Bremsdruck ein Stück weit, um das Rad am Drehen zu halten.

4 Der Antrieb des Hinterrades erfolgt über eine Dichtringkette, im Hinterrad sitzt ein Ruckdämpfer.

Achtung: Scheibenbremsen-Bauteile erzwingen selten eine Demontage. Zerlegen Sie keine Komponenten, wenn es nicht

2.1a Entfernen Sie den Clip, ...

2.1b ... schrauben Sie den Stift heraus, entnehmen Sie die Feder ...

2.1c ... und befreien Sie die Bremsbeläge aus dem Sattel.

unbedingt nötig ist. Wenn die Wirkung einer Hydraulik-Bremsanlage schwach wird, muss das betreffende System demontiert, entleert, gereinigt und dann sorgfältig gefüllt und entlüftet werden. Innereien der Bremsen dürfen keinesfalls mit Lösungsmitteln gereinigt werden, da hierdurch die Dichtungen quellen und zerstört werden. Verwenden Sie zum Reinigen nur frische DOT-4-Bremsflüssigkeit. Passen Sie beim Arbeiten mit Bremsflüssigkeit besonders auf, sie nicht in die Augen zu bekommen. Auch Lack und Plastikteile sind gefährdet.

2 Vorderrad-Bremsbeläge

Achtung: Betätigen Sie nicht die Bremse, solange die Bremsbeläge ausgebaut sind!

1 Befreien Sie den Clip vom Bremsbelagstift, schrauben Sie diesen heraus, entnehmen Sie die Belagfeder – merken Sie sich ihre Einbaulage – und ziehen Sie die Bremsbeläge aus dem Sattel (siehe Abbildungen).

2 Kontrollieren Sie die Oberflächen der Beläge auf Verunreinigungen und prüfen Sie, ob die Stärke des Belagmaterials noch nicht unter der Verschleißmarkierung liegt (siehe Kapitel 1, Sektion 7). Ersetzen Sie beide Beläge der Vorderradbremse immer als Satz, auch wenn nur einer nahe oder unterhalb der Verschleißgrenze liegt. Falls ein Belag ungleichmäßig verschlissen ist, weist dies auf einen klemmenden Kolben hin (Schritte 6 und 7). Außerdem müssen die Bremsbeläge ersetzt werden, wenn sie mit Öl oder Fett verschmutzt, stark eingekerbt oder durch Schmutz oder Sand beschädigt wurden.

Anmerkung: *Es ist kaum möglich, Bremsbeläge vollständig zu entfetten – wenn sie in irgendeiner Weise verunreinigt sind, müssen sie ersetzt werden.*

3 Wenn die Bremsbeläge in gutem Zustand sind, werden Sie mit einer vollkommen fett- und ölfreien feinen Drahtbürste sorgfältig gereinigt. Arbeiten Sie mit einem spitzen Werkzeug eingearbeitete Partikel aus dem Material und schleifen Sie verglaste Stellen mit Schmirgelleinen ab. Leichte Verunreinigungen können mit Bremsenreiniger-Spray behandelt werden.

4 Befreien Sie das Kabel des Radsensors von der Entlüftungsventil-Kappe und der Bremsleitung (siehe Abbildung).

5 Lösen Sie die Bremssattel-Schrauben und ziehen Sie den Sattel von der Bremsscheibe (siehe Abbildungen).

6 Reinigen Sie die freiliegenden Bereiche der Kolben, damit ihre Dichtungen nicht durch Ablagerungen beschädigt werden können. Falls neue Bremsbeläge installiert werden sollen, müssen für deren Platzbedarf die Kolben vollständig in den Sattel gedrückt werden; soweit die alten Bremsbeläge weiterverwendet werden sollen, reicht es, die Kolben ein kleines Stück einzudrücken. Drücken Sie die Kolben möglichst von Hand ein (siehe Abbildung), verwenden Sie nötigenfalls ein Stück Holz als Hebel oder beschaffen Sie ein spezielles Bremskolben-Rückstellwerkzeug. Es kann nötig sein, den Deckel des Handbremsen-Ausgleichsbehälters samt Manschette entfernen zu müssen, damit etwas Bremsflüssigkeit abgesaugt werden kann (siehe Sektion 11). Falls sich die Kolben sehr schwierig zurückdrücken lassen, muss die Kappe des Entlüftungsventils entfernt, ein Schlauch auf das Ventil gesteckt und sein anderes Ende in einen Sammelbehälter gehalten werden; öffnen Sie das Ventil und versuchen Sie erneut, die Kolben einzudrücken – achten Sie darauf, keine Luft ins Bremssystem zu saugen, da es dann entlüftet werden muss (siehe Sektion 11). Sobald die Kolben vollständig eingedrückt sind, wird das Ventil geschlossen, der Schlauch abgezogen und die Kappe aufgesteckt. Montieren Sie den Ausgleichsbehälterdeckel samt Manschette.

7 Falls ein Kolben fest sitzt, müssen zunächst die anderen mit Hölzern oder Kabelbindern blockiert werden, um dann durch Betätigen des Bremshebels zu testen, ob sich der Kolben überhaupt bewegt. Falls er sich herausbewegen, aber nicht eindrücken lässt, wird er wahrscheinlich durch versteckte Korrosion behindert. In diesem Fall muss der Bremssattel sehr wahrscheinlich erneuert werden, da beim Ducati-Händler keine Reparatursets für den Bremssattel erhältlich sind.

Anmerkung: *Erkundigen Sie sich vor dem Austausch des Sattels bei auf Brembo-Komponenten spezialisierten Händlern nach der Verfügbarkeit von Ersatzteilen.*

8 Befreien Sie die Belagfeder von Schmutz und Korrosion und kontrollieren Sie sie auf Verschleiß und Beschädigungen.

9 Kontrollieren Sie den Zustand der Bremsscheibe (siehe Sektion 4).

10 Schieben Sie den Bremssattel über die Bremsscheibe, installieren Sie die Schrauben und ziehen Sie sie mit 45 Nm an (Abbildungen 2.5b und a).

11 Schmieren Sie den Belagstift dünn mit Kupferpaste ein.

2.4 Befreien Sie das Kabel des Radsensors von der Entlüftungsventil-Kappe (A) und dem Kabelbinder an der Bremsleitung (B).

2.5a Lösen Sie die Bremssattel-Schrauben ...

2.5b ... und ziehen Sie den Sattel von der Bremsscheibe, winkeln Sie ihn dabei nötigenfalls ab, um ihn befreien zu können.

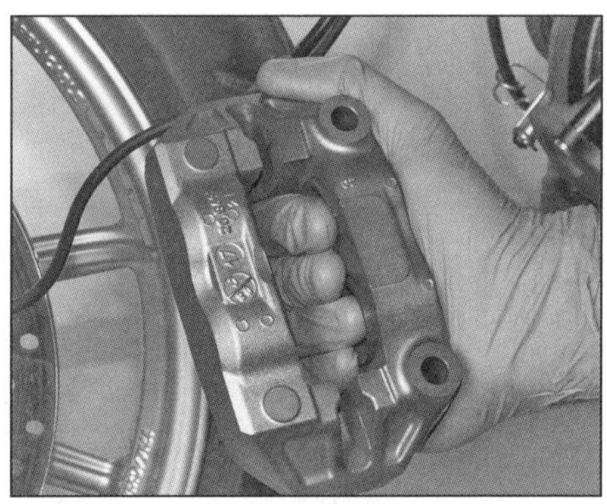

2.6 Drücken Sie die Kolben mithilfe einer der beschriebenen Methoden in den Bremssattel.

5

2.12a Installieren Sie die Bremsbeläge, ...

2.12b ... positionieren Sie die Feder darüber ...

2.12c ... und schieben Sie den Belagstift durch die Belag-Bohrungen und über die Feder ein – drücken Sie diese dazu herunter.

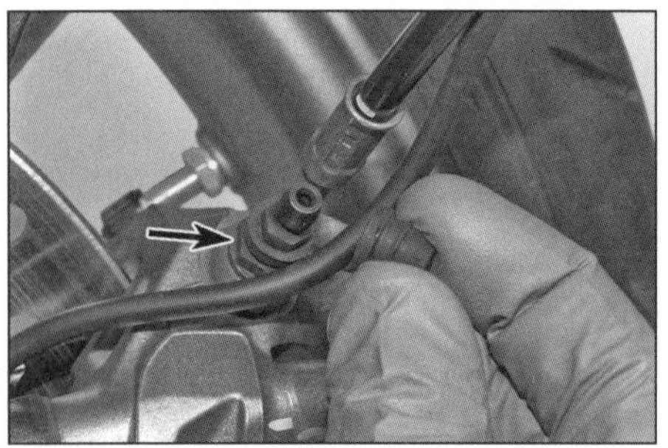

3.1a Lösen Sie die Bremsschlauch-Anschlussschraube ...

3.1b Zum Abdichten des Anschlussauges können eine Schraube samt Mutter und die alten Dichtscheiben ...

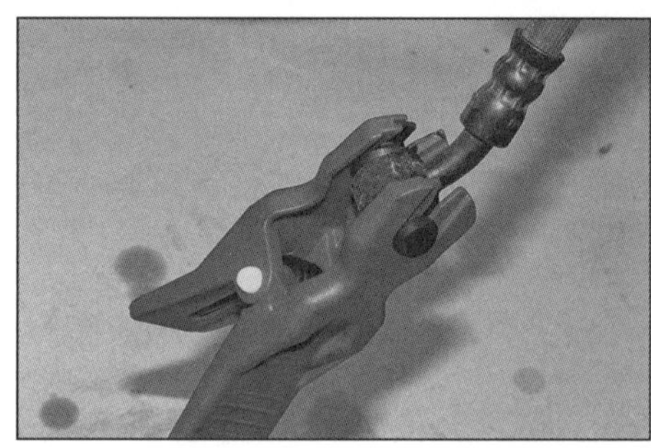

3.1c ... oder eine solche Federklemme mit konischen Gummis verwendet werden.

12 Führen Sie die Bremsbeläge so in den Sattel ein, dass ihr Belagmaterial zur Bremsscheibe zeigt, halten Sie sie so, dass die Bohrungen für den Belagstift ausgerichtet sind (siehe Abbildung). Legen Sie die Belagfeder wie gezeigt mit dem Pfeil nach vorn zeigend ein. Installieren Sie den Belagstift durch den ersten Belag, über die Belagfeder und durch den zweiten Belag in sein Gewinde im Bremssattel, ziehen Sie ihn sorgfältig an (siehe Abbildungen und Abbildung 2.1b).

13 Installieren Sie den Clip in die Nut des Belagstifts (Abbildung 2.1a).

14 Sichern Sie das Kabel des Radsensors (Abbildung 2.4).

15 Betätigen Sie den Bremshebel, bis die Bremsbeläge an der Bremsscheibe anliegen. Kontrollieren Sie den Bremsflüssigkeitsstand und füllen Sie nötigenfalls auf (siehe *Tägliche Kontrollen*).

16 Prüfen Sie vor der ersten Fahrt die Funktion der Bremse – neue Bremsbeläge entwickeln erst nach einigen sanften Bremsmanövern ihre volle Leistung.

3 Vorderradbremssattel

Anmerkung: *Ducati bietet keine Reparatursets für den Bremssattel an. Erkundigen Sie sich vor dem Austausch des Sattels bei auf Brembo-Komponenten spezialisierten Händlern nach der Verfügbarkeit von Ersatzteilen.*

Warnung: Bremsflüssigkeit greift Lack und Kunststoff an. Bedecken Sie daher gefährdete Oberflächen mit Lappen und wischen Sie Spritzer umgehend mit reichlich Wasser ab. Halten Sie einen Behälter bereit, um die abgelassene Bremsflüssigkeit aufnehmen zu können.

Ausbau

Achtung: Betätigen Sie nicht die Bremse, solange der Bremssattel von der Bremsscheibe befreit ist!

Anmerkung: *Weil bei manchen Rädern nur wenig Platz zum Abziehen des Bremssattels besteht, müssen zunächst die Bremsbeläge entfernt werden (siehe Sektion 2), damit er abgewinkelt werden kann.*

1 Öffnen Sie die Kappe des Entlüftungsventils, um das Kabel des Radsensors zu befreien. Lösen Sie die Bremsschlauch-Anschlussschraube und befreien Sie die Leitung unter Beachtung ihrer Ausrichtung (siehe Abbildung). Dichten Sie die Leitung mit einer Schlauchklemme oder einer Schraube samt Mutter und Dichtscheiben oder einem speziellen Anschlussaugen-Dichtwerkzeug ab (siehe Abbildungen), alternativ können sie auch mit Frischhaltefolie umwickelt werden. Beim Anschließen werden neue Dichtscheiben benötigt.

2 Entfernen Sie die Bremsbeläge und demontieren Sie den Bremssattel (siehe Sektion 2); gießen Sie die restliche Bremsflüssigkeit in den Sammelbehälter.

Einbau

3 Installieren Sie den Bremssattel und die Bremsbeläge (siehe Sektion 2).

4 Schließen Sie die Bremsleitungen unter Verwendung neuer Dichtscheiben an beiden Seiten des Anschlussauges an. Richten Sie die Bremsleitung wie bei der Demontage notiert aus und ziehen Sie die Anschlussschraube mit 23 Nm an (Abbildung 3.1a). Sichern Sie das Sensorkabel an der Kappe des Entlüftungsventils.

5 Füllen Sie ggf. Bremsflüssigkeit auf und entlüften Sie das System (siehe Sektion 11).

6 Kontrollieren Sie alles auf Undichtigkeit und prüfen Sie vor der ersten Fahrt die Funktion der Bremse.

4 Vorderrad-Bremsscheibe

Kontrolle

1 Begutachten Sie den Zustand der Bremsscheiben-Oberfläche auf Kerben und andere

4.2 **Messen Sie die Stärke der Bremsscheibe.**

4.3 **Prüfen Sie den Scheibenverzug mit einer Messuhr.**

4.5 **Die Vorderrad-Bremsscheibe ist (samt ABS-Sensorring) mit 5 Schrauben gesichert.**

Beschädigungen. Leichte Kratzer sind nach Gebrauch normal und behindern nicht die Funktion der Bremse, tiefe Kerben und starker Abrieb reduzieren jedoch die Bremswirkung und erhöhen den Belagverschleiß. Wenn eine Scheibe stark riefig ist, muss sie ersetzt werden.

2 Die Scheibe darf nicht dünner als 4,5 mm verschlissen sein. Die Stärke kann in der Mitte des Bremsbelag-Kontaktbereichs mit einer Bügelmessschraube gemessen werden (siehe Abbildung) – messen Sie nicht am Außenrand, wo kein Verschleiß stattfindet. Ersetzen Sie die Bremsscheibe nötigenfalls.

3 Um den Scheibenverzug zu kontrollieren, muss das Motorrad so abgestützt werden, dass das Rad nicht den Boden berührt. Befestigen Sie eine Messuhr so an der Gabel, dass der Messdorn die Scheibe etwa 10 mm unter ihrem Außenrand abtasten kann (siehe Abbildung). Drehen Sie das Rad langsam und beobachten Sie die Messuhr-Nadel. Ducati macht zum Verzug keine Angaben, doch wenn der Schlag größer als 0,1 mm ist, müssen zunächst die Radlager auf erhöhtes Spiel kontrolliert werden (siehe Kapitel 1, Sektion 15) – falls sie verschlissen sind, müssen sie ersetzt (siehe Sektion 19) und diese Kontrolle wiederholt werden. Wenn immer noch starker Verzug vorliegt, muss die Scheibe demontiert (Schritte 4 und 5) und ihr Sitz an der Radnabe auf Korrosion überprüft und diese ggf. entfernt werden. Auch kann es helfen, die Bremsscheibe um ein Loch zu versetzen und nach dem Anziehen der Schrauben erneut auf Verzug zu kontrollieren. In den meisten Fällen muss die Bremsscheibe jedoch ersetzt werden – fragen Sie bei einem Fachbetrieb nach, ob es möglich ist, sie überarbeiten zu lassen.

Ausbau

4 Bauen Sie das Rad aus (siehe Sektion 17). Legen Sie die Felge mit der Bremsscheibe nach oben auf Hölzern ab.

5 Wenn die alte Scheibe wiederverwendet werden soll, muss ihre Einbaulage am Rad markiert werden, sodass sie in der ursprünglichen Position und an der gleichen Seite wieder montiert werden kann. Lösen Sie die Bremsscheibenschrauben schrittweise über Kreuz, um ein Verziehen der Bremsscheibe zu vermeiden. Entnehmen Sie den Sensorring und heben Sie die Scheibe vom Rad (siehe Abbildung).

Einbau

6 Falls eine neue Bremsscheibe verwendet wird, muss deren Schutzüberzug entfernt werden – zudem sind neue Bremsbeläge zu montieren.

7 Stellen Sie vor der Montage der Bremsscheibe sicher, dass sich auf ihrem Sitz weder Korrosion noch Schmutz abgelagert haben, da hierdurch die Scheibe nicht flach aufliegt und beim Bremsen ein Rubbeln verursacht und/oder verzieht.

8 Bauen Sie die Scheibe so an das Rad, dass die eingeschlagenen Beschriftungen außen liegen und – falls Sie die originale Bremsscheibe installieren – die zuvor angebrachten Markierungen zur Radnabe ausgerichtet sind. Legen Sie den Sensorring korrekt ausgerichtet auf.

9 Reinigen Sie die Gewinde der alten Bremsscheiben-Schrauben und tragen Sie mittelfeste Sicherungspaste (Loctite) auf, bevor sie schrittweise und über Kreuz bis zum Drehmoment von 30 angezogen werden.

10 Bauen Sie das Rad ein (siehe Sektion 17).

11 Betätigen Sie mehrmals den Bremshebel, um die Beläge an die Scheibe zu drücken. Kontrollieren Sie den Abstand zwischen dem Vorderradsensor und dem Sensorring (siehe Sektion 13).

12 Prüfen Sie vor der ersten Fahrt die Funktion der Bremse – neue Bremsbeläge entwickeln erst nach einigen sanften Bremsmanövern ihre volle Leistung.

5 Handbremszylinder

Anmerkung: *Ducati bietet für den Handbremszylinder keine Überhol- oder Reparatursets an – falls er undicht ist oder sein Kolben klemmt, muss möglicherweise die komplette Baugruppe ersetzt werden. Erkundigen Sie sich vor dem Austausch des Bremszylinders bei auf Brembo-Komponenten spezialisierten Händlern nach der Verfügbarkeit von Ersatzteilen.*

⚠ ***Warnung: Bremsflüssigkeit greift Lack und Kunststoff an. Bedecken Sie daher gefährdete Oberflächen mit Lappen und wischen Sie Spritzer umgehend mit reichlich Wasser ab. Halten Sie einen Behälter bereit, um die abgelassene Bremsflüssigkeit aufnehmen zu können.***

Ausbau

1 Demontieren Sie bei allen Modellen außer dem Café Racer den rechten Rückspiegel (siehe Kapitel 6, Sektion 11).

2 Demontieren Sie den Handbremshebel (siehe Kapitel 4, Sektion 5).

3 Demontieren Sie den Bremslichtschalter (siehe Abbildungen).

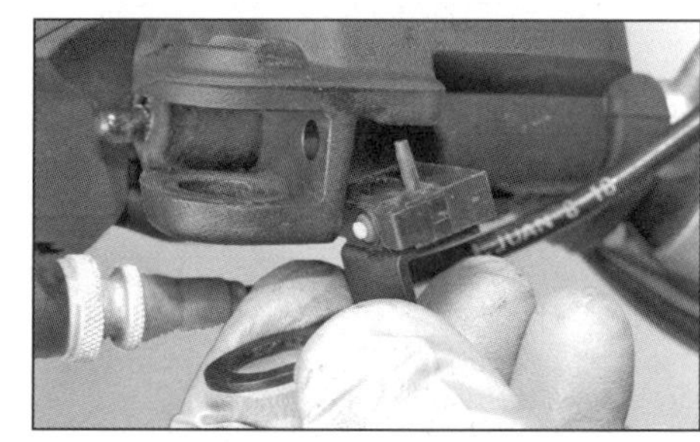

5.3a **Außer beim Café Racer sitzt der Bremslichtschalter mit einem Zapfen in einer Bohrung des Handbremszylinders – verbieten Sie diesen beim Abziehen nicht.**

5.3b **Beim Café Racer sitzt mit zwei Arretierzapfen in Bohrungen des Handbremszylinders – hebeln Sie ihn mit einem kleinen Schraubendreher vorsichtig heraus.**

5

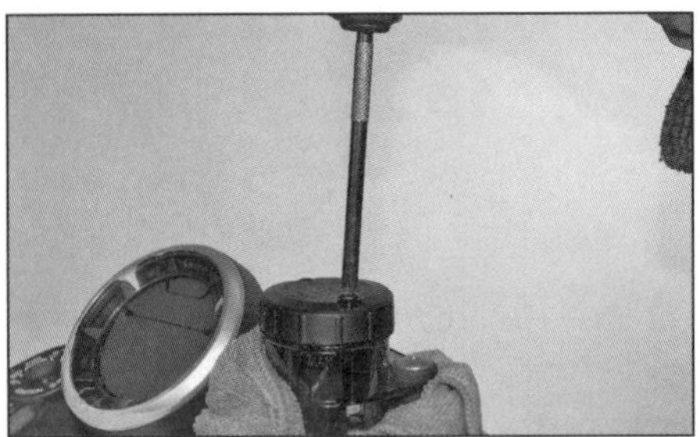

5.4a Lockern Sie die Schrauben des Ausgleichsbehälter-Deckels – gezeigt beim Café Racer.

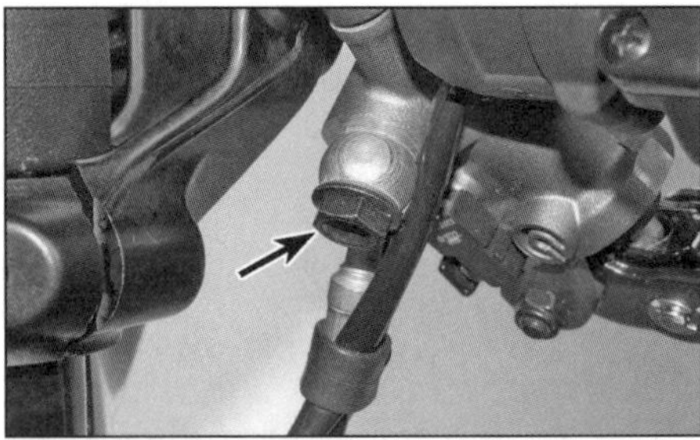

5.4b Befreien Sie beim Café Racer das Kabel vom Bremsschlauch und lösen Sie die Bremsleitungs-Anschlussschraube (Pfeil).

5.4c Bremsleitungs-Anschlussschraube bei allen anderen Modellen

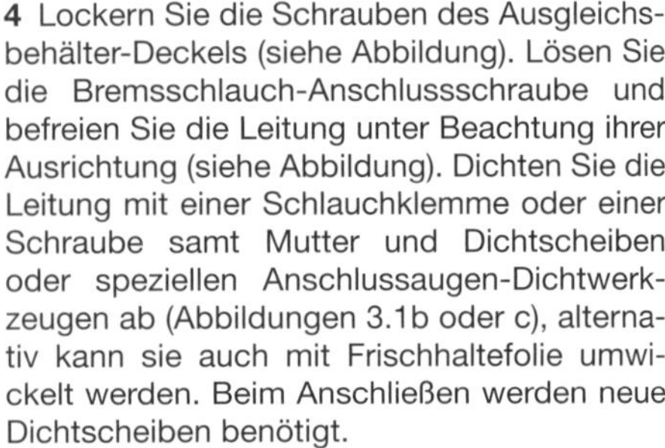

4 Lockern Sie die Schrauben des Ausgleichsbehälter-Deckels (siehe Abbildung). Lösen Sie die Bremsschlauch-Anschlussschraube und befreien Sie die Leitung unter Beachtung ihrer Ausrichtung (siehe Abbildung). Dichten Sie die Leitung mit einer Schlauchklemme oder einer Schraube samt Mutter und Dichtscheiben oder speziellen Anschlussaugen-Dichtwerkzeugen ab (Abbildungen 3.1b oder c), alternativ kann sie auch mit Frischhaltefolie umwickelt werden. Beim Anschließen werden neue Dichtscheiben benötigt.

5 Beachten Sie die Ausrichtung des Handbremszylinders zum Lenke. Lösen Sie die zwei Handbremszylinder-Klemmschrauben und entnehmen Sie das Klemmstück. Heben Sie den Handbremszylinder ab (siehe Abbildung).

6 Entfernen Sie den Ausgleichsbehälter-Deckel samt Manschette und gießen Sie die Bremsflüssigkeit in den Sammelbehälter. Wischen Sie Flüssigkeitsreste mit einem sauberen Lappen aus dem Reservoir. Reinigen Sie die Manschette.

7 Befreien Sie beim Café Racer nötigenfalls den Ausgleichsbehälter vom Handbremszylinder (siehe Abbildung).

Einbau

8 Montieren Sie ggf. den Ausgleichsbehälter an den Handbremszylinder, schieben Sie den Schlauch auf und sichern Sie ihn mit der Schelle (Abbildung 5.7).

9 Richten sie den Handbremszylinder mit der Klemmung zur Markierung oben am Lenker aus (siehe Abbildung). Setzen Sie das Klemmstück mit der Rückspiegel-Aufnahme oder der UP-Markierung (Café Racer) nach oben zeigend an (Abbildung 5.5) und ziehen Sie zuerst die obere Schraube und dann die untere mit 10 Nm an, sodass der Spalt unten liegt.

10 Schließen Sie das an beiden Seiten mit neuen Dichtscheiben versehene und korrekt ausgerichtete Bremsleitungsauge an, richten Sie den Anschluss korrekt aus und ziehen Sie die Anschlussschraube mit 23 Nm an (Abbildungen 5.4c oder b).

11 Montieren Sie den Bremshebel (siehe Kapitel 4, Sektion 5) und ggf. den Rückspiegel (siehe Kapitel 6, Sektion 11). Montieren Sie den Bremslichtschalter (siehe Abbildung).

12 Füllen Sie Bremsflüssigkeit auf und entlüften Sie die Bremse (siehe Sektion 11).

5.5 Lösen Sie die Schrauben, entnehmen Sie das Klemmstück und heben Sie den Handbremszylinder ab.

5.9 Richten Sie die Klemmöffnung zur Markierung am Lenker (Pfeil) aus.

13 Kontrollieren Sie das System auf Undichtigkeiten und prüfen Sie vor der ersten Fahrt die Funktion der Bremse.

6 Hinterrad-Bremsbeläge

Achtung: Betätigen Sie bei demontierten Bremsbelägen nicht das Bremspedal!

1 Befreien Sie den Splint aus dem Bremsbelagstift und klopfen Sie diesen mit einem Dorn durch den Bremssattel. Entnehmen Sie dann die Bremsbeläge (siehe Abbildungen).

5.7 Lösen Sie die Schraube (Pfeil), lockern Sie die Schelle und ziehen Sie den Ausgleichsbehälterschlauch ab.

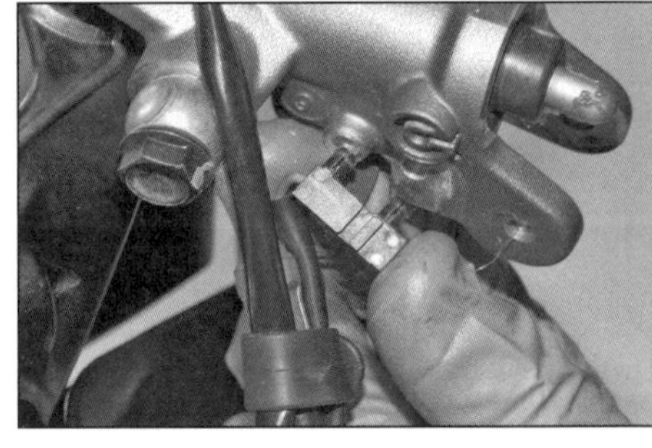

5.11 Drücken Sie den/die Arretierstift(e) des Bremslichtschalters in die Bohrung(en) des Handbremszylinders und lassen Sie ihn/sie dort einrasten – gezeigt beim Café Racer.

2 Kontrollieren Sie die Oberflächen der Beläge auf Verunreinigungen und prüfen Sie, ob die Stärke des Belagmaterials noch nicht unter der Verschleißmarkierung liegt (siehe Kapitel 1, Sektion 7). Ersetzen Sie beide Beläge der Hinterradbremse immer als Satz, auch wenn nur einer nahe oder unterhalb der Verschleißgrenze liegt. Außerdem müssen die Bremsbeläge ersetzt werden, wenn sie mit Öl oder Fett verschmutzt, stark eingekerbt oder durch Schmutz oder Sand beschädigt wurden.

Anmerkung: *Es ist kaum möglich, Bremsbeläge vollständig zu entfetten – wenn sie in irgendeiner Weise verunreinigt sind, müssen sie ersetzt werden.*

6.1a Ziehen Sie mit einer Zange den Sicherungsring heraus, ...

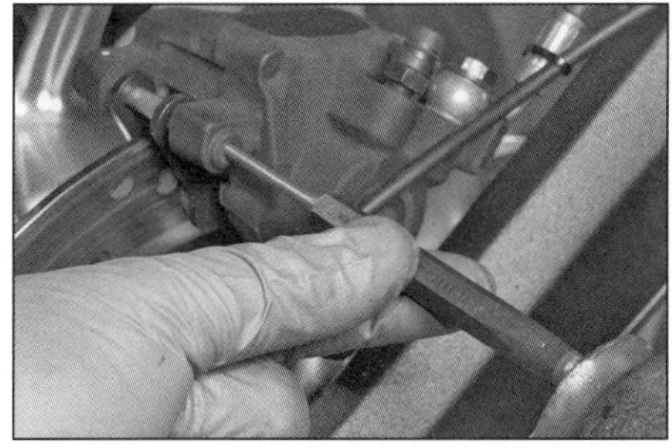

6.1b ... treiben Sie den Stift von rechts mit einem Dorn, der etwas dünner als der Stift ist, nach innen heraus ...

6.1c ... und entnehmen Sie die Bremsbeläge.

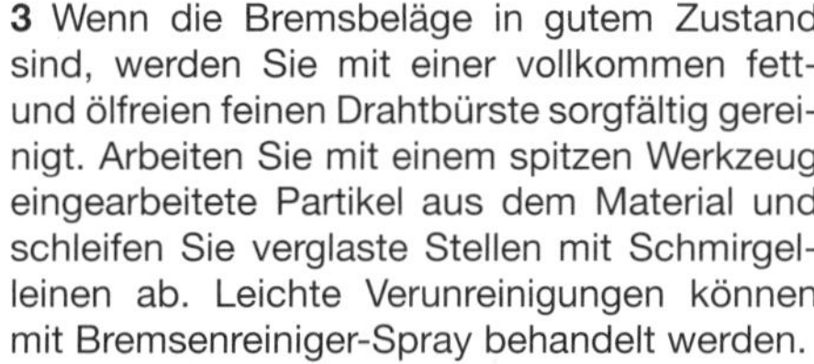

3 Wenn die Bremsbeläge in gutem Zustand sind, werden Sie mit einer vollkommen fett- und ölfreien feinen Drahtbürste sorgfältig gereinigt. Arbeiten Sie mit einem spitzen Werkzeug eingearbeitete Partikel aus dem Material und schleifen Sie verglaste Stellen mit Schmirgelleinen ab. Leichte Verunreinigungen können mit Bremsenreiniger-Spray behandelt werden.
4 Bauen Sie das Hinterrad aus (siehe Sektion 18).

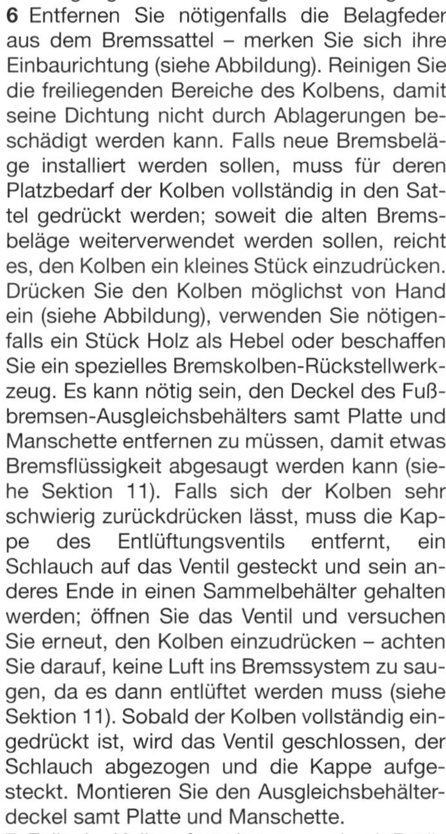

5 Ziehen Sie den Bremssattel vom Träger ab (siehe Abbildung). Reinigen Sie die Gleitzapfen und kontrollieren Sie die Manschetten auf Beschädigungen und Alterungserscheinungen.
6 Entfernen Sie nötigenfalls die Belagfeder aus dem Bremssattel – merken Sie sich ihre Einbaurichtung (siehe Abbildung). Reinigen Sie die freiliegenden Bereiche des Kolbens, damit seine Dichtung nicht durch Ablagerungen beschädigt werden kann. Falls neue Bremsbeläge installiert werden sollen, muss für deren Platzbedarf der Kolben vollständig in den Sattel gedrückt werden; soweit die alten Bremsbeläge weiterverwendet werden sollen, reicht es, den Kolben ein kleines Stück einzudrücken. Drücken Sie den Kolben möglichst von Hand ein (siehe Abbildung), verwenden Sie nötigenfalls ein Stück Holz als Hebel oder beschaffen Sie ein spezielles Bremskolben-Rückstellwerkzeug. Es kann nötig sein, den Deckel des Fußbremsen-Ausgleichsbehälters samt Platte und Manschette entfernen zu müssen, damit etwas Bremsflüssigkeit abgesaugt werden kann (siehe Sektion 11). Falls sich der Kolben sehr schwierig zurückdrücken lässt, muss die Kappe des Entlüftungsventils entfernt, ein Schlauch auf das Ventil gesteckt und sein anderes Ende in einen Sammelbehälter gehalten werden; öffnen Sie das Ventil und versuchen Sie erneut, den Kolben einzudrücken – achten Sie darauf, keine Luft ins Bremssystem zu saugen, da es dann entlüftet werden muss (siehe Sektion 11). Sobald der Kolben vollständig eingedrückt ist, wird das Ventil geschlossen, der Schlauch abgezogen und die Kappe aufgesteckt. Montieren Sie den Ausgleichsbehälterdeckel samt Platte und Manschette.
7 Falls der Kolben fest sitzt, muss durch Betätigen des Bremspedals getestet, ob er sich überhaupt bewegt. Falls er sich herausbewegen, aber nicht eindrücken lässt, wird er wahrscheinlich durch versteckte Korrosion behindert. In diesem Fall muss der Bremssattel sehr wahrscheinlich erneuert werden, da beim Ducati-Händler keine Reparatursets für den Bremssattel erhältlich sind.

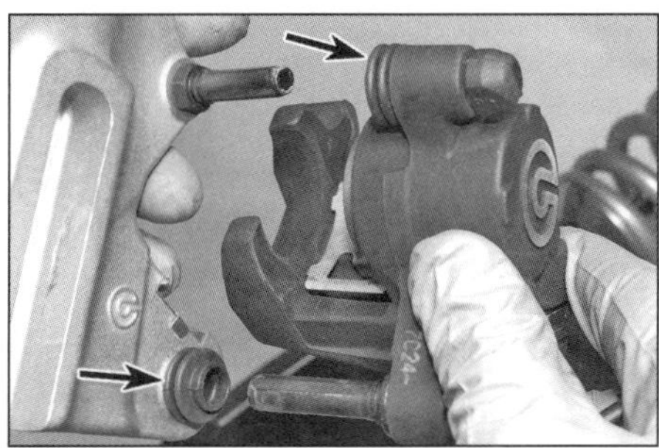

6.5 Befreien Sie den Bremssattel vom Träger und kontrollieren Sie die Manschetten (Pfeile).

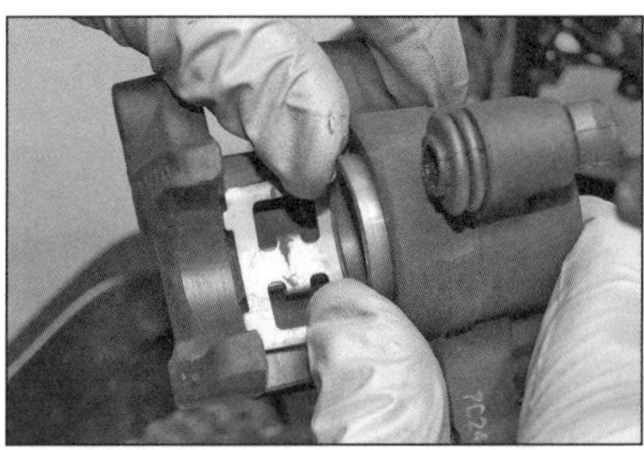

6.6 Drücken Sie den Kolben mithilfe einer der beschriebenen Methoden in den Bremssattel.

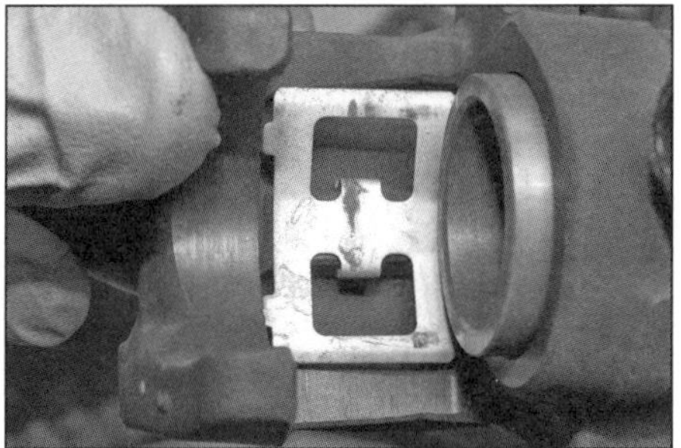

6.10a Die Belagfeder muss sauber sein und korrekt im Bremssattel sitzen.

6.10b Die Bremsbelagführung muss sauber sein und korrekt am Bremssattelträger sitzen.

Anmerkung: *Erkundigen Sie sich vor dem Austausch des Sattels bei auf Brembo-Komponenten spezialisierten Händlern nach der Verfügbarkeit von Ersatzteilen.*

8 Reinigen Sie den Bremsbelagstift und kontrollieren Sie ihn auf Verschleiß und Beschädigungen.
9 Kontrollieren Sie die Bremsscheibe (siehe Sektion 8).
10 Reinigen Sie ggf. die Belagfeder und installieren Sie sie korrekt in den Bremssattel (siehe Abbildung). Reinigen Sie die Bremsbelagführung am Bremssattelträger und kontrollieren Sie ihren korrekten Sitz (siehe Abbildung).
11 Schmieren Sie die Gleitzapfen und die inneren Bereiche der Manschetten mit Silikonpaste (Abbildung 6.5). Schieben Sie den Bremssattel auf/in den Träger und achten Sie darauf, dass die Manschetten-Lippen in der Nut des jeweiligen Zapfens liegen.
12 Bauen Sie das Hinterrad ein (siehe Sektion 18).
13 Schmieren Sie den Belagstift dünn mit Kupferpaste ein.

6.14a Richten Sie die Enden der Bremsbeläge zur Führung aus.

6.14b Richten Sie die Bohrungen aus und installieren Sie den Belagstift von innen, ...

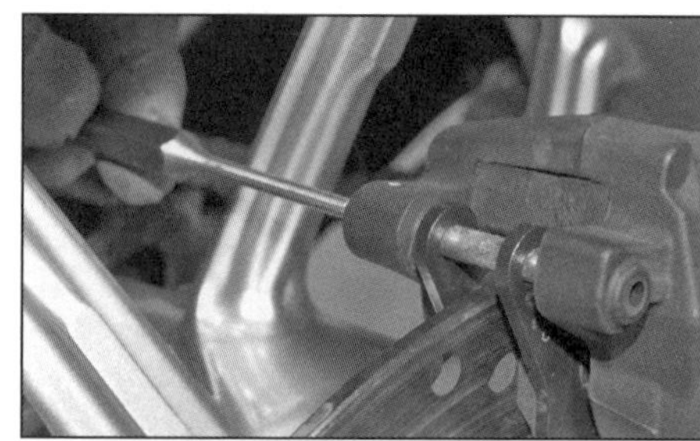

6.14c ... klopfen Sie ihn nötigenfalls ein.

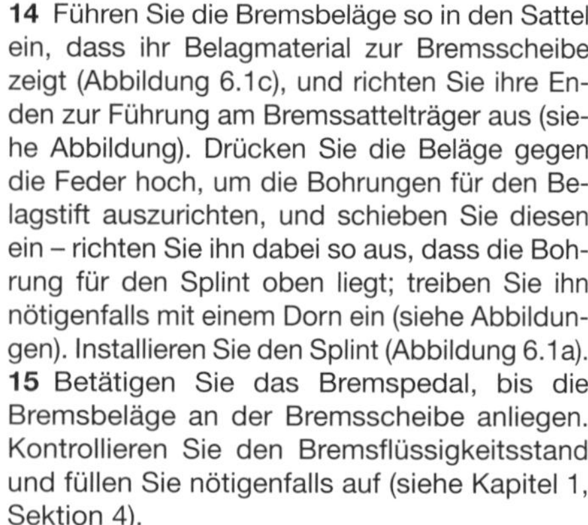

14 Führen Sie die Bremsbeläge so in den Sattel ein, dass ihr Belagmaterial zur Bremsscheibe zeigt (Abbildung 6.1c), und richten Sie ihre Enden zur Führung am Bremssattelträger aus (siehe Abbildung). Drücken Sie die Beläge gegen die Feder hoch, um die Bohrungen für den Belagstift auszurichten, und schieben Sie diesen ein – richten Sie ihn dabei so aus, dass die Bohrung für den Splint oben liegt; treiben Sie ihn nötigenfalls mit einem Dorn ein (siehe Abbildungen). Installieren Sie den Splint (Abbildung 6.1a).
15 Betätigen Sie das Bremspedal, bis die Bremsbeläge an der Bremsscheibe anliegen. Kontrollieren Sie den Bremsflüssigkeitsstand und füllen Sie nötigenfalls auf (siehe Kapitel 1, Sektion 4).
16 Prüfen Sie vor der ersten Fahrt die Funktion der Bremse – neue Bremsbeläge entwickeln erst nach einigen sanften Bremsmanövern ihre volle Leistung.

7 Hinterradbremssattel

Anmerkung: *Ducati bietet keine Reparatursets für den Bremssattel an. Erkundigen Sie sich vor dem Austausch des Sattels bei auf Brembo-Komponenten spezialisierten Händlern nach der Verfügbarkeit von Ersatzteilen.*

Warnung: Bremsflüssigkeit greift Lack und Kunststoff an. Bedecken Sie daher gefährdete Oberflächen mit Lappen und wischen Sie Spritzer umgehend mit reichlich Wasser ab. Halten Sie einen Behälter bereit, um die abgelassene Bremsflüssigkeit aufnehmen zu können.

Ausbau

Achtung: Betätigen Sie nicht die Bremse, solange der Bremssattel von der Bremsscheibe befreit ist!

1 Öffnen Sie den Kabelbinder, der das Radsensor-Kabel an der Bremsleitung sichert. Lösen Sie die Bremsschlauch-Anschlussschraube und befreien Sie die Leitung unter Beachtung ihrer Ausrichtung (siehe Abbildung). Dichten Sie die Leitung mit Schlauchklemmen oder Schrauben, Muttern und Dichtscheiben oder speziellen Anschlussaugen-Dichtwerkzeugen ab (Abbildungen 3.1b und c), alternativ kann sie auch mit Frischhaltefolie umwickelt werden. Beim Anschließen werden neue Dichtscheiben benötigt.
2 Entfernen Sie die Bremsbeläge, bauen Sie das Hinterrad aus und befreien Sie den Bremssattel von seinem Träger (siehe Sektion 6).

Einbau

3 Installieren Sie die Bremsbelagfeder, die Bremsbeläge und dem Bremssattel (siehe Sektion 6). Bauen Sie das Hinterrad ein (siehe Sektion 18).
4 Schließen Sie die Bremsleitung an – verwenden Sie dabei unbedingt neue Dichtscheiben. Richten Sie die Leitung wie beim Trennen notiert aus und ziehen Sie die Anschlussschraube mit 23 Nm an (Abbildung 7.1). Sichern das Radsensor-Kabel mit einem neuen Kabelbinder an der Bremsleitung.
5 Füllen Sie ggf. Bremsflüssigkeit auf und entlüften Sie das System (siehe Sektion 11).
6 Prüfen Sie vor der ersten Fahrt die Dichtigkeit und die Funktion der Bremse.

8 Hinterrad-Bremsscheibe

Kontrolle

1 Wechseln Sie hierfür nach Sektion 4, um ihre Oberfläche und den Verschleiß (die Stärke) zu kontrollieren – auch diese Bremsscheibe muss mindestens 3,6 mm stark sein. Falls ein Verzug vermutet wird, muss die Messuhr an der Schwinge montiert werden.

7.1 Befreien Sie das Kabel vom Bremsschlauch und lösen Sie die Anschlussschraube.

Ausbau

2 Demontieren Sie das Hinterrad (siehe Sektion 18). Legen Sie die Felge mit der Bremsscheibe nach oben auf Hölzern ab.
3 Wenn die alte Scheibe wiederverwendet werden soll, muss ihre Einbaulage am Rad markiert werden, sodass sie in derselben Position wieder montiert werden kann. Lösen Sie die Bremsscheibenschrauben schrittweise über Kreuz, um ein Verziehen der Bremsscheibe zu vermeiden, und heben Sie diese vom Rad (siehe Abbildung).

Einbau

4 Stellen Sie vor der Montage der Bremsscheibe sicher, dass sich auf ihrem Sitz weder Korrosion noch Schmutz abgelagert haben, da hierdurch die Scheibe nicht flach aufliegt und beim Bremsen ein Rubbeln verursacht und/oder verzieht. Wird eine nicht korrekt aufliegende Bremsscheibe festgeschraubt, kann sie dauerhaft verziehen.
5 Setzen Sie die Bremsscheibe so an das Rad, dass die Beschriftung außen liegt und die ggf. zuvor angebrachten Markierungen zueinander ausgerichtet sind.
6 Installieren Sie die neuen Schrauben oder reinigen Sie die Gewinde der Bremsscheiben-Schrauben und tragen Sie mittelfeste Sicherungspaste auf, bevor sie schrittweise und über Kreuz bis zum Drehmoment von 25 angezogen werden. Reinigen Sie die Bremsscheibe mit Aceton oder Bremsenreiniger. Wenn eine neue Bremsscheibe verwendet wird, muss deren Schutzüberzug entfernt werden – zudem sind neue Bremsbeläge zu montieren.
7 Bauen Sie das Hinterrad ein (siehe Sektion 17).

8.3 Die Hinterrad-Bremsscheibe ist mit sechs Schrauben gesichert.

8 Betätigen Sie mehrmals die Fußbremse, um die Beläge an die Scheibe zu drücken.
9 Kontrollieren Sie den Bremsflüssigkeitsstand und füllen Sie nötigenfalls auf (siehe *Tägliche Kontrollen*). Prüfen Sie vor der ersten Fahrt die Funktion der Bremse.

9 Fußbremszylinder

Anmerkung: *Ducati bietet für den Fußbremszylinder keine Überhol- oder Reparatursets an – falls er undicht ist oder sein Kolben klemmt, muss möglicherweise die komplette Baugruppe ersetzt werden. Erkundigen Sie sich vor dem Austausch des Bremszylinders bei auf Brembo-Komponenten spezialisierten Händlern nach der Verfügbarkeit von Ersatzteilen.*

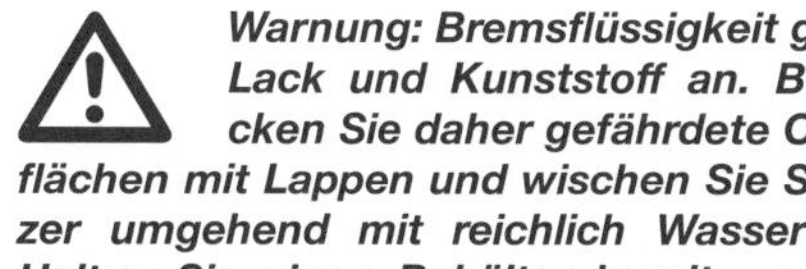

Warnung: Bremsflüssigkeit greift Lack und Kunststoff an. Bedecken Sie daher gefährdete Oberflächen mit Lappen und wischen Sie Spritzer umgehend mit reichlich Wasser ab. Halten Sie einen Behälter bereit, um die abgelassene Bremsflüssigkeit aufnehmen zu können.

Ausbau

1 Demontieren Sie für einen besseren Zugang den Schalldämpfer (siehe Kapitel 3, Sektion 15).
2 Lösen Sie die Schraube des Ausgleichsbehälters und ziehen Sie diesen heraus. Lösen Sie den Deckel und entnehmen Sie diesen samt Platte und Manschette (siehe Abbildungen). Gießen Sie die Bremsflüssigkeit in den Sammelbehälter und wischen Sie Reste mit einem sauberen Lappen aus. Kontrollieren Sie die Manschette auf Beschädigungen und Verformung und ersetzen Sie sie nötigenfalls. Setzen Sie den Deckel auf.
3 Lösen Sie die Bremsleitungs-Anschlussschraube, merken Sie sich die Ausrichtung der Leitung (siehe Abbildung), entnehmen Sie die Dichtscheiben und dichten Sie die Leitung mit Schlauchklemmen oder Schrauben, Muttern

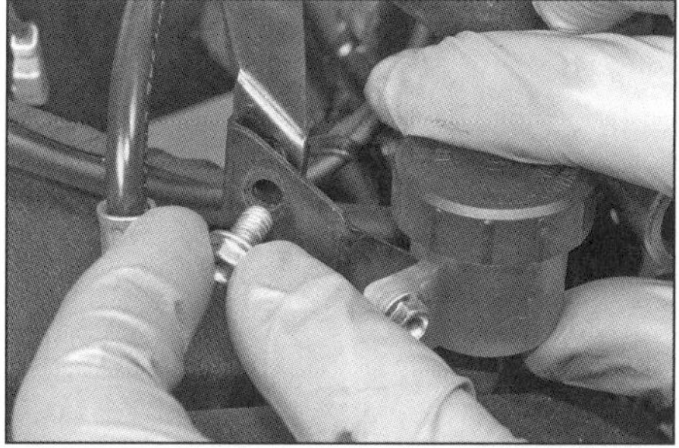

9.2 Befreien Sie den Ausgleichsbehälter und gießen Sie ihn aus.

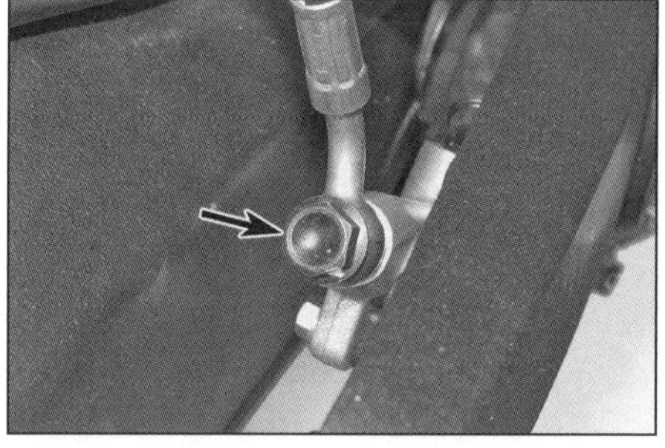

9.3 Bremsleitungs-Anschlussschraube

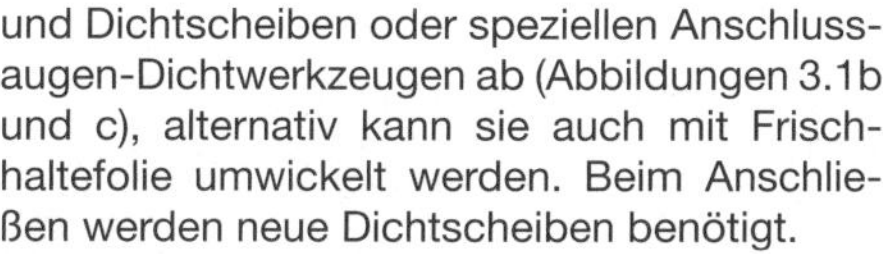

und Dichtscheiben oder speziellen Anschlussaugen-Dichtwerkzeugen ab (Abbildungen 3.1b und c), alternativ kann sie auch mit Frischhaltefolie umwickelt werden. Beim Anschließen werden neue Dichtscheiben benötigt.
4 Lösen Sie die Schrauben des Bremszylinders und entnehmen Sie ihn samt Ausgleichsbehälter – beachten Sie die Position der Druckstange (siehe Abbildungen). Gießen Sie Bremsflüssigkeitsreste in den Behälter.
5 Lockern Sie nötigenfalls die Schelle, die den Ausgleichsbehälterschlauch am Stutzen des Bremszylinders sichert, und ziehen Sie ihn ab – seien Sie auf weitere Bremsflüssigkeitsreste vorbereitet. Inspizieren Sie den Schlauch auf Risse und andere Schäden und ersetzen Sie ihn nötigenfalls.

Einbau

6 Falls getrennt muss der Ausgleichsbehälterschlauch korrekt ausgerichtet auf seinen Stutzen gesteckt und mit der Schelle gesichert werden. Auch sein oberes Ende muss korrekt am Ausgleichsbehälter gesichert sein.
7 Schmieren Sie das Ende der Druckstange und die Manschette an der Unterseite des Bremszylinders mit Silikonpaste. Stecken Sie bei allen Modellen außer der Desert Sled die Schrauben locker in den Fußbremszylinder, bevor Sie ihn am Fußrastenträger positionieren (siehe Abbildungen). Die Druckstange muss korrekt im Bremszylinder stecken (Abbildung 9.4c), dann werden die Schrauben angezogen (Abbildungen 9.4b oder a). Montieren Sie den Ausgleichsbehälter (Abbildung 9.2).

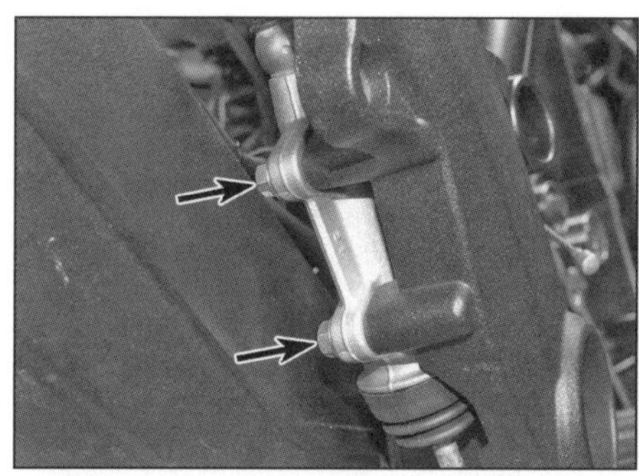

9.4a Fußbremszylinder-Schrauben bei allen Modellen außer der Desert Sled. Sie lassen sich erst entfernen, nachdem der Bremszylinder zwischen Fußrastenträger und Schwinge befreit ist.

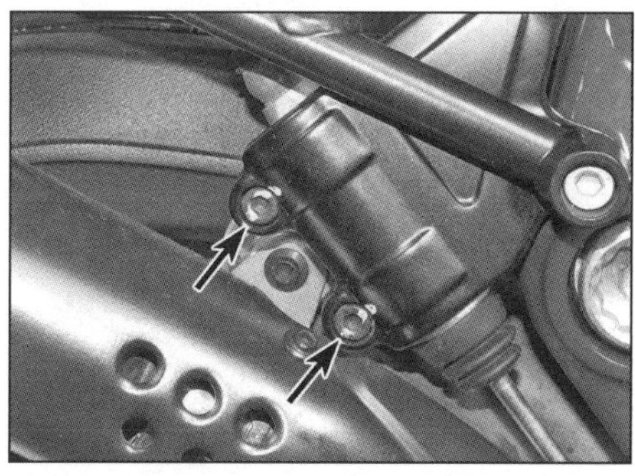

9.4b Fußbremszylinder-Schrauben bei der Desert Sled

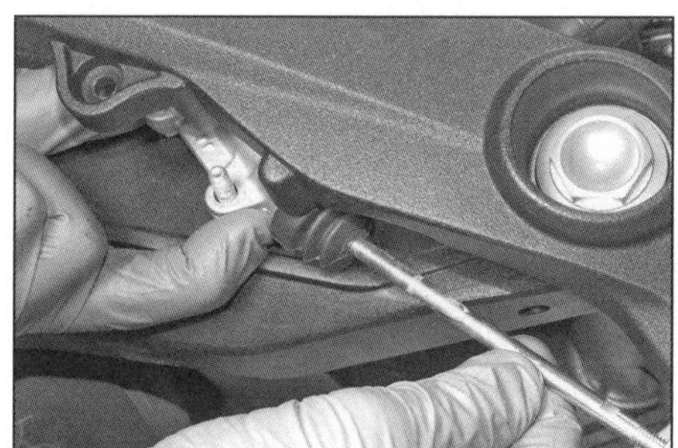

9.4c Ziehen Sie den Fußbremszylinder von der Druckstange ab.

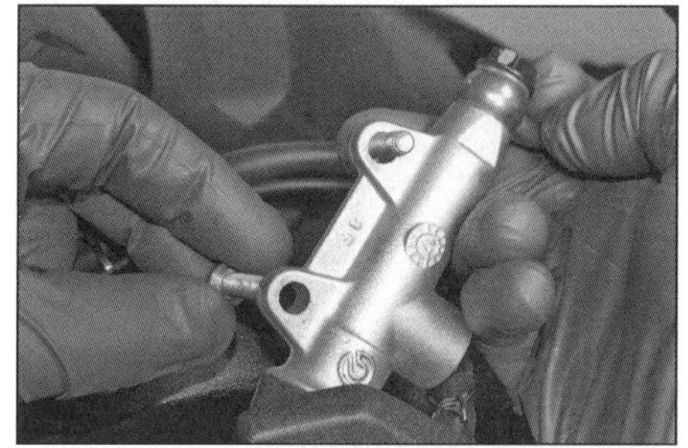

9.7a Stecken Sie bei allen Modellen außer der Desert Sled die Schrauben locker in den Fußbremszylinder, ...

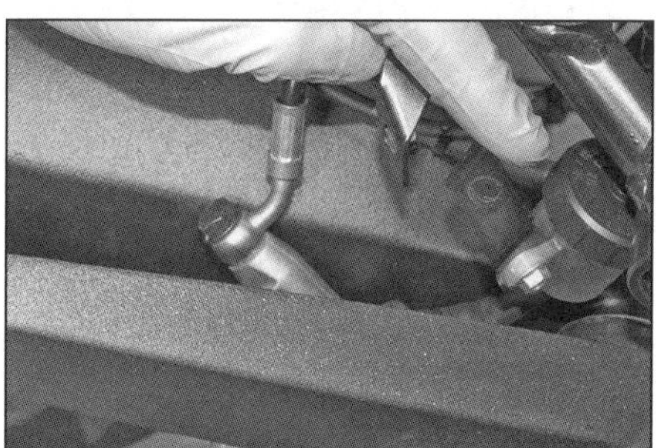

9.7b ... bevor Sie ihn zwischen Schwinge und Fußrastenträger positionieren.

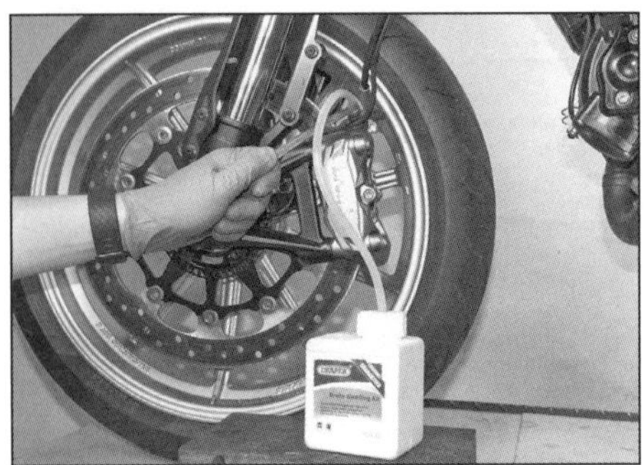

11.3 Aufbau zum Entlüften eines Bremssattels

11.5 Ziehen Sie die Bremse mehrmals, bis keine Blasen mehr aufsteigen.

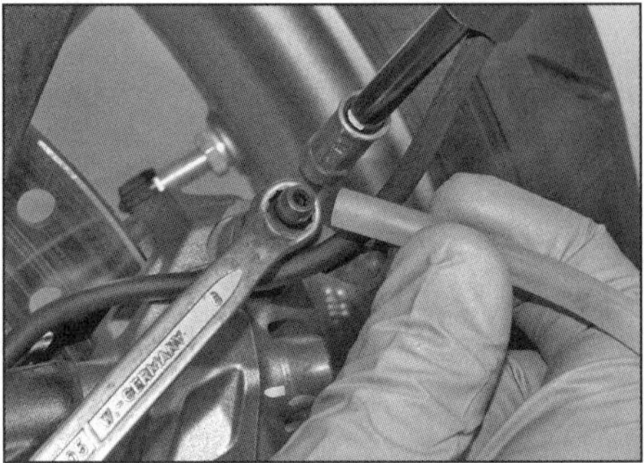

11.6 Setzen Sie einen Ringschlüssel am Ventil an und stecken Sie den Schlauch auf.

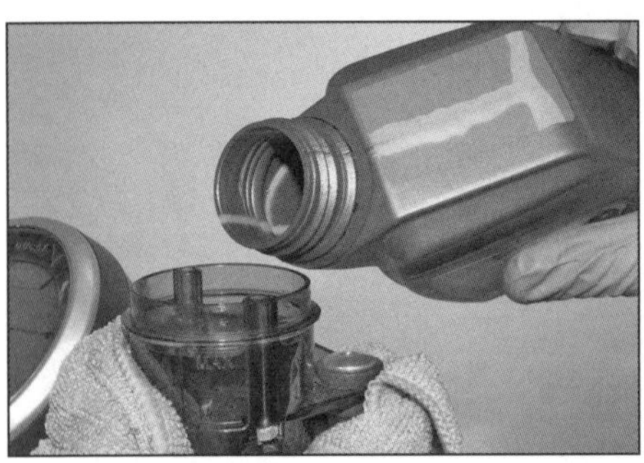

11.7 Halten Sie den Pegel im Ausgleichsbehälter stets über der unteren Markierung.

11.8 Entlüften der Vorderradbremse

8 Schließen Sie die Bremsleitung an – verwenden Sie dabei unbedingt neue Dichtscheiben. Richten Sie die Leitung wie beim Trennen notiert aus (Abbildung 9.3) und ziehen Sie die Anschlussschraube mit 23 Nm an.
9 Montieren Sie den Ausgleichsbehälter, füllen Sie Bremsflüssigkeit auf und entlüften Sie das System (siehe Sektion 11). Setzen Sie anschließend die Manschette, die Platte und den Deckel auf.
10 Montieren Sie ggf. den Schalldämpfer (siehe Kapitel 3, Sektion 15).
11 Prüfen Sie vor der ersten Fahrt die Dichtigkeit und die Funktion der Bremse.

10 Bremsschläuche und Anschlüsse

Kontrolle

1 Um auch am ABS-Modulator alle Bremsleitungen vollständig kontrollieren zu können, muss der Tank demontiert werden (siehe Kapitel 3, Sektion 2).
2 Der Zustand aller Bremsleitungen muss regelmäßig kontrolliert werden (siehe Kapitel 1, Sektion 7).

Ausbau und Einbau

3 Entleeren Sie die entsprechende Bremse (siehe Sektion 11).
4 Für den Ausbau von Bremsleitungen der Vorderradbremse muss der Tank demontiert werden (siehe Kapitel 3, Sektion 2). Für den Ausbau von Bremsleitungen der Hinterradbremse muss die Sitzbank entfernt werden (siehe Kapitel 6, Sektion 2).
5 Befreien Sie das Sensorkabel vom Bremsschlauch und diesen aus allen Clips oder Führungen (oder lösen Sie die Führungen). Merken Sie sich die Verlegung der Bremsleitung.
6 Bedecken Sie umliegende Flächen mit Lappen, um Bremsflüssigkeits-Spritzer aufzunehmen. Beachten Sie die Ausrichtung der Ringanschlüsse am Geberzylinder, Bremssattel oder Modulator (Abbildungen 3.1a, 5.4b und c, 7.1, 9.3 sowie 14.15) und lösen Sie die Anschlussschrauben– die Dichtscheiben müssen bei der Montage durch Neuteile ersetzt werden. Betätigen Sie keinesfalls die Bremse, solange Leitungen getrennt sind.
7 Positionieren Sie die neue Bremsleitung so, dass sie korrekt ausgerichtet und nicht verdreht oder anderweitig unter Last gesetzt ist. Achten Sie auf eine korrekte Verlegung und sichern Sie sie mit allen Befestigungen und Führungen.
8 Achten Sie darauf, dass die Leitungen keine beweglichen Teile berühren. Wenn die Anschlüsse korrekt ausgerichtet sind, werden die mit neuen Dichtscheiben ausgerüsteten Anschlussschrauben installiert und mit 23 Nm angezogen.
9 Füllen Sie die Anlage mit frischer DOT-4-Bremsflüssigkeit auf (siehe *Tägliche Kontrollen*) und entlüften Sie sie (siehe Sektion 11).
10 Prüfen Sie vor der ersten Fahrt sorgfältig die Funktion der Bremse.

11 Bremsanlage Entlüften und Bremsflüssigkeitswechsel

Spezialwerkzeug: Falls Entlüften mit der konventionellen Methode nicht gut funktioniert, muss ein Vakuum-Entlüftungsgerät beschafft und die Prozedur wiederholt werden (siehe unten) – folgen Sie dabei der Gebrauchsanweisung des Geräts.

Entlüftung

1 Entlüften der Bremse besagt, dass alle Luftblasen aus dem Bremsflüssigkeitsbehälter, den Leitungen und den Bremssätteln entfernt werden. Entlüften ist immer notwendig, wenn eine Hydraulik-Verbindung gelöst wurde, wenn eine Komponente oder Leitung gewechselt wurde, oder wenn ein Geberzylinder oder Sattel überholt wurde. Sind ein schwammiges Gefühl in der Bremse oder mangelhafte Bremsleistung nicht auf mechanische Defekte (z. B. klemmender Kolben im Bremssattel oder durch Korrosion klemmende Bremsbeläge) zurückzuführen, weist dies ebenfalls auf notwendiges Entlüften hin. Lecks im System können ebenfalls das Eindringen von Luft ermöglichen, aber sie zeigen auch durch auslaufende Flüssigkeit das Problem an und weisen auf eine dringend notwendige Reparatur hin.
2 Selbst erfahrene Profischrauber betrachten das Entlüften von Bremsen oft als »Schwarze Kunst«, weil sie manchmal große Probleme haben, einen festen Druckpunkt zu erreichen, wogegen mancher Anfänger überhaupt keine Schwierigkeiten damit hat. Besonders bei der Vorderradbremse besteht eines der Probleme darin, dass man gegen ein Naturgesetz arbeiten muss, wonach Luftblasen in Flüssigkeiten aufsteigen, beim Entlüften jedoch die Bremsflüssigkeit (einschließlich langsam darin aufsteigender Luftblasen) vom Geberzylinder zum Entlüftungsventil am darunterliegenden Bremssattel gepumpt werden muss. Luft kann sich

auch in hohen Punkten der Leitung oder ABS-Komponenten sammeln.

3 Zum Entlüften der Bremsen mit der konventionellen Methode werden frische DOT-4-Bremsflüssigkeit, ein durchsichtiger Vinyl- oder Plastikschlauch und ein zum Teil mit sauberer Bremsflüssigkeit gefüllter Behälter benötigt, dazu Lappen und ein 8-mm-Ringschlüssel für das Entlüftungsventil. Im Fachhandel sind relativ preiswerte Entlüftungskits erhältlich, die aus dem Schlauch und einem Einwegventil bestehen – und die Arbeit beträchtlich erleichtern (siehe Abbildung).

4 Decken Sie gefährdete Lackteile ab, die Bremsflüssigkeitsspritzer abbekommen könnten.

Achtung: Bremsflüssigkeit greift Lack und Kunststoff an! Decken Sie gefährdete Bereiche mit Lappen ab und waschen Sie Spritzer mit reichlich Seifenwasser ab.

Vorderradbremse

5 Drehen Sie den Lenker so, dass der Ausgleichsbehälter möglichst geradesteht. Lösen Sie die Schrauben des Deckels und entfernen Sie diesen samt Platte und Manschette (siehe *Tägliche Kontrollen*). Pumpen Sie langsam einige Male mit dem Hebel, bis keine aus der kleinen Bohrung am Boden des Behälters aufsteigenden Blasen mehr zu sehen sind (siehe Abbildung).

6 Ziehen Sie am Bremssattel die Gummikappe vom Entlüftungsventil – beachten Sie, wie das Sensorkabel daran gesichert ist (Abbildung 3.1a). Setzen Sie möglichst einen Ringschlüssel an, schieben Sie das eine Ende des durchsichtigen Schlauchs auf das Ventil und stecken Sie das andere Ende in die Bremsflüssigkeit des Sammelbehälters (siehe Abbildung).

7 Kontrollieren Sie den Pegel im Ausgleichsbehälter und lassen Sie ihn während des Prozesses nicht unter den unteren Schauglas-Rand sinken (siehe Abbildung).

8 Pumpen Sie drei- oder viermal langsam mit dem Hebel und halten Sie ihn gezogen, während das Bremssattelventil eine Viertelumdrehung geöffnet wird (siehe Abbildung) und (ggf. mit Luftblasen versetzte) Bremsflüssigkeit aus dem Sattel durch den Schlauch in den Behälter fließt – der Bremshebel kann jetzt an den Lenker gezogen werden.

9 Ziehen Sie das Entlüftungsventil leicht an und lösen Sie langsam die Bremse. Wiederholen Sie diesen Prozess, bis in der ausfließenden Bremsflüssigkeit keine Blasen mehr zu sehen sind und am Hebel oder Pedal ein Druckpunkt zu spüren ist. Zum Schluss wird der Entlüftungsschlauch abgenommen, das Ventil mit 5,5 Nm angezogen und die Staubkappe aufgesetzt – beachten Sie die Verlegung des Sensorkabels.

Hinterradbremse

10 Lösen Sie den Deckel des Ausgleichsbehälters und entfernen Sie diesen samt Platte

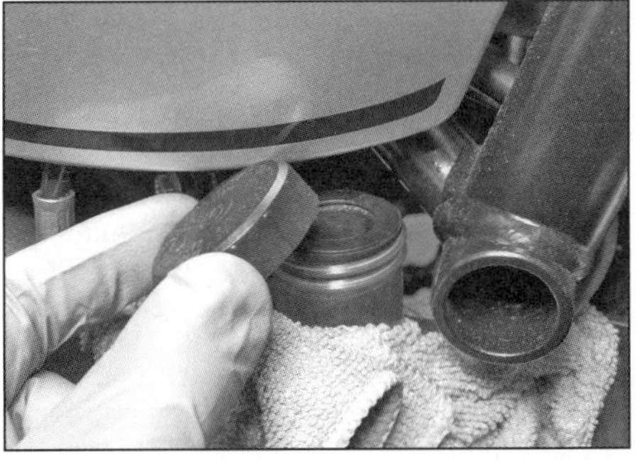

11.10 Entfernen Sie den Deckel, die Platte und die Manschette vom Ausgleichsbehälter.

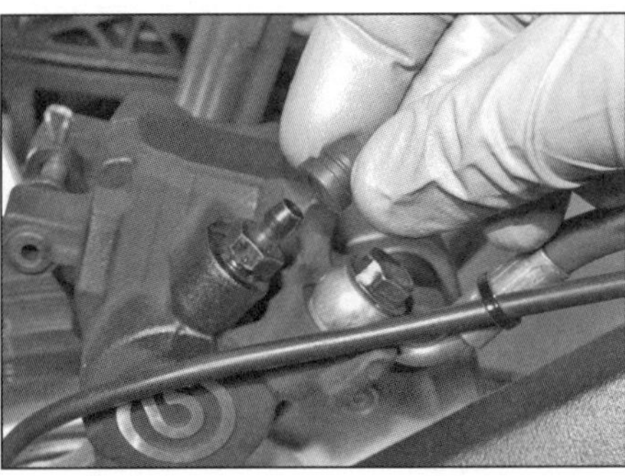

11.11a Ziehen Sie die Kappe vom Entlüftungsventil.

11.11b Setzen Sie den Ringschlüssel an und stecken Sie den Schlauch auf das Ventil.

11.12 Der Pegel im Ausgleichsbehälter darf nie unter die untere Markierung absinken.

11.13a Entlüften der Hinterradbremse

11.13b Kontrollieren Sie, ob die austretende Bremsflüssigkeit mit Luftblasen versetzt ist.

und Manschette (siehe Abbildung). Betätigen Sie einige Male langsam das Bremspedal, um die im Fußbremszylinder steckenden Luftblasen zu befreien.

11 Ziehen Sie am Bremssattel die Gummikappe vom Entlüftungsventil (siehe Abbildung). Setzen Sie den Ringschlüssen an, schieben Sie das eine Ende des durchsichtigen Schlauchs auf das Ventil und stecken Sie das andere Ende in die Bremsflüssigkeit des Sammelbehälters (siehe Abbildung).

12 Kontrollieren Sie den Flüssigkeitsstand im Ausgleichsbehälter. Lassen Sie den Pegel während des Prozesses nicht unter die untere Markierung sinken (siehe Abbildung).

13 Pumpen Sie vorsichtig einige Male mit dem Pedal und halten Sie es gedrückt, während das Bremssattelventil eine Viertelumdrehung geöffnet wird (siehe Abbildung) und (ggf. mit Luftblasen versetzte) Bremsflüssigkeit aus dem Sattel durch den Schlauch in den Behälter fließt (siehe Abbildung) – das Bremspedal lässt sich weiter nach unten bewegen.

14 Ziehen Sie das Entlüftungsventil wieder an und lösen Sie das Bremspedal langsam. Wiederholen Sie die Prozedur, bis keine Luftblasen mehr austreten und ein Druckpunkt spürbar ist. Füllen Sie nötigenfalls den Ausgleichsbehälter auf. Ziehen Sie das Entlüftungsventil mit 5,5 Nm an und setzen Sie die Staubkappe auf.

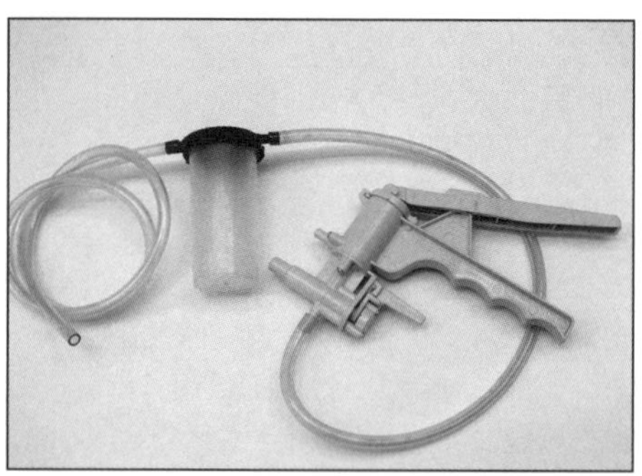

11.17 Ein Vakuum-Entlüftungsgerät

Beide Bremsen

15 Falls es nicht möglich ist, im Hebel oder Pedal einen Druckpunkt zu finden, müssen erhöhte Punkten im Bremssystem gefunden werden, in denen sich Luft sammeln kann. Befreien Sie entsprechende Leitungen und klopfen Sie sie ab, damit sich Blasen lösen können (aber verbiegen Sie dabei keine Rohre). Demontieren Sie nötigenfalls den Geberzylinder und/oder den/die Bremssättel und bewegen Sie die Teile so, dass mögliche Luftblasen zum Entlüftungsventil aufsteigen – beachten Sie zur Demontage die entsprechenden Sektionen.

16 Falls weiterhin Probleme bestehen, kann die Flüssigkeit aufgeschäumt sein. Zur Abhilfe kann die Bremse unter Druck gesetzt werden, indem der Bremshebel an den Lenker gebunden und das Pedal belastet wird.

Achtung: Zu viel Druck kann die Dichtungen der Bremszylinder und Bremssättel beschädigen. Lassen Sie die Bremsflüssigkeit für einige Stunden in Ruhe, damit die kleinen Blasen entweder aufsteigen oder sich zu größeren Blasen verbinden, die sich beim erneuten Entlüften leichter herausspülen lassen.

17 Falls das Entlüften der Bremse mit herkömmlichen Werkzeugen und Methoden nicht zu befriedigenden Ergebnissen führt, kann auch ein im Fachhandel erhältliches Vakuum-Entlüftungswerkzeug (z. B. die »Mityvac«) benutzt werden – beachten Sie die beigefügte Anleitung (siehe Abbildung). Diese Pumpe saugt die Bremsflüssigkeit am Entlüftungsventil ab und viele Anwender sind von der in der Bremsflüssigkeit auftretenden Luftmenge verwirrt. Doch oft wird diese erst durch das Gewinde des Entlüftungsventils gesogen (Luft bietet dem Vakuum weniger Widerstand als Bremsflüssigkeit) und ist ein Hinweis darauf, dass mit zu viel Unterdruck gearbeitet wird oder das Entlüftungsventil zu locker ist. Eine Möglichkeit, dies Problem zu umgehen, besteht darin, das Entlüftungsventil herauszudrehen und sein Gewinde mit PTFE-Band zu umwickeln – die hierbei austretende Bremsflüssigkeit muss mit Lappen aufgesaugt werden.

18 Nachdem die Bremse erfolgreich entlüftet wurde, wird am Bremshebel oder Pedal ein fester Druckpunkt spürbar sein, sobald die Bremse betätigt wird. Der Bremshebel darf sich nicht bis zum Lenker ziehen lassen und das Pedal darf sich nicht bis an den Anschlag drücken lassen.

19 Entfernen Sie zum Schluss die Entlüftungs-Ausrüstung, ziehen Sie alle Entlüftungsventile mit 5,5 Nm oder sorgfältig an und stecken Sie die Staubkappe auf. Füllen Sie nach dem Entlüften den Ausgleichsbehälter auf und montieren Sie die Manschette, die Platte und den Deckel. Sichern Sie den Ausgleichsbehälter der Hinterradbremse mit der Schraube an seiner Aufnahme. Wischen Sie Bremsflüssigkeits-Spritzer weg.

20 Prüfen Sie vor der ersten Fahrt die Funktion der Bremse(n).

Bremsflüssigkeitswechsel

21 Der Wechsel der Bremsflüssigkeit ist ein ähnlicher Prozess wie das Entlüften der Bremse und erfordert das gleiche Material, außerdem ggf. eine Pumpe zum Entleeren der Ausgleichsbehälter. Stellen Sie sicher, dass der Sammelbehälter groß genug ist, die gesamte alte Bremsflüssigkeit aufnehmen zu können.

22 Decken Sie gefährdete Lackteile ab, die Bremsflüssigkeitsspritzer abbekommen könnten. Verbinden Sie die zur Entlüftung verwendete Ausrüstung mit dem entsprechenden Bremssattel. Entfernen Sie den Behälterdeckel, die Platte und die Manschette (Schritt 5 oder 10). Saugen Sie die Bremsflüssigkeit aus dem Behälter. Wischen Sie den Ausgleichsbehälter mit Haushaltstüchern sauber und füllen Sie frische Bremsflüssigkeit auf (Abbildung 11.7 oder 11.12). Betätigen Sie die Bremse und öffnen Sie das Entlüftungsventil (Abbildungen 11.8 und 11.13a) – Bremsflüssigkeit wird durch den Entlüftungsschlauch austreten und der Hebel oder das Pedal wird sich bis zum Griffgummi bzw. Anschlag bewegen lassen.

23 Ziehen Sie das Entlüftungsventil wieder leicht an und lösen Sie langsam wieder die Bremse. Halten Sie den Ausgleichsbehälter immer gut gefüllt, damit keine Luft eintritt und die Aufgabe deutlich in die Länge zieht. Wiederholen Sie die Prozedur, bis am Entlüftungsventil frische Bremsflüssigkeit austritt.

Praxis TiPP ***Alte Bremsflüssigkeit ist deutlich dunkler als frische, sodass leicht erkannt werden kann, wann die Bremse mit frischer Flüssigkeit gefüllt ist.***

24 Entfernen Sie zum Schluss die verwendete Ausrüstung vom Entlüftungsventil, ziehen Sie es möglichst mit 5,5 Nm an und stecken Sie die Gummikappe auf. Füllen Sie den Ausgleichsbehälter auf und installieren Sie die Manschette, die Abdeckung und den Deckel. Wischen Sie verschüttete Bremsflüssigkeit unverzüglich mit einem nassen Lappen ab und kontrollieren sie das ganze System auf Undichtigkeiten.

25 Prüfen Sie vor der ersten Fahrt die Funktion der Bremse(n).

Ablassen der Bremsflüssigkeit (für eine Überholung)

26 Das Ablassen der Bremsflüssigkeit ist ein ähnlicher Prozess wie das Entlüften der Bremse. Am schnellsten und einfachsten geht dies mit einer im Handel erhältlichen Vakuumpumpe (siehe Schritt 17) – folgen Sie den beiliegenden Herstellerangaben. Ist keine solche Pumpe zugänglich, müssen Sie der oben gegebenen Prozedur für den Wechsel der Flüssigkeit folgen, dürfen dabei aber den Ausgleichsbehälter nicht auffüllen.

27 Das Auffüllen ist wieder mit der Vakuumpumpe am einfachsten – jetzt muss darauf geachtet werden, dass immer genügend Bremsflüssigkeit im Ausgleichsbehälter steht. Ohne die Pumpe muss der Behälter anfangs aufgefüllt und dann den Hinweisen zum Entlüften gefolgt werden, bis am Entlüftungsschlauch keine Luftblasen mehr austreten.

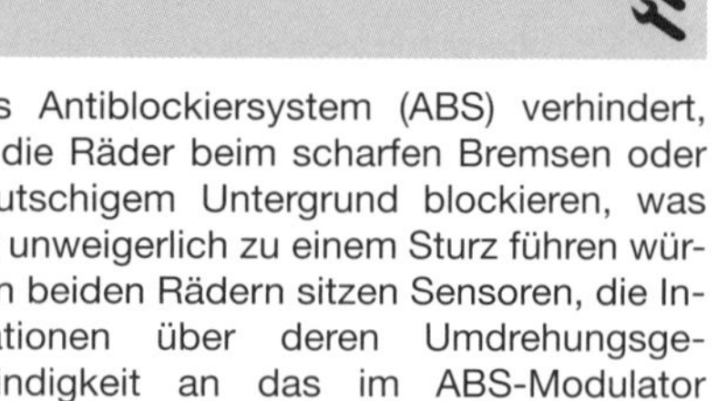

12 ABS Funktion

1 Das Antiblockiersystem (ABS) verhindert, dass die Räder beim scharfen Bremsen oder auf rutschigem Untergrund blockieren, was meist unweigerlich zu einem Sturz führen würde. An beiden Rädern sitzen Sensoren, die Informationen über deren Umdrehungsgeschwindigkeit an das im ABS-Modulator sitzende Steuergerät senden. Falls das Steuergerät erkennt, dass ein Rad langsamer wird als das andere und zu blockieren droht, verringert es den Bremsdruck ein Stück weit, um das Rad am Drehen zu halten – dies kann als leichtes Pulsieren im Hebel oder Pedal fühlbar sein. Das ABS ist ab Modelljahr 2019 um eine Traktionsregelung und ein »Kurven-ABS« erweitert, die von einer inertialen Messeinheit (IMU) überwacht werden. Die IMU erkennt die Schräglage und Schwerpunktverlagerungen, um auch in Kurven und bei abhebenden Hinterrad das Motorrad sicherer abbremsen zu können.

2 Das ABS wird beim Einschalten der Zündung aktiviert und führt eine Selbstkontrolle durch. Die ABS-Lampe im Instrument leuchtet zunächst auf und erlischt bei einem funktionsfähigen System, sobald das Motorrad mit mehr als 5 km/h bewegt wird.

3 Falls die ABS-Lampe während der Fahrt weiter leuchtet oder aufzuleuchten beginnt, liegt im System ein Fehler vor und das ABS wird abgeschaltet – die Bremsen funktionieren weiter normal wie bei einer Maschine ohne ABS. Bei einem Fehler im ABS leuchtet auch das »Warndreieck« im Instrument. Der entsprechende Fehlercode wird im Motor-

13.3 Messen Sie den Abstand zwischen Radsensor und Sensorring.

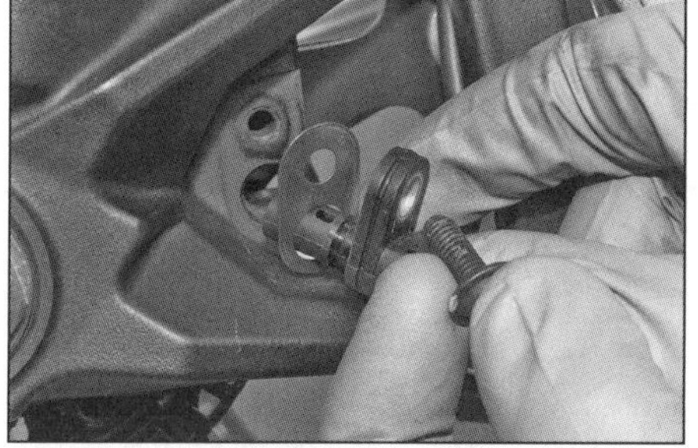
14.2c Lösen Sie die Schraube, ziehen Sie den Sensor heraus – beachten Sie die Distanzscheibe(n) ...

steuermodul gespeichert und kann nach Auswahl der MENU-Funktion im Instrument ausgelesen werden – beachten Sie dazu die Hinweise in der Bedienungsanleitung. Falls mehr als ein Fehler gespeichert wurde, wechselt der Code nach drei Sekunden. Fehlercodes können mithilfe des DDS-Auslesegeräts einer Ducati-Werkstatt oder einem anderen professionellen Diagnosegeräts ausgelesen und das System analysiert werden. Vor der Anschaffung eines eigenen Fehlercode-Lesegeräts muss geprüft werden, ob dies für Siemens-Steuermodule oder das spezielle Motorrad geeignet ist. Zusätzlich wird ein Adapterkabel benötigt, das zwischen dem Vierstift-Diagnosestecker und dem OBD2-Stecker des Lesegeräts installiert wird (siehe Kapitel 3, Sektion 11).

Achtung: Das ABS kann Fehler diagnostizieren, die durch geänderte Reifengrößen, falsche Luftdruckwerte oder längere Fahrten über sehr schlechte Straßen hervorgerufen wurden. Auch ein während der Fahrt angehobenes Vorderrad (»Wheelie«) oder ein bei aufgebocktem Motorrad durch den Motor in Drehung versetztes Hinterrad kann zu einer Fehlermeldung führen. Schalten Sie stets zuerst die Zündung ab und wieder ein, damit sich das System zurücksetzt und eine erneute Selbstkontrolle durchführt. Falls die ABS-Lampe danach erneut weiter leuchtet, kann tatsächlich ein Fehler vorliegen.

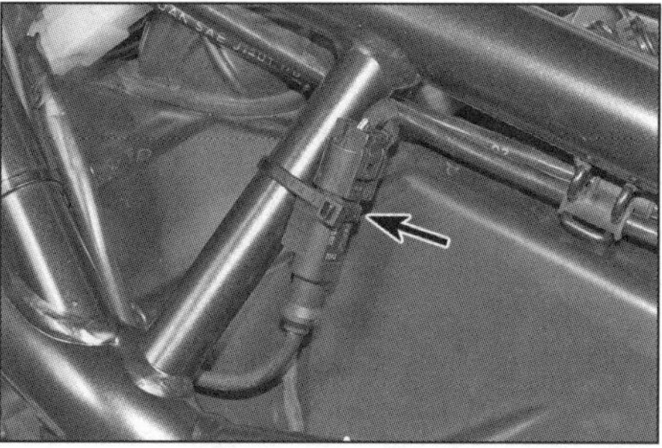
14.2a Stecker des Vorderradsensors

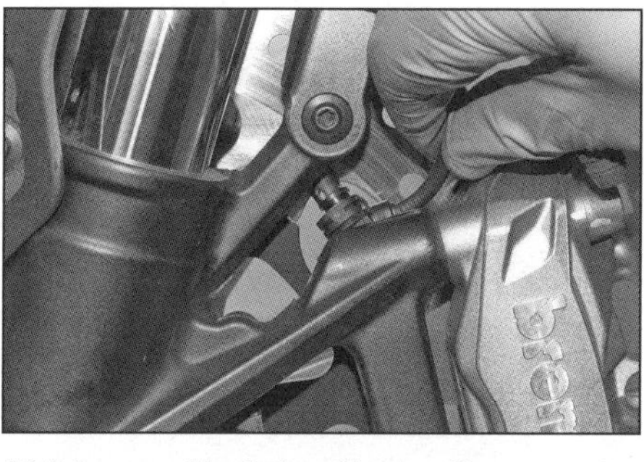
14.2d ... und befreien Sie den Sensor unter Beachtung seiner Kabel-Verlegung.

13 ABS Fehlerdiagnose

Systemprüfung

Anmerkung: *Bevor spezifische Kontrollen durchgeführt werden, sollte die Zündung aus und wieder eingeschaltet werden, um den Selbstdiagnoseprozess zu reaktivieren. Falls der Fehlercode das Ergebnis einer ungewöhnlichen Fahrweise oder eines kurzzeitigen Rutschers war, wird die Warnleuchte erlöschen. Falls der Fehlercode erneut erscheint, müssen die folgenden Kontrollen durchgeführt werden:*

1 Falls ein ABS-Fehler angezeigt wird, muss zunächst geprüft werden, ob die Batterie vollständig geladen ist, kontrollieren Sie dann die ABS-Sicherungen (siehe Kapitel 7).

2 Prüfen Sie dann, ob die Stecker der Radsensoren und des Modulators frei von Korrosion und sicher verbunden sind – schwache Kontakte sind die Ursachen für die meisten Elektrik-Probleme. Kontrollieren Sie auch die Kabel auf Beschädigungen – beachten Sie für allgemeine Elektrik-Fehler die Hinweise in Kapitel 7, Sektion 2, aber bedenken Sie, dass CAN-BUS-Stromkreise nicht mit konventionellen Prüfgeräten und Prüfverfahren getestet werden dürfen.

3 Ermitteln Sie mit einer Fühlerlehre den Abstand zwischen den Sensoren und ihren Ringen gemessen werden (siehe Abbildungen) – es müssen 1,3 bis 1,9 mm festgestellt werden. Der Abstand ist nötigenfalls mit Distanzscheiben einstellbar, doch prüfen Sie zunächst die Festigkeit des Sensors und des Rings. Demontieren Sie den Sensor und unterlegen Sie ihn mit den für den korrekten Abstand erforderlichen Distanzscheiben (erhältlich in Stärken von 0,2 und 0,5 mm) (siehe Sektion 14). Die Komponenten dürfen nicht beschädigt oder verschmutzt sein – reinigen oder ersetzen Sie den Sensor oder den Ring.

4 Falls die Ursache eines Fehlers auch nach sorgfältiger Kontrolle nicht gefunden werden kann, muss das ABS von einer Ducati-Werkstatt überprüft werden.

14.2b Lösen Sie die Schraube der Kabelführung und befreien Sie diese.

14 ABS-Komponenten

Anmerkung: *Achten Sie darauf, den Sensorring und die Sensorspitze nicht zu beschädigen, keine magnetisierten Werkzeuge in ihre Nähe zu bringen und ihnen keinen Stöße zuzufügen.*

Vorderradsensor

1 Demontieren Sie den Tank (siehe Kapitel 3, Sektion 2).

2 Befreien und trennen Sie den Sensor-Stecker (siehe Abbildung). Führen Sie das Kabel zum Bremssattel zurück, befreien Sie es dabei aus allen Führungen und Befestigungen und merken Sie sich seine Verlegung (Abbildung 2.4). Lösen Sie die Schraube der Kabelführung und entnehmen Sie diese. Lösen Sie dann die Schraube des Sensors und ziehen Sie diesen samt seiner Distanzscheiben heraus (siehe Abbildungen).

3 Die Sensorspitze, der Sitz des Sensors und der Sensorring müssen sauber und dürfen nicht beschädigt sind. Reinigen Sie das Gewinde der Sensor-Schraube und tragen Sie mittelfeste Sicherungspaste (Loctite) auf. Installieren Sie den Sensor samt aller entfernten Distanzscheiben und ziehen Sie die Schraube sorgfältig an. Verlegen Sie das Kabel wie beim Ausbau notiert zum Stecker, verbinden Sie es und sichern Sie es mit allen Führungen und Befestigungen.

14.6a Befreien Sie den Stecker vom Rahmen ...

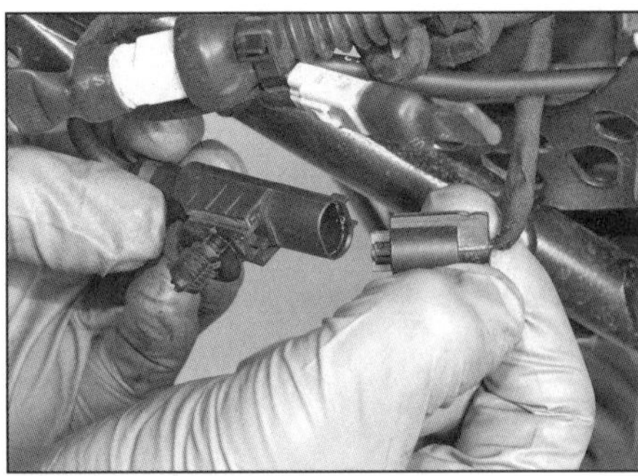

14.6b ... und trennen Sie ihn.

14.6c Lösen Sie die Schraube, ziehen Sie den Sensor heraus ...

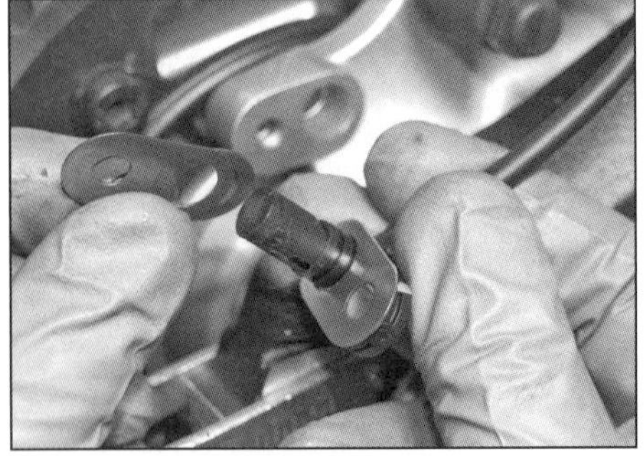

14.6d ... und beachten Sie die Distanzscheibe(n).

14.11 Trennen Sie den Stecker der IMU.

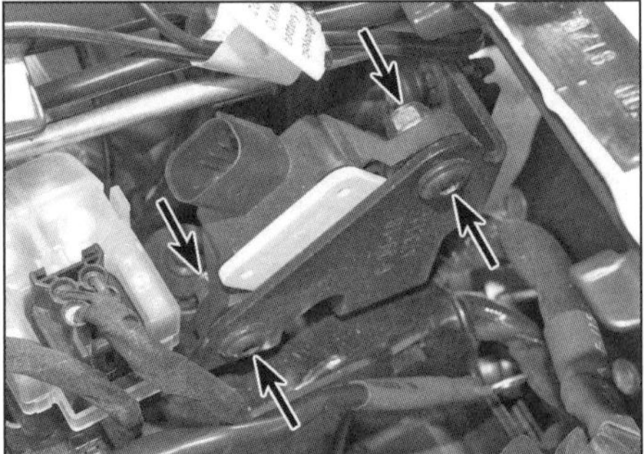

14.12 Muttern und Schrauben der IMU

14.14 Heben Sie die Sicherungsbox von ihrem Halter.

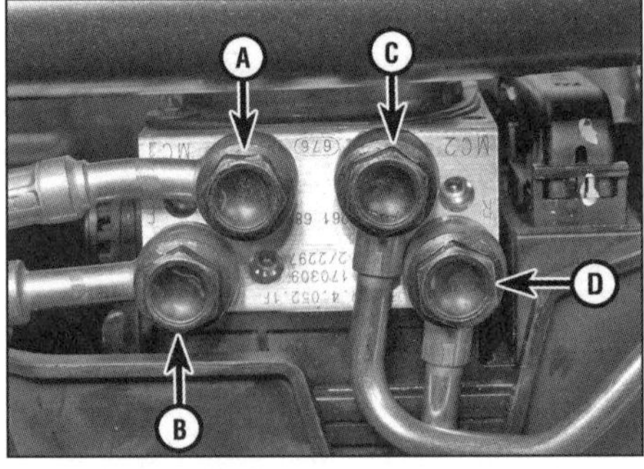

14.15 Anschlüsse zum Handbremszylinder (A), zum Vorderrad-Bremssattel (B), zum Fußbremszylinder (C) und zum Hinterrad-Bremssattel (D)

14.17a Lösen Sie die zwei Modulator-Schrauben, ...

4 Prüfen Sie den Abstand zwischen Sensor und Ring (siehe Sektion 13, Schritt 3). Montieren Sie den Tank (siehe Kapitel 3, Sektion 2).

Hinterradsensor

5 Demontieren Sie die Heck-Innenverkleidung (siehe Kapitel , Sektion 6).

6 Trennen und befreien Sie den Sensorstecker (siehe Abbildungen). Führen Sie das Kabel zum Sensor zurück, befreien Sie es dabei aus allen Führungen und Befestigungen und merken Sie sich seine Verlegung. Lösen Sie die Schraube des Sensors und ziehen Sie diesen samt seiner Distanzscheiben heraus (siehe Abbildungen).

7 Die Sensorspitze, der Sitz des Sensors und der Sensorring müssen sauber und dürfen nicht beschädigt sind. Reinigen Sie das Gewinde der Sensor-Schraube und tragen Sie mittelfeste Sicherungspaste (Loctite) auf. Installieren Sie den Sensor samt aller entfernten Distanzscheiben und ziehen Sie die Schraube sorgfältig an. Verlegen Sie das Kabel wie beim Ausbau notiert zum Stecker, verbinden Sie es und sichern Sie es mit allen Führungen und Befestigungen.

8 Prüfen Sie den Abstand zwischen Sensor und Ring (siehe Sektion 13, Schritt 3). Montieren Sie die Heck-Innenverkleidung (siehe Kapitel 6, Sektion 6).

Sensorringe (Vorderrad und Hinterrad)

9 Beachten Sie hierzu die Hinweise in Sektion 4 (Vorderrad) und 8 (Hinterrad).

Inertiale Messeinheit (IMU) – ab Modelljahr 2019

10 Bauen Sie die Batterie aus (siehe Kapitel 7, Sektion 3).

11 Trennen Sie den Stecker der IMU (siehe Abbildung).

12 Lösen Sie die Muttern, ziehen Sie die Schrauben heraus und befreien Sie die IMU von ihrem Halter (siehe Abbildung).

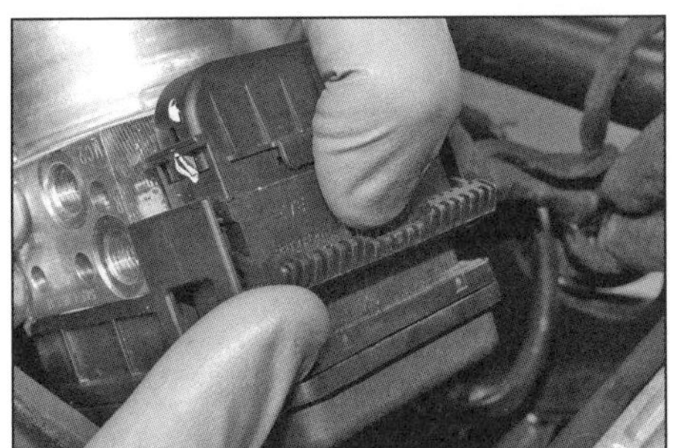
14.17b ... heben Sie den Modulator an, drücken Sie die Arretierlasche ein, ...

14.17c ... schwenken Sie den Bügel hoch ...

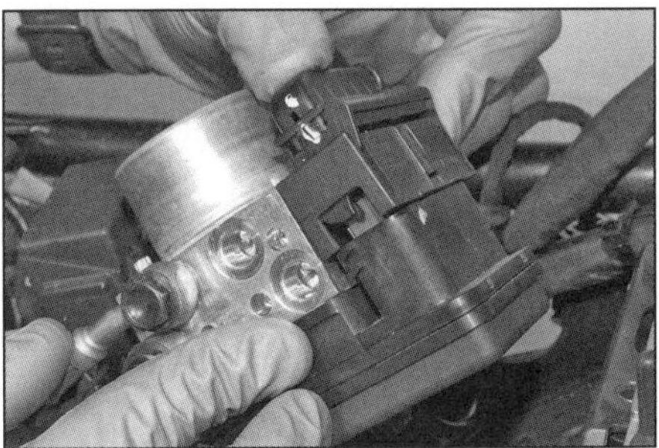
14.17d ... und trennen Sie seinen Stecker.

13 Der Einbau entspricht der umgekehrten Ausbaureihenfolge – kontrollieren Sie die Gummibuchsen und ersetzen Sie sie nötigenfalls; vergessen Sie nicht die Hülsen, in die Buchsen zu stecken.

ABS-Modulator

Anmerkung: *Bevor der Modulator demontiert wird, sollte das Bremssystem mit frischer Bremsflüssigkeit befüllt werden (siehe Sektion 11). Der Modulator kann nicht zerlegt werden und es sind keine Ersatzteile erhältlich – bei einem Ausfall muss er ausgetauscht werden. Nachdem ein neuer Modulator installiert wurde, muss die FIN aus dem Steuergerät auf ihn übertragen werden – dies nicht nur mit dem DDS-Auslesegerät einer Ducati-Werkstatt möglich.*

Achtung: Bremsflüssigkeit greift Lack und Kunststoff an! Decken Sie gefährdete Bereiche mit Lappen ab und waschen Sie Spritzer mit reichlich Seifenwasser ab.

14 Entfernen Sie die linke hintere Seitenblende (siehe Kapitel 6, Sektion 5). Bauen Sie die Batterie aus (siehe Kapitel 7, Sektion 3). Befreien Sie die Sicherungsbox (siehe Abbildung).

15 Bedecken Sie die Bereiche um den Modulator mit Lappen, damit keine Bremsflüssigkeitsspritzer den Lack angreifen können. Notieren Sie die Positionen aller Bremsleitungen am Modulator (siehe Abbildung).

16 Lösen Sie die Bremsleitungs-Anschlussschrauben, merken Sie sich die Ausrichtung der Leitung, entnehmen Sie die Dichtscheiben und dichten Sie die Leitung mit Schlauchklemmen oder Schrauben, Muttern und Dichtscheiben oder speziellen Anschlussaugen-Dichtwerkzeugen ab (Abbildungen 3.1b und c), alternativ kann sie auch mit Frischhaltefolie umwickelt werden. Beim Anschließen werden neue Dichtscheiben benötigt.

17 Lösen Sie die zwei Befestigungsschrauben des Modulators und heben Sie diesen an – beschädigen Sie dabei keine Bremsleitungen (siehe Abbildung). Drücken Sie die Stecker-Arretierung ein, hebeln Sie den Bügel hoch und trennen Sie den Modulatorstecker (siehe Abbildungen).

14.18 In beiden Gummibuchsen stecken Hülsen.

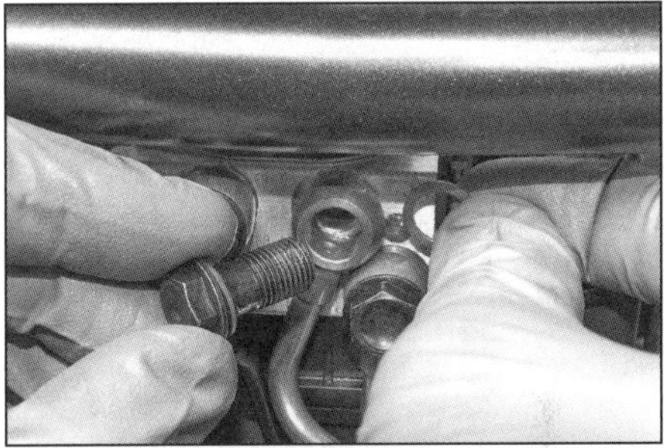
14.19 Verwenden Sie an beiden Seiten des Anschlussauges neue Dichtscheiben.

18 Beachten Sie die Hülsen in den Gummibuchsen (siehe Abbildung) – falls diese gerissen oder verhärtet sind, müssen sie erneuert werden.

19 Der Einbau entspricht der umgekehrten Ausbaureihenfolge – beachten Sie dabei folgende Punkte:

- Verbinden Sie den Modulatorstecker mit nach oben geschwenktem Bügel, schwenken Sie dann den Bügel herunter, bis er hinter der Lasche einrastet (Abbildungen 14.17d und c). Prüfen Sie, ob der Stecker korrekt gesichert ist.
- Rüsten Sie die Anschlussaugen der Bremsschläuche an beiden Seiten mit neuen Dichtscheiben aus (Abbildung 14.19) Richten Sie die Schläuche korrekt an ihren Anschlüssen aus (Abbildung 14.15) und ziehen Sie die Anschlussschrauben mit 23 Nm an.
- Füllen Sie das Bremssystem auf und entlüften Sie es (siehe Sektion 11). Kontrollieren Sie das Bremssystem auf Dichtigkeit und prüfen Sie vor der ersten Fahrt die Funktion der Bremsen.

15 Räder
Inspektion und Reparatur

1 Um eine vernünftige Inspektion der Räder durchführen zu können, ist das Motorrad so aufzustellen, dass das zu kontrollierende Rad frei drehbar ist. Stützen Sie die Maschine mit einer geeigneten Vorrichtung sicher ab und reinigen Sie die Räder sorgfältig, da Matsch und Schmutz die Inspektion stören und Schäden verdecken können. Führen Sie eine allgemeine Kontrolle der Räder (siehe Kapitel 1, Sektion 15) und Reifen (siehe *Tägliche Kontrollen*) durch.

2 Befestigen Sie eine Messuhr an der Gabel oder der Schwinge und richten Sie den Messdorn seitlich gegen die Felge. Drehen sie das Rad langsam und kontrollieren Sie das Axial- (Seiten-) Spiel (siehe Abbildung) – es dürfen maximal 0,5 mm Seitenschlag festgestellt werden.

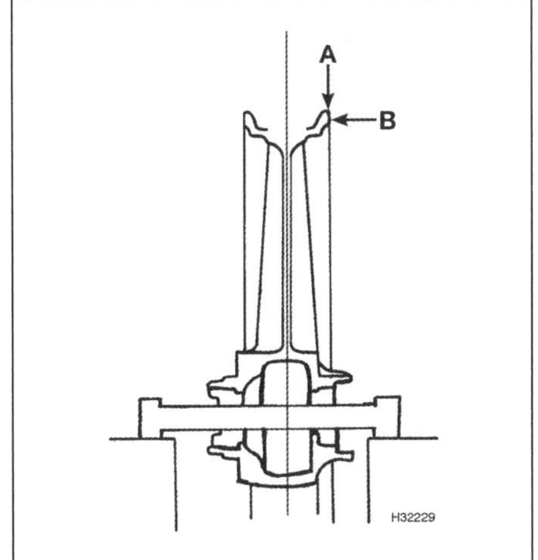

15.2 Kontrollieren Sie das Rad auf Höhenschlag (A) und Seitenschlag (B).

5

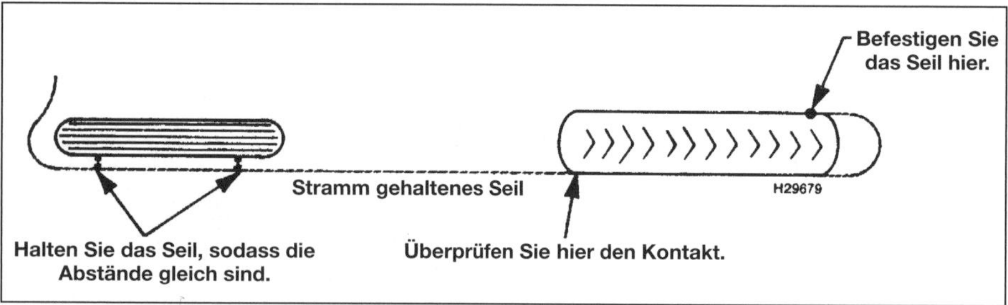

16.5 Spurkontrolle des Rades mithilfe eines Seils

3 Um das Radial- (Höhen-) Spiel akkurat messen zu können, muss das Rad ausgebaut und der Reifen demontiert werden. Bei im Schraubstock eingespannter Achse und einer Messuhr kann dann der Höhenschlag ermittelt werden – es dürfen nicht mehr als 1,0 mm Abweichung festgestellt werden.

4 Eine einfachere jedoch auch ungenauere Methode zum Ermitteln des Radialspiels ist durch das Befestigen eines festen Drahtes an der Gabel oder Schwinge zu erreichen, dessen Ende nahe an den Außenrand der Felge, wo der Reifen aufliegt, gebogen wird. Wenn das Rad in Ordnung ist, wird sich der Abstand zum Draht beim Drehen des Rades nicht verändern.

Die Abstände zwischen den Latten und dem Rad müssen vorn und hinten, sowie auf beiden Seiten gleich sein.

Absolut gerade Latten oder Metallstangen

Die Stangen müssen absolut parallel zum Hinterrad gehalten werden.

H29680

16.7 Spurkontrolle des Rades mithilfe von Holzlatten

5 Bei übermäßigem Spiel muss zunächst kontrolliert werden, ob die Ursache nicht in verschlissenen Radlagern zu suchen ist. Sind die Radlager in Ordnung, werden bei einem Drahtspeichenrad ungleichmäßig gespannte Speichen die Ursache sein. Das Richten eines Drahtspeichenrads durch Spannen der Speichen ist eine Arbeit, die viel Erfahrung erfordert – überlassen Sie sie nötigenfalls einer Fachwerkstatt. Ein Gussrad muss generell durch ein Neuteil ersetzt werden.

16 Räder
Spurkontrolle

1 Falls die Räder aufgrund eines schräg eingebauten Hinterrades, eines verzogenen Rahmens oder einer verbogenen Gabel nicht in Flucht laufen, können hierin die Ursachen für ein schlechtes und auch gefährliches Fahrverhalten der Maschine liegen. Wenn der Rahmen oder die Gabelbrücken verzogen sind, kann nur ein Rahmenricht-Spezialist weiterhelfen, oder die Baugruppen müssen getauscht werden.

2 Um die Spur kontrollieren zu können, wird neben einem Assistenten ein Seil oder eine absolut gerade Holzlatte und ein Lineal benötigt. Ebenfalls braucht man ein Lot.

3 Zur ordentlichen Kontrolle muss das Motorrad auf einer geeigneten Abstützung gerade ausgerichtet sein. Sorgen Sie zunächst dafür, dass die Kettenspanner auf beiden Seiten exakt gleich eingestellt sind (siehe Kapitel 1, Sektion 3). Messen Sie dann die Breite beider Räder an der dicksten Stelle. Ziehen Sie den Wert des Vorderrades von dem des Hinterrads ab und teilen Sie den Wert durch zwei. Das Ergebnis ist der Wert, der bei den folgenden Messungen auf beiden Seiten der Räder herauskommen sollte.

4 Wenn ein Seil verwendet wird, muss der Assistent das eine Ende auf halber Höhe zwischen Boden und Hinterradachse halten, sodass es die hintere Seitenfläche des Reifens berührt.

5 Halten Sie das andere Ende des Seils am Vorderrad in die gleiche Höhe und bringen Sie es stramm gespannt in Berührung mit der vorderen Seitenfläche des Hinterrads. Drehen Sie das Vorderrad, bis es parallel mit dem Seil steht. Messen Sie den Abstand der Reifenflanken zum Seil (siehe Abbildung).

6 Wiederholen Sie die Prozedur auf der anderen Seite der Maschine. Der Abstand zwischen Vorderrad und Seil muss auf beiden Seiten gleich sein.

7 Wie erwähnt, kann man die Messung auch mit einer absolut geraden Holzlatte durchführen (siehe Abbildung). Die Ausführung bleibt die gleiche.

8 Wenn der Abstand zwischen Reifen und Seil auf beiden Seiten variiert oder das Hinterrad nicht fluchtet, muss eine Ducati-Werkstatt oder ein Rahmen-Spezialist konsultiert werden.

9 Wenn die Spur stimmt, können die Räder immer noch vertikal nicht in Flucht stehen.

10 Mit einem Lot oder einem entsprechenden Gewicht und einer Schnur wird am Hinterrad gemessen, ob es senkrecht steht. Hierfür wird die Schnur an der oberen Seitenfläche des Reifens angelegt und das Lot herabgelassen. Wenn die Schnur beide Reifenflanken gleichzeitig berührt, steht das Rad gerade. Wenn nicht, muss der Ständer unterlegt werden, bis das Rad senkrecht steht.

11 Wenn das Hinterrad senkrecht steht, wird das Vorderrad in gleicher Weise kontrolliert. Wenn beide Räder nicht vertikal gleich stehen, ist der Rahmen und/oder ein wesentlicher Teil der Federelemente verzogen.

17 Vorderrad

Ausbau

1 Stützen Sie das Motorrad mithilfe einer geeigneten Stütze so ab, dass das Vorderrad gerade den Boden berührt, aber nicht die Federung komprimiert. Achten Sie immer auf einen sicheren Stand. Unterlegen Sie den Motorschutz ggf. mit Hölzern, um die Last besser zu verteilen und das Metall nicht zu zerkratzen

2 Lösen Sie die Bremssattel-Schrauben und ziehen Sie den Sattel von der Bremsscheibe (siehe Sektion 2) – bei Modellen mit 17-Zoll-Vorderrad müssen die Bremsbeläge ausgebaut werden, damit genügend Platz zum Abwinkeln des Bremssattels entsteht. Sichern Sie den Sattel so, dass die Bremsleitung nicht unter Last steht. Es ist nicht nötig, die Bremsleitung zu trennen.

Anmerkung: *Betätigen Sie nicht die Bremse, wenn der Bremssattel demontiert ist.*

3 Lösen Sie links die Mutter von der Achse. Entfernen Sie bei der Desert Sled auch die Scheibe (siehe Abbildungen).

4 Lockern Sie an beiden Tauchrohren die zwei Achsen-Klemmschrauben (siehe Abbildungen).

5 Drücken Sie die Achse von links nach rechts und ziehen Sie sie dort heraus, entnehmen Sie alle vorhandenen Distanzhülsen und merken Sie sich ihre Position(en) (siehe Abbildungen). Manövrieren Sie das Rad nach vorn aus der Gabel.

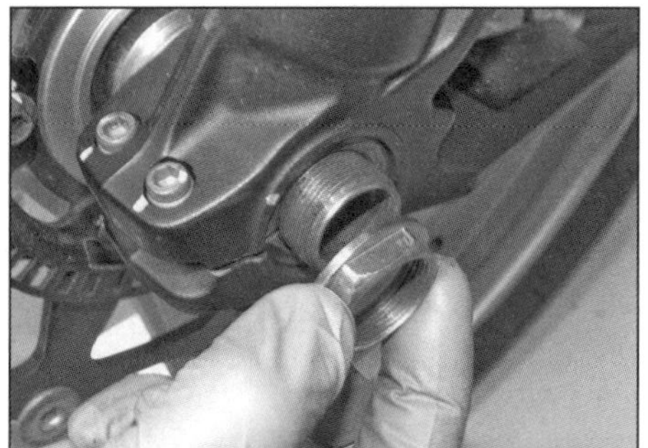
17.3a Lösen Sie die Achsmutter ...

17.3b ... und entnehmen Sie bei der Desert Sled auch die Scheibe

17.4a Lockern Sie die Klemmschrauben ...

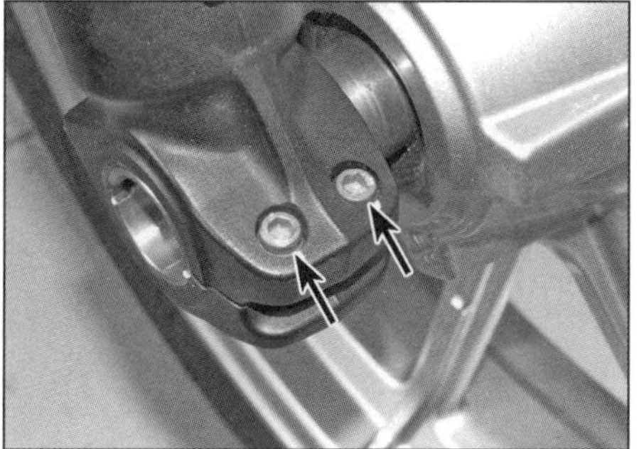
17.4b ... an beiden Gabelholmen.

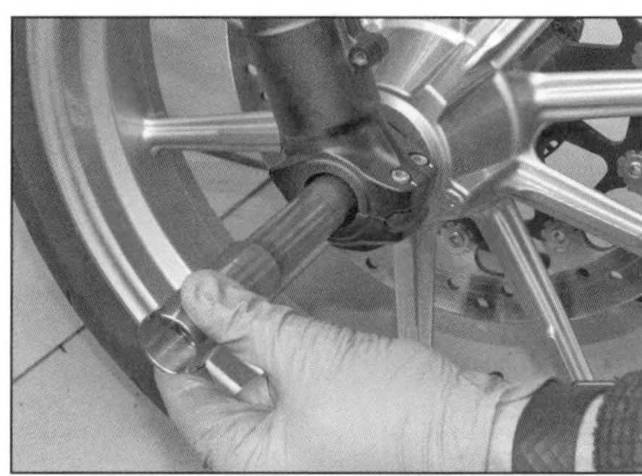
17.5a Ziehen Sie die Achse nach rechts heraus ...

17.5b ... und entnehmen Sie bei allen Modellen die linke Distanzhülse ...

17.5c ... sowie bei der Desert Sled auch die rechte Distanzhülse.

17.12 Kontern Sie die Achse beim Anziehen der Mutter.

Achtung: Legen Sie das Rad nicht auf die Bremsscheibe, da sie dadurch verziehen kann. Legen Sie das Rad auf Blöcke, sodass die Felge das Gewicht des Rades stützt.

6 Befreien Sie die Achse ggf. mithilfe von Stahlwolle von Schmutz und Korrosion. Kontrollieren Sie die Achse durch Rollen auf einer ebenen Oberfläche (z.B. einer Glasscheibe) auf Verzug. Wenn die Ausrüstung vorhanden ist, wird die Achse in Prismenblöcke gelegt und ihr Verzug gemessen – wenn die Achse stärker als 0,05 mm verbogen ist, muss sie ersetzt werden.

7 Kontrollieren Sie die Radlager (siehe Sektion 19).

Einbau

Anmerkung: *Falls ein neuer Reifen montiert wurde, muss sichergestellt werden, dass sein Laufrichtungs-Pfeil in die normale Drehrichtung zeigt.*

8 Positionieren Sie das Rad richtig herum (mit der Bremsscheibe nach links) zwischen den Gabelholmen. Fetten Sie die Achse dünn ein.

9 Schieben Sie bei allen Modellen **außer der Desert Sled** die Achse von rechts durch die Radnabe und die links zwischen Nabe und Gabelholm gehaltene Distanzhülse (Abbildungen 17.5b und a). Drehen Sie die Achsmutter handfest auf (Abbildung 17.3a).

10 Schieben Sie bei **der Desert Sled** die Achse von rechts durch den Gabelholm, die hier positionierte kleine Distanzhülse, die Radnabe und die links zwischen Nabe und Gabelholm gehaltene größere Distanzhülse (Abbildungen 17.5c, b und a). Legen Sie links die Scheibe auf und drehen Sie die Achsmutter handfest auf (Abbildung 17.3b).

11 Montieren Sie den Bremssattel und die Bremsbeläge (siehe Sektion 2) – anfangs sollten die Bremssattelschrauben nur handfest eingedreht und (ggf. nach dem Einbau der Beläge) die Bremsbeläge durch Betätigen der Bremse in Kontakt mit der Bremsscheibe gebracht werden; halten Sie die Bremse gezogen und ziehen Sie die Bremssattel-Schrauben mit 45 Nm an.

12 Kontern Sie rechts die Achse mit einem in ihre Nut eingeführten Werkzeug und ziehen Sie die Achsmutter mit 63 Nm an (siehe Abbildung).

13 Senken Sie das Vorderrad auf den Boden ab. Ziehen Sie die Bremse und komprimieren Sie mehrmals die Gabel, damit sich alles setzt und die Gabelholme spannungsfrei auf der Achse ausrichten. Ziehen Sie nun die Klemmschrauben beider Holme mit 10 Nm an (Abbildungen 17.4a und b) – nach dem Anzug der zweiten Schraube muss die erste ggf. erneut angezogen und dies mehrmals wiederholt werden, bis beide Schrauben mit 10 Nm angezogen sind.

14 Reinigen Sie die Bremsscheibe und prüfen Sie vor der ersten Fahrt die Funktion der Bremse.

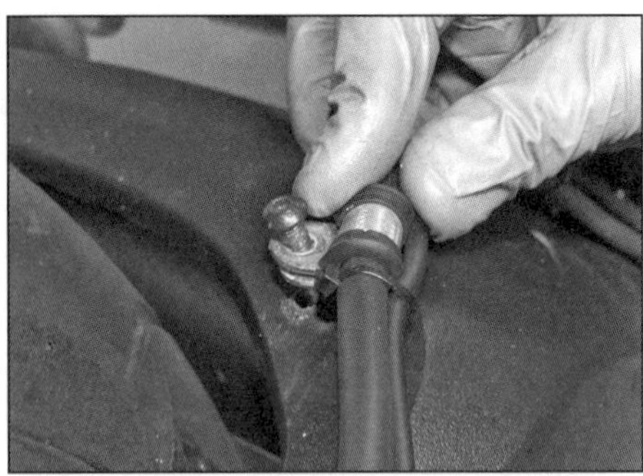

18.3 Lösen Sie die Schraube und befreien Sie den Bremsschlauch.

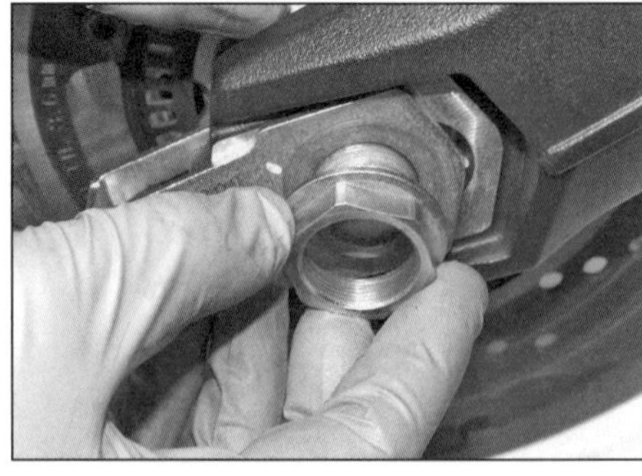

18.4 Lösen Sie die Achsmutter.

18.5 Ziehen Sie die Achse nach links heraus und halten Sie das Hinterrad.

18 Hinterrad

Ausbau

1 Stützen Sie das Motorrad mithilfe einer geeigneten Stütze so ab, dass das Hinterrad gerade den Boden berührt, aber nicht die Federung komprimiert. Achten Sie immer auf einen sicheren Stand. Sichern Sie den Bremshebel gegen den Lenker, damit das Motorrad nicht nach vorn rollen kann – entweder mit Gummibändern oder einer spezielle Klemme. Erzeugen Sie an der Antriebskette maximalen Durchhang (siehe Kapitel 1, Sektion 3).

2 Entfernen Sie bei allen Modellen außer der Desert Sled und der Classic den Kennzeichenträger samt Halter (siehe Kapitel 6, Sektion 10).

3 Befreien Sie den Bremsschlauchhalter von der Schwinge (siehe Abbildung).

4 Lösen Sie rechts die Mutter von der Hinterachse (siehe Abbildung).

5 Klopfen Sie die Achse mit einem Gummihammer nach links und ziehen Sie sie dort heraus (siehe Abbildung).

6 Heben Sie die Kette vom Kettenblatt (siehe Abbildung). Ziehen Sie das Rad nach hinten, bis der Bremssattelhalter aus seiner Führung an der Schwinge befreit ist und zwischen Rad und Schwinge herausgehoben werden kann (siehe Abbildung). Manövrieren Sie das Rad aus der Schwinge heraus. Positionieren Sie nötigenfalls den Bremssattelhalter wieder an der Schwinge und sichern Sie ihn dort mit einem Kabelbinder.

Achtung: Legen Sie das Rad NICHT auf die Bremsscheibe oder das Kettenblatt, da sie dadurch verziehen können. Legen Sie das Rad auf Blöcke, sodass die Felge das Gewicht des Rades stützt. Betätigen Sie NICHT das Bremspedal, wenn der Bremssattel demontiert ist.

7 Stellen Sie ggf. links die Distanzhülse aus der Radnabe sicher (Abbildung 19.17b).

8 Befreien Sie die Achse ggf. mithilfe von Stahlwolle von Schmutz und Korrosion. Kontrollieren Sie die Achse durch Rollen auf einer

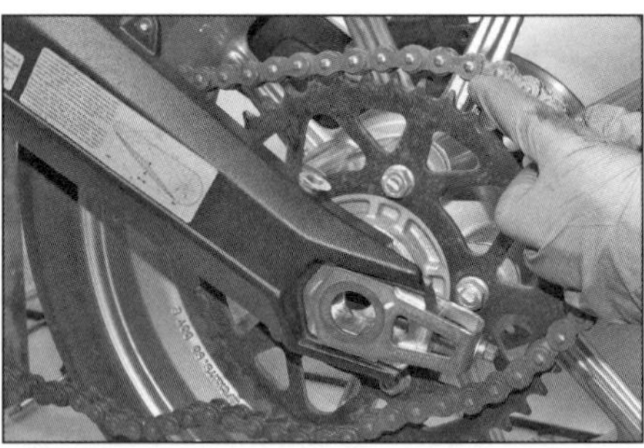

18.6a Heben Sie die Kette vom Kettenblatt.

18.6b Ziehen Sie das Rad nach hinten und befreien Sie den Bremssattel.

18.12 Schieben Sie den Bremssattelträger auf seine Führung.

18.14 Kontern Sie links den Achsenkopf und ziehen Sie die Achsmutter mit 145 Nm an.

ebenen Oberfläche (z. B. einer Glasscheibe) auf Verzug. Wenn die Ausrüstung vorhanden ist, wird die Achse in Prismenblöcke gelegt und ihr Verzug gemessen – wenn die Achse stärker als 0,05 mm verbogen ist, muss sie ersetzt werden.

9 Kontrollieren Sie die Radlager (siehe Sektion 19).

Einbau

Anmerkung: *Falls ein neuer Reifen montiert wurde, muss sichergestellt werden, dass sein Laufrichtungs-Pfeil in die normale Drehrichtung zeigt.*

10 Falls entfernt, wird die Distanzhülse links in das Radlager gesteckt (Abbildung 19.17b).

11 Fetten Sie die Achse dünn ein.

12 Bringen Sie das Rad innerhalb der Schwinge in Position. Schieben Sie den Bremssattelhalter zwischen das Rad und die Schwinge und positionieren Sie ihn an seiner Führung sowie über der Bremsscheibe (siehe Abbildung). Heben Sie die Antriebskette über das Kettenblatt (Abbildung 18.6a).

13 Schieben Sie die Achse von links ein – der Bremssattelhalter muss an seiner Positionen verbleiben (Abbildung 18.5). Drehen Sie die Achsmutter locker auf (Abbildung 18.4).

14 Stellen Sie den Kettendurchhang ein (siehe Kapitel 1, Sektion 3). Kontern Sie anschließend den Achsenkopf und ziehen Sie die Achsmutter mit 145 Nm an (siehe Abbildung).

15 Sichern Sie den Bremsleitungshalter an der Schwinge (Abbildung 18.3).

16 Reinigen Sie die Bremsscheibe mit Bremsenreiniger. Bringen Sie durch mehrmaliges

19.6 Treiben Sie das Lager mit einem Steckschlüssel, der nur den Außenring berührt, senkrecht in seinen Sitz.

19.9 Heben Sie den Kettenblatt-Mitnehmer heraus.

19.11a Im Ausschnitt der zwischen den Radlagern sitzenden Distanzhülse ...

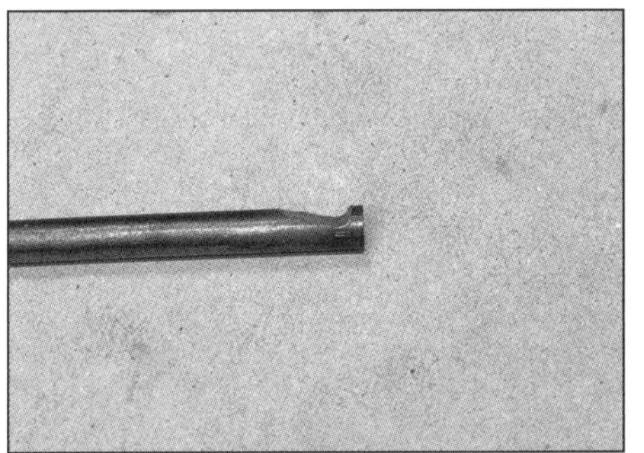

19.11b ... wird der – ggf. passend geformte – Dorn ...

19.11c ... wie gezeigt angesetzt, ...

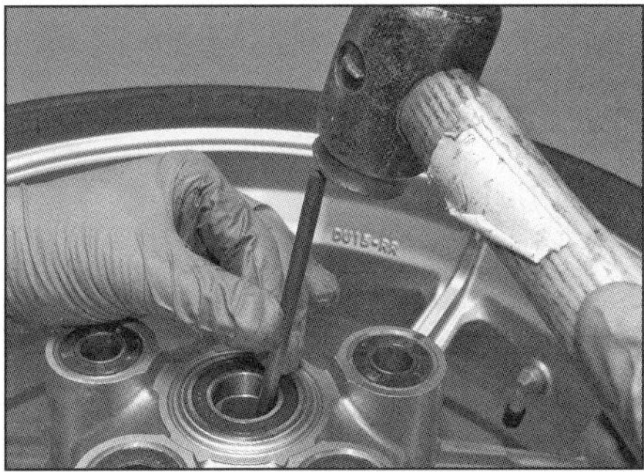

19.11d ... um das untere Lager rundherum auszutreiben.

Betätigen des Bremspedals die Bremsbeläge in Kontakt mit der Bremsscheibe.

17 Montieren Sie bei allen Modellen außer der Desert Sled und der Classic den Kennzeichenträger samt Halter (siehe Kapitel 6, Sektion 10).

18 Prüfen Sie vor der ersten Fahrt die Funktion der Bremse.

19 Radlager

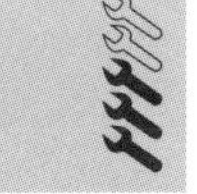

Anmerkung: *Ersetzen Sie Radlager immer als Set – niemals einzeln. Der Austausch von Lagern geht einfacher, wenn die Lagersitze mit einem Heißluftgebläse erwärmt und die neuen Lager vor dem Einbau im Eisfach gekühlt werden. Vermeiden Sie den Einsatz von Hochdruckreinigern im Bereich der Radlager.*

Vorderradlager

1 Bauen Sie das Rad aus (siehe Sektion 17). Stützen Sie das Rad mit der Felge auf Hölzern, um die Bremsscheibe nicht zu beschädigen.

2 Inspizieren Sie die Radlager in beiden Seiten der Nabe – deren Innenringe müssen sich sanft drehen lassen und die Außenringe müssen fest in der Nabe sitzen; beachten Sie hierzu die Sektion 5 der *Werkzeug- und Werkstatt-Tipps* im Anhang.

Anmerkung: *Die Radlager dürfen nur ausgebaut werden, wenn sie erneuert werden sollen.*

3 Falls neue Lager montiert werden müssen, wird am Ausschnitt der zwischen den Lagern sitzenden Distanzhülse ein nötigenfalls passend geformter Treibdorn angesetzt, um das Lager rundherum auszutreiben – verkanten Sie es dabei nicht (Abbildungen 19.11a bis d). Falls das Lager sehr fest sitzt, muss sein Sitz mit einem Heißluftgebläse erwärmt werden, um es zu lockern. Nachdem das erste Lager entfernt ist, wird die Distanzhülse entnommen.

4 Drehen Sie das Rad um und treiben Sie mit einem geeigneten Steckschlüssel das zweite Lager nach unten heraus.

5 Reinigen Sie die Radnabe mit Lösungsmittel und begutachten Sie die Lagersitze auf Riefen und Verschleiß. Sind die Sitze beschädigt, muss das Rad von einer Fachwerkstatt untersucht werden.

6 Schmieren Sie den Lagersitz dünn mit Fett und treiben Sie das erste Lager (mit der Markierung nach außen) mithilfe eines Steckschlüssels, der nur den Außenring berührt, senkrecht in seinen Sitz (siehe Abbildung).

7 Drehen Sie das Rad um und stecken Sie die Distanzhülse in die Nabe. Treiben Sie das rechte Radlager genauso in seinen Sitz, bis es an der Distanzhülse anliegt.

8 Reinigen Sie die Bremsscheibe mit Aceton oder Bremsenreiniger und bauen Sie das Rad ein (siehe Sektion 17).

Hinterradlager

9 Bauen Sie das Rad aus (siehe Sektion 18). Stützen Sie das Rad mit der Felge auf Hölzern, um die Bremsscheibe nicht zu beschädigen. Entfernen Sie den Kettenblatt-Mitnehmer und die Gummidämpfer aus der Nabe (siehe Abbildung) – beachten Sie die Distanzhülse hinter dem Mitnehmer (Abbildung 19.16).

10 Inspizieren Sie die Radlager in beiden Seiten der Nabe – deren Innenringe müssen sich sanft drehen lassen und die Außenringe müssen fest in der Nabe sitzen; beachten Sie hierzu die Sektion 5 der *Werkzeug- und Werkstatt-Tipps* im Anhang.

Anmerkung: *Die Radlager dürfen nur ausgebaut werden, wenn sie erneuert werden sollen.*

11 Falls neue Lager montiert werden müssen, wird am Ausschnitt der zwischen den Lagern sitzenden Distanzhülse ein nötigenfalls passend geformter Treibdorn angesetzt, um das Lager rundherum auszutreiben – verkanten Sie es dabei nicht (siehe Abbildungen). Falls das Lager sehr fest sitzt, muss sein Sitz mit einem Heißluftgebläse erwärmt werden, um es zu lockern. Nachdem das erste Lager entfernt ist, wird die Distanzhülse entnommen.

12 Drehen Sie das Rad um und treiben Sie mit einem geeigneten Steckschlüssel das zweite Lager nach unten heraus.

13 Reinigen Sie die Radnabe mit Lösungsmittel und begutachten Sie die Lagersitze auf Rie-

19.14 Treiben Sie das Lager mit einem Steckschlüssel, der nur den Außenring berührt, senkrecht in seinen Sitz.

19.16 Die Mitnehmer-Distanzhülse muss im inneren Lager stecken.

19.17a Setzen Sie innen einen Steckschlüssel an, ...

fen und Verschleiß. Sind die Sitze beschädigt, muss das Rad von einer Fachwerkstatt untersucht werden.

14 Schmieren Sie den Lagersitz dünn mit Fett und treiben Sie das erste Lager (mit der Markierung nach außen) mithilfe eines Steckschlüssels, der nur den Außenring berührt, senkrecht in seinen Sitz (siehe Abbildung).

15 Drehen Sie das Rad um und stecken Sie die Distanzhülse in die Nabe. Treiben Sie das rechte Radlager genauso in seinen Sitz, bis es an der Distanzhülse anliegt.

16 Kontrollieren Sie die Mitnehmer-Gummidämpfer (siehe Sektion 23) und stellen Sie sicher, dass die Mitnehmer-Distanzhülse eingebaut ist (siehe Abbildung). Schmieren Sie die Mitnehmerzapfen mit Fett und schieben Sie sie in ihre Führungen, um den Mitnehmer an der Radnabe anzusetzen (Abbildung 19.9). Reinigen Sie die Bremsscheibe mit Aceton oder Bremsenreiniger und bauen Sie das Rad ein (siehe Sektion 18).

Mitnehmer-Lager

17 Bauen Sie das Hinterrad aus (siehe Sektion 18) und heben Sie den Kettenradmitnehmer aus der Radnabe (Abbildung 19.9). Befreien Sie die Mitnehmer-Distanzhülse (Abbildung 19.16). Falls die äußere Distanzhülse fest im Mitnehmer-Lager steckt, muss sie von innen mit einem passenden Steckschlüssel ausgetrieben werden (siehe Abbildungen).

18 Kontrollieren Sie die beiden Lager des Mitnehmers – deren Innenringe müssen sich sanft drehen lassen und die Außenringe müssen fest im Mitnehmer sitzen; beachten Sie hierzu die Sektion 5 der *Werkzeug- und Werkstatt-Tipps* im Anhang.

Anmerkung: *Die Lager dürfen nur ausgebaut werden, wenn sie erneuert werden sollen.*

19 Falls neue Lager montiert werden sollen, muss außen am Mitnehmer der Seegerring entfernt werden (siehe Abbildung). Stützen Sie den Mitnehmer mit dem Kettenblatt nach unten auf Hölzern und treiben Sie beide Lager gemeinsam von innen aus (siehe Abbildung) – beachten Sie den zwischen ihnen liegenden

19.17b ... um die Distanzhülse nach außen aus dem Mitnehmer zu treiben.

19.19b Treiben Sie das Lager von innen heraus.

Distanzring. Falls die Lager sehr fest sitzen, muss ihr Sitz mit einem Heißluftgebläse erwärmt werden.

20 Reinigen Sie den Mitnehmer mit Lösungsmittel und kontrollieren Sie die Lagersitze auf Riefen und Verschleiß. Sind die Sitze beschädigt, muss der Mitnehmer durch ein Neuteil ersetzt werden.

21 Schmieren Sie den Lagersitz dünn mit Fett und treiben Sie das erste Lager (mit der Markierung nach außen) mithilfe eines Steckschlüssels, der nur den Außenring berührt,

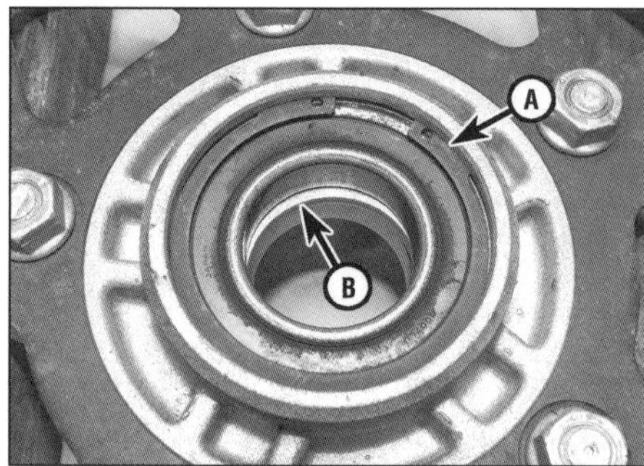

19.19a Entfernen Sie den Seegerring (A). Beachten Sie den zwischen den Lagern liegenden Distanzring (B).

19.21 Treiben Sie die Lager nacheinander mit einem passenden Steckschlüssel in den Mitnehmer – vergessen Sie nicht die Distanzscheibe.

senkrecht in seinen Sitz (siehe Abbildung). Legen Sie die Distanzscheibe auf und installieren Sie das zweite Lager auf die gleiche Weise.

22 Kontrollieren Sie die Mitnehmer-Gummidämpfer (siehe Sektion 23). Installieren Sie alle Distanzhülsen. Schmieren Sie die Mitnehmerzapfen mit Fett und schieben Sie sie in ihre Führungen, um den Mitnehmer an der Radnabe anzusetzen (Abbildungen 19.17b, 19.16 und 19.9). Bauen Sie das Rad ein (siehe Sektion 18).

20 Reifen

Allgemeine Informationen

1 Auf Drahtspeichenräder müssen mit Schläuchen ausgerüstete Reifen gezogen werden; Gussräder werden mit schlauchlosen Reifen (TL) bestückt. Die Reifengrößen finden sich in den technischen Daten dieses Kapitels, im Fahrerhandbuch und in den Fahrzeugpapieren.

2 Wechseln Sie zu den Täglichen Kontrollen am Anfang dieses Handbuches, um Räder und Reifen zu warten.

Montage neuer Reifen

3 Die Auswahl neuer Reifen wird von den Eintragungen in den Fahrzeugpapieren bestimmt. Achten Sie darauf, dass Vorder- und Hinterreifen zusammenpassen, die Größe und Geschwindigkeitsangabe stimmen. Lassen Sie sich von einem Ducati- oder Reifenhändler beraten (siehe Abbildung).

4 Es empfiehlt sich, Reifen bei einem Spezialisten wechseln zu lassen. Vor allem schlauchlose Reifen (»Tubeless« oder TL) lassen sich mit Hausmitteln nur sehr schwierig abziehen und montieren. Eine Werkstatt ist zusätzlich in der Lage, Räder mit neuen Reifen auszuwuchten.

5 Ein »Plattfuß« eines schlauchlosen Reifens kann in manchen Fällen mit einem Reparaturset behoben werden, doch sollte nach einer Reparatur nur mit moderatem Tempo und möglichst geringer Last eine Fachwerkstatt aufgesucht werden, die eine professionelle Reparatur durchführt oder den Reifen durch ein Neuteil austauscht.

21 Antriebskette

Anmerkung: *Die Kette sollte stets zusammen mit den die Kettenrädern ausgetauscht werden (siehe Sektion 22) – eine neue Kette auf alten Kettenrädern oder eine alte Kette auf neuen Kettenrädern sorgen für rapiden Verschleiß. Beachten Sie die Hinweise in Kapitel 1, um Details zur Wartung und Überprüfung des Antriebsstrangs zu erhalten.*

Spezialwerkzeug: *Die Kette muss mit einem speziellen Kettentrenn-/Nietwerkzeug geöffnet werden – verwenden Sie hierzu entweder das Ducati-Werkzeug 88713.1344 oder ein im Zubehörhandel erhältlichen Werkzeug (aber nicht das billigste!). Nietschlossketten sind an den Verbindungen durch Vertiefungen in den Bolzen zu erkennen, die sich von den abgeflachten anderen Bolzen unterscheiden.*

Reinigung

1 Die regelmäßige Reinigung der eingebauten Kette ist in Kapitel 1, Sektion 3 beschrieben.

2 Falls die Kette stark verschmutzt ist, muss sie ausgebaut (siehe unten) und für ca. fünf Minuten in Paraffinöl oder Petroleum eingeweicht werden, bevor sie mit einer weichen Bürste gereinigt wird. Trocknen Sie die Kette nach der Reinigung umgehend mit Druckluft.

Achtung: Verwenden Sie für die Reinigung keinesfalls Benzin, Lösungsmittel oder andere Reinigungs-Chemikalien, da diese die O-Ringe der Kette angreifen können. Auch ein Hochdruckreiniger oder Dampfstrahler darf nicht eingesetzt werden.

Ausbau

3 Stützen Sie das Motorrad so ab, dass das Hinterrad nicht den Boden berührt. Bringen Sie das Nietschloss durch Drehen des Hinterrades in eine geeignete Position – die Mitte des unteren Kettentrums ist ideal (Abbildung 21.10). Vergrößern Sie den Kettendurchhang (siehe Kapitel 1, Sektion 3).

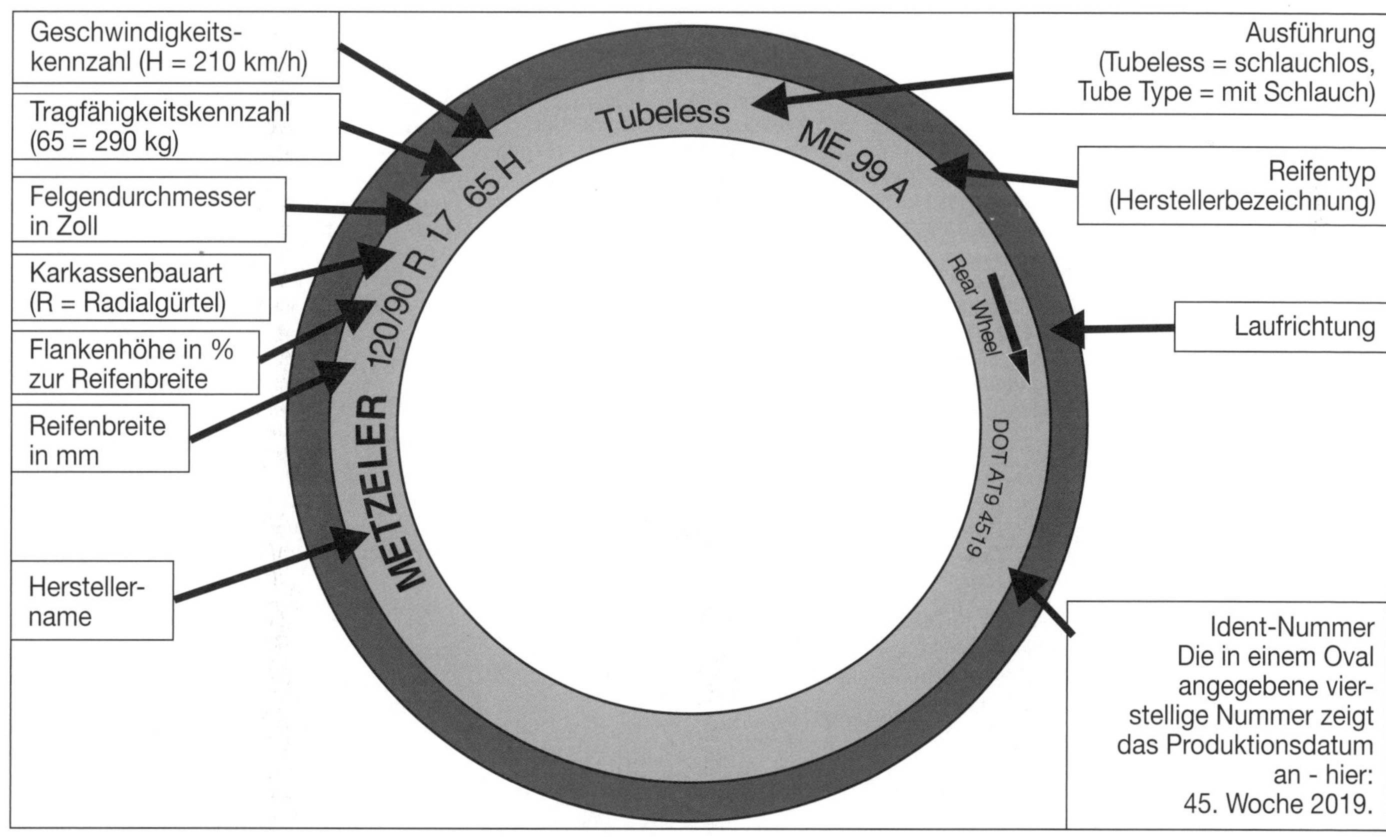

20.3 Übliche Reifen-Markierungen an einem Standard-Beispiel

5

21.4 Schrauben des Kettenschutzes

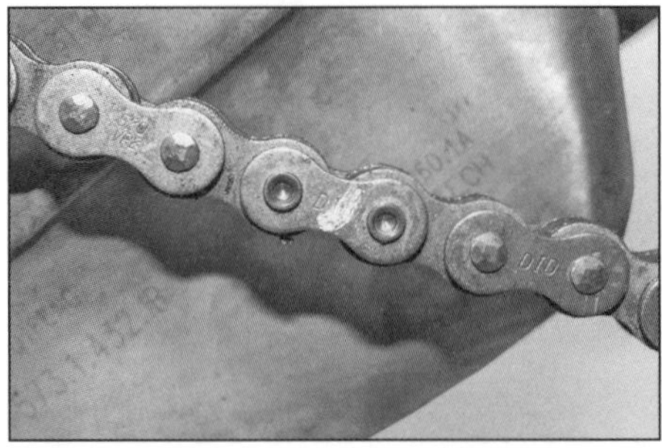

21.10 Kontrollieren Sie die vernieteten Bolzenköpfe auf Risse

22.1 Der Motorritzel-Deckel ist mit drei Schrauben gesichert.

22.5a Lösen Sie die Mutter, ziehen Sie die Schraube heraus und schwenken Sie das Schaltgestänge herunter.

22.5b Lösen Sie die Schraube aus der Schwingenachse und entnehmen Sie die Scheibe.

4 Für einen besseren Zugang kann der Kettenschutz von der Schwinge demontiert werden (siehe Abbildung).
5 Demontieren Sie die Abdeckung des Motorritzels (siehe Sektion 22). Falls neue Kettenräder montiert werden sollen, müssen jetzt die Schrauben des Motorritzel-Sicherungsblechs gelockert werden – legen Sie zum Kontern des Ritzels einen Gang ein und/oder halten Sie das Hinterrad fest.
6 Trennen Sie die Kette mit einem geeigneten Werkzeug am Nietschloss – beachten Sie dazu die dem Werkzeug beigefügte Anleitung und die Sektion 8 der *Werkzeug- und Werkstatt-Tipps* im Anhang. Entnehmen Sie die Kette – beachten Sie dabei ihre Verlegung.
7 Falls neue Kettenräder montiert werden sollen, muss dies jetzt geschehen (siehe Sektion 22).

Einbau

⚠ ***Warnung: Benutzen Sie NIEMALS eine Kette mit einem Federclip-Schloss! Verwenden Sie immer das korrekte Werkzeug, um das Nietschloss zu sichern. Wenn Sie ein solches Werkzeug nicht besitzen oder Zweifel an Ihren Fähigkeiten haben, sollten Sie die Arbeit von einer Fachwerkstatt erledigen lassen. Eine durch ein fehlerhaft montiertes Schloss während der Fahrt abreißende Kette kann nicht nur große Schäden am Motorrad anrichten, sondern auch zu schwersten Verletzungen und/oder durch ein blockierendes Hinterrad zu einem Sturz führen!***

Anmerkung: *Beachten Sie die korrekte Kettenlänge – falls die neue Kette mehr als die in den technischen Daten angegebene Anzahl an Glieder hat, muss sie mit dem Werkzeug entsprechend gekürzt werden.*

8 Führen Sie die Kette durch die Schwinge und um beide Kettenräder, halten Sie die Enden in der Mitte des unteren Trums zusammen.
9 Vernieten Sie die Kette, wie in Sektion 8 der *Werkzeug- und Werkstatt-Tipps* im Anhang beschrieben. Rüsten Sie beide Bolzen des Schlosses mit einem O-Ring aus, schieben Sie das Schloss von innen durch beide Ketten-Enden, legen Sie die anderen beiden O-Ringe auf und stecken Sie die Schloss-Lasche mit

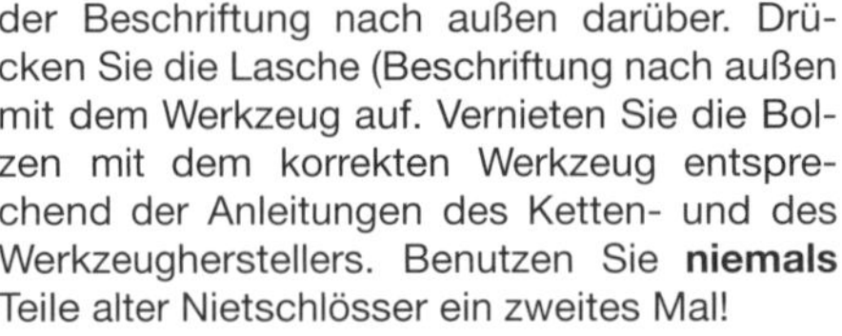

der Beschriftung nach außen darüber. Drücken Sie die Lasche (Beschriftung nach außen) mit dem Werkzeug auf. Vernieten Sie die Bolzen mit dem korrekten Werkzeug entsprechend der Anleitungen des Ketten- und des Werkzeugherstellers. Benutzen Sie **niemals** Teile alter Nietschlösser ein zweites Mal!
10 Kontrollieren Sie die Vernietung (siehe Abbildung). Bei gerissenen Bolzen-Köpfen müssen alle Teile des Kettenschlosses erneuert werden. Prüfen Sie, ob sich die Kette bewegen lässt.
11 Ziehen Sie jetzt ggf. bei blockiertem Ritzel die Schrauben des Sicherungsblechs mit 6 Nm an. Montieren Sie den Ritzel-Deckel (siehe Sektion 22).
12 Montieren Sie ggf. den Kettenschutz (Abbildung 21.4).
13 Zum Schluss wird der Kettendurchhang eingestellt und die Kette geschmiert (siehe Kapitel 1, Sektion 3).

22 Kettenräder und Gleitschiene

Motorritzel-Deckel

1 Lösen Sie die drei Schrauben des Deckels und entnehmen Sie ihn (siehe Abbildung).
2 Der Einbau entspricht der umgekehrten Ausbaureihenfolge – ziehen Sie die Schrauben sorgfältig an.

Kettenräder

Kontrolle

3 Demontieren Sie den Motorritzel-Deckel (siehe Schritt 1). Kontrollieren Sie beide Kettenräder auf Verschleiß (siehe Kapitel 1, Sektion 3). Falls die Zähne eines Kettenrads stark verschlissen sind, sollten beide Kettenräder samt Kette durch ein neues Set ausgetauscht werden – eine neue Kette auf alten Kettenrädern oder eine alte Kette auf neuen Kettenrädern würden für rapiden Verschleiß sorgen.

Kettenräder

Ausbau und Einbau

Motorritzel und Gleitschiene

4 Bei Modellen **ab Modelljahr 2019** muss der Kupplungs-Ausrückzylinder demontiert werden (siehe Kapitel 2, Sektion 17) – der Hydraulikschlauch kann angeschlossen bleiben. Demontieren Sie bei allen Modellen den Motorritzel-Deckel (siehe Schritt 1).
5 Befreien Sie bei allen Modellen **außer der Desert Sled** das Schaltgestänge vom Schalthebel (siehe Abbildung). Lösen Sie links die Schraube aus der Schwingenachse – beachten Sie die Scheibe (siehe Abbildung). Lösen Sie die Schrauben des Fußrastenträgers, entnehmen Sie ihn und stellen Sie die Scheiben zwischen ihm und dem Seitenständer-Träger (vorn) bzw. zwischen ihm und dem Motor sicher (siehe Abbildungen).

22.5c Lösen Sie die Schrauben des Fußrastenträgers, ...

22.5d ... entnehmen Sie die Scheiben ...

22.5e ... und ziehen Sie den Träger von der Schwingenachse.

22.6 Lösen Sie die Schrauben des Motorritzel-Sicherungsblechs.

22.7 Heben Sie die Kette vom Kettenblatt, um maximalen Durchhang zu erreichen.

22.8a Verdrehen und entnehmen Sie das Sicherungsblech ...

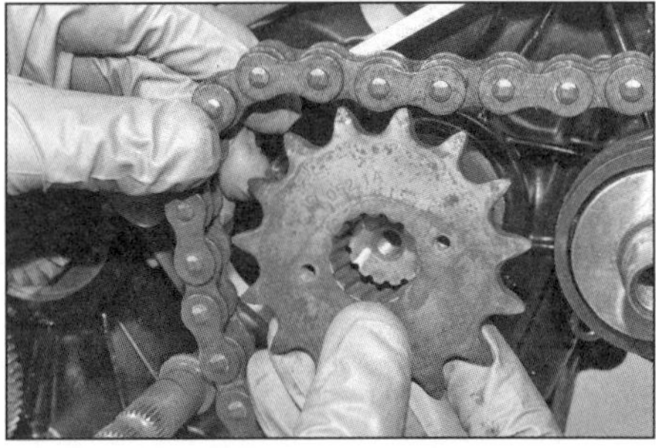

22.8b ... und ziehen Sie das Ritzel ab – befreien Sie es nötigenfalls aus der Kette.

6 Legen Sie einen Gang ein und/oder halten Sie das Hinterrad fest, um das Motorritzel zu kontern, und lösen Sie die Schrauben des Sicherungsblechs (siehe Abbildung).

7 Falls auch die Ketten entfernt werden soll, muss dies jetzt geschehen (siehe Sektion 21); falls die Kette nicht entfernt werden soll, muss ihr Durchhang maximiert werden (siehe Kapitel 1, Sektion 3). Falls das Kettenblatt vom Hinterrad demontiert werden soll, muss das Hinterrad jetzt ausgebaut werden (siehe Sektion 18), andernfalls wird die Kette hinten abgehoben, um maximalen Durchhang zu erreichen (siehe Abbildung).

8 Verdrehen Sie das Motorritzel-Sicherungsblech, um es zur Wellenverzahnung auszurichten und abziehen zu können (siehe Abbildung). Ziehen Sie das Ritzel von der Welle und heben Sie es ggf. aus der Kette (siehe Abbildung).

9 Kontrollieren Sie die vorn an der Schwinge sitzende Kettengleitschiene und ersetzen Sie sie nötigenfalls, solange das Motorritzel nicht montiert ist (siehe Kapitel 4, Sektion 12) (bei montiertem Ritzel ist der Austausch nicht möglich).

10 Legen Sie das neue Ritzel ggf. in die eingebaute Kette – die Markierung muss außen liegen – und schieben Sie es auf die Welle (Abbildung 22.8b). Schieben Sie das Sicherungsblech auf (Abbildung 22.8a) und verdrehen Sie es in der Nut, um es zu arretieren und die Schraubenbohrungen auszurichten (siehe Abbildung).

11 Falls das Hinterrad ausgebaut ist, muss jetzt ggf. das Kettenblatt erneuert und das Rad eingebaut werden (siehe Sektion 18). Legen Sie ggf. die Kette auf (Abbildung 22.7). Verringern Sie den Kettendurchhang.

12 Reinigen Sie die Gewinde der Sicherungsblech-Schrauben und tragen Sie mittelfeste Sicherungspaste auf. Kontern Sie das Ritzel und ziehen Sie die Schrauben mit 6 Nm an (Abbildung 22.6).

13 Montieren Sie bei allen Modellen **außer der Desert Sled** den Fußrastenträger (Abbildungen 22.5e bis b) – vergessen Sie nicht die Scheiben. Ziehen Sie die Schrauben des Trägers mit 36 Nm und die Schraube der Schwingenachse mit 55 Nm an. Verbinden Sie das Schaltgestänge mit dem Schalthebel (Abbildung 22.5a).

14 Montieren Sie den Motorritzel-Deckel. Stellen Sie den Kettendurchhang ein (siehe Kapitel 1, Sektion 3) und schmieren Sie die Ketten nötigenfalls. Montieren Sie bei Modellen ab Modelljahr 2019 den Kupplungs-Ausrückzylinder (siehe Kapitel 2, Sektion 17).

Kettenblatt

15 Bauen Sie das Hinterrad aus (siehe Sektion 18). Legen Sie das Rad mit dem Kettenblatt nach oben auf Hölzern ab, sodass die Bremsscheibe nicht beschädigt wird.

16 Lösen Sie die Muttern, die das Kettenblatt am Mitnehmer sichern, und heben Sie es ab. Falls das Kettenblatt nicht durch ein Neuteil ersetzt werden soll, muss es außen markiert werden, damit es wieder in der originalen Einbaurichtung montiert werden kann.

17 Heben Sie den Kettenblatt-Mitnehmer aus der Radnabe (Abbildung 19.9) – beachten Sie die Distanzhülse in seiner Rückseite (Abbildung 19.16). Kontrollieren Sie die Mitnehmerzapfen und ihre Muttern auf Verschleiß und Beschädigungen sowie festen Sitz (siehe Abbildung). Falls Zapfen locker oder beschädigt sind, sollten alle abgeschraubt, schadhafte ersetzt und die Gewinde aller Zapfen gereinigt werden. Tragen Sie hochfeste Sicherungspaste auf, installieren Sie die Zapfen und sichern Sie sie mit 46 Nm. Installieren Sie die Distanzhülse, fetten Sie die Mitnehmerzapfen und stecken Sie den Mitnehmer in die Radnabe (Abbildungen 19.16 und 19.9).

18 Bevor das Kettenblatt montiert wird, muss dafür gesorgt werden, dass sein Sitz auf dem Mitnehmer nicht korrodiert oder verschmutzt ist – so wird sichergestellt, dass es rundherum anliegt.

19 Legen Sie das Kettenblatt mit der eingeschlagenen Markierung nach außen zeigend auf, drehen Sie die Muttern auf die Stehbolzen und ziehen Sie sie schrittweise und über Kreuz mit 46 Nm an.

20 Bauen Sie das Hinterrad ein (siehe Sektion 18).

23 Kettenblattmitnehmer und Ruckdämpfer

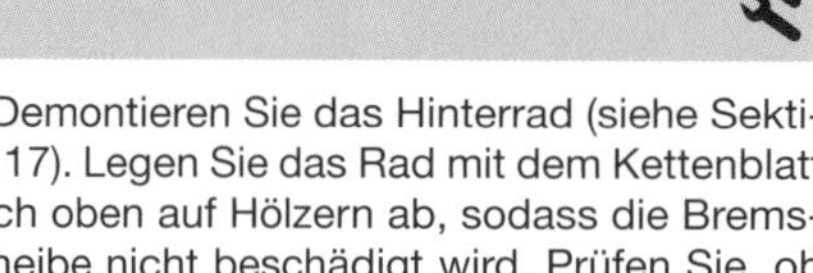

1 Demontieren Sie das Hinterrad (siehe Sektion 17). Legen Sie das Rad mit dem Kettenblatt nach oben auf Hölzern ab, sodass die Bremsscheibe nicht beschädigt wird. Prüfen Sie, ob der Mitnehmer in der Radnabe Spiel hat – in diesem Fall müssen die Ruckdämpfergummis ersetzt werden.

2 Heben Sie den Kettenblattmitnehmer aus der Radnabe (Abbildung 19.9)– beachten Sie die Distanzhülse in seiner Rückseite (Abbildung 19.16). Kontrollieren Sie den Mitnehmer auf Risse und andere sichtbare Schäden.

3 Befreien Sie nötigenfalls die Gummibuchsen aus der Radnabe – verwenden Sie hierfür einen Innenabzieher samt Zughammer – und ersetzen Sie sie durch Neuteile (siehe Abbildung). Schmieren Sie die neuen Buchsen mit Fett und klopfen Sie sie mit einem Gummihammer in ihre Sitze, bis sie wie gezeigt positioniert sind.

4 Die Kontrolle und der Austausch der Mitnehmer-Lager sind in Sektion 19 beschrieben.

5 Der Einbau entspricht der umgekehrten Ausbaureihenfolge – die Distanzhülse muss korrekt im Lager sitzen (Abbildung 19.16). Fetten Sie die Mitnehmerzapfen und stecken Sie den Mitnehmer in die Radnabe (Abbildung 19.9).

6 Bauen Sie das Hinterrad ein (siehe Sektion 18).

22.10 Verdrehen Sie das Sicherungsblech in seiner Nut, um die Schraubenbohrungen auszurichten.

22.17 Die Zapfen müssen fest im Mitnehmer sitzen.

23.3 Mitnehmer-Gummibuchsen in der Hinterradnabe

Kapitel 6
Anbauteile

Inhalt (in alphabetischer Reihenfolge, die Zahlen geben die Nummerierung in den grauen Feldern wieder)

Schwierigkeitsgrade

Leicht. Für Anfänger mit wenig Erfahrung geeignet. 	**Relativ leicht.** Für Anfänger mit etwas Erfahrung geeignet. 	**Relativ schwierig.** Geeignet für geübte Selbstschrauber. 	**Schwer.** Geeignet für Selbstschrauber mit viel Erfahrung. 	**Sehr schwer.** Geeignet für Experten und Profis.

1 Allgemeine Informationen

1 In diesem Kapitel sind die nötigen Arbeitsschritte beschrieben, die zum Entfernen und Montieren der Anbau- und Verkleidungsteile am Motorrad nötig sind. Da bei vielen Wartungsarbeiten und Reparaturen Anbauteile entfernt werden müssen, sind die Arbeitsschritte hier zusammengefasst und werden in anderen Kapiteln erwähnt.

2 Im Falle einer Beschädigung von Anbauteilen ist es normalerweise üblich, diese Komponenten durch Neu- oder Gebrauchtteile zu ersetzen. Das Material, aus dem die Verkleidungsteile sind, lässt sich mit konventioneller Technik nicht reparieren. Es gibt jedoch einige Spezialisten, die Kunststoff wieder »schweißen« können. Es lohnt sich, hier Angebote einzuholen, bevor teure Neuteile verbaut werden.

3 Falls die Demontage eines Verkleidungsteils ansteht, sollte es zunächst genau studiert und alle Befestigungen und Anschlüsse beachtet werden, um beim Einbau alles wieder korrekt an seinen Platz zu bekommen. Wenn alle sichtbaren Befestigungen entfernt worden sind, muss versucht werden, das Teil wie beschrieben abzuziehen – **aber nicht mit Gewalt.** Falls es sich nicht entfernen lässt, muss vor einem erneuten Versuch überprüft werden, ob alle Befestigungen gelöst sind.

4 Beim Anbau von Verkleidungsteilen muss zuvor genau studiert werden, ob alle Befestigungen und angeschlossenen Teile wieder an ihren korrekten Platz gelangen. Achten Sie darauf, dass alle Befestigungen, wie auch alle Klemmen und Blindsteckmuttern in gutem Zustand sind. Alle verschlissenen oder beschädigten Teile müssen ersetzt werden, bevor die Komponente installiert wird. Prüfen Sie auch, ob alle Halterungen gerade sind und reparieren oder ersetzen Sie, bevor versucht wird, das Anbauteil zu montieren.

5 Ziehen Sie Befestigungs-Schrauben sorgfältig an, aber seien Sie vorsichtig, nichts zu überdrehen, da – nicht immer sofort – Belastungsbrüche oder Risse auftreten können.

2 Sitzbank

Ausbau

1 Entriegeln Sie die Sitzbank, indem Sie den Zündschlüssel ins Schloss stecken und im Uhrzeigersinn drehen (siehe Abbildung). Heben Sie den Sitz hinten an und ziehen Sie ihn nach hinten, um seine mittleren Haken und die vordere Lasche zu befreien (Abbildung 2.3).

2 Um beim Café Racer die Sozius-Abdeckung zu entfernen, müssen von unten die zwei Schrauben gelöst und die Halterung herumgeschwenkt werden, damit die Abdeckung nach hinten gezogen und ihre Laschen befreit werden (siehe Abbildung).

Einbau

3 Hängen Sie die vordere Lasche unter dem Tank-Halter ein und drücken Sie die Sitzbank hinten herunter, um die Verriegelung einrasten zu lassen (siehe Abbildung).

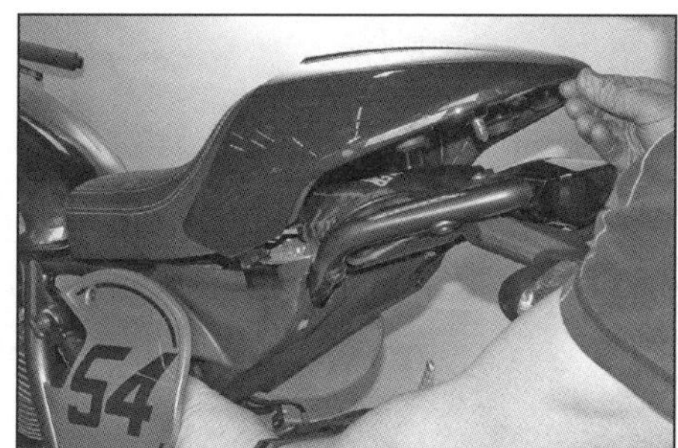

2.1 Entriegeln Sie die Sitzbank und heben Sie sie ab.

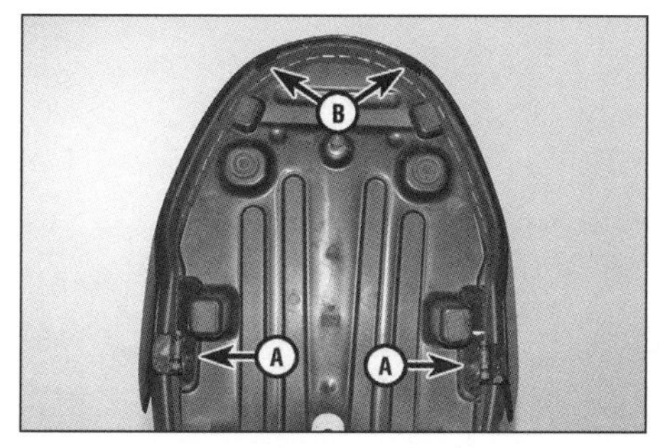

2.2 Lösen Sie die Schrauben (A) und befreien Sie die Laschen (B)

2.3 Hängen Sie die vordere Lasche unter dem Tank-Halter.

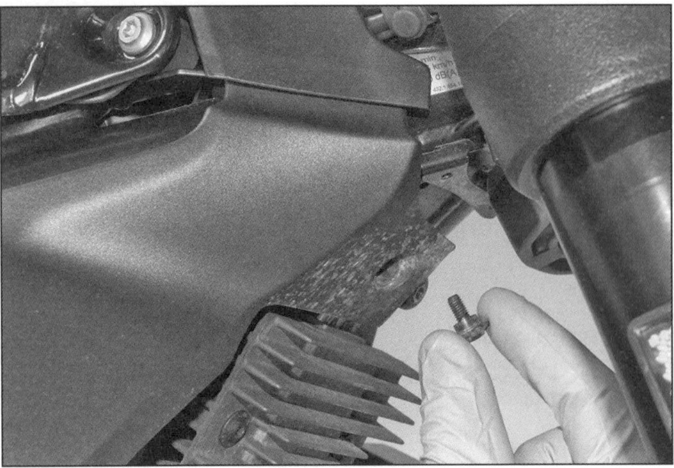

3.2a Lösen Sie die obere Schraube ...

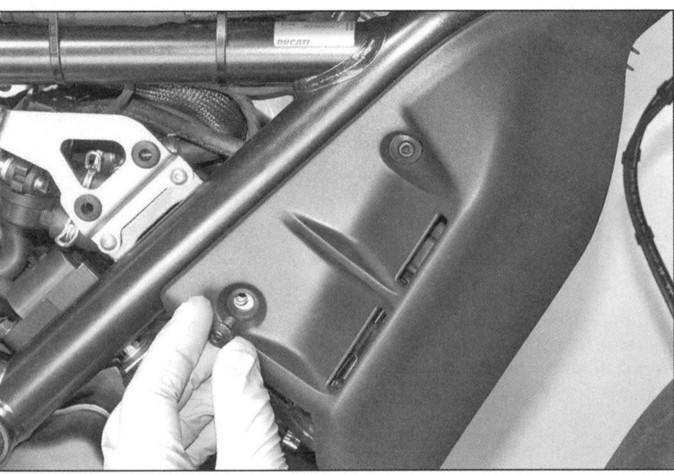

3.2b ... und die zwei seitlichen Schrauben der jeweiligen vordere Seitenblende.

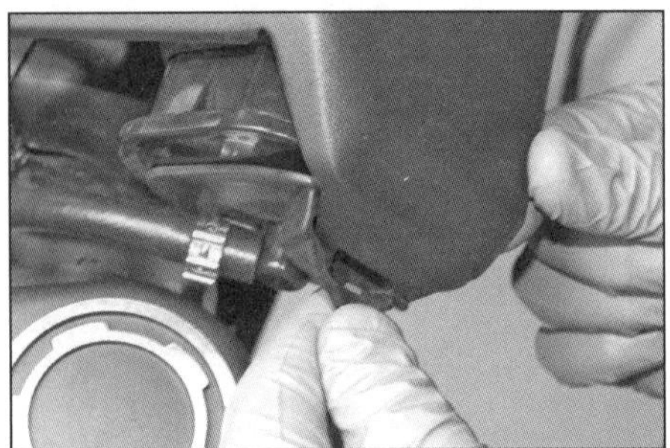

3.2c Befreien Sie unten an der rechten Blende ggf. den Halter des Aktivkohlebehälters ...

3.2d ... und ziehen Sie diesen von den Laschen ab.

3 Vordere Seitenblenden

1 Demontieren Sie bei der Desert Sled und der Urban Enduro das Vorderradschutzblech (siehe Sektion 8).

2 Lösen Sie die drei Schrauben der Blende und entnehmen Sie sie – befreien Sie ggf. rechts den Aktivkohlebehälter der Verdunstungsregelung (siehe Abbildungen).

3 Der Einbau entspricht der umgekehrten Ausbaureihenfolge.

4 Mittlere Seitendeckel

1 Lösen Sie die Schraube oben am Seitendeckel (siehe Abbildung).

2 Ziehen Sie den Deckel ab, um die Zapfen aus den Gummiösen zu befreien. Lösen Sie bei der Demontage des linken Seitendeckels den innen sitzenden Kabelstecker (siehe Abbildungen).

3 Der Einbau entspricht der umgekehrten Ausbaureihenfolge – ersetzen Sie beschädigte Gummiösen und achten Sie auf deren korrekten Sitz.

5 Hintere Seitenblenden

Café Racer

1 Entfernen Sie die Sitzbank (siehe Sektion 2).

2 Lösen Sie die zwei Schrauben, beachten Sie an der oberen die Scheibe (siehe Abbildungen). Ziehen Sie die Blende vorsichtig ab, um die Zapfen aus den Gummiösen zu befreien (siehe Abbildung).

3 Der Einbau entspricht der umgekehrten Ausbaureihenfolge.

Alle anderen Modelle

4 Entfernen Sie die Sitzbank (siehe Sektion 2).

4.1 Schraube oben am Seitendeckel

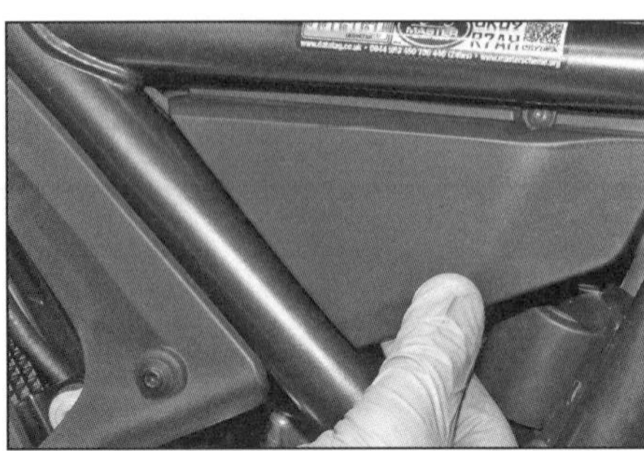

4.2a Ziehen Sie den Seitendeckel vorsichtig ab, ...

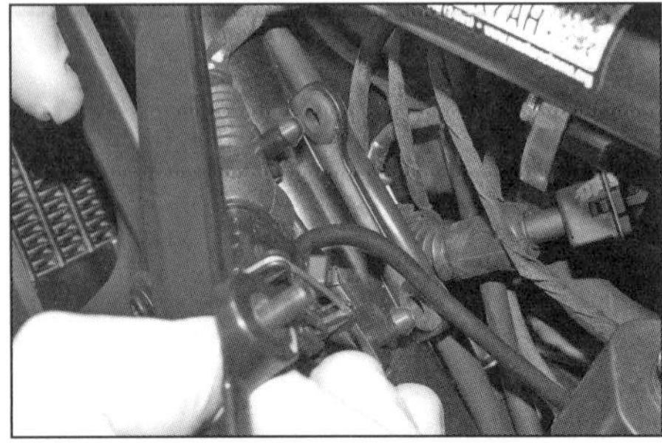

4.2b ... um die Zapfen aus den Gummiösen zu befreien.

4.2c Der Stecker des Kurbelwellensensors ist innen am linken Seitendeckel gesichert.

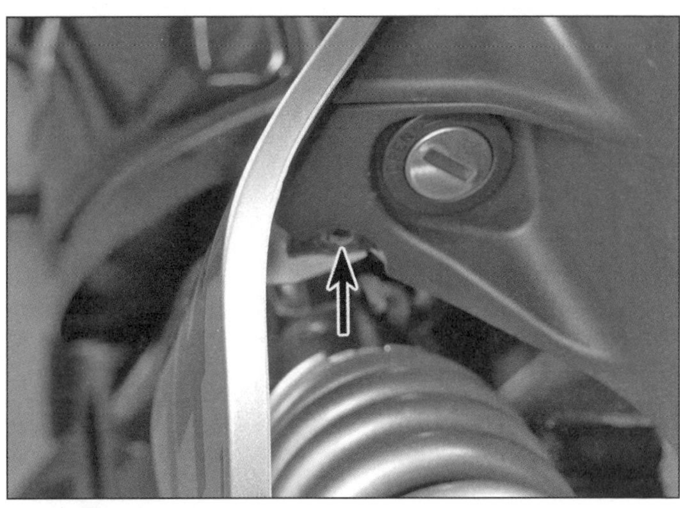

5.2a Lösen Sie die hintere …

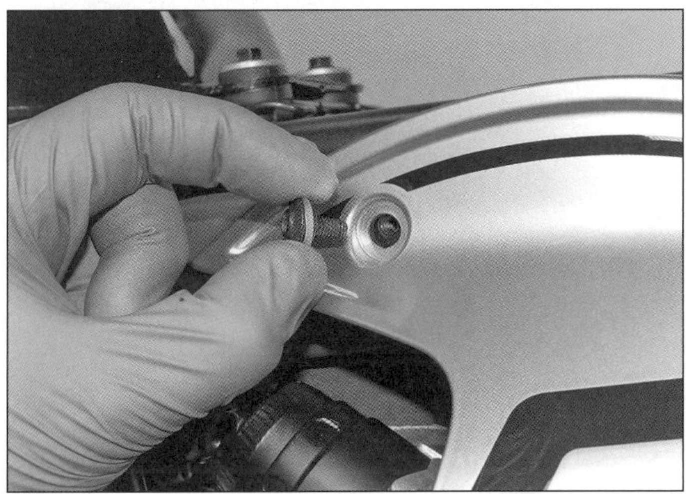

5.2b … und die vordere Schraube der hinteren Seitenblende.

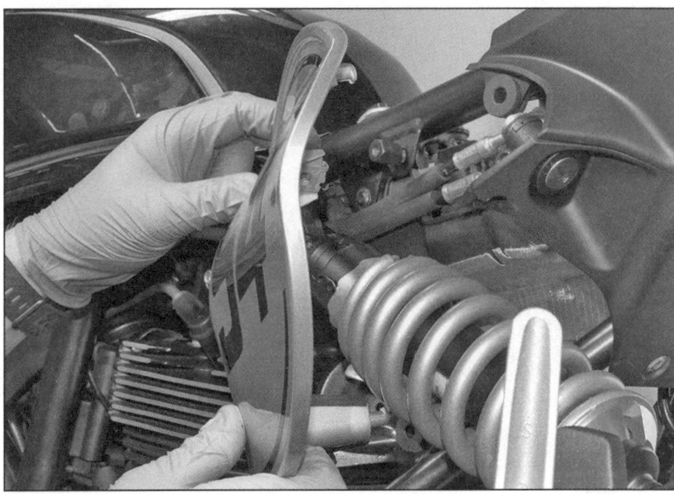

5.2c Ziehen Sie vorsichtig die zwei Zapfen aus den Gummiösen.

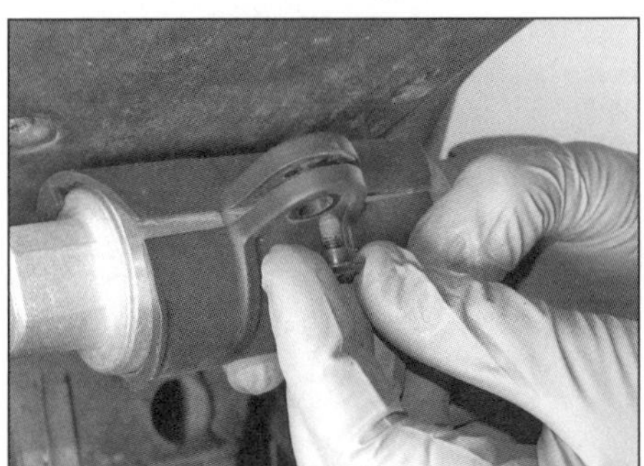

5.5a Lösen Sie die Schraube, …

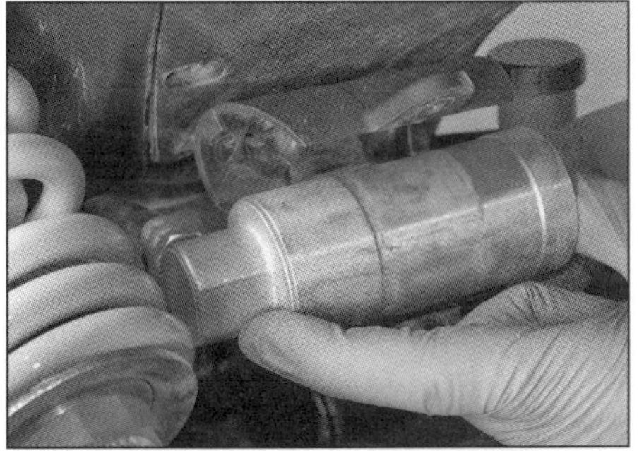

5.5b … befreien Sie den Stoßdämpfer-Ausgleichsbehälter und verlagern Sie ihn beiseite.

5.5c Lösen Sie die zwei Schrauben der Innenverkleidung, beachten Sie die Hülsen und entnehmen Sie den Halter.

5 Bevor bei der Desert Sled die linke Seitenblende entfernt werden kann, muss der Stoßdämpfer-Ausgleichsbehälter aus seinem Halter befreit und der Halter demontiert werden (siehe Abbildungen). Lösen Sie bei allen anderen Modellen die zwei Schrauben der Innenverkleidung (Abbildung 6.6a).

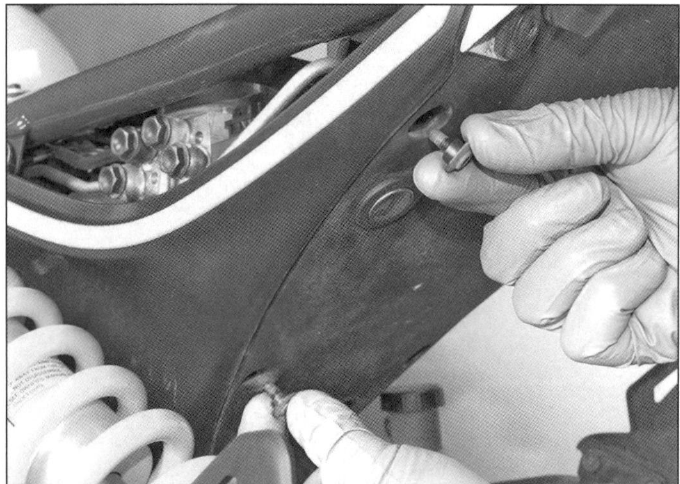

5.6a Lösen Sie die zwei Schrauben an der Unterseite ...

5.6b ... und die obere Schraube.

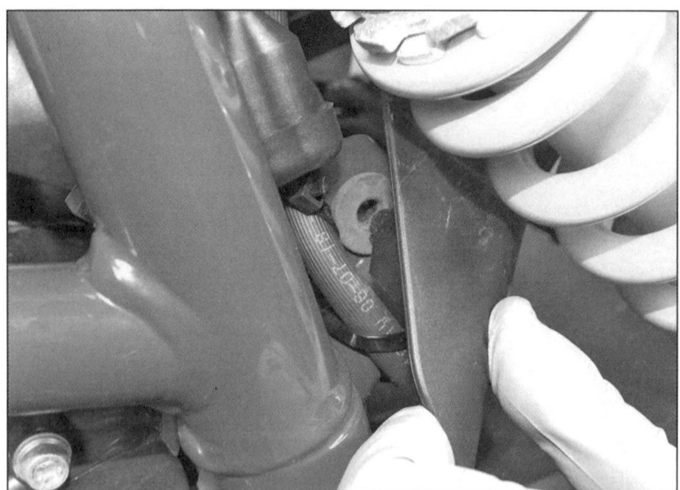

5.7a Ziehen Sie den Zapfen aus der Gummiöse.

5.7b Für den Ausbau der linken Blende muss die Innenverkleidung heruntergezogen werden, damit die Laschen befreit werden. Manövrieren Sie die Blende um den Stoßdämpfer herum.

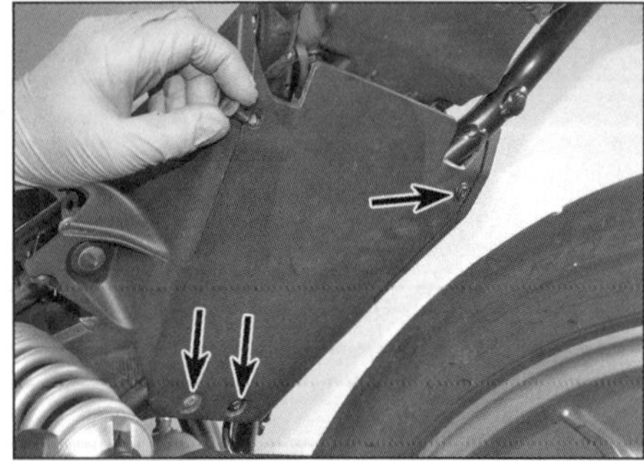

6.2a Lösen Sie die vier Schrauben, ...

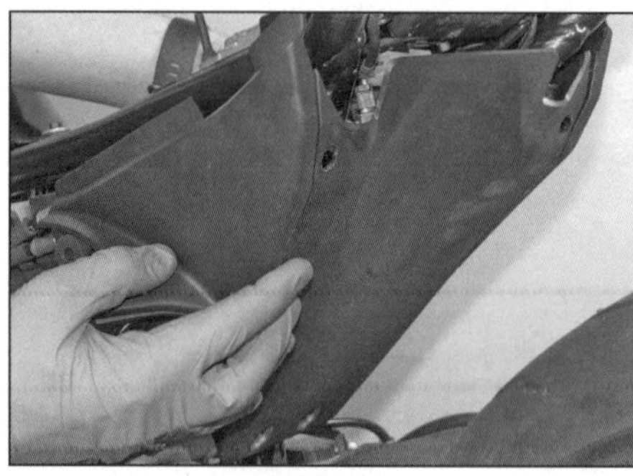

6.2b ... befreien Sie die Innenverkleidung, senken Sie sie ab ...

6 Lösen Sie die drei Schrauben, beachten Sie an der oberen ggf. die Scheibe (siehe Abbildungen). Bei der Demontage der linken Blende müssen auch die zwei Schrauben gelöst werden, die die rechte Blende unten sichern, sodass die Innenverkleidung nach unten verlagert werden kann.

7 Ziehen Sie die Blende vorsichtig vorn unten ab, um den Zapfen aus der Gummiöse zu befreien und die Blende zu entnehmen – manövrieren Sie die linke Blende am Stoßdämpfer entlang und beachten Sie bei beiden Blenden, wie die Laschen oberhalb der Innenverkleidung sitzen (siehe Abbildungen). Beachten Sie die Clip-Muttern an den Laschen und prüfen Sie deren sicheren Sitz.

8 Der Einbau entspricht der umgekehrten Ausbaureihenfolge.

6 Heck-Innenverkleidung

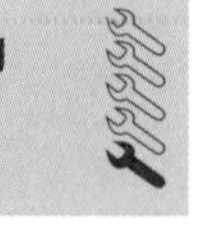

Ausbau

Café Racer

1 Entfernen Sie die mittleren Seitendeckel (siehe Sektion 4).

2 Lösen Sie die vier Schrauben, befreien Sie die Innenverkleidung und trennen den Bowdenzug der Sitzbank-Entriegelung (siehe Abbildungen).

3 Trennen Sie nötigenfalls die seitlichen Sektionen vom Unterteil, indem Sie die Schrauben lösen (siehe Abbildung).

Desert Sled und Classic

4 Bei der Desert Sled muss der Stoßdämpfer-Ausgleichsbehälter aus seinem Halter befreit und dieser demontiert werden (Abbildungen 5.5a bis c).

5 Entfernen Sie die hintere Sektion der Innenverkleidung (siehe Abbildung).

6 Lösen Sie vorn am Kennzeichenträger die Schrauben und entnehmen Sie die Hülsen zwischen dem Träger und dem Hinterradschutzblech (siehe Abbildungen).

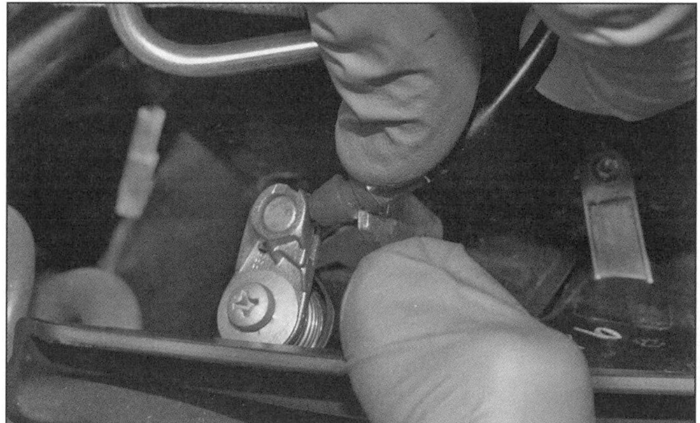

6.2c ... und befreien Sie die Hülle des Bowdenzugs aus seinem Widerlager ...

6.2d ... sowie den Nippel aus dem Entriegelungshebel.

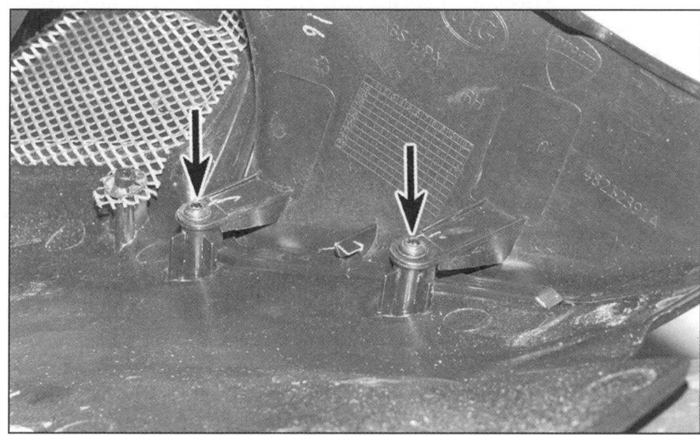

6.3 An beiden Seiten sind die seitlichen Sektionen der Innenverkleidung mit zwei Schrauben am Unterteil gesichert.

6.5 Lösen Sie die vier Schrauben, um die hintere Sektion der Innenverkleidung zu befreien.

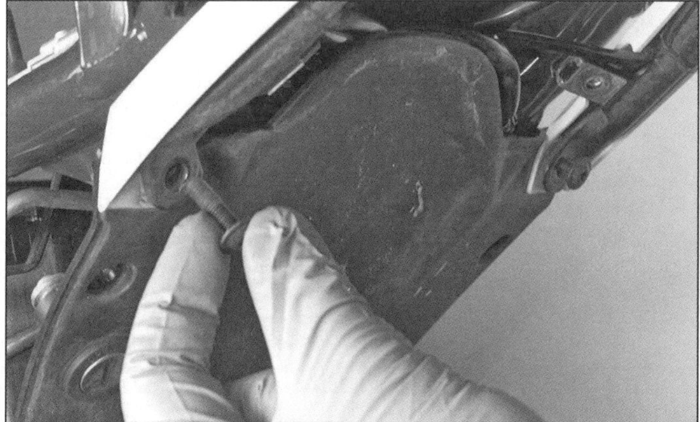

6.6a Lösen Sie an beiden Seiten die vorderen Schrauben des Kennzeichenträgers ...

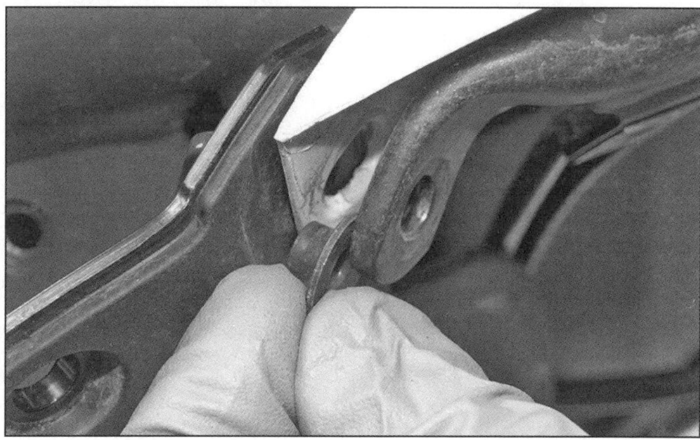

6.6b ... und entnehmen Sie die Hülsen.

6

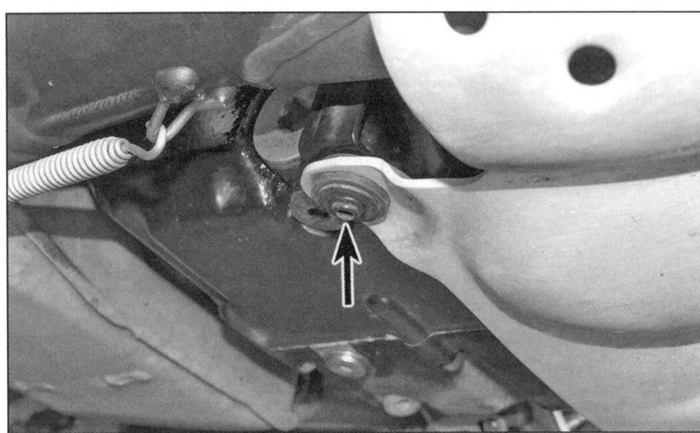
7.1a Lösen Sie rechts ...

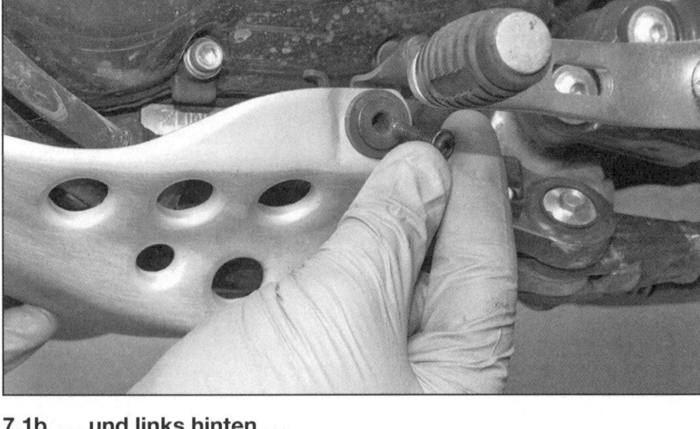
7.1b ... und links hinten ...

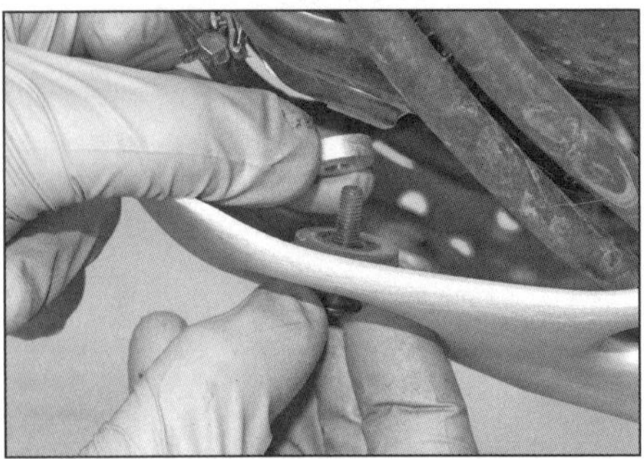
7.1c ... sowie vorn die Schrauben des Motorschutzes – beachten Sie hier eine ggf. vorhandene Distanzscheibe.

7.1d In jeder Gummiöse steckt eine Hülse.

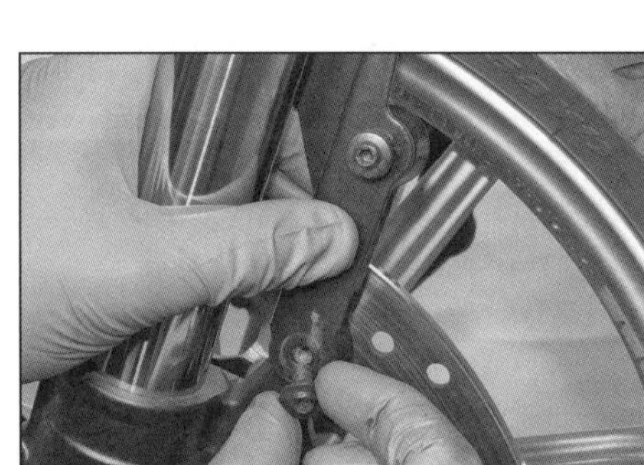
7.2 Demontage des rechten Motorschutz-Halters

8.1a Lösen Sie an beiden Seiten die zwei Schrauben ...

8.1b ... und befreien Sie das Schutzblech.

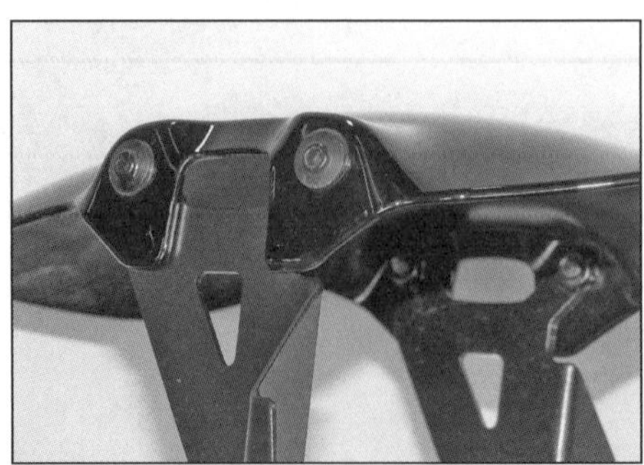
8.2 Lösen sie die Schrauben, um das Schutzblech von seinen Haltern zu befreien.

7 Lösen Sie vorn an der Innenverkleidung an beiden Seiten die zwei Schrauben (Abbildung 5.6a) und ziehen Sie die Innenverkleidung zwischen dem Schutzblech und Rahmen heraus.

Alle anderen Modelle

8 Lösen Sie die sechs Schrauben, befreien Sie die Innenverkleidung und trennen Sie den Bowdenzug der Sitzbank-Entriegelung (Abbildungen 6.2c und d).

Einbau

alle Modelle

9 Der Einbau entspricht der umgekehrten Ausbaureihenfolge – schmieren Sie das Ende des Bowdenzugs und hängen Sie diesen korrekt ein.

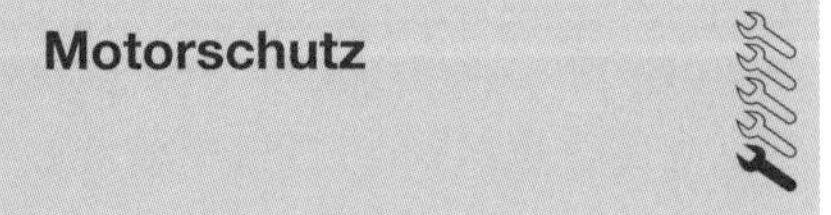

7 Motorschutz

1 Lösen Sie die drei Schrauben des Motorschutzes und entnehmen Sie diesen – beachten Sie die ggf. vorhandene Distanzscheibe vorn links (siehe Abbildungen). Beachten Sie die Hülsen in den Gummiösen (siehe Abbildung).
2 Demontieren Sie nötigenfalls die Motorschutz-Halter (siehe Abbildung) – beachten Sie deren Einbaupositionen.
3 Der Einbau entspricht der umgekehrten Ausbaureihenfolge – die Halter müssen korrekt positioniert und mit ihren Schrauben gesichert sein. Ersetzen Sie schadhafte Gummiösen und stellen Sie sicher, dass die Hülsen darin stecken (Abbildung 7.1d).

8 Vorderradschutzblech

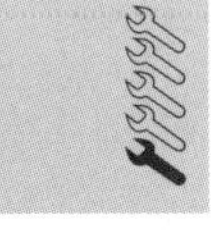

Alle Modelle außer Urban Enduro und Desert Sled

1 Lösen Sie an beiden Seiten die zwei Schrauben, beachten Sie alle vorhandenen Scheiben

und Hülsen und befreien Sie das Schutzblech (siehe Abbildungen).
2 Bei manchen Modellen kann das Schutzblech von seinen Haltern befreit werden (siehe Abbildung).
3 Der Einbau entspricht der umgekehrten Ausbaureihenfolge.

Urban Enduro und Desert Sled

4 Lösen Sie unten im Schutzblech die vier Schrauben, die den Halter an der unteren Gabelbrücke sichern, beachten Sie die mit den linken Schrauben gesicherte Führung und entnehmen Sie das Schutzblech – oben in den Gummiösen stecken Distanzbuchsen (siehe Abbildungen).
5 Befreien Sie nötigenfalls den Halter aus dem Schutzblech – beachten Sie die Gummikappen an den vorderen Laschen (siehe Abbildung).
6 Der Einbau entspricht der umgekehrten Ausbaureihenfolge – kontrollieren Sie die Gummiösen und -Kappen und ersetzen Sie sie nötigenfalls. Vergessen Sie nicht die Distanzhülsen.

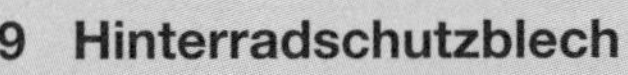

9 Hinterradschutzblech

Classic und Desert Sled

1 Demontieren Sie den Kennzeichenträger (siehe Sektion 10).
2 Lösen Sie an beiden Seiten die Schraube und entnehmen Sie das Schutzblech (siehe Abbildung).
3 Der Einbau entspricht der umgekehrten Ausbaureihenfolge.

Alle anderen Modelle

4 Lösen Sie an der Unterseite des Schutzblechs an beiden Seiten die Schrauben und stellen Sie alle vorhandenen Scheiben sicher. Befreien Sie das Schutzblech und trennen Sie dabei die Blinkerstecker.
5 Demontieren Sie nötigenfalls die Blinker (siehe Kapitel 7, Sektion 12).
6 Der Einbau entspricht der umgekehrten Ausbaureihenfolge.

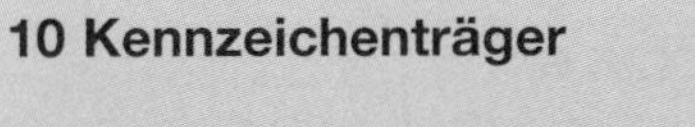

10 Kennzeichenträger

Alle Modelle außer Classic und Desert Sled

1 Demontieren Sie den Kettenschutz (siehe Abbildung).
2 Trennen Sie den Stecker der Kennzeichenbeleuchtung und befreien Sie die Verkabelung (siehe Abbildungen).

8.4a Die zwei linken Schutzblech-Schrauben sichern auch die Bremsschlauch- und Kabelführung.

8.4b Entnehmen Sie das Schutzblech ...

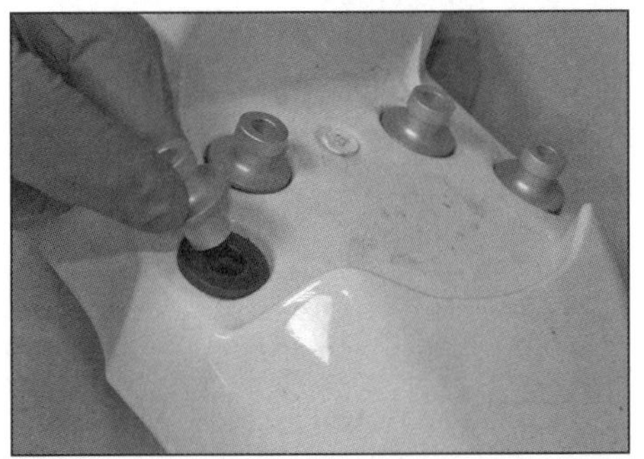

8.4c ... und stellen Sie nötigenfalls die Distanzhülsen sicher – merken Sie sich ihre Einbaurichtung.

8.5 Der Halter steckt vorn mit Laschen und Gummikappen in Aufnahmen des Schutzblechs.

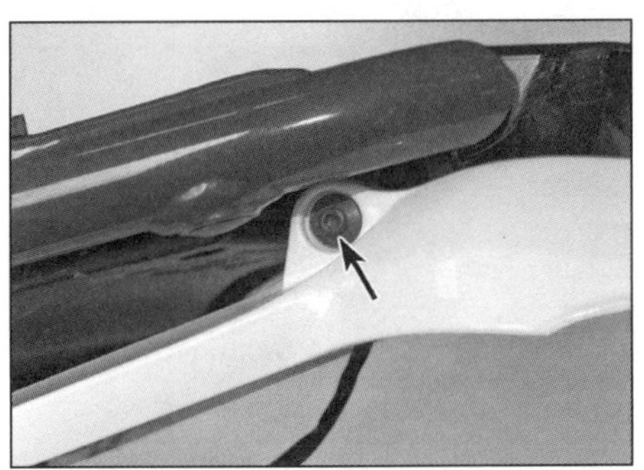

9.2 Das Hinterradschutzblech ist an jeder Seite mit einer Schraube gesichert.

10.1 Lösen Sie die zwei Schrauben des Kettenschutzes und entnehmen Sie diesen.

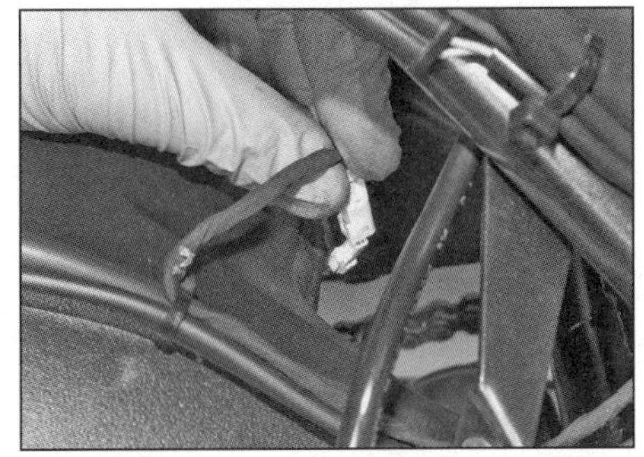

10.2a Trennen Sie den Stecker der Kennzeichenbeleuchtung.

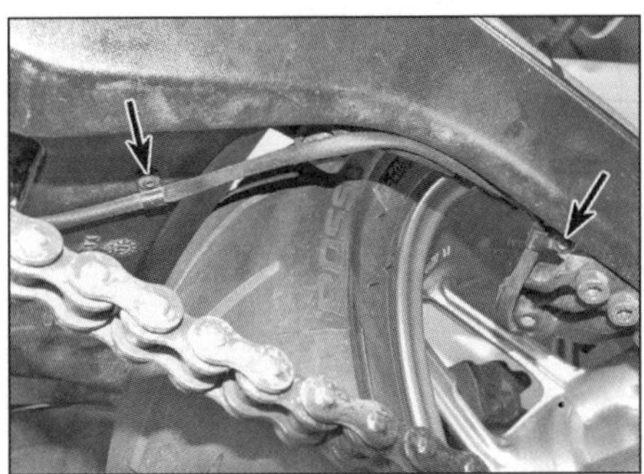

10.2b Kabel-Befestigungen der Kennzeichenbeleuchtung

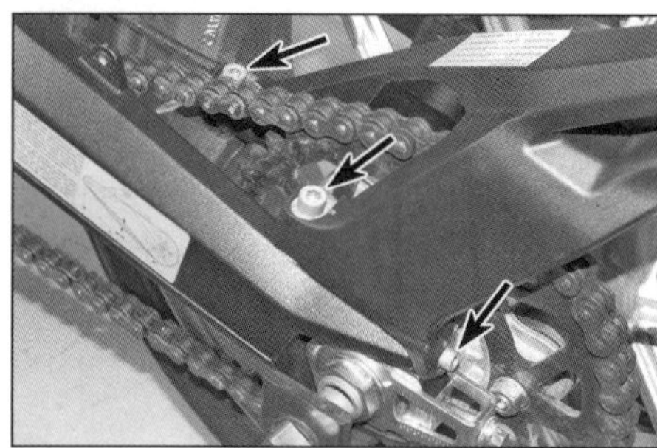
10.3 Der seitliche Kennzeichenträger ist mit drei Schrauben gesichert.

10.4 Der Halter des Kennzeichenträgers ist mit zwei Schrauben unten an der Schwinge gesichert.

10.7 Trennen Sie die Stecker der Blinker und der Kennzeichenbeleuchtung.

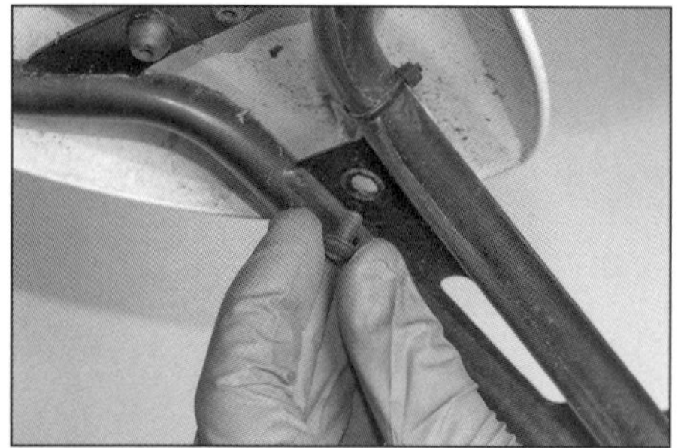
10.8a Lösen Sie die hintere ...

10.8b ... und die zwei mittleren Schrauben des Kennzeichenträgers – beachten Sie deren Scheiben.

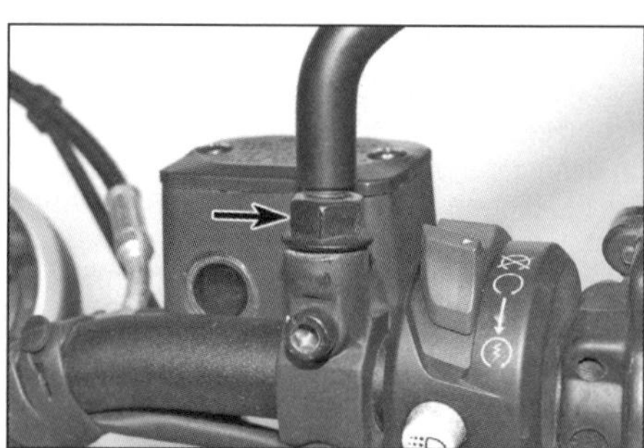
11.1 Die Kontermutter des rechten Rückspiegels ist mit einem Linksgewinde versehen.

3 Lösen Sie die drei Schrauben, beachten Sie die Scheiben und Winkelbleche und entnehmen Sie den Träger – beachten Sie die Hülsen unten in der vorderen Aufnahme und vorn in der hinteren Aufnahme (siehe Abbildung).
4 Befreien Sie nötigenfalls den Halter unten von der Schwinge (siehe Abbildung).
5 Der Einbau entspricht der umgekehrten Ausbaureihenfolge. Reinigen Sie die Gewinde der Schrauben und tragen Sie mittelfeste Sicherungspaste auf. Die Hülsen müssen unten in der vorderen Aufnahme und vorn in der hinteren Aufnahme sitzen und die Schrauben mit allen entfernten Scheiben und Winkelblechen ausgerüstet sein.

Classic und Desert Sled

6 Demontieren Sie die Heck-Innenverkleidung (siehe Sektion 6) – dabei werden die vorderen Schrauben des Trägers entfernt (Abbildung 6.6a).
7 Trennen Sie die Stecker der Blinker und der Kennzeichenbeleuchtung und befreien Sie die Verkabelung (siehe Abbildung).
8 Lösen Sie die hintere Schraube und die zwei Schrauben in der Mitte, um den Kennzeichenträger zu befreien (siehe Abbildungen).
9 Demontieren Sie nötigenfalls die Kennzeichenbeleuchtung und die Blinker (siehe Kapitel 7, Sektion 10 und 12).
10 Der Einbau entspricht der umgekehrten Ausbaureihenfolge.

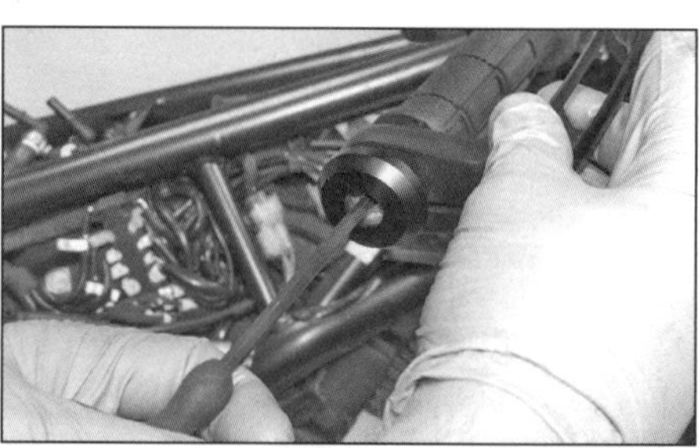
11.4a Lockern Sie die Schraube am Ende des Lenkers ...

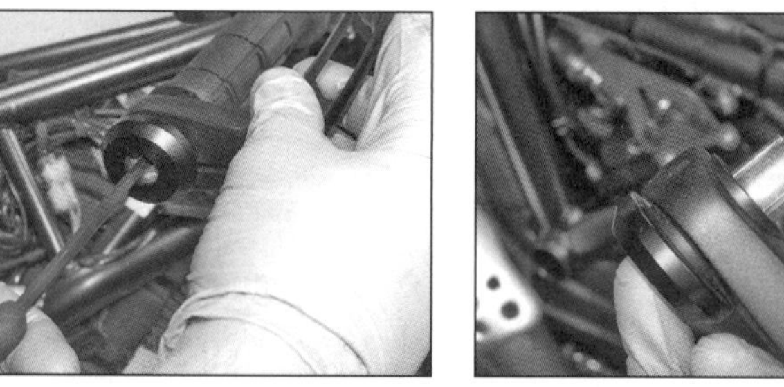
11.4b ... und ziehen Sie den Rückspiegel heraus.

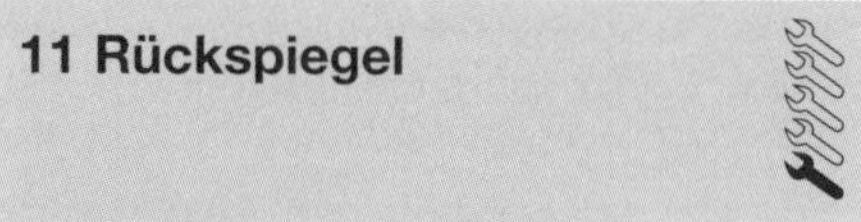

11 Rückspiegel

Alle Modelle außer Café Racer

1 Lockern Sie die Kontermutter des Rückspiegels (siehe Abbildung) – diejenige des rechten Spiegels ist mit einem Linksgewinde versehen und muss im Uhrzeigersinn gedreht werden. Drehen Sie dann den Spiegel-Schaft aus der Aufnahme – der rechte muss wieder im Uhrzeigersinn gedreht werden.
2 Der Einbau entspricht der umgekehrten Ausbaureihenfolge. Stellen Sie den Schaft des Rückspiegels ein und sichern Sie ihn mit der Kontermutter.
3 Für eine Verstellung des Spiegel-Schafts muss die Kontermutter gelockert und der Schaft entsprechend verdreht werden, bevor er wieder mit der Mutter gesichert wird – beachten Sie auch hier das Linksgewinde am rechten Spiegel.

Café Racer

4 Lockern Sie die Schraube am Ende des Lenkers und ziehen Sie den Rückspiegel heraus (siehe Abbildungen).
5 Der Einbau entspricht der umgekehrten Ausbaureihenfolge – positionieren Sie den Spiegel wie gewünscht und ziehen Sie die Schraube an.
6 Für eine Verstellung des Spiegels muss die Schraube gelockert und der Spiegel entsprechend verdreht werden, bevor die Schraube wieder angezogen wird.

Kapitel 7
Elektrik

Inhalt (in alphabetischer Reihenfolge, die Zahlen geben die Nummerierung in den grauen Feldern wieder)

Schwierigkeitsgrade

Leicht. Für Anfänger mit wenig Erfahrung geeignet. 

Relativ leicht. Für Anfänger mit etwas Erfahrung geeignet. 

Relativ schwierig. Geeignet für geübte Selbstschrauber. 

Schwer. Geeignet für Selbstschrauber mit viel Erfahrung. 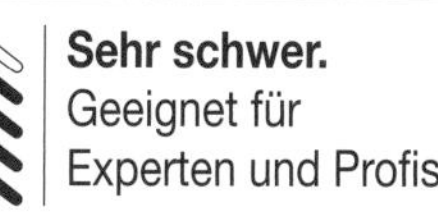

Sehr schwer. Geeignet für Experten und Profis. 

Technische Daten

Batterie

Typ	Yuasa YT12B-BS (wartungsfrei)
Kapazität	12 V, 10 Ah
Spannung	
Vollständig geladen	13,0 bis 13,2 Volt
Entladen	unter 12,4 Volt
Laderate	
Normalladung	1,2 A über 5 bis 10 Stunden
Schnellladung	2,5 A über eine Stunde
Kriechstrom	0,1 mA (max.)

Ladesystem

Statorspulen-Widerstand	0,6 Ohm
Nominelle Ausgangsleistung	490 W (14 V, 34,8 A)
Geregelte Ausgangsspannung	15,5 Volt bei 5000/min

Sicherungen bis Modelljahr 2018

Hauptsicherung	30 A
1 – Zündung	10 A
2 – Hupe, Bremslicht	15 A
3 – Instrumente, Alarmanlage	10 A
4 – Motorsteuermodul (ECU)	5 A
5 – Motorsteuerungs-Komponenten	20 A
6 – ABS-Modulator	25 A
7 – ABS-Steuerung	10 A

Sicherungen ab Modelljahr 2019

Hauptsicherung	30 A
1 – Zündung	10 A
2 – Hupe, Bremslicht	15 A
3 – Instrumente, Beleuchtung	10 A
4 – Motorsteuermodul (ECU)	5 A
5 – Motorsteuerungs-Komponenten	20 A
6 – IMU	5 A
7 – optional	5 A
8 – ABS-Steuerung	10 A
9 – ABS-Modulator	25 A

Lampen

Scheinwerfer (bis Modelljahr 2018)	60/55 W H4
Scheinwerfer (ab Modelljahr 2019)	LED
Standlicht	LED
Bremslicht/Rücklicht	LED
Kennzeichenbeleuchtung	LED
Blinker	
bis Modelljahr 2018	10 W (orange)
ab Modelljahr 2019	LED
Instrumentenbeleuchtung	LED
Kontrolllampen	LED

Anzugsdrehmomente

	Nm
Anlasser-Schrauben	10
Lichtmaschinenstator-Schrauben	10
Öldruckschalter	18

1 Allgemeine Informationen

1 Alle Modelle sind mit einer 12-Volt-Elektrik ausgerüstet. Die Baugruppe beinhaltet eine Dreiphasen-Wechselstromlichtmaschine und eine separate Regler/Gleichrichter-Einheit.

2 Der Regler begrenzt den Ladestrom, um die Anlage nicht zu überlasten, der Gleichrichter wandelt den in der Lichtmaschine produzierten Wechselstrom (AC) in Gleichstrom (DC) um, den die Verbraucher und die Batterie benötigen. Der Lichtmaschinenrotor sitzt links auf der Kurbelwelle, der Stator befindet sich im Lichtmaschinendeckel.

3 Der Anlasser sitzt unter dem vorderen Zylinder vorn am Motorgehäuse. Das Startersystem besteht aus dem Anlassermotor, der Batterie, dem Relais sowie verschiedenen Kabeln und Schaltern. Teile der Verkabelung gehören zum Sicherheitsstromkreis, der ein versehentliches Starten des Motors bei eingelegtem Gang und ausgeklapptem Seitenständer verhindert – beachten Sie hierzu die weiteren Informationen und Kontrollen in Kapitel 1, Sektion 13.

Anmerkung: *Beachten Sie, dass Elektroteile – einmal gekauft – normalerweise nicht mehr vom Händler umgetauscht werden. Um unnötige Kosten zu vermeiden, sollte ganz sicher gegangen werden, das fehlerhafte Teil genau identifiziert zu haben, bevor ein Ersatzteil gekauft wird.*

2 Elektrik
Fehlersuche

Warnung: Um das Risiko von Kurzschlüssen zu verhindern, muss die Zündung stets ausgeschaltet und das Massekabel (–) der Batterie getrennt sein, bevor an irgendwelchen elektrischen Komponenten gearbeitet wird. Vergessen Sie nicht nach der Beendigung der Arbeit oder der Durchführung des Tests, die Anschlüsse wieder anzuschließen.

Achtung: Das Onboard-Diagnosesystem erkennt Fehler in der Motorsteuerung und den CAN-BUS-Stromkreisen und zeigt im Instrument entsprechende Fehlercodes an. CAN-BUS-Stromkreise dürfen nicht mit konventionellen Prüfgeräten und Prüfverfahren getestet werden!

1 Ein typischer Stromkreis besteht aus einem Verbraucher, entsprechenden Schaltern und Relais sowie Kabeln und Steckern, die das Bauteil mit der Batterie und dem Rahmen (Masse) verbinden. Zur Lokalisierung eines Problems und als Hilfe bei den Kabelfarben können die Schaltpläne am Ende des Kapitels beachtet werden.

2 Bevor Sie einen defekten Stromkreis untersuchen, müssen Sie den Schaltplan studieren, um ein vollständiges Bild über die Bestandteile des Stromkreises zu erhalten. Probleme können beispielsweise dadurch eingekreist werden, indem man andere zum Stromkreis gehörende Komponenten auf ihre Funktion überprüft. Wenn mehrere Komponenten eines Stromkreises gleichzeitig ausfallen, ist es sehr wahrscheinlich, dass der Fehler in der Sicherung oder einem defekten Masseanschluss liegt, da mehrere Stromkreise oftmals an derselben Sicherung oder Masse angeschlossen sind.

3 Elektrikprobleme sind oftmals auf Kleinigkeiten wie lockere oder korrodierte Stecker oder eine durchgebrannte Sicherung zurückzuführen. Bevor Sie sich auf die Fehlersuche begeben, sollten Sie stets die Sicherungen, Kabel und Stecker des betroffenen Stromkreises einer Sichtkontrolle unterziehen. Wackelkontakte können besonders frustrierend sein, da der Defekt niemals auftritt, wenn man ihn untersuchen will. In solchen Situationen macht es sich gut, alle Verbindungen des betreffenden Stromkreises unabhängig ihres optischen Zustandes zu reinigen. Wackeln Sie an allen Verbindungen und Kabeln, um lockere Stellen zu finden, die Wackelkontakte hervorrufen können.

4 Für Kontrollen am elektrischen System empfiehlt sich ein Multimeter – ein Mehrfachmessgerät, mit dem sich Spannungs-, Stromstärken- und Widerstandsmessungen durchführen lassen (siehe Abbildung). Leicht ablesbare digitale Ausführungen sind nicht teuer. Für einfache Prüfungen reicht auch ein Durchgangstester oder eine Prüflampe, doch können hiermit keine Messungen vorgenommen werden (siehe Abbildungen). Für manche Messungen werden zudem Überbrückungska-

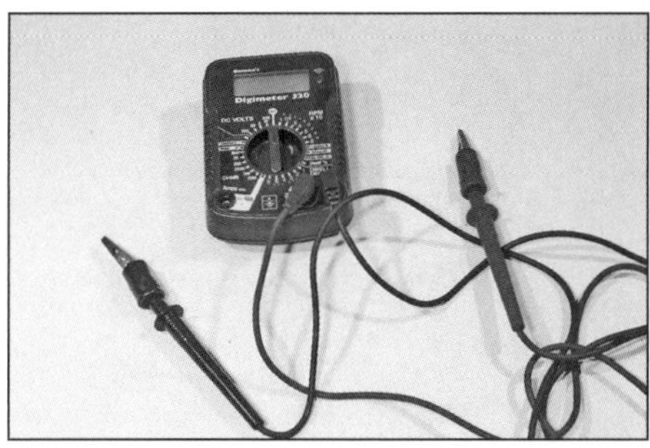

2.4a **Ein digitales Multimeter eignet sich für alle elektrischen Prüfungen.**

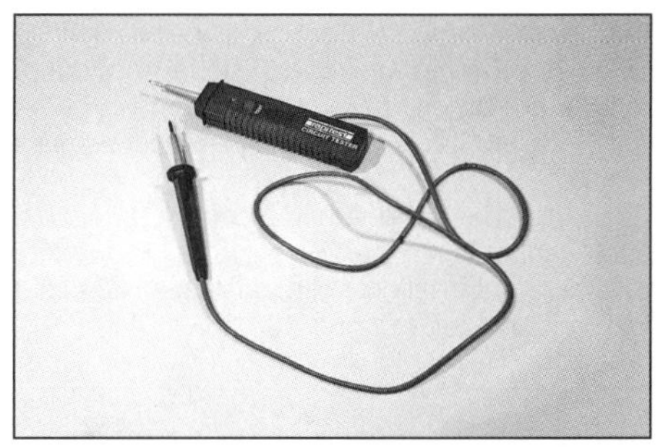

2.4b **Ein batteriebetriebener Durchgangstester**

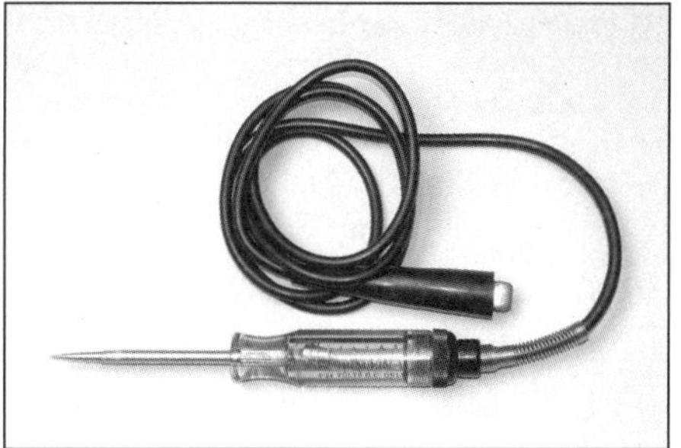

2.4c **Eine einfache Prüflampe eignet sich für Spannungsprüfungen.**

bel benötigt, mit denen Verbraucher direkt an die Batterie geklemmt werden können.

Durchgangsprüfungen

5 Bei diesem Test wird ermittelt, ob der Strom durch einen Stromkreis fließen kann. Zum Testen eignen sich ein Durchgangsprüfer (der bei geschlossenem Stromkreis piept) oder das auf den Ohm-Messbereich geschaltete Multimeter. Beide Geräte arbeiten mit einer eigenen Stromversorgung, sodass die Zündung abgeschaltet sein muss. Zur Sicherheit sollte auch der Masseanschluss (–) der Batterie getrennt werden – ganz besonders, wenn das Zündsystem überprüft wird.

6 Schalten Sie das Multimeter auf die Durchgangs-Funktion (falls vorhanden) oder den Ohm-Messbereich. Halten Sie die beiden Spitzen der Prüfkabel zusammen – das Gerät sollte jetzt durch Piepen oder eine angezeigte Null Durchgang erkennen lassen. Schalten Sie nach dem Prüfen das Gerät aus, damit sich die Batterie nicht entlädt.

7 Ein Durchgangsprüfer kann auf die gleiche Weise benutzt werden – entweder piept er oder eine Lampe leuchtet auf, wenn Durchgang besteht.

8 Bei normalen Durchgangsprüfungen ist die Polarität des Messgerätes egal, allerdings muss beim Prüfen von Dioden oder Magnetschaltern darauf geachtet werden, den genauen Hinweisen über das Verbinden des Plus- und des Minus-Kabels zu folgen.

Durchgangsprüfung am Schalter

9 Scheint ein Schalter defekt zu sein, müssen seine Kabel bis zum Stecker verfolgt werden. Trennen Sie den Stecker und überprüfen Sie, ob seine Kontakte in Ordnung sind. Verschmutzte oder korrodierte Kontakte können Gründe für das Problem sein – reinigen Sie sie und versehen Sie sie mit etwas wasserverdrängendem Lösungsmittel wie WD40 oder Kontaktreiniger und geeignetem Schutzspray.

10 Wird ein Multimeter verwendet, muss es entweder auf die Durchgangs-Funktion (falls vorhanden) oder den Ohm-Messbereich geschaltet werden, dann werden die Prüfkabel-Spitzen mit den Stecker-Kontakten verbunden (siehe Abbildung). Einfache An/Aus-Schalter wie Bremslichtschalter haben nur zwei Kontakte, während kombinierte Schalter wie die Lenkerschalter über mehrere Kabelkontakte verfügen. Studieren Sie den entsprechenden Schaltplan (am Ende dieses Kapitels), um sicherzustellen, dass an den korrekten Kabelkontakten geprüft wird. Bei eingeschaltetem Schalter muss Durchgang bestehen, bei ausgeschaltetem Schalter darf kein Durchgang bestehen.

Durchgangsprüfung bei Kabeln

11 Viele elektrische Probleme sind auf beschädigte Kabel zurückzuführen, was oft an einer falschen Verlegung, Quetschung bei falscher Montage von Teilen sowie lockere oder korrodierte Stecker liegt.

12 Eine Durchgangsprüfung kann an einem einzelnen Kabel durchgeführt werden, nachdem man es an beiden Enden getrennt und hier die Prüfklemmen angeschlossen hat (siehe Abbildung). Ist ein Kabel in Ordnung, wird Durchgang angezeigt – besteht dieser nicht, wird das Kabel irgendwo gebrochen sein.

13 Um den Durchgang eines Massekabels zu Masse zu prüfen, wird eine Prüfklemme an den Massekontakt des Steckers und die andere an den Rahmen, den Motor oder (bei angeschlossenem Massekabel) an den Minuspol der Batterie gehalten. Ist das Kabel und sein Massekontakt in Ordnung, wird Durchgang angezeigt. Wird kein Durchgang festgestellt, wird ein Kabel gebrochen sein oder einen schlechten Massekontakt haben (siehe unten).

Spannungs-Prüfungen

14 Eine Spannungsprüfung kann belegen, ob der Strom einen Verbraucher erreicht. Schalten Sie das Multimeter auf den Volt-Messbereich für Gleichstrom (DC), um die Spannung hinter der Batterie oder des Gleichrichters zu prüfen, schalten sie es auf AC (Wechselstrom), um die Spannung der Lichtmaschine zu messen. Für den Gleichstrom-Bereich kann auch eine einfache Prüflampe verwendet werden, doch das Messgerät hat den Vorteil, den Wert der Spannung anzuzeigen.

15 Verbinden Sie die Prüfklemmen parallel zur vorhandenen Verkabelung (siehe Abbildung).

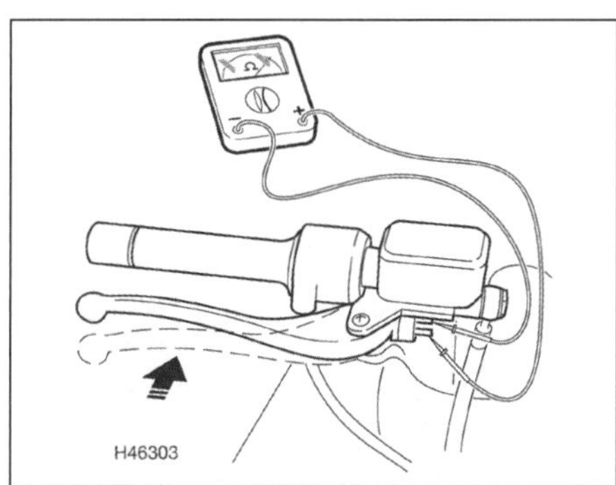

2.10 **Prüfung eines Bremslichtschalters – bei betätigter Bremse muss Durchgang bestehen.**

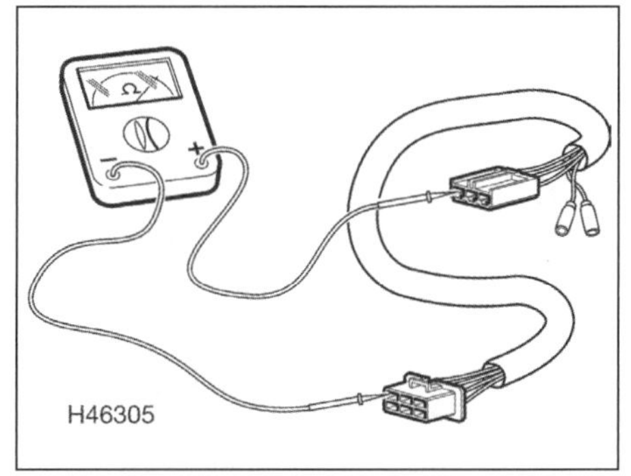

2.12 **Prüfung eines Kabelbaums auf Durchgang**

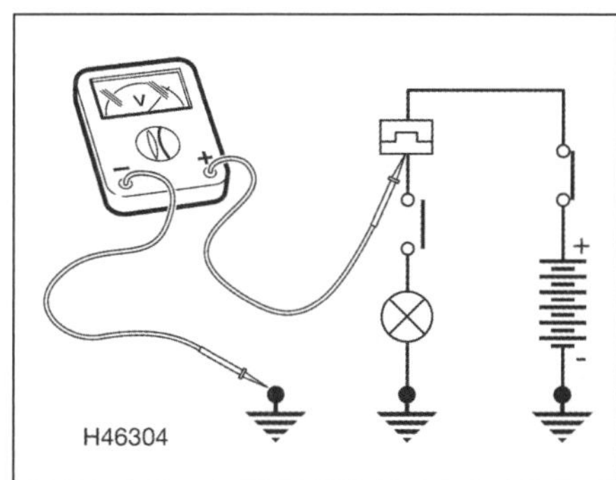

2.15 **Schließen Sie bei der Spannungsprüfung das Messgerät parallel zum Stromfluss an.**

16 Identifizieren Sie zuerst den entsprechenden Stromkreis mithilfe des Schaltplans am Ende dieses Kapitels.

17 Wird ein Messgerät eingesetzt, muss zunächst sichergestellt sein, dass die Prüfklemmen korrekt daran angeschlossen sind – rot an Plus (+), schwarz an Minus (–). Schalten Sie das Messgerät auf den gewünschten Bereich (z. B. 0 bis 20 Volt DC). Verbinden Sie die rote Plusklemme mit dem stromführenden Kabel und die schwarze Minusklemme mit Masse am Motor oder Rahmen oder dem Minuspol der Batterie. Bei eingeschalteten Schaltern muss beispielsweise Batteriespannung oder ein anderer in den technischen Daten angegebener Wert angezeigt werden.

18 Wird eine Prüflampe eingesetzt (Abbildung 2.4c), muss die Plusklemme mit dem stromführenden Kabel und die Minusklemme mit Masse am Motor oder Rahmen oder dem Minuspol der Batterie verbunden werden – bei eingeschaltetem Stromkreis muss die Lampe leuchten.

19 Liegt keine Spannung an, muss man sich zur Stromquelle (z. B. der Batterie) vorarbeiten, um herauszufinden, wo das Problem liegt.

Masse-Prüfung

20 Masseverbindungen gibt es entweder direkt zur Befestigung am Rahmen oder Motor (wie z. B. den Anlasser oder Zündspulen, die nur einen Steckerkontakt für Plus haben) oder über Kabel zum Massekabel an der Batterie. Auch kann ein kurzes Kabel vom Verbraucher direkt zum Rahmen verlegt sein.

21 Korrosion ist genauso ein verbreiteter Grund für eine schlechte Masseverbindung, wie es lockere Anschlüsse sind.

22 Fallen alle oder mehrere Verbraucher gleichzeitig aus, muss die Festigkeit des Haupt-Massekabels (–) an der Batterie überprüft werden, außerdem sind das an den Motor geschraubte Massekabel sowie der/die Haupt-Massepunkt(e) am Rahmen zu kontrollieren (Abbildung 2.2). Bei Korrosion muss der Anschluss freigelegt und gereinigt werden, bis wieder blankes Metall zum Vorschein kommt. Verbinden Sie den Anschluss und tragen Sie etwas Polfett auf, um weiterem Rost vorzubeugen.

23 Um einen Verbraucher auf guten Masseschluss zu prüfen, muss sein Massekontakt oder sein Gehäuse übergangsweise mithilfe eines Überbrückungskabels (siehe Abbildung) mit dem Rahmen verbunden werden – arbeitet der Verbraucher jetzt, ist sein Masseschluss defekt.

24 Prüfen Sie bei einem Massekabel zunächst seine Anschlüsse auf Korrosion und lockere Kontakte, kontrollieren Sie dann das Kabel auf Durchgang (siehe Schritt 13).

Bedenken Sie immer: Ein elektrischer Stromkreis soll Strom von der Quelle (der Batterie) durch Kabel, Schalter, Relais usw. zum Verbraucher (Lampe, Anlasser etc.) leiten, von dort aus geht es über die Masseverbindung zurück zur Batterie. Elektrische Probleme sind im Wesentlichen Unterbrechungen dieses Stromflusses.

3 Batterie
Ausbau und Wartung

Ausbau und Einbau

1 Die Zündung muss ausgeschaltet sein.

2 Entfernen Sie die Sitzbank (siehe Kapitel 6, Sektion 2).

3 Hängen Sie das Gummiband aus, lösen Sie die Schraube(n) und entnehmen Sie die Batterieabdeckung (siehe Abbildungen).

4 Lösen Sie zuerst am Minuspol die Schraube des Massekabels und befreien Sie dies von der Batterie. Lösen Sie dann am Pluspol die Schraube des Stromkabels und befreien Sie auch dies (siehe Abbildungen).

5 Heben Sie die Batterie aus ihrer Aufnahme (siehe Abbildung).

6 Der Einbau entspricht der umgekehrten Ausbaureihenfolge. Reinigen Sie die Batteriepole mit einer Drahtbürste, feinem Sandpapier oder Stahlwolle. Verbinden Sie zuerst das rote Stromkabel mit dem Pluspol (+) und dann das Massekabel mit dem Minuspol (–). Tragen Sie zum Schutz von Korrosion etwas Polfett oder Vaseline auf den Batteriepolen auf – verwenden Sie niemals Fett auf Mineralbasis! Stellen Sie die Uhr entsprechend der Hinweise in der Bedienungsanleitung korrekt ein.

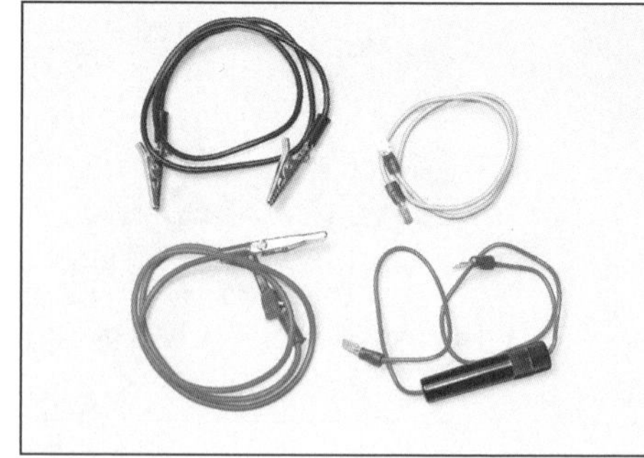

2.23 Verschiedene Überbrückungskabel (z. B. für Masse-Tests)

Kontrolle und Wartung

7 Die Batterie aller Modelle ist abgedichtet und »wartungsfrei« – benötigt also keinerlei regelmäßige Wartung. Dennoch sollten die folgenden Kontrollen durchgeführt werden:

Achtung: Versuchen Sie nicht, die Abdeckung der Batterie zu entfernen, um den Säurepegel zu kontrollieren – dies würde die Batterie beschädigen und undicht machen!

8 Entfernen Sie die Sitzbank (siehe Kapitel 6, Sektion 2).

9 Entfernen Sie die Batterieabdeckung (siehe Schritt 3).

10 Kontrollieren Sie den Ladezustand, indem Sie über den Batteriepolen die Spannung messen – mit der Plusklemme des Messgeräts am Pluspol und der Minusklemme am Minuspol (siehe Abbildung). Vollständig geladen muss eine neuwertige Batterie 13,0 bis 13,2 Volt aufweisen. Falls die Spannung unter 12,4 Volt liegt, muss die Batterie ausgebaut (siehe oben) und wie in Sektion 4 beschrieben geladen werden. Beachten Sie, dass die Batteriespannung auch im Instrument abgelesen werden kann – beachten Sie dazu die Hinweise in der Bedienungsanleitung.

11 Kontrollieren Sie die Batteriepole und Anschlüsse auf Korrosion und Festigkeit. Ist Kor-

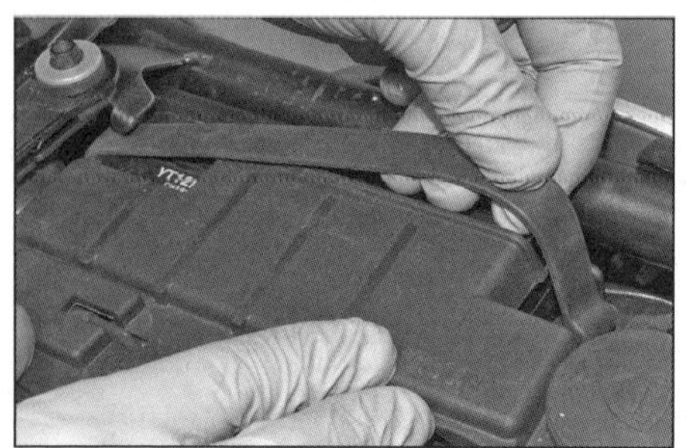

3.3a Hängen Sie das Gummiband aus, ...

3.3b ... lösen Sie bis Modelljahr 2018 die einzelne Schraube ...

3.3c ... oder ab Modelljahr 2019 die zwei Schrauben, ...

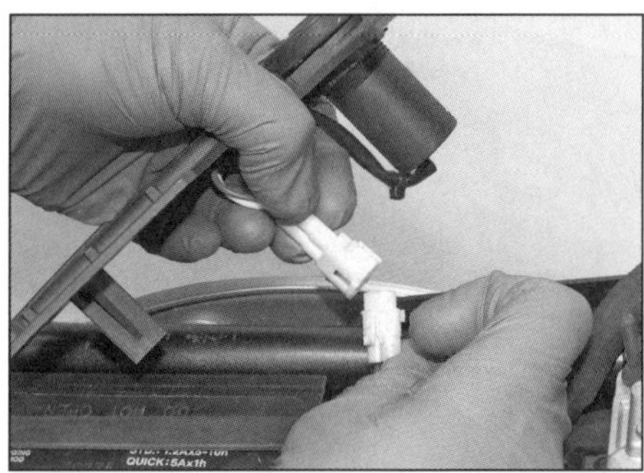

3.3d ... heben Sie die Batterieabdeckung ab und trennen Sie die Verkabelung der USB-Steckdose.

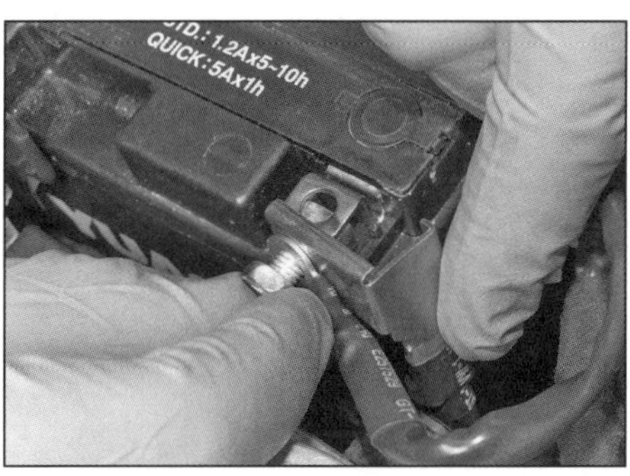

3.4a Trennen Sie stets zuerst das Massekabel (–) ...

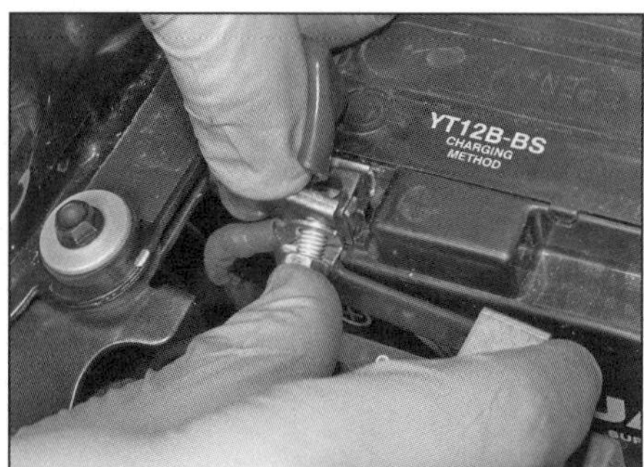

3.4b ... und erst dann das Pluskabel (+).

3.5 Heben Sie die Batterie heraus.

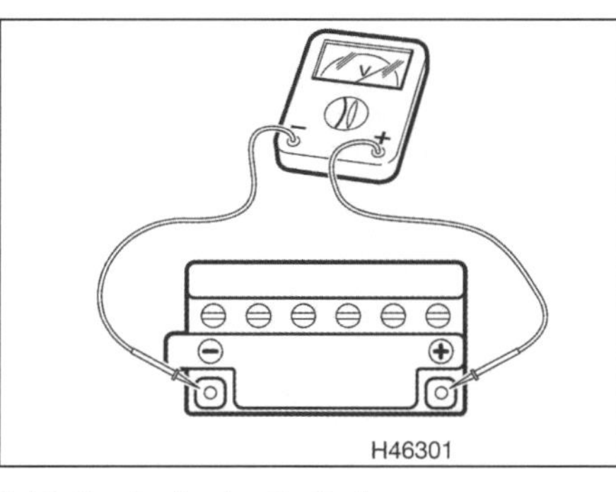

3.10 Kontrolle der Batteriespannung

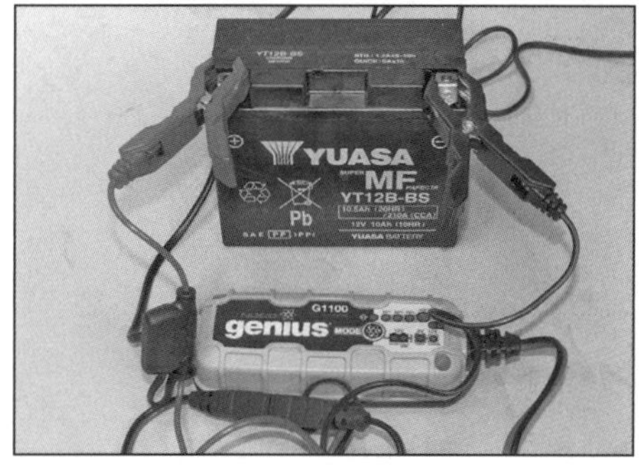

4.2 Eine mit einem Motorradladegerät geladene Batterie

rosion vorhanden, müssen die Batteriepole wie oben beschrieben gereinigt und dann vor weiterer Korrosion geschützt werden (siehe *Praxis-Tipp*).

> **Praxis TiPP** ***Korrosion der Batteriepole kann auf ein Minimum reduziert werden, wenn man sie nach dem Anschließen der Kabel mit Polfett oder Vaseline versieht. Für diesen Zweck sind auch Sprays erhältlich. Verwenden Sie kein Fett auf Mineral-Basis.***

12 Das Batteriegehäuse muss sauber gehalten werden, damit keine Kriechströme durch den Schmutz fließen und den Akku über längere Zeit entladen. Waschen Sie die Außenseite des Gehäuses mit einer Lösung aus Wasser und Soda. Spülen Sie die Batterie ordentlich ab und trocknen Sie sie. Achten Sie auf Risse im Gehäuse und wechseln Sie die Batterie sofort aus, wenn welche entdeckt werden. Falls Säure auf den Rahmen oder andere Metallteile gespritzt ist, muss sie sofort mit Sodalauge neutralisiert werden. Trocknen Sie alles ab und bessern Sie Lackschäden aus.

13 Falls das Motorrad für längere Zeit nicht benutzt wird, sollten die Batterieanschlüsse gelöst werden – Masse (–) zuerst. Laden Sie die Batterie alle vier bis sechs Wochen nach.

4 Batterie
Laden

Achtung: Seien Sie auch bei Arbeiten an solchen abgedichteten Batterie extrem vorsichtig! Die Batteriesäure ist stark ätzend und beim Aufladen entstehen explosive Gase. Batteriesäure ist extrem korrosiv und löst nach kürzester Zeit Lack und Metall an.

1 Trennen Sie zuerst das Massekabel (–) und dann das Stromkabel (+) von der Batterie (siehe Sektion 3).

2 Verbinden Sie das Ladegerät mit der Batterie, BEVOR Sie es einschalten – gehen Sie dabei sicher, dass die Anschlüsse nicht verwechselt werden – die Plusklemme gehört an den Pluspol und die Minusklemme an den Minuspol (siehe Abbildung).

3 Ducati empfiehlt, die Batterie mit 1,0 Ampere über fünf bis zu zehn Stunden zu laden, falls sie vollständig entladen war – oder bis die Spannung 13,2 Volt erreicht, nachdem das Ladegerät entfernt und der Batterie eine halbe Stunde Pause gegönnt wurde. Die tatsächliche Ladezeit hängt von der noch vorhandenen Ladung der Batterie ab; ein Überschreiten dieser Vorgaben kann dazu führen, dass die Batterie überhitzt und sich ihre Platten verziehen, sodass sie durch Kurzschlüsse zerstört wird. Am besten eignet sich ein »intelligentes« Ladegerät, das die Ladung ständig überwacht und seine Leistung entsprechend anpasst. Normale einfache Ladegeräte sollten nach einem möglicherweise stärkeren Anfangsladestrom auf ein niedriges sicheres Level absinken. Stoppen Sie sofort die Ladung, wenn die Batterie warm wird – weiteres Laden wird zu Beschädigungen führen. Im gut sortierten Fachhandel gibt es spezielle Ladegeräte für Motorradbatterien, die sich oft besonders gut für stark entladene MF-Batterien eignen – besonders bei nur gelegentlich genutzten Motorrädern stellen diese gar nicht teuren Geräte eine wertvolle Investition dar. Folgen Sie zum Laden den Hinweisen des Ladegerät-Herstellers. Manche Ladegeräte können dauerhaft an der Batterie angeschlossen bleiben, um sie stets in einem optimalen Ladezustand zu halten. Im Notfall darf die Batterie eine Stunde lang mit 5 Ampere geladen werden – beachten Sie auch (und vor allem) hier die Gefahren durch Überhitzung.

4 Falls sich eine geladene Batterie über kurze Zeit wieder entlädt, wird ein innerer Kurzschluss durch physikalische Beschädigung oder starke Sulfatierung vorliegen und es muss eine neue Batterie beschafft werden. Eine funktionsfähige Batterie darf täglich etwa 1% seiner Ladekapazität verlieren.

5 Schließen Sie die Batterie wieder an (siehe Sektion 3).

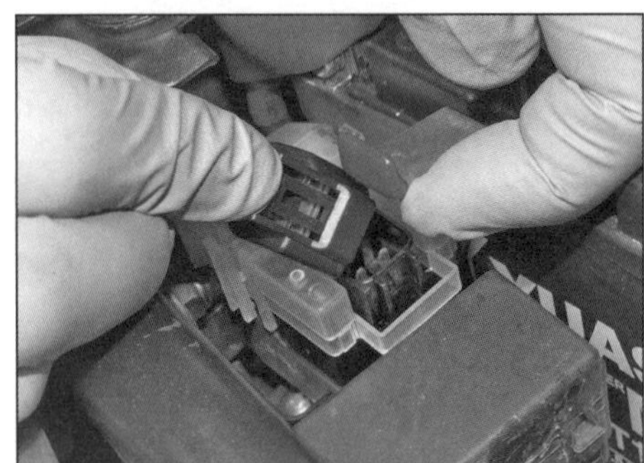

5.3a Trennen Sie den Stecker des Anlasserrelais …

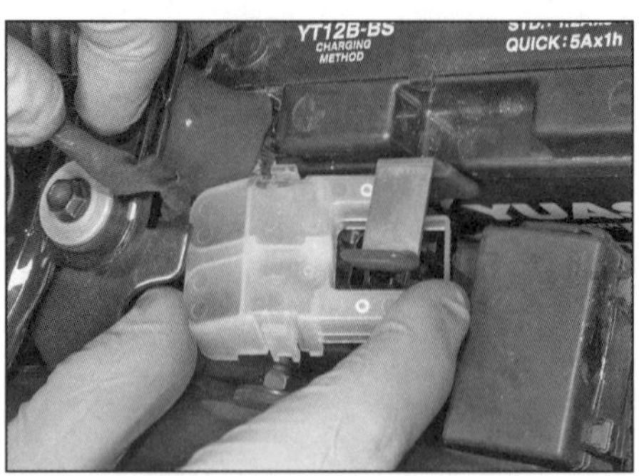

5.3b … und entfernen Sie dessen Abdeckung, …

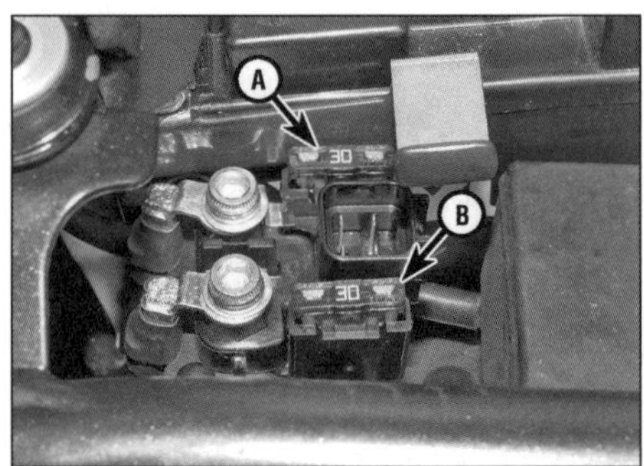

5.3c … um Zugang zur Hauptsicherung (A) und ihrer Ersatzsicherung (B) zu erhalten.

5.4a Sicherungsbox bis Modelljahr 2018

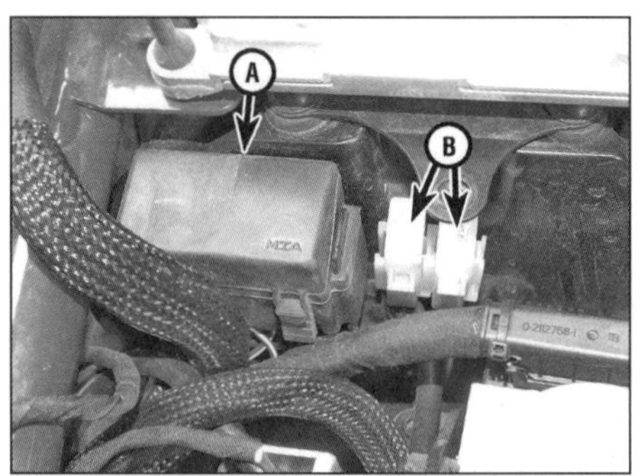

5.4b Sicherungsbox (A) und ABS-Sicherungen (B) ab Modelljahr 2019

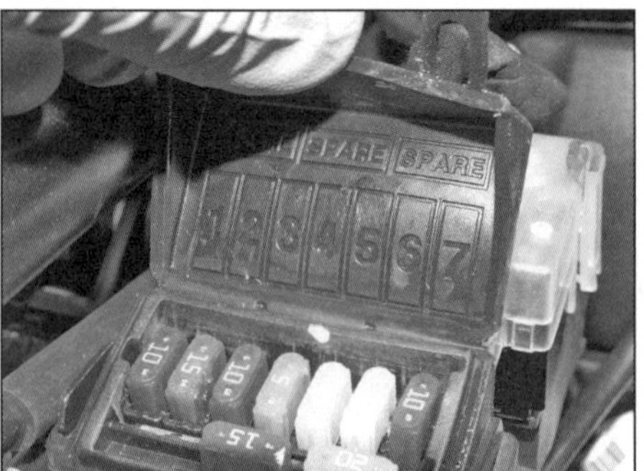

5.4c Im Deckel sind die Nummerierungen der Sicherungen angegeben.

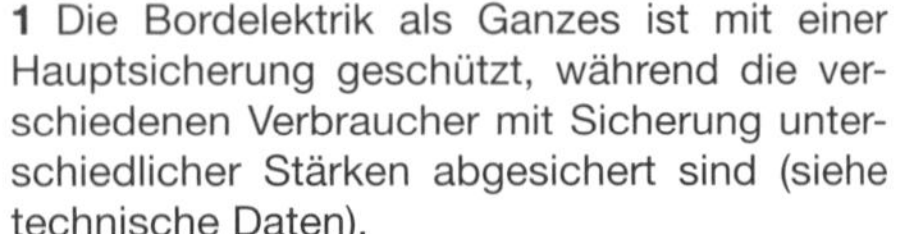

5 Sicherungen

1 Die Bordelektrik als Ganzes ist mit einer Hauptsicherung geschützt, während die verschiedenen Verbraucher mit Sicherung unterschiedlicher Stärken abgesichert sind (siehe technische Daten).

2 Entfernen Sie für den Zugang zu den Sicherungen die Sitzbank (siehe Kapitel 6, Sektion 2). Entfernen Sie dann die Batterieabdeckung (siehe Sektion 3).

3 Die Hauptsicherung ist in das Anlasserrelais integriert – trennen Sie für den Zugang den Relais-Stecker und entfernen Sie die Abdeckung (siehe Abbildungen). Neben der Hauptsicherung sitzt eine Ersatzsicherung.

4 Bis Modelljahr 2018 sind alle anderen Sicherungen in der Sicherungsbox untergebracht (siehe Abbildung). Ab Modelljahr 2019 befinden sich die zwei ABS-Sicherungen neben der SIcherungsbox (siehe Abbildung). Öffnen Sie die Abdeckung der Box, um Zugang zu den Sicherungen zu erhalten – deren Nummer sind in der Abdeckung angegeben (siehe Abbildung) – in den technischen Daten und den Schaltplänen am Ende dieses Kapitels finden sich die Zuordnungen der Nummern zu den jeweiligen Stromkreisen. In der Sicherungsbox sind auch einige (quer angeordnete) Ersatzsicherungen (»SPARE«) untergebracht, doch weil nicht alle Absicherungsraten dabei sind, kann es hilfreich sein, weitere Ersatzsicherungen mitzuführen.

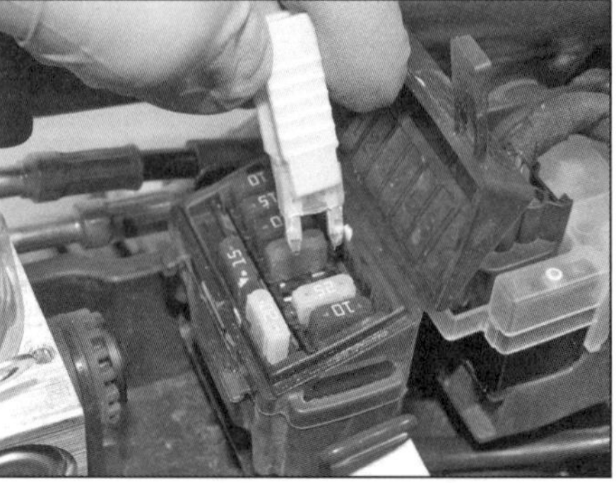

5.5a Ziehen Sie die Sicherung heraus – hier mit der im Bordwerkzeug enthaltenen Zange.

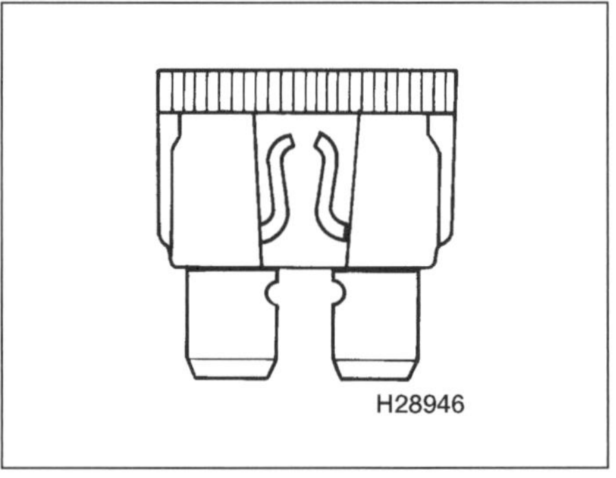

5.5b Eine durchgebrannte Sicherung kann am unterbrochenen Metallstreifen erkannt werden.

5 Die Sicherungen können ausgebaut und einer Sichtkontrolle unterzogen werden. Ziehen Sie die Sicherung mit dem im Bordwerkzeug enthaltenen Werkzeug, den Fingern oder einer geeigneten Zange heraus (siehe Abbildung). Eine durchgebrannte Sicherung ist leicht an der Unterbrechung in der Drahtverbindung zwischen den beiden Kontakten zu erkennen (siehe Abbildung) – im Zweifelsfall muss sie mit einem Durchgangsprüfer oder Ohmmeter geprüft werden (siehe Sektion 2). Jede Sicherung ist deutlich mit dem Wert der maximalen Stromstärke markiert und darf nur durch eine gleich starke ersetzt werden. Nach dem Einsatz einer Ersatzsicherung muss hierfür umgehend Ersatz beschafft werden.

Warnung: Setzen Sie niemals eine stärkere Sicherung ein und überbrücken Sie die Anschlüsse niemals mit Draht oder Ähnlichem, für wie kurz auch immer. Die elektrische Anlage kann stark beschädigt werden oder in Brand geraten.

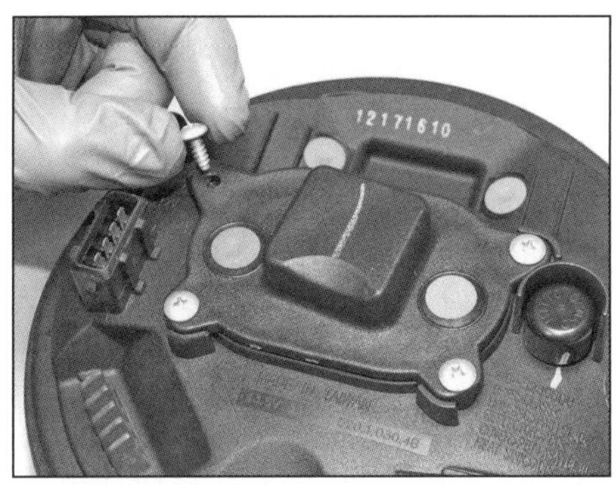

7.2a **Lösen Sie die vier Schrauben ...**

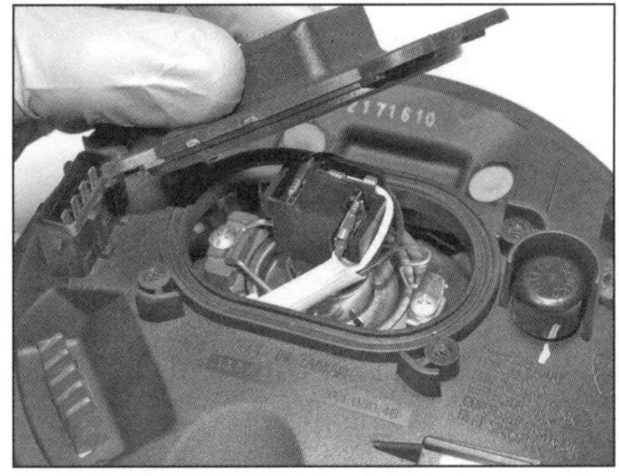

7.2b **... und entnehmen Sie die Lampenabdeckung.**

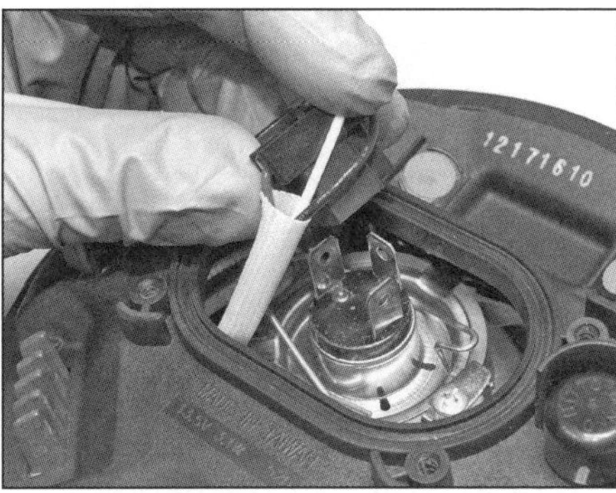

7.3 **Ziehen Sie den Lampenstecker ab.**

6 Falls eine neue Sicherung sofort wieder durchbrennt, muss der Kabelbaum sorgfältig auf den Grund des Kurzschlusses überprüft werden. Achten Sie auf blanke Leitungen und abgeriebene, geschmolzene oder verbrannte Isolationen.
7 Gelegentlich wird eine Sicherung ohne offensichtlichen Grund durchbrennen oder den Stromkreis unterbrechen. Ursache hierfür liegt in korrodierten Kontakten der Sicherung oder ihrer Halterung. Entfernen Sie diese Kontaktschwächen mit einer Drahtbürste oder Schleifpapier und sprühen Sie die Anschlüsse mit Kontaktspray ein.

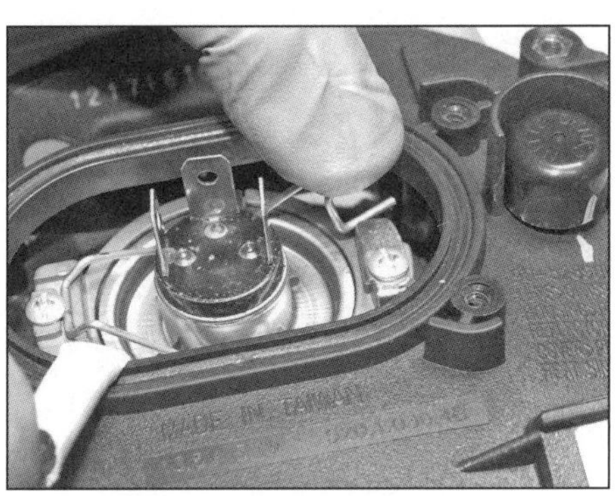

7.4a **Lösen Sie die Drahtbügel ...**

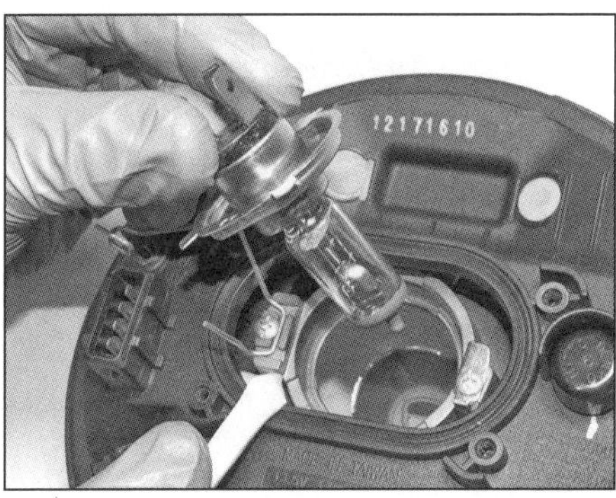

7.4b **... und befreien Sie die Lampe aus dem Scheinwerfer.**

6 Lichtanlage
Kontrolle

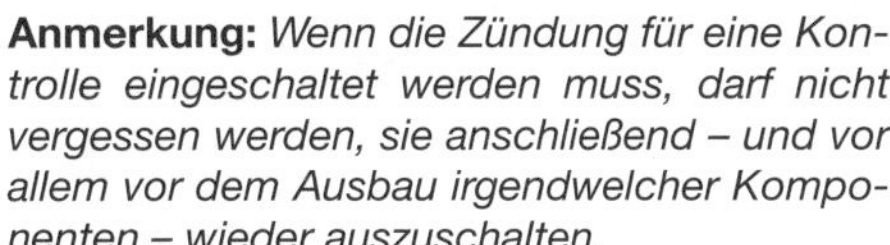

Anmerkung: *Wenn die Zündung für eine Kontrolle eingeschaltet werden muss, darf nicht vergessen werden, sie anschließend – und vor allem vor dem Ausbau irgendwelcher Komponenten – wieder auszuschalten.*

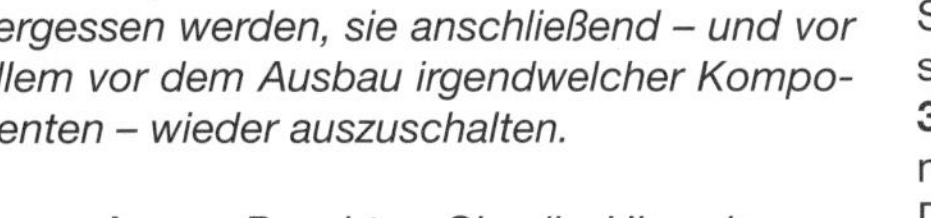

Anmerkung: *Beachten Sie die Hinweise zur Fehlersuche in Sektion 2 sowie die Schaltpläne am Ende des Kapitels.*

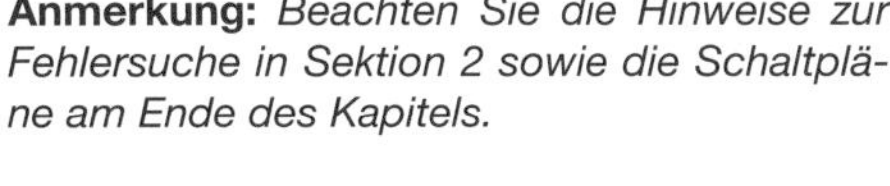

1 Traditionelle Glühlampen finden sich lediglich in den Scheinwerfern und Blinkern von Modellen bis 2018. Falls eine dieser Glühlampen ausfällt, muss zuerst die Lampe selbst, dann ihr Sockel in der Lampe und schließlich ihr Kabelstecker kontrolliert werden. Eine durchgebrannte Glühwendel lässt sich oft bei einer Sichtprüfung entdecken, manchmal aber auch erst mithilfe eines Durchgangsprüfers. Beachten Sie bei Blinkerlampen, dass der Massekontakt über den Lampensockel verläuft.
2 Alle anderen Lampen (einschließlich der Scheinwerfer und Blinker bei Modellen ab 2019) arbeitet mit zahlreichen Licht-emittierenden (Dioden (LED); falls eine Lampe komplett ausgefallen ist, liegt wahrscheinlich ein Stromkreis-Problem vor und es muss zuerst die Sicherung und dann der Kabelstecker kontrolliert werden. Falls einzelne LEDs ausgefallen sind, können diese nicht separat ersetzt werden – dies gilt prinzipiell auch für die Instrumenteneinheit, doch gibt es inzwischen Spezialbetriebe, die einzelne LED austauschen können.
3 Falls kein sichtbarer Fehler gefunden wird, muss die Verkabelung des Stromkreises auf Durchgang überprüft werden.
4 Falls alle Lampen eines Stromkreises ausgefallen sind, kann eine durchgebrannte Sicherung die Ursache sein (siehe Sektion 5).
5 Falls alle Blinker ausgefallen sind, kann das Problem im Instrument liegen (ein separates Blinkrelais ist nicht vorhanden). Lassen Sie das Instrument von einer Ducati-Werkstatt kontrollieren.

7 Scheinwerferlampe (bis Modelljahr 2018)

Anmerkung: *Die Halogenlampe des Scheinwerfers darf nicht am Glas angefasst werden, da Flecken das Leben der Lampe verkürzen. Wenn sie doch einmal berührt worden ist, muss sie (im kalten Zustand) sorgfältig mit einem in Spiritus getränkten Lappen abgewischt und vor dem Einbau getrocknet werden. Fassen Sie Lampen immer mit einem Taschentuch oder trockenem Lappen an, um ihre Lebensdauer zu verlängern.*

1 Demontieren Sie den Scheinwerfer (siehe Sektion 8) und befreien Sie beim Café Racer die Blende samt Halter.
2 Entfernen Sie an der Rückseite des Scheinwerfers die Lampenabdeckung (siehe Abbildungen).
3 Trennen Sie den Lampenstecker (siehe Abbildung).
4 Lösen Sie den Drahtbügel und befreien Sie die Lampe aus dem Scheinwerfer (siehe Abbildungen).
5 Führen Sie die neue Lampe in den Scheinwerfer ein – beachten Sie die Anmerkung oben und richten Sie ihre Laschen korrekt zu den Nuten aus. Sichern Sie die Lampe mit den Drahtbügeln (Abbildungen 7.4b und a).
6 Verbinden Sie den Lampenstecker (Abbildung 7.3).
7 Montieren Sie die Lampenabdeckung (Abbildungen 7.2b und a).
8 Montieren Sie den Scheinwerfer (siehe Sektion 8).
9 Prüfen Sie die Funktion der Lampe und stellen Sie die Leuchtweite ein (siehe Kapitel 1, Sektion 12).

8.1a Notieren Sie, wie weit die Scheinwerfer-Einstellschraube aus der Clip-Mutter herausragt.

8.1b Entfernen Sie den Splint, ...

8.1c ... drehen Sie die Einstellschraube heraus ...

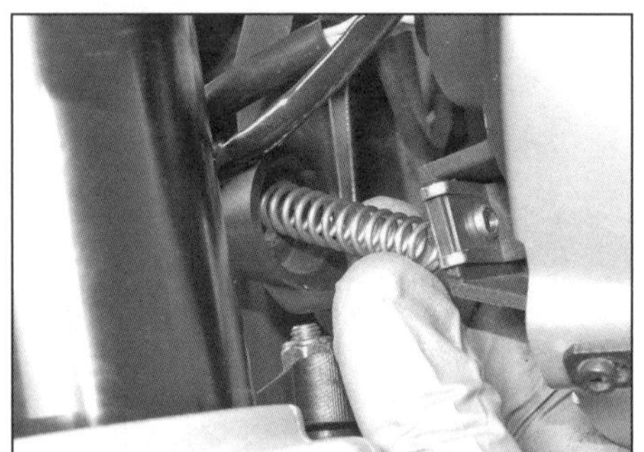
8.1d ... und entnehmen Sie die Feder.

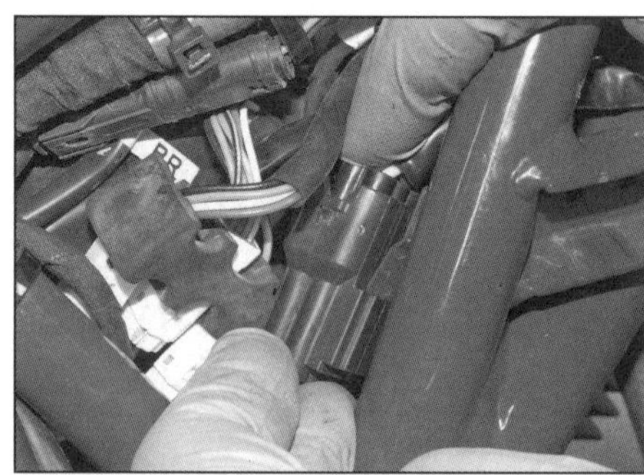
8.2a Ziehen Sie den Stecker von der Lasche am Rahmen ...

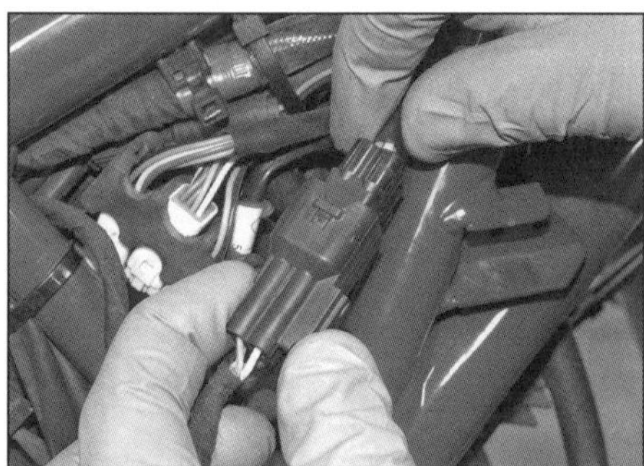
8.2b ... und trennen Sie ihn.

8.3a Entfernen Sie an beiden Seiten das Klemmstück, ...

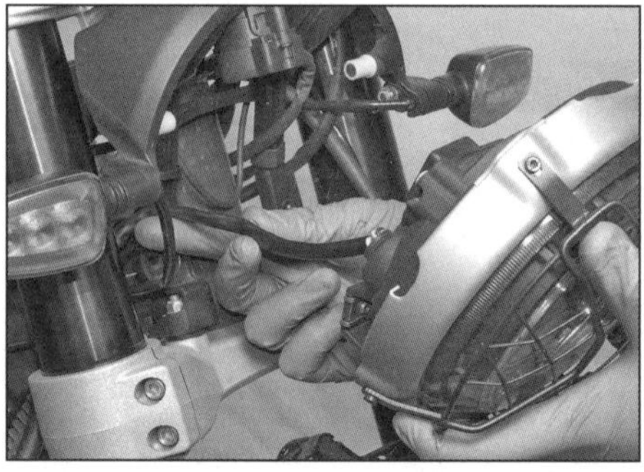
8.3b befreien Sie den Scheinwerfer und trennen Sie bis Modelljahr 2018 den Stecker oder ziehen Sie das Kabel heraus.

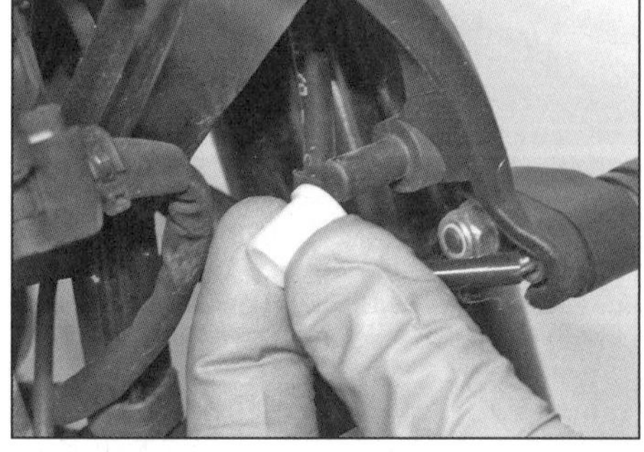
8.3c Stellen Sie nötigenfalls die Hülsen von den Scheinwerfer-Zapfen sicher.

8 Scheinwerfer

Alle Modelle außer Café Racer

1 Notieren Sie, wie weit die Scheinwerfer-Einstellschraube aus der Clip-Mutter herausragt, um beim Einbau einen Hinweis auf die Leuchtweiteneinstellung zu haben (siehe Abbildung). Ziehen Sie den Splint aus der Schraube, drehen Sie diese vollständig heraus und entnehmen Sie die Feder (siehe Abbildungen).

2 Demontieren Sie ab Modelljahr 2019 den Tank (siehe Kapitel 3, Sektion 2). Befreien und trennen Sie den Scheinwerfer-Kabelstecker und führen Sie ihn zum Scheinwerfer (siehe Abbildungen).

3 Stützen Sie den Scheinwerfer, lösen Sie an beiden Seiten die zwei Schrauben der Klemmstücke und entnehmen Sie diese. Ziehen Sie dann den Scheinwerfer nach vorn – beachten Sie, wie er an den Zapfen sitzt. Trennen Sie bis Modelljahr 2018 jetzt den Lampenstecker (siehe Abbildungen). Stellen Sie nötigenfalls die Hülsen von den Zapfen sicher (siehe Abbildung).

4 Entfernen Sie ggf. die Scheinwerferlampe (siehe Sektion 7). Demontieren Sie nötigenfalls bei der Desert Sled und der Urban Enduro den Steinschlagschutz vom Scheinwerferring. Befreien Sie bei allen Modellen den Scheinwerferring (siehe Abbildungen).

5 Der Einbau entspricht der umgekehrten Ausbaureihenfolge – die Hülsen müssen auf den Zapfen stecken und der Scheinwerfer korrekt auf ihnen sitzen (Abbildung 8.3c). Stellen Sie die Leuchtweite wie beim Ausbau notiert ein und positionieren Sie den Splint in der Nut der Einstellschraube (Abbildung 8.1b). Prüfen Sie die Funktion der Lampe und stellen Sie die Leuchtweite ein (siehe Kapitel 1, Sektion 12).

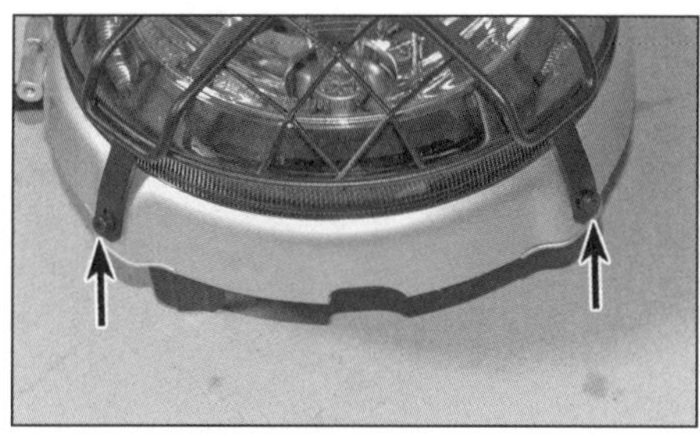

8.4a Der Steinschlagschutz ist an jeder Seite mit zwei Schrauben am Scheinwerferring gesichert.

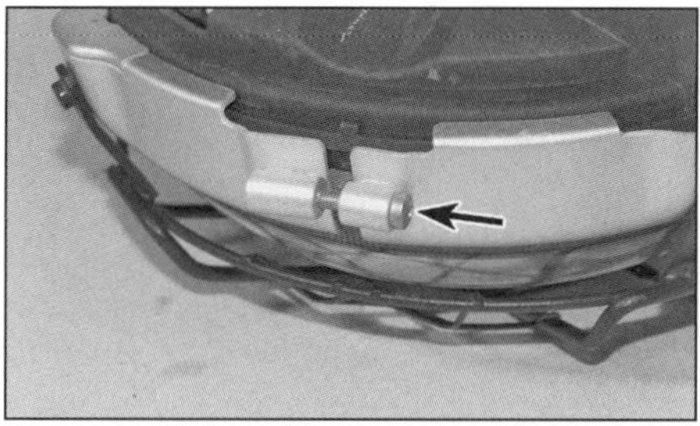

8.4b Lösen Sie die Schraube, um den Scheinwerferring zu befreien.

8.6a Lösen Sie an der unteren Gabelbrücke an beiden Seiten die Muttern ...

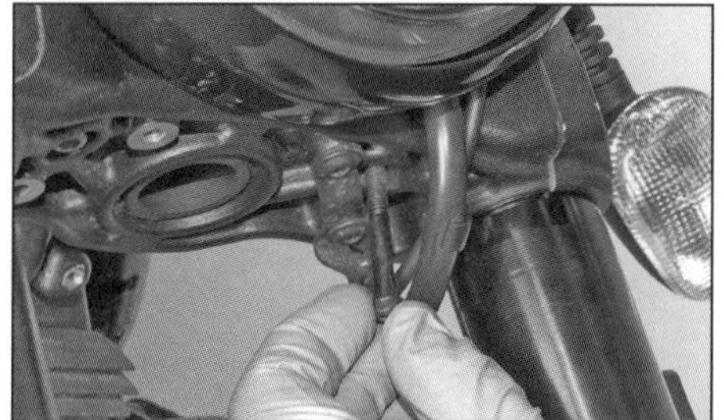

8.6b ... und ziehen Sie die Schrauben heraus ...

8.6c ... – beachten Sie deren unterschiedliche Längen.

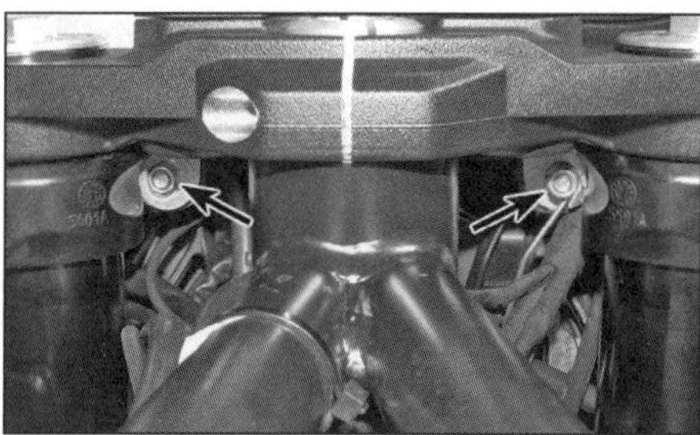

8.6d Lösen Sie unter der oberen Gabelbrücke die Muttern (beachten Sie rechts die Kabelführung), ...

8.6e ... befreien Sie den Scheinwerfer und drücken Sie die Lasche des Steckers ein, um diesen zu trennen.

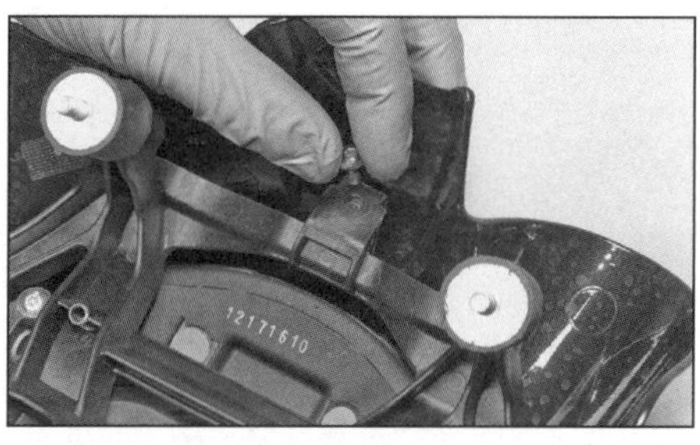

8.7a Lösen Sie die Schrauben, ...

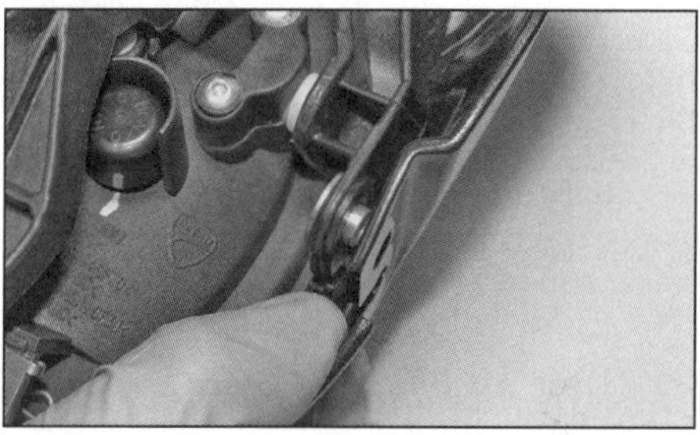

8.7b ... befreien Sie die Blende an beiden Seiten und heben Sie den Scheinwerfer heraus.

8.8a Ziehen Sie den Splint aus der Nut, ...

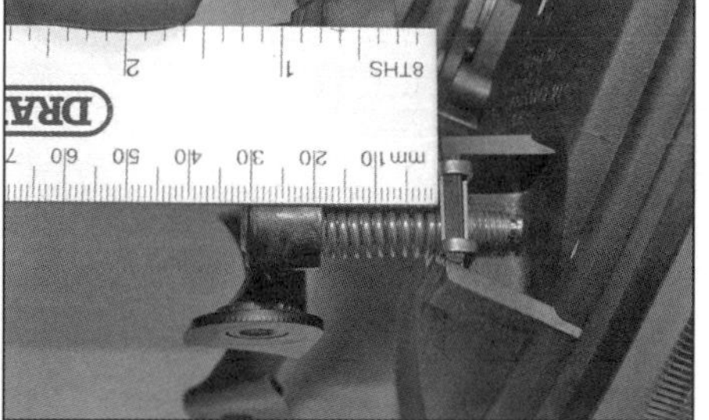

8.8b ... messen Sie den Abstand zwischen den Einstellschrauben-Aufnahmen, ...

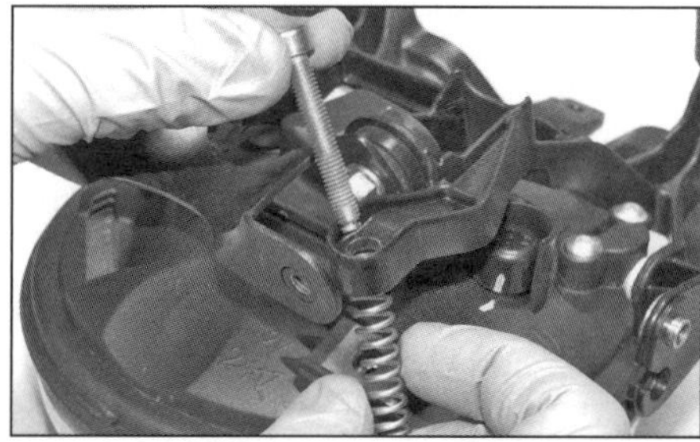

8.8c ... drehen Sie die Schraube heraus und entnehmen Sie die Feder.

Café Racer

6 Demontieren Sie die Blinker (siehe Sektion 12) – die Kabel müssen dabei nicht getrennt werden. Demontieren Sie die gesamte Scheinwerfer-Baugruppe von den Gabelbrücken, trennen Sie den Stecker und entnehmen Sie die Baugruppe (siehe Abbildungen).

7 Demontieren Sie die Scheinwerfer-Blende (siehe Abbildungen).

8 Ziehen Sie den Splint aus der Nut der Scheinwerfer-Einstellschraube. Messen Sie den Abstand zwischen den Einstellschrauben-Aufnahmen, um beim Einbau einen Hinweis auf die Leuchtweiteneinstellung zu haben. Drehen Sie die Schraube heraus und entnehmen Sie die Feder (siehe Abbildungen).

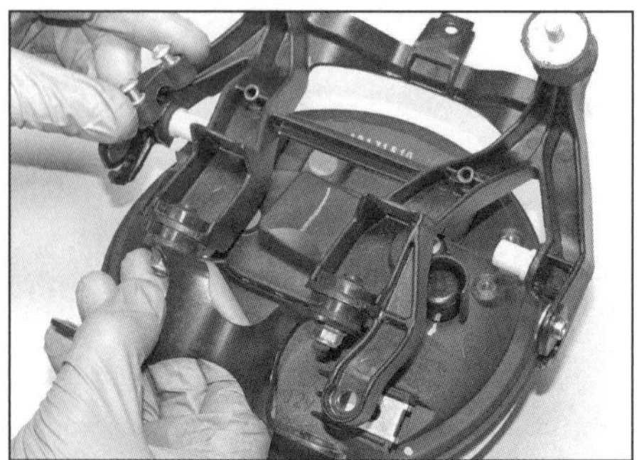
8.9 Lösen Sie die Schrauben, entnehmen Sie die Klemmen und heben Sie den Halter ab.

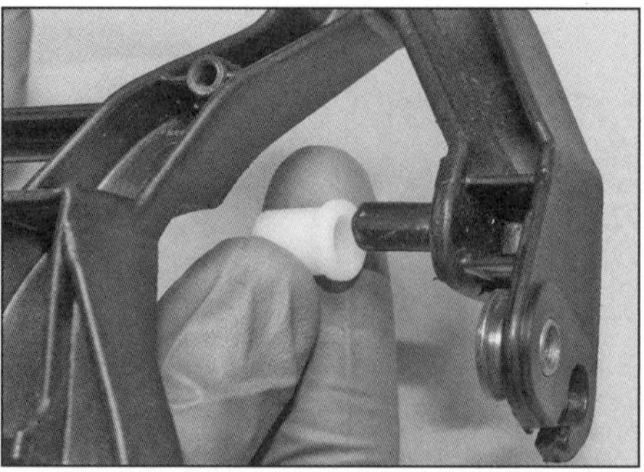
8.11a Die Hülsen müssen auf den Zapfen stecken.

8.11b Die Stehbolzen der Gummidämpfer müssen in den Nuten stecken.

9 Lösen Sie an beiden Seiten die zwei Schrauben der Klemmstücke und entnehmen Sie diese. Heben Sie dann den Halter vom Scheinwerfer – beachten Sie, wie die Zapfen in den Ausschnitten sitzen (siehe Abbildung).
10 Entfernen Sie ggf. die Scheinwerferlampe (siehe Sektion 7).
11 Der Einbau entspricht der umgekehrten Ausbaureihenfolge – die Hülsen müssen auf den Zapfen stecken (siehe Abbildung) und der Halter korrekt in den Ausschnitten sitzen (Abbildung 8.9). Stellen Sie die Leuchtweite wie beim Ausbau notiert ein und positionieren Sie den Splint in der Nut der Einstellschraube (Abbildungen 8.8b und a). Positionieren Sie die Baugruppe am Motorrad und richten Sie die Stehbolzen für die oberen Muttern in den Nuten unten an der oberen Gabelbrücke aus (Abbildung 8.11b). Prüfen Sie die Funktion der Lampe und stellen Sie die Leuchtweite ein (siehe Kapitel 1, Sektion 12).

9 Rücklicht

1 Entfernen Sie die Sitzbank und die Heck-Innenverkleidung (bei der Desert Sled und der Classic kann der Stecker ggf. bereits nach der Demontage der hinteren Sektion befreit werden) (siehe Kapitel 6, Sektionen 2 und 6).
2 Demontieren Sie bei den Modellen **Icon, Street Classic** und **Urban Enduro** das Hinterrad-Schutzblech (siehe Kapitel 6, Sektion 9).

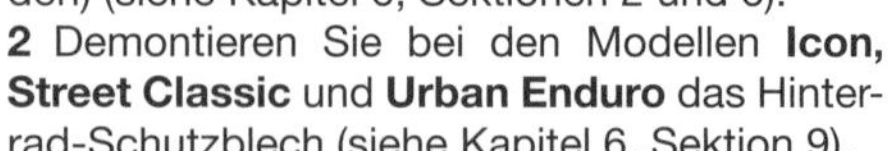

3 Befreien und trennen Sie den Rücklichtstecker (siehe Abbildungen). Lösen Sie die Verkabelung aus allen Befestigungen und führen Sie sie zum Rücklicht zurück – merken Sie sich ihre Verlegung.
4 Lösen Sie die Schrauben, entnehmen Sie die Scheiben und ziehen Sie das Rücklicht nach hinten heraus, um die Zapfen aus den Gummiösen zu befreien (siehe Abbildungen) – beachten Sie die in den Gummiösen der Schrauben steckenden Hülsen und ersetzen Sie schadhafte Gummis.
5 Der Einbau entspricht der umgekehrten Ausbaureihenfolge – alle Gummiösen müssen in ihren Aufnahmen positioniert sein und in denen der Schrauben müssen die Hülsen von unten eingeschoben sein. Die Verkabelung muss korrekt verlegt und gesichert sein. Prüfen Sie die Funktion des Rücklichts und des Bremslichts.

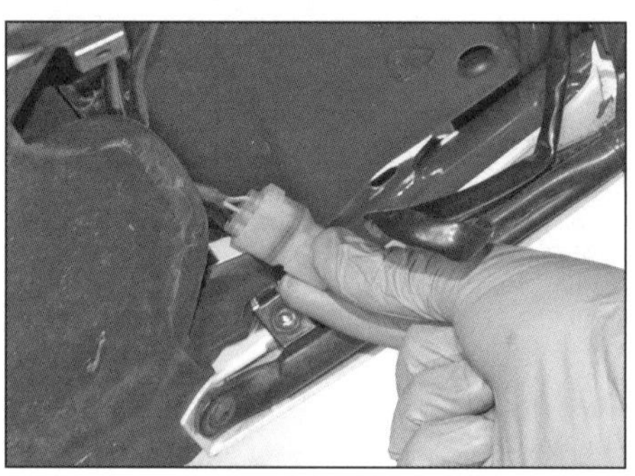
9.3a Rücklichtstecker – Desert Sled und Classic

9.3b Rücklichtstecker – alle anderen Modelle

9.4a Lösen Sie die Schrauben ...

9.4b ... und ziehen Sie das Rücklicht nach hinten ab.

10 Kennzeichenbeleuchtung

1 Demontieren Sie den Kennzeichenträger (siehe Kapitel 6, Sektion 10).
2 Befreien Sie die Verkabelung aus dem Träger (siehe Abbildungen).
3 Lösen Sie die Schrauben der Kennzeichenbeleuchtung und entnehmen Sie diese (siehe Abbildung) – beachten Sie die Anordnung aller Scheiben und Gummiösen sowie die Verlegung der Verkabelung.
4 Der Einbau entspricht der umgekehrten Ausbaureihenfolge – prüfen Sie die Funktion der Kennzeichenbeleuchtung.

11 Blinkerlampen (bis Modelljahr 2018)

Anmerkung: *Glühlampen sollten nicht immer mit einem Taschentuch oder trockenem Lappen angefasst werden, um ihre Lebensdauer zu verlängern.*

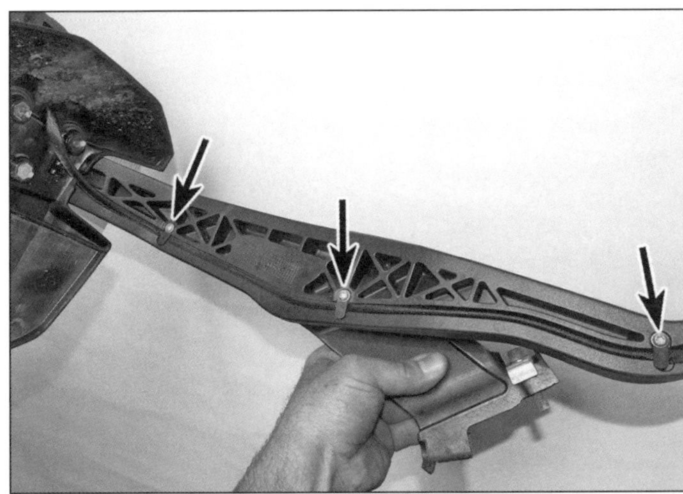

10.2a Lösen Sie beim seitlichen Kennzeichenträger die drei Schrauben, um das Kabel zu befreien.

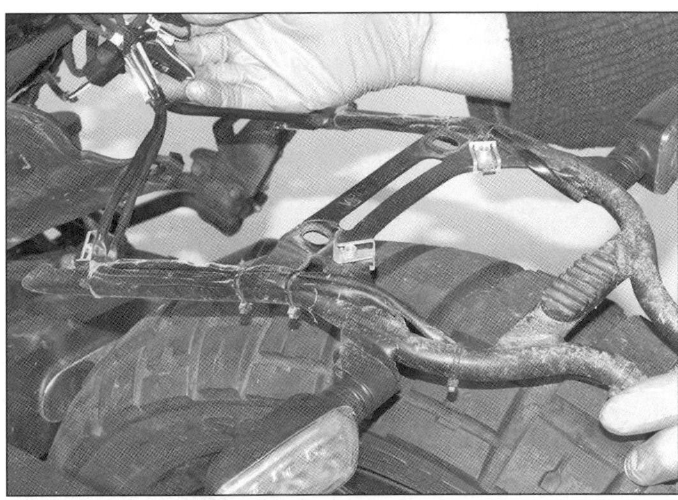

10.2b Öffnen Sie bei der Desert Sled und der Classic die Kabelbinder, um das Kabel vom Träger zu befreien.

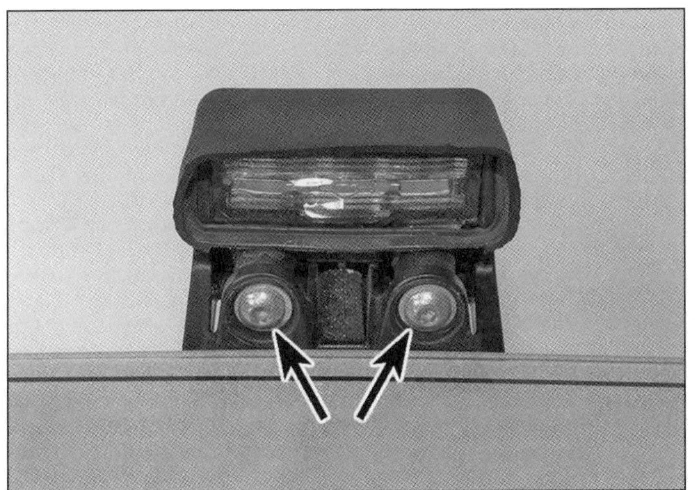

10.3 Schrauben der Kennzeichenbeleuchtung

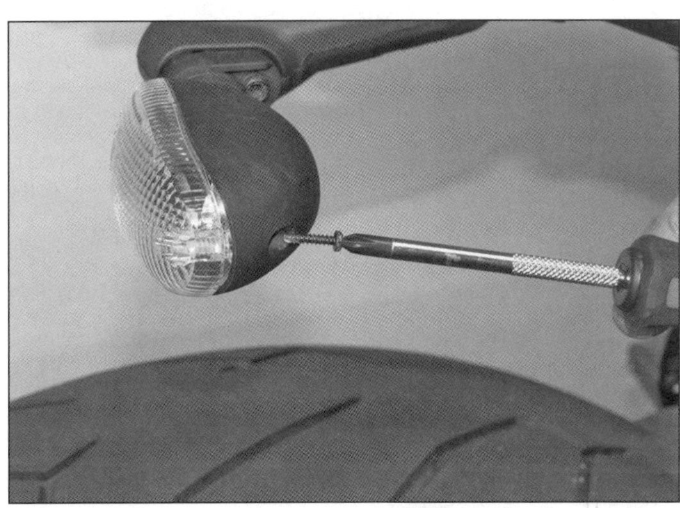

11.1 Lösen Sie die Schraube und entnehmen Sie das Blinkerglas.

1 Lösen Sie die Schraube des Blinkerglases und befreien Sie es vom Gehäuse (siehe Abbildung und Abbildung 11.4).

2 Drücken Sie die Lampe vorsichtig in ihre Fassung und drehen Sie sie nach links, um sie zu entfernen (siehe Abbildung). Kontrollieren Sie die Kontakte des Sockels – wenn sie korrodiert sind, müssen sie gereinigt werden.

3 Richten Sie die Stifte der neuen Lampe zu den Schlitzen des Sockels aus, drücken Sie die Lampe hinein und drehen Sie sie im Uhrzeigersinn, um sie zu arretieren – beachten Sie, dass die orangen Lampen versetzt angeordnete Stifte haben, damit sie nicht durch Klarglas-Lampen ersetzt werden können; daher können sie nur in einer Position in den Sockel installiert werden.

4 Setzen Sie das Blinkerglas mit der Lasche im Ausschnitt im Gehäuse an (siehe Abbildung) und sichern Sie es mit der Schraube – ziehen Sie diese nicht zu fest, da das Glas leicht zerbricht. Prüfen Sie die Funktion des Blinkers.

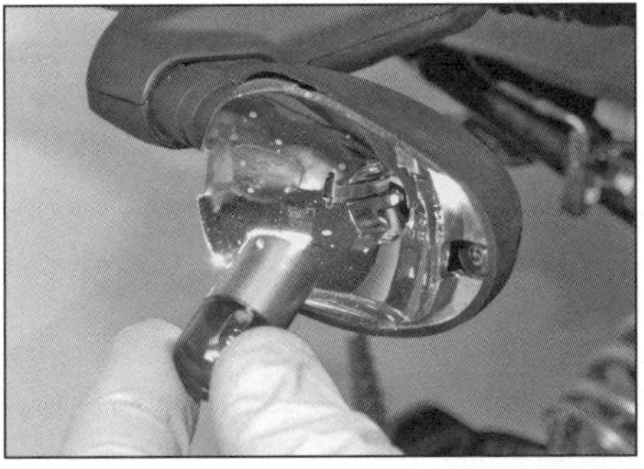

11.2 Entfernen Sie die Lampe wie beschrieben.

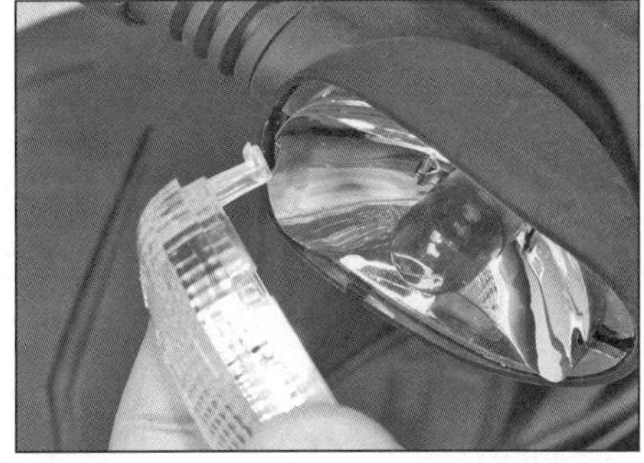

11.4 Die Lasche muss korrekt einrasten und das Glas vollständig am Gehäuse anliegen, bevor die Schraube eingedreht wird.

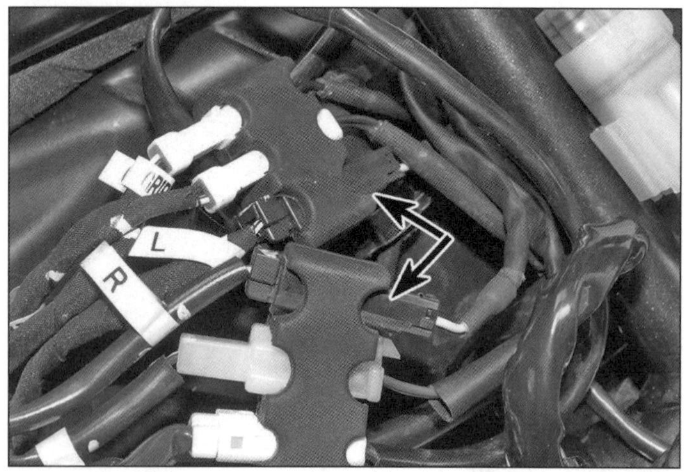

12.2a Die entsprechend der Position markierten Blinker-Stecker beim Café Racer

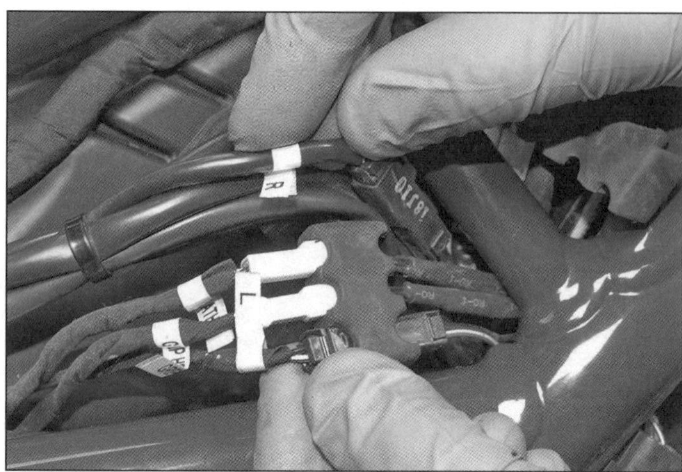

12.2b Die entsprechend der Position markierten Blinker-Stecker bei der Desert Sled

12 Blinker-Baugruppen

Vorn

1 Demontieren Sie den Tank (siehe Kapitel 3, Sektion 2).

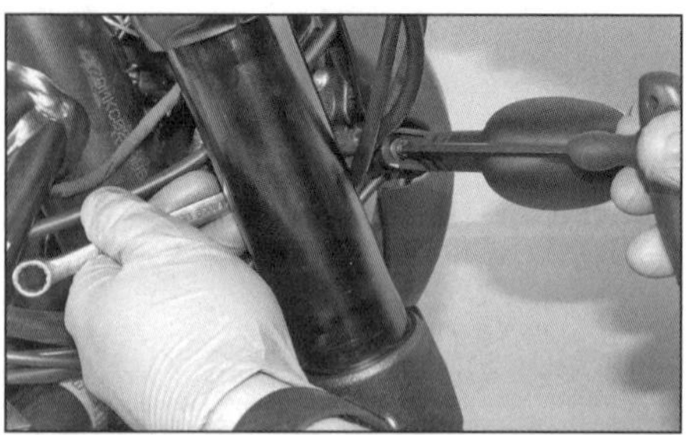

12.3a Kontern Sie die Mutter und lösen Sie die Schraube, ...

2 Trennen Sie den Blinkerstecker und führen Sie das Kabel zum Blinker zurück – merken Sie sich seine Verlegung (siehe Abbildungen).

3 Lösen Sie die Mutter und Schraube des Blinkerschafts und ziehen Sie den Blinker aus seiner Aufnahme – beschädigen Sie nicht das Kabel (siehe Abbildungen).

4 Der Einbau entspricht der umgekehrten Ausbaureihenfolge. Prüfen Sie die Funktion des Blinkers.

Hinten

5 Entfernen Sie die Sitzbank (siehe Kapitel 6, Sektion 2).

6 Entfernen Sie bei der **Classic und der Desert Sled** die Heck-Innenverkleidung und den Kennzeichenträger (siehe Kapitel 6, Sektion 6 und 9). Befreien Sie das Blinkerkabel vom Träger (Abbildung 10.2b). Lösen Sie die Schraube des Blinkers und entnehmen Sie ihn (siehe Abbildung) – merken Sie sich die Verlegung des Kabels.

7 Demontieren Sie bei den Modellen **Icon, Street Classic, Urban Enduro** und **Mach 2.0** das Hinterrad-Schutzblech (siehe Kapitel 6, Sektion 9). Lösen Sie an der Unterseite die zwei Schrauben und befreien Sie die obere Sektion des Schutzblechs von der unteren – beachten Sie die Positionen der hinteren Laschen (siehe Abbildung). Lösen Sie die Schraube des Blinkers und entnehmen Sie ihn – beachten Sie die Position des Halteblechs und die Verlegung des Kabels.

8 Entfernen Sie bei den Modellen **Full Throttle, Flat Track Pro** und **Café Racer** die Heck-Innenverkleidung (siehe Kapitel 6, Sektion 6). Trennen Sie den/die Blinkerstecker und befreien Sie die Verkabelung (siehe Abbildung). Lösen Sie die Schrauben des Blinkerhalters, beachten Sie die Hülsen und befreien Sie den Blinker – falls beide Blinker demontiert werden sollen, können sie als Baugruppe entfernt werden (siehe Abbildung). Lösen Sie die Schrauben und entfernen Sie die Abdeckung des Blinkerträgers (siehe Abbildungen). Befreien Sie die Verkabelung aus dem Träger, lösen Sie die Mutter/Schraube und entnehmen Sie den Blinker (siehe Abbildung).

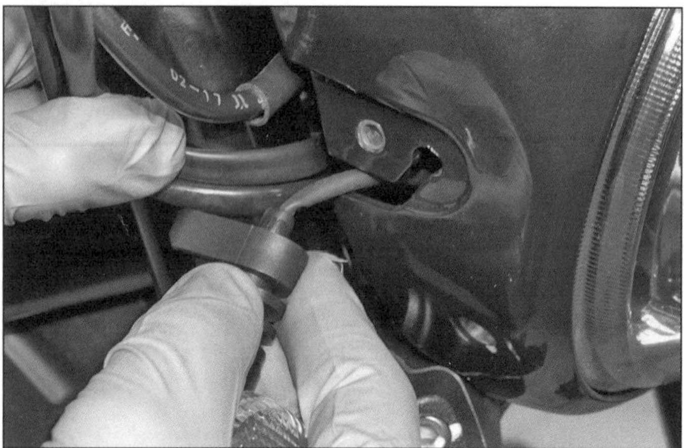

12.3b ... um den Blinker zu befreien.

12.6 Schraube des linken hinteren Blinkers

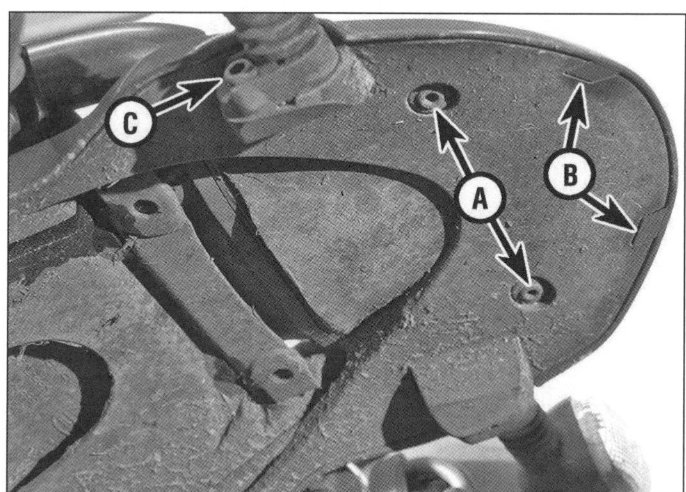

12.7 Lösen Sie die Schrauben (A) und trennen Sie die obere Sektion – beachten Sie die Laschen (B). Schraube des linken hinteren Blinkers (C)

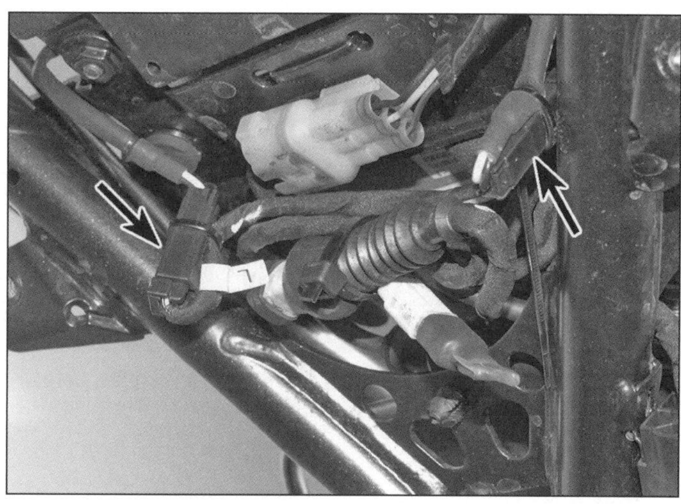

12.8a Blinker-Stecker (Pfeile)

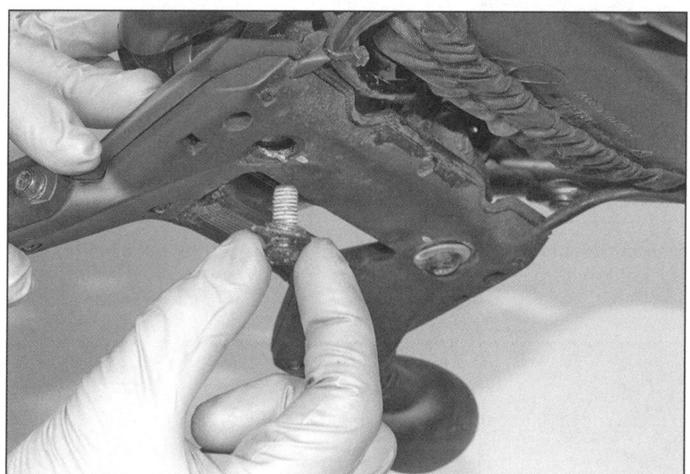

12.8b Lösen Sie die Schrauben der Blinker-Baugruppe

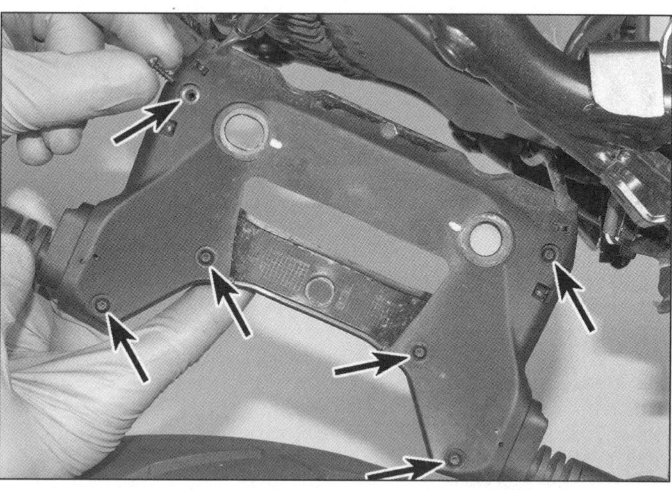

12.8c Lösen Sie die sechs Schrauben der Blinkerträger-Abdeckung ...

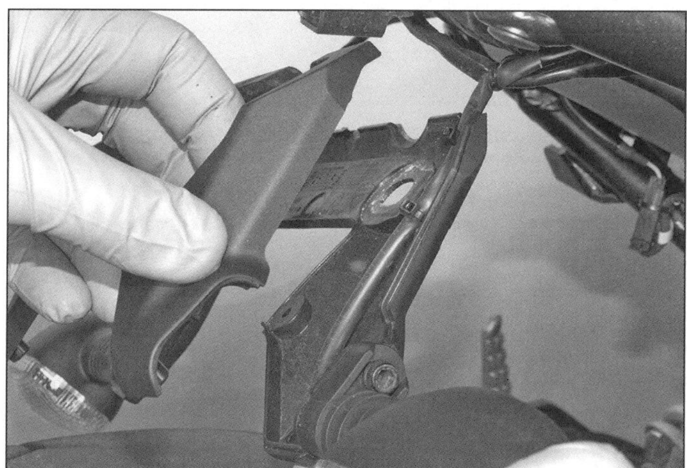

12.8d ... und entnehmen Sie diese.

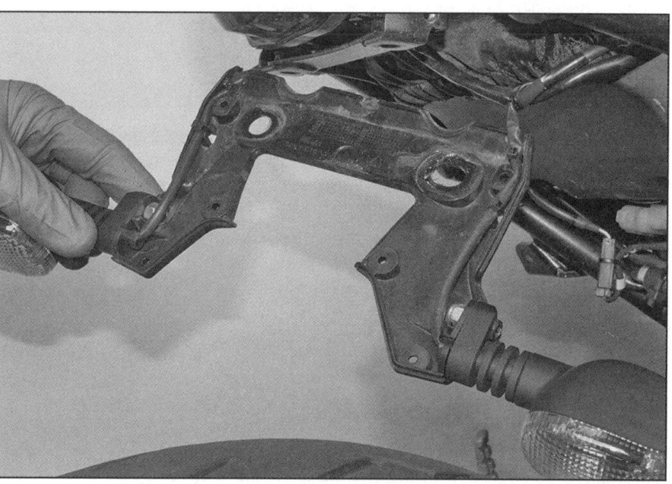

12.8e Befreien Sie die Blinkerkabel und entnehmen Sie die Blinker-Baugruppe.

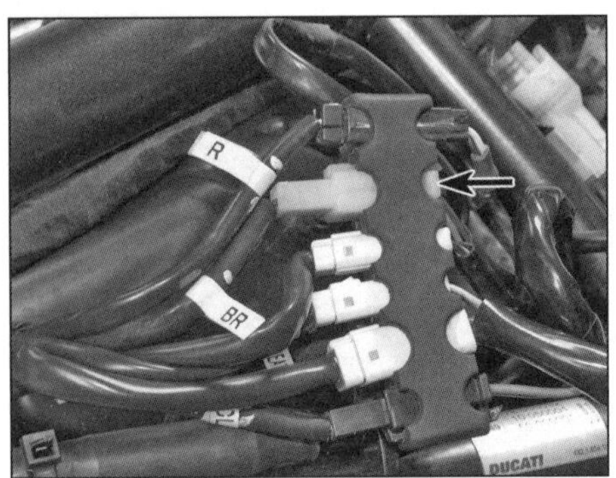

13.1a Der mit BR markierte vordere Bremslichtschalter-Stecker sitzt beim Café Racer im Gummihalter.

13.1b Auch bei der Desert Sled ist der vordere Bremslichtschalter-Stecker mit BR markiert.

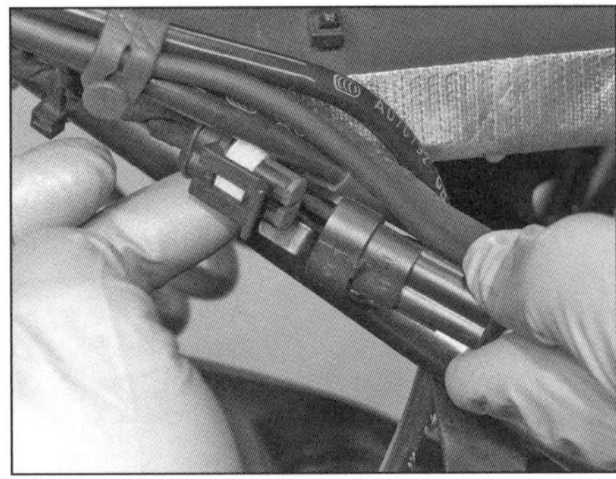

13.2 Stecker des hinteren Bremslichtschalters

9 Der Einbau entspricht der umgekehrten Ausbaureihenfolge. Prüfen Sie die Funktion des Blinkers.

13 Bremslichtschalter

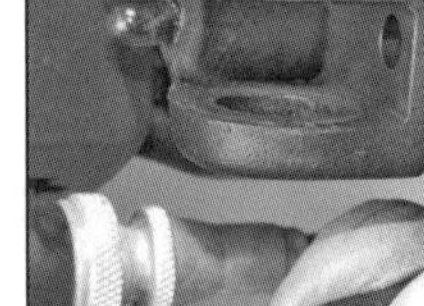

Kontrolle

Anmerkung: *Beachten Sie die Hinweise zur Fehlersuche in Sektion 2 sowie den entsprechenden Schaltplan am Ende des Kapitels.*

1 Der vordere Bremslichtschalter sitzt unten am Handbremszylinder. Zum Trennen seines Kabelsteckers muss der Tank demontiert werden (siehe Kapitel 3, Sektion 2). Trennen Sie den Stecker (siehe Abbildungen) und verbinden Sie die Klemmen eines Durchgangsprüfers mit den schalterseitigen Kontakten. Bei nicht betätigter Bremse darf kein Durchgang bestehen; bei gezogenem Hebel muss Durchgang bestehen – bei anderen Ergebnissen muss der Schalter demontiert und ersetzt werden – er ist nicht einstellbar.

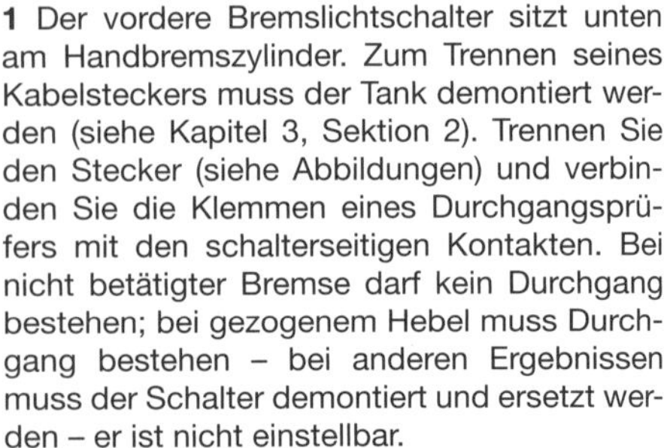

2 Der hintere Bremslichtschalter sitzt vorn am rechten Fußrastenträger. Entfernen Sie für den Zugang zum Stecker die rechte hintere Seitenblende; nötigenfalls (je nach Modell) muss auch die Heck-Innenverkleidung demontiert werden (siehe Kapitel 6). Trennen Sie den Kabelstecker (siehe Abbildung). Verbinden Sie die Klemmen eines Durchgangsprüfers mit den schalterseitigen Kontakte. Bei nicht betätigter Bremse darf kein Durchgang bestehen; bei gedrücktem Pedal muss Durchgang bestehen – bei anderen Ergebnissen muss der Bremslichtschalter demontiert und ersetzt werden.

Ausbau und Einbau

Vorderrad-Bremslichtschalter

3 Trennen Sie den Bremslichtschalter-Stecker (Abbildungen 13.1a oder b) und führen Sie das Kabel zum Schalter zurück – befreien Sie es aus allen Befestigungen und merken Sie sich seine Verlegung.

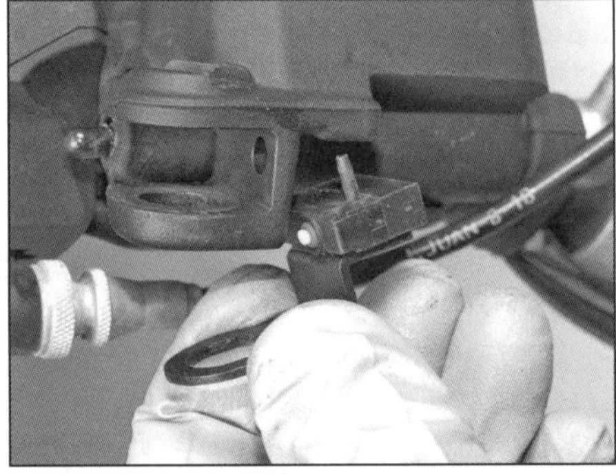

13.4a Ziehen Sie den Schalter herunter, ohne den Zapfen zu beschädigen, ...

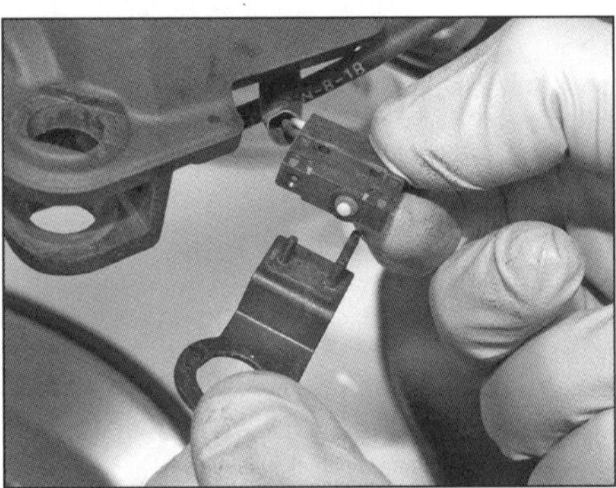

13.4b ... und heben Sie ihn vom Halter ab.

13.5a Hebeln Sie beim Café Racer den Bremslichtschalter vorsichtig mit einem kleinen Schraubendreher ab, ...

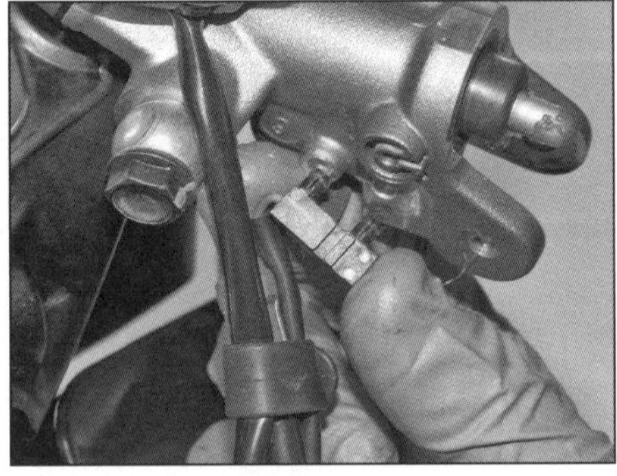

13.5b ... um die bedien Zapfen gleichmäßig aus den Bohrungen zu befreien.

4 Demontieren Sie bei allen Modellen **außer dem Café Racer** den Vorderrad-Bremshebel (siehe Kapitel 4, Sektion 5). Lösen Sie den Halter des Schalters – beachten Sie seine Einbaulage – und befreien Sie den Schalter (siehe Abbildungen).

5 Hebeln Sie beim Café Racer den Bremslichtschalter mit einem kleinen Schraubendreher vorsichtig ab (siehe Abbildungen).

6 Der Einbau entspricht der umgekehrten Ausbaureihenfolge – prüfen Sie die Funktion des Schalters.

Hinterrad-Bremslichtschalter

7 Trennen Sie den Bremslichtschalter-Stecker (Abbildung 13.2) und führen Sie das Kabel zum Schalter zurück – befreien Sie es aus allen Befestigungen und merken Sie sich seine Verlegung.

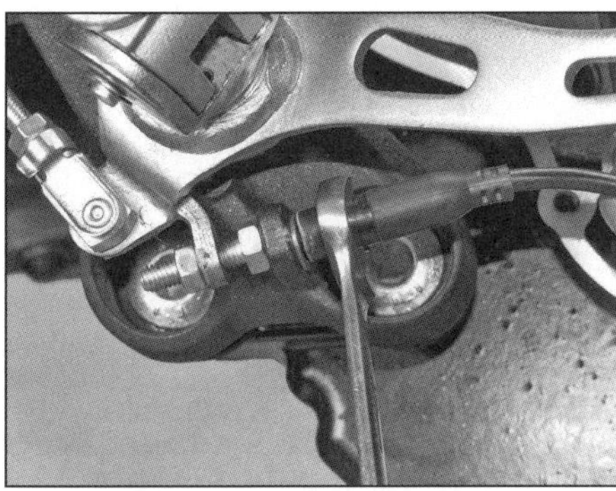

13.8a Drehen Sie den Hinterrad-Bremslichtschalter aus der Aufnahme, ...

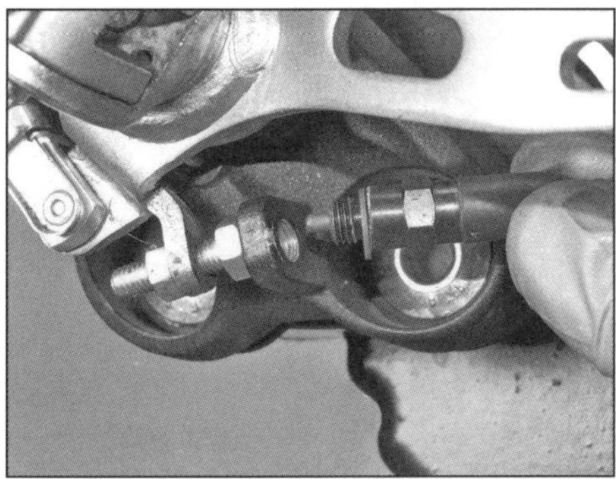

13.8b ... beachten Sie seine Scheibe.

13.9a Lösen Sie die Schraube des Bremslichtschalter-Halters, ...

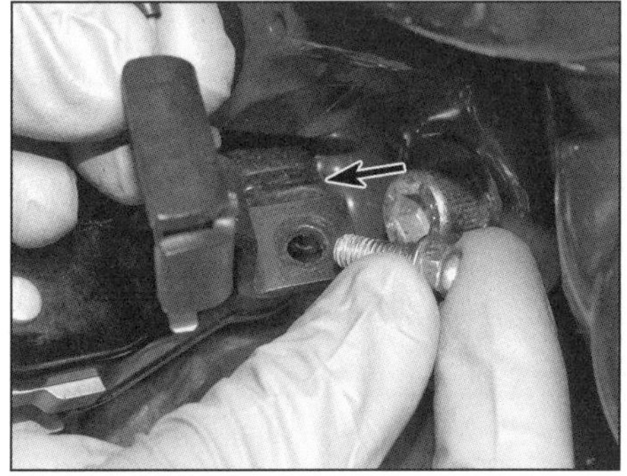

13.9b ... beachten Sie, wie der hintere Rand des Halters an der Abflachung des Fußrastenträgers anliegt.

13.9c Hebeln Sie den Schalter mit einem kleinen Schraubendreher ab, um die bedien Zapfen gleichmäßig aus dem Halter zu befreien.

14.6a Lösen Sie die drei Schrauben, ...

14.6b ... befreien Sie den Deckel über das Kabel ...

14.6c ... und stellen Sie ggf. die Hülsen sicher.

8 Drehen Sie bei allen Modellen **außer der Desert Sled** den Schalter heraus – beachten Sie die Scheibe (siehe Abbildungen).

9 Demontieren Sie bei der **Desert Sled** das Bremspedal (siehe Kapitel 4, Sektion3). Lösen Sie die Schraube des Schalter-Halters und befreien Sie den Schalter (siehe Abbildungen).

10 Der Einbau entspricht der umgekehrten Ausbaureihenfolge – prüfen Sie die Funktion des Schalters.

14 Instrumente

Kontrolle

1 Nach dem Einschalten der Zündung werden alle Instrumenten-Anzeigen und -Funktionen für einige Sekunden aktiviert – falls nicht, muss zuerst die Instrumenten-Sicherung kontrolliert werden (siehe Sektion 5).

2 Wenn die Sicherung in Ordnung ist, muss die Instrumenten-Abdeckung entfernt werden (siehe unten), um den Instrumentenstecker auf festen Sitz und beschädigte Kontakte zu kontrollieren.

3 Falls eine einzelne Funktion des Instruments nicht arbeitet, müssen die entsprechende Komponente und der jeweilige Stromkreis überprüft werden (siehe Kapitel 3) – beachten Sie dazu den Schaltplan am Ende dieses Kapitels.

4 Falls einzelne LEDs ausgefallen sind, können diese nicht separat ersetzt werden, sodass das Instrument ersetzt werden muss (siehe unten).

Anmerkung: *Es gibt Spezialbetriebe, die einzelne LED austauschen können – erkundigen Sie sich dort, ob sich eine Reparatur lohnt.*

Ausbau

5 Demontieren Sie **beim Café Racer** die Scheinwerfer-Baugruppe (siehe Sektion 8).

6 Lösen Sie die Schrauben an der Rückseite des Instruments, um den Deckel zu entfernen (siehe Abbildungen) – beachten Sie die Hülsen in den Gummiösen (siehe Abbildung).

14.7a Drücken Sie die Arretierlasche ein ...

14.7b ... und schwenken Sie den Hebel herunter, ...

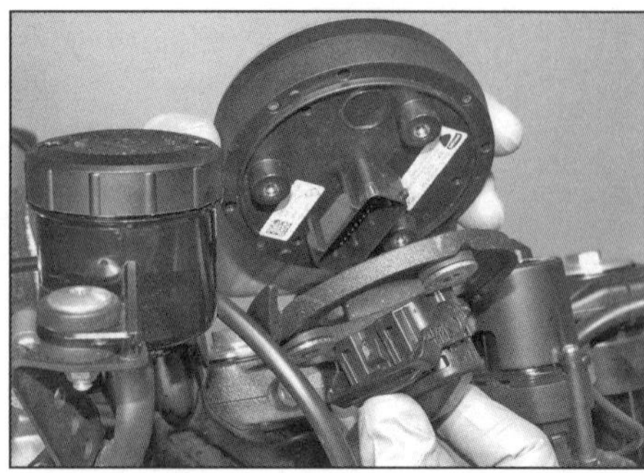

14.7c ... um den Instrumentenstecker zu trennen.

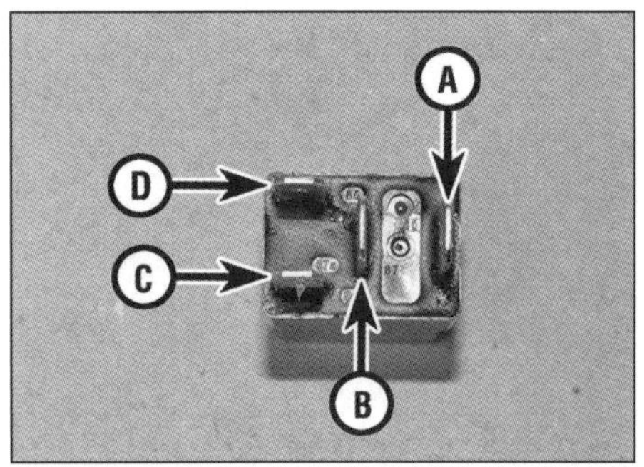

15.4 Relais-Kontakte: 30 (A), 87 (B), 87a (C) und 85 (D)

15.6 Relaishalter – das Hauptrelais ist mit »MAIN« markiert.

15.7a Befreien Sie das Relais aus dem Halter ...

7 Halten Sie das Instrument, trennen Sie den Stecker und heben Sie das Instrument aus dem Halter (siehe Abbildungen).
8 Lösen Sie nötigenfalls die Schrauben an der Rückseite des Instruments, um die Frontblende zu entfernen.

Einbau

Anmerkung: *Falls ein neues Instrument installiert wird, muss es von einer Ducati-Werkstatt an die Transponderschlüssel und den Wegfahrsperren-Empfänger angepasst werden.*

9 Der Einbau entspricht der umgekehrten Ausbaureihenfolge – verbinden Sie den Stecker mit seiner Buchse und ziehen Sie ihn mit dem Hebel hinein, bis dieser von der Lasche arretiert wird (Abbildungen 14.7c, b und a). Kontrollieren Sie die Gummiösen und ersetzen Sie sie nötigenfalls; stecken Sie die Hülsen hinein (Abbildung 14.6c).

15 Relais

1 Alle Motorräder sind mit zwei Relais ausgerüstet – dem Hauptrelais und dem Benzinpumpenrelais. Das Hauptrelais sorgt für die Stromversorgung des Benzinpumpenrelais', der Zündspulen, der Einspritzdüsen, des Sekundärluft- und des Verdunstungsregelungs-Ventils. Das Benzinpumpenrelais versorgt die Benzinpumpe. Beide Relais sind identisch.

Kontrolle

2 Falls keine der in Schritt 1 beschriebenen Systeme oder Komponenten arbeitet, müssen zuerst die Motorsteuerungs-Sicherungen kontrolliert werden (siehe Sektion 5). Soweit diese in Ordnung sind, muss das Hauptrelais ausgebaut werden (siehe unten).
3 Falls nur die Benzinpumpe nicht arbeitet, muss das Benzinpumpenrelais ausgebaut werden (siehe unten).
4 Schalten Sie ein Multimeter auf den Messbereich Ohm x 1 und verbinden Sie es mit den Relaiskontakten 30 und 87 (siehe Abbildung) – es darf kein Durchgang festgestellt werden (unendlicher Widerstand – »1«). Verbinden Sie nun eine geladene 12-Volt-Batterie mithilfe von zwei Überbrückungskabeln mit dem Relais – plus an Anschluss 87a und minus an Anschluss 85. Wenn jetzt das Relais klickt und das Messgerät Durchgang (»0«) anzeigt, ist das Relais in Ordnung, andernfalls ist es defekt und muss erneuert werden.
5 Soweit das Relais in Ordnung ist, muss mithilfe des korrekten Schaltplans (am Ende dieses Kapitels) und der Fehlersuche in Sektion 2 herausgefunden werden, ob alle Kabel und Anschlüsse des entsprechenden Stromkreises in Ordnung sind.

Ausbau und Einbau

6 Entfernen Sie die Sitzbank (siehe Kapitel 6, Sektion 2). Das Hauptrelais sitzt links im Relaishalter und das Benzinpumpenrelais rechts (siehe Abbildung).
7 Befreien Sie das Relais aus dem Halter und ziehen Sie es aus seinem Stecker (siehe Abbildungen).
8 Der Einbau entspricht der umgekehrten Ausbaureihenfolge.

16 Zündschloss

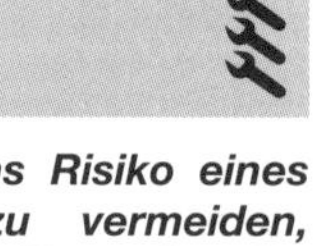

Warnung: Um das Risiko eines Kurzschlusses zu vermeiden, muss vor jeder Kontrolle des Zündschlosses der Masseanschluss (–) von der Batterie getrennt werden.

Kontrolle

Anmerkung: *Beachten Sie die Hinweise zur Fehlersuche in Sektion 2 sowie den entsprechenden Schaltplan am Ende des Kapitels.*

1 Falls beim Einschalten der Zündung nichts passiert, muss zuerst die Zündungs-Sicherung kontrolliert werden (siehe Sektion 5).
2 Bevor das Zündschloss mithilfe eines Multimeters oder Durchgangsprüfers ge-

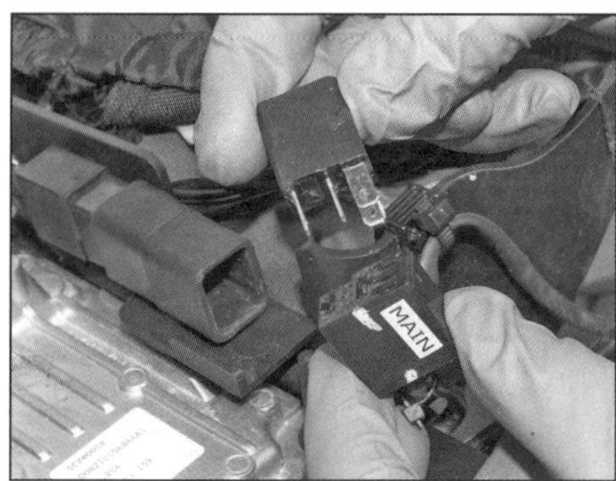

15.7b ... und ziehen Sie es aus seinem Stecker.

16.9a Zündschloss-Kabelstecker – gezeigt am Café Racer

16.9b Bei der Desert Sled sitzt der Zündschloss-Kabelstecker links.

16.9c Stecker des Wegfahrsperren-Empfängers

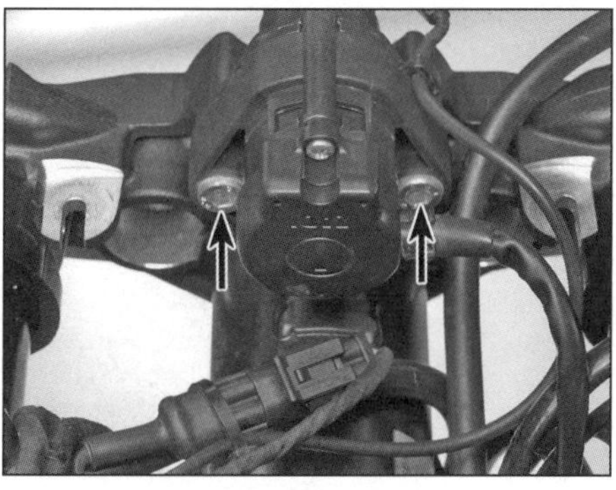

16.10 Zündschloss-Schrauben

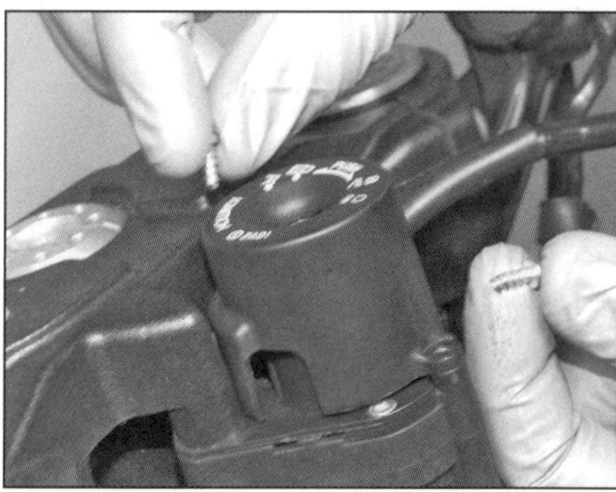

16.11 Die Zündschloss-Abdeckung ist mit zwei Schrauben gesichert.

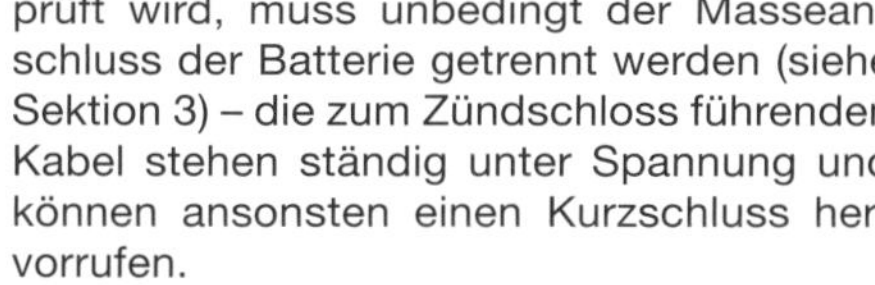

prüft wird, muss unbedingt der Masseanschluss der Batterie getrennt werden (siehe Sektion 3) – die zum Zündschloss führenden Kabel stehen ständig unter Spannung und können ansonsten einen Kurzschluss hervorrufen.

3 Demontieren Sie den Tank (siehe Kapitel 3, Sektion 2). Trennen Sie den Zündschloss-Stecker (Abbildungen 16.9a oder b) und kontrollieren Sie ihn auf lockere oder gebrochene Kontakte.

4 Kontrollieren Sie mithilfe eines Multimeters oder Durchgangsprüfers am Zündschloss-Stecker den Durchgang zwischen den Kontaktpaaren (beachten Sie dazu die Schaltpläne am Ende dieses Kapitels) – Durchgang muss je nach Zündschloss-Stellung zwischen den im Schaltplan mit einer Linie verbundenen Anschlüssen bestehen.

5 Wenn das Zündschloss in Ordnung ist, müssen alle relevanten Kabel zur Sicherungsbox auf Durchgang getestet werden.

Ausbau und Einbau

Anmerkung: *Ein neues Zündschloss wird zusammen mit einem Wegfahrsperren-Empfänger ausgeliefert und wie alle Wegfahrsperren-Komponenten an das Instrument angepasst werden. Lassen Sie daher ein neues Zündschloss von einer Ducati-Werkstatt montieren und aktivieren.*

16.12a Heben Sie den Wegfahrsperren-Empfänger ab, ...

16.12b ... lösen Sie die zwei Schrauben und befreien Sie seine Verkabelung.

6 Trennen Sie den Masseanschluss (–) von der Batterie (siehe Sektion 3).

7 Demontieren Sie den Tank (siehe Kapitel 3, Sektion 2).

8 Demontieren Sie die Blinker (siehe Sektion 12) – die Kabel müssen dabei nicht getrennt werden. Demontieren Sie die gesamte Scheinwerfer-Baugruppe von den Gabelbrücken, trennen Sie den Stecker und entnehmen Sie die Baugruppe (siehe Sektion 8).

9 Trennen Sie die Stecker des Zündschlosses und des Wegfahrsperren-Empfängers (siehe Abbildungen). Führen Sie die Verkabelung zum Zündschloss zurück und merken Sie sich seine Verlegung.

10 Lösen Sie die Schrauben des Zündschlosses und entfernen Sie es (siehe Abbildung).

11 Lösen Sie nötigenfalls die zwei Schrauben der Zündschloss-Abdeckung und entnehmen Sie diese (siehe Abbildung).

12 Heben Sie nötigenfalls den Wegfahrsperren-Empfänger vom Zündschloss, lösen Sie dann die zwei vorderen Schrauben und heben Sie den oberen Bereich des Zündschlosses ab, um die Kabelführung des Wegfahrsperren-Empfängers zu befreien (siehe Abbildungen).

13 Der Einbau entspricht der umgekehrten Ausbaureihenfolge – alle Kabel müssen korrekt verlegt und gesichert sein.

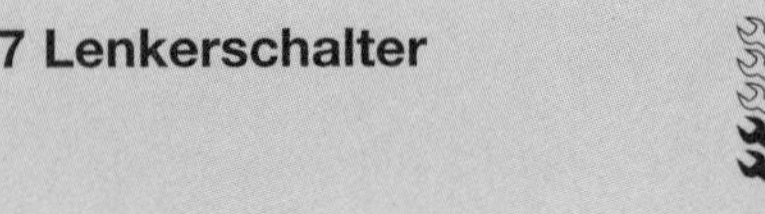

17 Lenkerschalter

1 Im Allgemeinen funktionieren die Schalter zuverlässig und problemlos. Wenn Probleme auftreten, liegt es oft an Schmutz und korrodierten Kontakten, aber auch Verschleiß und Brüche innerer Teile sind Möglichkeiten, die nicht übersehen werden dürfen. Wenn irgendeine Unterbrechung auftritt, muss der entsprechende Schalter samt angeschlossener Kabel ersetzt werden, da Einzelteile nicht erhältlich sind.

Kontrolle

Anmerkung: *Beachten Sie die Hinweise zur Fehlersuche in Sektion 2 sowie den entsprechenden Schaltplan am Ende des Kapitels.*

2 Die Schalter können mit einem Ohmmeter oder einer Prüflampe auf Durchgang kontrolliert werden. Trennen Sie zunächst stets den Masseanschluss (–) der Batterie, um keine Kurzschlüsse zu verursachen (siehe Sektion 3).

3 Demontieren Sie für den Zugang zu den Lenkerschalter-Steckern den Tank (siehe Kapitel 3, Sektion 2). Trennen Sie den oder die relevanten Stecker (siehe Abbildungen) und kontrollieren Sie ihn auf lockere Kabel oder gebrochene Kontakte.

4 Kontrollieren Sie den Durchgang zwischen den Anschlüssen der Schalterseite bei entsprechender Schalterstellung (d. h. Schalter aus – kein Durchgang, Schalter an – Durchgang) – beachten Sie die Hinweise in Sektion 2 und die Schaltpläne am Ende des Kapitels.

5 Falls die Durchgangsprüfung ein Problem bestätigt, muss das entsprechende Schaltergehäuse vom Lenker befreit (siehe Schritt 8 oder 9) und seine Kontakte mit Kontaktspray eingesprüht werden (es ist nicht nötig, die Schalter dazu vollständig zu entfernen) (siehe Abbildung). Beschädigte Schalter-Komponenten sollten nach dem Öffnen erkennbar sein.

Ausbau und Einbau

6 Trennen Sie den/die Lenkerschalter-Stecker (Schritt 3). Führen Sie die Verkabelung zum Schalter zurück, befreien Sie sie dabei aus allen Befestigungen und merken Sie sich ihre Verlegung.

7 Demontieren Sie für die Demontage des linken Lenkerschalters beim **Café Racer** den Kupplungshebel (siehe Kapitel 4, Sektion 5).

8 Lösen Sie am Lenkerschalter die Gehäuseschrauben und trennen Sie die Schaltergehäusehälften, um den Schalter vom Lenker zu befreien (siehe Abbildungen).

9 Der Einbau entspricht der umgekehrten Ausbaureihenfolge – die Stifte der Schaltergehäuse müssen in die Lenkerbohrungen greifen (siehe Abbildung).

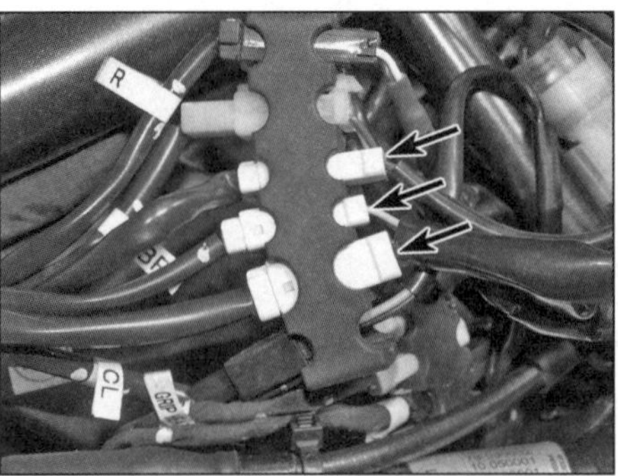

17.3a Lenkerschalter-Stecker – gezeigt beim Café Racer

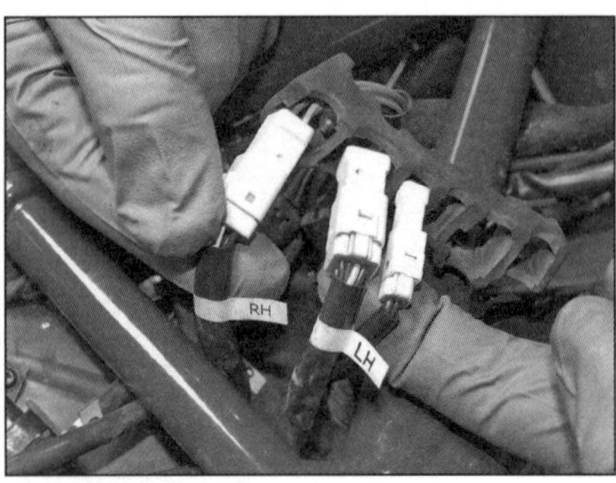

17.3b Die Lenkerschalter-Stecker der Desert Sled sind entsprechend der Schalter-Seite markiert.

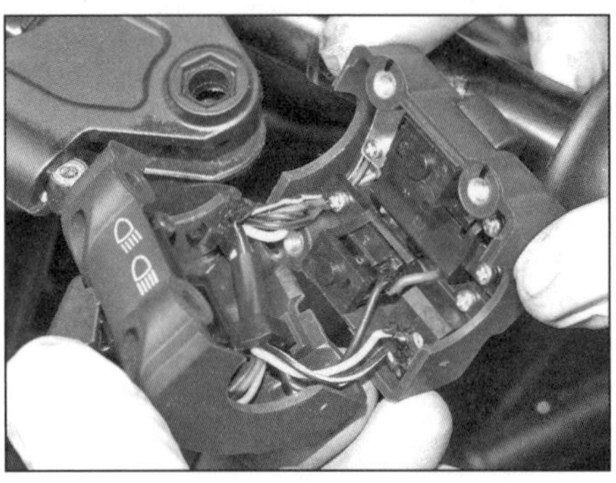

17.5 Reinigen und kontrollieren Sie die internen Anschlüsse und Kontakte der Schalter.

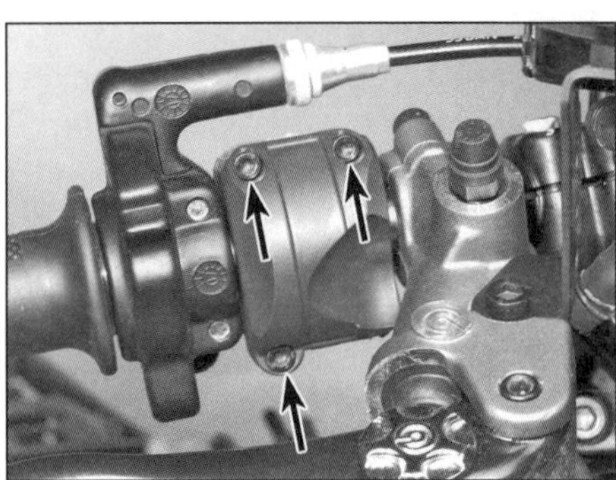

17.8a Schrauben des rechten Lenkerschalter-Gehäuses

17.8b Schrauben des linken Lenkerschalter-Gehäuses

17.9 Der Stift des Schaltergehäuses (Pfeil) muss in die Lenkerbohrung greifen.

18 Öldruckschalter

1 Der Öldruckschalter sitzt unten im Ölkühler (Abbildung 18.6). Die Öldruck-Warnleuchte leuchtet nach dem Einschalten der Zündung auf und muss wenige Sekunden nach dem Start des Motors erlöschen. Falls die Öldruck-Warnleuchte nicht erlischt oder bei laufendem Motor aufzuleuchten beginnt, muss der Motor unverzüglich abgeschaltet werden, um eine Ölpegel-Kontrolle durchzuführen (siehe *Tägliche Kontrollen*).

Kontrolle

Anmerkung: *Beachten Sie die Hinweise zur Fehlersuche in Sektion 2 sowie den entsprechenden Schaltplan am Ende des Kapitels.*

2 Falls die Öldruck-Warnleuchte nach dem Einschalten der Zündung nicht aufleuchtet, aber alle anderen Instrumenten-Funktionen

18.6 Lösen Sie die Lasche und ziehen Sie den Stecker vom Öldruckschalter.

19.2 Der Stecker des Leerlaufschalters befindet sich hinter der Gummikappe rechts hinten am Motor.

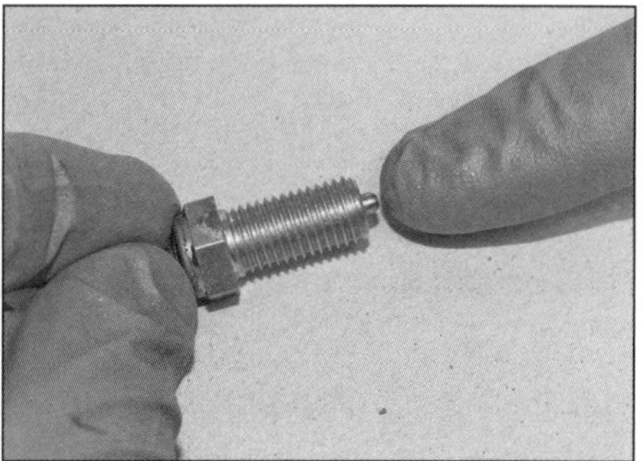

19.3 Kontrollieren Sie den Kontaktstift des Leerlaufschalters.

19.6 Drehen Sie den Schalter heraus und entnehmen Sie die Dichtscheibe.

19.9 Kabelstecker des Getriebesensors

aktiv sind, muss der Stecker des Öldruckschalters abgezogen werden (Abbildung 18.6). Verbinden Sie bei eingeschalteter Zündung den Kontakt des Steckers mithilfe eines Überbrückungskabels mit Masse (am Motorgehäuse) – wenn jetzt die Warnlampe leuchtet, ist der Schalter defekt.

3 Falls trotz funktionsfähigen Schalters die Warnleuchte nicht leuchtet, muss das Kabel zwischen dem Schalter und dem Zündschloss-Stecker auf Durchgang getestet werden (beachten Sie Sektion 14 für den Zugang zum Stecker). Reparieren Sie ggf. das Kabel. Sind der Öldruckschalter und die Verkabelung in Ordnung, kann das Instrument defekt sein (siehe Sektion 16).

4 Falls trotz korrekten Öldrucks die Warnleuchte nach dem Motorstart nicht erlischt oder bei laufendem Motor aufleuchtet, wird das Kabel vom Schalter getrennt (siehe oben) – jetzt darf die Warnleuchte bei eingeschalteter Zündung nicht aufleuchten – andernfalls hat die Verkabelung irgendwo einen Masseschluss. Soweit die Verkabelung in Ordnung ist, wird der Schalter defekt sein und muss erneuert werden.

Ausbau und Einbau

5 Lassen Sie das Motoröl ab (siehe Kapitel 1, Sektion 4).

6 Trennen Sie den Stecker vom Öldruckschalter (siehe Abbildung).

7 Schrauben Sie den Schalter aus dem Ölkühler-Flansch – seien Sie mit Lappen auf etwas austretendes Öl vorbereitet. Die Dichtscheibe muss beim Einbau erneuert werden.

8 Installieren Sie den mit einer neuen Dichtscheibe ausgerüsteten Schalter und ziehen Sie ihn mit 18 Nm an.

9 Verbinden Sie den Kabelstecker.

10 Füllen Sie Motoröl auf (siehe Kapitel 1, Sektion 4).

11 Starten Sie den Motor, prüfen Sie die Funktion des Schalters und kontrollieren Sie seinen Sitz auf Undichtigkeiten.

19 Leerlaufschalter/ Getriebesensor

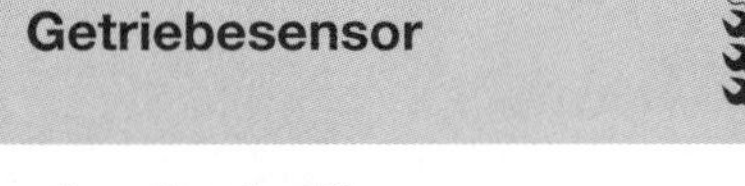

Leerlaufschalter (bis Modelljahr 2018)

1 Der Leerlaufschalter sitzt rechts hinten im Motorgehäuse. Bei eingeschalteter Zündung und eingelegtem Leerlauf muss die Leerlauf-Kontrollleuchte aufleuchten. Der Schalter ist Teil des Sicherheitsstromkreises, der den Motor abschaltet, sobald bei ausgeklapptem Seitenständer ein Gang eingelegt wird; außerdem lässt sich der Motor bei eingelegtem Gang nur starten, wenn der Seitenständer eingeklappt ist und die Kupplung gezogen wurde.

Kontrolle

Anmerkung: *Beachten Sie die Hinweise zur Fehlersuche in Sektion 2 sowie den entsprechenden Schaltplan am Ende des Kapitels.*

2 Ziehen Sie die Gummikappe ab und trennen Sie den Stecker vom Leerlaufschalter (siehe Abbildung).

3 Prüfen Sie den Durchgang zwischen dem Kontakt des Schalters und dem Motorgehäuse – im Leerlauf muss dieser bestehen, bei eingelegtem Gang darf kein Durchgang messbar sein. Demontieren Sie nötigenfalls den Schalter (Schritt 6) und prüfen Sie, ob sein Kontaktstift verbogen ist oder klemmt (siehe Abbildung).

4 Wenn der Schalter in Ordnung ist, muss seine Verkabelung kontrolliert werden.

Ausbau und Einbau

5 Ziehen Sie die Gummikappe ab und trennen Sie den Stecker vom Leerlaufschalter (Abbildung 19.2).

6 Reinigen Sie den Bereich um den Schalter und schrauben Sie ihn aus dem Motor (siehe Abbildung). Kontrollieren Sie die Dichtscheibe und erneuern Sie sie nötigenfalls.

7 Der Einbau entspricht der umgekehrten Ausbaureihenfolge – prüfen Sie die Funktion des Schalters und des Sicherheitsstromkreises (siehe Kapitel 1, Sektion 13).

Getriebesensor (ab Modelljahr 2019)

8 Der Getriebesensor sitzt hinter dem Motorritzel-Deckel im Lichtmaschinendeckel. Entfernen Sie den Motorritzel-Deckel (siehe Kapitel 5, Sektion 22). Das Getriebe muss sich im Leerlauf befinden.

9 Entfernen Sie den linken mittleren Seitendeckel (siehe Kapitel 6, Sektion 4) und trennen Sie den Kabelstecker des Sensors (siehe Abbildung).

10 Reinigen Sie den Bereich um den Sensor, lösen Sie die zwei Schrauben und entnehmen Sie ihn (siehe Abbildung).
11 Kontrollieren Sie die Schalter-Kontakte.
12 Der Einbau entspricht der umgekehrten Ausbaureihenfolge – prüfen Sie die Funktion des Sensors, der Leerlaufleuchte und des Sicherheitsstromkreises (siehe Kapitel 1, Sektion 13).

20 Seitenständerschalter

1 Der Seitenständerschalter sitzt am Gelenk des Ständers. Der Schalter ist Teil des Sicherheitsstromkreises, der den Motor abschaltet, sobald bei ausgeklapptem Seitenständer ein Gang eingelegt wird; außerdem lässt sich der Motor bei eingelegtem Gang nur starten, wenn der Seitenständer eingeklappt ist und die Kupplung gezogen wurde.

Kontrolle

Anmerkung: *Beachten Sie die Hinweise zur Fehlersuche in Sektion 2 sowie den entsprechenden Schaltplan am Ende des Kapitels.*

2 Trennen Sie den Stecker des Seitenständerschalters (siehe Abbildung).
3 Prüfen Sie mithilfe eines Ohmmeters oder Durchgangstesters die Funktion des Schalters. Verbinden Sie eine Prüfgerät-Klemme mit dem Kontakten des schwarzen Kabels der Schalter-Seite und die andere Klemme mit dem grünen Kabel (siehe Abbildung) – bei ausgeklapptem Ständer muss Durchgang (»0«) bestehen, bei eingeklapptem Ständer darf kein Durchgang bestehen (»1«). Verbinden Sie jetzt eine Prüfgerät-Klemme mit dem Kontakten des weiß/grünen Kabels der Schalter-Seite und die andere Klemme mit dem grünen Kabel – bei eingeklapptem Ständer muss Durchgang (»0«) bestehen, bei ausgeklapptem Ständer darf kein Durchgang bestehen (»1«).

19.10 Schrauben des Getriebesensors

20.2 Stecker des Seitenständerschalters

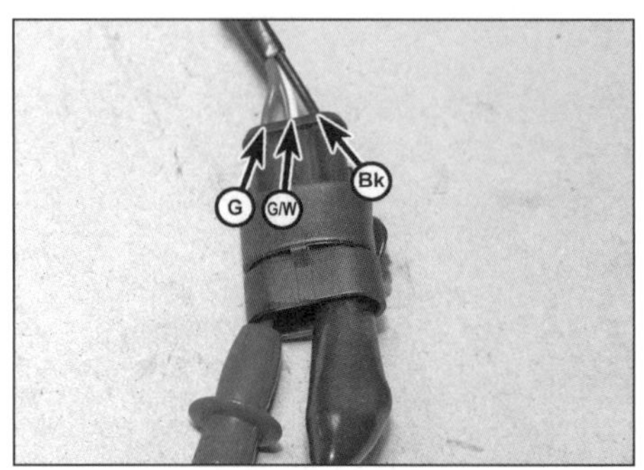

20.3 Verbinden Sie das Messgerät wie beschrieben mit dem Schalter (G = grün, G/W = grün/weiß, Bk = schwarz)

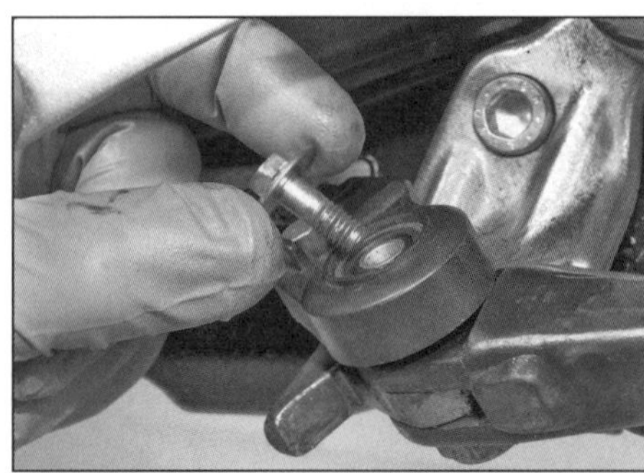

20.7 Lösen Sie die Schraube des Schalters und befreien Sie diesen vom Seitenständer – beachten Sie seine Einbaulage.

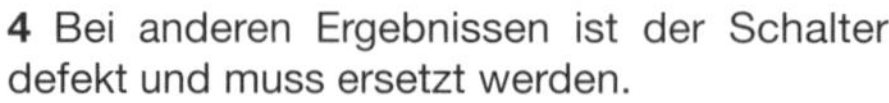

4 Bei anderen Ergebnissen ist der Schalter defekt und muss ersetzt werden.
5 Wenn der Schalter in Ordnung ist, muss seine Verkabelung kontrolliert werden.

Ausbau

6 Trennen Sie den Stecker des Seitenständerschalters (Abbildung 20.2). Befreien Sie die Verkabelung und führen Sie sie zum Schalter zurück – merken Sie sich ihre Verlegung.
7 Lösen Sie die Schraube des Schalters und befreien Sie diesen vom Seitenständer – beachten Sie seine Einbaulage (siehe Abbildung).

Einbau

8 Setzen Sie den Schalter so am Seitenständer an, dass die Lasche an dessen Innenseite in die Bohrung des Ständers greift und der Ausschnitt seines Gehäuses um den Zapfen herum anliegt (siehe Abbildungen). Reinigen

20.8a Die Lasche am Innenbereich des Schalters muss in die Bohrung des Ständers greifen …

20.8b … und der Ausschnitt seines Gehäuses um den Zapfen herum anliegen.

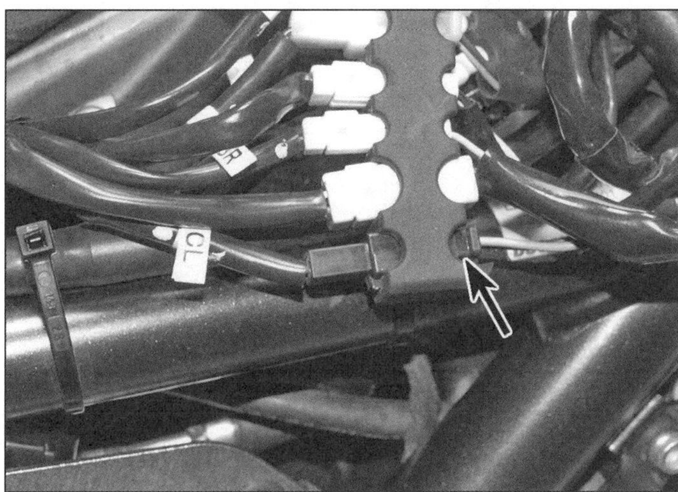

21.2a Stecker des Kupplungsschalters beim Café Racer – das Kabel ist mit »CL« markiert.

21.2b Stecker des Kupplungsschalters bei der Desert Sled – das Kabel ist mit »CL« markiert.

Sie das Gewinde der Schraube und tragen Sie mittelfeste Sicherungspaste auf.

9 Verbinden Sie den Kabelstecker und sichern Sie die Verkabelung in ihren Führungen.

10 Prüfen Sie die Funktion des Sicherheitsstromkreises (siehe Kapitel 1, Sektion 13).

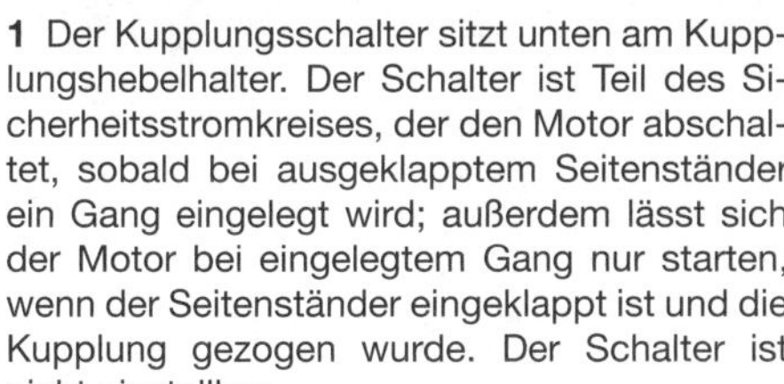

21 Kupplungsschalter

1 Der Kupplungsschalter sitzt unten am Kupplungshebelhalter. Der Schalter ist Teil des Sicherheitsstromkreises, der den Motor abschaltet, sobald bei ausgeklapptem Seitenständer ein Gang eingelegt wird; außerdem lässt sich der Motor bei eingelegtem Gang nur starten, wenn der Seitenständer eingeklappt ist und die Kupplung gezogen wurde. Der Schalter ist nicht einstellbar

Kontrolle

Anmerkung: *Beachten Sie die Hinweise zur Fehlersuche in Sektion 2 sowie den entsprechenden Schaltplan am Ende des Kapitels.*

2 Demontieren Sie für den Zugang zum Schalter-Steckern den Tank (siehe Kapitel 3, Sektion 2) und trennen Sie den Stecker (siehe Abbildungen). Verbinden Sie die Klemmen des Ohmmeters oder Durchgangsprüfers mit den beiden Schalterkontakten. Bei gezogenem Kupplungshebel muss Durchgang (»0«), nach dem Lösen muss Unterbrechung (»1«) festgestellt werden.

3 Wenn der Schalter in Ordnung ist, müssen die anderen Komponenten des Sicherheitsstromkreises (Seitenständerschalter, Getriebe/Leerlaufschalter) kontrolliert werden. Wenn alle Komponenten in Ordnung sind, müssen die Kabel zwischen allen Bauteilen überprüft werden.

Ausbau und Einbau

4 Trennen Sie die Stecker (Schritt 2). Führen Sie das Kabel zum Schalter zurück und merken Sie sich seine Verlegung.

5 Demontieren Sie den Kupplungshebel (siehe Kapitel 4, Sektion 5).

6 Lösen Sie bis Modelljahr 2018 die Schraube des Kupplungsschalters und ziehen Sie den Halter samt Schalter heraus, um den Schalter zu befreien – beachten Sie seine Einbaulage (siehe Abbildung).

7 Lösen Sie ab Modelljahr 2019 den Halter des Kupplungsschalters und befreien Sie den Schalter aus dem Halter (siehe Abbildung).

8 Der Einbau entspricht der umgekehrten Ausbaureihenfolge. Prüfen Sie die Funktion des Schalters bzw. des Sicherheitsstromkreises (siehe Kapitel 1, Sektion 13).

22 Hupe

1 Die Hupe sitzt rechts am Rahmen.

Kontrolle

Anmerkung: *Beachten Sie die Hinweise zur Fehlersuche in Sektion 2 sowie den entsprechenden Schaltplan am Ende des Kapitels.*

2 Falls die Hupe nicht funktioniert, muss zuerst ihre Sicherung kontrolliert werden (siehe Sektion 5).

3 Wenn die Sicherung in Ordnung ist, muss die rechte vordere Seitenblende entfernt werden (siehe Kapitel 6, Sektion 3). Prüfen Sie, ob die Hupenkabel korrekt angeschlossen sind. Ziehen Sie sie ab und kontrollieren Sie sie auf lockere Kabel und korrodierte Kontakte (siehe Abbildung).

21.6 Schraube des Kupplungsschalters bis Modelljahr 2018

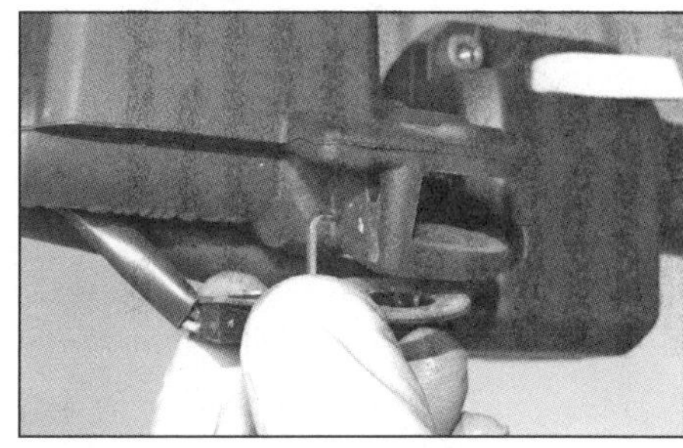

21.7 Die Lasche des Kupplungsschalter-Halters ab Modelljahr 2019 greift in die Bohrung.

22.3 Hupenstecker (Pfeile)

22.9a Befreien Sie die Hupe ...

4 Verbinden Sie die Hupe mithilfe zweier Überbrückungskabel direkt mit der Batterie – falls sie jetzt keinen deutlichen Ton abgibt, ist sie defekt und muss ersetzt werden.

5 Funktioniert die Hupe beim Überbrücken, muss bei eingeschalteter Zündung und gedrücktem Hupenknopf geprüft werden, ob am Kontakt des violetten Kabels Spannung anliegt. Ist dies der Fall, muss das schwarze Kabel auf guten Massekontakt überprüft werden.

6 Wurde keine Spannung ermittelt, muss das violette Kabel zwischen der Hupe und dem Hupenknopf im linken Lenkerschalter auf Durchgang getestet werden. Prüfen Sie als Nächstes bei eingeschalteter Zündung, ob am

22.9b ... und trennen Sie die Stecker.

rot/schwarzen Kabel zum Hupenknopf Spannung anliegt – falls ja, müssen die Kontakte des Hupenknopfs kontrolliert werden (siehe Sektion 17).

7 Falls am rot/schwarzen Kabel (vom Hupenknopf zur Sicherungsbox) keine Spannung anliegt, muss es kontrolliert werden.

Ausbau und Einbau

8 Entfernen Sie die rechte vordere Seitenblende (siehe Kapitel 6, Sektion 3).

9 Lösen Sie die Schraube der Hupe (beachten Sie die Scheibe) und entnehmen Sie diese – trennen Sie dabei die Kabelstecker (siehe Abbildungen).

10 Der Einbau entspricht der umgekehrten Ausbaureihenfolge – kontrollieren Sie die Kontakte und reinigen Sie sie nötigenfalls mit feinem Sandpapier. Prüfen Sie die Funktion der Hupe.

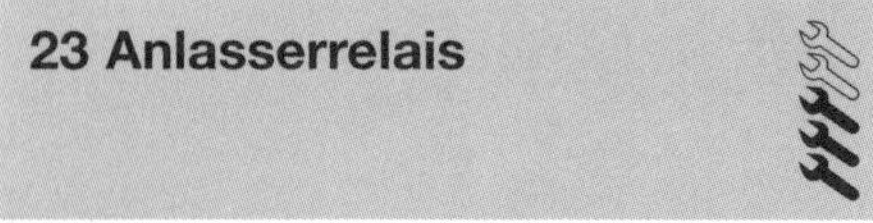

23 Anlasserrelais

Kontrolle

1 Um sich Zugang zum Relais zu verschaffen, müssen die Sitzbank (siehe Kapitel 6, Sektion 2) und die Batterie-Abdeckung entfernt werden (siehe Sektion 3).

2 Drücken Sie bei eingeklapptem Seitenständer, eingeschalteter Zündung, Killschalter auf RUN und im Getriebe eingelegtem Leerlauf den Startknopf – im Relais muss es klicken.

3 Falls das Relais nicht klickt, muss die Zündung ausgeschaltet und das Relais ausgebaut (siehe Schritte 11 bis 13), um wie folgt getestet zu werden:

4 Prüfen Sie den Durchgang zwischen den Relais-Anschlüssen C und D (siehe Abbildung) – es muss unendlicher Widerstand festgestellt werden (»1«). Jetzt wird der Pluspol einer vollständig geladene 12-Volt-Batterie mit einem Überbrückungskabel an den Relais-Kontakt A geklemmt, der Minuspol kommt an

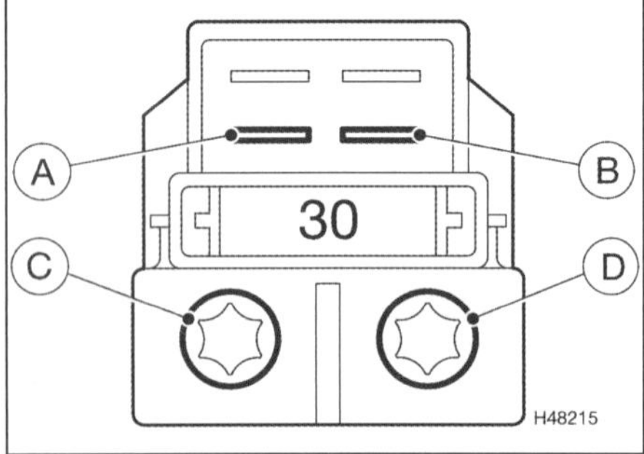

23.4 Identifikation der Relais-Kontakte

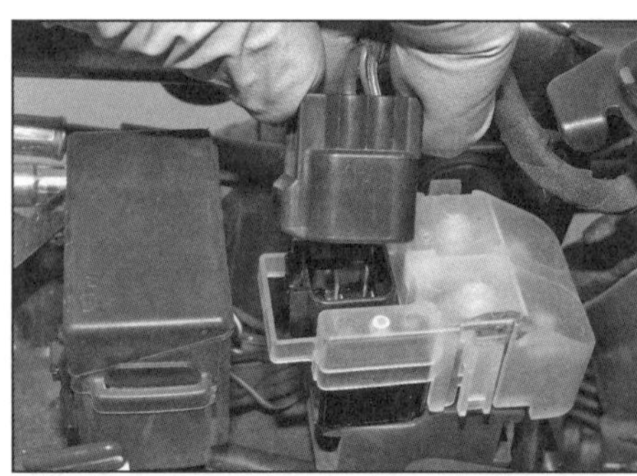

23.7a Trennen Sie den Relais-Stecker ...

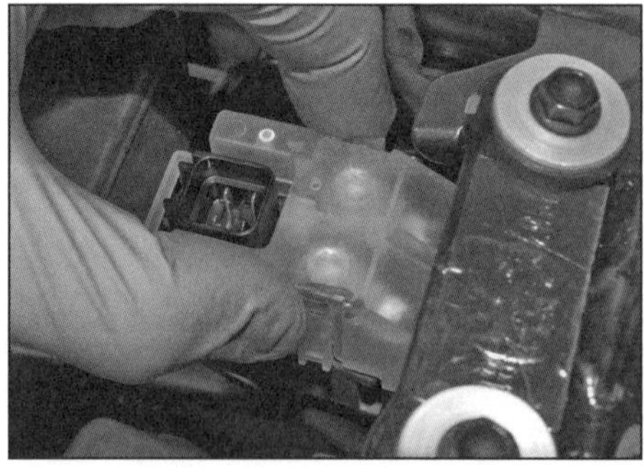

23.7b ... lösen Sie die Laschen und entfernen Sie die Abdeckung – gezeigt beim Modell bis 2018.

23.7c Ab Modelljahr 2019 sitzt das Relais neben dem ABS-Modulator. Schraube des Relais-Halters (Pfeil).

23.8 Batteriekabel (A), Anlasserkabel (B)

23.9 Ziehen Sie bis Modelljahr 2018 das Relais seitlich vom Halter.

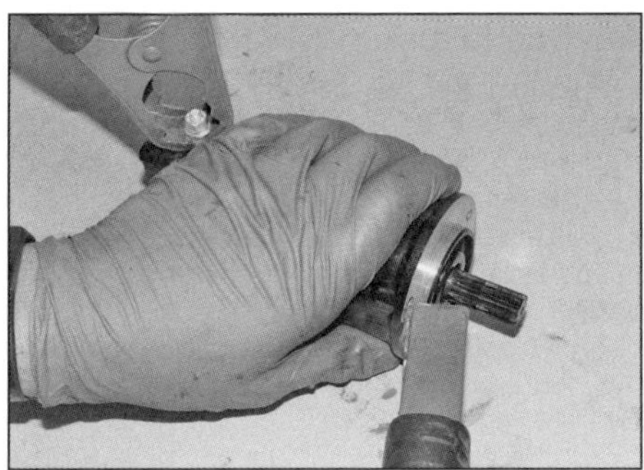

24.2 Anlasser-Test auf der Werkbank

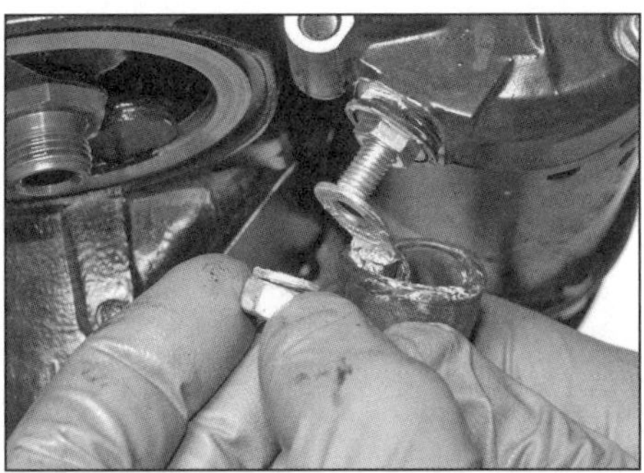

24.5 Ziehen Sie die Gummikappe zurück, lösen Sie die Mutter und befreien Sie das Anlasserkabel.

24.7a Drehen Sie das Untersetzungsrad gegen den Uhrzeigersinn, bis die hintere Anlasserschraube zugänglich ist. Lösen Sie die drei Schrauben (Pfeile) ...

24.7b ... und befreien Sie den Anlasser aus dem Motorgehäuse.

24.9 Rüsten Sie den Anlasser mit einer neuen Dichtung aus.

24.10 Die längere Anlasserschraube kommt in die außen liegende Bohrung.

den Relais-Kontakt B – zu diesem Zeitpunkt sollte im Relais ein Klicken zu hören sein und das Multimeter 0 Ohm (vollen Durchgang) anzeigen. Falls das Relais bei angelegter Batteriespannung nicht klickt und kein Durchgang angezeigt wird, muss es ersetzt werden.

5 Wenn das Relais in Ordnung ist, muss der Durchgang des Hauptkabels von der Batterie zum Relais geprüft werden. Kontrollieren Sie auch, ob die Anschlüsse und Stecker an beiden Enden des Kabels fest verbunden und frei von Korrosion sind. Kontrollieren Sie das Hauptrelais, den Startknopf und den Killschalter – beachten Sie dafür den entsprechenden Schaltplan und die Hinweise in Sektion 2.

Ausbau und Einbau

6 Demontieren Sie die Sitzbank (siehe Kapitel 6, Sektion 2 und die Batterie (siehe Sektion 3).

7 Trennen Sie den Relais-Stecker und entnehmen Sie die Abdeckung (siehe Abbildungen).

8 Lösen Sie die Anschlüsse des Batterie- und des Anlasserkabels und verlagern Sie die Kabel beiseite – merken Sie sich ihre Positionen (siehe Abbildung).

9 Befreien Sie bis Modelljahr 2018 das Relais aus seinem Halter (siehe Abbildung). Befreien Sie ab Modelljahr 2019 die Relais-Baugruppe und ziehen Sie das Relais aus dem Halter (Ab-

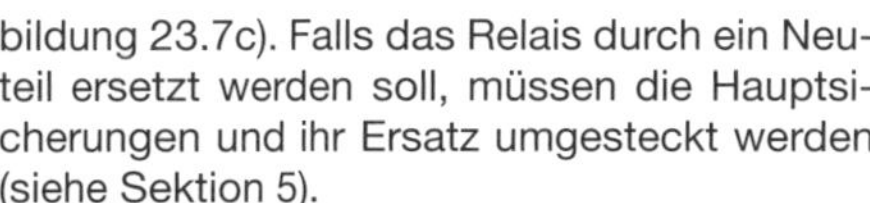

bildung 23.7c). Falls das Relais durch ein Neuteil ersetzt werden soll, müssen die Hauptsicherungen und ihr Ersatz umgesteckt werden (siehe Sektion 5).

10 Der Einbau entspricht der umgekehrten Ausbaureihenfolge. Verbinden Sie das vom Anlasser kommende Kabel mit Anschluss D und das von der Batterie kommende Kabel mit Anschluss C; ziehen Sie die Anschlussschrauben sorgfältig an (Abbildung 23.8). Vergessen Sie nicht, ggf. die Sicherungen in das Relais und die Ersatz-Hauptsicherung in den Gummihalter zustecken. Verbinden Sie zum Schluss zuerst den Stromanschluss (+) und erst dann den Masseanschluss (–) mit der Batterie.

24 Anlasser

Kontrolle

1 Demontieren Sie den Anlasser (siehe unten).

2 Verbinden Sie den Pluspol einer geladene 12-Volt-Batterie mithilfe eines Überbrückungskabels mit dem Anschlussgewinde des Anlassers, halten Sie den auf der Werkbank liegenden Anlasser gut fest und verbinden Sie den Minuspol mit einem unlackierten Teil des Anlassergehäuses (siehe Abbildung) – der Motor muss zu drehen beginnen.

3 Falls sich der Anlasser nicht dreht, ist er defekt und muss ersetzt werden – Ersatzteile sind nicht erhältlich.

Ausbau

4 Der Anlasser sitzt unterhalb des vorderen Zylinders vorn am Motorgehäuse. Trennen Sie das Massekabel (–) der Batterie (siehe Sektion 3). Demontieren Sie ggf. den Motorschutz (siehe Kapitel 6, Sektion 7).

5 Ziehen Sie die Gummikappe vom Kabelanschluss zurück, lösen Sie die Mutter und befreien Sie das Anlasserkabel (siehe Abbildung).

6 Demontieren Sie den Lichtmaschinendeckel (siehe Kapitel 2, Sektion 13).

7 Lösen Sie die Schrauben des Anlassers und ziehen Sie ihn aus dem Motorgehäuse (siehe Abbildungen).

8 Entfernen Sie die Dichtung – beim Einbau wird ein Neuteil benötigt (Abbildung 24.9).

Einbau

9 Reinigen Sie die Gewinde der Anlasserschrauben und tragen Sie mittelfeste Sicherungspaste auf. Rüsten Sie den Anlasser mit einer neuen Dichtung aus (siehe Abbildung).

10 Bringen Sie den Anlasser in Position und schieben Sie ihn in das Motorgehäuse, sodass die Anlasserverzahnung in das Untersetzungszahnrad greift (Abbildung 24.7b). Installieren Sie die Befestigungsschrauben – die längere nach unten – und ziehen Sie sie mit 10 Nm an (siehe Abbildung).

11 Montieren Sie den Lichtmaschinendeckel (siehe Kapitel 2, Sektion 13).

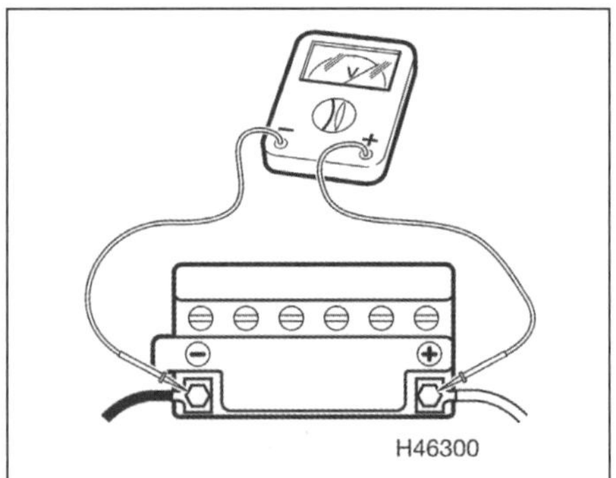

25.5 Verbinden Sie das Messgerät für den Ausgangsspannungs-Test wie gezeigt.

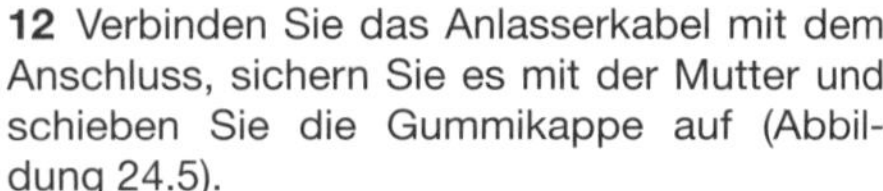

12 Verbinden Sie das Anlasserkabel mit dem Anschluss, sichern Sie es mit der Mutter und schieben Sie die Gummikappe auf (Abbildung 24.5).

13 Schließen Sie die Batterie an (siehe Sektion 3). Montieren Sie ggf. den Motorschutz (siehe Kapitel 6, Sektion 7).

25 Ladesystem
Test

1 Falls an der Funktion des Ladesystems Zweifel bestehen, sollte zunächst das System als Ganzes kontrolliert werden, danach die einzelnen Komponenten. Vor Beginn der Kontrolle muss sichergestellt werden, dass die Batterie vollständig geladen ist und alle elektrischen Verbindungen sauber sind und fest sitzen (siehe Sektion 4).

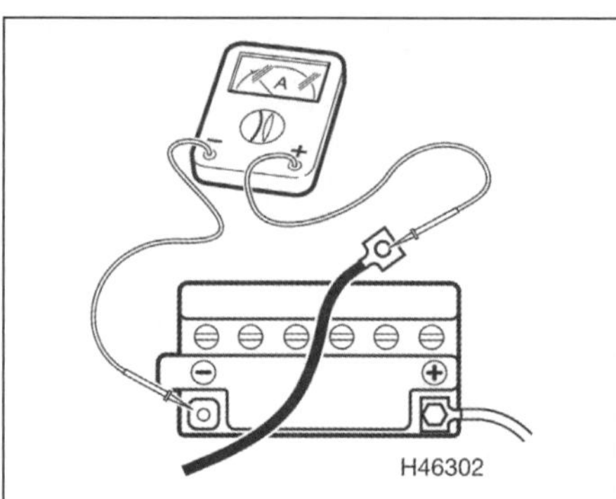

25.9 Kriechstrom-Kontrolle – verbinden Sie das Amperemeter wie gezeigt.

2 Zur Kontrolle der Ausgangsleistung des Ladesystems und der Funktion der Komponenten des Ladesystems wird ein Multimeter (mit Stromspannungs-, Stromstärken- und Widerstands-Messmöglichkeiten) benötigt. Ist ein solches Gerät nicht zur Hand, sollte die Kontrolle einer Fachwerkstatt überlassen werden.

3 Folgen Sie bei den Tests sorgfältig den Hinweisen, um falsche Anschlüsse oder Kurzschlüsse zu vermeiden, die zu irreparablen Schäden an elektrischen Bauteilen führen können.

Ausgangsleistungs-Test

4 Ermitteln Sie bei abgeschalteter Zündung die Spannung der Batterie (siehe Sektion 3). Starten Sie den Motor und bringen Sie ihn auf Betriebstemperatur.

5 Schließen Sie für eine Kontrolle der geregelten (Gleichstrom-) Ausgangsleistung das Multimeter mit dem auf 0 – 20 Volt Gleichstrom (DC) eingestellten Messbereich bei im Standgas laufendem Motor und eingeschaltetem Fernlicht an die beiden Pole der Batterie an – Plus an Plus, Minus an Minus (siehe Abbildung).

6 Erhöhen Sie langsam die Drehzahl des Motors auf 5000/min und beobachten Sie die Messgerät-Anzeige – die geregelte Spannung muss dabei von normaler Batteriespannung auf 15,5 Volt ansteigen: liegt sie abseits dieser Vorgabe, müssen die Lichtmaschine und die Regler/Gleichrichter-Einheit überprüft werden (siehe Sektionen 26 und 27).

Kriechstrom-Test

Achtung: Schließen Sie das Amperemeter (Multimeter auf A-Messbereich) immer in Reihe, niemals parallel zur Batterie an, da es dabei beschädigt wird. Schalten Sie nicht die Zündung an und betätigen Sie niemals den Startknopf, wenn das Messgerät angeschlossen ist – der plötzliche fließende Strom würde das Gerät zerstören.

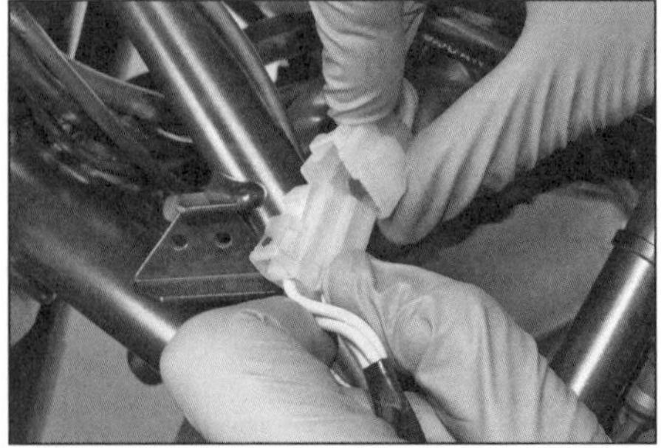

26.2 Trennen Sie den Lichtmaschinenstecker.

26.3 Messen Sie den Statorspulen-Widerstand zwischen jeweils zwei der drei Steckerkontakte.

26.5 Drücken Sie mit einem Schraubendreher die Führung unten herunter, um ihre Ränder aus den Nuten zu befreien.

26.6 Stator-Schrauben

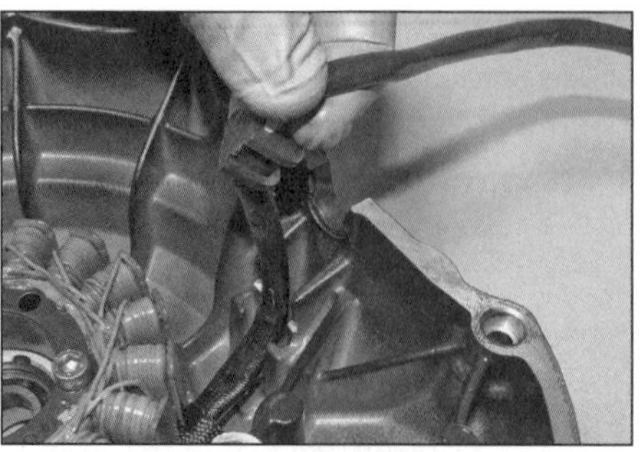

26.8a Versehen Sie den Gummistopfen mit geeigneter Dichtmasse.

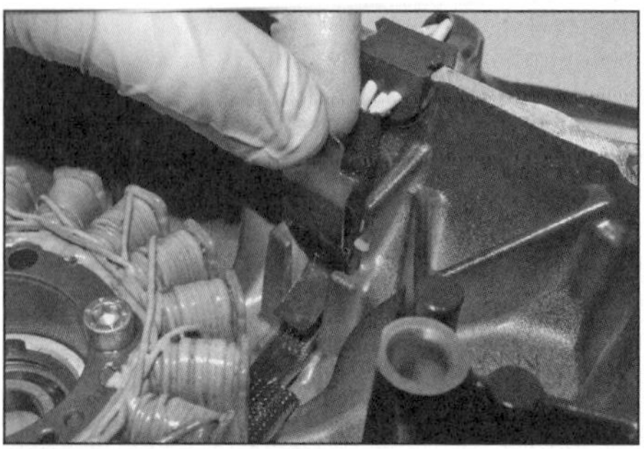

26.8b Positionieren Sie die Kabelführung in ihrem Sitz ...

26.8c ... und drücken Sie den unteren Teil mit einem Schraubendreher herunter. Sobald die oberen Ränder parallel zu den Nuten liegen, wird der obere Teil eingedrückt, damit sie darin einrasten.

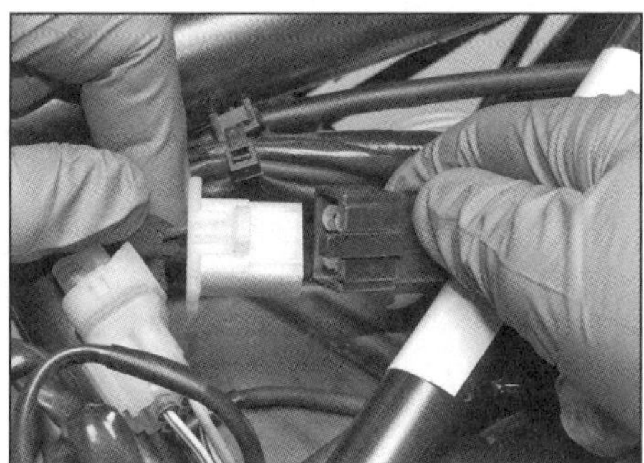

27.4a Der Stecker der Regler/Gleichrichter-Einheit ist beim Café Racer von rechts zugänglich ...

27.4b ... und bei der Desert Sled von links.

27.5 Lösen Sie die Schrauben der Regler/Gleichrichter-Einheit.

Hinweise auf einen defekten Regler sind Lampen mit drehzahlabhängiger Leuchtstärke, die ständig durchbrennen und eine überhitzende Batterie.

7 Schalten Sie den Motor und die Zündung aus und entfernen Sie das Messgerät. Trennen Sie den Minus-Anschluss (–) von der Batterie (siehe Sektion 3).

8 Schalten Sie das Multimeter auf den Ampere-Messbereich – zunächst auf den höchsten Messbereich und dann schrittweise herunter auf den Milliampere-Bereich (mA), um ein Durchbrennen der Geräte-Sicherung zu verhindern.

9 Verbinden Sie die Minusklemme mit dem Minus-Pol (–) der Batterie sowie die Plusklemme (+) mit dem getrennten Masseanschluss.

10 Ducati macht keine Angaben zur maximalen Kriechstrom-Stärke, doch generell gilt, dass bei mehr als 1 mA irgendwo im elektrischen System ein Kurzschluss vorliegt (solange keine zusätzlichen Verbraucher wie eine Alarmanlage angeschlossen sind). Trennen Sie das Messgerät und schließen Sie den Masseanschluss (–) der Batterie wieder an.

11 Falls Kriechströme festgestellt werden, müssen unter Verwendung der Schaltpläne am Ende des Kapitels systematisch einzelne elektrische Bauteile getrennt und der Test wiederholt werden, bis die Kriechstromquelle identifiziert ist.

26 Lichtmaschinenstator

Kontrolle

1 Demontieren Sie den Tank (siehe Kapitel 3, Sektion 2).

2 Trennen Sie den Lichtmaschinenstecker (siehe Abbildung). Kontrollieren Sie die Steckerkontakte auf Korrosion und festen Sitz.

3 Zum Test des Statorspulen-Widerstands werden die Klemmen eines auf den Messbereich Ohm x 1 gestellten Multimeters mit je zwei der drei von der Lichtmaschine kommenden gelben Kabel verbunden, sodass drei Messergebnisse vorliegen, die 0,6 Ohm betragen müssen (siehe Abbildung). Bei anderen Ergebnissen müssen die Kabel zwischen dem Stator und der Stator selbst kontrolliert werden – keines der Kabel darf Durchgang zu Masse haben. Sind die Kabel in Ordnung, wird der Stator defekt sein.

Ausbau

4 Demontieren Sie den Lichtmaschinendeckel (siehe Kapitel 2, Sektion 13).

5 Befreien Sie die Kabelführung (siehe Abbildung) und den Kabelstopfen (Abbildung 26.8a).

6 Lösen Sie die drei Schrauben des Stators und entnehmen Sie diesen (siehe Abbildung).

Einbau

7 Setzen Sie den Stator so in den Deckel, dass der Gummistopfen zu seiner Nut ausgerichtet ist. Reinigen Sie die Gewinde der Statorschrauben, tragen Sie mittelfeste Sicherungspaste auf und ziehen Sie die Schrauben schrittweise mit 10 Nm an.

8 Versehen Sie den Gummistopfen mit geeigneter Dichtmasse und drücken Sie ihn in seine Nut im Deckel (siehe Abbildung). Bringen Sie die Kabelführung in Position, pressen Sie sie herunter und drücken Sie ihre äußeren oberen Ränder in die Nuten (siehe Abbildungen).

9 Montieren Sie den Lichtmaschinendeckel (siehe Kapitel 2, Sektion 13).

27 Regler/Gleichrichter-Einheit

Kontrolle

1 Die Regler/Gleichrichter-Einheit sitzt vorn am Luftfiltergehäuse. Demontieren Sie für den Zugang zum Kabelstecker den Tank (siehe Kapitel 3, Sektion 2). Trennen Sie den Stecker und kontrollieren Sie die Steckerkontakte auf Korrosion und festen Sitz.

2 Führen Sie die in den Sektionen 26 und 27 beschriebenen Ausgangsleistungs-Tests und Widerstandsmessungen der Statorspulen durch – falls die Ergebnisse auf einen defekten Regler/Gleichrichter hinweisen, muss dieser gegen ein Neuteil ausgetauscht werden. Ducati gibt keine Prüfdaten für die Regler/Gleichrichter-Einheit bekannt.

Hinweise auf einen defekten Regler sind Lampen mit drehzahlabhängiger Leuchtstärke, die ständig durchbrennen und eine überhitzende Batterie.

Ausbau und Einbau

3 Demontieren Sie den Tank (siehe Kapitel 3, Sektion 2).

4 Trennen Sie den Lichtmaschinenstecker (Abbildung 26.2) und dann den Stecker der Regler/Gleichrichter-Einheit (siehe Abbildung). Führen Sie die Verkabelung nach vorn und merken Sie sich ihre Verlegung

5 Lösen Sie die zwei Schrauben und entnehmen Sie die Baugruppe (siehe Abbildung).

6 Der Einbau entspricht der umgekehrten Ausbaureihenfolge.

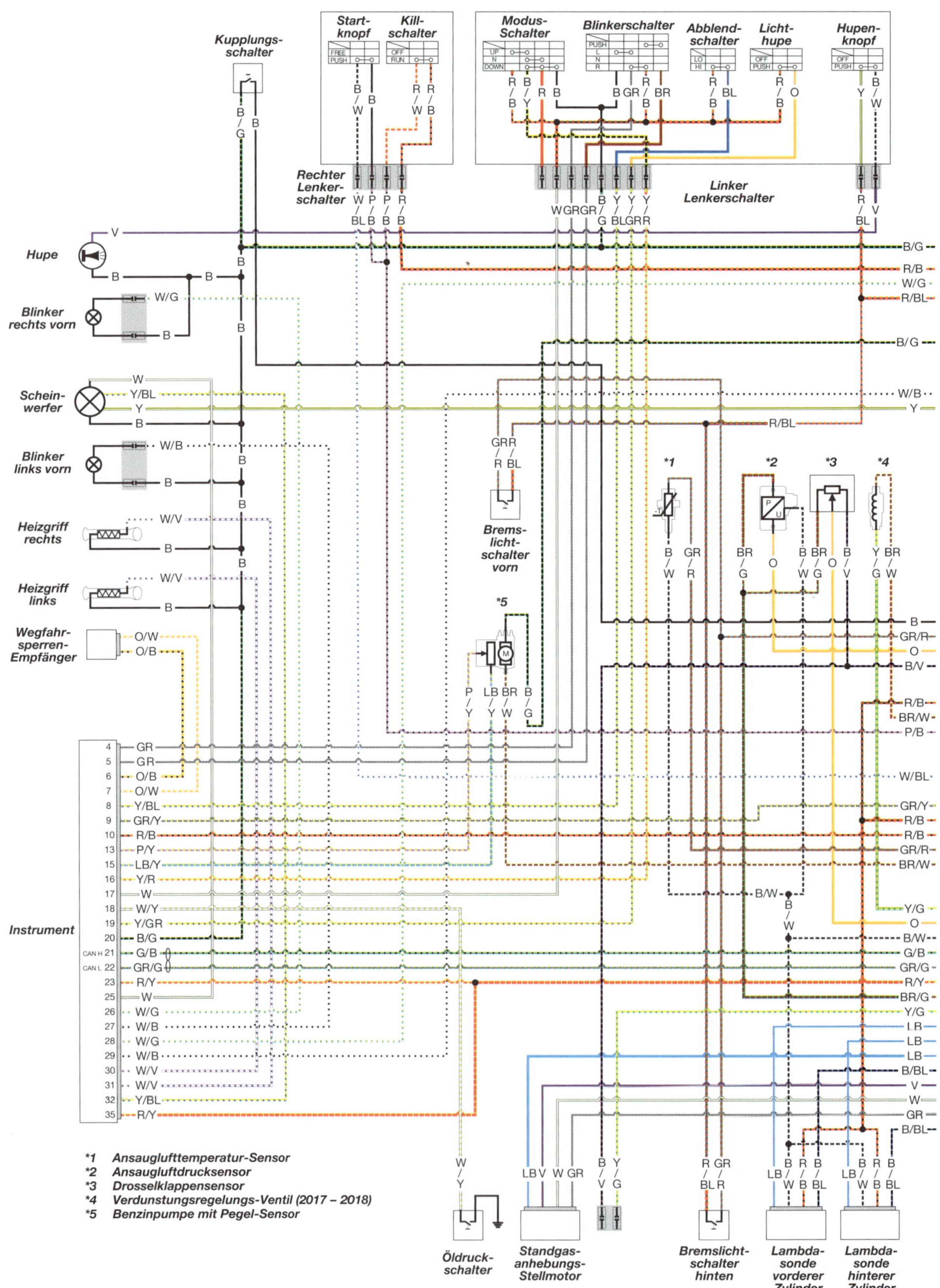

Scrambler 803 bis Modelljahr 2018

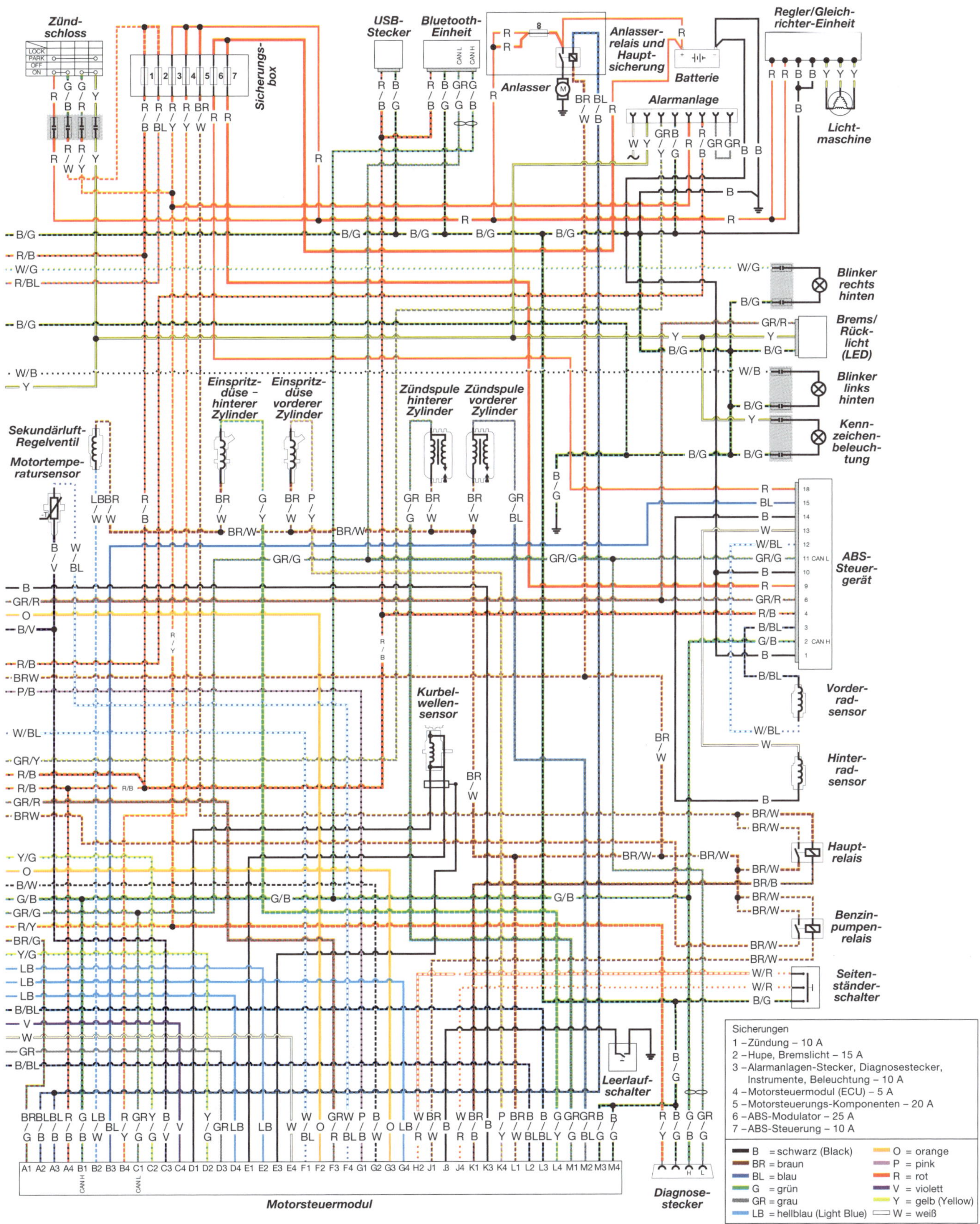

Scrambler 803 bis Modelljahr 2018

7

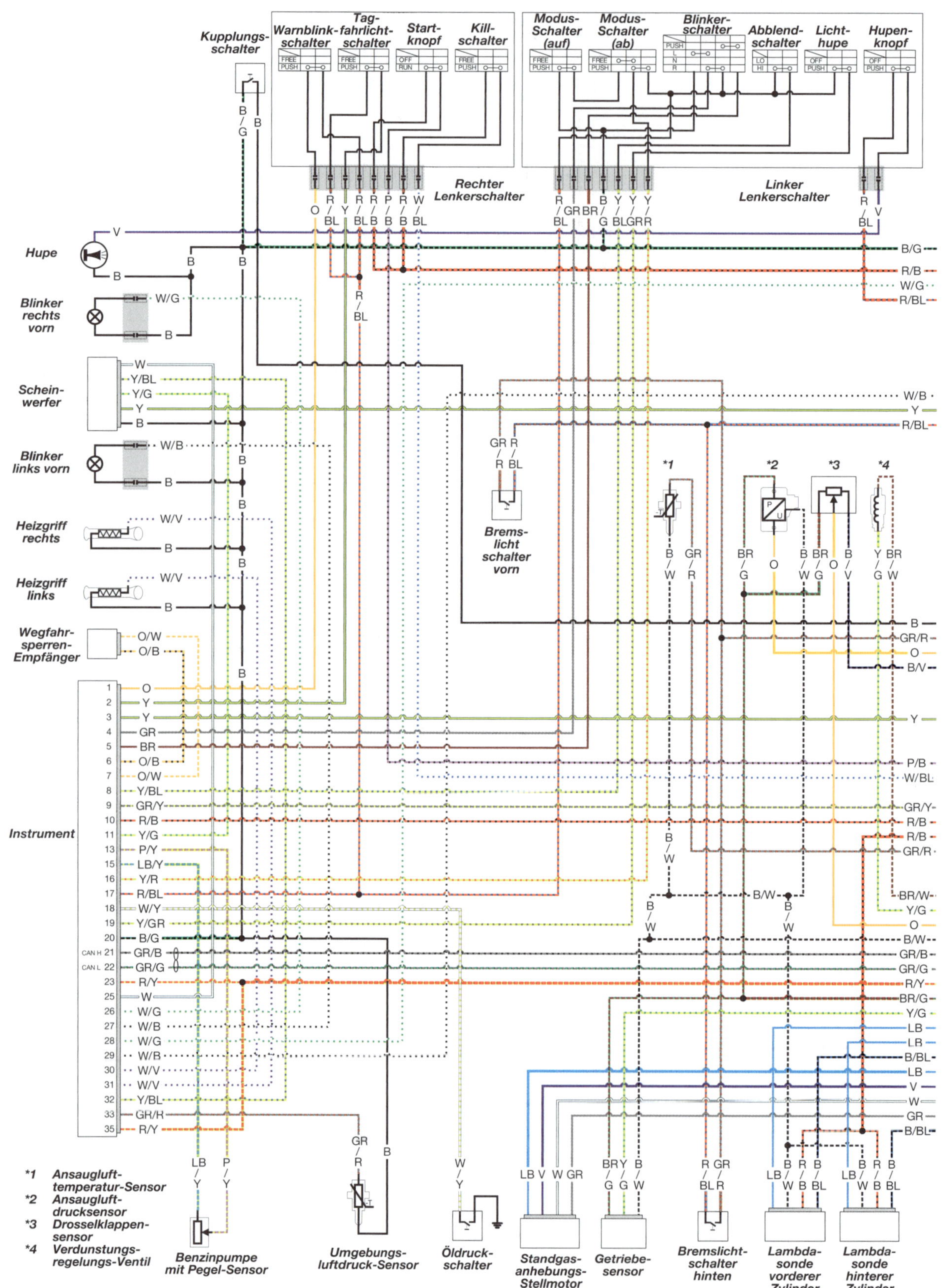

Scrambler 803 ab Modelljahr 2019

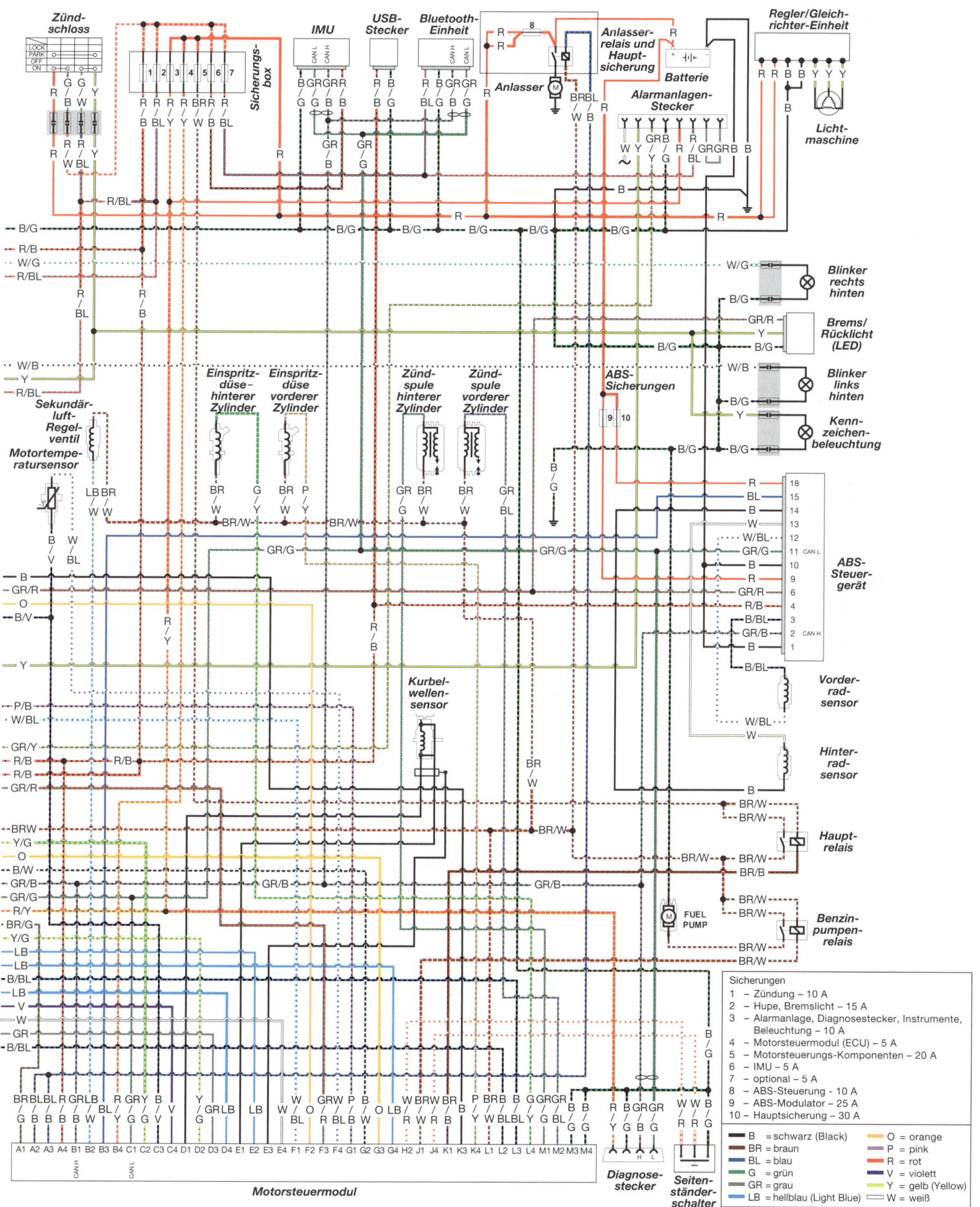

Scrambler 803 ab Modelljahr 2019

Werkzeug- und Werkstatt-Tipps

Werkzeug-Kauf

Zur Wartung und Reparatur ist unbedingt ein Werkzeugsatz nötig. Obwohl die Anschaffung einer geeigneten Grundausrüstung zunächst etwas Geld kostet, macht sie sich schnell bezahlt, da man durch Eigenleistung Werkstattkosten spart. Bei steigender Erfahrung und Zutrauen kann zusätzliches Werkzeug beschafft werden, um große Reparaturen und Motorüberholungen durchführen zu können. Viele Spezialwerkzeuge sind teuer und werden nur selten benutzt, hierbei kann sich das Mieten lohnen bzw. der gemeinsame Kauf mit Freunden oder einem Club.

Eine Regel ist, besser gutes teures Qualitätswerkzeug zu kaufen, als billiges, welches schnell verschleißt und öfter erneuert werden muss – und dadurch die anfänglichen Ersparnisse schnell aufhebt.

Warnung: Um das Risiko zu vermindern, durch das Brechen schlechten Werkzeugs verletzt zu werden oder Bauteile zu beschädigen, muss immer auf stabile Qualität und die Erfüllung von Sicherheitsnormen geachtet werden.

Die folgende Werkzeugliste entspricht nicht den Wartungs- und Reparaturwerkzeugen des Herstellers und der Werkstätten, sondern stellt eine Empfehlung dar, welche Werkzeuge für einfache Arbeiten benötigt werden. Zusätzlich werden solche Dinge wie eine elektrische Bohrmaschine, eine Eisensäge, Feilen, Hämmer, ein Lötkolben und eine mit einem Schraubstock ausgerüstete Werkbank empfohlen. Obwohl nicht als Werkzeug klassifiziert, ist eine Sammlung von Schrauben, Muttern, Scheiben und Rohrstücken immer sehr nützlich.

Werks-Spezialwerkzeug

In unvermeidlichen Fällen ist die Benutzung von Spezialwerkzeug empfohlen. Wenn die Möglichkeit einer alternativen Verwendung besteht, ist diese beschrieben. Jedoch ist manchmal das Risiko einer Verletzung oder Beschädigung zu groß, sodass ein Spezialwerkzeug des Herstellers benutzt werden muss. Spezialwerkzeug ist normalerweise nur über den Motorradhandel zu bekommen und mit einer Werksnummer versehen. Einige der oft benutzten Werkzeuge, wie z.B. Rotorabzieher sind auch über den Zubehörhandel erhältlich.

Grundausstattung Wartungs- und Reparatur-Werkzeug

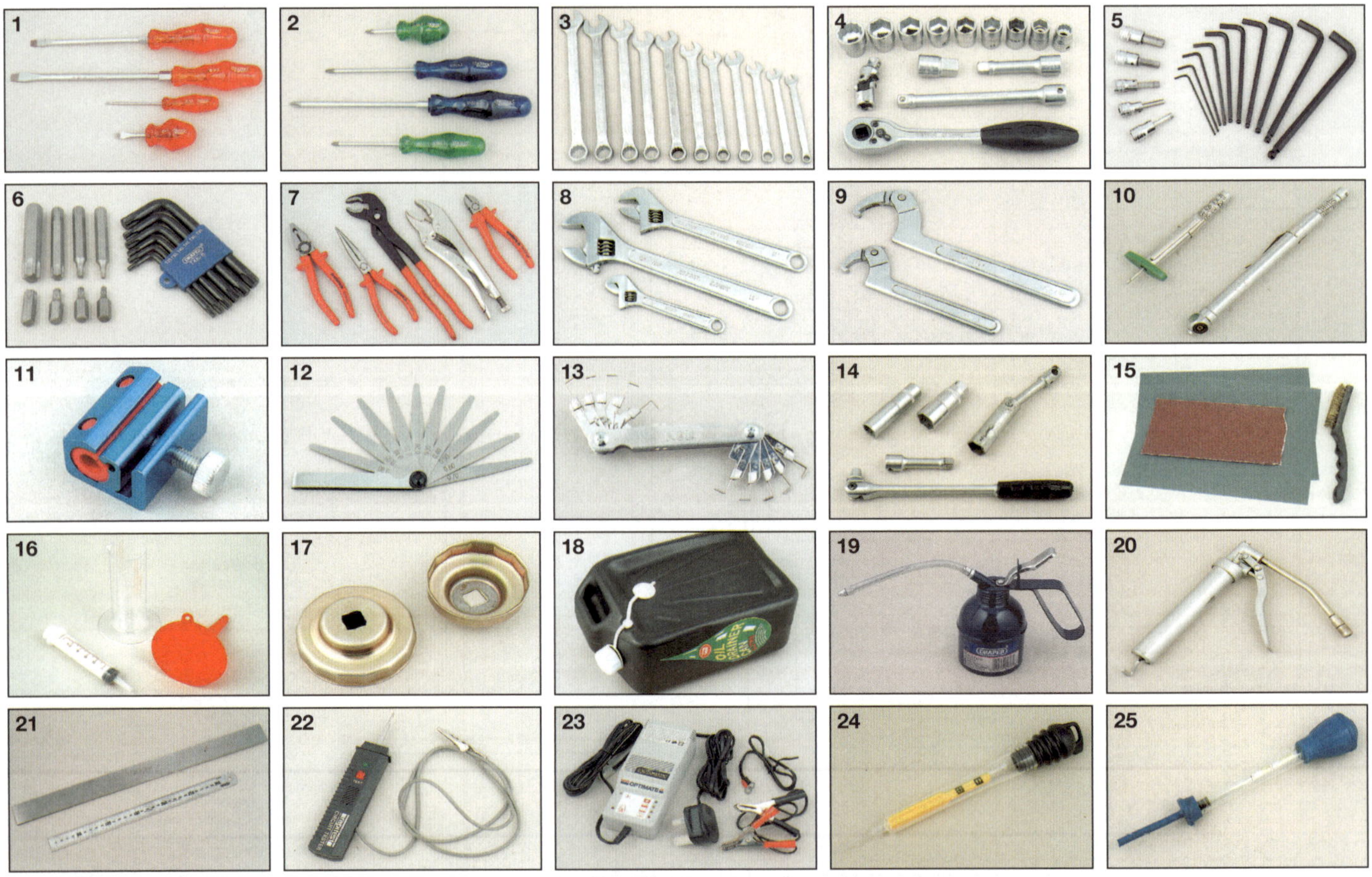

1 Schlitzschraubendrehersatz
6 Torxschlüsselsatz oder -bits
11 Bowdenzug-Öler
16 Trichter und Messbecher
21 Stahllineal und Winkel

2 Kreuzschraubendrehersatz
7 verschiedene Zangen, Gripzangen
12 Fühlerlehre
17 Bandschlüssel
22 Durchgangsprüfer

3 Gabel-/Ringschlüsselsatz
8 einstellbarer Rollgabelschlüssel
13 Mess- und Einstellgerät für Zündkerzenelektroden
18 Öl-Auffangbehälter
23 Batterieladegerät

4 Steckschlüsselsatz mit 3/8 oder ½ Zollantrieb (Knarrenkasten)
9 Hakenschlüssel (am besten einstellbar)
14 Zündkerzenschlüssel oder tiefer Knarreneinsatz
19 Ölkanne mit Pumpe
24 Hydrometer (zur Bestimmung der Batteriesäuredichte)

5 Inbus-Schlüsselsatz oder Steckeinsätze
10 Profiltiefenmesser, Luftdruckprüfgerät
15 Drahtbürste und Schleifpapier
20 Fettpresse
25 Frostschutztester (für wassergekühlte Motoren)

Werkzeug für Reparatur und Überholung

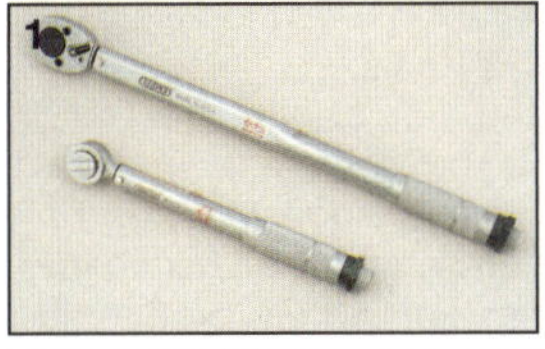

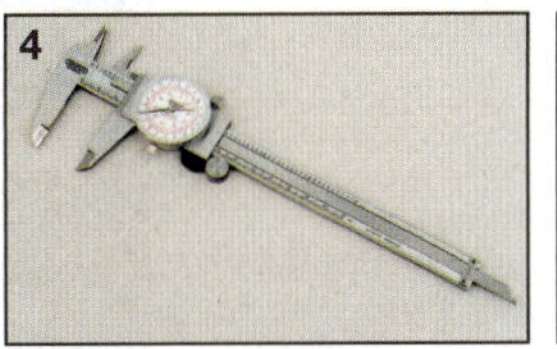
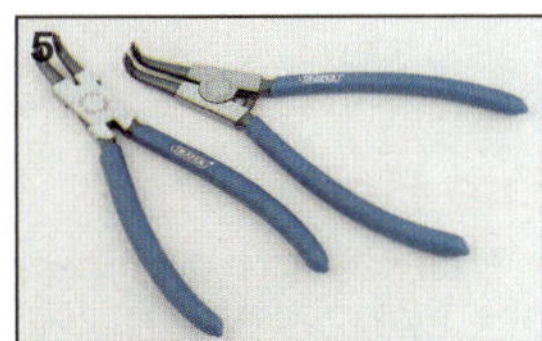

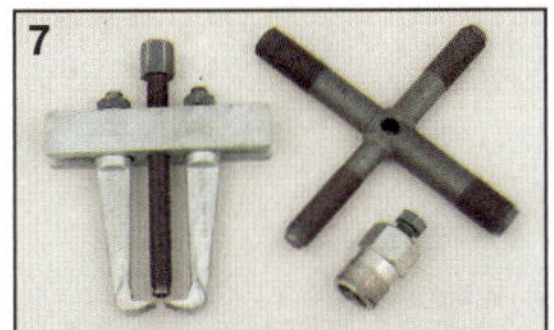
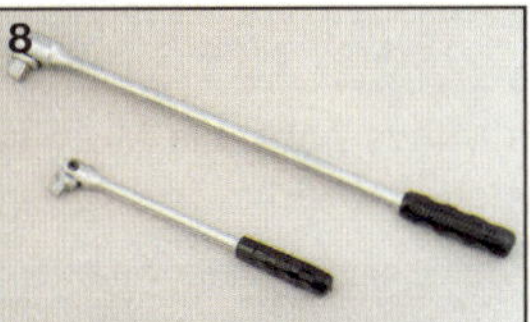
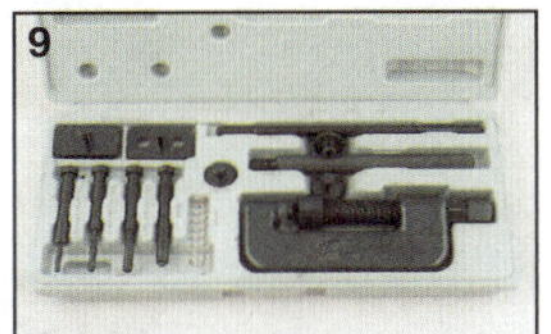
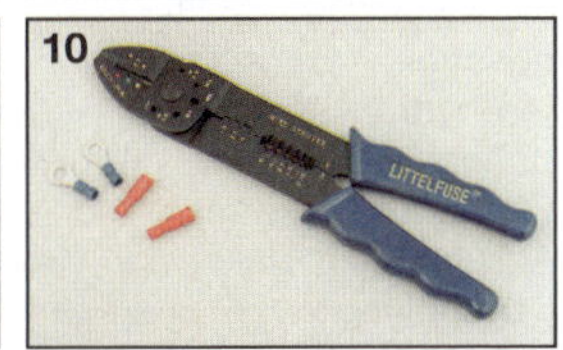
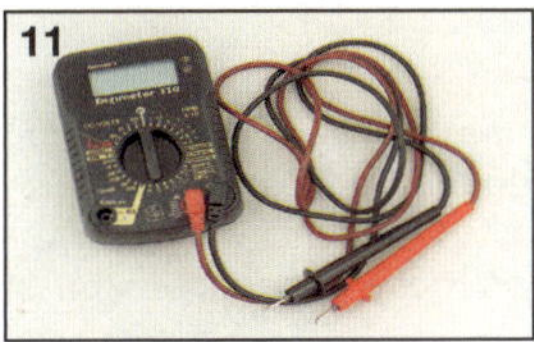
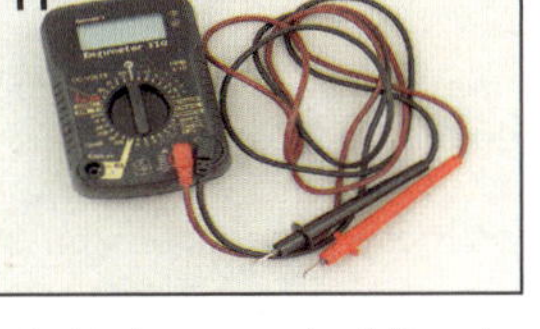

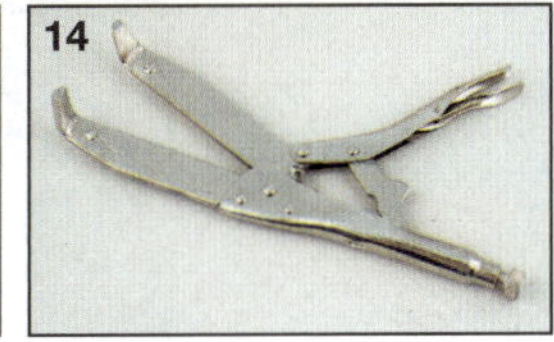
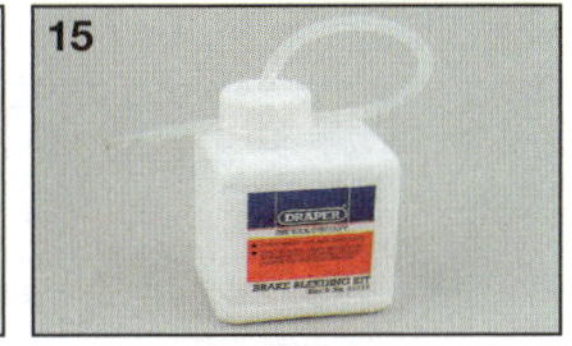

1 Drehmomentschlüssel (kleine und mittlere Ausführung)
6 Dorne und Meißel
11 Multimeter (für Volt, Ampere, Ohm)

2 Stahl-, Plastik- und Gummihammer
7 verschiedene Abzieher
12 Stroboskoplampe (für dynamische Zündungskontrolle)

3 Schlagschraubersatz
8 Gelenkgriff und Rohrverlängerung
13 Schlauchklemme

4 Schieblehre
9 Ketten-Trenn- und Montierwerkzeug
14 Kupplungs-haltewerkzeug

5 Seegerringzangen (für innen und außen)
10 Abisolierzange
15 Einpersonen-Bremsentlüftungssatz

Spezialwerkzeug

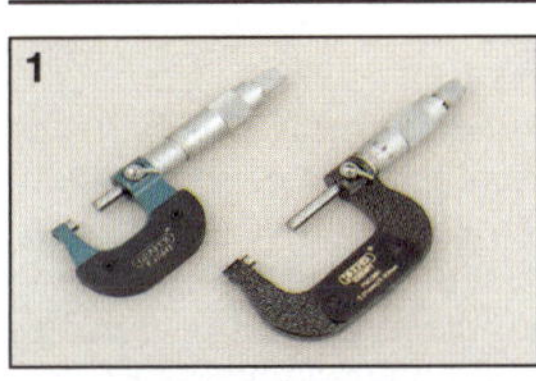
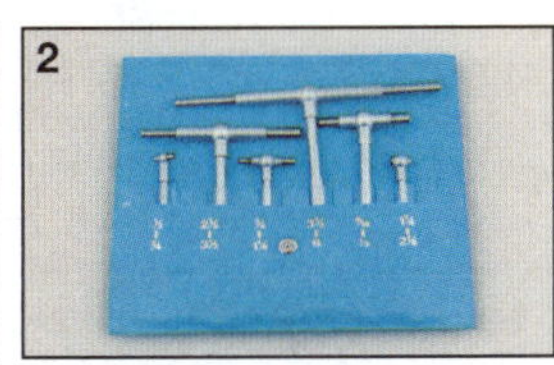
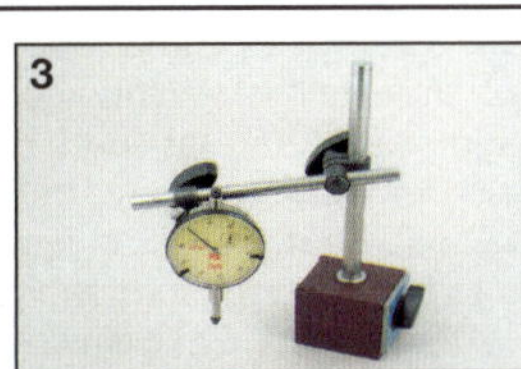
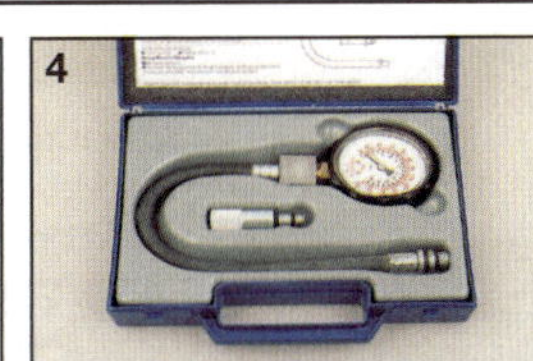
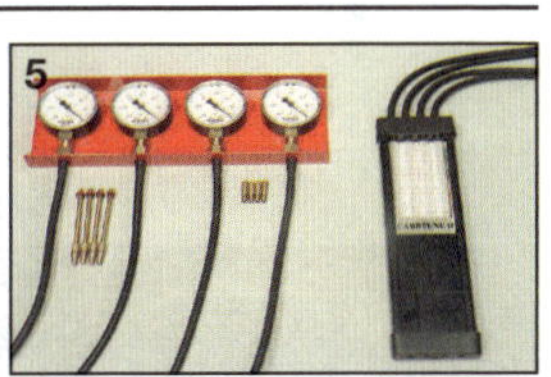
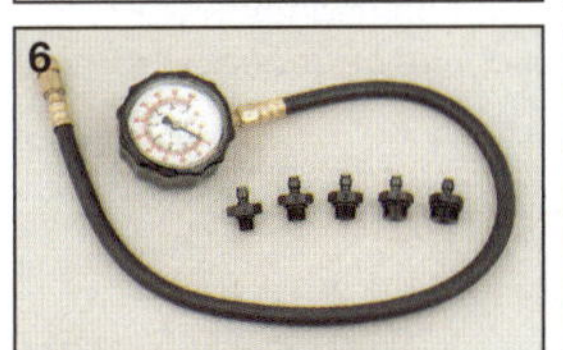
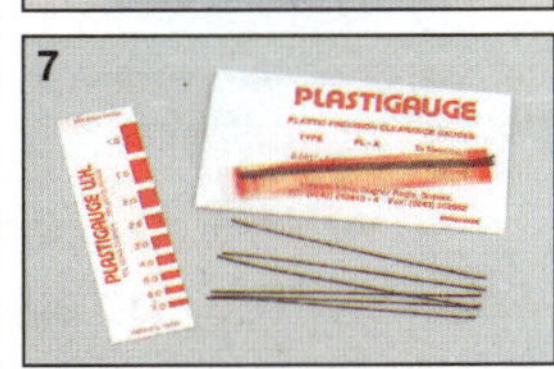

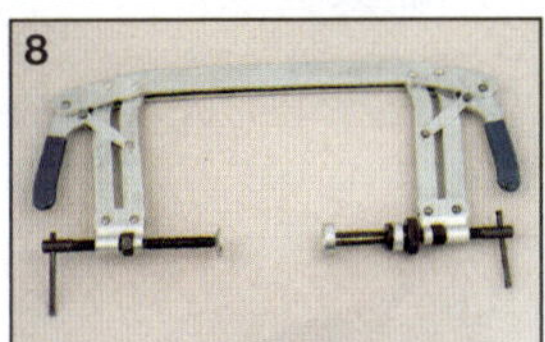
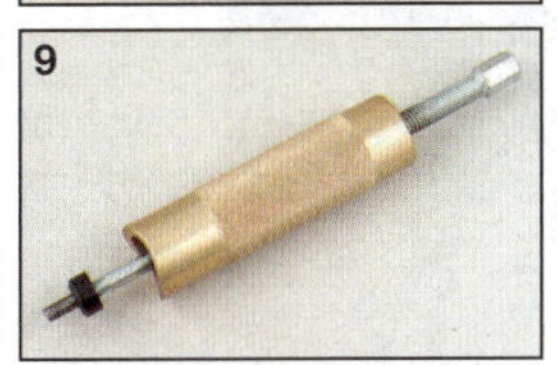
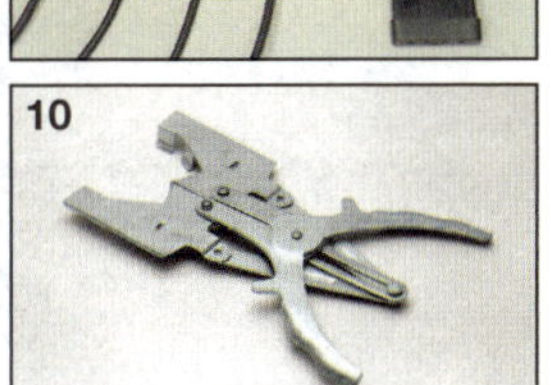
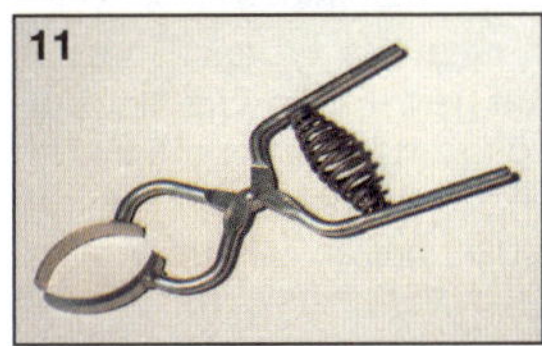
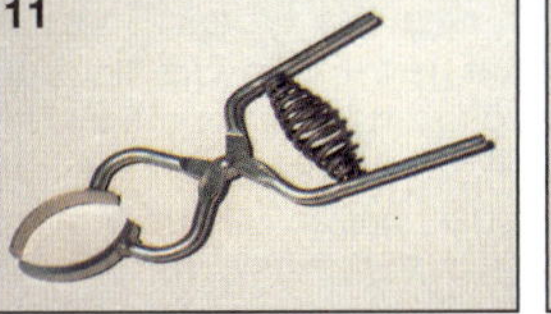
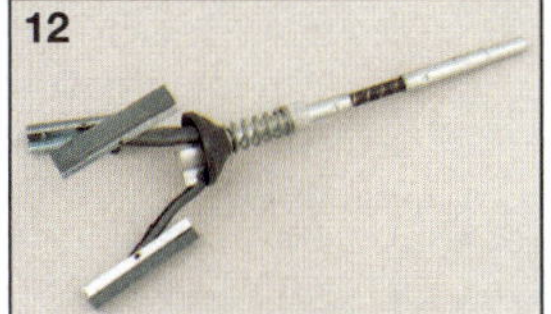

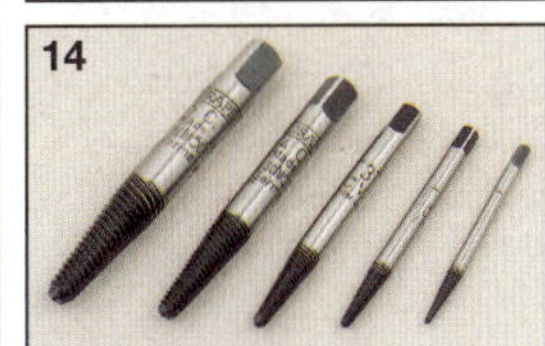
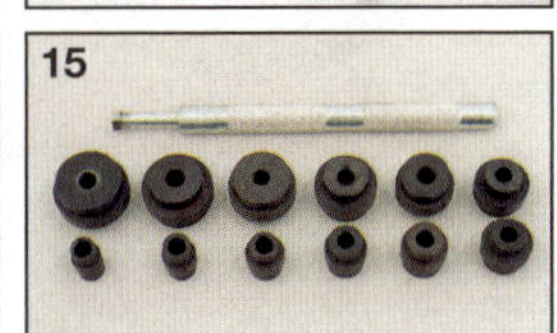

1 Mikrometerschrauben
6 Öldruck-Messgerät
11 Kolbenringklemme

2 Innenmessgeräte
7 Quetschmessstreifen für Lagerspielmessung
12 Zylinderhonsteine

3 Messuhr mit Halter
8 Ventilfederpresse
13 Bolzenausdreher

4 Zylinderkompressions-Messgerät
9 Kolbenbolzenauszieher
14 Linksausdrehersatz

5 Synchronisationsgerät
10 Kolbenringzange
15 Lagertreibersatz

1 Werkstatt
Ausrüstung und Einrichtung

Die Hebebühne

- Man kann sich die Arbeit an vielen Bauteilen des Motorrades erheblich erleichtern, wenn die Maschine mithilfe einer Hebebühne in eine günstige Arbeitshöhe gebracht wird. Die teuren hydraulischen oder pneumatischen Hebebühnen, wie man sie aus professionellen Werkstätten kennt, sind eine lohnenswerte Anschaffung, wenn man viele Reparaturen und Überholungen zu erledigen hat (siehe Abbildung 1.1).

1.1 Hydraulische Motorrad-Hebebühne

- Wenn das Motorrad angehoben wird, muss darauf geachtet werden, dass es gegen Herunterfallen gesichert wird. Die meisten Bühnen haben dazu eine einstellbare Vorderrad-Klemmung. Beim Einklemmen des Rades darf der Reifen oder die Felge nicht beschädigt werden, den besten Schutz bieten hier zwischengelegte Holzblöcke.
- Sichern Sie das Motorrad mit Spannriemen an der Bühne (siehe Abbildung 1.2). Wenn die Maschine nur einen Seitenständer besitzt und kippgefährdet ist, sollte sie auf einer passenden Stütze positioniert werden.

1.2 Mit z.B. an den Beifahrerfußrasten befestigten Spannriemen wird die Maschine vor dem Umfallen gesichert.

- Passende Stützen sind in unterschiedlichen Formen und Ausführungen im Fachhandel erhältlich. Zumeist wird die Maschine damit an der Hinterrad- oder Schwingenachse angeho-

1.3 Diese Stütze hebt das Motorrad an der Schwingenachse an.

1.4 Um Beschädigungen zu vermeiden, muss immer ein Stück Holz zwischen Wagenheber und Motor oder Rahmen liegen.

ben (siehe Abbildung 1.3). Um beide Räder zu entlasten, kann ein Wagenheber unter den Motor positioniert und das Vorderteil angehoben werden (siehe Abbildung 1.4).

Rauch und Feuer

- Beachten Sie genau das Kapitel »Sicherheit geht vor!« am Anfang des Buches. Gehen Sie sicher, dass ein Feuerlöscher zur Hand ist, der für brennbare Flüssigkeiten geeignet ist – versuchen Sie auf gar keinen Fall, brennendes Benzin oder Öl mit Wasser zu löschen!
- Sorgen Sie dafür, dass immer ausreichende Belüftung sichergestellt ist. Wenn keine Abgas-Absauganlage vorhanden ist, darf der Motor nur außerhalb der Werkstatt gestartet werden.
- Wenn Sie mit Kraftstoff hantieren, muss durch gutes Lüften dafür gesorgt werden, dass sich keine zündfähigen Gasgemische bilden können. Das Gleiche gilt beim Aufladen von Batterien. Rauchen Sie nicht, und verbieten Sie auch anderen Personen, in der Werkstatt zu rauchen.

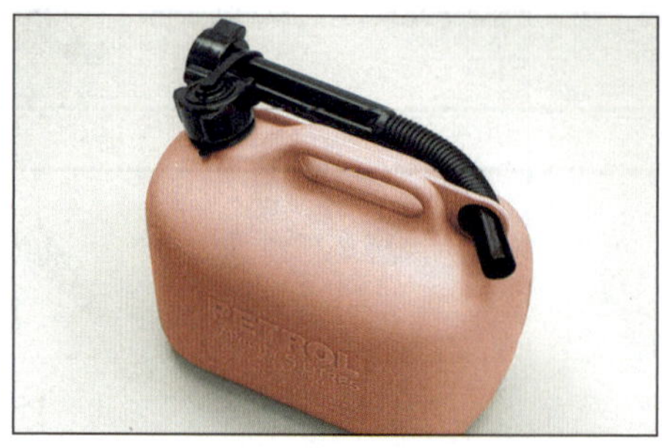

1.5 Benutzen Sie zum Lagern von Kraftstoff nur vorgeschriebene Kanister.

Flüssigkeiten

- Wenn Sie den Tank entleeren müssen, darf der Kraftstoff nur in geeigneten und verschließbaren Behältern und Kanistern gelagert werden (siehe Abbildung 1.5). Lagern Sie Benzin niemals in Gläsern oder Flaschen.
- Benutzen Sie entsprechende Motoren-Entfetter oder schwer entflammbare Lösungsmittel, wie z.B. Petroleum, um Öl, Fett und Schmutz zu entfernen – benutzen Sie niemals Benzin! Tragen Sie bei diesen Arbeiten Gummihandschuhe, und benutzen Sie diese Reinigungsmittel nur draußen oder in sehr gut belüfteten Räumen.

Staub-, Augen- und Handschutz

- Schützen Sie Atemwege und Lunge mit Staubmasken vor dem Eindringen von Staubpartikeln. Manche älteren Brems- oder Kupplungsbeläge enthalten Krebs erregendes Asbest

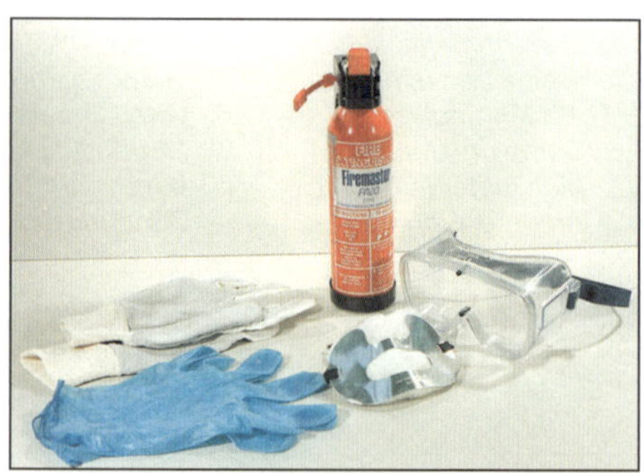

1.6 Ein Feuerlöscher, eine Schutzbrille, Staubmaske und Schutzhandschuhe sollten in der Werkstatt immer zur Hand sein.

– hantieren Sie auf jeden Fall sehr vorsichtig mit solchem Material. Schützen Sie Ihre Augen mit einer Schutzbrille vor Spritzern und Spänen (siehe Abbildung 1.6).
- Schützen Sie Ihre Hände mit Gummihandschuhen vor dem Kontakt mit Lösungsmitteln, Benzin und Öl. Alternativ kann vor Arbeitsbeginn eine spezielle Schutzcreme auf die Hände aufgetragen werden. Wenn Sie mit heißen Teilen oder Flüssigkeiten hantieren, müssen hierfür geeignete Handschuhe getragen werden.

Die Entsorgung alter Flüssigkeiten

- Alte Reinigungs- und Bremsflüssigkeit, Kraftstoff und Öl dürfen nicht ins Erdreich oder in Wasserabflüsse gelangen. Füllen Sie die entsprechenden Flüssigkeiten in geeignete Behälter, und bringen Sie sie zu dem Händler, von dem Sie sie erworben haben. Unter Vorlage einer Quittung sind Händler verpflichtet, altes Öl und Bremsflüssigkeit wieder zurückzunehmen. Schütten Sie unterschiedliche Flüssigkeiten nicht zusammen in einen Behälter, da sie nur getrennt wieder aufbereitet werden können. Öliger und fettiger Schmutz kann zusammen mit dem Altöl abgegeben werden, alte Ölfilter können ebenfalls beim Händler entsorgt werden.

2 Befestigungen
Schrauben und Muttern

Typen und Anwendungen

Schrauben

- Köpfe von Maschinenschrauben gibt es in den Ausführungen Sechskant, Torx und Vielzahn – alle in Innen- und Außenversionen (siehe Abbildungen 2.1 und 2.2). Vielzahn-Schrauben werden im Motorradbau sehr selten verwendet. Schlitz- und Kreuzschlitzköpfe werden nur bei kleinen Schrauben verwendet, die keiner großen Belastung ausgesetzt sind. Längenangaben bei Schrauben werden von unterhalb des Kopfes bis zum Ende gemessen (siehe Abbildung 2.11).

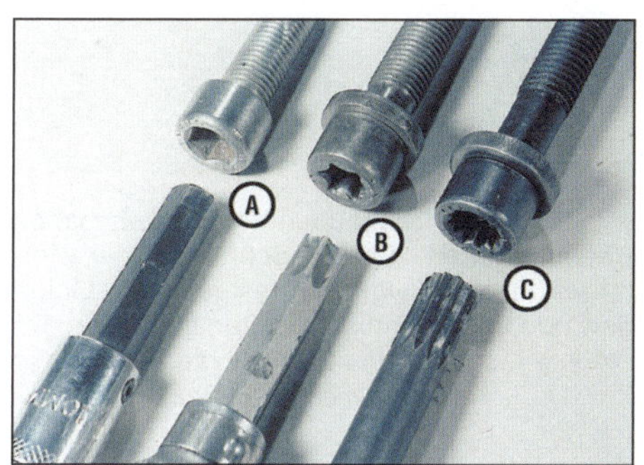

2.1 Innen-Sechskant (»Inbus«) (A), Torx (B) und Vielzahnschraubenköpfe (C) mit entsprechenden Werkzeugen

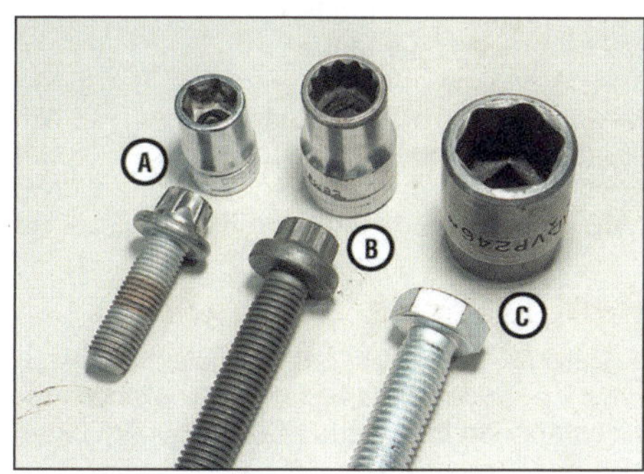

2.2 Außen-Torx (A), Zwölfkant- (B) und Sechskantschrauben (C) mit entsprechenden Steckschlüsseleinsätzen (»Nüssen«)

- Verschiedene Schrauben haben Zugfestigkeitsangaben auf ihren Köpfen. Je höher die Zahl, desto stabiler die Schraube. Hochfeste Schrauben tragen eine 10 oder höhere Zahl. Ersetzen Sie eine hochfeste Schraube niemals durch eine minderfeste.

Scheiben (siehe Abbildung 2.3)

- Unterlegscheiben werden zwischen Schraubenkopf und Bauteil gelegt, um Beschädigungen des Teils zu vermeiden und um die Last des Anzugsmoments zu verteilen. Spezielle Unterlegscheiben werden bei verschiedenen Gelegenheiten als Abstandhalter und Einstellscheibe eingesetzt. Kupfer- oder Aluminiumscheiben fungieren als Dichtungsringe, z.B. bei Ablassschrauben.

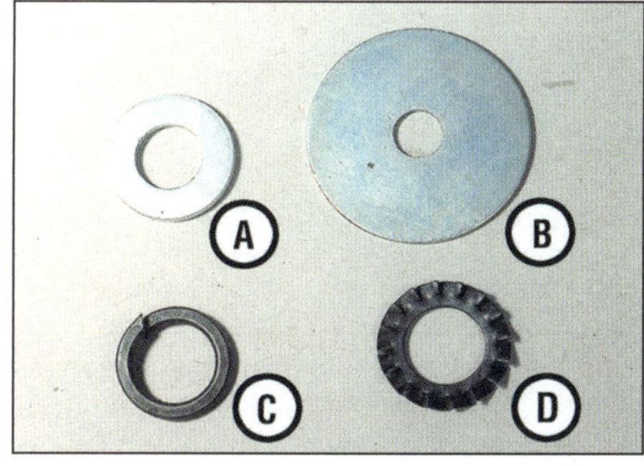

2.3 Unterlegscheibe (A), Kotflügelscheibe (B), Federring (C) und Sicherungsscheibe (D)

- Der offene Federring übt zwischen Schraube und Bauteil axialen Druck aus. Nach einmaligem Gebrauch muss er ersetzt werden. Wenn der Federring zusammen mit einer Unterlegscheibe verwendet wird, muss er zwischen diese und die Schraube gelegt werden.
- Sternförmige Sicherungsscheiben schneiden sich beim Linksherumdrehen in die Schraube und das Bauteil ein, um das Lösen der Schraube zu verhindern. Sie werden oft bei elektrischen Masseverbindungen am Rahmen verwendet.
- Konus- oder Fächerscheiben üben zwischen Schraube und Bauteil axialen Druck aus. Sie werden mit der flachen Seite auf das Bauteil gelegt, wenn sie abgeflacht sind, sind sie ermüdet und müssen ausgewechselt werden.
- Sicherungsbleche werden unter glatte Wellenmuttern gelegt, das Blech wird an einer oder mehreren Seiten der Mutter hochgebogen und gegen deren Sechskant gepresst, um ein Lösen zu verhindern. Ist das Blech nach mehrmaligem Gebrauch verschlissen, muss es ersetzt werden.
- Wellenscheiben werden eingesetzt, um Spiel auf Achsen aufzunehmen. Sie üben leichten Federdruck aus und verhindern das Hin- und Herschieben von Baugruppen, z.B. Kipphebeln auf ihren Wellen.

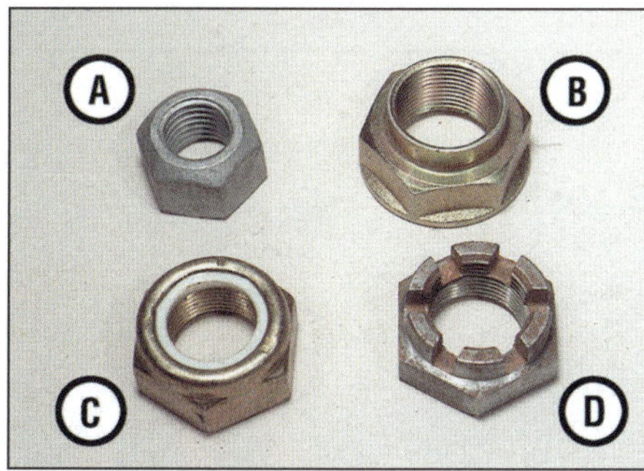

2.4 Sechskantmutter (A), Mutter mit Bund (B), selbstsichernde Mutter mit Nylon-Einsatz (C), Kronenmutter (D)

Muttern und Splinte

- Herkömmliche Muttern sind sechskantig (siehe Abbildung 2.4). Ihre Größenbezeichnungen richten sich nach dem Gewindedurchmesser und dessen Steigung. Hochfeste Muttern tragen auf einer Seite eine Zahl, die ihre Festigkeit angibt.
- Selbstsichernde Muttern haben entweder Nylon-Einsätze oder zwei Federstreifen, außerdem gibt es Muttern mit Bund, die sich mit einer Verzahnung sichern. Ihr aller Vorzug liegt darin, dass sie nicht durch Vibrationen zu lösen sind. Die Nylon- und Federausführungen können mehrmals universell eingesetzt werden und müssen erst ersetzt werden, wenn sie leichtgängig oder verschlissen sind. Die Bundausführungen müssen nach jedem Lösen ausgewechselt werden.
- Splinte werden zum Sichern von Kronenmuttern auf Achsen, aber auch gegen das Lösen normaler Sechskantmuttern eingesetzt, besonders an Radachsen und Bremsankern. Normale Splinte müssen wegen der Bruchgefahr nach jedem Gebrauch erneuert werden (siehe Abbildungen 2.5 und 2.6).

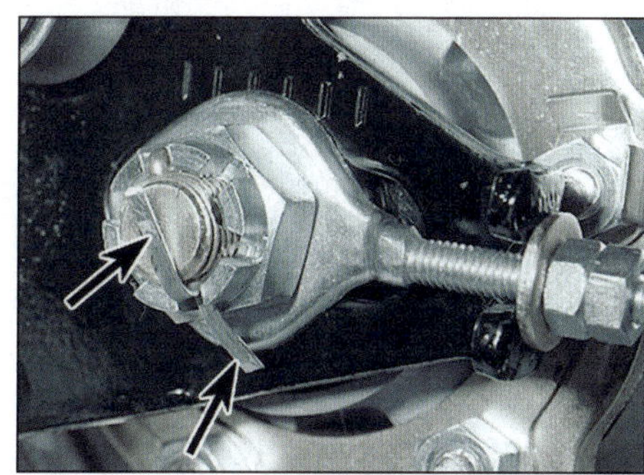

2.5 Biegen Sie Einwegsplinte bei Kronenmuttern wie gezeigt auseinander.

2.6 Biegen Sie Einwegsplinte bei normalen Muttern wie gezeigt auseinander.

Achtung:* *Wenn die Schlitze der Kronenmutter nach dem vorschriftsmäßigen Anziehen nicht mit der Splintbohrung in der Achse fluchten, muss sie so weit fester angezogen werden, bis der Splint durchgeführt werden kann – sie darf* **niemals** *gelockert werden.

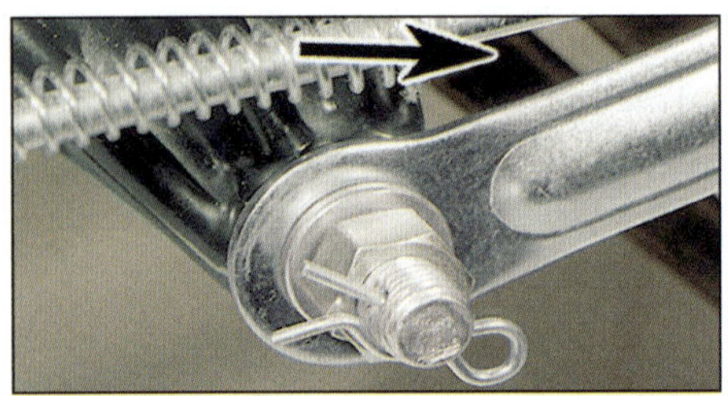

2.7 Federsplinte werden mit dem geschlossenen Ende in Fahrtrichtung (Pfeil) montiert.

- Federsplinte können öfter verwendet werden, solange sie nicht beschädigt sind. Installieren Sie Federsplinte immer mit dem geschlossenen Ende nach vorne (siehe Abbildung 2.7).

Sicherungsringe (siehe Abbildung 2.8)

- Sicherungsringe, die mit »Augen« zum besseren Aus- und Einbau versehen sind, werden auch Seegerringe genannt. Je nach Einsatzzweck auf Wellen oder in Bohrungen sitzen die Augen innen oder außen. Geschliffene Ringe können beidseitig verwendet werden, bei gestanzten Ringen (mit einer flachen und einer abgerundeten Seite) muss die flache Seite entstehenden Druck auf die Nut übertragen (siehe Abbildung 2.9).
- Benutzen Sie immer eine Seegerringzange zur Montage und Demontage, spannen Sie damit die Ringe nicht mehr als nötig. Drehen Sie die Ringe nach der Montage in ihrer Nut, um sicherzugehen, dass sie richtig sitzen. Wenn ein Sicherungsring auf eine Nutenwelle montiert wurde, muss die Öffnung mit einer Nut fluchten. So wird sichergestellt, dass die Enden gut gehalten werden (siehe Abbildung 2.10).
- Sicherungsringe können durch den Druck von Bauteilen verschleißen und dadurch locker in ihren Nuten sitzen. Da hierdurch die Gefahr des Herausspringens steigt, sollten Sie regelmäßig nach jedem Ausbau ersetzt werden.
- Drahtsicherungsringe werden normalerweise zur Sicherung des Kolbenbolzens in die Nuten des Kolbens gesetzt. Sie können mit einer Spitzzange oder einem kleinen Schraubendreher ausgebaut werden. Kolbenbolzen-Sicherungsringe dürfen auf keinen Fall mehrmals verwendet werden.

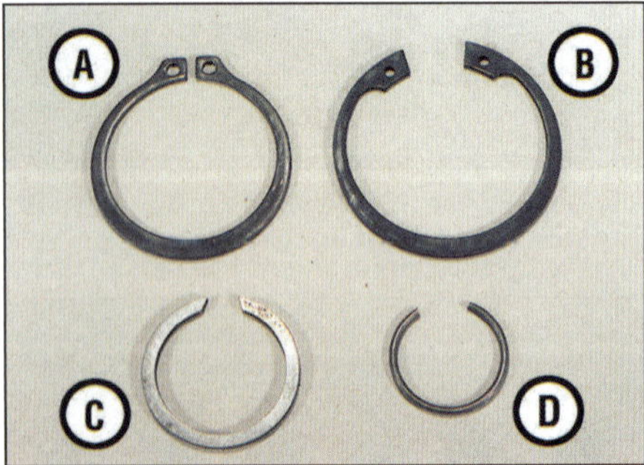

2.8 Wellen-Seegerring (A), Bohrungs-Seegerring (B), geschliffener Sicherungsring (C), Draht-Sicherungsring (D)

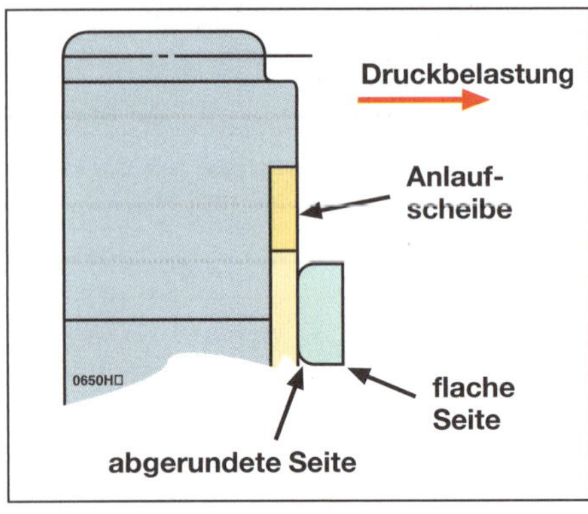

2.9 Korrekte Einbaulage eines gestanzten Sicherungsrings

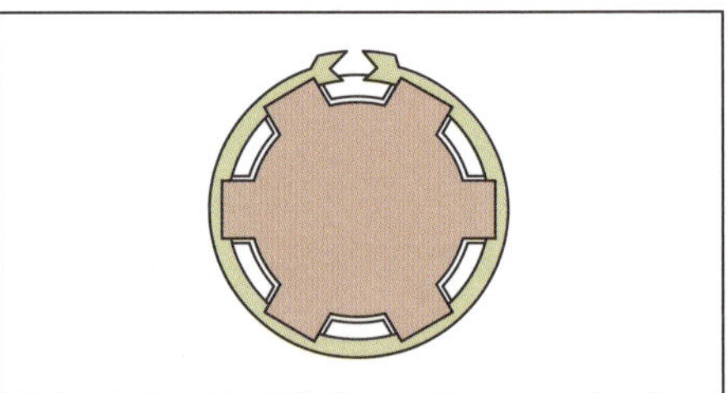

2.10 Die Öffnung des Sicherungsrings muss in einer Nut der Welle liegen.

Gewindedurchmesser und Gewindesteigung

- Der Durchmesser eines Gewindes wird außen an der Schraube oder des Bolzens gemessen. Fast alle Fahrzeughersteller benutzen heute metrische Gewinde nach ISO-Norm, eine M-6-Schraube hat einen Gewindedurchmesser von 6 mm. Diese Bezeichnung gilt auch für die entsprechende Mutter, hier muss der Durchmesser in den »Tälern« des Gewindes gemessen werden.
- Die Gewindesteigung bezeichnet den Abstand zwischen zwei Gewindegängen (siehe Abbildung 2.11). Sie wird in Millimetern angegeben, jedoch nur extra erwähnt, wenn sie von der Norm abweicht, d.h. eine M8-Schraube nicht wie üblich eine Steigung von 1,25 mm, sondern z.B. ein Feingewinde mit 1,0 mm Steigung hat – sie heißt dann M8 x 1,0. Mit zunehmendem Gewindedurchmesser wird auch die Steigung größer.

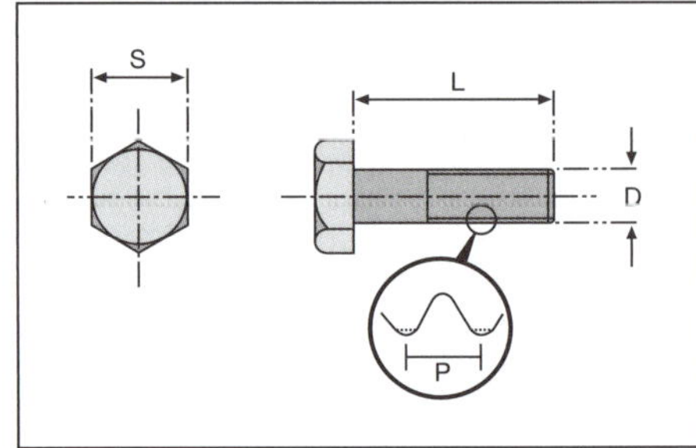

2.11 Schraubenlänge (L), Gewindedurchmesser (D), Gewindesteigung (P), Schlüsselweite (S)

2.12 Mit einer Gewindelehre kann die Steigung bestimmt werden.

- Zu bestimmten Gewindedurchmessern, -steigungen und -festigkeiten gehören entsprechende Schraubenköpfe mit Schlüsselweiten in Millimetern (siehe Abbildung 2.11). Bei Unsicherheit können Gewindesteigungen mit Gewindelehren gemessen werden (siehe Abbildung 2.12).

Schlüsselweite	∅ Gewinde x Steigung
8 mm	M 5 x 0,8 mm
8 mm	M 6 x 1,0 mm
10 mm	M 6 x 1,0 mm
12 mm	M 8 x 1,25 mm
14 mm	M10 x 1,25 mm
17 mm	M12 x 1,25 mm

- Die meisten Schrauben und Bolzen haben Rechtsgewinde, d.h. die Schraube oder Mutter wird im Uhrzeigersinn festgezogen. Linksgewinde finden sich ganz selten an Stellen, wo die Drehrichtung des Bauteils die Verbindung lösen könnte, z.B. bei einigen Ritzelmuttern.

Standard-Anzugsdrehmomente

M5 (Schraube oder Mutter)	5 Nm
M6 (Schraube oder Mutter)	10 Nm
M8 (Schraube oder Mutter)	21 Nm
M10 (Schraube oder Mutter)	35 Nm
M12 (Schraube oder Mutter)	55 Nm
M6 (Schraube oder Mutter mit Bund)	12 Nm
M8 (Schraube oder Mutter mit Bund)	27 Nm
M10 (Schraube oder Mutter mit Bund)	40 Nm

Festsitzende Gewinde

- Durch Feuchtigkeit, Salz und elektro-chemische Korrosion zwischen unterschiedlichen Metallen können freiliegende Schrauben im Laufe

2.13 Bereits ein leichter Schlag auf den Schraubenkopf reicht oft aus, ein korrodiertes Gewinde zu lösen.

2.14 Ein Schlagschrauber setzt die Wucht des Hammers in eine Drehbewegung um.

der Zeit schwer zu lösen sein. Mit normalen Methoden wird man in diesen Fällen wahrscheinlich den Schraubenkopf zerstören. Wenn man merkt, dass sich eine Schraube oder Mutter nicht wie üblich durch ein Knacken löst und dann leicht ausbauen lässt, sollte die übliche Demontage sofort gestoppt werden, bevor etwas zerstört wird.

- Bereits ein leichter Schlag auf den Schraubenkopf kann Korrosion und Spannungen im Gewinde lösen (siehe Abbildung 2.13).
- Kriechöl (z.B. *Caramba* oder *WD40*) kann als Rostlöser an die Verbindung gesprüht werden und über Nacht einsickern. Formt man mit Plastilin eine »Wanne« um die Schraube oder Mutter, kann die Verbindung sogar geflutet werden.
- Aufgrund der öligen Umgebung haben innerhalb des Motorgehäuses befindliche Schraubverbindungen kaum Korrosionsprobleme. Doch kann auch hier ein Schlagschrauber die Arbeit erleichtern, wenn festsitzende Schrauben gelöst werden sollen (siehe Abbildung 2.14).
- Korrosion zwischen Metallen (z.B. Stahl und Aluminium) kann durch Erwärmung gelockert werden. Da sich Aluminium stärker ausdehnt als Stahl, reißt die Verbindung auf und die Bohrung (im Aluminium) erweitert sich. Hitzeempfindliche Teile wie Dichtringe und Gummistopfen müssen zunächst entfernt werden, dann kann man z.B. mit einem Heißluftgebläse den Bereich um die Schraube erwärmen (siehe Abbildung 2.15). Alternativ kann man das Bauteil auf einer elektrischen Herdplatte, in einem Backofen, in kochendem Wasser oder mit einem Bügeleisen erwärmen. Benutzen Sie keine offene Flamme! Tragen Sie Handschuhe, um Hautverbrennungen zu vermeiden.

2.15 Erwärmen Sie den Bereich um die Schraubverbindung gleichmäßig.

2.16 Mit einem am Rand angesetzten Meißel wird die Schraube oder Mutter gelockert.

Achtung: Beachten Sie immer, dass das Gehäuseteil, in dem die Schraube sitzt, viel empfindlicher und teurer ist als die Schraube selbst. Wenn die Schraube gelockert ist, sollte sie nicht mit Gewalt herausgedreht werden. Um das Gewinde zu schonen, muss die Schraube bei starkem Widerstand vorsichtig vor- und zurückgedreht werden, bis sie locker ist.

- Als nächste Möglichkeit kann man die Schraube mit Hammer und Meißel losklopfen (siehe Abbildung 2.16). Hierdurch wird die Schraube oder Mutter zerstört, doch wichtiger ist, dass man das Bauteil nicht beschädigt.

Abgebrochene Schrauben und Stehbolzen

- Wenn das Gewinde zugänglich ist, kann man versuchen, es mit einer selbstsichernden Gripzange zu drehen. Mit einem Stehbolzendreher, der normalerweise bei Zylinderstehbolzen verwendet wird, lassen sich meist bessere Ergebnisse erzielen (siehe Abbildung 2.17). Stehbolzen lassen sich auch mit zwei verkonterten Muttern lösen (siehe Abbildung 2.18).

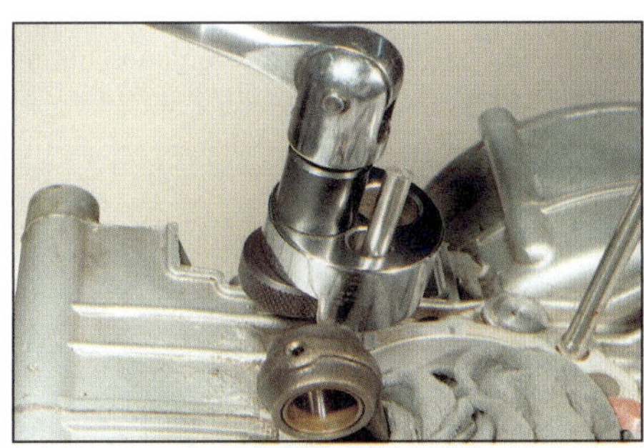

2.17 Mit einem Stehbolzendreher können auch festsitzende Schraubengewinde gelöst werden.

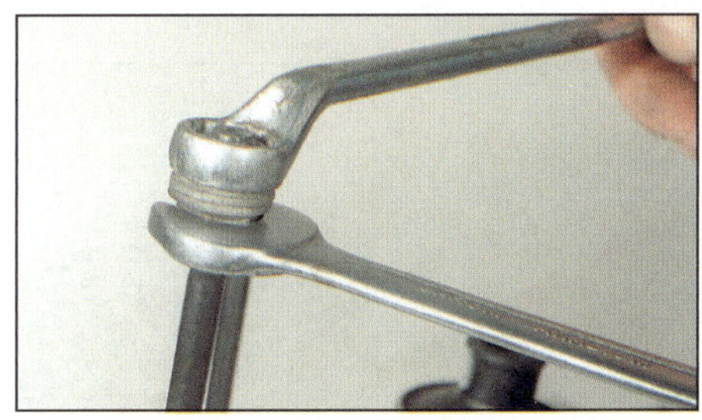

2.18 Nach dem Verdrehen zweier Muttern gegeneinander kann hiermit der Bolzen herausgeschraubt werden.

2.19 Achtung beim Vorbohren: nicht das weichere Gehäusematerial beschädigen.

- Eine bündig am Gehäuse abgerissene Schraube kann, wenn sie nicht allzu fest sitzt, nur mit einem Linksausdreher entfernt werden. Zunächst wird mit dem Körner in der Mitte des Gewindes eine Markierung geschlagen, aus der ein Bohrer nicht mehr abrutschen kann (siehe Abbildung 2.19). Wählen Sie den Bohrer etwa halb bis dreiviertel so groß wie der Innendurchmesser der Schraube, und bohren Sie ein dem Linksausdreher entsprechend tiefes Loch. Wählen Sie den größtmöglichen Linksausdreher, aber achten Sie darauf, die Wandung der Schraube oben nicht auseinanderzudrücken, da dadurch das Gewinde im Gehäuse beschädigt und das Herausdrehen erschwert wird.
- Drehen Sie den Linksausdreher links herum (gegen den Uhrzeigersinn) in die abgebrochene Schraube. Wenn er sich festgefressen hat, wird er automatisch den Gewinderest aus dem Gehäuse herausdrehen (siehe Abbildung 2.20).

Warnung: Linksausdreher sind sehr hart und können bei unvorsichtigem Umgang und in extrem festsitzenden Schraubenresten abbrechen. In diesem Fall sollte eine professionelle Werkstatt konsultiert werden.

2.20 Drehen Sie den Linksausdreher links herum in das Bohrloch, bis das Gewindestück herausgeschraubt ist.

2.21 Besonders bei abgerundeten Köpfen sind Flächendruckschlüssel solchen mit Zwölfkant vorzuziehen.

- Alternativ, oder wenn das Gehäusegewinde zu stark beschädigt ist, kann die Schraube ganz herausgebohrt werden. Hierbei muss darauf geachtet werden, dass die Bohrung exakt zentriert und gerade sitzt und genau die vorgegebene Tiefe erreicht wird. Dann kann ein Übermaßgewinde eingebohrt oder ein Gewindeeinsatz (z.B. *Heli Coil*) hineingeschraubt werden. Bei Zweifel über die eigenen Fähigkeiten und in Anbetracht des Preises für ein neues Gehäuse sollte diese Arbeit gegebenenfalls einer Werkstatt überlassen werden.
- Schrauben und Muttern mit abgerundeten Sechskantköpfen sollten sehr vorsichtig mit exakten Ring- oder Steckschlüsseln gelöst werden. Diese sollten besser sechs als zwölf Kanten aufweisen. Als sehr gut haben sich auch Schlüssel erwiesen, die nicht die Kanten, sondern die Flächen der Köpfe belasten – sie werden u.a. unter dem Handelsnamen »Metrinch« vertrieben (siehe Abbildung 2.21)
- Schlitz- oder Kreuzschlitzschrauben werden häufig durch falsche Schraubendrehergrößen beschädigt, zudem können die Dreher auch verschlissen (abgerundet) sein. Inbus- und Torx-Schrauben sind dagegen kaum zu zerstören. Wenn die Schraube zugänglich ist, kann mann mit einer Eisensäge einen Schlitz in den Kopf sägen und sie mit einem passenden Schlitzschraubendreher lösen. Alternativ kann die Schraube mit Hammer und Meißel vorsichtig losgeklopft werden. Beschädigte Schrauben dürfen auf keinen Fall wieder eingesetzt und festgezogen werden.

Ein Klecks Ventileinschleifpaste auf der Schraube kann für den Schraubendreher das letzte Quäntchen Haftung bringen.

2.22 Zum Reinigen und Reparieren von Innengewinden muss ein passender (!) Gewindebohrer senkrecht (!) eingeschraubt werden.

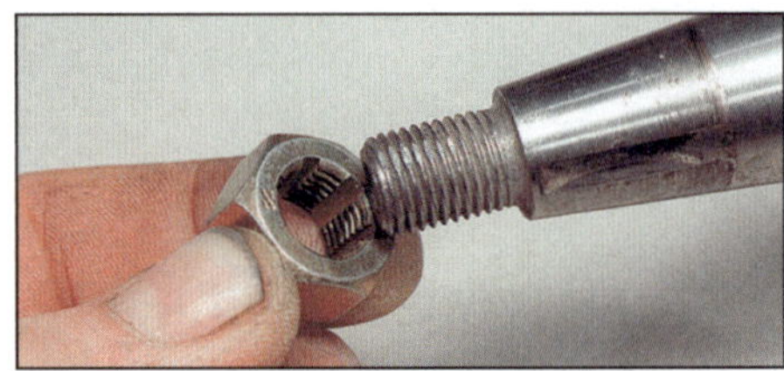

2.23 Zum Nacharbeiten von Außengewinden wird ein Schneideisen aufgedreht.

Gewindereparatur

- Besonders in Aluminium kann ein Gewinde durch viel zu festes Anziehen, eingearbeiteten Schmutz oder auch Vibrationen lockerer Schrauben schnell zerstört werden. Das Gewinde kann komplett mit der Schraube herausfallen.
- Wenn ein Gewinde nur leicht beschädigt oder mit alter Schraubensicherungspaste verschmutz ist, kann es mit einem passenden Gewindebohrer repariert/gereinigt werden (siehe Abbildungen 2.22 und 2.23). Für Zündkerzengewinde gibt es spezielle Größen. Achten Sie darauf, dass der Bohrer den korrekten Durchmesser und die richtige Steigung hat, sonst wird das Gewinde zerstört. Das Gleiche gilt für Außengewinde. Hier kann mit einer passenden Gewindefeile oder einem Schneideisen nachgearbeitet werden (siehe Abbildung 2.24).
- Wenn um das beschädigte Innengewinde genügend Material vorhanden ist und eine größere Schraube eingesetzt werden kann, ist es möglich, das Loch passend zu vergrößern und ein größeres Gewinde einzuschneiden. Manchmal, z.B. bei Zündkerzen oder Ablassschrauben und bei wenig »Fleisch« um das Loch, ist dieser Schritt jedoch nicht möglich.
- Man muss dann auf Gewindeeinsätze zurückgreifen, die in das aufgebohrte defekte Gewinde eingesetzt werden und in die anschließend wieder Originalschrauben oder Zündkerzen einge-

2.24 Mit einer Gewindefeile können Außengewinde nachgebessert werden.

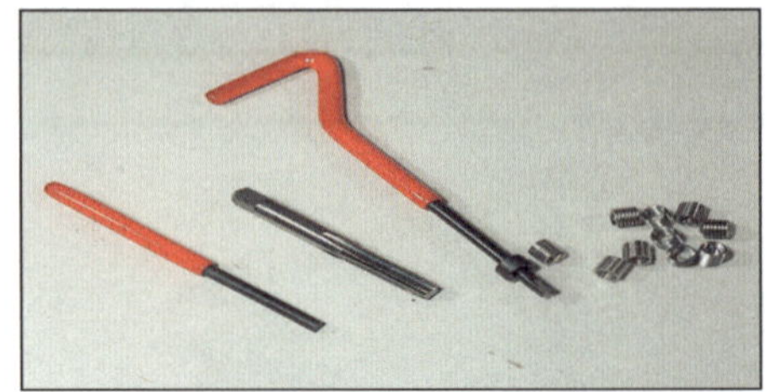

2.25 Dem Grund-Kit sind neben Gewindeeinsätzen auch die nötigen Spezialwerkzeuge beigefügt.

2.26 Bohren Sie zunächst das alte Gewinde auf (Lager und Dichtungen sollten besser abgedeckt sein).

2.27 Drehen Sie sorgfältig den Gewindeschneider hinein, . . .

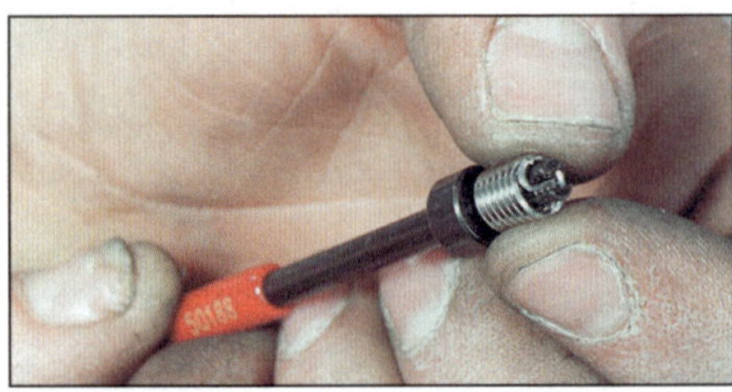

2.28 . . . setzen Sie den Einsatz in das Eindrehwerkzeug, . . .

2.29 . . . und schrauben Sie ihn in die Bohrung.

2.30 Brechen Sie zum Schluss die Lasche ab.

dreht werden können. Neben vielen anderen Einsätzen heißt das bekannteste Produkt »Heli Coil«. Eine Packung enthält einen Gewindebohrer, Einbauwerkzeuge und mehrere Einsätze (siehe Abbildung 2.25). Vergrößern Sie das Loch mit einem passenden Bohrer (siehe Abbildung 2.26), schneiden Sie vorsichtig das Gewinde ein (siehe Abbildung 2.27), und drehen Sie vorsichtig und mit leichtem Druck den Einsatz hinein (siehe Abbildungen 2.28 und 2.29). Wenn er viertel bis halbe Umdrehung vor dem Grund sitzt, wird das Werkzeug herausgezogen und mit der Stange die Eindrehlasche abgebrochen (siehe Abbildung 2.30).

- Es gibt Gewinde-Reparaturmittel auf Epoxidharzbasis. Sie sollten jedoch nur bei wenig belasteten Verbindungen eingesetzt werden.

Sicherungspaste und Dichtmasse

- Schraubensicherungspaste (bekannt unter dem Namen *Loctite*) wird an Verbindungen eingesetzt, wo durch Vibrationen Gefahr der Lockerung besteht, oder besonders sicherheitsrelevante Teile verloren gehen können. Außerdem wird sie verwendet, wo andere Schraubensicherungen, wie Bleche oder Splinte, nicht eingesetzt werden können.
- Vor dem Auftragen von Sicherungspaste müssen beide Gewinde sorgfältig von alten Resten gereinigt, entfettet und getrocknet werden. Es gibt zwei Arten von Schraubensicherungspasten: dauerfeste und lösbare (mittelfeste). Normalerweise wird mittelfeste Schraubensicherung verwendet, nur Zylinderstehbolzen werden oft mit dauerhafter Paste eingesetzt. Geben Sie einen oder zwei Tropfen auf die ersten Gewindegänge der einzusetzenden Schraube, setzen Sie sie ein, und ziehen Sie sie mit dem vorgeschriebenen Drehmoment fest. Geben Sie nicht zu viel Sicherungspaste auf das Gewinde, da sonst beim Ausbau ein Alugewinde mit herausgezogen werden kann.
- Es gibt Schrauben und Muttern, die mit einem trockenen Sicherungsmaterial überzogen sind. Diese Verbindungsteile müssen nach jeder Demontage ersetzt werden.
- Um Gewinde vor dem Korrodieren zu schützen, können sie mit Kupferpaste eingesetzt werden. Dieses empfiehlt sich besonders bei stark hitzebelasteten Teilen wie Zündkerzen, Krümmerflanschmuttern und Auspuffschrauben.

3.1 Fühlerlehren werden zum Ermitteln kleiner Spaltmaße benötigt. Ihr Maß ist auf einer Seite eingeätzt.

3 Messwerkzeuge und Messuhren

Fühlerlehren

- Fühlerlehren werden zum Ermitteln kleiner Spaltmaße und Spiele (z.B. Ventilspiel) benutzt (siehe Abbildung 3.1). Wo der Einsatz einer Messuhr unmöglich ist, kann man mit ihnen auch Seitenspiel von Wellen messen.
- Fühlerlehrensätze müssen vorsichtig behandelt und dürfen nicht verbogen oder beschädigt werden. In jedes Blatt ist auf einer Seite das entsprechende Maß eingeätzt. (Messen Sie das bei besonders billigen Fühlerlehren einmal nach!) Die Blätter sollten gegen Korrosion immer leicht eingeölt sein, damit sie nicht – im wahrsten Sinne – »aufblühen«.
- Wenn Sie irgendwo Spiel ermitteln wollen, gilt immer der Wert, bei dem das Blatt sich mit leichtem Druck durch die beiden Komponenten ziehen lässt. Es kann passieren, dass man manchmal zwei Fühlerlehren benötigt.

Bügelmessschrauben (Mikrometerschrauben)

- Mit einer Präzisionsmessschraube lassen sich Messgenauigkeiten von bis zu einem tausendstel Millimeter erzielen. Das empfindliche Gerät sollte immer in seinem Etui und nie lose im Werkzeugkasten aufbewahrt werden, da defekte Geräte falsche Messergebnisse zeigen, die eventuell teure Motorschäden nach sich ziehen können.
- Bügelmessschrauben werden zum Ermitteln von Außendurchmessern eingesetzt, es gibt sie in verschiedenen Messbereichen, normalerweise von 0 bis 25 mm, 25 bis 50 mm usw., immer in 25-mm-Schritten steigend. Zu großen Bügelmessschrauben gibt es austauschbare Zwischenstücke, um verschiedene Messungen durchführen zu können. Allgemein ist das größte benötigte Maß das des Kolbendurchmessers.
- Kleine Innendurchmesser können mit Innenmesslehren oder Dreipunkt-Innenmessschrauben ermittelt werden. Große Durchmesser, wie Zylinderbohrungen, lassen sich mit Messuhren oder Schnabelmessschrauben ermitteln. Alle diese Geräte sind sehr teuer, und es stellt sich die Frage, ob sich die Anschaffung für den Hobbyschrauber lohnt.

Bügelmessschrauben

Anmerkung: *Hier wird eine konventionelle mechanische Messschraube beschrieben. Einfacher abzulesen, aber auch erheblich teurer sind digitale Geräte.*

- Vor Beginn muss immer die Kalibrierung kontrolliert werden, d.h. das Gerät wird geschlossen (bei 0–25 mm) oder mit den entsprechenden (gereinigten!) Zwischenstücken versehen und auf Null-Maß gestellt (siehe Abbildung 3.2).

Beachten Sie hierzu die Bedienungsanleitung der Messschraube. Denken Sie immer daran,

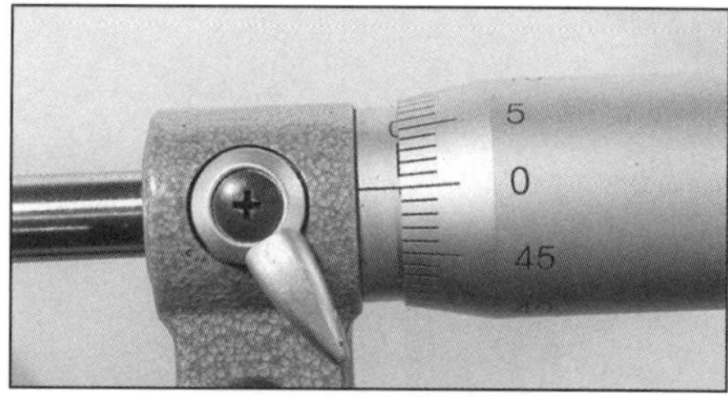

3.2 Kontrollieren Sie vor dem Gebrauch, ob die Messschraube auf Null kalibriert ist.

dass es sich hierbei um ein Präzisionsmessgerät handelt, das schonend behandelt werden muss.

- Achten Sie darauf, dass das zu messende Teil sauber ist. Drücken Sie den Amboss (1) gegen das Teil und drehen Sie die Trommel (2), bis die Spindel (3) das Teil an der gegenüberliegenden Seite leicht berührt (siehe Abbildung 3.3). Drehen Sie jetzt die Spindel mit der Ratsche (4) ein, bis sie überrutscht, schrauben Sie sie auf gar keinen Fall mit der Trommel fester – hierdurch kann das Instrument zerstört werden.
- Jetzt kann die Spindel mit dem Klemmhebel arretiert und die Bügelmessschraube vom zu messenden Teil genommen werden, dann wird das Ergebnis abgelesen. Zuerst wird die Grundmessung auf dem Schaft abgelesen, dann wird die Feinmessung auf der Trommel hinzugezählt. Anhand der Teilstriche auf dem Schaft werden in unserem Fall die ganzen und halben Millimeter abgelesen. Auf der Trommel sind die Hundertstelmillimeter-Markierungen zu sehen (je nach der Beschriftung auf dem Bügel und Genauigkeit der Messschraube können auch andere Werte abgelesen werden). Jede ganze Umdrehung bedeutet eine Veränderung um einen halben Millimeter. Der Teilstrich, der (direkt von oben betrachtet!) über der Linie liegt, zeigt einen Hundertstelmillimeter (0,01 mm) an. Zählen Sie das abgelesene Ergebnis zu der Schaftmessung hinzu.

In unserem Beispiel wird folgendes Messergebnis abgelesen (siehe Abbildung 3.4):

obere Schaft-Skala	2,00 mm
untere Schaft-Skala	0,50 mm
Trommel-Skala	0,45 mm
Messergebnis	**2,95 mm**

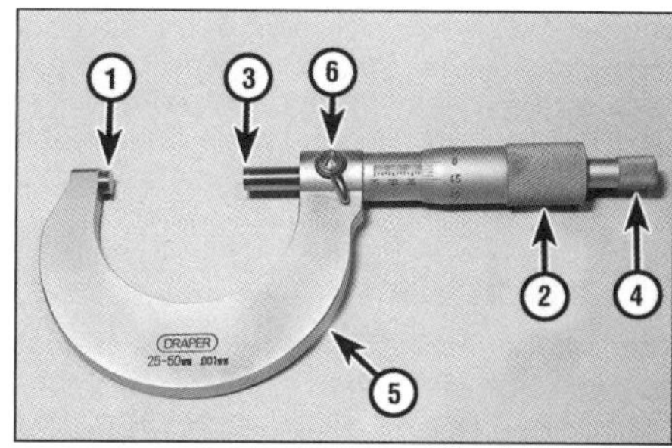

3.3 Bügelmessschrauben-Bauteile
1 Amboss, 2 Trommel, 3 Spindel, 4 Ratsche, 5 Bügel, 6 Feststellhebel

A

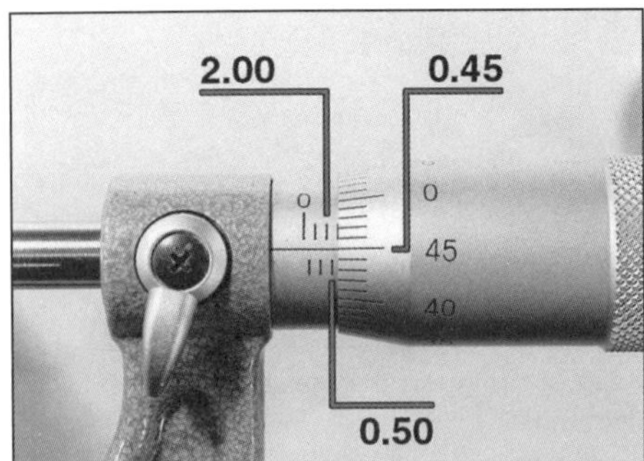

3.4 **Das Messergebnis beträgt 2,95 mm.**

- Einige Messgeräte haben eine Nonius-Skala auf ihrem Schaft, mit der es ermöglicht wird, auf tausendstel Millimeter genau zu messen. Zählen Sie zu dem oben abgelesenen Ergebnis den Wert hinzu, der mit einem Teilstrich auf der Trommel fluchtet. Anmerkung: Beim Ablesen des Nonius der 0,001-mm-Teilstriche muss genauestens von oben abgelesen werden. Drehen Sie die Messschraube gegebenenfalls zu sich hin. In unserem Beispiel wird folgendes Messergebnis abgelesen (siehe Abbildungen 3.5 und 3.6):

untere Schaft-Skala (große Striche)	46,000 mm
untere Schaft-Skala (kleine Striche)	0,500 mm
Trommel-Skala	0,490 mm
fluchtende Linie (Nonius)	0,004 mm
Messergebnis	**46,994 mm**

Innenmessgeräte

- Für das Ausmessen von Bohrungen benötigt man Innenmessgeräte. Da Messschrauben sehr teuer sind, kann man auf einen Satz verstellbarer Innenfühler zurückgreifen, die mit einer Bügelmessschraube vermessen werden.
- Mit Teleskop-Messlehren können z.B. Pleuelaugen und Kolbenbolzenbohrungen vermessen werden. Schieben Sie die saubere Lehre ein, spannen Sie sie auseinander, sichern Sie sie, und ziehen Sie sie aus der Bohrung (siehe Abbildung 3.7). Messen Sie das Ergebnis mit einer Bügelmessschraube (siehe Abbildung 3.8).
- Sehr kleine Bohrungen, wie Ventilführungen, können mit Bohrungsfühlern vermessen werden. Schieben Sie die saubere Lehre ein, spannen Sie sie so weit auseinander, bis sie leicht gleitet, sichern Sie sie, und ziehen Sie sie aus der Bohrung (siehe Abbildung 3.9). Messen Sie das Ergebnis mit einer Bügelmessschraube (siehe Abbildung 3.10).

Messschieber

Anmerkung: *Beschrieben werden hier konventionelle Nonius- und Uhren-Messschieber, Digital-Messschieber sind leichter abzulesen und kosten inzwischen nicht mehr viel.*

- Ein Messschieber arbeitet nicht so genau wie eine Bügelmessschraube, dafür ist er leichter

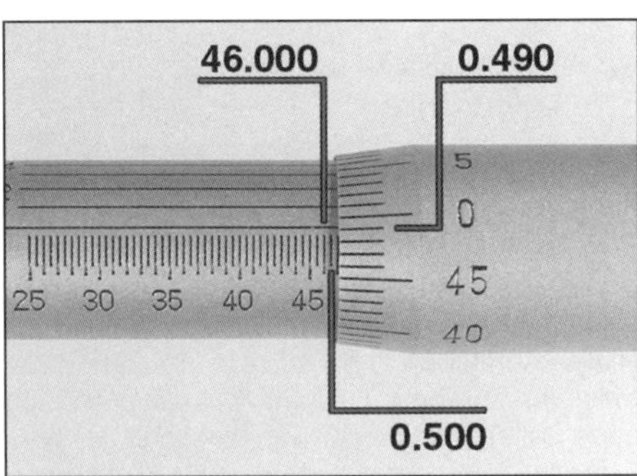

3.5 Auf dem Schaft und der Trommel werden 46,99 mm abgelesen, . . .

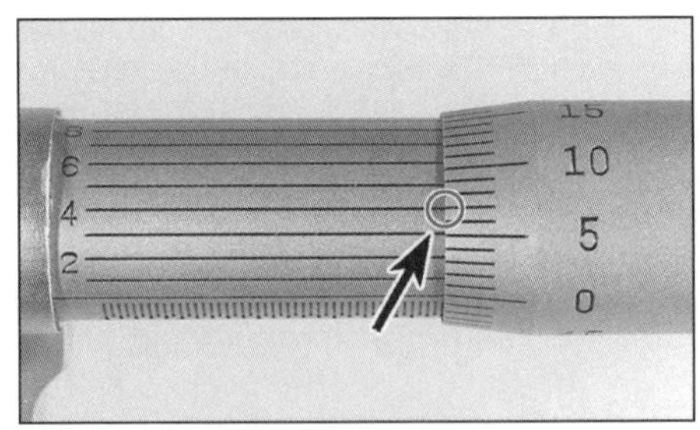

3.6 . . . dazu kommen 0,004 mm aufgrund der fluchtenden Linien.

zu bedienen und vielseitig für Außen-, Innen- und Tiefenmessungen einsetzbar. Für viele Messungen, wie z.B. Kupplungsbeläge oder Ventilfedern, reicht er völlig aus.

- Lösen Sie zunächst die Klemmschraube (1), und schieben Sie das Gerät soweit auseinander, dass die Schnäbel (2) über bzw. die Kreuzspitzen (3) in das zu messende Teil passen (siehe Abbildung 3.11). Schieben Sie das Gerät, eventuell mit der Feineinstellung (4), bis auf beiden Seiten leichter Kontakt entsteht, und ziehen Sie die Klemmschraube wieder an. Jetzt werden auf der festen Skala (6) als Grundmessung die ganzen Millimeter abgelesen, die links der Null auf der Schieberskala (5) liegen. Als Nächstes wird auf der Schieberskala der Strich identifiziert, der genau mit einem Strich auf der festen Skala fluchtet, jeder Strich steht normalerweise für 0,02 oder sogar 0,01 Millimeter. Addieren Sie den abgelesenen Wert zu der Grundmessung hinzu, und Sie haben das Messergebnis. In unserem Beispiel wird folgendes Messergebnis abgelesen (siehe Abbildung 3.12):

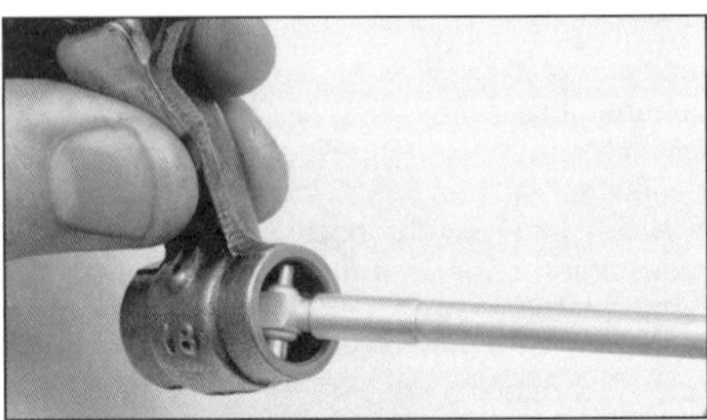

3.7 Spannen Sie die Teleskop-Messlehre in der Bohrung auseinander, arretieren Sie sie, . . .

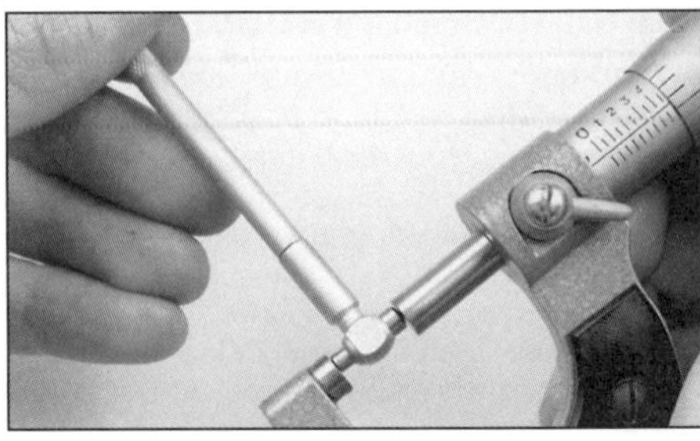

3.8 . . . und messen Sie das Ergebnis mit der Bügelmessschraube.

3.9 Spannen Sie den Bohrungsfühler in das Loch, und arretieren Sie ihn, . . .

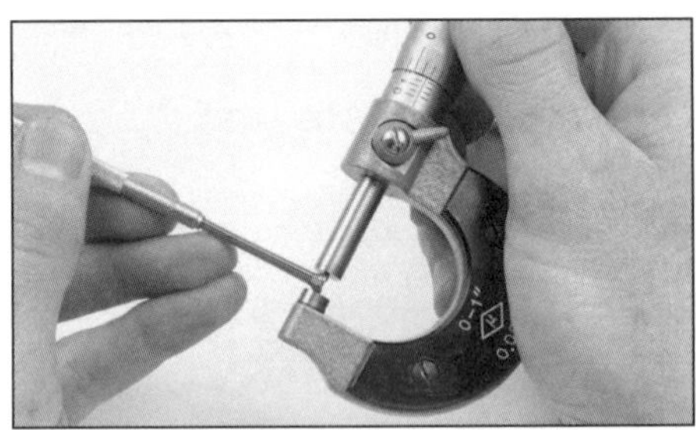

3.10 . . . messen Sie das Gerät dann mit einer Bügelmessschraube.

Grundmessung	55,00 mm
Feinmessung	0,92 mm
Messergebnis	**55,92 mm**

- Einige Messschieber sind zur Feinmessung mit einer Messuhr ausgerüstet. Achten Sie darauf, dass der Messschieber sauber sein muss. Schieben Sie ihn zuerst zusammen und kontrollieren Sie, ob die Messuhr auf Null steht, gegebenenfalls muss am Außenring nachgestellt werden. Lösen Sie zunächst die Klemmschraube (1), und schieben Sie das Gerät soweit auseinander, dass die Schnäbel (2) über bzw. die Kreuzspitzen (3) in das zu messende Teil passen (siehe Abbildung 3.13). Schieben Sie das Gerät, eventuell mit der Feineinstellung (4), bis auf beiden Seiten leichter Kontakt entsteht, und ziehen Sie die Klemmschraube wieder an. Jetzt werden auf der festen Skala (5) als Grundmessung die ganzen Millimeter abgelesen, die links der Schieberskala (6) erscheinen. Als Nächstes wird die Position der Nadel in der Uhr (7) ermittelt, jeder Teilstrich

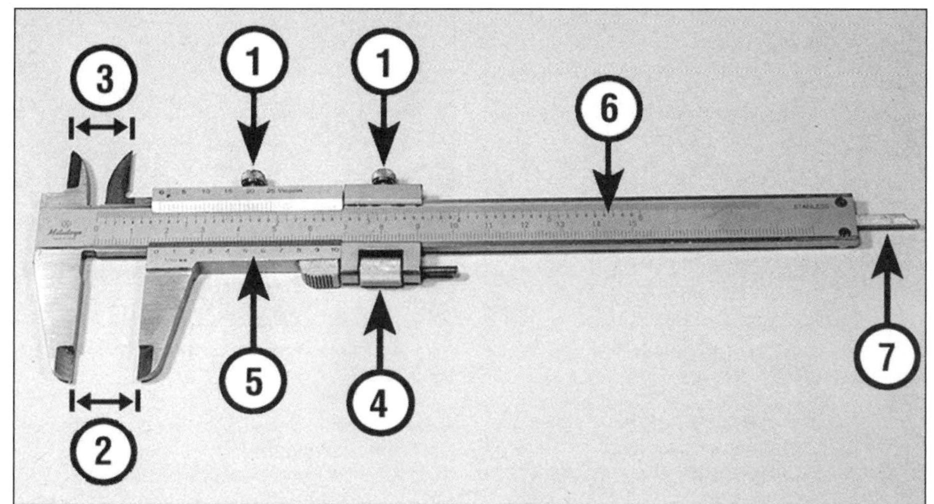

3.11 Bauteile eines Messschiebers (Nonius-Ablesung)

1 Klemmschraube
2 Außenmess-Schnäbel
3 Innenmess-Kreuzspitzen
4 Feineinstellung
5 Schieberskala
6 feste Skala
7 Tiefenmessdorn

entspricht hier 0,05 mm. Addieren Sie diesen Wert zu der Grundmessung, um das Messergebnis zu erhalten.

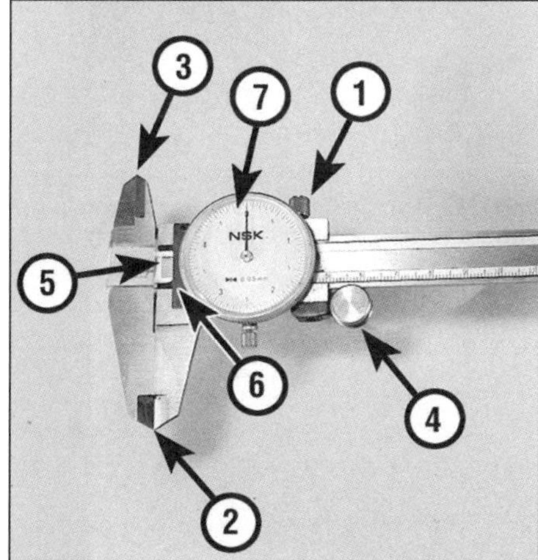

3.12 Das Messergebnis beträgt 55,92 mm.

3.13 Bauteile eines Messschiebers (Uhr-Ablesung)

1 Klemmschraube
2 Außenmess-Schnäbel
3 Innenmess-Kreuzspitzen
4 Feineinstellung
5 feste Skala
6 Schieberskala
7 Messuhr

In unserem Beispiel wird folgendes Messergebnis abgelesen (siehe Abbildung 3.14):

Grundmessung	55,00 mm
Feinmessung	0,95 mm
Messergebnis	**55,95 mm**

Quetschmessstreifen

- Die unter dem Markennamen Plastigauge bekannten Kunststoffstreifen werden zwischen zwei Oberflächen gepresst. Anschließend wird anhand ihrer Quetschbreite mit einer Skala das Spiel zwischen den Oberflächen ermittelt.
- Üblicherweise wird mit Quetschmessstreifen das Radialspiel in Gleitlagern von Kurbel- und Nockenwellenlagern sowie zwischen Hubzapfen und Pleuellagern ermittelt. Im Folgenden wird Letzteres als Beispiel beschrieben.
- Gehen Sie vorsichtig mit den Quetschmessstreifen um, damit sich keine verzerrten Messergebnisse zeigen. Schneiden Sie mit einem scharfen Messer einen Streifen davon ab, der etwas kürzer ist als die Breite der Lagerschale, und legen Sie ihn parallel zur Welle in das Lager oder auf die Welle (siehe Abbildung 3.15). Montieren Sie vorsichtig beide Lagerschalen, und setzen Sie das Pleuel zusammen. Ziehen Sie, ohne das Pleuel auf der Kurbelwelle zu drehen, die Schrauben oder Muttern mit dem vorgeschriebenen Drehmoment fest. Dann wird alles vorsichtig wieder gelockert und der Quetschmessstreifen begutachtet.
- Der Streifen wird mit der an der Packung befindlichen Skala verglichen und das entsprechende Lagerspiel abgelesen (siehe Abbildung 3.16). Entfernen Sie anschließend alle Messstreifenreste mit dem Fingernagel.

3.14 Das Messergebnis beträgt 55,95 mm.

> ***Achtung: Um ein korrektes Messergebnis zu erhalten, müssen alle vom Motorradhersteller vorgeschriebenen Anzugs-Drehmomente und -Reihenfolgen genauestens eingehalten werden.***

Messuhren und Verzugsmessung

- Mithilfe einer Messuhr können kleinste Bewegungen ermittelt werden. Typische Einsatzzwecke sind Messungen von Unrundlauf, Seitenspiel oder Kolbenpositionen zur Zündeinstellung bei Zweitaktmotoren. Zu einem Messuhr-Set gehört eine Vielzahl von Tastern, Adaptern und Befestigungsmöglichkeiten.

3.15 Der Plastigauge-Streifen wird längs auf die Lageroberfläche gelegt.

- Im Ruhezustand der Uhr muss die Nadel auf Null stehen, gegebenenfalls muss am Ring nachjustiert werden.
- Prüfen Sie, ob der Messbereich der Uhr für die zu erwartende Bewegung ausreicht. Die meisten Uhren haben neben der großen Feinmessanzeige mit 0,01- oder 0,001-mm-Einteilung einen kleinen Zeiger, der ganze Millimeter misst. Zählen Sie zuerst die ganzen Millimeter und dann die Hundertstel oder Tausendstel dazu.

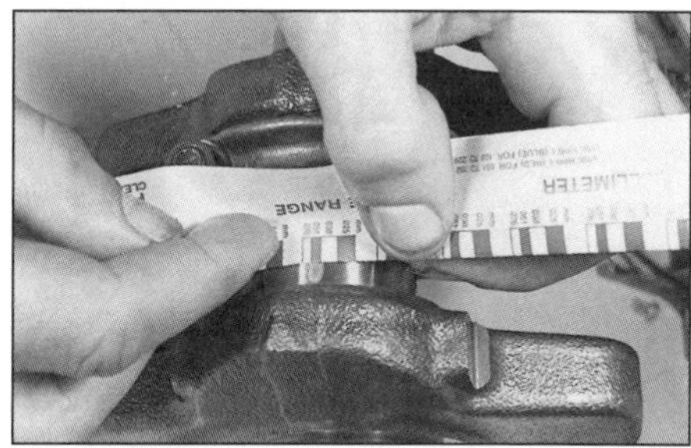

3.16 Messen Sie die Breite der gequetschten Messstreifen.

3.17 Das Messergebnis beträgt 1,48 mm.

In unserem Beispiel wird folgendes Messergebnis abgelesen (siehe Abbildung 3.17):

Grundmessung	1,00 mm
Feinmessung	0,48 mm
Messergebnis	**1,48 mm**

• Wenn der Unrundlauf von Wellen ermittelt werden soll, muss die Welle in den V-förmigen Ausschnitten von stabilen Prismenblöcken liegen und die Messuhr an einem Stativ rechtwinkelig zur Welle montiert werden. Lassen Sie den Taster in der Wellenmitte aufliegen, und drehen Sie langsam die Welle. Beobachten Sie dabei die Anzeige (siehe Abbildung 3.18). Führen Sie ggf. an verschiedenen Stellen der Welle Messungen durch, und merken Sie sich den maximalen Schlag.

Anmerkung: *Das abgelesene Ergebnis stellt den totalen Unrundlauf der Welle dar. Einige Hersteller geben in ihren* Technischen Daten *den maximalen Wert zu einer Seite an, sodass das Ergebnis halbiert werden muss.*

• Das Seitenspiel (Axialspiel) einer Welle kann nach dem sicheren Befestigen der Messuhr am Gehäuse gemessen werden, der Taster wird dabei auf das Wellenende gesetzt. Dann wird die Welle mit der Hand hin- und hergedrückt und anhand der Bewegung des Zeigers das Spiel abgelesen (siehe Abbildung 3.19).

• Zur exakten Zündzeitpunktbestimmung bei mehrzylindrigen Zweitakt-Motoren wird eine Messuhr so platziert, dass der Taster durch

3.18 Messen Sie den Unrundlauf der Welle mit einer Messuhr.

3.19 Hier wird das Axialspiel einer Welle vermessen.

das Zündkerzengewinde auf den Kolben zum Liegen kommt. Justieren Sie die Uhr im oberen Totpunkt des Kolbens auf Null, und beachten Sie die Betriebsanleitung.

Zylinder-Kompressions-messgerät

• Kompressionsuhren gibt es mit verschiedenen Anschlüssen: Entweder mit einem konusförmigen Gummi, das in die Kerzenbohrung gedrückt werden muss, oder mit passendem Gewinde zum Einschrauben – Letztere ist zu empfehlen. Der Messbereich der Uhr sollte bei Benzinmotoren bis 20 bar gehen.

• Nach dem Entfernen der Zündkerzen wird die Kompression bei drehendem, aber nicht laufendem Motor gemessen (siehe Abbildung 3.20). Führen Sie den Kompressionstest so durch, wie es in der Ausrüstung zur Fehlersuche beschrieben wird. Das Messgerät wird den Druck so lange halten, bis das Ventil per Hand geöffnet wird.

Öldruck-Messgerät

• Um den Öldruck des Motors zu ermitteln, wird ein Öldruck-Messgerät benötigt, die meisten von ihnen sind mit verschiedenen Adaptern ausgerüstet, sodass sie in alle Anschlussgewinde geschraubt werden können (siehe Abbildung 3.21). Wenn der vom Hersteller vorgesehene Anschluss an einer externen Öldruckleitung liegt, muss eine spezielle Ersatz-Ölleitung verwendet werden, um Ölmangel an verschiedenen Komponenten auszuschließen.

3.20 Ein Kompressionstester mit Gummi-Konus muss kräftig in die Bohrung gedrückt werden.

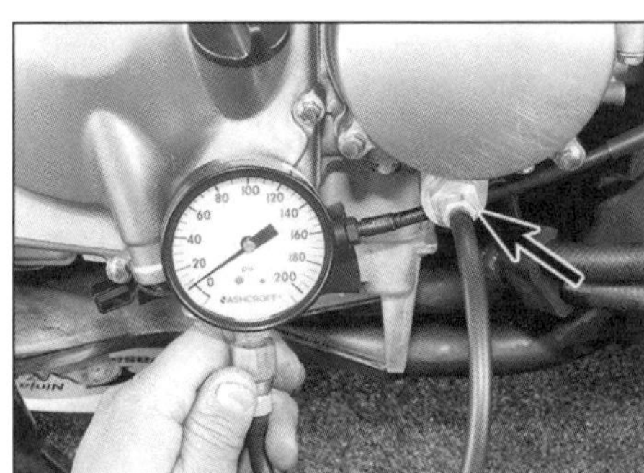

3.21 Öldruck-Messuhr und Anschluss-Adapter (Pfeil)

• Der Öldruck wird bei mit einer bestimmten Drehzahl laufendem Motor gemessen. Oftmals sind die vorgeschriebenen Werte sowohl bei kaltem als auch bei warmem Motor angegeben.

Haarlineale und Verzug

• Zur Kontrolle einer ebenen Dichtfläche auf Verzug muss ein Haarlineal oder ein Präzisions-Stahllineal über die Fläche gelegt und vorhandene Spalte mit einer Fühlerlehre vermessen werden (siehe Abbildung 3.22). Messen Sie diagonal zum Bauteil und zwischen Befestigungsbohrungen (siehe Abbildung 3.23).

• Kontrollieren Sie verschiedene Bauteile, wie Kupplungsreibscheiben auf einer ebenen Fläche (z.B. einem Spiegel), auf Verzug.

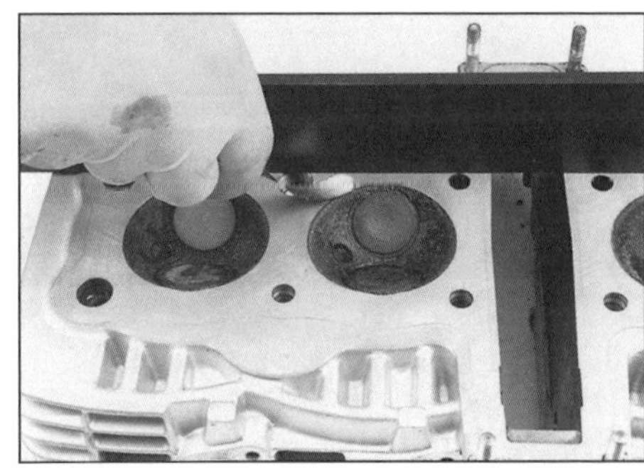

3.22 Messen Sie mit einem Präzisionslineal und einer Fühlerlehre den Verzug der Dichtfläche.

3.23 Kontrollieren Sie die Dichtflächen in diesen Richtungen auf Verzug.

4 Drehmoment und Hebel

Was ist das Drehmoment?

• Mit Drehmoment ist die Drehkraft gemeint, die auf eine Welle wirkt. Das Drehmoment wird bestimmt durch die Länge des Hebels und die auf dessen Ende wirkende Kraft. Die Maßeinheit 1 Nm (Newton pro Meter) bedeutet eine Kraft von einem Newton (ca. 100 g) auf einen ein Meter langen Hebel, ist der Hebel nur 10 cm lang, muss er schon mit 1000 g belastet werden.

• Die vom Hersteller angegebenen Drehmomente sollen sicherstellen, dass sich eine Verbindung weder lockert noch durch zu festes Anziehen Bauteile beschädigt werden. Sie beziehen sich auf die Belastung, die Zugfähigkeit und Größe des Gewindes und das Material, in dem es halten soll.

• Bei einem zu geringen Drehmoment besteht die Gefahr, dass die Verbindung sich im Betrieb löst, zu starkes Drehmoment kann die Verbindungsteile überlasten und beschädigen, sodass sie ab- oder ausreißen. Beachten Sie daher immer die Anzugsdrehmomente in den *Technischen Daten* des jeweiligen Kapitels oder die in diesen *Werkzeug- und Werkstatt-Tipps* angegebenen Standardanzugsdrehmomente.

Der automatische Drehmoment-Schlüssel

• Kontrollieren Sie die Kalibrierung und Funktionsfähigkeit des Drehmomentschlüssels (der für das verlangte Drehmoment ausgelegt sein muss). Oftmals sind auf dem Drehmomentschlüssel mehrere Maßeinheiten angegeben (Nm, kpm oder lbf/in und lbf/ft), verwechseln Sie die Maßeinheiten nicht!

• Stellen Sie den Schlüssel auf das verlangte Drehmoment ein (siehe Abbildung 4.1). Wenn Ihr Drehmomentschlüssel nicht die angegebene Maßeinheit aufweist, muss anhand von Tabellen umgerechnet werden. Wenn Hersteller eine Empfehlung aussprechen (8–10 Nm), sollte die Verbindung mit dem mittleren Wert angezogen werden. Genauso hätte man 9 Nm ± 1 Nm angeben können. Viele Drehmomentschlüssel können nach Einstellen des Wertes arretiert werden, sodass beim Anziehen der Wert nicht verändert werden kann.

• Setzen Sie die Schraube oder Mutter an, und ziehen Sie sie leicht fest. Das Gewinde muss sauber und frei von alten Sicherungskomponenten sein. Wenn nicht anders erwähnt, müssen die Gewinde trocken sein – unter bestimmten Umständen sind eingeölte oder mit Schraubensicherung versehene Gewinde nötig, dann sind entsprechende Drehmomente berücksichtigt.

• Ziehen Sie die Verbindung fest, bis der Drehmomentschlüssel mit einem Klicken automatisch auslöst und damit anzeigt, dass das gewünschte Drehmoment erreicht ist. Kontrollieren Sie ein zweites Mal die Festigkeit der Verbindung. Wird ein Bauteil mit unterschiedlichen Gewindedurchmessern befestigt, müssen immer zuerst die größeren Verbindungen mit den höheren Drehmomenten festgezogen werden.

• Nachdem die Arbeit mit dem Drehmomentschlüssel beendet ist, muss die vorhandene Arretierung gelöst und die Einstellung auf Null gestellt werden – legen Sie den Schlüssel nicht vorgespannt beiseite. Benutzen Sie keinen Drehmomentschlüssel zum Lösen von Verbindungen.

Anziehen mit Winkelmessscheibe

• Manche Hersteller schreiben vor, Schraubverbindungen nach dem Anziehen mit einem vorgegebenen Drehmoment noch um einen bestimmten Winkel nachzuziehen.

4.2 Die aufsetzbare Winkelscheibe wird auf Null arretiert, bevor die Verbindung entsprechend nachgezogen wird.

• Mit einer Winkelmessscheibe (siehe Abbildung 4.2) oder einem Winkelmesser kann der gewünschte Winkel bestimmt und entsprechend nachgezogen werden (siehe Abbildung 4.3).

Lockerungsreihenfolge

• Wenn mehrere Schrauben oder Muttern eine Komponente sichern, sollten sie alle gleichmäßig Schritt für Schritt gelöst werden, sodass nicht zum Schluss die gesamte Last auf einer Verbindung liegt und das Bauteil verbiegen oder verziehen kann.

• Wenn vom Hersteller eine Anzugsreihenfolge vorgegeben ist, müssen die Verbindungen entgegengesetzt gelöst werden. Ansonsten werden Verbindungen schrittweise von außen nach innen gelockert (siehe Abbildung 4.4).

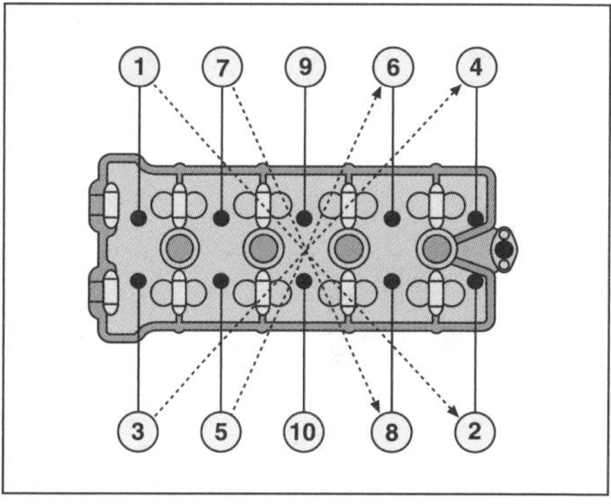

4.4 Beim Lösen von Schraubverbindungen muss Sie von außen nach innen arbeiten.

Anzugsreihenfolge

• Wenn mehrere Schrauben oder Muttern eine Komponente sichern, sollten alle gleichmäßig Schritt für Schritt angezogen werden, sodass nicht zu Anfang die gesamte Last auf einer Verbindung liegt und Dichtungen zerstört werden oder das Bauteil verbiegen oder verziehen kann. Besonders wichtig ist ein gleichmäßiges Anziehen bei großflächigen und festen Verbindungen wie Zylinderköpfen oder Motorgehäusen.

• Normalerweise wird vom Hersteller eine Anzugsreihenfolge entweder als Zeichnung oder auch direkt am Bauteil markiert, angegeben. Wenn nicht, wird in der Mitte begonnen und schritt- und kreuzweise nach außen gearbeitet

4.1 Stellen Sie den Drehmomentschlüssel auf das gewünschte Anzugsmoment ein, in diesem Fall auf 12 Nm.

4.3 Man kann den Winkel auch per Auge oder Geodreieck bestimmen.

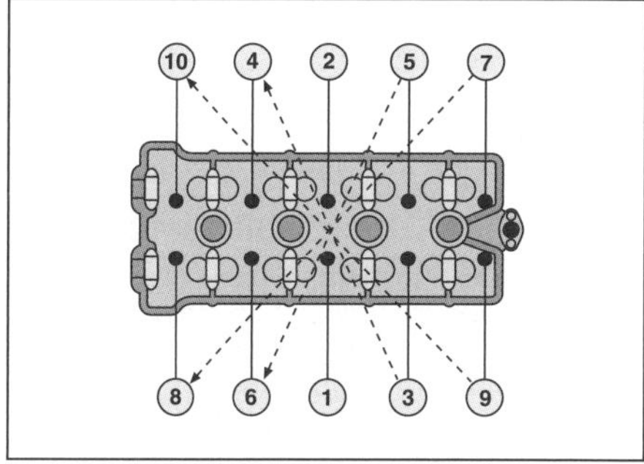

4.5 Typische Anzugsreihenfolge von Schrauben oder Muttern einer großflächigen Verbindung

(siehe Abbildung 4.5). Beginnen Sie mit handfestem Anziehen aller Verbindungen, setzen Sie dann den Drehmomentschlüssel an, und ziehen Sie alles schrittweise und über Kreuz fester, bis alle Anzugsdrehmomente stimmen. Nur so ist gewährleistet, dass die Verbindung hält und nichts beschädigt wird. Wichtige Verbindungen wie Zylinderköpfe haben oftmals zwei oder drei Anzugsschritte, bis alles endgültig festgezogen wird.

Der richtige Hebel

- Verwenden Sie Werkzeuge im richtigen Winkel. Ziehen Sie Schlüssel wenn möglich immer zu sich hin, wenn Verbindungen gelöst werden sollen. Wenn das nicht möglich ist, darf das Werkzeug nicht von der Hand umschlungen sein (siehe Abbildung 4.6) – der Schlüssel kann abrutschen oder die Verbindung sich plötzlich lösen, und Ihre Finger an scharfen Kanten gequetscht oder aufgerissen werden.

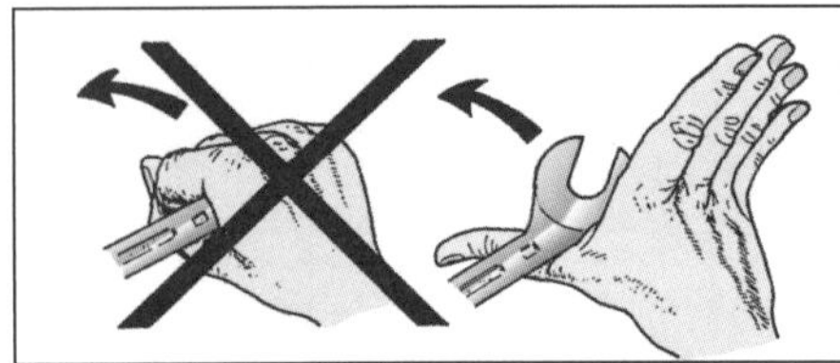

4.6 Wenn Sie den Schlüssel nicht zu sich ziehen können, drücken Sie ihn mit geöffneter Hand.

- Bei sehr festen Verbindungen kann eine Hebelverlängerung durch ein Rohr oder Stange helfen, sie zu lösen. Normalerweise sind Werkzeuge jedoch so ausgelegt, dass mit ihnen alle entsprechenden Verbindungen gelöst werden können. Wie Sie festgegangene Verbindungen lösen können, ist unter Punkt 2 beschrieben. Inbusschrauben und deren Gewinde können sehr leicht zerstört werden, wenn man einen Inbusschlüssel mit einem Rohr verlängert. Beim Anziehen sollten Verlängerungen generell nie benutzt werden, da man sich mit der eingesetzten Kraft leicht verschätzen kann.

5 Lager

Wälzlager – Aus- und Einbau

Treiber und Steckschlüsselnüsse

- Bevor man mit dem Ausbau eines Lagers beginnt, muss man sich vergewissern, in welche Richtung es demontiert wird. Einige Gehäuse haben angegossene Nuten oder Halteplatten. Überprüfen Sie Identifikations-Markierungen an den Lagern, und messen Sie ggf. ihre Einbautiefe im Gehäuse. Merken Sie sich die Einbaurichtung, wenn das Lager auf einer Seite abgedichtet ist.

5.1 Mit einem Lagertreiber, der nur den äußeren Ring berührt, wird das Lager eingetrieben.

5.2 Auch eine passende Nuss kann hierfür verwendet werden. Verkanten Sie das Lager nicht!

- Wälzlager können mit einem passenden Austreib-Werkzeug oder einer Steckschlüsselnuss, deren Durchmesser etwas kleiner als der Außendurchmesser des Lagers ist, aus dem Gehäuse geschlagen werden. Stützen Sie das Gehäuse rund um das Lager mit Holzblöcken ab, um es vor Verzug zu schützen. Nach ein paar Schlägen mit einem schweren Hammer auf den Treiber sollte das Lager aus dem Gehäuse fallen. Wenn der Zugang, z.B. bei Radlagern, erschwert ist, muss das Lager mit einem Treibdorn im Kreis herum ausgeschlagen werden, damit es nicht im Sitz verkantet.
- Mit der gleichen Ausrüstung können auch neue Lager eingetrieben werden. Stützen Sie auch hier das Gehäuse mit Holzblöcken ab. Setzen Sie das Lager senkrecht – und bei einseitiger Abdichtung richtig herum, die Beschriftung zeigt normalerweise immer nach außen – in die Bohrung, und treiben Sie es ein. Wird hierbei der Käfig, Dichtring oder innerer Lagerring berührt, ist das Lager zerstört (siehe Abbildungen 5.1 und 5.2).
- Kontrollieren Sie, ob der Innenring sich nach der Montage frei drehen lässt.

5.3 Dieser Lagerabzieher ist mit einer Trennvorrichtung versehen, die unter das Lager geklemmt wird.

Abzieher und Zughammer

- Wenn ein Lager auf eine Welle gepresst ist, kann man es meist nur mit einem Abzieher wieder herunterbekommen (siehe Abbildung 5.3). Gehen Sie sicher, dass die Abzieher-Arme sicher hinter das Lager greifen und nicht abrutschen können. Wenn kein Platz zum Abziehen ist, kann es manchmal nötig sein, das dahinter liegende Zahnrad zusammen mit dem Lager abzuziehen (siehe Abbildung 5.4).

5.4 Wenn hinter dem Lager kein Platz für die Abzieherarme ist, kann z.B. das dahinter liegende Zahnrad mit abgezogen werden.

> ***Achtung: Gehen Sie sicher, dass sich die Spindel des Abziehers immer in der Mitte der Welle befindet und beim Anziehen nicht abrutscht. Achten Sie darauf, dass die Welle nicht beschädigt wird.***

- Setzen Sie den Abzieher so an, dass die Spindel sich in der Mitte der Welle abdrückt und nicht abrutscht, wenn das Lager abgezogen wird.
- Wenn das Lager auf die Welle getrieben wird, darf der äußere Ring und der Käfig oder Dichtring nicht berührt werden. Mithilfe eines Steck-

5.5 Benutzen Sie zum Auftreiben des Lagers ein Rohr, das etwas größer ist als die Welle und nur den inneren Lagerring berührt.

5.6 Nach dem Einführen wird der Auszieher aufgespreizt, sodass er hinter den Innenring greift.

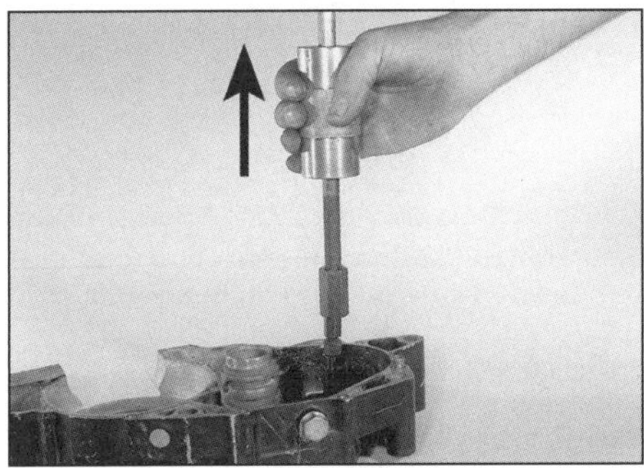

5.7 Dann kann ein Zughammer aufgeschraubt und durch dessen nach oben geschlagenes Gewicht das Lager ausgetrieben werden.

schlüssels oder passenden Rohrs, das nur den inneren Lagerring berührt, kann das Lager bis auf seinen Sitz geschlagen werden (siehe Abbildung 5.5).

- Lager, die in Sacklöchern stecken, können nicht ausgeschlagen werden. Hier wird ein Innenauszieher benötigt, der in das Lager gesteckt und dann aufgespreizt wird (siehe Abbildung 5.6). Dieser Auszieher wird zusammen mit dem Lager entweder mit einem Abzieher herausgezogen oder mit einem Zughammer herausgetrieben (siehe Abbildung 5.7).
- Es kann auch möglich sein, dass das Lager durch sein Eigengewicht aus dem Gehäuse fällt, nachdem dieses wie unten beschrieben erhitzt worden ist. Legen Sie das Gehäuse, um die Dichtfläche nicht zu beschädigen, so auf eine nicht zu harte Oberfläche, dass das Lager

5.8 Schlagen Sie das erwärmte Gehäuse mehrmals auf Holzblöcke, um das Lager herausfallen zu lassen.

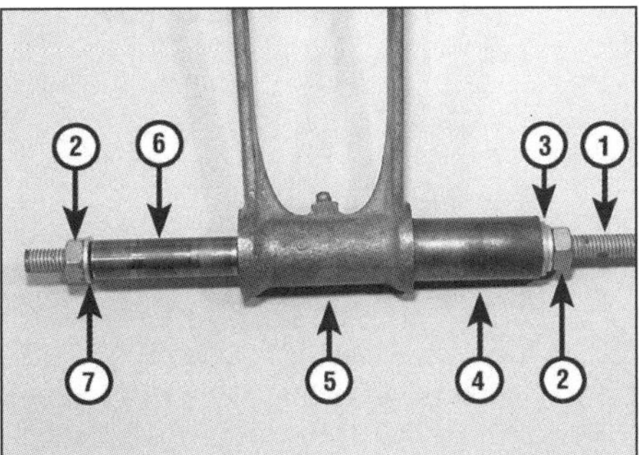

5.9 Hier soll eine Lagerbuchse gewechselt werden.

1 *lange Schraube oder Gewindestange*
2 *Muttern*
3 *Scheiben mit größerem Außendurchmesser als Rohr-Innendurchmesser*
4 *Rohr mit zur Buchse passendem Durchmesser*
5 *Hebelarm mit Lagerbuchse*
6 *Rohr mit etwas kleinerem Durchmesser als Lagerbuchse*
7 *Scheibe mit etwas kleinerem Außendurchmesser als Lagerbuchse*

nach unten herausfallen kann. Tragen Sie beim Erwärmen Handschuhe, und klopfen Sie dabei das Gehäuse regelmäßig auf die Oberfläche, um das Lager leichter herausfallen zu lassen (siehe Abbildung 5.8).

- Lager können genauso in Sacklöcher montiert werden, wie es oben beschrieben ist.

Einziehvorrichtungen

- Lager oder Buchsen, die z.B. in obere Pleuelaugen oder andere Hebel eingepresst sind, können nicht ohne Beschädigung des Bauteils aus-

5.10 Hier wird die Lagerbuchse aus dem Hebel gezogen.

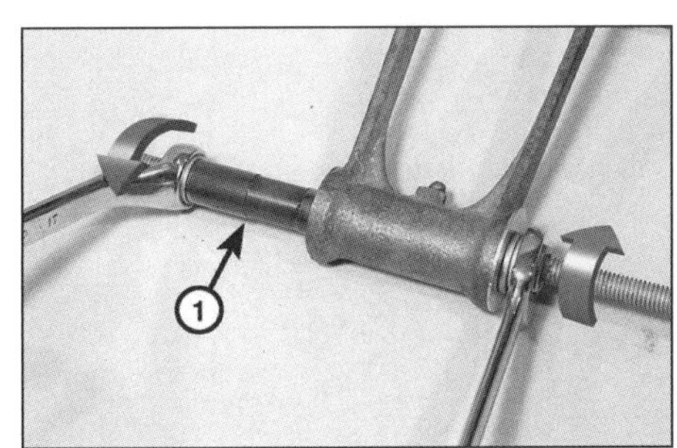

5.11 Die neue Lagerbuchse (1) wird in das Bauteil gezogen.

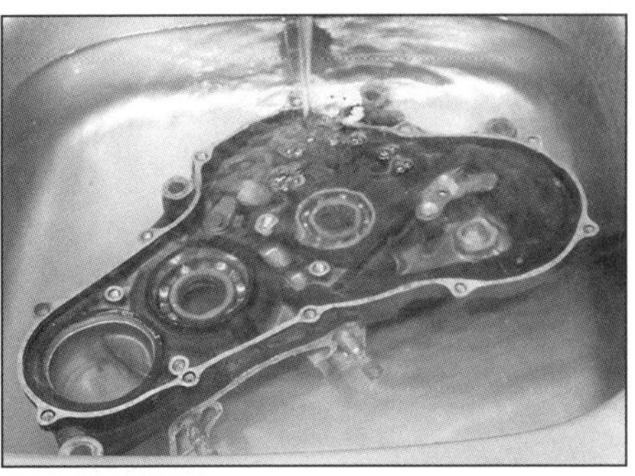

5.12 Passt das Teil in einen Topf, kann es in kochendem Wasser erwärmt werden. Schützen Sie danach die Stahlteile vor Rost!

geschlagen werden. Auch Gummibuchsen lassen sich schlecht durch Schläge aus- und eintreiben. Wenn man Zugang zu einer maschinellen Presse hat, kann man hiermit arbeiten, falls nicht, muss zum Aus- und Einziehen von Buchsen ein Werkzeug angefertigt werden.

- Man benötigt eine lange Schraube mit Mutter (oder eine Gewindestange mit zwei Muttern), ein Stück Rohr, das einen größeren Innendurchmesser als die Buchse hat, ein weiteres Stück Rohr mit einem kleineren Außendurchmesser als die Buchse und eine Reihe verschiedener Scheiben (siehe Abbildungen 5.9 und 5.10). Die Rohre müssen länger sein als die Buchse.
- Das gleiche Werkzeug, ohne Rohre, kann man zum Einziehen der Buchse benutzen (siehe Abbildung 5.11).

Ausdehnung durch Erwärmung

- Wenn der Lageraußenring fest im Leichtmetallgehäuse steckt, kann dieses erwärmt werden, um das Lager zu lockern. Aluminium dehnt sich bei Erwärmung mehr aus als Stahl, also darf auch das Lager warm werden. Es gibt verschiedene Möglichkeiten der Erwärmung, doch sollte man auf offene Brennerflammen verzichten, da das Material sich verziehen oder sogar schmelzen kann.
- Man kann das Teil in einem auf nicht mehr als 100 °C erwärmten Backofen oder in kochendem Wasser erwärmen (siehe Abbildung 5.12). Eine gezielte Erhitzung ist mit einem Heißluftgebläse, wie es zum Abbeizen verwendet wird, oder einem Bügeleisen zu erreichen (siehe Abbildung 5.13).

5.13 Die Umgebung des Lagers kann mit einem Heißluftgebläse erwärmt werden. Schützen Sie Dichtungen vor direkter Hitze!

Warnung: Bei all diesen Methoden müssen zur Vermeidung von Verbrennungen Handschuhe getragen werden.

- Beim Erhitzen des ganzen Gehäuses muss darauf geachtet werden, dass Kunststoffteile, wie Leerlaufschalter, beschädigt werden könnten – bauen Sie sie vorher aus.
- Bauen Sie unverzüglich nach dem Erhitzen das Lager aus. Sie werden merken, dass es sehr leicht auszutreiben ist oder gar von allein herausfallen wird.
- Auch zur Erleichterung des Einbaus neuer Lager kann das Gehäuse erhitzt werden. Die Motorradhersteller haben oft die Gehäuse entsprechend konstruiert und benutzen diese Methode bei der Motormontage.
- Zur leichteren Montage kann man das Lager auch über Nacht in die Kühltruhe legen, damit sie sich zusammenziehen. Empfohlen wird diese Methode z.B. bei den Lagerschalen, die in den Lenkkopf getrieben werden.

Lagertypen und Markierungen

- An Motorrädern findet man Gleitlagerschalen und Wälzlager (Nadellager, Kegellager und Kugellager) in verschiedenen Größen (siehe Abbildungen 5.14 und 5.15). Die Rollen (Kugeln, Kegel oder Nadeln) der Wälzlager sitzen meistens in Käfigen, doch gibt es auch offene Lager.
- Gleitlager werden normalerweise bei Kurbelwellen und Pleuelfüßen verwendet, da sie hohe Druckbelastung aushalten, auch die Fertigung des Kurbeltriebs wird dadurch erheblich erleichtert. Sie benötigen konstanten Öldruck, da sie sonst schnell fressen. Sie sind zumeist aus gesinterter (selbstschmierender) Phosphor-Bronze, um beim Motorstart, wenn erst Öldruck aufgebaut wird, Notlaufeigenschaften zu besitzen.

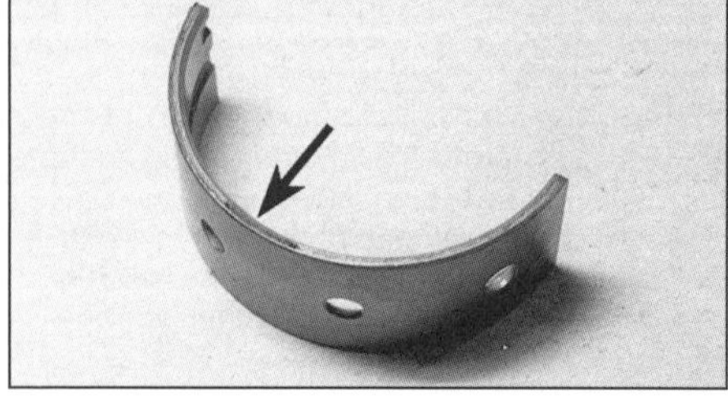

5.14 Gleitlager-Schalen gibt es glatt oder mit Nuten. Normalerweise sind sie mit Farb-Codes markiert.

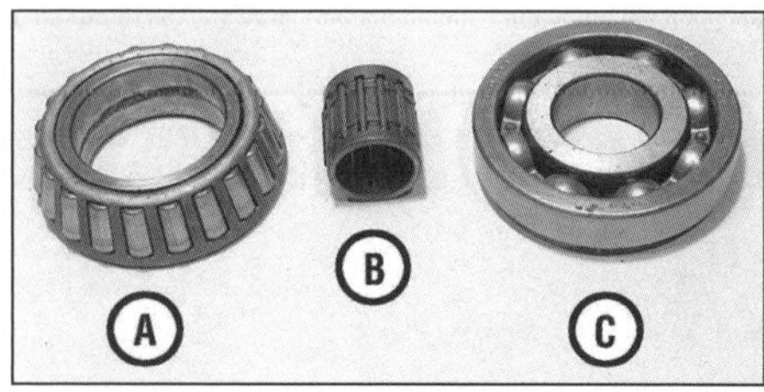

5.15 Kegelrollenlager (A), Nadellager (B) und Kugellager (C), alle mit Käfig

5.16 Typische Markierung eines Kugellagers

- Wälzlager besitzen einen inneren und einen äußeren Ring, zwischen denen Rollen oder Kugeln laufen. Sie benötigen konstante Schmierung mit Öl oder Fett, aber keinen Öldruck, und halten axiale Belastungen aus. Kugellager sind nur komplett als Bauteil zu montieren, die meisten Nadellager und Kegellager bestehen aus getrennt zu montierenden Innen- und Außenringen. Letztere halten hohe axiale Belastungen aus und werden deshalb oft in Lenkköpfen eingesetzt.
- Wälzlager sind im Gegensatz zu Gleitlagern Normteile, die bei bekannter Markierung (anhand derer das Maß, die Belastbarkeit und der Typ bestimmt werden können) im Fachhandel besorgt werden können (siehe Abbildung 5.16).
- Metallbuchsen bestehen üblicherweise aus Phosphorbronze, in Stoßdämpferaugen werden Gummibuchsen verwendet, in billigen Schwingenlagerungen fristen Plastikbuchsen ein kurzes Dasein.

Fehlersuche bei Lagern

- Wenn sich ein Lageraußenring im Lagersitz gedreht hat, ist das Gehäuse beschädigt. Wenn noch nicht allzu viel Material abgetragen ist, kann man das Lager mit Spezialkleber einsetzen.

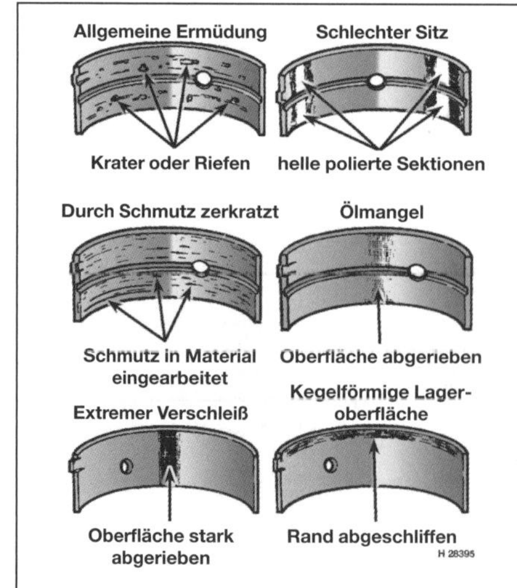

5.17 Typische Lager-Schäden

5.18 Diese Kugeln haben deutliche Abdrücke – das Lager ist defekt.

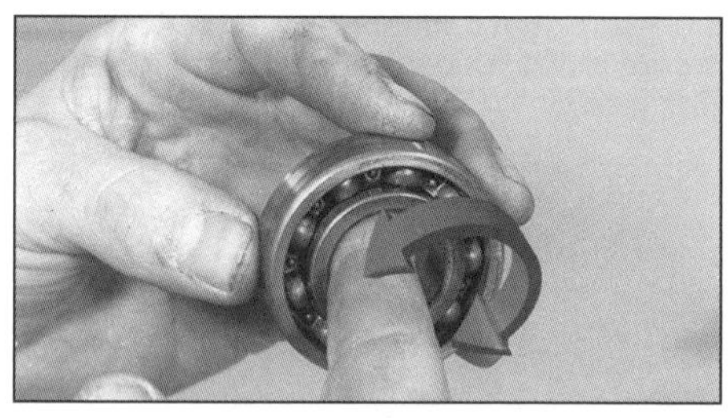

5.19 Halten Sie den äußeren Ring, und drehen Sie den inneren Ring dicht am Ohr.

- Gleitlagerschalen können durch Ölmangel, Korrosion oder Fremdteilchen im Öl beschädigt werden (siehe Abbildung 5.17). Kleine Teilchen werden in die Lageroberfläche eingearbeitet, während große Teile die Schale und die Welle zerkratzen. Wird das Motorrad viel auf Kurzstrecken eingesetzt, kann sich der Motor nur ungenügend erwärmen, und dadurch entstehendes Kondenswasser sorgt für mangelnde Schmierung und kann das Lager korrodieren lassen.
- Kugel- und Rollenlager können durch Überhitzung (bei Ölmangel) und eindringenden Schmutz zerstört werden, Kegelrollenlager drücken sich bei zu hoher Last ein. Wälzlager unterliegen auch bei vorschriftsmäßiger Benutzung einem gewissen Verschleiß. Wenn ein Wälzlager nicht auf beiden Seiten abgedichtet ist, kann es in Petroleum von alten Fettresten befreit und anschließend getrocknet werden, sodass bei einer Sichtinspektion schadhafte Kugeln, Käfige und Laufflächen entdeckt werden können (siehe Abbildung 5.18).
- Ein Kugellager kann auf Verschleiß kontrolliert werden, wenn man sich seinen Rundlauf genau anhört. Geben Sie dünnes Öl in das Lager, und drehen Sie den Innenring dicht am Ohr (siehe Abbildung 5.19). Es sollten keine Laufgeräusche festzustellen sein. Wenn es hakt oder rau läuft, ist es verschlissen.

6.1 Dichtringe werden beim Aushebeln zerstört – verwenden Sie sie niemals wieder!

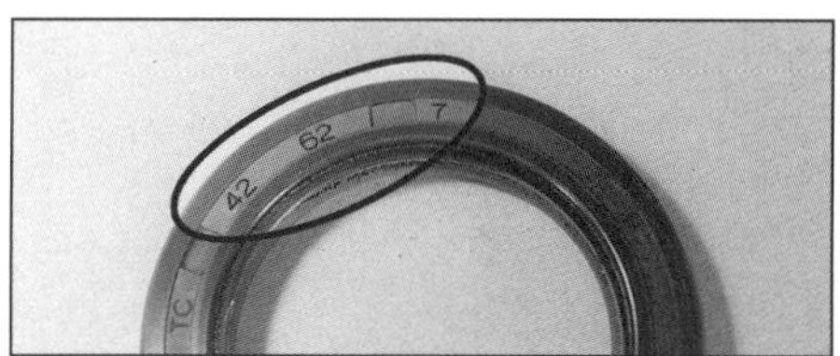

6.2 Diese Dichtring-Markierungen geben die Innengröße, die Außengröße und die Breite an.

6 Dichtringe

Aus- und Einbau

- Wellen-Dichtringe (auch »Simmerringe« genannt) sollten bei jeder Demontage der entsprechenden Baugruppe erneuert werden, da die Dichtlippen mit der Zeit verschleißen und das Material altert.
- Dichtringe können mit einem großen Schlitzschraubendreher aus ihrem Sitz gehebelt werden (siehe Abbildung 6.1). Achten Sie beim Ausbau darauf, dass der Dichtring nicht durch Seegerringe oder Draht gesichert ist.
- Neue Dichtringe werden normalerweise mit den markierten Seiten nach außen und der Federseite gegen die Flüssigkeit eingebaut. Sonderformen dichten z.B. Kurbelgehäuse von Zweitaktmotoren in beide Richtungen ab.
- Mit einem nur außen am Ring anliegenden Lagertreiber oder Steckschlüssel wird der neue Dichtring senkrecht an seinen Platz getrieben – Schläge auf die Dichtfläche zerstören den Ring.

Dichtringtypen und Markierungen

- Dichtringe sind normalerweise mit einfachen Dichtlippen ausgerüstet. Doppeldichtungen werden verwendet, wenn beidseitig Flüssigkeit oder Gas gegeneinander abgedichtet werden müssen.
- Dichtringe härten nach langer Zeit aus. Wenn das Motorrad lange gestanden hat, hilft nur ein Auswechseln aller Dichtringe.
- Dichtringe sind meistens Normteile. Doch außer den angegebenen Maßen (siehe Abbildung 6.2) sind sie aus für ihre Einsatzzwecke entsprechendem Material konstruiert.

7 Dichtungen und Dichtmasse

Dichtungs- und Dichtmassentypen

- Um das Austreten von Flüssigkeiten und Überdruck zu verhindern, werden Komponenten gegeneinander abgedichtet. Aluminium- oder Kupferdichtungen findet man häufig an Zylinderköpfen, die meisten Dichtungen sind aus Papier. Wenn die Dichtflächen der Gehäuse nicht beschädigt sind, können die Dichtungen trocken angesetzt werden, mit etwas Fett oder Dichtmasse können sie eventuell für die Montage in Position gehalten werden.
- Mit Silikondichtmasse können kleine Löcher oder Unregelmäßigkeiten ausgeglichen werden. Durch Zusammenziehen der Gehäuseteile wird Silikon zur Seite herausgepresst. Man kann zwar damit Papierdichtungen ersetzen, doch muss zuvor kontrolliert werden, ob die Dicke des Papiers nicht für bestimmte Bauteile wichtig ist. Silikon sollte nicht bei hohen Temperaturen oder Benzinberührung eingesetzt werden.
- Dauerelastische, anhärtende oder aushärtende Dichtmasse kann zusammen mit Dichtungen oder direkt zwischen Metall-Dichtflächen eingesetzt werden. Für bestimmte Zwecke werden bestimmte Dichtmassen benötigt: Dauerelastische Dichtmasse kann an fast allen Verbindungen eingesetzt werden, anhärtende Masse an rauen oder beschädigten Dichtungen, und aushärtende Dichtmasse wird an immer bestehenden Verbindungen oder bei hohen Temperaturen und hohem Druck verwendet.

Anmerkung: *Kontrollieren Sie zunächst, ob die verwendeten Papierdichtungen mit Dichtmasse imprägniert sind, bevor Sie zusätzliche Dichtmasse auftragen.*

- Überprüfen Sie, ob die ausgewählte Dichtmasse den Ansprüchen der Dichtung genügt, d.h. hohe Temperaturen oder Benzin aushalten. Einige Anbieter verkaufen Dichtmassen in verschiedenen Farben, sodass man für seinen Motor die unauffälligste aussuchen sollte.
- Geben Sie nicht zu viel Dichtmasse auf die Flächen, da sie sich nicht nur nach außen, wo sie abgewischt werden kann, sondern auch nach innen drücken kann, wo abgefallenes Material im Extremfall Ölkanäle verstopfen kann.

7.1 Wenn Hebellaschen vorhanden sind, kann hier vorsichtig mit einem Schraubendreher auseinander gehebelt werden.

7.2 Klopfen Sie mit einem weichen Hammer die Dichtungs-Umgebung ab – zerstören Sie keine Kühlrippen.

Viele Bauteile werden mit einer oder zwei Passhülsen zwischen den Dichtflächen zusammengefügt. Wenn eine Passhülse sich nicht entfernen lässt, darf sie nicht mit Zangen gegriffen werden, da sie dabei verbogen und zerstört wird. Legen Sie zur Stabilisierung eine eng sitzende Steckschlüsselnuss oder einen passenden Kreuzschlitzschraubendreher hinein, und greifen Sie die Hülse dann mit der Zange.

Öffnen einer Dichtverbindung

- Alter, Hitze, Druck und die Verwendung aushärtender Dichtmasse können dafür sorgen, dass zwei zusammenhängende Bauteile alleine mit Fingerkraft kaum wieder auseinander zu bekommen sind. Doch dürfen keine Hebel

7.3 Dichtungsreste können mit einem Dichtungsschaber, . . .

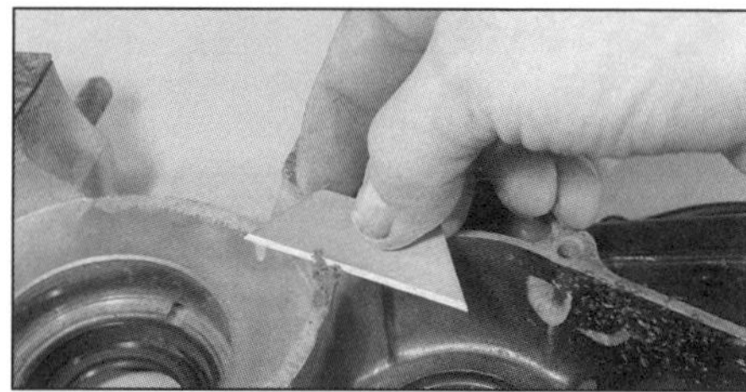

7.4 . . . einer Messerklinge . . .

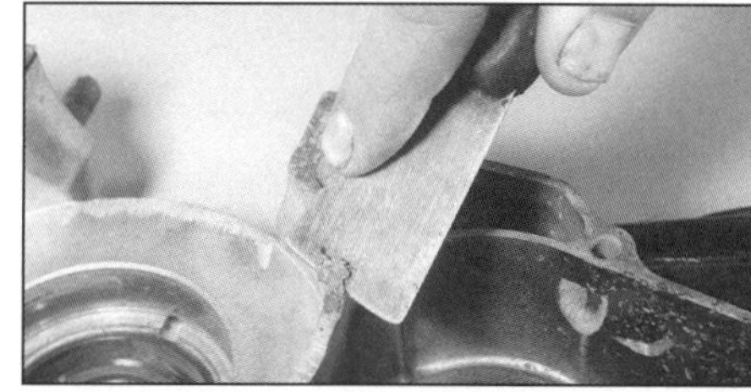

7.5 . . . oder einem Spachtel entfernt werden.

7.6 Mit um eine Flachfeile gewickeltem feinen Schleifpapier wird die Dichtfläche gereinigt.

benutzt werden, wenn hierfür keine Hebelstellen vorgesehen sind (siehe Abbildung 7.1), da sonst die Dichtflächen beschädigt werden.

- Mithilfe eines Gummi- oder Kunststoffhammers (siehe Abbildung 7.2) oder aber eines Stahlhammers mit Holzstück wird in der Nähe der Dichtflächen gegen die Bauteile geklopft. Schlagen Sie nicht gegen filigrane Gussteile wie Kühlrippen, da sie abbrechen können. Zeigt diese Methode Erfolg, können die Gehäusehälften mit einem dazwischen geschobenen Holzstück auseinandergedrückt werden.

Achtung: Wenn die Verbindung sich gar nicht lösen lässt, kontrollieren Sie, ob wirklich alle Schrauben gelöst sind.

Entfernen alter Dichtungen

- Papierdichtungen lassen sich zumeist relativ rückstandsfrei entfernen. Übrig gebliebene Reste müssen vor dem Auflegen einer neuen Dichtung gründlich entfernt werden.
- Kratzen Sie alle Dichtungsreste sorgfältig und vorsichtig ab, hobeln Sie dabei kein Aluminium ab, und kerben Sie es nicht ein (siehe Abbildungen 7.3, 7.4 und 7.5). Hartnäckige Rückstände können mit Dichtungsentferner aus der Sprühdose entfernt werden. Zum Schluss der Reinigung müssen die Dichtflächen mit sehr feinem Schleifpapier (siehe Abbildung 7.6) oder einem Topfschwamm gereinigt werden.
- Alte Dichtmasse kann je nach Typ abgekratzt oder abgepult werden. Beachten Sie, dass es chemische Dichtungsentferner gibt, die die Arbeit erleichtern, doch müssen sie für die vorhandene Dichtungsmasse ausgelegt sein.

8 Ketten

Trennen und Verbinden von Antriebsketten

- Antriebsketten für größere Motorräder sind endlos, d.h. sie haben kein Schloss zum Öffnen. Soll die Kette gewechselt werden, muss die alte mit einem Kettentrenner geöffnet, und die neue nach dem Aufziehen ordentlich vernietet werden. Federclip-Schlösser dürfen nur im Notfall verwendet werden. Zum Trennen und Vernieten gibt es neben den gezeigten Werkzeugen eine Vielzahl anderer – lesen Sie vor dem Arbeiten deren Gebrauchsanweisungen.
- Drehen Sie die Kette, und suchen Sie das Nietschloss. Im Gegensatz zu den anderen Bolzen, die am Rand abgeplattet sind, sind seine Bolzen durch zentrale Schläge aufgespreizt (siehe Abbildung 8.9). Positionieren Sie das Schloss zwischen die Ritzel, und setzen Sie an einen Bolzen die Trennvorrichtung an (siehe Abbildung 8.1). Drücken Sie den Bolzen durch die Kette (siehe Abbildung 8.2). Achten Sie bei einer O-Ringkette auf die entsprechenden Dichtungen (siehe Abbildung 8.3). Führen Sie die Prozedur am anderen Bolzen durch.

Warnung: Eine Antriebskette ist über lange Zeit und unter widrigen Umständen einer sehr hohen Belastung ausgesetzt. Nur mit einer korrekten Vernietung kann sie die gewünschte Lebensdauer erreichen. Eine abreißende Kette stellt für Mensch und Maschine eine große Gefahr dar!

8.1 Drücken Sie mit dem Kettentrenner den Bolzen durch die Kette, . . .

8.2 . . . entfernen Sie den Bolzen, nehmen Sie das Werkzeug ab, . . .

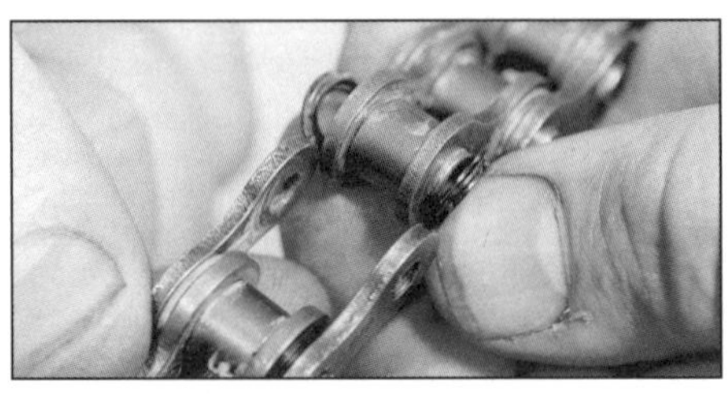

8.3 . . . und öffnen Sie die Kette.

8.4 Drücken Sie das neue mit O-Ringen bestückte Schloss durch die Enden der Kette, . . .

8.5 . . . legen Sie neue O-Ringe über die Bolzenenden, . . .

8.6 . . . und legen Sie die neue Lasche auf.

Achtung: Bei großen und sehr harten Ketten kann es nötig sein, die Vernietung der Bolzen abzufeilen oder abzuschleifen, bevor sie sich durch die Kette drücken lassen.

- Überprüfen Sie, ob das neue Schloss in der Größe und Stärke der Kette entspricht – verwenden Sie niemals das alte Schloss wieder. Die Größen und Ausführungen der Ketten sind auf den Gliedern eingestanzt (siehe Abbildung 8.10).
- Legen Sie die Enden der Kette über das hintere Kettenrad. Legen Sie bei einer O-Ringkette je einen neuen O-Ring auf die Bolzen des Schlosses, und schieben Sie das Schloss

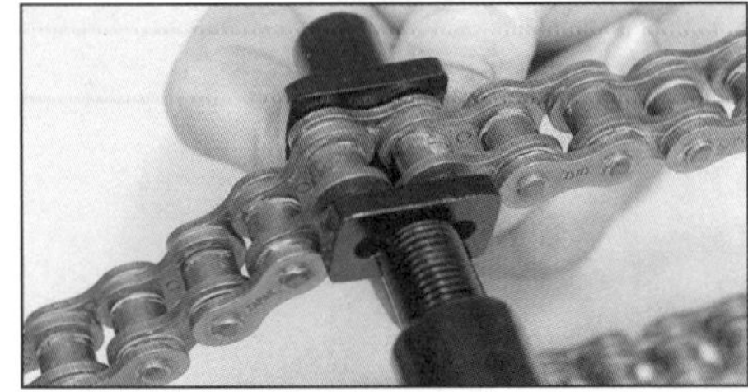

8.7 Mit einer solchen Klemme lässt sich die Lasche leicht in ihre Position schieben.

8.8 Mit dem Ketten-Verniet-Werkzeug wird pro Arbeitsgang ein Bolzen vollständig vernietet.

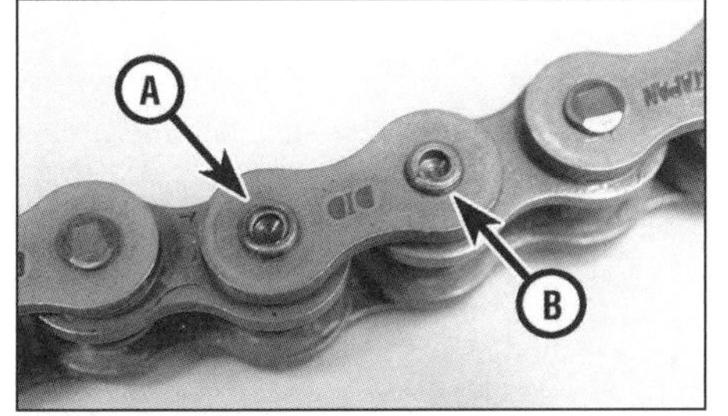

8.9 Korrekt vernieteter Bolzen (A), Bolzen noch nicht vernietet (B)

durch die beiden Kettenenden (siehe Abbildung 8.4). Legen Sie auf jedes Bolzenende einen neuen O-Ring und darüber die neue Lasche (siehe Abbildungen 8.5 und 8.6).

- Die Lasche lässt sich nicht mit der Hand aufschieben. Benutzen Sie entweder ein spezielles Werkzeug (siehe Abbildung 8.7), eine Zange oder Klemme, mit der Sie die Lasche über die Bolzen drücken können.
- Positionieren Sie das Verniet-Werkzeug der Anleitung entsprechend über dem Bolzen, und spreizen Sie ihn durch Einschrauben der Spindel auseinander (siehe Abbildungen 8.8 und 8.9). Wiederholen Sie die Prozedur am anderen Bolzen.

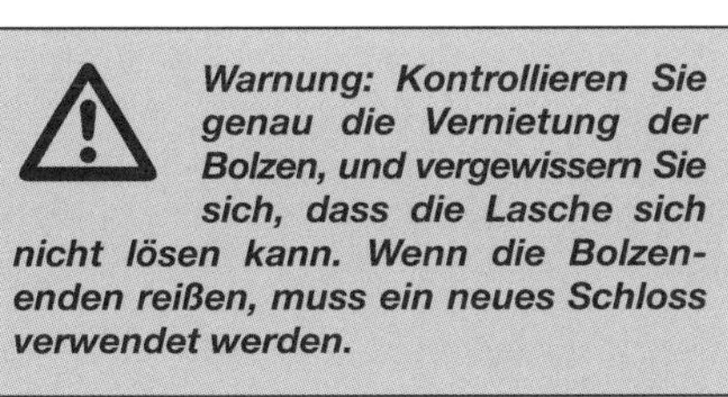

Warnung: Kontrollieren Sie genau die Vernietung der Bolzen, und vergewissern Sie sich, dass die Lasche sich nicht lösen kann. Wenn die Bolzenenden reißen, muss ein neues Schloss verwendet werden.

8.10 Typische Kettengröße und Typenmarkierung

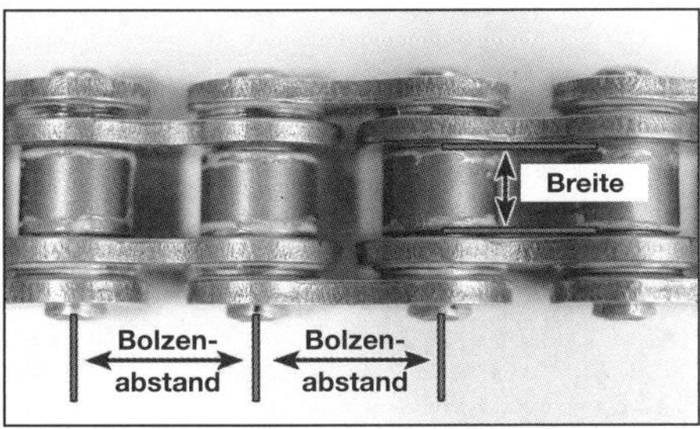

8.11 Maße zur Bestimmung der Kettengröße

Antriebsketten-Größen

- Die Kettengröße wird durch eine dreistellige Zahl angegeben, folgende Buchstaben stehen für den Kettentyp (siehe Abbildung 8.10). Die Typen sagen etwas über die Qualität und Stärke (Dicke der Laschen) aus, und ob es sich um eine O-Ring-Kette handelt.
- Die erste Ziffer gibt den Abstand der Bolzenmitten zueinander an (siehe Abbildung 8.11) – sie wird in Achtel-Zoll-Werten angeben:

Größenangabe beginnt mit 4 (z.B. 428):
Bolzenabstand = 4/8 (1/2) Zoll (12,7 mm)

Größenangabe beginnt mit 5 (z.B. 520):
Bolzenabstand = 5/8 Zoll (15,5 mm)

Größenangabe beginnt mit 6 (z.B. 630):
Bolzenabstand = 6/8 (3/4) Zoll (19,1 mm)

- Anhand der zweiten und dritten Ziffer kann die Breite der Rollen bestimmt werden, die ebenfalls in englischen Maßen angegeben ist, z.B. hat eine 525er Kette Rollen mit einer Breite von 5/16 Zoll (7,94 mm) (siehe Abbildung 8.11).

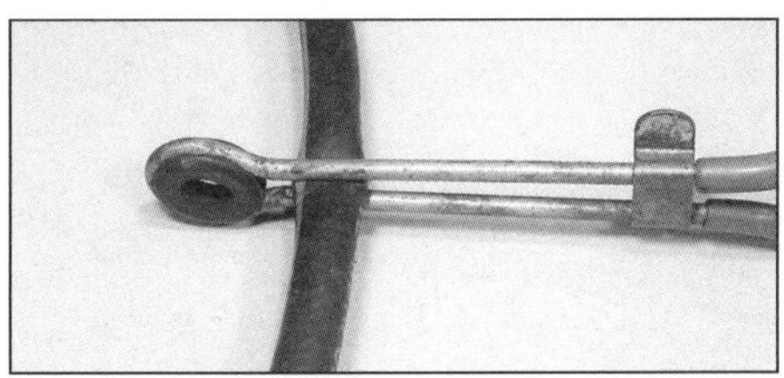

9.1 Schläuche können mit einer Bremsleitungsklemme, . . .

9.2 . . . einer Flügelmutter-Klemme, . . .

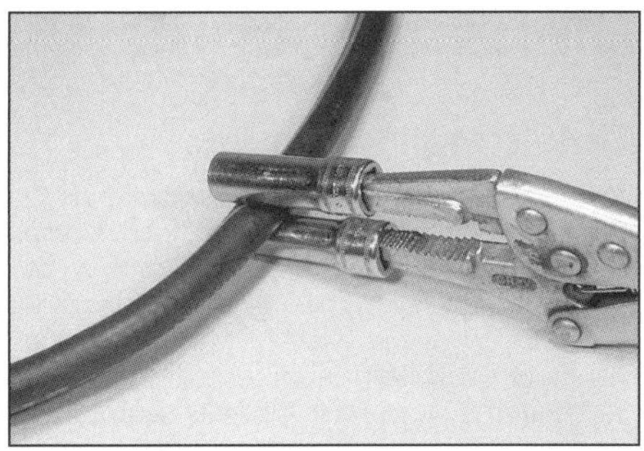

9.3 . . . auf einer Gripzange steckenden Nüssen . . .

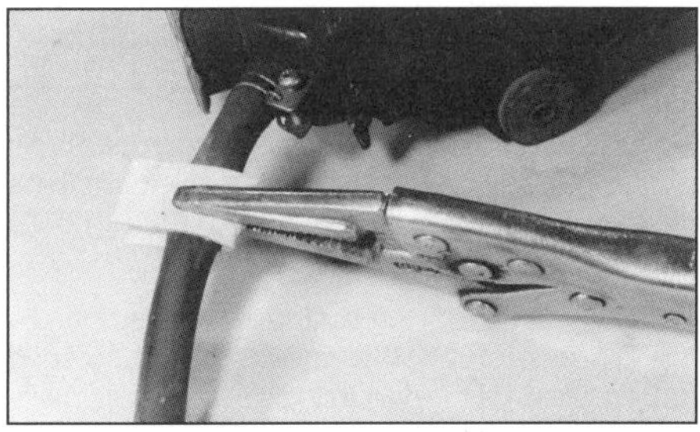

9.4 . . . oder unterlegter Pappe abgeklemmt werden.

9 Schläuche

Abklemmen zur Durchflussunterbrechung

- Dünne flexible Schläuche können abgeklemmt werden, damit man an bestimmten Bauteilen arbeiten kann. Welche Methode auch immer gewählt wird, das Schlauchmaterial darf nicht dauerhaft verbogen oder durch die Klemme beschädigt werden (vgl. Abb. 9.1–9.4).

Lösen und Aufschieben von Schläuchen

- Gehen Sie sicher, dass alle Klemmen und Schellen entfernt sind. Greifen Sie den Schlauch, und ziehen Sie ihn drehend vom Stutzen. Wenn der Schlauch im Laufe der Zeit ausgehärtet ist und sich nicht bewegt, schlitzen Sie ihn am Stutzen mit einem scharfen Messer längs auf, und ziehen Sie ihn dann ab.
- Widerstehen Sie der Versuchung, zur Erleichterung der Schlauchmontage die Anschlüsse mit Fett oder Seife einzuschmieren; es hilft zwar, doch kann dann am Stutzen auch Flüssigkeit leichter austreten. Besser ist es, das Schlauchende ggf. in heißem Wasser oder anderen Flüssigkeiten zu erwärmen und damit geschmeidig zu machen.

A

Diebstahlschutz

Einleitung

Ihr Fahrzeug kann eher gestohlen sein, als Sie zum Lesen diese Einleitung benötigen. Und es gibt kaum ein schlimmeres Gefühl, als zu der Stelle zurückzukehren, wo einmal Ihr Fahrzeug stand. Selbst wenn Sie ihre Maschine gegen Diebstahl versichert hatten, werden Sie nach dem ersten Schock noch die Unannehmlichkeiten bei der Polizei und der Versicherung zu spüren bekommen.

Fahrzeugdiebe unterscheiden sich in zwei Kategorien: Professionelle Auftrags- und Gelegenheitsdiebe. Profis sind auf bestimmte Marken und Modelle spezialisiert und suchen dann manchmal landesweit, um dieses Fahrzeug zu beschaffen. Gelegenheitsdiebe schauen dagegen nach leichten Zielen, die mit minimalem Aufwand und Risiko geknackt werden können. Während es unmöglich ist, die Maschine hundertprozentig gegen Profis zu sichern, kann man gegen die Gelegenheitsdiebe, die etwa die Hälfte aller Maschinen stehlen, einiges unternehmen.

Denken Sie daran, dass diese immer nach Gelegenheiten schauen – wenn also zwei ähnliche Fahrzeuge Seite an Seite parken, werden sie den Blick auf dasjenige richten, welches am wenigsten gesichert ist. Mit etwas Vorsorge kann man hier schon das Risiko eines Diebstahls deutlich reduzieren.

Ausrüstung

Es gibt für Motorräder reichlich spezielle Vorrichtungen zu kaufen, und die folgenden Texte fassen ihre Anwendungen und Plus- sowie Minuspunkte zusammen.

Wenn Sie sich für den für Ihre Zwecke optimalen Typ eines Sicherheitssystems entschieden haben, empfehlen wir Ihnen, einen oder mehrere der regelmäßig in der Motorradpresse durchgeführten Vergleichstests dieser Teile durchzulesen. In diesen Tests werden aktuelle Modelle verschiedener Hersteller in ihrer Sicherheit, ihre Bedienbarkeit und auf ihr Preis-/Leistungsverhältnis verglichen.

Keines dieser Sicherheitssysteme kann einen vollständigen Schutz gewährleisten. Es wird empfohlen, mit zwei oder mehr der unten beschriebenen Vorrichtungen die Sicherheit Ihrer Maschine zu erhöhen (ein Schloss, eine Kette plus eine Alarmanlage sind nahezu ideal). Je mehr Sicherheitsmaßnahmen am Motorrad vorhanden sind, desto geringer ist die Wahrscheinlichkeit, dass es gestohlen wird.

Die Kette und das Schloss müssen von guter Qualität und ausreichender Länge sein, um Ihr Motorrad an einen stabilen Gegenstand anschließen zu können.

Schloss und Kette

Plus: *Sehr flexibel einzusetzen; das Motorrad kann an nahezu alle immobilen Objekte angeschlossen werden. Bei manchen Ausführungen kann das Schloss einzeln als Bremsscheibenschloss eingesetzt werden (siehe unten).*

Minus: *Kann sehr schwer und unhandlich auf dem Motorrad zu transportieren sein, doch werden einige Typen mit Transportbeuteln geliefert, die man auf dem Rücksitz festschnallen kann.*

- Schwere Ketten und Schlösser sind eine ideale Sicherheitsvorrichtung (siehe Abbildung 1). Wenn das Motorrad geparkt wird, schließt man es mit der Kette an eine stabile und nicht zu entfernende Vorrichtung wie einen Laternenpfahl oder ein Geländer an. Hierdurch lässt sich die Maschine weder wegfahren noch mit einem Lieferwagen abtransportieren.
- Achten Sie beim Anlegen der Kette darauf, dass sie um den Rahmen oder die Schwinge verläuft (siehe Abbildungen 2 und 3). Legen Sie die Kette niemals nur um ein Rad; ein Dieb kann das Rad lösen und den Rest der Maschine abtransportieren. Versuchen Sie, die Kette so kurz wie möglich zu verlegen, um das Ansetzen von Werkzeugen zu erschweren, und halten Sie sie vom Boden fern, um das Auftrennen mit einem Meißel oder einem Beil zu verhindern. Positionieren Sie das Schloss so, dass der Schließzylinder nach unten zeigt, da es hierdurch für den Dieb schwierig wird, ihn zu erreichen.

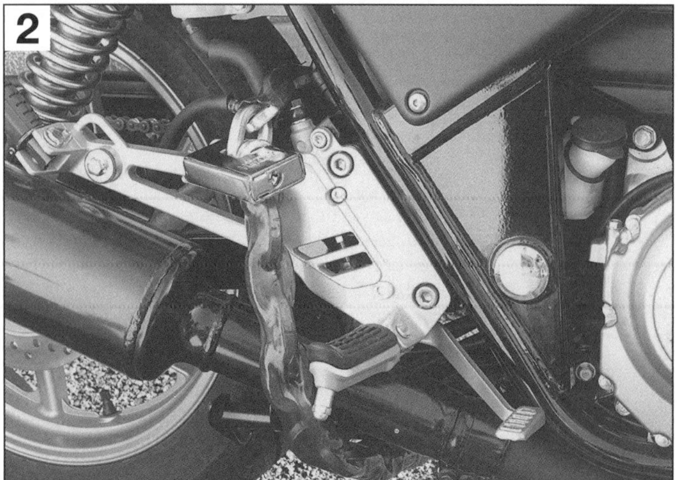

Führen Sie die Kette durch den Rahmen und nicht nur durch ein Rad . . .

. . . und um einen stabilen Gegenstand.

Bügelschlösser

Plus: *Eine sehr effektive Abschreckung, mit der die Maschine an einem Mast oder Geländer gesichert werden kann. Die meisten Bügelschlösser werden mit einem Halter geliefert, der einen einfachen Transport ermöglicht.*

Minus: *Nicht so flexibel wie ein Kettenschloss.*

- Diese stabilen Schlösser werden ähnlich eingesetzt wie Kettenschlösser. Sie sind leichter als eine Kette samt Schloss, aber nicht so flexibel einzusetzen. Die Länge und die Form des Bügelschlosses beschränken das Einsatzgebiet (siehe Abbildung 4).

Wenn das Bügelschloss lang genug ist, kann die Maschine auch damit an einem festen Gegenstand gesichert werden.

Bremsscheibenschlösser

Plus: *Klein, leicht und sehr leicht zu transportieren. Die meisten Modelle sind im Werkzeugfach unterzubringen.*

Ein typisches Bremsscheibenschloss wird durch eines der Löcher in der Scheibe gesteckt.

Minus: *Schützt nicht vor dem Abtransport des Motorrades mit einem Lieferwagen. Das Vergessen des Schlosses kann beim Losfahren sehr unangenehm werden.*

- Diese Schlösser sind dazu konstruiert, in ein Loch in der Bremsscheibe gesteckt zu werden und das Rad beim Drehen zu blockieren (siehe Abbildung 5). Einige Ausführungen sind mit einer Alarmanlage ausgerüstet, die im abgeschlossenen Zustand durch Bewegung aktiviert wird. Diese wirkt nicht nur als Abschreckung gegen Diebe, sondern auch als Erinnerung an den Fahrer, das Schloss vor dem Losfahren herauszunehmen.
- Die Kombination aus einem Bremsscheibenschloss und einem Stück Drahtseil, das um einen Masten oder ein Geländer gelegt wird, bietet ein weiteres Sicherheitsplus (s. Abb. 6).

Alarmanlagen und Wegfahrsperren

Plus: *Einmal installiert, ist sie absolut mühelos zu bedienen. Manche Versicherungen bieten bei bestimmten Anlagen (und Auflagen) Rabatte.*

Minus: *Kann teuer und schwierig zu installieren sein. Kein System hindert den Dieb daran, das Motorrad mit einem Lieferwagen abzutransportieren.*

- Elektronische Alarmanlagen und Wegfahrsperren gibt es in unterschiedlichen Preisklassen. Es sind drei unterschiedliche Systeme erhältlich: reine Alarmanlagen, reine Wegfahrsperren und etwas teurere kombinierte Geräte (siehe Abb. 7).
- Eine Alarmanlage ist so konstruiert, dass sie ein Warngeräusch erzeugt, sobald am Motorrad herummanipuliert wird.
- Eine Wegfahrsperre schützt davor, dass das Motorrad ohne Schlüssel und/oder Codierung gestartet werden kann, indem sie die elektrische Anlage blockiert.
- Haben Sie sich für eine Anlage entschieden, sollten Sie die Einbaukosten beachten, wenn Sie die Montage nicht selbst erledigen können. Wenn das Motorrad nicht regelmäßig eingesetzt wird, muss auch der Stromverbrauch berücksichtigt werden, der bei allen Systemen über die Bordbatterie erfolgt. Eine von einer viel Strom verbrauchenden Anlage leer gesogene Batterie sorgt sowohl dafür, dass das Motorrad nicht gestartet werden kann, als auch dafür, dass die Alarmanlage nach einer gewissen Zeit nicht mehr funktioniert.

Ein mit einem Drahtseil kombiniertes Bremsscheibenschloss bietet zusätzlichen Schutz.

Ein typisches Alarm-/Wegfahrsperrensystem

Unverwechselbare Markierungen können überall angebracht werden – stets an einen gut sichtbaren Warnhinweis denken, der sehr abschreckend wirken kann.

Verkleidungsteile können mit eingeätzten Markierungen versehen werden . . .

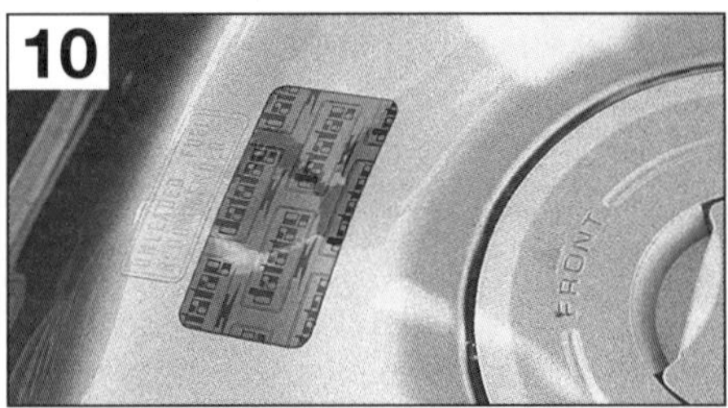

. . . auch hier stets den Warnhinweis des Herstellers des Diebstahlschutzes gut sichtbar anbringen.

Sicherungsmarkierungen

Plus: *Sehr billige und effektive Abschreckung. Manche Versicherungen bieten bei Sicherungsmarkierungen Rabatte im Teilkaskobereich.*

Minus: *Schützen nicht vor Gelegenheitsdieben, die einen Ausflug machen wollen.*

- Es gibt viele verschiedene Ausführungen an Sicherungsmarkierungen. Ideal ist es, so viele Teile am Motorrad wie möglich mit einer einzigen Nummer zu markieren (siehe Abbildungen 8, 9 und 10). Mit dem Satz wird ein Formular geliefert, auf dem Ihre persönlichen Daten und die Details des Motorrades eingetragen und in einem Register gespeichert werden. Dieses Register ermöglicht der Polizei, jeden rechtmäßigen Besitzer eines Motorrades oder Bauteils zu identifizieren, auch wenn alle anderen Formen der Identifikation entfernt sind. Bringen Sie immer einen gut sichtbaren Warnaufkleber zur Abschreckung am Motorrad an.

Bodenverankerungen, Radklemmen und Sicherungspfosten

Plus: *Eine exzellente Form der Sicherheit, die auch die entschlossensten Diebe abschrecken wird.*

Minus: *Schwierig zu installieren und evtl. teuer.*

- Während das Motorrad sich zu Hause befindet, ist es eine gute Idee, es sicher am Boden oder an der Wand zu verankern, selbst wenn es in einer gut gesicherten Garage steht. Zu diesem Zwecke werden eine Reihe verschiedener Bodenverankerungen, Radklemmen und Sicherungspfosten angeboten (siehe Abbildung 11). Diese Vorrichtungen werden entweder im Beton oder Stein verankert oder erhalten ein eigenes Fundament.

Zuhause bietet eine solide Bodenverankerung ein hohes Maß an Sicherheit.

Diebstahlschutz zu Hause

Ein großer Anteil der Motorräder wird beim Besitzer zu Hause gestohlen. Einige Dinge sollten beachtet werden, wenn die Maschine an ihrem Heimatstandort steht:

✓ Wenn möglich, sollte das Motorrad immer in der sicheren Garage stehen. Vertrauen Sie niemals dem serienmäßigen Garagenschloss. Bringen Sie am Tor einen zusätzlichen Schließmechanismus an, und denken Sie über eine Alarmanlage nach. Ein von einem Bewegungsmelder aktivierter Scheinwerfer ist auch für den eigenen Nutzen eine gute Investition.

✓ Sichern Sie das Motorrad immer am Boden oder an der Wand, auch wenn es in einer gut gesicherten Garage steht.

✓ Lassen Sie Ihr Motorrad nicht regelmäßig an der Straße stehen, versuchen Sie, es möglichst außer Sichtweite der Straße zu parken, wenn Sie keine Garage besitzen. Decken Sie ein frei stehendes Motorrad mit einer Plane ab, um seine Identität nicht sofort preiszugeben.

✓ Es ist nicht ungewöhnlich, dass ein Dieb einem Motorradfahrer nach Hause folgt, um herauszufinden, wo die Maschine abgestellt wird. Er wird dann später zurückkehren. Wenn Sie vermuten, dass Ihnen jemand folgt, sollten Sie zunächst zu einer Tankstelle, Eisdiele oder sonstigem fahren.

✓ Wenn Sie ein Motorrad verkaufen wollen, sollten Sie in der Anzeige nicht Ihre Adresse oder den Standplatz der Maschine angeben. Vereinbaren Sie mit Interessenten einen Treffpunkt abseits Ihrer Wohnung. Es ist bekannt, dass Diebe als potenzielle Käufer auftreten, um herauszufinden, wo die Maschine steht, und sie dann später »kostenlos« abholen.

Diebstahlschutz unterwegs

Genauso wichtig wie die Sicherheitsausrüstung an Ihrem Motorrad sind einige allgemeine Regeln, die beachtet werden sollten, wenn das Motorrad irgendwo geparkt werden soll.

✓ Parken Sie an einem belebten Platz.

✓ Benutzen Sie einen bewachten Autoparkplatz.

✓ Parken Sie nachts in einem beleuchteten Bereich, vorzugsweise direkt unterhalb einer Straßenlaterne.

✓ Lassen Sie das Lenkschloss einrasten – es bewirkt zwar nicht viel, sorgt aber dafür, dass die Versicherung zahlt.

✓ Sichern Sie das Motorrad mit einem zusätzlichen Schloss an einem stabilen unbeweglichen Gegenstand wie einer Laterne oder einem Geländer. Wenn dieses nicht möglich ist, sollten Motorräder »zusammengebunden« werden.

✓ Belassen Sie niemals Ihren Helm oder Gepäck auf dem Motorrad.

Schmiermittel und Flüssigkeiten

Speziell für den Einsatz an und in Motorrädern ist ein weiter Bereich an Schmiermitteln, Flüssigkeiten und Reinigungsmitteln entwickelt worden. Hier soll gezeigt werden, was es gibt, wofür es eingesetzt wird und welche Eigenschaften es hat.

Viertakt-Motoröl

• Motoröl ist zweifellos die wichtigste Komponente eines Viertaktmotors. Moderne Motorradmotoren stellen große Anforderungen an das Öl, weswegen dessen Auswahl sehr wichtig ist. Die Verwendung eines ungeeigneten Öls führt zu erhöhtem Motorverschleiß und kann mit einem ernsthaften Motorschaden enden. Bevor Sie Motoröl kaufen, müssen Sie beachten, welche Anforderungen der Motorradhersteller stellt. Hierbei wird sowohl eine Klassifikation als auch ein bestimmter Viskositätsbereich angegeben.

• Die Öl-Klassifikation wird durch die API-Rate (festgelegt durch das »**A**merican **P**etroleum **I**nstitute«) angegeben. Sie erscheint in Form von zwei Buchstaben, so z.B. als »SG«. Das S steht für »Spark«, d.h. fremdgezündete Motoren (die mit Benzin laufen). Der zweite Buchstabe liegt im Alphabet zwischen A und M und steht für die Leistungsfähigkeit des Öls. Je früher der Buchstabe, desto höher sind die Anforderungen an das Öl. Ein SG-Öl übersteigt also die Anforderungen eines SF-Öls.

Anmerkung: *Bei manchen Ölen ist eine zweite mit einem C beginnende Klassifikation angegeben, die für die Verwendung in Dieselmotoren (Compression Ignition = Selbstentzündung) steht und daher für den Einsatz in Motorrädern irrelevant ist.*

• Die »Viskosität« des Öls wird durch die SAE-Rate identifiziert (festgelegt durch die **S**ociety of **A**utomotive **E**ngineers). Alle modernen Motoren erfordern Mehrbereichsöle, und dort besteht die SAE-Rate aus zwei Nummern, hinter der ersten steht ein W, also z.B. 10W/40. Die erste Zahl steht für die Viskositätsrate des Öls bei niedrigen Temperaturen (W steht für Winter = getestet bei – 20 °C), die zweite Zahl steht für die Viskositätsrate des Öls bei hohen Temperaturen (getestet bei 100 °C). Je niedriger die Zahl, desto dünner das Öl. So steht ein 10W/40-Öl für einen besseren Kaltlauf als ein 15W/50-Öl.

• Neben dem Typ und der Viskosität gibt es drei unterschiedliche chemische Aufbauten des Motoröls. Man kann Öl auf mineralischer Basis, synthetisches Öl und ein Gemisch aus beiden Sorten – teilsynthetisch genannt – kaufen. Obwohl alle Öle eine ähnliche Viskosität und Klassifizierung haben, sind die Preise sehr unterschiedlich. Mineralöle sind die billigsten, Synthetiköle die teuersten Öle, teilsynthetische Öle liegen entsprechend dazwischen. Die Entscheidung liegt im Wesentlichen beim Besitzer, doch sollte bedacht werden, dass moderne Synthetiköle bessere Schmier- und Reinigungseigenschaften haben als traditionelle Mineralöle, und diese Eigenschaften auch länger behalten. Bedenken Sie, dass die Arbeitsumgebungen in einem modernen hochdrehenden Motorradmotor für ein Öl höchste Anforderungen bedeuten, und deswegen ein Synthetiköl empfehlenswert ist. Die Mehrkosten bei jedem Ölwechsel können langfristig viel Geld sparen, indem der Motorverschleiß verringert wird.

• Schließlich muss immer sichergestellt werden, dass das Öl für Ihr Motorrad geeignet ist. Motoröl ist normalerweise für Autos entwickelt worden und kann deswegen Additive oder Schmierstoffe enthalten, die in einem Motorradmotor mit Nasskupplung Kupplungsrutschen verursachen können.

Zweitakt-Motoröl

• Moderne Hochleistungszweitaktmotoren stellen hohe Anforderungen an ihr Öl. Um Klemmen oder Fressen im Motor zu vermeiden, ist es entscheidend, Qualitätsöle zu verwenden. Zweitaktöl unterscheidet sich stark von Viertaktöl. Das Öl schmiert ausschließlich die Kurbelwelle und den/die Kolben (Primärtrieb und Getriebe haben ihr eigenes Öl), dann muss es während der Verbrennung rückstandslos verschwinden.

• Die Japaner haben kürzlich ein Klassifizierungssystem für Zweitaktöle eingeführt, die JASO-Rate. Diese wird in Form von zwei Buchstaben, entweder FA, FB oder FC, angegeben. FA ist die niedrigste und FC die höchste Klassifikation. Stellen Sie sicher, dass das zu verwendende Öl den Empfehlungen des Herstellers entspricht.

• Neben dem Typ und der Viskosität gibt es drei unterschiedliche chemische Aufbauten des Zweitaktöls. Man kann Öl auf mineralischer Basis, synthetisches Öl und ein Gemisch aus beiden Sorten – teilsynthetisch genannt – kaufen. Die Preise sind sehr unterschiedlich. Mineralöle sind die billigsten, Synthetiköle die teuersten Öle, teilsynthetische Öle liegen entsprechend dazwischen. Die Entscheidung liegt im Wesentlichen beim Besitzer, doch sollte bedacht werden, dass moderne Synthetiköle bessere Schmiereigenschaften besitzen und sauberer verbrennen als traditionelle Mineralöle. Die Mehrkosten können langfristig viel Geld sparen, indem der Motorverschleiß verringert wird, die Leistung erhalten bleibt und Ablagerungen weitgehend vermieden werden.

• Wenn Sie einen Zweitaktmotor mit Getrenntschmierung besitzen, muss darauf geachtet werden, dass das Öl für den Betrieb in Pumpen geeignet ist. Viele Hochleistungszweitaktöle sind für Rennmaschinen konzipiert, bei denen sie direkt im Tank dem Benzin beigemischt werden. Diese Öle haben eine hohe Viskosität und sind nicht für Getrenntschmierungspumpen geeignet.

Getriebeöl

• Getriebeöl ist ein spezielles zähes Öl, das in Getrieben und Hinterradantrieben (bei Kardanwellen) eingesetzt wird und überall dort, wo hohe Reibkräfte und Temperaturen herrschen. Es ist in verschiedenen Viskositäten erhältlich.

• Bei allen Zweitaktmotoren werden das Getriebe und die Kupplung mit speziellem Öl geschmiert, welches entsprechend der Herstelleranweisung gewechselt werden muss.

• Obwohl bei den meisten Viertaktmaschinen der Motor, die Kupplung und das Getriebe mit der gleichen Ölversorgung geschmiert werden, gibt es auch Motorräder mit getrennt geschmierten Bauteilen und gegebenenfalls einer Trockenkupplung.

• Motorradhersteller empfehlen entweder ein Einbereichsgetriebeöl oder ein bestimmtes Motoröl, um das Getriebe zu schmieren.

• Getriebeöle sind speziell für ihren Einsatz zwischen Zahnflanken konzipiert. Die Viskosität dieser Öle ist durch eine SAE-Nummer angegeben, doch deren Messung unterscheidet sich von Motorölen. Als grober Hinweis gilt, dass ein SAE-90-Getriebeöl etwa die gleiche Viskosität wie ein SAE-50-Motoröl hat.

Kardanöl

• Bei mit einem Kardanantrieb ausgerüsteten Motorrädern hat dieser Endantrieb immer seine eigene Ölversorgung. Der Hersteller gibt hierfür eine Klassifizierung und eine Viskosität an.

• Diese Öle werden durch die Zahl hinter der API-Bezeichnung GL (für Gear Lubricant) klassifiziert, ein GL5-Öl ist besser als eines mit der Bezeichnung GL4. Stellen Sie sicher, dass Ihr Öl die vorgegebene Klassifikation zumindest einhält oder übertrifft und die korrekte Viskosität hat. Die Viskosität dieser Öle ist durch eine SAE-Nummer angegeben, doch deren Messung unterscheidet sich von Motorölen. Als grober Hinweis gilt, dass ein SAE-90-Kardanöl etwa die gleiche Viskosität wie ein SAE-50-Motoröl hat.

• Wenn die Benutzung eines druckfesten EP-Öls (Extreme Pressure) vorgeschrieben ist, muss Ihr Öl auch diesen Anforderungen entsprechen.

Gabelöl und Stoßdämpferflüssigkeit

• Konventionelle Teleskopgabeln arbeiten hydraulisch und erfordern dazu Gabelöl. Um die korrekte Funktion der Gabel sicherzustellen, muss das Gabelöl entsprechend der Herstelleranweisung ausgetauscht werden.

• Gabelöl ist in einer Vielzahl von Viskositäten erhältlich, welche durch die SAE-Rate zu identifizieren ist. Die Werte variieren von leichtem Öl (SAE 5) bis zu sehr dickem Öl (SAE 30). Wenn Sie Gabelöl kaufen, muss darauf geachtet werden, dass es den Herstelleranweisungen entspricht.

- Einige Schmiermittelhersteller produzieren auch eine Reihe hochwertiger Federungsflüssigkeiten, die Gabelöl ähnlich sind, aber hauptsächlich für den Einsatz im Wettbewerb bestimmt sind. Diese Flüssigkeiten können unterschiedliche Viskositätsraten haben, die nicht den SAE-Werten für normale Gabeln entsprechen. Im Zweifel müssen die Herstelleranweisungen beachtet werden.

Brems- und Kupplungsflüssigkeit

- Bremsflüssigkeit wird auch in hydraulischen Kupplungsbetätigungen eingesetzt und ist eine Hydraulikflüssigkeit, die einen sehr hohen Siede- und niedrigen Gefrierpunkt besitzt. Sie greift Gummi nicht, dafür aber Lack und Plastik stark an. Sie ist stark wasseranziehend (hygroskopisch) und altert daher durch Wasseraufnahme aus der Luft. Behälter sollten daher nicht offen stehen gelassen werden. Für den Rennsport ist Bremsflüssigkeit auf Silikonbasis erhältlich, auf die diese Eigenschaft nicht zutrifft, die aber Bremskomponenten aus anderem Material benötigt.
- Alle Scheibenbremsanlagen und einige Kupplungen werden hydraulisch betätigt. Um deren korrekte Funktion sicherzustellen, muss die Hydraulikflüssigkeit regelmäßig entsprechend der Herstelleranweisungen ausgetauscht werden.
- Brems- und Kupplungsflüssigkeit wird durch den DOT-Wert klassifiziert. Die meisten Motorradhersteller schreiben DOT-3 oder -4 vor. Diese beiden Flüssigkeiten basieren auf Glykol und können untereinander gemischt werden. DOT-4 übertrifft die Anforderungen von DOT-3. Es ist empfehlenswert, ein für DOT-3 vorgesehenes System mit DOT-4 zu befüllen – aber niemals anders herum, denn hierdurch wird die Bremswirkung beeinträchtigt.
- Einige Hersteller produzieren auch eine DOT-5-Hydraulikflüssigkeit auf Silikonbasis. Diese Bremsflüssigkeit darf nicht mit DOT-3- oder DOT-4-Flüssigkeit vermischt werden, da hierdurch die Wirkung des Hydrauliksystems stark beeinträchtigt wird.

Kühlmittel/Frostschutz

- Bei der Beschaffung von Kühlmittel oder Frostschutz muss unbedingt sichergestellt werden, dass es für einen Aluminiummotor geeignet ist und Korrosionsschutzmittel enthält, um das Verstopfen von Kühlmittelkanälen zu verhindern. Als allgemeine Regel gilt, dass die meisten Kühlmittel pur eingesetzt werden müssen und nicht verdünnt werden dürfen, und Frostschutz mit destilliertem Wasser verdünnt werden muss, um eine Lösung der gewünschten Stärke zu erhalten. Beachten Sie die Herstellerangaben auf der Flasche.
- Stellen Sie sicher, dass das Kühlmittel regelmäßig entsprechend der Herstellerangaben gewechselt wird.

Kettenschmiermittel

- Dieses wird zumeist als Spray angeboten, welches speziell für den Einsatz an Motorradketten entwickelt wurde. Es hat zum einen die Funktion, die Reibung zwischen der Kette und den Kettenrädern zu vermindern und zum anderen soll es einen Korrosionsschutz bilden. Der regelmäßige Einsatz von Kettenschmiermittel guter Qualität verlängert die Lebensdauer des Endantriebs und sorgt für einen minimalen Kraftverlust zwischen Motor und Hinterrad.
- Nach der Benutzung von Kettenspray muss einige Zeit gewartet werden, bis das Lösungsmittel verdunstet und das Schmiermittel eingezogen ist. Anderenfalls wird es durch die Fliehkraft wieder abgeschleudert und verschmutzt dabei noch die Felge. Achten Sie beim Einsatz von O-Ringketten darauf, dass das Spray dafür geeignet ist.
- Schmiermittel auf Silikonbasis pflegen und schützen Teile aus Gummi (Schläuche, Stopfen u.a.). Sie werden zur Schmierung von Schlössern und Scharnieren verwendet.

Entfetter und Reiniger

- Entfetter sind starke Lösemittel, um Fett und Ölschmiere zu entfernen. Sie sind in der Regel hochgiftig, können Lack und Kunststoffteile angreifen und sind entzündlich. Manche Lösemittel stehen außerdem in Verdacht, Krebs zu erregen. »Kaltreiniger« ist dagegen ein sanfter Entfetter auf Petroleumbasis, der wasserlöslich ist und daher abgewaschen werden kann, am besten über dem Ölabscheider einer Selbstwaschanlage.
- Es gibt viele verschiedene Reiniger und Entfetter, um Schmutz und Fett zu entfernen, wie es sich im normalen Einsatz ansammelt. Entfetter sind Lösungsmittel, die normalerweise als Spray oder als Flüssigkeit für den Einsatz in Spritzpistolen geliefert werden. Folgen Sie immer sorgfältig den Herstelleranweisungen, und tragen Sie eine Schutzbrille. Die meisten Lösungsmittel sind brennbar und dünsten giftige Gase aus – treffen Sie vor dem Einsatz entsprechende Vorkehrungen (siehe *Sicherheit geht vor!*).
- Für allgemeine Reinigungen können im Fachhandel erhältliche Reiniger und Entfetter benutzt werden. Diese Mittel müssen zumeist einige Zeit einwirken, bevor sie mit Wasser abgespült werden.

Bremsenreiniger ist ein Lösungsmittel, welches jegliche Öl-, Fett- und Schmutzreste aus Bremsenteilen entfernen kann. Es verdunstet schnell und bildet keine Rückstände.

Vergaserreiniger ist ein Spray, mit dem die hartnäckigen Rückstände und Gummiablagerungen entfernt werden können, wie man sie häufig in zu überholenden Vergasern findet. Es hinterlässt in der Regel einen leichten Ölfilm. Der Reiniger eignet sich nicht für elektrische Komponenten.

Dichtungsentferner ist zumeist ein Spray, mit dem hartnäckige Dichtungsreste beseitigt werden können, ohne dass die Gefahr besteht, die Gehäusefläche zu zerkratzen und damit die Dichtfläche zu beschädigen.

Unterbrecher-/Zündkerzen-Reiniger soll Ölfilm, Schmutz und Oxidation von Unterbrecherkontakten und Zündkerzenelektroden beseitigen. Er ist fett- und rückstandfrei. Er kann ebenfalls zur Reinigung von Vergaserdüsen verwendet werden.

Sprühöl

- Sprühöle gibt es in verschiedenen Ausführungen, und sie eignen sich auch zum Schmieren von Hebeln, Schaltern und freiliegenden Gelenken. Versuchen Sie ein Sprühmittel zu beschaffen, welches auf Trockenfilm basiert, da es eine trockene Oberfläche hinterlässt und nicht, wie Öl, Staub und Schmutz anzieht, wodurch die Verschleißrate wieder erhöht werden würde.
- Die meisten Sprühöle fungieren auch als Feuchtigkeitsverdränger und Schutzfilm in Schaltern und Kabelverbindungen oder als Rostlöser bei festen Schrauben.
- Kriechöl wird oft fälschlich als »Kontaktspray« bezeichnet, weil es auch Wasser verdrängen kann. Es ist zum schnellen Schmieren kleiner Lagerstellen und Konservieren von Maschinenteilen geeignet.
- Kontaktspray soll Oxidation von elektrischen Kontakten entfernen und sie gleichzeitig konservieren. Allerdings funktioniert das kaum, da Oxid nur mit Säure entfernt werden kann (solche Sprays gibt es), die Säure aber ihrerseits wieder das Metall angreift. Die üblichen soge-

nannten »Kontaktsprays« sind daher lediglich Kriechöle, von denen keine Reinigung der elektrischen Kontakte erwartet werden kann.

Fette

• Fette werden zum Schmieren von Gelenken und Lagern eingesetzt. Ein gutes Mehrbereichsfett ist für die meisten Anwendungen ausreichend, doch manche Hersteller schreiben den Einsatz spezieller Fette an Bauteilen wie Schwingen- und Anlenkhebellagerungen vor. Diese Fette können im Zubehörfachhandel erworben werden; die üblichen Spezialfette sind Molybdänfett, Lithiumfett, Graphitfett, Silikonfett und temperaturbeständige Kupferpaste.

Dichtmasse

• Dichtmassen können zusammen mit Dichtungen verwendet werden, um ihre Dichtigkeit zu verbessern. Oder sie werden direkt zum Abdichten zweier Metallflächen verwendet. Abhängig vom Typ härten sie entweder aus oder bleiben dauerelastisch.

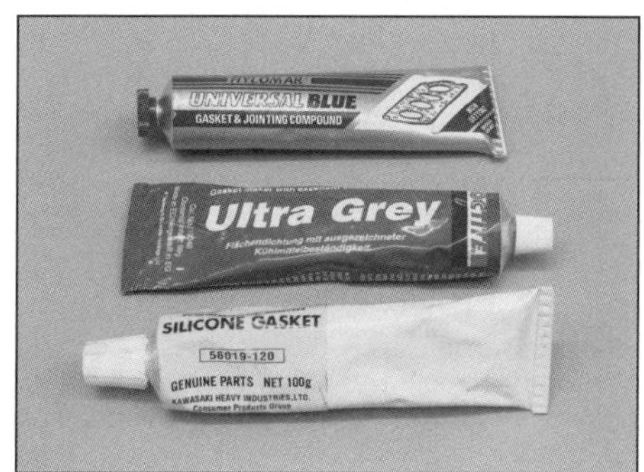

• Bei der Beschaffung von Dichtmasse muss sichergestellt sein, dass sie zur Verwendung an einem Verbrennungsmotor geeignet ist. Universaldichtstoffe aus dem Baumarkt können ähnlich aussehen, halten jedoch eventuell weder starke Hitze noch Kontakt mit Öl oder Kraftstoff aus (siehe *Werkzeug- und Werkstatt-Tipps* für weitere Informationen).

Schraubensicherung

• Diese Mittel werden zum Sichern von Gewinden in Positionen eingesetzt, wo sich Schrauben durch Vibrationen lösen können. Schraubensicherungsmasse kann im Fachhandel beschafft werden. Stellen Sie sicher, dass die Gewindegänge beider Komponenten vollständig sauber und trocken sind, bevor Sie das Mittel sparsam auftragen (siehe *Werkzeug- und Werkstatt-Tipps* für weitere Informationen).

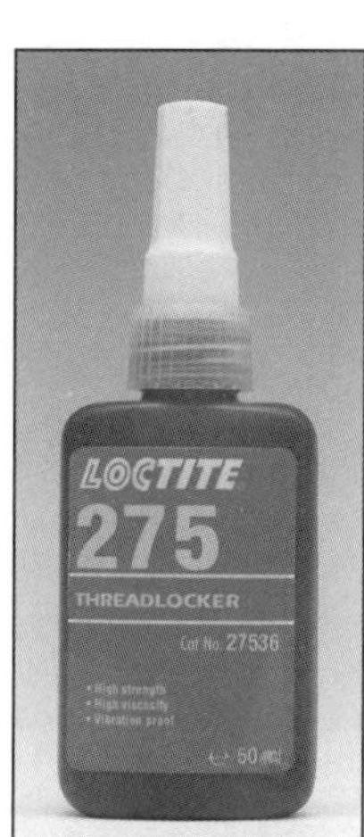

Kraftstoff-Additive

• Mittel zum Schutz und zur Reinigung des Kraftstoffsystems gibt es in vielfältiger Auswahl. Diese Additive sind konzipiert, alle Ablagerungen in Vergasern und Einspritzanlagen zu entfernen und vor Verschleiß zu schützen, um das Kraftstoffsystem wirkungsvoll funktionieren zu lassen. Wenn ein Kraftstoff-Additiv verwendet wird, muss zuvor sichergestellt sein, dass es in Ihrem Motorrad eingesetzt werden kann, besonders wenn dieses mit einem Katalysator ausgerüstet ist.

• Sogenannte Oktan-Booster erhöhen die Klopffestigkeit des Treibstoffs. Sie können die Leistungsfähigkeit stark getunter Motoren verbessern, wenn diese mit einfachem Benzin betrieben werden – in Serienmotoren bringen sie nichts.

Wachse und Polituren

• Wachse und Polituren reinigen und konservieren lackierte Teile. Da es unterschiedliche Lackarten gibt, muss ausprobiert werden, ob die jeweilige Politur bzw. das Wachs dazu passt. Für Schutzflüssigkeiten, die kein Wachs, sondern Silikon oder Polymere enthalten, verspricht die Werbung einen vielfach längeren Schutz gegenüber Wachsen. In Tests konnte die längere Dauer des Schutzes jedoch nicht nachgewiesen werden.

Sicherheitscheck

Hauptuntersuchung

In Deutschland müssen Motorräder alle zwei Jahre zur Hauptuntersuchung nach § 29 der Straßenverkehrszulassungsordnung (StVZO). Diese Untersuchung wird im Volksmund als »TÜV« bezeichnet; das stammt noch aus der Zeit, als der Technische Überwachungsverein (TÜV bzw. TÜH) das Monopol auf Hauptuntersuchungen besaß. Das ist seit einigen Jahren nicht mehr der Fall. DEKRA und auch freie Sachverständige, die einer anerkannten Überwachungsorganisation wie KÜS oder GTÜ angeschlossen sind, dürfen die Hauptuntersuchung durchführen.

Gerade bei freien Sachverständigen hat dies seine Vorteile für den Fahrzeugbesitzer: Eine familiäre Atmosphäre, sehr kurze Wartezeiten und hohe Kompetenz unterscheiden diese kleinen Prüfbüros von den häufig anonymen und bürokratischen Prüfstellen der eingesessenen Organisationen.

TÜV/TÜH (alte Bundesländer) und DEKRA (neue Bundesländer) besitzen allerdings nach wie vor das Monopol für die Begutachtung von Änderungen am Fahrzeug, für die keine Gutachten vorliegen – etwa selbstgebaute Auspuffanlagen, Umbauten zum Gespann o.Ä.

Bei der Hauptuntersuchung werden Betriebs- und Verkehrssicherheit des Motorrades geprüft. Sachverstand des Prüfers vorausgesetzt – was leider nicht immer der Fall ist –, ist dies ein notwendiger Check im Interesse des Fahrzeugbesitzers. Doch unabhängig von dieser regelmäßigen Untersuchung sollte der Fahrer des Motorrades wissen, wo die sicherheitsrelevanten Baugruppen sitzen und sie selber prüfen können.

Wenn Sie ein gebrauchtes Motorrad kaufen möchten, so ist eine kürzlich durchgeführte Hauptuntersuchung (HU) keinesfalls eine Gewähr für den einwandfreien Zustand des Fahrzeugs. Motor, Getriebe und wesentliche Teile der Elektrik werden bei der HU nicht geprüft, und selbst wichtige Baugruppen wie Bremsen und Rahmen können von einem inkompetenten Prüfer falsch beurteilt worden sein.

Elektrik

Beleuchtung

Prüfen Sie die Funktion aller Leuchten am Motorrad: Stand-, Abblend-, Fern-, Rück- und Bremslicht, Letzteres bei Fuß- und Handbremse. Das Gleiche gilt für die Blinker und eventuelle Zusatzleuchten wie Breit- oder Zusatzscheinwerfer, Nebelschlussleuchte oder Warnblinker. Häufig wird die Instrumentenbeleuchtung nicht beachtet (übrigens auch nicht bei der HU), doch auch bei einer Nachtfahrt möchte man doch wissen, wie schnell man fährt.

Scheinwerfereinstellung

Im Gegensatz zu Autos wird bei der HU die Scheinwerfereinstellung bei Motorrädern nicht überprüft. Tun Sie das daher selbst im eigenen Interesse; weder ist es angenehm, andere Verkehrsteilnehmer zu blenden, noch nachts lediglich das Vorderrad oder die Baumwipfel zu beleuchten.
Stellen Sie in einer Werkstatt, die ein Prüfgerät für PKW besitzt, den Scheinwerfer Ihres Motorrades ein. Achten Sie dabei darauf, dass Sie das Motorrad mit dem üblichen Fahrgewicht belasten (1).

Batterie

Auch der Zustand von Batterie, Sicherungen, Regler und Lichtmaschine ist sicherheitsrelevant. Stellen Sie sich beispielsweise vor, auf der Überholspur der Autobahn geht schlagartig der Motor aus, weil es an Zündfunken fehlt, oder nachts in der gleichen Situation bleibt plötzlich das Licht weg.

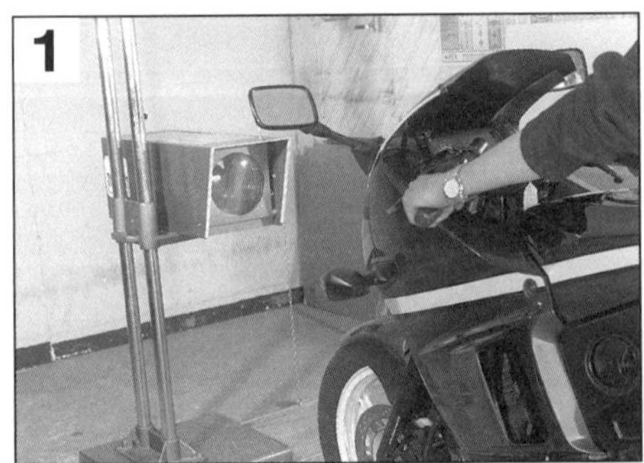

Prüfen der Scheinwerfereinstellung mit einem PKW-Prüfgerät

Auspuff und Antrieb

Auspuff

Auspuff und Schalldämpfer haben zugegebenermaßen wenig mit Sicherheit zu tun. Allerdings kann mit einer nicht genehmigten Änderung die Betriebserlaubnis des Fahrzeugs erlöschen, was bei einem Unfall – der noch nicht einmal selbst verschuldet sein muss – unangenehme Folgen haben kann: Fahren ohne Versicherungsschutz, eventuell Fahren ohne Führerschein (wenn das Motorrad serienmäßig leistungsbegrenzt und die Fahrerlaubnis darauf beschränkt war), Fahren ohne Betriebserlaubnis u.a. Stellen Sie also sicher, dass der angebaute Auspuff entweder serienmäßig oder eingetragen ist, dass die Anlage fest sitzt und keine Löcher oder Durchrostungen vorliegen.

Antrieb

Sehr viel mehr mit Sicherheit hat der Hinterradantrieb zu tun, obwohl er bei der HU nicht geprüft wird. Ist die Kette in ordentlichem Zustand und weist die richtige Spannung auf? Sind Ritzel und Kettenrad nicht übermäßig abgenutzt? Bei Kardanmaschinen: Ist der Hinterradantrieb öldicht? Ist die Mitnehmerverzahnung des Hinterrads in Ordnung? (Für diese Prüfung muss das Hinterrad ausgebaut werden.)

Steuerkopf und Federung

Steuerkopf

Entlasten Sie das Vorderrad, sodass es frei in der Luft steht. Schwenken Sie den Lenker langsam von Anschlag zu Anschlag. Ist der Lenker dabei schwergängig? Sind »Raststellen« zu spüren? Schlägt etwas am Tank an? Das alles darf nicht der Fall sein, andernfalls sind Lenkkopflager und/oder Anschläge neu zu justieren bzw. auszutauschen (2).
Fassen Sie die beiden Enden der Vorderachse mit den Fäusten und versuchen Sie, das Rad nach hinten und vorne zu drücken. Ein loses Lenkkopflager können Sie dabei an einem »Klacken« erkennen, wobei das Geräusch auch von einer ausgeschlagenen Telegabel kommen kann. Um sicher zu gehen, lassen Sie bei diesem Test eine zweite Person einen Finger an den Spalt zwischen Lenkkopf und unterer Gabelbrücke legen. Selbst ein kleines Spiel des Lagers lässt sich so feststellen (3).

Vorderradfederung

Bocken Sie das Motorrad ab und halten es mit der Vorderbremse fest. Drücken Sie nun mit dem Lenker die Telegabel zusammen. Sie darf dabei nicht stocken oder klemmen (4). Prüfen Sie die Enden der Tauchrohre auf Öldichtigkeit. Ölnebel oder gar -tropfen weisen auf undichte Simmerringe hin (5).
Prüfen Sie schließlich den Ölstand in den Telegabelrohren nach Anleitung.

Hinterradfederung

Lassen Sie das Motorrad in abgebocktem Zustand von einer zweiten Person festhalten. Drücken Sie das Heck nach unten. Die Hinterradfederung darf dabei nicht stocken oder klemmen. Das Heck darf nach dem Loslassen auch nicht nachschwingen (6).
Kontrollieren Sie den Hinterradstoßdämpfer auf Öldichtigkeit (8).

Bei Maschinen mit einem Zentralfederbein können die Lager der Anlenkhebel ausschlagen. Lassen Sie eine zweite Person das Hinterrad des Motorrads anheben, und beobachten Sie dabei mit einer Taschenlampe die Lagerstellen, um Spiel festzustellen (7, 8).

Um das Lenkkopflager zu prüfen, darf das Vorderrad nicht aufstehen, auch nicht so!

Prüfen von unzulässigem Spiel in Lenkkopflager und Telegabel

Bei gezogener Handbremse mit dem Lenker die Telegabel zusammendrücken.

Bei undichten Simmerringen tritt Öl am oberen Ende des Tauchrohrs aus.

Herunterdrücken des Hecks zum Prüfen der Hinterradfederung

Anheben des Hinterrades, um Spiel . . .

Am Stoßdämpfer darf kein Öl austreten.

Bremsen, Räder und Reifen

Bremsen

Ziehen Sie bei angehobenem Rad die jeweilige Bremse, und lösen Sie sie wieder. Danach muss sich das Rad frei drehen lassen, ohne dass die Bremse klemmt. Leichte Schleifgeräusche dabei sind bei Scheibenbremsen normal.

Unterziehen Sie die Bremsscheibe einer Sichtprüfung. Sie darf im Bremsbereich keine Riefen und Absätze aufweisen, erst recht keine Risse.

Prüfen Sie die Belagstärke der Bremsbacken, wie im Handbuch beschrieben (10).

Prüfen Sie bei hydraulischen Bremsen alle Schläuche und Leitungen bei betätigter Bremse auf Undichtigkeiten. Prüfen Sie den Pegel im Bremsflüssigkeitsvorratsbehälter.

Räder und Reifen

Prüfen Sie Gussräder auf Beschädigung und Risse, Drahtspeichenräder auf lose, verbogene und gebrochene Speichen. Lassen Sie das angehobene Rad frei drehen und prüfen es und den Reifen auf runden Lauf. Kontrollieren Sie, ob das Rad ausgewuchtet wurde und die Wuchtgewichte sich noch an ihren Plätzen befinden.

Fassen Sie das Rad, und versuchen Sie, es nach links und rechts zu drücken. Dabei darf kein Spiel der Radlager feststellbar sein (13). Prüfen Sie den Reifen auf Risse, Beschädigungen und Profiltiefe. In Deutschland muss das Profil an allen Stellen mindestens 1,6 Millimeter tief sein (14).

Stellen Sie sicher, dass Reifen mit den vorgeschriebenen Maßen und Herstellerbindungen montiert sind (siehe Angaben im Fahrzeugschein). Beachten Sie Laufrichtungspfeile an den Reifen-Seitenwänden (15).

Prüfen Sie den Festsitz aller Achsen- und Klemmfaustmuttern und das Vorhandensein vorgesehener Splinte (16).

Die Radflucht (Spur) können Sie am besten mit einer Spurlatte feststellen (17; siehe Beschreibung vorne im Buch).

Allgemeine Checks

Prüfen Sie den Festsitz aller wesentlichen Muttern von Verkleidung, Lenker, Sitzbank, Motor, Rahmen und Schutzblechen. Fußrasten und Haltegriffe dürfen nicht verbogen oder lose sein. An keiner Stelle darf der Rahmen Durchrostungen zeigen.

Der Verschleiß der Bremsbeläge kann ohne den Ausbau des Bremssattels kontrolliert werden. Die meisten Bremsbeläge haben Verschleißanzeigen (Pfeil)

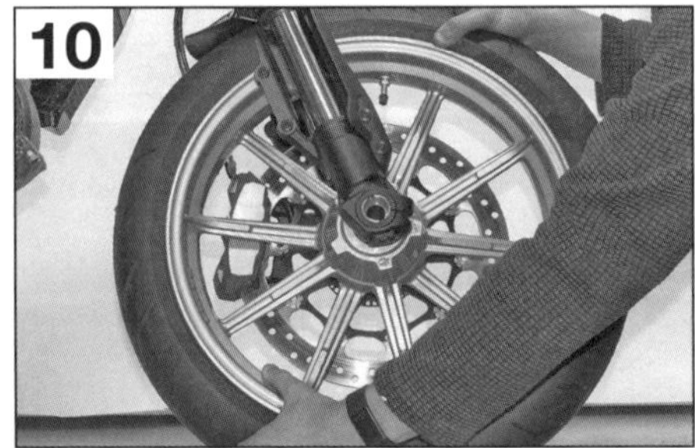

Prüfen Sie das Radlagerspiel, indem Sie das Rad nach links und rechts drücken.

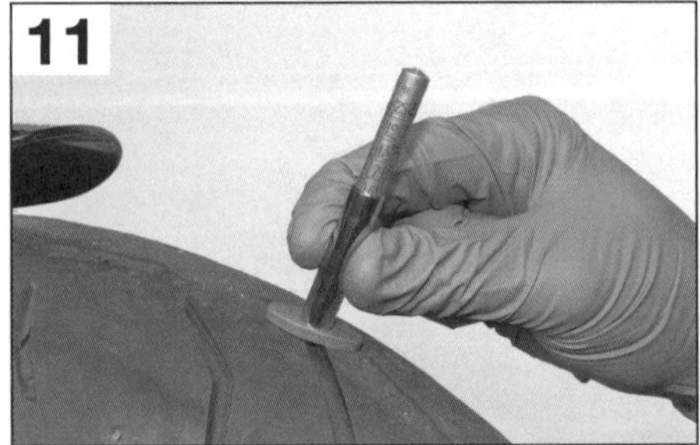

Richtungspfeile auf dem Reifen und an der Felge

Achsmutter (A), Klemmschrauben (B)

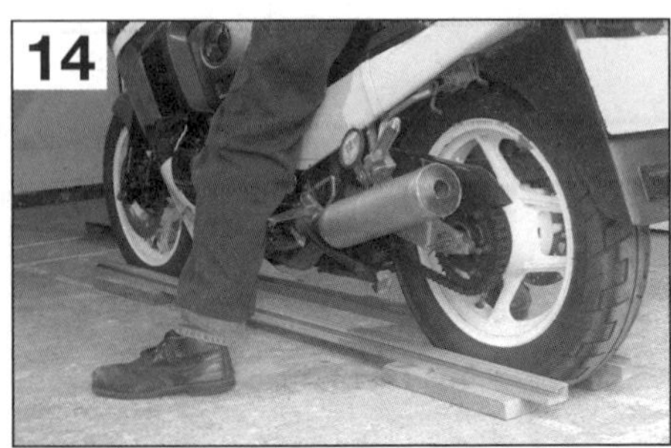

Prüfen der Radflucht mit Spurstangen

Stilllegen

Es sind einige Dinge zu beachten, bevor man das Motorrad für längere Zeit stilllegt, etwa über den Winter. Das Fahrzeug abzustellen, ohne die beschriebenen Arbeiten auszuführen, bringt erhöhten Verschleiß und Schwierigkeiten beim »Ausmotten« mit sich.

1. Waschen und reinigen Sie das Motorrad gründlich. Führen Sie notwendige Reparaturen jetzt durch, da Sie nach dem Winter ja doch keine Lust dazu haben werden.
2. Fahren Sie das Motorrad warm. Legen Sie dazu an einem sonnigen Tag eine Tour von mindestens 20 Kilometer ein. Fahren Sie auf dem Rückweg an einer Tankstelle vorbei, tanken Sie randvoll und erhöhen Sie den Reifendruck um etwa 1 bar über den vorgeschriebenen Wert.
3. Stellen Sie das Motorrad an einem trockenen Platz ab, wo es längere Zeit stehen soll. Bocken Sie es so auf, dass kein Reifen den Boden berührt.
4. Führen Sie Motor-, Getriebe- und eventuell (bei Kardanmaschinen) Hinterradölwechsel durch. Das geht gut, weil der Motor jetzt noch warm ist. Altes Öl enthält aus Verbrennungsrückständen saure Bestandteile, die mit der Zeit Metall angreifen, daher sollte es nicht im Motorrad belassen werden.
5. Schmieren Sie die Antriebskette.
6. Verschließen Sie die Auspuffrohre mit Plastiktüten, oder stopfen Sie Lappen hinein, um Kondenswasser und damit Innenrost zu vermeiden (3).
7. Drehen Sie alle Zündkerzen heraus und füllen in jedes Loch etwa 20 ml (1 Esslöffel) frisches Motoröl. Legen Sie danach den höchsten Gang ein und drehen den Motor ein paar Mal mit dem Hinterrad durch. Das verteilt das Öl an die Zylinderwände und verhindert Rost. Schrauben Sie die Kerzen wieder ein (1).
8. Ölen Sie alle Bowdenzüge mit einer alten Spritze und Nähmaschinenöl (Beschreibung siehe vorne im Buch).
9. Schließen Sie die Benzinhähne, und entleeren Sie die Schwimmerkammern aller Vergaser, um Verharzung des Benzins zu vermeiden und um beim späteren Start gleich frisches Benzin aus dem Tank zur Verfügung zu haben (2).
10. Bauen Sie die Batterie aus (3) und stellen sie an einen kühlen, frostfreien, trockenen Ort (z.B. Keller). Laden Sie sie etwa alle vier Wochen mit einem Steckerladegerät einen Tag lang nach (Ladestrom max. 1/10 des Wertes der Batteriekapazität). Noch besser ist es, die Batterie ins Auto einzubauen (Parallelanschluss zur Autobatterie).
11. Konservieren Sie leicht rostende und Chromstellen des Motorrades mit Sprühöl oder Wachs.
12. Reinigen Sie den Luftfiltereinsatz und bauen ihn wieder ein.
13. Bedecken Sie das Motorrad mit einem alten Laken oder einem anderen Stoff. Plastikfolie ist nicht geeignet, weil sich darunter Kondenswasser bildet und das Fahrzeug rostet.

Etwas Motoröl in jedes Kerzenloch geben.

Die meisten Vergaser-Schwimmerkammern besitzen eine Schraube, mit der man das Benzin aus der Kammer ablassen kann.

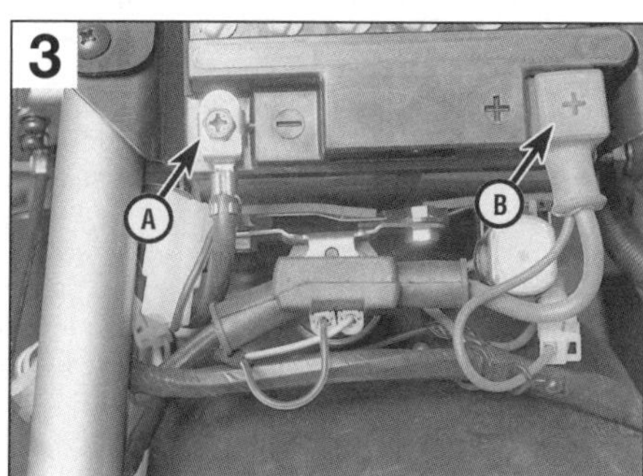

Batterie abklemmen, Minuspol (A) zuerst.

Inbetriebnahme

Haben Sie das Motorrad wie beschrieben gewissenhaft »eingemottet«, so ist der Start in die neue Saison kein Problem.

1. Bauen Sie die geladene Batterie wieder ein (Pluspol zuerst anschließen, Kupferpaste an den Polen nicht vergessen).
2. Wischen Sie überschüssiges Konservierungsöl und -wachs ab.
3. Kontrollieren Sie den Reifen-Luftdruck.
4. Entfernen Sie Plastiktüten bzw. Lappen von den Auspuffrohren.
5. Stellen Sie die Benzinhähne auf »ON« (bei normalen Hähnen) bzw. auf »PRI« (bei Unterdruck-Benzinhähnen), damit die Schwimmerkammern mit frischem Benzin gefüllt werden.
6. Ziehen Sie die Kupplung und befestigen Sie den Hebel mit einem Gummi am Handgriff. Nach längerer Standzeit können die Lamellen zusammenkleben (4).
7. Starten Sie den Motor und lassen ihn etwa eine Minute laufen. Stellen Sie dabei einen eventuellen Unterdruckbenzinhahn wieder auf »ON«.
8. Schalten Sie den Motor wieder aus und kontrollieren nach etwa einer Minute den Motorölstand. Bei Motoren mit Trockensumpf-Schmierung kann es nämlich sein, dass durch die lange Standzeit das Öl aus dem Öltank in den Motor gelaufen ist, sodass eine Kontrolle vor dem Laufenlassen ein falsches Ergebnis brächte. Lösen Sie den Kupplungshebel wieder.
9. Prüfen Sie die Funktion beider Bremsen. Vor allem müssen sie nach dem Bremsen die Räder wieder freigeben.

Das Motorrad ist jetzt bereit zur ersten Fahrt. Lassen Sie es langsam angehen, denn auch die Reflexe müssen erst wieder sitzen. Gute Fahrt!

Der Kupplungshebel wird mit einem Gummi am Handgriff festgebunden.

Fehlersuche

Einleitung

Fahrzeugbesitzer, die alle Wartungsarbeiten entsprechend der Vorgaben erledigen, müssen in diese Sektion nicht allzu oft hineinschauen. Vorausgesetzt, dass Verschleiß und Alterung regelmäßig überprüft und entsprechende Teile erneuert werden, muss dank der Zuverlässigkeit moderner Komponenten heute kaum noch mit plötzlichen Ausfällen gerechnet werden; allerdings steigt die Wahrscheinlichkeit mit zunehmendem Alter und hoher Laufleistung immer mehr an. Störungen entstehen üblicherweise nicht als Ergebnis eines plötzlichen Ausfalls, sondern entwickeln sich mit der Zeit. Gerade größeren technischen Defekten gehen zumeist charakteristische Symptome über Hunderte oder gar Tausende von Kilometern voraus. Bauteile, die gelegentlich ohne Vorwarnung ausfallen, sind oft klein und können leicht repariert oder ausgetauscht werden.

Bei jeder Fehlersuche liegt der erste Schritt in der Entscheidung, wo mit der Untersuchung begonnen werden soll. Manchmal ist dies offensichtlich, doch hin und wieder ist auch etwas Detektivarbeit nötig. Besitzer, die ein halbes Dutzend planlose Einstellungen vornehmen oder willkürlich Teile tauschen, mögen beim Behandeln von Ausfällen (oder deren Symptomen) erfolgreich sein, sind aber nicht klüger, wenn der Defekt zurückkehrt; zudem haben sie am Ende mehr Geld und Zeit als nötig investiert. Eine ruhige und logische Herangehensweise ist langfristig gesehen deutlich zufriedenstellender. Stets müssen Warnsignale und Abnormalitäten aller Art berücksichtigt werden, die in der Zeit vor dem Ausfall bemerkt wurden: Leistungsmangel, hohe oder niedrige Anzeigewerte, ungewöhnliche Gerüche usw. Zudem muss bedacht werden, dass Ausfälle von Bauteilen wie Sicherungen oder Zündkerzen zumeist nur Hinweise auf tatsächliche Defekte sind.

Die folgenden Seiten stellen einen einfachen Leitfaden zu den üblichen Problemen dar, die im normalen Fahrbetrieb auftreten können. Diese Probleme und ihre möglichen Ursachen sind nach den verschiedenen Komponenten oder Systemen (Motor, Fahrwerk usw.) geordnet. Das Kapitel, in dem das Problem behandelt wird, ist in Klammern angegeben. Wo auch immer der Defekt liegt – es gelten stets gewisse Grundprinzipien:

Überprüfen Sie den Defekt. Hier geht es einfach darum, vor Arbeitsbeginn die Symptome mit Sicherheit zu erkennen. Dies ist besonders wichtig, falls man einen Fehler für jemand anderes finden muss, der das Problem vielleicht nicht exakt beschreiben konnte.

Übersehen Sie nicht das Wesentliche. Lässt sich das Fahrzeug beispielsweise nicht starten, sollte auch überprüft werden, ob Kraftstoff im Tank ist (Vertrauen Sie gerade hierbei nie den Worten anderer oder der Tankanzeige). Falls ein Elektrik-Ausfall festgestellt wird, muss zuerst auf getrennte Stecker oder lockere Kabel geachtet werden, bevor die Prüfausrüstung ausgepackt wird.

Heilen Sie das Leiden, nicht die Symptome. Eine entladene Batterie durch eine vollständig geladene zu ersetzen, kann zunächst die Heimreise sicherstellen, doch wenn die zugrunde liegende Ursache nicht behandelt wird, ist die neue Batterie bald wieder leer. Genauso macht der Austausch einer verölten Zündkerze durch ein Neuteil das Motorrad erst einmal wieder mobil, doch auch der Grund für diese Verschmutzung (solange es nicht ein falscher Wärmewert war) muss rasch gefunden und behoben werden.

Nehmen Sie nichts als gegeben hin. Vergessen Sie vor allem niemals, dass auch eine »neue« Komponente defekt sein kann (besonders, wenn sie schon monatelang im Tankrucksack durchgeschüttelt wurde). Schließen Sie auch keine Komponenten bei der Fehlerdiagnose aus, nur weil sie neu sind oder erst kürzlich installiert wurden. Wenn schließlich ein schwieriger Defekt diagnostiziert wurde, wird man möglicherweise feststellen, dass alle Beweise von Anfang an darauf hingewiesen haben.

Das Onboard-Diagnosesystem (EOBD) speichert Fehler der Motorsteuerung und zeigt sie im Display an – beachten Sie für Details die Hinweise in Kapitel 3, Sektion 10

Motor lässt sich nur schwierig oder gar nicht starten

- ☐ Anlasser dreht nicht
- ☐ Anlasser dreht, aber Motor dreht nicht mit
- ☐ Anlasser will drehen, aber Motor blockiert
- ☐ Benzinzufuhr unterbrochen
- ☐ Motor »abgesoffen«
- ☐ Zündfunke schwach oder nicht vorhanden
- ☐ Kompression niedrig
- ☐ Motor springt kurz an und geht wieder aus/Standgas ungleichmäßig

Motor läuft schlecht bei niedrigen Drehzahlen

- ☐ Zündfunke schwach
- ☐ Kraftstoff/Luft-Gemisch inkorrekt
- ☐ Kompression niedrig
- ☐ Beschleunigung schwach

Schlechter Motorlauf oder geringe Leistung bei hohen Drehzahlen

- ☐ Zündzeitpunkt falsch
- ☐ Kraftstoff/Luft-Gemisch inkorrekt
- ☐ Kompression niedrig
- ☐ Klopfen oder Klingeln
- ☐ Verschiedene Gründe

Niedriger Öldruck

- ☐ Motor-Schmiersystem

Überhitzung

- ☐ Kühlprobleme
- ☐ Zündzeitpunkt inkorrekt
- ☐ Kraftstoff/Luft-Gemisch inkorrekt
- ☐ Kompression zu hoch
- ☐ Motorlast zu hoch
- ☐ Motorschmierung unzureichend
- ☐ Verschiedene Gründe

Kupplungsprobleme

- ☐ Kupplung rutscht durch
- ☐ Kupplung trennt nicht vollständig

Getriebeprobleme

- ☐ Gänge lassen sich nicht einlegen oder Schalthebel kehrt nicht zurück
- ☐ Gänge springen heraus
- ☐ Gänge werden übersprungen

Ungewöhnliche Motorgeräusche

- ☐ Klopfen oder Klingeln
- ☐ Kolbenkippen oder Klappern
- ☐ Ventiltrieb-Geräusche
- ☐ Andere Geräusche

Ungewöhnliche Antriebs-Geräusche

- ☐ Kupplungs-Geräusche
- ☐ Getriebe-Geräusche
- ☐ Endantrieb-Geräusche

Ungewöhnliche Fahrwerkgeräusche

- ☐ Geräusche von vorn
- ☐ Geräusche von hinten
- ☐ Geräusche beim Bremsen

Öldruck-Warnlampe leuchtet auf

☐ Unzureichende Schmierung
☐ Elektrik-Fehler

Auspuff-Rauch

☐ Weißer oder hellblauer Rauch
☐ Schwarzer Rauch (fettes Gemisch)
☐ Brauner Rauch (mageres Gemisch)

Schlechtes Fahrverhalten, Instabilität

☐ Lenkung schwergängig
☐ Lenkerflattern oder starke Vibrationen
☐ Motorrad zieht zu einer Seite
☐ Federelemente schlecht dämpfend

Bremsenprobleme

☐ Bremswirkung gering
☐ Bremshebel oder Bremspedal pulsiert
☐ Bremse schleift
☐ ABS-Probleme

Elektrikprobleme

☐ Batterie tot oder schwach
☐ Batterie überladen (überhitzt)

Motor lässt sich nur schwierig oder gar nicht starten

Anlasser dreht nicht

☐ Killschalter steht auf OFF
☐ Sicherung durchgebrannt – Hauptsicherung und Zündung-Sicherung kontrollieren (Kapitel 7, Sektion 5).
☐ Batteriespannung niedrig – Batterie kontrollieren und laden oder ersetzen (Kapitel 7, Sektion 3).
☐ Batterie-Anschlüsse locker oder korrodiert – reinigen und/oder anziehen (Kapitel 7, Sektion 3).
☐ Anlasser defekt – Stromversorgung zum Anlasser prüfen; Kabel müssen frei von Korrosion und sicher verbunden sein; Anlasserrelais muss beim Drücken des Startknopfs klicken – dreht dabei der Anlasser nicht, ist er oder das Hauptkabel zur Batterie defekt; nötigenfalls reparieren oder ersetzen (Kapitel 7, Sektion 23).
☐ Anlasserrelais defekt – Stromversorgung zum Relais prüfen; Kabel müssen frei von Korrosion und sicher verbunden sein; Relais prüfen – interne Korrosion oder Funkenbildung kann dafür sorgen, dass auch bei einem beim Drücken des Startknopfs klickenden Relais nicht genügend Strom zum Anlasser geleitet wird (Kapitel 7, Sektion 23).
☐ Startknopf defekt; Kontakte können feucht, korrodiert oder verschmutzt sein – zerlegen und reinigen (Kapitel 7, Sektion 17).
☐ Stromkreis unterbrochen oder Kurzschluss – alle Anschlüsse und Kabel prüfen, um sicherzugehen, dass sie trocken, fest verbunden und nicht korrodiert sind; auch gebrochene oder abisolierte Kabel können Kurzschlüsse verursachen.
☐ Zündschloss oder Killschalter defekt – kontrollieren und reinigen, nötigenfalls austauschen (Kapitel 7, Sektion 16).
☐ Getriebesensor/Leerlaufschalter, Seitenständerschalter oder Kupplungsschalter defekt – Verkabelung und Schalter selbst kontrollieren (Kapitel 7).
☐ Einspritzanlagen-Abschaltung durch Systemfehler (Kapitel 3).

Anlasser dreht, aber Motor dreht nicht mit

☐ Anlasserfreilauf defekt – kontrollieren und reparieren oder ersetzen (Kapitel 2, Sektion 13).
☐ Untersetzungsrad- oder Freilaufrad-Verzahnung beschädigt – kontrollieren und schadhafte Teile ersetzen (Kapitel 2, Sektion 13).

Anlasser will drehen, aber Motor blockiert

☐ Motor aufgrund von starkem Verschleiß, internen Schäden oder Schmiermangel festgegangen – Ursachen: Kolbenfresser, Lagerschaden, gerissene oder übergesprungene Steuerkette, Getriebeschaden (Kapitel 2).

Benzinzufuhr unterbrochen

☐ Tank leer
☐ Tankbelüftungs-Schlauch oder Verdunstungsregelung verstopft – reinigen und ausblasen oder ersetzen (Kapitel 3, Sektion 2).
☐ Benzinpumpen-Relais defekt – kontrollieren (Kapitel 7, Sektion 15).
☐ Benzinpumpe oder Druckregler defekt oder interner Pumpenfilter verstopft (Kapitel 3, Sektion 3).
☐ Motorsteuermodul defekt (Kapitel 3, Sektion 13).
☐ Benzinschlauch geknickt – Zustand und Verlegung des Schlauchs kontrollieren und ggf. ersetzen (Kapitel 3).
☐ Benzinpumpen-Stromkreis unterbrochen – alle Komponenten des Stromkreises kontrollieren (Kapitel 3).
☐ Benzinpumpe ausgefallen – Probleme können sein: defekter Pumpenmotor oder Druckregler, Filter oder Ansaugsieb verstopft; in allen Fällen hilft nur der Austausch der Pumpe (Kapitel 3, Sektion 3).
☐ Einspritzdüse oder Druckspeicher verstopft – falls beide Düsen verstopft sind, kann sehr schlechter Kraftstoff mit ungewöhnlichen Additiven die Ursache sein oder es sind andere Fremdstoffe in den Tank gelangt. Falls das Motorrad mehrere Monate nicht gefahren wurde, können Ablagerungen dazu führen, dass Einspritzdüsen-Nadeln in ihren Sitzen kleben. Entleeren Sie den Tank und das Kraftstoffsystem und unterziehen Sie die Einspritzdüsen einer Ultraschall-Reinigung oder ersetzen Sie sie (Kapitel 3, Sektion 8).

Motor »abgesoffen«

☐ Einspritzdüsen-Nadelventil verschlissen oder klemmt offen. Schmutz oder andere Partikel haben dafür gesorgt, dass die Düsennadel nicht richtig sitzt; Systemdruck zu hoch – zuerst Einspritzdüse dann Kraftstoffdruck kontrollieren (Kapitel 3, Sektion 8).
☐ Falsche Start-Technik – Motor sollte sich bei jeder Temperatur stets ohne Gasgeben starten lassen.

Zündfunke schwach oder nicht vorhanden

☐ Zündschloss oder Killschalter stehen auf OFF
☐ Zündschloss oder Killschalter durch Feuchtigkeit, Korrosion, Beschädigungen oder übermäßigen Verschleiß kurzgeschlossen – Schalter ggf. öffnen und mit Kontaktspray reinigen oder nötigenfalls ersetzen (Kapitel 7).
☐ Batteriespannung niedrig – kontrollieren und ggf. laden oder ersetzen (Kapitel 7, Sektion 4).
☐ Zündkerze verschmutzt, defekt oder verschlissen – reinigen oder ersetzen (Kapitel 1).
☐ Zündkerzenstecker oder Zündkabel defekt – kontrollieren (Kapitel 1).
☐ Zündkerzenstecker hat schlechten Kontakt – festen Sitz auf Zündkerze prüfen (Kapitel 1).
☐ Zündkerzen mit falschen Wärmewerten oder vom falschen Typ – kontrollieren und ggf. austauschen (Kapitel 1).
☐ Zündspule defekt – kontrollieren (Kapitel 3, Sektion 19).
☐ Einspritzanlagen-Abschaltung durch Systemfehler (Kapitel 3).
☐ Kurbelwellensensor defekt (Kapitel 3).
☐ Motorsteuermodul defekt – kontrollieren lassen (Kapitel 3).
☐ Zündungs-Stromkreis unterbrochen oder Kurzschluss zwischen:
a) Zündschloss und Killschalter (oder Sicherung geschmolzen)
b) Motorsteuermodul und Killschalter
c) Motorsteuermodul und Zündspulen
d) Motorsteuermodul und Kurbelwellensensor

☐ Alle Anschlüsse und Kabel prüfen, um sicherzugehen, dass sie trocken, fest verbunden und nicht korrodiert sind; auch gebrochene oder abisolierte Kabel können Kurzschlüsse verursachen (Kapitel 3 und 7).

Kompression niedrig

☐ Zündkerze locker – ausbauen und Gewinde kontrollieren; korrekt installieren und mit 20 Nm anziehen (Kapitel 1, Sektion 19).
☐ Zylinderkopf nicht fest genug angezogen. Hierbei wird auf Dauer die Zylinderkopfdichtung beschädigt – kontrollieren und ggf. ersetzen, Zylinderkopf-Schrauben mit korrekten Drehmomenten anziehen (Kapitel 2, Sektion 8).
☐ Ventilspiel inkorrekt (zu geringes Spiel kann das vollständige Schließen des Ventils verhindern) – Einstellen (Kapitel 1).
☐ Zylinder und/oder Kolben (einschließlich Kolbenringen) verschlissen. Hoher Verschleiß lässt Kompressionsdruck an den Kolbenringen vorbeiströmen – Motor überholen (Kapitel 2).
☐ Kolbenringe verschlissen, ermüdet, gebrochen oder verklemmt – gebrochene oder klemmende Ringe sind üblicherweise durch hohen Benzin- und Ölverbrauch sowie Ölkohleablagerungen im Brennraum und starke Rauchentwicklung erkennbar. Zylinder und Kolben samt Ringen kontrollieren (Kapitel 2).
☐ Kolbenringe haben zu viel Spiel in ihren Nuten – Kolben sind ausgeschlagen und müssen ersetzt werden (Kapitel 2, Sektion 12).
☐ Zylinderkopfdichtung beschädigt – durch locker sitzendem Zylinderkopf oder starken Ölkohleablagerungen im Brennraum (höhere Verdichtung und Klopfen/Klingeln). Zylinderkopf-Schrauben mit korrekten Drehmomenten anziehen kann helfen, ansonsten Dichtung ersetzen (Kapitel 2, Sektion 8).
☐ Zylinderkopf durch Überhitzung oder falsch angezogene Zylinderkopf-Schrauben verzogen – Dichtfläche planen lassen oder Zylinderkopf ersetzen (Kapitel 2).
☐ Ventil sitzt nicht richtig. Ventil kann verbogen (Motor überdreht oder Ventilspiel falsch), verbrannt (schlechte Verbrennung) oder mit Ölkohleablagerungen versetzt sein (schlechte Verbrennung oder Ölverbrennung) – reinigen oder ersetzen und Ventilsitze läppen oder schleifen (Kapitel 2, Sektion 10).

Motor springt kurz an und geht wieder aus/Standgas ungleichmäßig

☐ Standgasdrehzahl falsch – Standgasregelung defekt (Kapitel 1, Sektion 10)
☐ Zündungsprobleme (Kapitel 3, Sektion 19)
☐ Einspritzanlagen-Probleme (Kapitel 3, Sektion 11)
☐ Benzin verunreinigt (Ablagerungen oder Wasser, chemische Veränderung durch langes Lagern im Tank) – Tank und Kraftstoffsystem entleeren.
☐ Motor zieht Nebenluft – auf lockere Verbindungen im Einlasstrakt, lockeren oder beschädigten Sekundärluft-Schlauch oder Drosselklappensynchronisations-Schlauchstopfen kontrollieren (Kapitel 3, Sektion 5).
☐ Luftfilter verstopft – reinigen oder erneuern (Kapitel 1, Sektion 6)

Motor läuft schlecht bei niedrigen Drehzahlen

Zündfunke schwach

☐ Batteriespannung niedrig – kontrollieren und ggf. laden oder ersetzen (Kapitel 7, Sektion 4).
☐ Zündkerze verschmutzt, defekt oder verschlissen – reinigen oder ersetzen (Kapitel 1, Sektion 19)
☐ Zündkerzenstecker oder Zündkabel defekt – kontrollieren (Kapitel 1)
☐ Zündkerzenstecker hat schlechten Kontakt – festen Sitz auf Zündkerze prüfen
☐ Zündkerzen mit falschen Wärmewerten oder vom falschen Typ – kontrollieren und ggf. austauschen (Kapitel 1, Sektion 19).
☐ Zündspulenstecker locker oder korrodiert – kontrollieren und reinigen (Kapitel 3, Sektion 20)
☐ Zündspule oder Kerzenstecker defekt – kontrollieren (Kapitel 3, Sektion 19 und 20)
☐ Motorsteuermodul defekt – kontrollieren lassen (Kapitel 3, Sektion 13)

Kraftstoff/Luft-Gemisch inkorrekt

☐ Tankbelüftungsschlauch oder Verdunstungsregelung verstopft – reinigen und ausblasen oder ersetzen (Kapitel 3, Sektion 2)
☐ Benzinpumpe oder Druckregler defekt oder interner Pumpenfilter verstopft (Kapitel 3, Sektion 3).
☐ Benzinschlauch geknickt – Zustand und Verlegung des Schlauchs kontrollieren und ggf. ersetzen (Kapitel 4).
☐ Einspritzdüse oder Druckspeicher verstopft – falls alle Düsen verstopft sind, kann sehr schlechter Kraftstoff mit ungewöhnlichen Additiven die Ursache sein oder es sind andere Fremdstoffe in den Tank gelangt. Falls das Motorrad mehrere Monate nicht gefahren wurde, können Ablagerungen dazu führen, dass Einspritzdüsen-Nadeln in ihren Sitzen kleben. Entleeren Sie den Tank und das Kraftstoffsystem und unterziehen Sie die Einspritzdüsen einer Ultraschall-Reinigung oder ersetzen Sie sie (Kapitel 3, Sektion 8).
☐ Motor zieht Nebenluft – auf lockere Verbindungen zwischen Drosselklappengehäuse und Einlassstutzen oder beschädigte Dichtung kontrollieren (Kapitel 3, Sektion 5).
☐ Luftfilterelement verstopft, schlecht abgedichtet oder nicht vorhanden (Kapitel 1, Sektion 6)

Kompression niedrig

Anmerkung: *Prüfen Sie dies mit einer Kompressionskontrolle (siehe Kapitel 2, Sektion 3).*

☐ Zündkerze locker – ausbauen und Gewinde kontrollieren; korrekt installieren und mit 20 Nm anziehen (Kapitel 1, Sektion 19).
☐ Zylinderkopf nicht fest genug angezogen. Hierbei wird auf Dauer die Zylinderkopfdichtung beschädigt – kontrollieren und ggf. ersetzen, Zylinderkopf-Schrauben mit korrekten Drehmomenten anziehen (Kapitel 2, Sektion 8).
☐ Ventilspiel inkorrekt (zu geringes Spiel kann das vollständige Schließen des Ventils verhindern) – Einstellen (Kapitel 1, Sektion 5).
☐ Zylinder und/oder Kolben (einschließlich Kolbenringen) verschlissen. Hoher Verschleiß lässt Kompressionsdruck an den Kolbenringen vorbeiströmen – Motor überholen (Kapitel 2).
☐ Kolbenringe verschlissen, ermüdet, gebrochen oder verklemmt – gebrochene oder klemmende Ringe sind üblicherweise durch hohen Benzin- und Ölverbrauch sowie Ölkohleablagerungen im Brennraum und starke Rauchentwicklung erkennbar. Zylinder und Kolben samt Ringen kontrollieren (Kapitel 2).
☐ Kolbenringe haben zu viel Spiel in ihren Nuten – Kolben sind ausgeschlagen und müssen ersetzt werden (Kapitel 2, Sektion 12).
☐ Zylinderkopfdichtung beschädigt – durch locker sitzendem Zylinderkopf oder starken Ölkohleablagerungen im Brennraum (höhere Verdichtung und Klopfen/Klingeln). Zylinderkopf-Schrauben mit korrekten Drehmomenten anziehen kann helfen, ansonsten Dichtung ersetzen (Kapitel 2, Sektion 8).
☐ Zylinderkopf durch Überhitzung oder falsch angezogene Zylinderkopf-Schrauben verzogen – Dichtfläche planen lassen oder Zylinderkopf ersetzen (Kapitel 2).
☐ Ventil sitzt nicht richtig. Ventil kann verbogen (Motor überdreht oder Ventilspiel falsch), verbrannt (schlechte Verbrennung) oder mit Ölkohleablagerungen versetzt sein (schlechte Verbrennung oder Ölver-

brennung) – reinigen oder ersetzen und Ventilsitze läppen oder schleifen (Kapitel 2, Sektion 10).

Beschleunigung schwach

- ☐ Zündverstellung arbeitet nicht – Kurbelwellensensor oder Motorsteuermodul defekt (Kapitel 3)
- ☐ Motoröl zu »zäh« (hohe Viskosität) – höhere Viskositätswerte als 15/W50 können die Ölpumpe schädigen und die Motorreibung erhöhen.
- ☐ Bremse schleift – klemmender Bremssattel-Kolben durch Korrosion, verzogene Bremsscheibe, verbogene Radachse (Kapitel 5).

Schlechter Motorlauf oder geringe Leistung bei hohen Drehzahlen

Zündzeitpunkt inkorrekt

- ☐ Zündkerzenstecker hat schlechten Kontakt – festen Sitz auf Zündkerze prüfen
- ☐ Zündkerze verschmutzt, defekt oder verschlissen – reinigen oder ersetzen (Kapitel 1, Sektion 19)
- ☐ Zündkerze mit falschem Wärmewert – kontrollieren und ggf. ersetzen (Kapitel 1, Sektion 19)
- ☐ Zündkerzenstecker, Zündspule oder Zündkabel defekt – kontrollieren (Kapitel 3, Sektion 20)
- ☐ Motorsteuermodul defekt – testen und nötigenfalls ersetzen (Kapitel 3, Sektion 13)

Kraftstoff/Luft-Gemisch inkorrekt

- ☐ Tankbelüftungsschlauch oder Verdunstungsregelung verstopft – reinigen und ausblasen oder ersetzen
- ☐ Benzinpumpe oder Druckregler defekt oder interner Pumpenfilter verstopft (Kapitel 3, Sektion 3).
- ☐ Benzinschlauch geknickt – Zustand und Verlegung des Schlauchs kontrollieren und ggf. ersetzen (Kapitel 4).
- ☐ Einspritzdüse oder Druckspeicher verstopft – falls alle Düsen verstopft sind, kann sehr schlechter Kraftstoff mit ungewöhnlichen Additiven die Ursache sein oder es sind andere Fremdstoffe in den Tank gelangt. Falls das Motorrad mehrere Monate nicht gefahren wurde, können Ablagerungen dazu führen, dass Einspritzdüsen-Nadeln in ihren Sitzen kleben. Entleeren Sie den Tank und das Kraftstoffsystem und unterziehen Sie die Einspritzdüsen einer Ultraschall-Reinigung oder ersetzen Sie sie (Kapitel 3, Sektion 8).
- ☐ Motor zieht Nebenluft – auf lockere Verbindungen zwischen Drosselklappengehäuse und Einlassstutzen oder beschädigte Dichtung kontrollieren (Kapitel 3, Sektion 5).
- ☐ Luftfilterelement verstopft, schlecht abgedichtet oder nicht vorhanden (Kapitel 1, Sektion 6)

Kompression niedrig

Anmerkung: *Prüfen Sie dies mit einer Kompressionskontrolle (siehe Kapitel 2, Sektion 3).*

- ☐ Zündkerze locker – ausbauen und Gewinde kontrollieren; korrekt installieren und mit 20 Nm anziehen (Kapitel 1, Sektion 19).
- ☐ Zylinderkopf nicht fest genug angezogen. Hierbei wird auf Dauer die Zylinderkopfdichtung beschädigt – kontrollieren und ggf. ersetzen, Zylinderkopf-Schrauben mit korrekten Drehmomenten anziehen (Kapitel 2, Sektion 8).
- ☐ Ventilspiel inkorrekt (zu geringes Spiel kann das vollständige Schließen des Ventils verhindern) – Einstellen (Kapitel 1, Sektion 5).
- ☐ Zylinder und/oder Kolben (einschließlich Kolbenringen) verschlissen. Hoher Verschleiß lässt Kompressionsdruck an den Kolbenringen vorbeiströmen – Motor überholen (Kapitel 2).
- ☐ Kolbenringe verschlissen, ermüdet, gebrochen oder verklemmt – gebrochene oder klemmende Ringe sind üblicherweise durch hohen Benzin- und Ölverbrauch sowie Ölkohleablagerungen im Brennraum und starke Rauchentwicklung erkennbar. Zylinder und Kolben samt Ringen kontrollieren (Kapitel 2).
- ☐ Kolbenringe haben zu viel Spiel in ihren Nuten – Kolben sind ausgeschlagen und müssen ersetzt werden (Kapitel 2, Sektion 12).
- ☐ Zylinderkopfdichtung beschädigt – durch locker sitzendem Zylinderkopf oder starken Ölkohleablagerungen im Brennraum (höhere Verdichtung und Klopfen/Klingeln). Zylinderkopf-Schrauben mit korrekten Drehmomenten anziehen kann helfen, ansonsten Dichtung ersetzen (Kapitel 2, Sektion 8).
- ☐ Zylinderkopf durch Überhitzung oder falsch angezogene Zylinderkopf-Schrauben verzogen – Dichtfläche planen lassen oder Zylinderkopf ersetzen (Kapitel 2).
- ☐ Ventil sitzt nicht richtig. Ventil kann verbogen (Motor überdreht oder Ventilspiel falsch), verbrannt (schlechte Verbrennung) oder mit Ölkohleablagerungen versetzt sein (schlechte Verbrennung oder Ölverbrennung) – reinigen oder ersetzen und Ventilsitze läppen oder schleifen (Kapitel 2, Sektion 10).

Klopfen oder Klingeln

- ☐ Ölkohleablagerungen im Brennraum – eventuell mit Kraftstoff-Additiv zu beseitigen, ansonsten Zylinderkopf für mechanische Reinigung demontieren (Kapitel 2, Sektion 10).
- ☐ Kraftstoff von schlechter Qualität oder überlagert – Tank entleeren.
- ☐ Zündkerze mit falschem Wärmewert (Zündkerze wird zu heiß und führt zu Frühzündungen) – kontrollieren und ggf. ersetzen (Kapitel 1, technische Daten)
- ☐ Kraftstoff/Luft-Gemisch falsch (Motor wird zu heiß) – Einspritzanlage kontrollieren lassen, Nebenluft-Quellen schließen (Kapitel 3).

Verschiedene Gründe

- ☐ Drosselklappe öffnet nicht vollständig – Gaszug auf Knicke oder falsche Verlegung prüfen, Gaszug-Spiel prüfen und einstellen (Kapitel 1, Sektion 11).
- ☐ Kupplung schleift aufgrund lockerer oder verschlissener Komponenten (Kapitel 2, Sektion 15).
- ☐ Zündverstellung arbeitet nicht – Kurbelwellensensor oder Motorsteuermodul defekt (Kapitel 3, Sektion 12 und 13)
- ☐ Motoröl zu »zäh« (hohe Viskosität) – höhere Viskositätswerte als 15/W50 können die Ölpumpe schädigen und die Motorreibung erhöhen.
- ☐ Bremse schleift – klemmender Bremssattel-Kolben durch Korrosion, verzogene Bremsscheibe, verbogene Radachse (Kapitel 5).

Niedriger Öldruck

Motor-Schmiersystem

- ☐ Motorölpegel zu niedrig – Motor auf Undichtigkeiten und andere Probleme kontrollieren und Öl nachfüllen (siehe Tägliche Kontrollen)
- ☐ Motoröl zu alt – wechseln (Kapitel 1, Sektion 4)
- ☐ Motoröl mit falscher Viskosität oder vom falschen Typ (Kapitel 1, Sektion 4)
- ☐ Ölfilter verstopft – erneuern (Kapitel 1, Sektion 4)
- ☐ Ölpumpe defekt (Kapitel 2, Sektion 18).

Überhitzung

Kühlprobleme

☐ Kühlrippen der Zylinder stark verschmutzt – reinigen.
☐ Ölkühler stark verschmutzt – reinigen.

Zündzeitpunkt inkorrekt

☐ Zündkerze verschmutzt, defekt oder verschlissen – reinigen oder ersetzen (Kapitel 1, Sektion 19)
☐ Zündkerze mit falschem Wärmewert – kontrollieren und ggf. ersetzen (Kapitel 1, Sektion 19)
☐ Zündkerzenstecker oder Zündkabel defekt – kontrollieren (Kapitel 3, Sektion 20)
☐ Zündkerzenstecker hat schlechten Kontakt – festen Sitz auf Zündkerze prüfen
☐ Motorsteuermodul defekt – testen und nötigenfalls ersetzen (Kapitel 3, Sektion 13)
☐ Zündspule defekt – kontrollieren (Kapitel 3, Sektion 20)

Kraftstoff/Luft-Gemisch inkorrekt

☐ Tankbelüftungsschlauch oder Verdunstungsregelung verstopft – reinigen und ausblasen oder ersetzen (Kapitel 3, Sektion 2)
☐ Benzinpumpe oder Druckregler defekt oder interner Pumpenfilter verstopft (Kapitel 3, Sektion 3).
☐ Benzinschlauch geknickt – Zustand und Verlegung des Schlauchs kontrollieren und ggf. ersetzen (Kapitel 3).
☐ Einspritzdüse oder Druckspeicher verstopft – falls alle Düsen verstopft sind, kann sehr schlechter Kraftstoff mit ungewöhnlichen Additiven die Ursache sein oder es sind andere Fremdstoffe in den Tank gelangt. Falls das Motorrad mehrere Monate nicht gefahren wurde, können Ablagerungen dazu führen, dass Einspritzdüsen-Nadeln in ihren Sitzen kleben. Entleeren Sie den Tank und das Kraftstoffsystem und unterziehen Sie die Einspritzdüsen einer Ultraschall-Reinigung oder ersetzen Sie sie (Kapitel 3, Sektion 5).
☐ Motor zieht Nebenluft – auf lockere Verbindungen zwischen Drosselklappengehäuse und Einlassstutzen oder beschädigte Dichtung kontrollieren (Kapitel 3, Sektion 5).
☐ Luftfilterelement verstopft, schlecht abgedichtet oder nicht vorhanden (Kapitel 1, Sektion 6)

Kompression zu hoch

☐ Ölkohleablagerungen im Brennraum – eventuell mit Kraftstoff-Additiv zu beseitigen, ansonsten Zylinderkopf für mechanische Reinigung demontieren (Kapitel 2, Sektion 8).
☐ Zylinderkopf nach Verzug falsch geplant oder falsche Zylinderkopfdichtung installiert (Kapitel 2).

Motorlast zu hoch

☐ Kupplung schleift aufgrund lockerer oder verschlissener Komponenten (Kapitel 2, Sektion 15).
☐ Motorölpegel zu hoch – sorgt für zu hohen Druck im Motorgehäuse und ineffektive Motorleistung. Auf korrekten Pegel ablassen (Kapitel 1, Sektion 4).
☐ Motoröl zu »zäh« (hohe Viskosität) – höhere Viskositätswerte als 15/W50 können die Ölpumpe schädigen und die Motorreibung erhöhen.
☐ Reifendruck zu niedrig – kontrollieren (Tägliche Kontrollen)
☐ Bremse schleift – klemmender Bremssattel-Kolben durch Korrosion, verzogene Bremsscheibe, verbogene Radachse (Kapitel 5).

Motorschmierung unzureichend

☐ Motoröl-Pegel zu niedrig (Ölpumpe zieht gelegentlich Luft) – kontrollieren und ggf. Motoröl nachfüllen (Tägliche Kontrollen).
☐ Öldruck zu schwach – Ölpumpe kontrollieren (Kapitel 2, Sektion 18).
☐ Motoröl mit falscher Viskosität oder vom falschen Typ (Kapitel 1, Sektion 4)
☐ Ölsieb verstopft – erneuern (Kapitel , Sektion 4)

Verschiedene Gründe

☐ Modifikationen an Auspuffanlage. Viele Zubehör-Schalldämpfer haben mehr Durchlass, sodass das Gemisch abmagert und der Motor heißer wird. Bei der Montage von Zubehör-Auspuffanlagen stets nachfragen, ob das Kraftstoffsystem angepasst werden muss.

Kupplungsprobleme

Kupplung rutscht

☐ Kupplungszug-Spiel zu gering (bis Modelljahr 2018) – kontrollieren und einstellen (Kapitel 1, Sektion 8).
☐ Kupplungsbeläge verschlissen oder Scheiben verzogen – Kupplung überholen (Kapitel 2, Sektion 15).
☐ Kupplungsfedern ermüdet oder gebrochen (Überhitzung durch Kupplungsrutschen) – Federn erneuern (Kapitel 2, Sektion 15).
☐ Kupplungs-Ausrückmechanismus defekt (bis Modelljahr 2018) (Kapitel 2, Sektion 15)
☐ Kupplungsnabe oder Kupplungskorb ungleichmäßig verschlissen, sodass Scheiben keinen guten Kontakt haben – beschädigte oder verschlissene Komponenten ersetzen (Kapitel 2, Sektion 15)
☐ Motoröl vom falschen Typ oder mit falschen Additiven (z. B. »Leichtlauföl«) – ablassen und durch spezielles Motoröl für Motorradmotoren ersetzen (nötigenfalls wiederholen) (Tägliche Kontrollen)

Kupplung trennt nicht vollständig

☐ Kupplungszug-Spiel zu groß (bis Modelljahr 2018) – kontrollieren und einstellen (Kapitel 1, Sektion 8).
☐ Kupplungs-Ausrückmechanismus falsch eingestellt oder defekt (bis Modelljahr 2018) (Kapitel 2, Sektion 15).
☐ Kupplungsbeläge verzogen oder beschädigt, dadurch kein Kraftschluss und mangelhafte Beschleunigung – Kupplung überholen (Kapitel 2, Sektion 15).
☐ Kupplungsfedern ermüdet oder gebrochen – Federn erneuern (Kapitel 2, Sektion 15).
☐ Motoröl gealtert. Altes und verdünntes Öl sorgt für schlechte Kupplungsscheiben-Schmierung, dadurch kein Kraftschluss – Öl und Filter wechseln (Kapitel 1, Sektion 4).
☐ Motoröl zu »zäh« (hohe Viskosität) – höhere Viskositätswerte als 15/W50 können die Kupplungsscheiben verkleben lassen – Öl und Filter wechseln (Kapitel 1).
☐ Kupplungskorb-Lager auf Getriebewelle gefressen durch Schmiermangel, extremer Verschleiß oder Beschädigungen – Kupplung überholen und ggf. Getriebewelle ersetzen (Kapitel 2).
☐ Kupplungsmutter locker, sorgt für nicht korrekt ausgerichteten Kupplungskorb zu Kupplungsnabe, dadurch schlechter Kraftschluss, keine kontinuierliche Einstellung möglich – Kupplung überholen (Kapitel 2, Sektion 15).

Getriebeprobleme

Gänge lassen sich nicht einlegen oder Schalthebel kehrt nicht zurück

☐ Kupplung trennt nicht korrekt (siehe oben).
☐ Arretierhebel-Feder im Schaltmechanismus ermüdet oder gebrochen, Rolle an Hebel gebrochen oder verschlissen – Feder oder Hebel erneuern (Kapitel 2, Sektion 14).

- ☐ Schaltgabel(n) verbogen, verschlissen oder festgegangen – Getriebe überholen (Kapitel 2, Sektion 27)
- ☐ Zahnrad/Zahnräder klemmen auf Getriebewelle, oft durch Schmiermangel oder stark verschlissene Getriebelager oder -buchsen – Getriebe überholen (Kapitel 2, Sektion 28)
- ☐ Schaltwalze klemmt, oft durch Schmiermangel oder starken Verschleiß – Walze und/oder Lager ersetzen (Kapitel 2, Sektion 27).
- ☐ Schalthebel-Rückholfeder ermüdet oder gebrochen – ersetzen (Kapitel 2, Sektion 14).
- ☐ Schaltgestänge gebrochen, Verzahnung auf Welle oder an Schalthebel durch lockere Klemmschraube oder Sturz verschlissen – schadhafte Teile ersetzen (Kapitel 4, Sektion 3)

Gänge springen heraus

- ☐ Schaltgabel(n) verschlissen (Kapitel 2, Sektion 27).
- ☐ Schaltgabelnut(en) in Schaltwalze verschlissen (Kapitel 2, Sektion 27).
- ☐ Mitnehmer oder Nuten an/in Zahnrädern verschlissen oder beschädigt – kontrollieren und ersetzen (Kapitel 2, Sektion 28). Reparaturversuche sollten unterbleiben.

Gänge werden übersprungen

- ☐ Arretierhebel-Feder im Schaltmechanismus ermüdet oder gebrochen, Rolle an Hebel gebrochen oder verschlissen – Feder oder Hebel erneuern (Kapitel 2, Sektion 14).
- ☐ Schalthebel-Rückholfeder ermüdet oder gebrochen – ersetzen (Kapitel 2, Sektion 14).

Ungewöhnliche Motorgeräusche

Klopfen oder Klingeln

- ☐ Ölkohleablagerungen im Brennraum – eventuell mit Kraftstoff-Additiv zu beseitigen, ansonsten Zylinderkopf für mechanische Reinigung demontieren (Kapitel 2, Sektion 8).
- ☐ Kraftstoff von schlechter Qualität (Kapitel 1) oder überlagert – Tank entleeren.
- ☐ Zündkerze mit falschem Wärmewert (Zündkerze wird zu heiß und führt zu Frühzündungen) – kontrollieren und ggf. ersetzen (Kapitel 1, Sektion 19)
- ☐ Kraftstoff/Luft-Gemisch falsch (Motor wird zu heiß) – Einspritzanlage kontrollieren lassen, Nebenluft-Quellen schließen (Kapitel 3).

Kolbenkippen oder Klappern

- ☐ Kolben-Spiel im Zylinder zu groß durch übermäßigen Verschleiß an Kolben, Kolbenringen und Zylinder – kontrollieren und überholen/ersetzen (Kapitel 2).
- ☐ Kolbenring(e) verschlissen, gebrochen oder verklemmt – Motor überholen (Kapitel 2).
- ☐ Kolbenbolzen oder dessen Bohrung(en) verschlissen oder festgegangen (sehr hohe Laufleistung oder Schmiermangel) – beschädigte Teile ersetzen.
- ☐ Kolbenfresser (durch Überhitzung oder Schmiermangel) – Ursache herausfinden, Motorgehäuse ersetzen, Kolben und Ringe ersetzen (Kapitel 2).
- ☐ Pleuelfuß oder oberes Pleuelauge hat zu viel Spiel (sehr hohe Laufleistung oder Schmiermangel) – beschädigte Teile ersetzen (Kapitel 2, Sektion 25).
- ☐ Pleuel verbogen (durch Überdrehen des Motors, Startversuche bei extrem abgesoffenem Motor oder Motorschaden) – Motor überholen (Kapitel 2).

Ventiltrieb-Geräusche

- ☐ Ventilspiel unkorrekt – kontrollieren und einstellen (Kapitel 1, Sektion 5).
- ☐ Kipphebel oder Welle verschlissen oder gebrochen – ersetzen (Kapitel 2, Sektion 9).
- ☐ Nockenwelle oder Nockenwellenlager im Zylinderkopf verschlissen oder beschädigt, üblicherweise durch Ölmangel bei hohen Drehzahlen, falsches oder zu altes Motoröl (Kapitel 2, Sektion 9).

Andere Geräusche

- ☐ Zylinderkopfdichtung undicht – bei laufendem Motor rundherum auf austretende Gase kontrollieren.
- ☐ Krümmerflansch an Zylinderkopf undicht, durch unkorrekte Montage, lockere Muttern oder beschädigte Dichtung – alle Auspuffbefestigungen gleichmäßig und sorgfältig nachziehen (Kapitel 3, Sektion 15).
- ☐ Kurbelwelle durch Überdrehen, andere Motorschäden oder Sturz auf eines der Kurbelwellen-Enden verzogen – Motor überholen (Kapitel 2).
- ☐ Motorhalterungen locker – alle Bolzen und Muttern korrekt anziehen (Kapitel 2, Sektion 4).
- ☐ Kurbelwellenlager verschlissen (Kapitel 2, Sektion 24).
- ☐ Zahnriemenräder verschlissen oder Spanner defekt, Riemenrad-Befestigungen locker (Kapitel 2, Sektion 7).

Ungewöhnliche Antriebsgeräusche

Kupplungs-Geräusche

- ☐ Kupplungsscheiben haben übermäßiges Spiel im Kupplungskorb (Kapitel 2, Sektion 15)
- ☐ Kupplungskorb-Verzahnung auf Getriebeeingangswellen-Verzahnung verschlissen (Kapitel 2, Sektion 15).
- ☐ Kupplungs-Ausrücklager verschlissen (Kapitel 2, Sektion 15)

Getriebe-Geräusche

- ☐ Lager verschlissen, möglicherweise auch Wellen verschlissen – Getriebe überholen (Kapitel 2, Sektion 28).
- ☐ Zahnräder verschlissen oder Zähne ausgebrochen (Kapitel 2, Sektion 28).
- ☐ Metallpartikel (aus verschlissener oder beschädigter Kupplung oder schadhaftem Schaltmechanismus) sammeln sich zwischen den Zähnen der Zahnräder und führen so zu frühem Lager-Verschleiß (Kapitel 2, Sektion 23).
- ☐ Ölpegel zu niedrig, sodass im Getriebe heulende Geräusche entstehen (Tägliche Kontrollen).

Endantrieb-Geräusche

- ☐ Antriebskette sehr locker oder stark verschlissen, Kettenräder ungleichmäßig verschlissen – Kettendurchhang einstellen (Kapitel 1, Sektion 3) oder Kette samt Kettenrädern ersetzen (Kapitel 5, Sektion 22).
- ☐ Motorritzel oder Kettenblatt locker – Mutter/Muttern korrekt anziehen (Kapitel 5, Sektion 22).
- ☐ Kettenräder und/oder Antriebskette verschlissen – Kette samt Kettenrädern ersetzen (Kapitel 5, Sektion 22).
- ☐ Kettenblatt verzogen – ersetzen (Kapitel 5, Sektion 22).
- ☐ Ruckdämpfer im Hinterrad-Mitnehmer verschlissen – ersetzen (Kapitel 5, Sektion 23).

Ungewöhnliche Fahrwerkgeräusche

Geräusche von vorn

- ☐ Gabelöl-Pegel zu niedrig oder falsche Viskosität. Kann spritzende Geräusche und schlechte Dämpfung hervorrufen (Kapitel 4, Sektion 7).
- ☐ Gabelbuchsen verschlissen – erneuern (Kapitel 4, Sektion 8).
- ☐ Gabelfeder ermüdet oder gebrochen, erzeugt klickende oder kratzende Geräusche; Gabelöl enthält viele Metallpartikel (Kapitel 4).
- ☐ Lenkkopflager locker oder beschädigt (klackt beim Bremsen) – kontrollieren und einstellen oder erneuern (Kapitel 1, Sektion 20 und Kapitel 4, Sektion 10).
- ☐ Gabelbrücken-Klemmschrauben locker – Festigkeitsprüfung und ggf. Anzug mit dem korrekten Drehmoment (Kapitel 4, Sektion 6).
- ☐ Gabel verbogen, durch Sturz oder Unfall – Tauchrohre austauschen (Kapitel 4, Sektion 8).
- ☐ Vorderachse oder Achs-Klemmschraube locker – Festigkeitsprüfung und ggf. Anzug mit dem korrekten Drehmoment (Kapitel 5, Sektion 17).
- ☐ Radlager locker oder beschädigt – kontrollieren und ggf. ersetzen (Kapitel 1, Sektion und Kapitel 5, Sektion 19).

Geräusche von hinten

- ☐ Stoßdämpfer undicht, Ölaustritt durch beschädigte Dichtung – Stoßdämpfer ersetzen oder durch Fachbetrieb überholen lassen (Kapitel 4, Sektion 11).
- ☐ Stoßdämpfer durch internen Schaden defekt – Stoßdämpfer ersetzen oder durch Fachbetrieb überholen lassen (Kapitel 4, Sektion 11).
- ☐ Stoßdämpfer verbogen – ersetzen (Kapitel 4, Sektion 11).
- ☐ Schwingen- oder Stoßdämpfer-Komponenten locker oder beschädigt – kontrollieren und beschädigte Komponenten ersetzen (Kapitel , Sektion 11).
- ☐ Radlager oder Mitnehmer-Lager locker oder verschlissen – kontrollieren und ggf. ersetzen (Kapitel 5, Sektion 19).

Geräusche beim Bremsen

- ☐ Quietschen durch Staub auf Bremsbelägen (oft verbunden mit verglastem Belagmaterial) – reinigen oder ersetzen (Kapitel 5, Sektion 2 und 6).
- ☐ Quietschen Rattern durch verölte oder mit Bremsflüssigkeit kontaminierte Bremsbeläge – ersetzen (Kapitel 5).
- ☐ Verglastes Belagmaterial (durch lange Kontamination durch Öl oder Bremsflüssigkeit oder zu heiß gewordene Bremse) – vorsichtig mit einer feinen Feile entfernen (niemals mit Sandpapier o. ä., da der Abrieb die Bremsscheibe beschädigen kann) oder ersetzen (Kapitel 5).
- ☐ Bremsscheibe verzogen (kann zu Rattern, Klicken oder drehzahlabhängigem Quietschen führen – fühlbar durch pulsierenden Bremshebel) – kontrollieren und ggf. ersetzen (Kapitel 5).
- ☐ Radlager locker oder beschädigt – kontrollieren und ggf. ersetzen (Kapitel 5, Sektion 19).
- ☐ Gabel schlecht ausgerichtet, sodass Bremssattel oder Befestigung die Bremsscheibe berührt – Vorderachsen-Klemmschraube lockern und Gabel korrekt ausrichten (Kapitel 5).

Auspuff-Rauch

Weißer oder hellblauer Rauch

- ☐ Weißer Dampf bei kaltem Motor weist lediglich auf verdampfendes Kondenswasser hin – hört bei aufgewärmtem Motor auf.
- ☐ Hellblauer Rauch (verbranntes Motoröl) durch verschlissene Kolbenringe (sodass Öl in den Brennraum gelangt) – Kolbenringe ersetzen (Kapitel 2, Sektion 12).
- ☐ Zylinder durch hohen Verschleiß oder Kolbenfresser (durch Überhitzung oder Schmiermangel) beschädigt – Ursache herausfinden, dann Motorgehäuse ersetzen, Kolben und Ringe ersetzen (Kapitel 2, Sektion 11).
- ☐ Ventilschaftdichtung verschlissen – Ventile ausbauen und Dichtungen ersetzen (Kapitel 2, Sektion 10).
- ☐ Ventilführung verschlissen – Zylinderkopf überholen oder ersetzen (Kapitel 2, Sektion 10).
- ☐ Motorölpegel zu hoch, sodass Öl durch die Motorentlüftung in den Ansaugtrakt oder an den Kolbenringen vorbei in den Brennraum gelangt (und der Verbrennung zugeführt wird) – Ölpegel korrigieren (Kapitel 1, Sektion 4).
- ☐ Zylinderkopfdichtung zwischen Ölkanal und Zylinder gerissen, sodass Öl in den Brennraum gelangt – Dichtung erneuern und Zylinderkopf auf Verzug kontrollieren (Kapitel 2, Sektion 8).
- ☐ Ungewöhnlich hoher Druck im Motor, sodass Öl an den Kolbenringen vorbei in den Brennraum gelangt – oft aufgrund einer verstopften Motorentlüftung (Kapitel 1, Sektion 9).

Schwarzer Rauch (fettes Gemisch)

- ☐ Luftfilter verstopft – reinigen oder erneuern (Kapitel 1, Sektion 6)
- ☐ Einspritzanlage defekt (Kapitel 3, Sektion 11).

Brauner Rauch (mageres Gemisch)

- ☐ Luftfilter schlecht abgedichtet oder nicht vorhanden (Kapitel 1, Sektion 6).
- ☐ Einspritzanlage defekt (Kapitel 3, Sektion 11).

Schlechtes Fahrverhalten, Instabilität

Lenkung schwergängig

- ☐ Lenkkopflager-Einstellring zu fest angezogen – einstellen (Kapitel 1, Sektion 20).
- ☐ Lenkkopflager beschädigt (Lenkung bewegt sich rau) – Lager ersetzen (Kapitel 4, Sektion 10).
- ☐ Lagerschalen verschlissen oder eingedrückt (Verschleiß oft nur in Geradeaus-Position – Lenkung rastet hier regelrecht ein) – Lager ersetzen (Kapitel 4, Sektion 10).
- ☐ Lenkkopflager schlecht geschmiert (Fett härtet mit der Zeit aus oder wird durch Hochdruckreiniger ausgewaschen) – zerlegen, kontrollieren und neu schmieren oder ersetzen (Kapitel 4, Sektion 9).
- ☐ Lenkschaft verbogen (Unfall, Bordsteinkante, tiefes Schlagloch) – schadhafte Teile ersetzen (Kapitel 4, Sektion 9).
- ☐ Reifendruck vorn zu niedrig – kontrollieren (Tägliche Kontrollen).

Lenkerflattern oder starke Vibrationen

- ☐ Reifen verschlissen – kontrollieren (Tägliche Kontrollen)
- ☐ Radaufhängungen oder Federelemente verschlissen – kontrollieren und schadhafte Teile ersetzen (Kapitel 4, Sektion 12).
- ☐ Felge(n) verzogen oder beschädigt – kontrollieren und ggf. Speichen nachspannen oder Räder ersetzen (Kapitel 5, Sektion 15).
- ☐ Rad/Räder nicht oder schlecht gewuchtet – kontrollieren und vom Fachhändler wuchten lassen.
- ☐ Radlager verschlissen, kann zu Flattern und schlechtem Fahrverhalten führen – kontrollieren und ggf. ersetzen (Kapitel 5, Sektion 19).
- ☐ Gabel-Klemmschrauben oder Lenkerbefestigungen locker – korrekt anziehen (Kapitel 4, Sektion 6).

☐ Motorhalterungen locker (zunehmende Vibrationen bei steigenden Drehzahlen) – korrekt anziehen (Kapitel 2, Sektion 4).

Lenker zieht zu einer Seite

☐ Rahmen verzogen (durch Unfall oder Sturz) – Spurkontrolle durchführen (Kapitel 4, Sektion 16) und Rahmen ggf. austauschen.
☐ Gabel verbogen (durch Unfall) – schadhafte Teile ersetzen (Kapitel 4, Sektion 8).
☐ Schwinge verbogen oder verdreht (durch Unfall) – ersetzen (Kapitel 4, Sektion 12).
☐ Gabelöl-Pegel in beiden Holmen unkorrekt – kontrollieren und ggf. ablassen oder auffüllen (Kapitel 4, Sektion 7).

Schlecht dämpfende Federelemente

☐ Zu hart:
Gabelöl-Pegel zu hoch – ablassen (Kapitel 4, Sektion 7)
Gabelöl-Viskosität zu hoch – ersetzen (Kapitel 4, Sektion 7)
Gabelholm verbogen (klemmt oder hohes Losbrechmoment) (Kapitel 4, Sektion 8)
Interne Gabel-Komponente(n) beschädigt (Kapitel 4, Sektion 8)
Stoßdämpfer verbogen oder beschädigt (Kapitel 4, Sektion 11)
Federvorspannung zu hoch (Kapitel 4, Sektion 13)
Reifendruck zu hoch (Tägliche Kontrollen)

☐ Zu weich:
Gabelöl-Pegel zu niedrig – ablassen (Kapitel , Sektion 7)
Gabelöl-Viskosität zu niedrig – ersetzen (Kapitel , Sektion 7)
Gabelfeder ermüdet oder gebrochen (Kapitel 4, Sektion 8)
Interner Gabel-Schaden oder Ölaustritt – ggf. Dichtring ersetzen (Kapitel 4, Sektion 8)
Interner Stoßdämpfer-Schaden oder Ölaustritt – ersetzen (Kapitel 4, Sektion 11)
Federvorspannung zu niedrig (Kapitel 4, Sektion 13)

Bremsenprobleme

Bremswirkung gering

☐ Bremsflüssigkeitspegel zu niedrig – auffüllen (Tägliche Kontrollen und entlüften (Kapitel 5, Sektion 11).
☐ Luft im Bremssystem (durch zu weit abgesunkenen Pegel im Ausgleichsbehälter (Tägliche Kontrollen) oder Undichtigkeiten – Problem beseitigen und Bremse entlüften (Kapitel 5, Sektion 11).
☐ Bremsbeläge oder Bremsscheibe verschlissen – kontrollieren und ersetzen (Kapitel 5).
☐ Bremsbeläge verölte oder mit Bremsflüssigkeit kontaminiert – ersetzen und Bremsscheibe sorgfältig reinigen (Kapitel 5).
☐ Bremsflüssigkeit gealtert oder kontaminiert – Bremssystem entleeren, frisch auffüllen und entlüften (Kapitel 5, Sektion 11).
☐ Bremszylinder oder Bremssattel verschlissen oder beschädigt – kontrollieren und reparieren oder ersetzen (Kapitel 5).
☐ Bremszylinder-Bohrung riefig oder Kolbenfeder gebrochen – Bremszylinder oder ersetzen (Kapitel 5, Sektion 5 oder 9).
☐ Bremsscheibe verzogen – ersetzen (Kapitel 5, Sektion 4 oder 8).
☐ ABS defekt (Kapitel 5, Sektion 13)

Bremshebel oder Bremspedal pulsiert

☐ Bremsscheibe verzogen – ersetzen (Kapitel 5, Sektion 4 oder 8).
☐ Achse verbogen – ersetzen (Kapitel 5, Sektion 17 oder 18).
☐ Bremssattel locker – Schrauben anziehen (Kapitel 5, Sektion 3 oder 7).
☐ Felge verzogen oder beschädigt – kontrollieren und ggf. ersetzen (Kapitel 5, Sektion 15).
☐ Radlager verschlissen oder beschädigt – ersetzen (Kapitel 5, Sektion 19).
☐ ABS defekt (Kapitel 5, Sektion 13)

Bremse schleift

☐ Bremszylinder-Kolben klemmt – Bremszylinder ersetzen (Kapitel 5, Sektion 5 oder 9).
☐ Bremshebel oder Pedal klemmt – Gelenk schmieren (Kapitel 4, Sektion 3 oder 5).
☐ Bremssattel-Kolben klemmt – reinigen oder ersetzen (Kapitel 5, Sektion 3 oder 7).
☐ Bremsbeläge beschädigt (Belagmaterial hat sich von Träger gelöst) – ersetzen (Kapitel 5, Sektion 2 oder 6).
☐ Hinterrad-Bremssattel-Zapfen klemmen – reinigen und mit Silikonpaste schmieren (Kapitel 5, Sektion 6).
☐ Bremsbeläge falsch installiert (Kapitel 5, Sektion 2 oder 6)
☐ ABS defekt (Kapitel 5, Sektion 13)

ABS-Probleme

☐ Systemfehler wird durch während der Fahrt aufleuchtende ABS-Warnlampe angezeigt. Manchmal hilf Anhalten und Aus- und Einschalten der Zündung; ansonsten Fehlercode auslesen und Problem identifizieren (Kapitel 5, Sektion 13).

Elektrikprobleme

Batterie tot oder schwach

☐ Batterie defekt (Platten sulfatiert, Kurzschlüsse durch Ablagerungen, Wackelkontakt durch gebrochene Batteriepole) – ersetzen (Kapitel 7, Sektion 3)
☐ Batteriepole – schlechte Kontakte (Kapitel 7, Sektion 3).
☐ Last zu hoch – durch zusätzliche Verbraucher.
☐ Zündschloss defekt (interner Kurzschluss oder keine Abschaltung) – erneuern (Kapitel 7, Sektion 16)
☐ Regler/Gleichrichter defekt (Kapitel 7, Sektion 27).
☐ Kriechstrom zu hoch – Ursache beseitigen (Kapitel 7, Sektion 25).
☐ Lichtmaschinen-Statorspule defekt (Kapitel 7, Sektion 26).
☐ Ladesystem defekt – auf übermäßige Kriechströme prüfen (Kapitel 7, Sektion 25)
☐ Kabelbaum defekt (Kurzschluss oder Unterbrechung am Zündschloss-, Ladesystem- oder Beleuchtungs-Stromkreis (Kapitel 7, Sektion 2).

Batterie überladen (überhitzt)

☐ Regler/Gleichrichter defekt – Batterie wird warm oder beginnt zu gasen (Blei-Akku riecht nach faulen Eiern) (Kapitel 7, Sektion 27).
☐ Batterie defekt – kontrollieren und ggf. ersetzen (Kapitel 7, Sektion 3).
☐ Batterie-Kapazität zu niedrig, falscher Typ oder falsche Größe. Original-Batterie installieren, die auf Laderate abgestimmt ist (Kapitel 7, Sektion 3).

Erklärung technischer Begriffe

A

ABE Allgemeine Betriebserlaubnis eines Fahrzeugs.
Asbest Natürliches Mineral in Faserform mit hoher Hitzebeständigkeit. Früher in Bremsbelägen und Dichtungen verwendet, heute wegen Krebsgefahr durch andere Materialien ersetzt.
ABS Antiblockier-System. Elektronisches oder mechanisches System, das das Blockieren von Rädern beim Bremsen verhindern soll.
Abzieher Spezialwerkzeug, das Lager oder Zahnräder von Wellen oder aus Gehäusebohrungen zieht.
Akkumulator Chemischer Stromspeicher, landläufig *Batterie* genannt.
Ampere (sprich: Ampehr) Einheit für Stromstärke. Abkürzung: A.
Amperestunden (Ah) Kapazität eines Akkumulators (Batterie).
Anlaufscheibe Unterlegscheibe zwischen zwei sich gegeneinander bewegenden Teilen auf einer Welle.
Anti-Dive Wörtlich: »Eintauch-Verhinderer«. In die Vorderradbremse integriertes System, das das Eintauchen der Telegabel beim Bremsen verhindern soll.
API American Petroleum Institute. Ein Qualitätsmaß für Viertakt-Motorenöle.
ATF Automatic Transmission Fluid. Dünnflüssiges Öl für Automatik-Getriebe, wird oft auch als Dämpferöl in Telegabeln verwendet.
Aufbohren Größerdrehen einer Bohrung, z.B. des Zylinders. Erfordert Übermaßkolben.
axial In Längsrichtung einer Achse wirkend.

B

bar Einheit für Luftdruck. Faustregel für Motorradreifen: 2,5 bar.
Batteriesäure Schwefelsäure bestimmter Dichte und Reinheit.
Benzin-Luft-Gemisch Das Gemisch aus Benzinnebel und Luft, das Vergaser oder Einspritzanlage erzeugen, und dessen Volumenverhältnis erfahrungsgemäß bei 1 : 14,7 liegen sollte, um optimal verbrennen zu können.
Blinkrelais Schalter, der unter Spannung automatisch und regelmäßig an- und ausschaltet. Mechanische und elektronische Bauformen.
Bowdenzug (Sprich: Baudenzug.) Flexibler Seilzug zur mechanischen Fernbetätigung. Beispiel: Gaszug, Kupplungszug, Chokezug. Besteht aus Hülle und Seele.
Buchse An beiden Enden offene Hülse, die im Maschinenbau meist als Lager dient.
Büchse An nur einem Ende offene Hülse, die im Maschinenbau als Verstärkung von Sacklöchern oder als Lager dient.

D

Diagonalreifen Reifen, bei dem die Karkassenfäden schräg zur Laufrichtung liegen.
Dichtring Wellendichtring für rotierende (manchmal auch lineare, siehe Telegabel) Bewegung. Auch: Simmerring (geschützte Bezeichnung der Firma Freudenberg).
Dichtung Flächendichtung zwischen Gehäusehälften, Deckeln oder anderen Maschinenbauteilen. Kann aus unterschiedlichen Materialien bestehen, je nach Einsatzzweck.
Diode Elektronisches Ventil. Lässt Strom nur in einer Richtung passieren. Halbleiterbauteil.
dohc (double overhead camshaft). Doppelte obenliegende Nockenwelle. Bauform der Ventilsteuerung.
Drehmoment Maß für die Kraft, mit der etwas (Kurbelwelle, Schraube) gedreht wird. Einheit: Newtonmeter (Nm), Kraft mal Hebelarm.

E

E-Starter Elektrischer Starter, Anlasser.
Einbereichsöl Öl mit nur einer Viskosität, z.B. SAE 50W.
Einspritzsystem Im Gegensatz zum Vergaser, der das Benzin durch Luftströmung passiv vernebeln lässt, spritzt die Einspritzung den Kraftstoff in exakter Menge in den Ansaugstutzen oder direkt in den Brennraum ein. Sehr aufwändig und teuer, aber genau und kraftstoffsparend.
Elektrodenabstand Spalt zwischen den Zündkerzenelektroden, der ab und zu nachgestellt werden muss. Meist 0,6 bis 0,8 mm breit.
Endloskette Antriebskette, deren Enden nicht zerstörungsfrei getrennt werden können.

F

Federkeil (Auch: Scheibenfeder.) Halbmondförmiger Metallkeil, der, in die Nut einer Welle gelegt, das darüber geschobene Bauteil (Zahnrad, Lichtmaschine) formschlüssig mit der Welle verbindet.
Federscheibe Gewellte Unterlegscheibe aus Federstahl, die Mutter bzw. Schraube am Losdrehen hindern soll.
Flüssige Schraubensicherung Flüssigkeit, von der ein paar Tropfen auf ein Gewinde gegeben und dann die Mutter/Schraube eingedreht wird. Die Flüssigkeit erhärtet unter Luftabschluss und sichert damit die Mutter/Schraube. Verbindung ist mit Schraubenschlüssel wieder lösbar.
Frostschutz Zusatz zum Kühlwasser, der den Gefrierpunkt senkt. Auf Alkohol- oder Glykol-Basis.
Fühlerlehre Auch: Ventillehre. Satz mit verschieden dicken Metallplättchen, die zur Bestimmung von kleinen Innenmaßen dienen.

G

Gabelbrücken Dreieckige Metallklemmen ober- und unterhalb des Lenkkopfs zur Aufnahme der Standrohre.
Gleichrichter Elektronisches Halbleiterbauteil (»Diodenplatte«) zum Umformen der von der Lichtmaschine gelieferten Wechselspannung in Gleichspannung.
Gleichstrom Stromfluss ohne Änderung der Polarität.
Gleitlager Lagerschalen aus bronzebeschichtetem Kupfer oder aus Sintermaterial. Funktioniert nur mit Öldruck: Die Welle gleitet auf einem dünnen Ölfilm in der Lagerbohrung ohne Materialberührung. Verwendung als Kurbelwellen- und Nockenwellenlager. Billig, schnell austauschbar und leise, aber empfindlich und mit hohem Reibwiderstand.

H

Halogenlampe Scheinwerferbirne besonderer Bauform, die mit Halogengas gefüllt ist, um den Niederschlag von verdampfendem Metall der Glühwendel an der Glaswand zu verhindern. Bauformen als H1-, H3- und H4-Birnen.

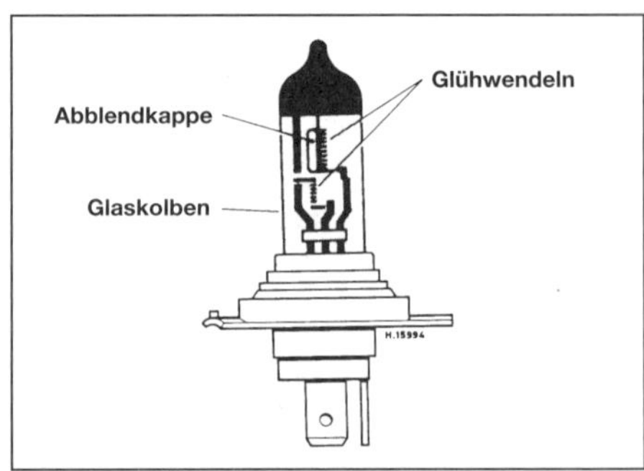

Halogen-Scheinwerferbirne

Hauptlager Lager der Kurbelwelle im Motorgehäuse.
Helicoil Spiralförmiger Gewindeeinsatz zur Reparatur ausgerissener Gewinde, wenn wenig Material vorhanden ist, sodass das Loch nur wenig ausgebohrt werden kann.

Einschrauben eines Helicoil-Gewindeeinsatzes in ein Zündkerzenloch

Hochspannung Spannung im Sekundärstromkreis des Zündsystems zur Produktion des Zündfunkens. Liegt zwischen 15.000 und 35.000 Volt bei sehr geringer Stromstärke. Unangenehm, aber nicht gefährlich.
Honen Überschleifen der Oberfläche eines Zylinders, wobei feine diagonale Riefen entstehen, in denen das Motoröl zur Kolbenschmierung haften kann.
Hydraulik Ein mit Flüssigkeit gefülltes System von Leitungen, um Druck zu übertragen. Üblich an (Scheiben-)Bremsen und manchen Kupplungen.
hygroskopisch Wasseranziehend. Trifft auf Bremsflüssigkeit zu.
Hypoidverzahnung Bauform eines Kegeltriebes (siehe Kegelrad), bei der Antriebs- und Abtriebsachse nicht in einer Ebene liegen, sodass die Zähne von Kegel- und Tellerrad in speziellen Kurven (Hypoidkurven) geschliffen werden müssen. Aufwendig und teuer, aber leise und belastbar. Benötigt spezielles Schmieröl (Hypoidöl).

I

IC Integratet circuit, integrierter Schaltkreis. Halbleiterbauteil.
Inbusschlüssel Schlüssel für Innensechskantschrauben.

K

Kabelbaum Durch Schutzschlauch zusammengefasste Kabel, die entlang einer Strecke im Motorrad verlegt sind, z.B. am Rahmen entlang.
Kardanwelle Welle, die mit einem Kreuz- oder Gleichlaufgelenk ihre Drehrichtung um einige Winkelgrade ändern kann. Wurde bei Motorrädern mit Wellenantrieb mit Einführung der Hinterradfederung nötig.
Katalysator Mit Edelmetall beschichtetes Bauteil im Auspuff, das auf chemisch-katalytischem Weg schädliche Abgasbestandteile (Stickoxide, Kohlenwasserstoffe u.a.) in unschädliche umwandeln soll. Wirkung und Nebenwirkungen sind umstritten.
Kegelrad Zusammen mit dem Tellerrad bildet es ein Getriebe, das Drehbewegungen um 90° umlenkt (siehe Abbildung).

Kegel- und Tellerrad zum Umlenken einer Drehbewegung um 90°

Kegelrollenlager Lager mit Innen- und Außenring, Kegelrollen als Wälzkörper. Hohe axiale und radiale Belastbarkeit. Verwendung als Lenkkopf-, Schwingen- und Radlager. Lagerspiel muss eingestellt werden.
Kickstarter Fußbetätigter Hebel zum Durchdrehen des Motors, um ihn zu starten.
Killschalter Not-Aus-Schalter, bei den meisten Motorrädern am rechten Lenkerende. Funktioniert als Kurzschluss- oder Zündunterbrechungs-Schalter. In Deutschland nicht vorgeschrieben.
km Abkürzung für Kilometer.
km/h Abkürzung für Kilometer pro Stunde. Geschwindigkeitseinheit.
Kolbenbolzen (Hohler) Bolzen als Verbindung zwischen Kolben und Pleuelauge. Darf weder im Pleuelauge noch im Kolben Klemmsitz haben. Oberfläche poliert und gehärtet.
Kompression Verringerung des Volumens und Erhöhung des Drucks im Brennraum durch den aufwärtsgehenden Kolben. Kompression wird als Verhältniszahl genannt, z.B. 1 : 10 = zehn Volumenteile Benzin-Luft-Gemisch werden auf ein Volumenteil zusammengepresst.
Kontermutter Mutter, die fest gegen eine andere geschraubt wird, um durch die dadurch hervorgerufene Spannung im Gewinde die zweite am Losdrehen zu hindern.
Kronenmutter Mutter mit zinnenartigen Zacken an einem Ende. Zusammen mit einem Querloch im zugehörigen Gewinde kann die Mutter mit einem Splint gegen Aufdrehen gesichert werden.
Kugellager Lager mit Innen- und Außenring, Kugeln als Wälzkörper. Häufigste Ausführung: Radialrillen-Kugellager. Kann fast nur radiale Kräfte aufnehmen.

L

Lager Mechanische Verbindung zwischen zwei sich gegeneinander bewegenden Maschinenteilen.
Läppen Materialabtrag mit äußerst feinem Schmirgelleinen (Läppleinen). Kurz vor dem Polieren.
LCD Liquid crystal display. Flüssigkristall-Anzeige. Bekannt von Armbanduhren, setzt sie sich langsam auch in Kraftfahrzeug-Instrumenten durch.
LED Light emitting diode. Leuchtdiode. Wird als verschleißfreier und stromsparender Ersatz für Kontrolllämpchen verwendet.
Lenkkopfwinkel, auch Steuerkopfwinkel, Winkel zwischen der gedachten Verlängerung des Lenkkopfs (nicht der Telegabel!) und der Horizontalen.
Lichtmaschine Stromgenerator im Kraftfahrzeug. Unterschiedliche Bauarten möglich.

M

Manschette Topfförmiger Gummiring, der in Bremszylindern für Dichtigkeit beim Betätigen sorgt.
Masse Bezeichnung des Minuspols am Kraftfahrzeug, der außer bei alten englischen Fahrzeugen am Rahmen (Masse) liegt.
Mehrbereichsöl Öle mit speziellen Legierungen, die die Schmierfähigkeit bei unterschiedlichen Temperaturen gewährleisten. Diese Eigenschaft wird in Viskositätsgrenzen ausgedrückt, z.B. SAE 20W50. D.h., dass das Öl bei niedrigen Temperaturen die Viskosität von 20, bei hohen von 50 besitzt.
Mikrometerschraube Messgerät für Längen, das durch feine Einteilung bis tausendstel Millimeter anzeigt. Verwendet zum Messen von Durchmessern, z.B. Kolben, Kolbenbolzen, Ventilschäften u.a.
Multimeter Elektrisches Messinstrument, das Spannung, Widerstand, oft auch Stromstärke und Kapazität messen kann.

N

Nachlauf Strecke vom Aufstandspunkt des Vorderrads zur Kreuzung der Verlängerung des Lenkkopfs mit dem Boden. Der Nachlauf bestimmt wesentlich die Handlichkeit (geringer N.) bzw. die Spurstabilität (großer N.).
Nadellager Lager mit nadelähnlichen Wälzkörpern. Kann hohe, aber nur radiale Kräfte aufnehmen. Verwendung als Pleuellager.
Nasse Zylinderlaufbuchsen Bauform eines wassergekühlten Motors, bei dem die Zylinderlaufbuchsen nicht in den Block eingeschrumpft sind, sondern direkt vom Kühlmittel umspült werden.
Nm Newtonmeter. Maßeinheit für Drehmoment (Kraft mal Weg).
Nylstop-Mutter Mutter mit einem Nylonring in einem Ende. Der Ring wird mit auf das Gewinde geschraubt und sichert die Mutter. Solche selbstsichernden Muttern sind höchstens zweimal zu verwenden.

O

O-Ring-Kette Antriebskette, bei der die Rollen gegen die Laschen mit O-Ringen (Gummi-Dichtringen) abgedichtet sind.
ohc (overhead camshaft). Obenliegende Nockenwelle. Bauform der Ventilsteuerung.
Ohm Einheit für elektrischen Widerstand.
Ohmmeter Widerstandsmessgerät.
ohv (overhead valve). Obenliegende Ventile. Bauform der Gassteuerung beim Viertaktmotor.
Oktanzahl Maß für den Widerstand eines Kraftstoffs gegen Selbstentzündung.
OT Oberer Totpunkt. Höchster Punkt der Kolbenbahn im Zylinder.

P

Pferdestärken (PS) Veraltete Einheit für Leistung. Heute ersetzt durch Watt (W). 1 PS = 0,36 kW.

Plastigauge Dünner Plastikstreifen zum Messen von Gleitlagerspiel.
Pleuel (auch: Pleuelstange) Verbindungsstange zwischen Kolben und Kurbelwelle.
Pleuelauge Obere Bohrung im Pleuel, in der der Kolbenbolzen sitzt.
Pleuelfuß Untere Bohrung im Pleuel, in der der Hubzapfen der Kurbelwelle sitzt.
Primärantrieb Antrieb der Kurbelwelle zum Getriebe.
Primärspannung Spannung im Primärstromkreis des Zündsystems. Bei Batteriezündungen 12 Volt, bei Hochspannungskondensatorzündungen (CDI) etwa 400 Volt bei relativ hoher Stromstärke. CDI-Primärspannung daher gefährlich.
PTFE Polytetrafluorethylen. Markenname: Teflon (Firma Dupont). Extrem gleitfähiger und reaktionsarmer Kunststoff. Kann nur in sehr aufwändigen Verfahren mit Metall verbunden werden.

R

radial Senkrecht zu einer Achse wirkend.
Radialreifen Reifen, bei dem die Karkassenfäden in Laufrichtung liegen.
Radstand Abstand zwischen den Senkrechten durch die Radachsen.
Regler Mechanisches oder elektronisches Bauteil im Kraftfahrzeug, das die von der Lichtmaschine gelieferte Spannung im Netz konstant hält, die Lichtmaschine vor Überlastung schützt und den Ladezustand der Batterie regelt.
Relais (Sprich: Relee.) Elektromagnetischer, fernsteuerbarer Schalter. Wird zur Schaltung von hohen Strömen eingesetzt.
Ruckdämpfer Gummiteile in der Hinterradnabe, die den Ruck plötzlicher Lastwechsel zwischen Kettenrad und Nabe dämpfen (siehe Abbildung). Manchmal werden auch rein metallische Ruckdämpfer konstruiert, z.B. in der Kupplung oder am Getriebeausgang (Knagge).

Gummi-Ruckdämpfer in der Hinterradnabe

S

SAE Society of Automotive Engineers. Standard für Flüssigkeits-Viskosität.
Schaltgabeln Gabelförmige Metallteile, die beim Schalten die Zahnräder auf den Getriebewellen hin und her schieben.
Schaltklauen Radiale Verbindungszapfen zwischen Getriebezahnrädern. Die Zapfenflanken sind schräg gefräst (hinterschnitten), damit sich der Eingriff unter Last nicht lösen kann.
Schieblehre Messgerät für Längen, das durch feine Einteilung bis hunderstel Millimeter anzeigt.
Schraubenfeder Spiralförmig gewickelte Feder in Zylinderform. Verwendung als Gabel- und Ventilfeder.
Seegerring Radial federnder Ring, der zur Sicherung eines Bauteils in eine Nut gesetzt wird.
Shim Stahlplättchen spezifischer Stärke, das bei direkt auf die Ventile wirkender Nockenwelle (oft bei dohc-Motoren) als Scheibe dazwischengelegt wird und das Ventilspiel bestimmt.
Sicherung Feiner Draht (Schmelzsicherung) oder Automat, der bei zu hohem Strom in einem Stromkreis (z.B. durch Kurzschluss) den Stromkreis unterbricht.
Simmerring Siehe Dichtring.
Spiel Strecke, mit der sich zwei Bauteile voneinander wegbewegen können, ohne auf Widerstand zu stoßen.
Standrohr Teil der Telegabel, der verchromt und poliert ist und in das Tauchrohr eintaucht.
Steuerkette Antriebsmöglichkeit der Nockenwelle. Billig, aber relativ verschleißanfällig.
Steuerkettenspanner Mechanische Spannvorrichtung, die die Längenausdehnung der Steuerkette ausgleicht.
Stirnräder Antriebsmöglichkeit der Nockenwelle: Zahnradkaskade zwischen Kurbel- und Nockenwelle. Teuer, aber genau und verschleißarm.
sv (side valve). Seitliche Ventile. Bauform der Gassteuerung beim Viertaktmotor (sehr alt).

T

Tauchrohr Teil der Telegabel, in den das Standrohr eintaucht.
Teflon Siehe PTFE.
Telegabel Häufigste Bauart der Vorderradführung und -federung, die aus Stand- und Tauchrohren besteht.
Tellerrad Siehe Kegelrad.
Thyristor Halbleiterbauteil mit hoher elektrischer Belastbarkeit. Verwendung als elektronischer, verschleißfreier Schalter.
Torx Speziell geformtes, sechskantiges Schraubenkopfprofil.
Transistor Halbleiterbauteil, in Zündboxen, Reglern und elektronischen Blinkrelais verbaut.
TWI Treadwear Indicator. Reifenverschleißmarke.

U

U/min. Alte Abkürzung für »Umdrehungen pro Minute«, Drehzahl. Heute: 1/min oder min^{-1}
Unterdruckuhren Messinstrumente, mit denen der Unterdruck in den Ansaugstutzen zwischen Vergaser und Zylinderkopf gemessen werden kann. Erforderlich zum Synchronisieren von Vergasern bei Mehrzylindermotoren.
Unwucht Unterschiedliche Masseverteilung auf dem Umfang eines rotierenden Teils (Rad, Kurbelwelle u.a.). Kann durch Gegengewichte ausgeglichen werden.
Upside-down-Gabel »Umgedrehte« Telegabel, bei der die Standrohre unten und die Tauchrohre oben sind.
UT Unterer Totpunkt. Unterster Punkt der Kolbenbahn im Zylinder.

V

Ventillehre Siehe auch: Fühlerlehre.
Viskosität Fließfähigkeit von Schmierstoffen. Die Viskosität von SAE 5 ist sehr hoch (dünnflüssiges Öl), SAE 90 ist sehr dickflüssig.
Volt Einheit für elektrische Spannung.

W

Watt Einheit für Leistung (W).
Wechselstrom Ständig und regelmäßig die Polung ändernder Stromfluss.
Welle Runder, sich drehender Stab im Maschinenbau.
Widerstand Elektrische Größe, gemessen in Ohm.
Winkel-Anzugsmoment Drehmoment, ausgedrückt in Winkelgraden.
Winkelgradscheibe Messscheibe mit einem Winkelkreis von 360°, mit der sich, auf ein Kurbelwellenende montiert, die Kolbenstellung in Winkelgraden der Kurbelwelle angeben lässt.

Z

Zahnriemen Flacher Antriebsriemen, dessen Innenseite gezahnt ist und damit in entsprechende Zahnräder eingreifen kann. Verwendung als Nockenwellenantrieb und (seltener) als Hinterradantrieb.
Zündreihenfolge Die Reihenfolge, in der Mehrzylindermotoren ihre einzelnen Zylinder zünden. Wird ab Zylinder Nummer eins gezählt.
Zündzeitpunkt Punkt in der Kolbenbahn kurz vor Ende des Verdichtungstakts, bei dem der Zündfunke das Gemisch entzündet. Wird in »Millimeter vor OT« oder in Winkelgraden der Kurbelwelle gemessen.